燕山大学知名学者学术文库

刘宏民 著

刘宏民文集（下卷）

——高校研究管理和优势特色建设

燕山大学出版社
·秦皇岛·

图书在版编目(CIP)数据

刘宏民文集. 下卷,高校研究管理和优势特色建设/刘宏民著. —秦皇岛:燕山大学出版社,2021.9
(燕山大学知名学者学术文库)
ISBN 978-7-5761-0203-1

Ⅰ. ①刘… Ⅱ. ①刘… Ⅲ. ①高等学校—学校管理—文集 Ⅳ. ①TG33-53②G647-53

中国版本图书馆 CIP 数据核字(2021)第 146709 号

刘宏民文集(下卷)——高校研究管理和优势特色建设

刘宏民 著

总 策 划:陈 玉
责任编辑:孙志强 李 冉
封面设计:吴 波
出版发行:燕山大学出版社 YANSHAN UNIVERSITY PRESS
地　　址:河北省秦皇岛市河北大街西段 438 号
邮政编码:066004
电　　话:0335-8387555
印　　刷:中国标准出版社秦皇岛印刷厂
经　　销:全国新华书店

开　　本:787 mm×1092 mm 1/16　**印　　张**:30.75　**字　　数**:630 千字
版　　次:2021 年 9 月第 1 版　**印　　次**:2021 年 9 月第 1 次印刷
书　　号:ISBN 978-7-5761-0203-1
定　　价:198.00 元

作者简介

刘宏民，男，汉族，1959 年 6 月出生，河南省民权县人。燕山大学教授，博士，博士生导师。1976 年 8 月参加工作，1986 年 5 月加入中国共产党。1978 年 3 月至 1988 年 3 月，在东北重型机械学院（燕山大学前身）冶金机械专业读本科和研究生，分别于 1982 年 1 月、1985 年 3 月、1988 年 5 月获工学学士、硕士、博士学位。1988 年 3 月博士研究生毕业留校，在燕山大学机械工程学院、研究生部、国家冷轧板带装备及工艺工程技术研究中心，从事教学、科研和管理工作。历任机械工程学院轧机研究所副所长，研究生部主任，国家工程技术研究中心主任，副校长和校长。

刘宏民教授长期从事板带轧机板形理论、测控技术和工程应用的研究，一直坚持科学技术工程一体化，把成果写在中国制造上的科研道路。创造性地解决了一系列科学技术难题：一、创建以条元法为特色的板形控制理论模型体系和工程设计软件，实现高精度高速度板形控制工艺设备设计。二、提出通道解耦理论模型，研制冷带轧机整辊无线智能型板形仪，实现高精度板形检测。三、提出解耦控制策略和动态解耦控制模型，研制冷带轧机机理智能板形控制系统，实现高精度高速度板形控制。四、研发带钢平整关键技术和成套装备，实现高精度延伸率和板形控制。五、提出冷轧带钢及其深加工项目并进行工程设计，将冷轧带钢、带钢镀铜、双层卷焊管等先进技术系统集成，推动企业转型升级。六、创建国家冷轧板带装备及工艺工程技术研究中心。将创新成果应用于我国 40 多套钢带、铝带、铜带轧机上，取得达到国际先进水平的技术效果和重大经济社会效益，为提高我国板带轧制质量和工艺装备智能化水平、打破国外垄断封锁、消除“卡脖子”隐患作出了重大贡献。获得国家科技进步二等奖 2 项，省部级一等奖 10 项、二等奖 3 项，发明专利 30 项，计算机软件著作权 30 项，中国科学技术协会优秀论文 1 篇，中国机械工程学会优秀论文 1 篇；主持制定国家标准 2 项；发表论文 200 多篇；出版专著 5 部。

刘宏民教授是国家“百千万人才工程”人选，国务院特殊津贴专家，全国五一劳动奖章获得者，全国优秀科技工作者，全国学生喜爱大学校长。河北省高端人才、省管优秀专家、燕赵学者、“巨人计划”领军人才、杰出专业技术人才。曾任中国金属学会专家委员会委员和冶金设备分会副主任委员，中国高等教育学会学习科学研究分会理事长，中国机械工业教育协会副理事长，《机械工程学报》《钢铁》《钢铁研究学报》《工程力学》等期刊编委，中国人民政治协商会议河北省第十届、第十一届、第十二届委员会委员。

总　　序

这是一所底蕴深厚的高等学府，在全国各类大学排行榜中均名列百强，学府的工程学、材料科学两个学科进入 ESI 全球排名前 1%。她出身名门，历经九十余载的风风雨雨，两次白手起家，从荆棘中走出了一条属于自己的高水平大学建设之路。她，就是燕山大学。

燕山大学源于哈尔滨工业大学，始建于 1920 年。1958 年哈尔滨工业大学重型机械系及相关专业成建制迁至工业重镇齐齐哈尔市富拉尔基区，组建了哈尔滨工业大学重型机械学院。1960 年独立办学，定名为东北重型机械学院，1978 年被确定为全国重点高等院校。1985 年开始在河北省秦皇岛市创办分校，1997 年学校整体南迁到秦皇岛。1997 年 1 月经国家教委批准，更名为燕山大学。1998 年，由机械工业部划转到河北省，实行中央与地方共建，以河北省管理为主。2006 年，国防科工委和河北省共建燕山大学。2010 年，国家国防科工局和河北省共建燕山大学。2014 年，河北省、教育部、工信部和国家国防科工局四方共建燕山大学。

不论是在松花江畔的哈尔滨，嫩江红岸的齐齐哈尔，还是在渤海之滨的秦皇岛，燕大人一直用自己的勤劳和智慧践行着“厚德、博学、求是”的校训精神，推动学校实现了跨越式发展。艰苦奋斗、知难而上、不畏艰辛、勇于创新的拓荒精神在燕大人中代代相传，这是学校历经九十余载而生生不息、发展壮大的根本原因，是燕大人倍感骄傲、弥足珍贵的精神财富，是学校各项事业快速发展的力量源泉。

大学之大，不在于大楼，而在于大师。燕大严谨治学品格的养成，依赖于我校知名学者的身体力行、言传身教。他们崇尚学术、追求真理、潜心育人的敬业精神，对科学孜孜以求的探索历程，已成为燕大人宝贵的精神财富，对青年师生的成长极具启迪意义，并将永远激励着一代又一代的燕大人为建设特色鲜明的一流大学奋勇前进。

鉴往知新。为了传承和弘扬燕大精神，展现成果，燕山大学出版社策划了《燕山大学知名学者学术文库》系列图书，作为燕山大学建设一流大学文化的重要组成部分，先期邀请了我校十余位知名学者，将他们几十年来厚积薄发的学术思想及人生感悟、代表性学术论文编撰成系列文集，付梓出版，冀望以此启迪来者，激励后人，在学术与人生道路上立志向学，诚意为学，孜孜拳拳，奋进有成。

燕山大学校长

2017 年 3 月 12 日

前　言

一

我1959年出生于河南省民权县。童年和小学、初中在民权县农村度过。农村学校虽然条件不能与县城学校相比，教师学历也大多不高，但德智体美劳教育开展得比较全面，课外活动特别是思政教育和劳动锻炼较多。背诵了很多毛主席语录，特别是反复学习背诵毛主席著作“老三篇”。学唱了一系列革命歌曲和样板戏选段，特别是下定决心不怕牺牲，三大纪律八项注意和李玉和、杨子荣、郭建光的唱段。学习了雷锋、王杰、董存瑞等一大批英雄模范人物的事迹，参加了很多忆苦思甜、访贫问苦、做好人好事、校园劳动、运肥播种、犁地耙地、挖河筑堤活动。课堂教学中师生互动频繁，学生表现活跃，课堂练习较多，当堂做完当堂讲解。老师经常提问学生，学生踊跃举手发言。课堂上，有的同学走到讲台上面对同学朗诵课文和作文，有的在黑板上做题讲解和示范。课业负担不重，基本在课堂上或学校里就可以完成，极少有把作业带回家做的情况。早自习雷打不动，下午放学回家后还可以下地放羊割草，玩跳马、摔跤等不需要器材的体育活动。晚上明月当空，和同学们在农家院里大唱革命歌曲，在村里的胡同中捉迷藏，倍感豪爽快乐。当时，特别羡慕崇拜文章写得好的老师，记忆力和口才好的说书人。由于语文老师的启发和鼓励，我在作文上下的功夫较大，也经常请求老师指点提高。农村晚会上的说书人，居然可以连续一个多小时甚至两个小时声情并茂、绘声绘色地讲述双枪老太婆和华子良的革命故事，真是太有才了！有偶像，就想模仿。我找来《林海雪原》《平原枪声》《敌后武工队》等小说，把最感兴趣的故事多看几遍，然后跑到村外的庄稼地里，一个人自言自语地反复练习，后来竟然发现自己也能连续讲故事半小时以上了，很有成就感。现在来看，青少年的成长，特别需要榜样的激励。教育最重要的是启迪心灵智慧，塑造人格情怀，激发求知欲望，培养兴趣爱好，点燃心中火把，引导前进方向，使学生系好人生的第一粒扣子，垫好成长的第一块基石。

1974年秋，我来到兰考县一所农村新办高中读书。第二年春，转到兰考县第一中学——焦裕禄中学。县城中学的条件好多了，不仅教育教学设施好，更重要的是，教师的学历和水平高。有郑州大学毕业的老师，也有复旦大学毕业的老师，有从工厂技术人员转行过来的老师，还有从报社记者编辑转行过来的老师。学校还聘请了一批工厂、农场的技术人员，报社、广播站的记者编辑，革命前辈和英雄模范人物作为兼职教师。当时，学校进行教育教学改革，特别重视教育教学与生产劳动相结合，在实践教学、项目式教学中让学生提高觉悟、掌握知识、锻炼能力。思政项目，到焦裕禄事迹展览馆和焦裕禄烈士陵园学习他“心里装着全体人民，唯独没有他自己”的为民情怀。到农村和知青点与贫下中农和下乡知识青年同吃、同住、同劳动，学习他们撸起袖子加油干、改变农村面貌的奋斗精神。参加英模事迹报告会，观看电影《英雄儿女》和《闪闪的红星》，大唱主题曲《英雄赞歌》和《红星照我去战斗》，学习英模人物不怕困难、不怕牺牲的英雄品质。语文项目，参加赛诗会和朗诵会，到工厂、农村、知青点搞调查研究采访，学习写作消息、通讯、调查报告，好的稿件可被县广播站录用或再向上推荐。数学项目，在校门口的一条小河上设计建造了一座圆弧拱桥，到县机械厂设计直角弯管放样图并制作出一个直角弯管。物理项目，在校办工厂学习装配电脉冲治疗仪。化学项目，在校办工厂学习制作肥皂，到县化肥厂了解化肥生产。农业项目，到县西关农场学习棉花育苗、移栽和护理技术。在兰考县焦裕禄中学一年半的高中学习，使我开阔了视野和胸怀，提升了境界和品位，锻炼了能力和意志。现在来看，立德树人，学校教育要与社会教育相结合，要形成全员、全程、全方位的育人格局体系。锻炼能力，要通过项目式实践教学，让学生在“做中学”“干中练”。但是，“做”和“干”要有度，不能影响基本知识结构的学习，而且要以合理的知识结构为基础。

1976 年 8 月，高中毕业后的我回到民权县本村一所新办中学担任民办教师。学校设施简陋，教师短缺，仪器设备极少。一个教师需要担任不同年级多门课程的教学任务，我教过初中的语文、数学和高中的政治、化学，担任过初中二年级的班主任。学生就近入学，没有入学考试选拔，水平差别较大，教学和管理有一定难度。但教师们大多年轻，干劲很足，累并快乐着。工作加班加点，周末和假期不休息，是常有的事儿。师生的精神面貌、工作学习状态和教育教学效果，得到乡亲们的认可。每个民办教师的待遇，除了正常记工分外，每个月还有 5 块钱的生活补贴，这在当时当地相当不错了。一年半的民办教师经历，不但使我巩固拓宽了知识，锻炼了教学能力，而且培养了热爱教育的情怀。1977 年秋，国家恢复高校招生考试制度。经过两个月的准备，我顺利成为恢复高考后的第一届大学生。那一年，我们学校有两位年轻教师考入大学。后来多年，本村和周围几个村，陆续又有好多孩子考上了大学和中专。现在来看，确实是穷则思变，困境激发斗志，美好激励追求，追求创造未来。通过高考上大学，可以改变个人命运，为国家和社会作出不一样的贡献。有积累和准备，就可以抓住机遇。从今天扶贫扶智的角度看，农村的基础教育太需要加强，教育资源不均衡的状况太需要改善了。

二

1978 年 3 月，我作为 1977 级大学生进入东北重型机械学院轧钢机械专业学习，从此开始了 4 年本科生、3 年硕士生、3 年博士生，共 10 年的攻读深造。

1977 级大学生由很多届高中生考取，年龄差别很大。有俗称“老三届”的 1966、1967、1968 届高中生，也有 1977 年的应届高中生，还有高中没毕业的学生。年龄大的 30 多岁，已结婚生子，年龄小的十五六岁，还有玩童气质和习惯。知识水平差别也很大，除了“老三届”，大部分学生的理科知识比较薄弱，尤其是数学。学校在摸底考试评估后，为我们补了大约一个月的中学数学课。学生食堂的主食经常是高粱米饭、玉米发糕、大碴子粥，副食主要是土豆、白菜、豆腐、咸菜。每个月的伙食费，9 块钱就够了，12 块钱算高水平。由于多年读书深造的愿望得以实现，大家的学习热情非常高。不但在课堂上、教室里认真用功，连走路、排队都有很多人背外语单词或练习外语对话。晚自习常常学到

11 点以后，有的甚至到后半夜。学校担心学生的身体，晚上查教室劝说并催促学生回寝室睡觉。当时，著名作家徐迟的一篇报告文学《哥德巴赫猜想》，在全国特别是在青年学生中引起强烈轰动。数学家陈景润攻关世界难题、勇摘“皇冠明珠”的动人故事，激发了我们学习钻研高等数学的热情。大家做了大量的数学习题，是老师布置作业的好几倍。有的不但做完了工科数学习题集，而且学习综合大学数学专业的教材，做数学专业的习题集。大家相互交流启发，以解出数学难题，考验智力水平和攻关勇气。现在来看，虽然有些过度，但体现了刻苦钻研的精神和勇攀高峰的胆量。不但数学，其他的公共基础课，如外语、物理、力学、机械设计等，大家做的习题也都比老师布置的作业多。东重的基础教学扎实严格，如金属工艺学、机械制图、机械原理、机械零件课的项目式大作业和电工课的抽题式考试，都要求面试，老师问得细、问得深、问得宽，过关难度大。专业教学紧密结合工业生产和世界先进技术，从认识实习、生产实习到毕业实习、毕业设计，层层递进提高，锻炼学生解决复杂工程问题的能力。我的毕业设计内容是 1 700 mm 四辊冷连轧机轧制规程和主机设计，是在学习武钢引进的世界先进技术的基础上完成的，至今对我的教学科研仍起作用。本科四年，使我适应了大学高难度的学习和高强度的训练，具备了坚实的理论基础和系统的专业知识，完成了工程师的初步训练。本科是塑造职业毛坯的阶段，在人的成长发展中，具有基础性和关键性的重要作用。因此，办好大学，首先要办好本科。

从 1982 年到 1988 年，虽然分为硕士生和博士生两个阶段，但我的研究课题是在导师连家创教授的精心指导下一鼓作气连续完成的。研究生虽然需要进一步学习高等课程，但重点是研究和创新。当时，板带轧制板形控制是国际前沿研究热点。连老师是我国著名板形控制专家，正在主持板形控制技术国家项目，还被邀请参加国际会议宣读论文。他为我布置的研究课题是板形计算理论模型，属于国际难题。传统的二维变形模型，计算板形比实际板形大几倍甚至十几倍，不能用于预报和控制。三维变形研究方法有变分法、差分法、有限元法，都存在计算精度和稳定性不高的问题。导师启发我另辟蹊径，研究分条计算的方法。我在导师前期工作变分法解析模型的基础上，想出了一个分条离散的数值计算方法，避免了解析模型的过度简化，计算结果与实测结果吻合较好。导师预测说，这将开辟一个新的研究途径，产生一批新的研究成果。1984 年，学校获得第一个博士点——冶金机械博士点，连老师成为学校第一位博士生导师——国务院学位委员会批准的博士生导师。得益于时代提供的机遇和导师的垂青，我成为学校招收的第一名博士研究生。1985 年读博后，连老师鼓励我进一步研究分条离散模型，将计算内容从横向位移和张力分布拓展到轧制压力和摩擦力的分布，以及非对称轧制问题。同时进行实验研究，找到客观规律，验证理论计算结果。在导师的指导下，我相继提出了计算板带轧制三维变形特别是板形的常条元法和线性条元法，理论模型进一步完善。在段振勇老师和左大伟、华中明、华中新等几位实验老师的指导帮助下，研制了测量轧制压力和摩擦力分布的万能式测量工作辊，采用分段式板形辊测量张力分布，在学校的 300 mm 四辊冷带轧机上完成了难度很高的实验研究。博士学位论文《四辊轧机冷轧带材压力摩擦力张力横向分布的理论和实验研究》获得校内外一致好评。北京科技大学和东北大学的评阅专家认为，是一篇“构思新颖”“突出创造性”“自成一家”的优秀论文，一项“系统完整、我国为数不多的领先于国际的重大研究成果”。1988 年 3 月，我顺利通过博士论文答辩，5 月获得学校颁发的博士学位证书，成为我校培养的第一名博士。

回想自己 6 年研究生的经历，有以下几点体会。第一，导师经常对学生进行面对面的指导，不仅指导专业，而且指导人生，非常必要和有效。第二，导师为研究生布置一个有挑战性的课题，有可能会取得突破性成果。第三，导师高深的学问、精湛的技术、严谨的学风，对学生是不言自明的激励和要求。第四，以一位导师为主，指导小组集体指导，是提高研究生培养质量的有效方法。第五，研究生要充满激情，坚定自信，积极进取，敢于挑战，聚精会神搞研究，不被外界所诱惑。第六，研究生要特别重视向导师学习创新精神和思维方法，要经常反思为什么导师能够提出高大上、新奇特、深细严的问题和方法，自己应该如何努力提高提出问题、解决问题的能力和水平。

三

1988 年 3 月，我结束在富拉尔基的学生时代，在东重秦皇岛分校即燕山大学完成博士论文答辩，留在燕大工作。当时学校初建，没有专门的图书馆，图书资料中心设在材料系的第三层楼里。教学楼不够用，有些毕业设计在临建的平房里进行。教职工住房很少，许多年轻教师在学校周围的村子里租房住，我租住在学校对面的山东堡村。除了教学科研工作，还会参加校园绿化和实验室建设活动。尽管条件艰苦，但有东重培养的艰苦奋斗的作风，大家仍然充满激情和信心地工作。

博士毕业工作后，需要过两关。第一是教学关，要通过教学实践，做一个称职合格的教师。第二是科研关，要能够自主选择和主持研究课题或方向。根据东重的传统和专业的要求，我立即投入教学和实验室工作。对科研，我根据自己的基础和兴趣以及当时国内外的情况，选择以条元法为特色的板形理论和板形控制为研究内容，以使其技术化和工程化为目的，作为努力方向。

前 6 年，教学工作为本科生主讲《轧钢设备及工艺——钢板轧机》，指导生产实习、毕业实习和毕业设计；为研究生主讲《板形理论和板形控制》，组织学位论文答辩。这些工作使我进一步夯实拓宽了自己的专业知识，锻炼了教学能力。特别是连续 4 年带领学生去武钢、鞍钢进行生产实习和毕业实习，使我对钢铁生产的品种、工艺和设备有了比较全面深入的认识和理解，为教学科研和管理工作奠定了坚实基础，积累了鲜活案例。现在来看，产教融合培养人才确实必要有效，但需要建立一套运行机制，发挥企业和学校的积极性。科研工作，提出模拟板带轧制三维变形的三次样条函数条元法，进一步完善提高了板形理论模型。参加完成西南铝加工厂高性能特薄铝板开发，对引进的 1 850 mm 四辊冷轧铝带轧机板形板厚控制技术进行学习研发。主持完成西安带钢厂 400 mm 四辊冷轧机组成套设备研制，西安带钢厂易地搬迁冷轧带钢及其深加工项目可行性研究与工程设计，弥补了工程技术和项目管理的短板。同时，加强英语学习，通过国家水平考试，进入北京语言学院出国部学习了一年意大利语。

1993 年 10 月至 1994 年 9 月，赴意大利罗马大学和国家材料研究中心访学研究一年。其间，完成了带钢变形与轧辊变形的耦合计算，提出了板形判别的条元法模型，开发了板形设定控制计算软件，为工程应用奠定了基础。感受了意大利古老灿烂的文化，对历史古迹保护的重视，对中国文化的赞赏推崇和对中国人民的尊重友好。但由于文化的不同，又客居异国他乡，心常常回到国内。回校后，我作了一场“出国是进行爱国主义教育的好方式”的报告。以亲身经历和体会告诉大家，中外经济技术和生活水平的差别不像传说的那么大，要找到主人的感觉，心灵的归宿，作出更好体现价值和内心满足的成果和贡献，还是回国好。

1994 年 9 月回国后，在前期积累成长和国内外学习提高的基础上，适应学校和国家社会快速发展的需要，抓住时代提供的机遇和组织提供的平台，我集中精力开展了一系列重要的科技创新和人才培养工作。

在科技创新方面，主持完成政府科研项目 20 多项，如国家科技支撑计划项目、国家高技术研究发展(863)计划项目、国家科技重大专项项目、国家自然科学基金项目，教育部和河北省的项目。主持完成企业科研项目 30 多项，如宝钢、鞍钢、河钢、马钢、凌钢等钢铁生产企业的项目，一重、中冶赛迪等钢铁技术装备设计制造企业的项目。这些项目，有基础理论研究，有工程技术研发，还有成套装备研制。主要创新是：一、创建以条元法为特色的板形控制理论模型体系和工程设计软件，实现高精度高速度板形控制工艺设备设计。二、提出通道解耦理论模型，研制冷带轧机整辊无线智能型板形仪，实现高精度板形检测。三、提出解耦控制策略和动态解耦控制模型，研制冷带轧机机理智能板形控制系统，实现高精度高速度板形控制。四、研发带钢平整关键技术和成套装备，实现高精度延伸率和板形控制。五、创建国家冷轧板带装备及工艺工程技术研究中心，打造一个“顶天立地”的科技创新平台。将创新成果应用于我国 40 多套钢带、铝带、铜带轧机上，取得达到国际先进水平的技术效果和重大经济社会效益，为提高我国板带轧制质量和工艺装备智能化水平，打破国外垄断封锁，消除“卡脖子”隐患，作出了贡献。标志性成果“板带轧机板形控制的理论体系、数学模型、仿真软件及其应用”获 2004 年国家科技进步二等奖和中国机械工业十大科技进展，“冷轧板形控制核心技术自主研发与工业应用”获 2011 年国家科技进步二等奖，“带钢平整关键技术和成套装备”获 2009 年河北省科技进步一等奖，“带钢冷轧机整辊式板形仪和板形控制系统”获 2015 年河北省技术发明一等奖，“带钢平整设备工艺及控制关键技术”获 2009 年中国机械工业科技进步一等奖，“整辊镶块智能型冷轧带钢板形仪”获 2010 年中国机械工业技术发明一等奖。研究成果还获得一批发明专利和计算机软件著作权，发表了大量的学术论文，获中国科学技术协会优秀论文奖和中国机械工程学会优秀论文奖。主持制定国家标准 2 项，出版专著 4 部。

科研工作的主要体会是：一、根据三个面向或需要选题，即面向科技前沿，面向国家需求，面向社会需要，都可成为科研的出发点和归宿地。二、兴趣与热爱，使命与责任，都可以成为工作的动力。三、专注一个方向坚持数年，终会形成特色优势，与时俱进交叉融合，定能不断丰富提高。四、科学、技术、工程一体化，以基础研究为先导，以技术创新为关键，以工程应用为目的，形成完整的链条，是值得重视践行的科研道路，也是切实提高科技实力的研发模式。五、项目、基地、成果一体化，以科研项目为载体，以基地建设为平台，以创新成果为目的，实现协同发展多方共赢。六、科研应追求解决问题，把成果用起来，把效益创出来。科研应追求简单，使成果便于理解表达和应用。

在人才培养方面，结合科技创新和成果转化，培养了30多名博士研究生和一批硕士研究生，为本科生主讲了《板带轧机计算机控制数学模型》和《板形检测与控制》。结合学校管理工作，为全校学生和青年教师做了大量的讲话、谈话和致辞。在指导的博士研究生中，郑振忠提出了模拟冷轧带材三维变形的流线条元法与条元变分法，彭艳、王东城建立了板形设定控制模型软件和快速精准算法，张秀玲、何海涛和单修迎建立了板形控制的影响矩阵模型、动态矩阵方法和机理智能模型，王英睿提出了模拟热轧板带三维变形的条层法与流面条元法，杜国君、申延智、孙建亮和郑永江建立了板带轧机扭转振动、混沌分叉、垂直振动和空间振动模型，贾春玉建立了板形控制的模糊神经模型，华云松、杨利坡、李兴东、刘云飞和高朋研发了热轧板带辊型在线检测技术、热力耦合模型、辊型控制技术、组织性能预报和高压水除磷模型，马庆龙研发了带钢平整关键技术，于斌、王义栋研发了带钢局部凸起和断面控制技术，于丙强发明了整辊镶块式和无缝式板形仪，陈英杰、孙亚波提出了薄板弯曲回弹变分法和板形判别降阶模型，兰兴昌、陈素文建立了模拟热轧管材和筒节三维变形的条元法模型，吴海淼、李荣民建立了板形检测辊优化设计和误差补偿模型，马晓宝研发了硅钢边降控制的辊型优化新技术，于华鑫发明了板形检测无线式信号传输装置和信号解耦方法，秦大伟研发了带钢热镀锌镀层厚度控制技术。彭艳成长为国家“万人计划”领军人才和国家工程技术研究中心主任，王义栋成为鞍钢股份公司总经理，其他博士成为高等学校、研究机构和大中型企业的骨干人才。

人才培养的主要体会是：一、教学相长，教育学生同时也提高教师的能力和水平，学生提出的问题，可以促进科研深入和提高，甚至开辟新的研究方向。二、教学科研相辅相成，深度融合一体化，既是教师的职责要求，也是科研工作的应有之义。三、要把研究生当成人才培养，而不是当成劳动力使用。四、统筹研究工作需要和研究生基础兴趣，为研究生选择具有一定难度和意义的课题。五、项目、成果、人才一体化，以项目为研究任务，以成果为关键标志，以人才为教育目的，让研究生在科研实战中锻炼提高，实现科研发展和人才培养的双丰收。

四

作为一名高校教师，如果有机会做管理工作，还需要过第三关——管理关。要通过管理的学习和实践，锻炼提高规划安排分管工作和协调各方面关系的能力，做一名合格的学校管理工作者。

我从1988年年末开始，任轧机研究所副所长7年，主管专业教学和研究生培养工作，锻炼了制定培养方案、教学计划和进行课程教材建设、学科专业建设的能力，对学科专业的运行和管理有了深切的体验。从1996年年初开始，担任研究生部主持工作的副主任和主任4年，进一步规范了学位管理与研究生教育工作，新增了一批博士点、硕士点、博士后流动站，扩大了研究生规模，在齐齐哈尔、大庆、酒泉等地开辟了一批校外培养基地，积累了学科建设和研究生教育的经验。从1999年9月开始，担任副校长4年，主管本科和研究生教育。在全校开展教风、学风、校风大讨论，加强了“三风”建设。狠抓外语和计算机教学及水平考试，提高了通过率。严格学籍管理和毕业要求，保证和提高了毕业生质量。通过本科教学评估，总结了办学经验和特色，加强了教学建设。新增一批博士点、硕士点、博士后流动站，机械设计及理论学科成为我校第一个国家重点学科。积极参加全国高等教育学术会议，特别是在国家教育行政学院学习三个月，提高了高等教育理论水平，学习了办学治校先进经验，升华了对于大学的理解和追求。

2003 年 9 月至 2019 年 4 月，担任校长 16 年，加强顶层设计，提升办学实力。提出燕山大学校训、十大建设工程、面向工程和深化实践的工程教育理念模式、科学技术工程一体化科研模式、发展繁荣文科战略，主研提出燕山大学精神。主持制定“双一流”建设中长期规划，实现河北省、教育部、工信部、国家国防科技工业局四方共建燕山大学，加入北京高科大学联盟。形成以工为主、八个学科门类协同发展、层次结构不断优化的多科性大学，综合办学实力和科技竞争力提升 20 名。

掀起创业高潮，化解巨额债务。着力推进西校区建设，增加校园建筑面积 65 万平方米，教职工住房及房地产开发面积 50 万平方米。通过房地产开发、零散校区出售、政府化债等方式，筹措建设经费 13 亿元，稳妥化解巨额债务。学校固定资产总值由 10 亿元增加到 40 亿元，年度运行经费由 2 亿元增加到 13 亿元，仪器设备总值由 1.6 亿元增加到 8.3 亿元，科技研发经费由 2 亿元增加到 4.5 亿元。办学规模扩大 1 倍，一本学生由 17 756 人扩大到 23 546 人，研究生由 1 320 人扩大到 8 322 人，留学生由 29 人扩大到 200 多人，学生结构不断优化。在美国托利多大学开办孔子学院，与澳大利亚科廷大学合作举办本科和硕士项目。将里仁学院办出品牌，成为中国顶尖独立学院并进入前三名，学生规模从 16 000 名缩减到 5 000 名，承担学校部分债务，为学院转设做好准备。将里仁学院招生指标调整到校本部，扩大一本和研究生规模，为学校发展贡献里仁力量。

强化战略管理，打造特色亮点。推进人才强校战略，实现中国科学院院士、国家自然科学基金创新研究群体、国家“万人计划”领军人才、国家 973 和 863 计划项目首席科学家、教育部长江学者创新团队、国防科技工业创新团队等重大突破，长江学者、国家杰青、国家百千万人才工程人选等成倍增加。加强本科工程教育，作为教育部选定的两所高校之一，工程专业国家认证接受《华盛顿协议》国际专家的观摩考察，支撑我国正式加入《华盛顿协议》国际工程教育组织。11 个专业通过工程教育专业认证，进入全球第一方阵。强化学科专业建设，国家重点学科增加 4 个，一级学科博士点增加 11 个，实现工程博士专业学位点突破，博士后流动站增加 8 个，国防特色学科突破增加到 5 个，工程、材料、化学三个学科进入 ESI 全球排名前 1%，机械工程在国家第四轮学科评估中取得 A 类成绩，国家一流本科专业突破到 13 个。在河北省“双一流”建设评估中，取得学校第一名，机械、材料两个学科第一、第二名的好成绩。进行学科专业调整优化，撤销、转移、增列一批博士、硕士、学士学科专业，设立人工智能与机器人学院。提高科技创新和教学创新能力水平，获国家科学技术奖 18 项，国家教学成果奖 1 项，中国科学十大进展 2 项，陈嘉庚科学奖 1 项，全国百篇优秀博士论文 2 篇。面向国际科技前沿和国家社会重大需求，新建国家创新创业平台 12 个，包括国家重点实验室、国家工程技术研究中心、国防重点学科实验室、国家创新人才培养基地、国际科技合作基地、国家众创空间、国家技术转移示范机构、国家专业技术人员继续教育基地、燕山大学出版社等。推进校院两级管理体制改革，深化人事分配制度改革，实行领军人才和拔尖优秀人才年薪制，不断大幅提高师生工资待遇。实行精细化管理和专业化服务，不断提高管理服务水平。顺应新时代新要求，面向新科技新产业，规划新兴研究领域和研究方向，促进学科交叉融合和协同发展，设立三个研究院和三个研究中心，即人工智能与机器人研究院、海洋科学与工程研究院、康养产业技术研究院，高压科学研究中心、纳米能源材料研究中心、特种运载装备研究中心。

2011 年至 2015 年，兼任国家工程技术研究中心主任 4 年，获得 1 项国家科技进步二等奖，承担完成 1 项国家科技支撑计划项目，工程中心顺利通过科技部验收，成为河北省首批协同创新中心，教育部首批省部共建协同创新中心，河北省“巨人计划”创新团队。

在担任校长期间，建立了学校与杰出校友丁薛祥同学的联系。2008 年秋，经计划安排，在从上海浦东机场至秦皇岛山海关机场的飞机上，拜访了来校参加东重锻压 78 级 30 年同学会、时任上海市委常委和秘书长的丁薛祥校友及夫人，并应邀到其邻近空座交流。随后，在燕山大学看望招待了丁薛祥夫妇和锻压 1978 级的校友们，并参加他们的同学会活动。2013 年丁薛祥校友从上海到中央工作后，安排学校办公室通过电话与丁薛祥办公室联系，表达 了代表学校去北京看望问候的愿望。2017 年 10 月丁薛祥当选中央政治局委员后，我立即与孟卫东书记联名代表学校致函祝贺，报告学校情况，并留下学校办公室联系电话。丁办人员告知校办，领导收到贺信。这些工作，为丁薛祥校友后来与学校联系奠定了基础。

管理工作的主要体会是：一、管理是更大的使命和责任，要利用更多资源和机会，实现快速健康发展。二、管理服务他人，拓宽领域视野，扩大人生格局，提升人生境界。三、要敢于在危机中孕育新机，爬坡过坎，滚石上山。四、要善于听取意见，发挥众人所长，具有独立见解，敢于拍板负责。五、理想信念和顶层设计要落实到真抓实干，深耕细作，才能取得实效。六、管理具有专业性和复杂性，需要认真学思践悟，才能不负职责使命。七、一代人有一代人的机遇，一代人有一代人的使命，一代人有一代人的挑战，一代人有一代人的创造。八、办学育人是个慢功夫，需要时间和耐心，要久久为功，压茬推进。端正先进的校风和文化，是学校持续健康发展的软实力。九、既要有事在人为、敢于取胜的决心，又要有谋事在人、成事在天的理性。既要有功成不必在我的胸怀，又要有功成必要有我的担当。十、坚持党的领导，维护领导班子团结和学校大局稳定，是有效开展工作的前提和保障。

五

得益于上述成果贡献和组织的信任培养，个人相继获得国家百千万人才工程人选，国务院特殊津贴专家，全国五一劳动奖章获得者，全国优秀科技工作者，全国学生喜爱的大学校长，河北省高端人才、省管优秀专家、燕赵学者、“巨人计划”领军人才、杰出专业技术人才等荣誉称号。

在燕山大学学习工作43年，研究板形理论和控制技术38年，从事教学科研和管理工作33年，回国工作26年，一路上也看过其他的风景，但还是觉得燕山大学好，板形控制有干头，教育教学有意义。一个人的成长和发展，要感恩时代提供的机遇、老师给予的培养、组织提供的平台、同志们给予的支持，个人要努力做好抓住机遇的准备。顺利时，要积极努力工作，多出成绩多贡献；不顺时，要深度思考充电，准备再度出发。人生需有理想信念和原则，不能随风起舞缺乏定力。激情燃烧的奋斗，当然精彩动人，宁静深思的时光，也是美妙境界。人生没有模板，每个人都有不同的机遇过往和感受觉悟，别人的经验只能借鉴参考。从管理岗位上退下来，专心致志地学习研究和培养学生，这是我在新时代的使命和责任，也是兴趣与热爱。

本文真实记录个人有意义的经历和感悟，是为本书前言。

本书的撰写、编辑和出版，为我提供了总结提炼自己从事教学、科研、管理工作的好机会。本书上卷和中卷收录了有代表性的专业技术研究论文，感谢研究团队的老师、同志和研究生们的指导、合作和支持，感谢王东城博士带领宋明明、张帅、徐扬欢3名博士研究生和10多名硕士研究生对这些论文的搜集整理和阅读校对工作。本书下卷收录了有关高校研究和学校建设的论文、报告、报道和总结，感谢学校领导和同志们的支持和帮助，感谢蒋仲伟、张振华、甄红军、陆军、姜文超、刘效园等同志对本书第七篇有关讲话和工作报告所做的工作。感谢燕山大学出版社的热情支持和辛勤高效的工作。对本书存在的错误缺点和不足之处，恳请读者批评指正。

刘宏民

2020年6月于燕山大学

目　录

下卷　高校研究管理和优势特色建设

第七篇　高校研究和学校建设

要以信仰与保障相结合的理性思维办一流大学 …… 3
秉承校训精神，努力建设特色鲜明的高水平大学 …… 9
科学、技术、工程："三位一体"科技工作新思路 …… 12
教育管理实践与理论研究的哲学反思 …… 16
高等教育质量构成的宏观透视 …… 21
建构中国大学的现代学术理念 …… 27
发挥高校学科优势，促进国防科技创新 …… 31
多科性大学的文科发展战略 …… 34
梦想的模样 …… 38
如何在未来立于不败之地 …… 39
高校教育质量与科技创新 …… 40
解放思想，持续发展，促进和谐 …… 42
传授，引导，激发 …… 45
源于军工，情系军工，回归军工，服务军工 …… 48
九十年风雨历程，新起点再创辉煌 …… 50
加强教学建设，深化教学改革，努力提高本科教学水平和质量 …… 52
加强教学管理，深化教学改革，推动本科教学质量再上新台阶 …… 54
做一名有担当的人 …… 58
坚守理想信念，创造一流人生 …… 60
关于人生的几个问题 …… 62
深刻巨变的时代：开拓与坚持 …… 64
做人当有大爱、大勇、大恒之心 …… 66
长亭古道，无问西东 …… 68
如何应对未来 …… 70
让生命在报国中燃烧和怒放 …… 72
成为有定力、有韧性、有温度的人 …… 74
塑造更好的自己 …… 76
以学生为本，培养适应社会需要的创新创业人才 …… 79

打造"顶天立地"的国家工程技术研究中心 …… 82
吹响建设双一流大学的冲锋号 …… 85
以十七大精神为指导，贯彻落实科学发展观，努力推动学校各项工作又好又快发展 …… 87
深化内涵建设，提高管理水平，努力实现学校平稳较快发展 …… 95
贯彻落实科学发展观，提高教育质量和水平，为全面完成"十一五"规划目标努力奋斗 …… 103
以科学发展观为指导，贯彻《教育规划纲要》精神，为全面实施"十二五"发展规划开好局起好步 …… 112
抢抓机遇，乘势而上，奋发有为地推进高水平大学建设 …… 122
乘两会东风，谋科学发展，努力开创高水平大学建设新局面 …… 133
抢抓机遇，深化改革，努力开创学校各项事业新局面 …… 142
全面深化改革，抢抓发展机遇，为圆满完成"十二五"规划目标而努力奋斗 …… 150
做好"十三五"规划开局工作，奋斗开创特色鲜明的一流大学建设新局面 …… 159
稳中求进，奋发有为，全面深入推进"双一流"大学建设 …… 170
聚焦内涵建设，着力高质量发展，奋力开启新时代"双一流"建设新征程 …… 180
打出创新组合拳，理清思路再出发，奋力谱写新时代全面建设特色鲜明一流大学新篇章 …… 191

第八篇　学科平台建设

国家冷轧板带装备及工艺工程技术研究中心可行性研究报告 …… 203
国家工程技术研究中心综合评议验收汇报 …… 233
现代轧制技术与先进钢铁材料协同创新中心 …… 274
国家重型机械协同创新中心组建情况汇报 …… 300
创新人才培养示范基地建设 …… 337
燕山大学"双一流"建设中期情况汇报 …… 349
以面向需求、项目教学、工程训练为特色的本科工程教育 …… 379
整辊无线式板形仪和机理智能板形控制系统 …… 409

第九篇　媒体报道

首台国产化冷连轧机板形测控系统研制成功 …… 429
燕山大学校长刘宏民：在负重奋进中实现全面提升 …… 430
誓当科技报国的"追梦人" …… 435
燕山大学校长刘宏民：争做国家重大科研战略的"国家队" …… 442
刘宏民校长荣获"2016 年学生喜爱的大学校长"称号 …… 443
打造科学、技术、工程一体化的国家平台 …… 445
刘宏民校长应邀为国家教育行政学院作主题报告 …… 451

刘宏民及其研究团队:让国产装备也能赚80%的利润 …… 452
刘宏民校长应邀在2016年中国高等教育学会学术年会作大会主题报告 …… 454
刘宏民校长应邀参加中国高等工程教育峰会并作大会主题报告 …… 456

第十篇　代表性成果

教学科研成果和人才荣誉称号 …… 461
十六年校长工作主要办学成就 …… 467

第七篇　高校研究和学校建设

要以信仰与保障相结合的理性思维办一流大学

作为一名大学校长，怎样才能办出一所一流大学？办出一流大学的关键因素有哪些？这些关键因素怎样去决定一所大学是否卓越？回答好这些问题不仅关乎大学校长个人能否圆满履职，更关乎一所大学的长久发展及对青年人的影响。通过与国内外大学校长的交流发现，在论及怎样办好大学时，有些校长强调大学要用价值观去影响学生，而有的更看重办学经费和师资队伍等硬件类保障因素。这种显著差异引发了作者的思考，虽然两种办学观念的着力点各有其合理性，但如果我国高等教育事业力求奋起，直追和实现弯道超车，就需要同时兼顾两个层面的六个要素，即精神支撑层面的理想、价值、责任，物质保障层面的人才、经费、管理。办学治校要强调坚定信仰和强化保障，而不能割裂地单独重视精神力量或物质力量。唯有将精神因素和操作措施相结合的观点落到实处，才能办成受到社会认可和公众尊重的一流大学。

一、理想、价值、责任是办大学的精神支撑

在知识更新周期日益缩短的今天，知识技能的有效期和保鲜期也越来越短。一所大学最重要的内生前进动力和对学生最关键的影响，就是大学所坚守的理想、价值、责任。沿着办学信仰坚定前进，一所大学才有可能特色鲜明和出类拔萃，培养出一流人才。

（一）大学的理想是什么

理想是远方指引我们前进的灯塔，大学的理想应该具有值得崇敬的高远志向、家国情怀和道德感召力，虽然不易实现却值得我们为之不懈奋斗。譬如，普林斯顿大学的办学理想为“为国家服务，为社会服务”[1]、耶鲁大学的办学理想为“光明与真理”[2]、西点军校的办学理想为“责任、荣誉、国家”。虽然每所大学的办学理想不同，但是，在为国家服务的基础上，为世界作贡献；崇尚学术与创造，追求真理与光明；打造引领推动社会发展的人才摇篮、精神家园和创新高地，应该成为大学的共同追求。愿景决定高度，愿景决定成就，远大的理想是我们办学时的“最高纲领”。可能大学的一代人、几代人、十几代人都未能实现这个“最高纲领”，但是只要成为一所大学师生员工的坚定共识和不移信念，就可以通过日积月累不断趋近目标。虽然有时候理想会像数学中的极限一样即使无限接近也无法到达，但在蓦然回首间会发现，原来我们在忘我地追求理想的同时已经远远地走到了别人前面，这就是理想的力量。

大学的理想应该具体地存在于教师和管理人员心中，大学教师有传道的职责，也有更为丰富的人生体验，他们要把理解得日渐透彻的理想“传道”给大学生，并且身体力行、率先垂范；大学理想应该存于青年学生心中，这些青年肩负民族复兴使命，走向五湖四海、四面八方，将迸发出更为巨大的力量。大学理想的内核应该包含爱国主义乃至更为悲悯爱人的情怀，而且要坚决地反对民族虚无主义，因为世界上的所有强国无一不是将爱国主

义作为国家的核心价值观念。“科学无国界，科学家有祖国”是不争的事实。由中国近代百余年的历史可见，民族苦难激发出的爱国主义情怀是真挚而感人的，怀揣着报国理想的知识分子群体，大师云集，星光璀璨。所以，产生优秀人才的最根本因素不是国家的富裕程度，而是最高尚纯洁的理想。

（二）大学的价值是什么

对一所学校而言，价值是办学理想指导形成的价值观，这个价值观是整个大学的共识，引导着办学方针和行动路线的形成。柏林洪堡大学在创立之初即追求“研究教学合一”和成为“现代大学之母”的办学理想，相对于中世纪大学不重视学术研究而主要培养实务型人才的培养理念，柏林洪堡大学形成了坚定的办学价值观：大学应该是“知识的总和”，教学与研究并重，以高深的知识作为教育的目标和追求[3]。这个价值观融入了新的高等教育实践，柏林洪堡大学率先把实验室引进大学，开创了现代大学专业教育的先河。这所有着鲜明价值观的大学在第二次世界大战前成为世界学术的中心，先后产生过29位诺贝尔奖得主，校友名单里包括黑格尔（Georg Wilhelm Friedrich Hegel）、叔本华（Arthur Schopenhauer）、爱因斯坦（Albert Einstein）、海涅（Christian Johann Heinrich Heine）、马克思（Karl Heinrich Marx）、恩格斯（Friedrich Von Engels）等。

除了定位于办学的价值观，大学也应帮助学生确立恰当的取向和标准去衡量个人生活的价值、学习的价值、工作的价值，让他们能平和地看待富贵和贫穷，有能力去探寻生存的终极意义。大学帮助大学生形成健康的价值观极为重要，因为我们经常要在纷繁复杂中作出价值判断。之所以用“健康”而非“正确”一词来搭配价值观，就是因为在多元化的社会中界定正确与否极易偏颇，但确定的是，好的价值观一定能让人持有健康的生活态度和行为方式。青年人在当今社会有了更加多元的选择，要想能在浮华世界中不随波逐流，有定力、有主见，就必须具有荷花般出淤泥而不染的价值自信：相信奢靡无度的物质生活不是努力奋斗的真正目标，相信为了更多人的福祉而努力才能获得满足感，相信拾金不昧、助人为乐、见义勇为是应尽的义务；从内心深处尊敬中国优秀传统文化和社会主义核心价值观，追求自由、平等、公正、法治等理念，奉行爱国、敬业、诚信、友善等信条。

大学教师正是通过言传身教影响大学生价值观的关键群体，这就要求教师们要先于大学生养成健康的价值观。如果讲台上的教师眼里都是钱财，口中“言必呲中国”，处处行为不文明，那么讲台下的学生又从何处获得正能量？学校在培养优秀教师的过程中，除了要提升教师的知识储备、教学技能外，更要尽一切努力将师德师风建设做细做实。虽然这项工作相对抽象、不容易立竿见影，但的确影响深远。所以，大学价值的养成要从教师入手，在不断提升教师道德情操水平的同时，也应以更平易近人的方式向大学生传播健康的思想道德观念。

（三）大学的责任是什么

责任是需要重复的信条，因为责任就是我们每时每刻应该做到的事，是一种不容推卸的义务。理想和价值赋予了大学和个体献身民族复兴、增加社会福祉的道德力量，而责任要求行为主体将道德情操转化为实际行动。

一所大学的责任感同样来源于理想

和价值。新加坡南洋大学的建立初衷是满足马来西亚、新加坡地区华人接受华文高等教育的迫切愿望,筹募基金运动得到了东南亚华人的空前响应,陈六使等创办人也深感肩头责任重大。南洋大学从创建之初即面临不受殖民地政府承认的大学地位、第一任校长林语堂辞职、学位不被承认等困难,但学校管理层以极为难得的责任感,殚精竭虑改进教学、科研条件,最终由于卓越的人才培养质量逐渐获得官方承认[4]。当学校的管理层面临决策困局时,就当以办学理想和价值作为行为依据,为了学校的前途和多数人的利益勇于担当,不因为小我的荣辱得失而错失重大发展机遇。

责任明确任务,责任指导执行,责任也是大学要教会学生践行的“最低纲领”。一名大学生如果难以做到助人为乐、见义勇为和淡泊名利,他至少要去履行责任,这是做人的底线。对待家人,他有为人子女、为人父母、为人夫妻的责任;对待工作,他有职业道德和从业规范需要恪守;对待社会,他有文明公德和诚信仁爱需要践行。大学在向青年学生传授各种知识、技能之时,必须审视大学是否教会了学生履行责任。没有人生理想,不会判断价值,仅仅会让一名青年平庸一点,但是如果青年没有责任意识,则真的是学识愈多对社会危害愈烈。大学教师的以身作则也很重要,大学生的责任意识不仅来源于教师的口头灌输,更在于眼中的教师们如何履行教育责任,是精心备课还是敷衍塞责?身教比言传更能让学生们领会责任的内涵。

综上所述,为什么办好大学需要远大的理想、坚定的价值、明确的责任?“人无头不走,鸟无头不飞”,如果人的头脑中空空如也,即使有强健的体魄也不过是蹉跎岁月的躯壳。同样的道理,纵然有全世界最宽阔整洁的校园,最人才济济的师资队伍,最丰沛无忧的办学经费,最精益求精的管理体系,如果学校的领导层和师生员工仅仅把工作、学习的终极意义锁定于衣食无忧的生活,那么这所大学也不可能成为一所优秀的大学。因为这所学校师生员工的追求还位于马斯洛(Abraham H. Maslow)需求层次的下层,无法激发出实现价值的强大动力,学校不会变得卓越,师生会依然平庸。

二、人才、经费、管理是办大学的运行保障

保障因素不是办好大学的充分条件,却是必要条件。大学要发挥人才培养、科学研究、社会服务和文化传承四大功能,无法脱离师资队伍、科研平台、办学环境而孤立存在。人才、经费、管理是高等教育最关键的三个保障因素。

(一)办学需要人才

大学的办学人才既包括优质生源,也包括高水平的教师和行政管理人员。高考制度是保障教育公平的一道重要防线,高考分数线对青年学生的智商和学习能力进行了基本合理的划分,我国名牌大学和重点大学的生源具有更强的知识学习和科技创新能力。在接收到良好的理想、价值、责任教育后,学习能力强的大学生也将拥有更出色的职业能力和更自信的人生态度。但是,只要有志于增进社会福祉,毕业于一般高校的学生也同样有人生出彩的机会,尽管一些IT业巨头,很多毕业于名牌大学,但也有毕业于一般院校的。可见,优质生源有助于建设高水平大学,但不应过分迷信生源因素。

一所高水平大学的教师应该兼具较强的教学技能和科研能力。中小学教师的任务是传授已有知识，所以其工作重心在教学技能。但是大学教师不能仅仅做一名知识传递的二传手，还要能够引导学生结合社会需求学习技能，激发学生的创新创业热情。这就要求大学教师从事科学研究，即使无法成为本领域的一流专家、学者，也至少能够帮助学生开阔专业视野，了解专业前沿。往往以科研为导向的大学重视教师的科研能力，而以教学为导向的大学重视教师的教学能力。合理的办学方针是鼓励大学教师教学与科研协同，办学指挥棒应有意识向这个方向挥动。

专业的管理人员是高校从平庸脱颖而出的关键因素，对于师资、生源、经费类似的高校，决策质量高低、执行力强弱、精益化管理程度最终会使高校表现迥异。管理因素在企业竞争生态中表现得更为明显，管理水平的优劣可以决定企业的存废。在办学过程中，重视管理人才的培养不应是一句口号，而应该落在实处。

（二）办学需要经费

经费是各项事业开展的基础，有了办学经费而没有妥善利用办不成高水平大学，没有经费谈办学则是空谈。因此，大学办学经费就涉及两个问题：一是如何获得足够的经费？二是怎样让经费的效益最大化？

我国大学的办学经费主要来自行政拨款，除了部属高校外，办学经费的充沛程度主要取决于地方经济发展程度。因此，我国北方省份高校的办学经费普遍低于南方经济发达省份的办学经费。如果用两所原来发展情况相近的南北方高校作对照，北方高校要实现与南方高校相同的发展速度，就要克服资金不足的困难。这种现状导致了一些依靠自身奋斗发展较好的高校没有得到应有的重视和支持。

当面临经费匮乏的局面时，等待是无法发展的，指望经费充沛时再大展拳脚就会错失建设机遇，而且高校间差距会越来越大。如果因为缺少经费就停步不前，那么一所羸弱的大学就更会失去社会和国家的认可，就会进入更为悲观的恶性循环。在政策允许的情况下，即使举债也要咬紧牙关负重前行。少数顶尖名牌大学既有充沛的行政拨款，又有大量的捐赠资金，而大多数高校则必须向办学经费要效率。办学经费主要用于发展建设还是改善教职工待遇？主要用于聘请高水平人才还是投入教学科研平台建设？这些关系都需要平衡妥当，也是学校发展战略的具体体现。

（三）办学需要管理

如果把大学比喻成一台电脑，那么大学的管理体系就可以视作电脑的操作系统，学校的管理水平决定了一所大学运行的是古旧的 Windows 95、Windows 2000 系统，还是一般的 Windows XP 系统，抑或是最先进的 Windows 10 系统。

从目前普遍的情况来看，近年来高校管理人员基本是硕士以上学历，管理队伍的个人素质、行政素养和学习能力都是合格的，关键是如何让管理队伍发挥管理潜能。学校需要加强三方面工作。一是用大学文化凝聚管理队伍。管理人员应对学校怀有认同感、归属感和责任感。大学的理想、价值、责任不仅要让师生认同，更要让管理人员由衷认同和深刻理解，在积极向上的文化氛围熏陶中，管理人员要把学校的各项工作当作事业去珍惜、去开拓，而不限于当作职业中日常完成的任务。二是用先进制度提升管理效率。工作制度是管理实施的载体，管理人员通过对学校各项规章制度的解读和执行将学校的办学理念具体化。要让高素质的管理人才有用武之地，就要在源头和上游制定出符合实际的高水平管理制度，为个人价值实现与学校发展相结合创造条件。三是用学习培训开拓工作视野。一个组织若想保持竞争力，就需要具备自我学习能力，以适应不断变化的宏观政策环境和微观发展实际。学校要重视对管理队伍的人力资源投入和组织设计，要把提高管理水平作为治校办学的一项重点工作。

综上所述，拥有数量够多、素质够高的师资队伍和源源不断的办学经费，却仍然在运行落后的 Windows 2000，显然是浪费了高速的 CPU、四核的内存和海量的硬盘；如果缺乏高水平教师和办学资金，即使安装了 Windows 8、Windows 10 系统，电脑硬件也无法支持操作系统运行。但与电脑不同的是，如果管理队伍水平够高、能力够强，是可以创造条件筑巢引凤和想方设法开源节流的，具有扩充硬件基础的能力，这是大学系统的自我发展能力。所以，管理队伍和管理能力对提升人才、经费的价值和效率至关重要。

三、信仰要素与保障要素的相互关系

信仰要素重于保障要素。大量的事例证明，理想、价值、责任是办好大学的内在动力和根本因素。很多既不缺师资也不缺经费的大学依然平庸，但是缺人也缺钱的杰出大学却是有的。岳南先生在《南渡北归》一书中，用大量的篇幅讲述了抗战时期西南联大、同济大学的艰苦办学过程，教师和学生经常要中断课程，跑到防空设施躲避日军轰炸，有一次西南联大负责人之一梅贻琦的办公室竟然也被日军的轰炸机炸毁了。冒着生命危险在我国西南边陲工作和学习的联大师生，显然是没有条件谈物质保障的，但是从那个战火纷飞的年代却走出了灿若星河的自然科学和社会科学巨匠大师。这是因为当时的年轻人是怀揣着民族复兴的使命感去学习和搞科研的，这种强大的信仰力量不亚于抛头颅洒热血的革命精神，他们有什么知识技能是学不会、有什么技术难关是攻克不了的呢？

保障要素不可或缺。不考虑战乱年代的特殊背景，放眼今日之世界，若想成为世界一流大学，的确需要拥有一流的办学条件。典型的例子就是香港，人口 726 万的香港在 1104 平方公里面积上举办的 10 所法定大学大多是公认的著名大学，其中香港科技大学、香港大学、香港中文大学在 2013 年、2014 年、2015 年《QS 亚洲大学排名》中均位列前 10 名。从已有的资料可知，大量的香港政府投入和民间资助充分地保障了香港高校的办学经费。依托源源不断的经费，香港高校用先进的科研平台和优厚的待遇募集了大量人才，这在短期的确可以大幅度提升学校的科研实力和办学指标。在经费和师资都相对充裕的情况下，施以适当的管理就可能发掘出一定的科研潜力，这些做法在我国南方的一些高校已经证实过，某些高校通过极为严格的科研指标考核体系，提高了学校在排名榜中的位次。这样的科研工作思路是否恰当，将另外撰文论述。从大学排名或一般标准来看，强调人才、经费和管理这些保障因素确是有效的。

信仰明确而坚定，就能应用好物质条件；仅有优越的物质基础，而没有伟大的目标，也不过是一堆没有生命和价值的房舍和物资。物质条件能在某种程度或某些方面决定一所大学的办学条件优劣，而大学的精神因素能在所有方面决定大学的优劣和存亡。两个层面的六大办学因素不是零和博弈，也不是此消彼长，而是都需要满足和强化。

当下办学的一个重要倾向是重视办学的保障因素，一般以师资队伍、办学经费、高效管理为主，大师也好，大楼也罢，实际上都是保障因素；而我们当下忽视的是精神因素，有时候我们会认为谈理想、价值、责任是假大空的词汇，教育部反复强调两课的重要性也恰恰反映出思想政治教育的薄弱。所以，无论一所大学的科研和教学水平怎样，首先要能够培养对国家和民族有益的毕业生，让他们能够把才智奉献于这片生养他们的土地。对国家社会的贡献率应该是衡量好大学的第一标准。

综上所述，要实现我国有更多的大学和学科进入世界一流行列，到21世纪中叶基本建成高等教育强国，就需要管理层和教职员工从信仰和保障层面共同着力，在传授学生知识技能、引导学生主动学习、激发学生创新能力的同时也赋予他们高贵的精神力量，唯有如此才能培养出真正卓越的学生，坚持这种培养理念的大学也终将成为一所杰出的一流大学。用坚定信仰和强化保障相结合的理性思维去办一流大学，可能正是钱学森之问的恰当答案。

参考文献

[1] 别敦荣，陈梦．普林斯顿大学的发展历程、教育理念及其启示[J]．现代教育管理，2012(6)：105-111.

[2] 李巧针．美国大学校训特征分析及启示[J]．比较教育研究，2010(11)：37-41.

[3] 赵映川．理念为发展奠基：柏林洪堡大学战略规划的文本分析[J]．中南民族大学学报(社会科学版)，2016(2)：177-180.

[4] 古鸿廷．新加坡南洋大学的改革与关闭[J]．南洋问题研究，2003(1)：1-30.

本文原载于《高等教育管理》，2016，10(5)：12-16.

秉承校训精神，努力建设特色鲜明的高水平大学

校训是学校的灵魂，体现了一所学校的办学传统，代表着学校的文化底蕴和教育理念，是学校办学历史和校园文化的积淀，也是学校精神的高度凝练。从哈尔滨工业大学到东北重型机械学院再到燕山大学，学校前后三次经历了在荒地和农田上开辟新校区的创业过程，并在创业过程中逐步形成了“厚德 博学 求是”的校训和“艰苦奋斗 严谨治学 求实创新”的学校精神。对燕山大学来说，在办学历程中逐步形成的校训和学校精神不仅仅是学校的文化内核，还是对学校服务行业服务地方这一办学定位的高度概括，指引着学校建设特色鲜明的高水平大学的方向。

一、发扬艰苦奋斗的精神，积淀协同创新的办学传统

燕山大学的历史与艰苦奋斗的精神分不开。1958 年 8 月，毗邻第一重型机器厂开始动工建立学校。初创时期学校条件异常艰苦，面对校舍奇缺、冬季严寒和繁重的体力劳动等种种困难，全校师生不畏艰难，一边建设校园，一边开展工作，学校很快走上正轨。1959 年首批毕业生顺利毕业。

因为与第一重型机器厂特殊的合作关系，学校在建校初期就采取了教学、科研、生产相结合的办学方针，并初步形成了协同创新的办学传统。1963 年学校与第一重型机器厂联合设计研制了当时国内最大吨位的 120 MN 水压机，这是新中国机械工业第一次腾飞的起点，为新中国工业体系和国防工业的建设发展作出了重要贡献；1967 年双方合作建成了亚洲最大的 300 MN 模锻水压机，装备在重庆西南铝加工厂并服役至今，对于提高我国特种高强度铝合金锻件加工能力作出了重要贡献，被誉为中国工业“四大国宝”之一。学校参与联合攻关取得的代表性成果还有 10 MN 超高压筒式水压机、20 万千瓦汽轮发电机大型护环、大型立挤钢管液压机，等等。这些都是当时全国重型机械行业的标志性成果，也是当时历史时期通过校企协同完成的重大科研成果的典型。

在与工厂企业紧密协作的背景下，学校不仅为行业研制了一大批急需的填补国内、国际空白的重型机械装备，还以异常过硬的教学质量为国家培养出了一大批既有理论知识又懂实际操作，同时具备创新能力的高层次人才，他们至今仍然在行业中发挥着举足轻重的作用，学校也因此在 1978 年被国务院批准为全国重点大学，这无疑是对学校面向行业办学的最大肯定。

二、强化特色，严谨治学，以开放的姿态积极为行业和地方经济社会发展服务

1985 年学校契合国家改革开放大势，敢为人先，作出了南迁秦皇岛的重大决定，学校师生再次发挥当年齐心协力建设校园的光荣传统，用自己的双手在短短的十余年时间里稳步实现了秦皇岛校区建立、北校南迁、学校正式更名和燕山大学新校区建设的蜕变。

南迁以来，学校一方面紧紧抓住国家钢铁工业快速发展，装备制造产业升级换代的难得机遇，继续强化行业特色，以更加开放的姿态与国内知名企业、科研院所开展了更全面、更深层次的合作与创新。从 650 MN 多向模锻液压机的前期研究，到宝钢高等级汽车板品种、生产及使用技术研究和 150 MN 自由锻造液压机的研制等我国一些具有代表性的重大装备的研制工作，学校都作出了历史性的贡献。我国重型机械行业历史上的诸多第一也都写下了燕山大学的名字：中国第一台二十辊森吉米尔轧机、中国第一台 H 型钢轧机、中国第一根波纹腹板 H 型钢、中国第一台六辊冷轧板机、中国第一条双层金属卷焊管机组、中国第一套冷轧带钢厚度液压自动控制系统和中国第一套冷轧带钢板形测控系统。

针对河北省是我国第一钢铁大省的有利条件，学校还着力优化提升与地方支柱产业发展密切相关的机械、电气及材料等传统优势学科，发挥学校优势，解决了一大批企业难题。学校还先后与石家庄、邯郸、唐山、沧州等市开展校市合作，与唐钢、邯钢、秦皇岛港务集团、邢台机械轧辊(集团)、开滦集团等大型企业开展了大量校企科研合作，服务行业和地方的能力得到了显著增强。

另一方面，学校继续坚持严谨治学的优良传统，积极践行先进的教学理念。数十年来，学校一直奉行严格的考试制度，重视一线教学力量配置，特别重视基础课。选派教学效果好、教学态度认真负责、职称高的教师担任技术基础课的教学工作。同时学校大力推动“工程教育回归工程”，在全校范围内开展了基于 CDIO 理念的项目式教学改革并取得了显著的教学效果。2013 年学校正式加入 CDIO 国际合作组织，实现了工程教育与国际接轨。在严谨的治学风气下，学校的教学质量得到了充分的保障，学校毕业生以宽厚的学识基础和扎实的实践动手能力为社会各界所欢迎。

三、加强文化建设，凝聚师生共识，以文化引领新时期学校的发展

大学文化，是指大学在长期发展过程中形成的学术传统、文化精神和基本理念，反映了历代师生对大学的总体认知、理想追求和实践探索，是凝聚大学师生力量的精神纽带。

在由单一的工科院校向文理并重、多学科协调发展的综合性大学转变的过程中，文化建设始终是学校的一项重要工作。通过对办学历史的梳理和总结，学校制定了体现学校特色的《燕山大学章程》，为学校完善治理结构、健全内部管理、推进依法治校、实现科学发展提供了制度保障；为加强对学生人文精神的培养，学校连续 11 年开展了“翔燕工程”主题教育实践活动，“知荣明耻、尚德修身、塑造健全人格”“迎奥运传礼仪、重修身创和谐”“弘扬雷锋精神、做全面发展的一代新人”“我的中国梦”等主题既符合时代的发展潮流，又把校训精神贯穿始终，促进了学生的全面健康成长；在思想教育方面，学校一方面通过《教师师德建设工作条例》和《燕山大学学术道德与学术行为规范》规范教师的行为，另一方面不断探索学生思想道德教育的新方法。学校开展的红色旋律系列活动以讲坛、读书会、网络、影院、报刊、宣讲等丰富多彩的形式对学生进行文化引导，在广大学生中产生了巨大而深远的影响，“红色旋律读书会”还获得

全国学校校园文化建设一等奖；学校离退休老同志发挥余热，组建校史宣讲团，把他们自身的经历与学校历史结合起来，每年都对新生进行宣讲，深受学生喜欢；“青年志愿者协会”“雷锋突击队”“原野社”等数十个学生社团常年通过各种活动丰富校园文化氛围。

在全校师生的共同努力下，全校范围内形成了积极健康的文化氛围，在促进学生健康成长的同时还培养了学生的责任意识和担当精神。2014 年 12 月 7 日，燕山大学 23 名学生见义勇为，在冰海中手拉手结成生命长链勇救落水女子，他们的感人事迹得到了学校和社会的广泛好评，他们是学校涌现出的一大批平凡而又可敬的典型人物的代表之一，他们的行为也正是学校文化建设的具体体现。

本文原载于《中国高等教育》，2015(5)：59-60.

科学、技术、工程："三位一体"科技工作新思路

● 新时期的高校科技工作需要对科学、技术、工程这三个概念统筹考虑，理清相互关系，以一体化思路指导工作的顶层设计和具体开展。

● 在高校尤其是理工科高校中，大量的科学、技术成果确有必要通过工程实践评价品质高低，而不应以启发思想为借口逃避实际应用的考量。

● 我国高校科技工作的"虚胖"与经济发展水平是极不相称的，科学发现和技术发明不能停留在论文和专利阶段，要通过优秀的工程建造去实现。

2015 年《政府工作报告》提出，"制造业是我们的优势产业"，要"推动产业结构迈向中高端"。高等教育是科技第一生产力和人才第一资源的重要结合点，在国家发展中具有十分重要的地位和作用。一所具有科学研究功能的高等学校既是培养高层次创新型人才的重要基地，又是开展基础研究和培育高科技创新成果的重要源泉。开展好高校科技工作兼具人才培养和科技创新两大使命，意义重大深远。

我国高校科技工作近年取得的显著成绩举世瞩目，但作为一个崛起中的大国，我国科技创新的实际贡献仍然不大，围绕科学前沿和现实需求催生重大成果产出的导向仍然不够明确，科教结合提升人才培养质量的能力仍然不强。高等学校尤其是理工科高校的科技工作需要探索和引入新的工作思路，大力提升高校创新能力，推动高等教育综合改革，实现创新驱动发展。新时期的高校科技工作需要对科学、技术、工程这三个概念统筹考虑，理清相互关系，以一体化思路指导高校科技工作的顶层设计和具体开展。

一、科学重在发现，奠定创新基础

科学的实质侧重于发现，为改造世界奠定基础。达尔文为科学下过这样的定义："科学就是整理事实，从中发现规律，做出结论。"他认为科学的内涵即事实与规律，科学要发现人所未知的事实，并以此作为进一步研究的基础。康有为在中国最早提出"科学"的概念，此后"科学"一词便在我国广泛使用开来。《辞海》1999 年版本定义："科学是运用范畴、定理、定律等思维形式反映现实世界各种现象本质规律的知识体系。"《现代科学技术概论》定义："可以简单地说，科学是如实反映客观事物固有规律的系统知识。"

综合上述较为权威的定义，我们可以认为，科学是立足于在探知世界的活动基础之上，通过归纳总结和事实验证等认知手段建立的关于客观世界事物本质及变化发展规律的知识系统。唯有系统全面地认识世界，才能应用知识去寻找方法、发明产品。因此，科学在创新过程中处于基础性地位。

二、技术重在发明，推动产业革新

技术是指在生产过程中的劳动手段、工艺流程和加工方法，包括相关的理论知识、操作经验及技巧，是创造物质财富的

实践活动，是劳动技能、生产经验和科学知识的物化形态。我们如果不能把对规律的认识转化为技术，就无法实现自身理性和实际行动的结合，就会停留在发现阶段而无法去改变世界。由于技术具有行动方法的本质，因此技术的使命便不同于科学，在认识了客观世界的基础上，技术的使命是要满足人类对于改变世界的需求。正如英国哲学家罗素所言："技术给了人一种能力感：感觉人类远不再像从前的时代那么任凭摆布了。"技术主要通过各种发明活动去推动产业革新，实现产业升级。通过对英国 18 世纪发明专利数量和类型的统计，有研究者得出结论，"发明活动导致的需求增长是工业革命的启动因素"。

较之于科学，技术对世界的影响是直接的。作为新技术基础的大量科学原理早在工业革命前数世纪就已为人们所知晓，但由于缺乏推广的动力，它们未被应用于产业。在商品经济的强烈刺激下，大量生产方法和产品的发明推动了工业革命出现，第二次和第三次工业革命也有类似的特点。这也解释了为什么古希腊的科学成就灿若星河，却没有成为工业革命的发源地。技术环节是对科学知识的应用，实现从发现到发明的飞跃，体现出创新的本质。

三、工程重在建造，改变世界面貌

工程是科学和技术的应用。狭义的工程可定义为以某组设想的目标为依据，应用有关的科学知识和技术手段，通过一群人的有组织活动将自然的或人造的实体转化为具有预期使用价值的人造产品。广义的工程可定义为由一群人为达到某种目的，在一个较长时间周期内进行协作活动的过程，外延也包含了人文社会科学领域的内容，譬如"希望工程""五个一工程"等。就高校科技工作而言，我们的讨论限定在狭义的工程。工程的实质是人类改变世界的活动过程，每个工程都有改造对象，水电工程影响河流形态，矿山工程改变山脉面貌，通信工程构建通信系统，一个个具体的工程项目通过建设和创造改变世界面貌。

工程和生产都是改变世界的活动，但工程具有进步意义。生产侧重于按照既定的流程和工艺进行，进行刻板的重复劳动；而工程则立足于创造，重在开发新产品和新工艺。中国科学院沈珠江院士用生物进化过程中的遗传和变异来比喻生产和工程的关系，成功的变异和工程类似台阶的上升段，而遗传和生产则相当于台阶的水平段。可见，工程是一种积极的改造世界的活动，是开展科技工作的落脚点。

四、科学、技术与工程关系紧密，互相影响

科学重在发现，是科技创新的基础。科学侧重于描述客观世界的运行规律，是认识世界的知识体系，技术的开发和工程的实施都要依托于基础研究的支撑。

技术重在发明，是科技创新的手段。技术来源于科学，技术进步也会推动科学的发展，譬如发明出功能更为强大的天文望远镜也增强了人类认识世界的能力。技术本身是中立的，不具有目的性的。带有目的性去应用技术就是工程，譬如我国的火药技术既可以制作节日的烟花爆竹，也可以制作枪炮的弹药，如果将火药技术应用于后者就成了军事工程。

工程重在建造，是科技创新的结果。工程是改造世界的活动，是科学发现和技术发明的集大成者，改造世界离不开认识世界这一前提，工程的设计、决策、实施、评价都需要结合具体的科学知识体系；技术是工程的支撑，无论是大到泽被一方的黄河小浪底水利枢纽工程，还是小到一家一户的装修工程，都需要各种具体的技术去实现每个工程环节。

五、辩证思考科学、技术与工程关系

科学、技术与工程三者唯有紧密结合，才能实现科研成果转化和价值贡献，推动经济社会发展。在理工科高等学校开展科技工作，科学、技术、工程应该形成一条贯穿互通的完整链条。这条科技工作链条要推动科学认识转化为技术，要推动技术在工程中实现自身价值，也要用工程拉动科学发现和技术发现以及技术发明。对于一所大学尤其是理工科大学而言，若想真正服务于社会经济，其科学发现和技术发明必须要落脚于工程建造。基础科学研究能否有助于人类更深入地认识世界？创新的技术能否发明实用的产品和推动工艺的进步？实施的工程是否能够向有益于人类文明的方向改变世界面貌？这三个问题组成了衡量高校科技工作水平高低的核心标杆。

当然，这不是绝对的说法，我并不提倡工具主义。某些科学发现和技术发明即使没有应用于工程建造，也不能说没有价值，确实存在一类侧重基础研究的科学和技术；某些人文学科的成果也有类似特点，仅发挥启发功能而没有转化为技术和工程。如果仅以应用于工程建造作为唯一标准来评价成果，显然有失偏颇，对于这一类创新活动应该特殊对待，分类支持。

虽然我并不认为只要是好的科学、技术成果就一定要应用于工程建造，但就我国目前科研成果转化的现状来看，大量的科学、技术成果仍停留在理论阶段或不出实验室，距离直接改变世界面貌、改善生存环境的目标仍有很大距离。在高校尤其是理工科高校中，大量的科学、技术成果确有必要通过工程实践评价品质高低，衡量价值大小，而不应以启发思想为借口逃避实际应用的考量。

六、用科学、技术与工程一体化思路改善科技工作

以我国高校科技工作现状为案例，我们没有去考量大量的科学成果能否转变为有用的技术，能否建造出先进的工程或优质的产品，而仅停留在认识世界的阶段。论文、项目、专利是高校科技评价的关键性指标，对以 SCI 为主的论文评价，一般采用论文数量和对期刊分区分档的方法；对科研项目的评价，主要以项目级别和项目经费来衡量；专利看申报数量。各高校普遍采用越来越细化的量化指标体系，对教师和研究生科技工作绩效进行考核。

这种考核机制在一定历史时期能起到积极作用，但在现阶段国内经济转型升级和创新驱动的背景下，我国巨大的论文和专利数量与实际科技创新能力之间并不匹配：根据中国科学技术信息研究所的调查显示，2004 年至 2014 年的 10 年间，我国共发表国际论文 136.98 万篇，位列世界第二，但平均每篇论文被引用次数远低于世界平均值；2013 年 12 月，联合国知识产权组织（WIPO）发布的世界知识产

权报告显示，2012 年中国专利申请数达到 65.28 万件，连续第二年居全球榜首，但同期的《中国高校知识产权报告》统计数据显示，高校的专利转化率只有 5%，我国的整体专利转化率便可借此管窥了。我国在校大学生和教师数量都是世界最多的，但是我国却鲜有世界顶尖大学。这些现实情况已经不能简单用经济发展水平和投入不足来解释了，我国高校科技工作的"虚胖"与经济发展水平是极不相称的。科学发现和技术发明不能停留在论文和专利阶段，而是要将其价值通过优秀的工程建造去实现。

百年大计，教育为本。高等教育相对于其他教育层次，还肩负着科学研究和社会服务的使命，是我国科技创新的重要力量。作为科技创新源动力的高等学校，应深入研究怎样开展好高等学校科技工作。我结合多年的个人科研工作经历和高校管理工作经验，总结提出"以基础研究为先导，以技术创新为手段，以工程应用为目的，科学、技术与工程一体化"的思路，以充分发挥和实现科技工作的价值，提高科技工作的水平和贡献度，更有效地实施创新驱动发展。本观点供同行参考，希望能为改善高校科技工作做一引玉之砖。

参考文献

[1] 陈昌曙.陈昌曙技术哲学文集[M].沈阳：东北大学出版社，2002.

[2] 王连成.工程系统论[M].北京：中国宇航出版社，2002.

[3] 杜德斌，李鹏飞，王俊松，马亚华.我国高校科技评价体系改革的思考与建议[J].中国高等教育，2013(1).

本文原载于《中国高等教育》，2015(7)：52-54.

教育管理实践与理论研究的哲学反思

刘宏民，朱代春，段景智

办学实践和理论研究不断地向我们提出，学生之间的智力差异、文化差异和品德差异，常常导致学习成绩和操行方面的不同结果。传统教育是总体要求，整齐划一地实施，结果由于忽略教育过程中个体差异性特点而收效甚微。理论研究方面，有些同志虽然承认差异存在.却又在理念方面单独强调国际整体性特征而忽略了民族文化的本质。在教育者方面，有些管理人员往往强调教师教学效果一面，却忽视了教师对学生全面督导的作用。教师和学生的个性都被忽略。从学校看，虽然下大力去抓教育教学质量，但往往因为缺乏研究不同群体真实个性的基础，教育教学质量的提高常常收效甚微。校内人事分配制度改革亦然。有些同志在理论上承认差异和由此导致的社会贡献不同，但在实践上却回避矛盾，追求平均主义。放弃正确引导的责任。

综上种种现象表明，教育教学改革的哲学思想尚需进一步明确，特别是马克思主义哲学中的对立统一规律应该成为教育管理和理论研究的理论基础。本文仅就我们在教育实践和理论研究中遇到的差异性和矛盾性问题，选取典型事例加以分析，作一哲学的反思。

一、要不要正视矛盾和揭露矛盾

差异性强调的是事物之间不同质的规定性，矛盾性则强调事物之间的联系性和统一性。差异和矛盾是对事物或事物群认识的两个方面。事实上，任何差异都会在事物群中反映出矛盾性来，只不过是这些矛盾性往往以一种平衡方式囊括着不同的组织形式而使人得到“统一”的总体感觉。差异性的转化往往是在总体统一中的内部矛盾斗争中酝酿和完成的，是由量的渐进和质的最终转化为其结果的。差异性转化标志着旧统一的完结和新一轮统一的开始。教育教学改革正是在这一哲学过程中进行的。对于改革后形成的新秩序仍然要接受这一哲学过程的筛选、改造和提高。其中，承认事物间的差异性和矛盾性，在解决矛盾中强调管理者的正确导向作用，这应该是教育教学改革的核心问题。中国高等教育教学改革实践已经证明这一点，燕山大学的教学管理实践也能证明这一点。

由于旧有教育的惯性，有些学生虽以高分考进了燕山大学（以下简称燕大），但他们学习上缺乏自制力。2002 年秋季学期竟有 120 名同学四科不及格。围绕这些学生的处理，校内一时意见颇多。有些同志认为，这种现象其他学校也有，都没有公开处理，公开后会对学校声誉不利。学校领导班子则认为，必须承认学生个体间的差异性、矛盾性，坚持教育教学标准，大胆揭露矛盾，坚定、平稳地进行清退，才能收到对其他学生的教育效果，进而促进教学质量向高标准转化。清退后社会反响不一。有些同志认为燕大是“铁腕办学”“敢于对‘混文凭者’说不”，特别是有些用人单位认为燕大教育质量可信；但也有些人认为燕大“缺乏同情心”和“人文关怀”“难逃责任”。其实，摆在学校面前的是怎样引导矛盾转化问题。须知，大学不是幼儿园，大学生也不是需要手把手教的少年，燕大面对上万名大学生。如果不能在培养规格和教学质量标准面前“齐之以武”，就不可能保证培养质量，而“玩学习”带来的坏影响安能引起其他同学的警惕？容忍“玩学习”者在学校的存在地位，不正是对多数学生缺乏人文关怀吗？从社会学角度分析，每一个社会体系的活动，必须有助于对社会整体的维护和发展。大学在维护和发展社会过程中，一方面要为社会提供所需的能量，诸如知识和人才等；另一方还要接受社会的筛选，从而确定其社会地位。学校接受社会筛选的核心内容是人才的质量。为迎接社会筛选，学校每日每时都在通过教育教学活动来筛选教师和学生。只是这种筛选在正常情况下是以选择课程内容和任课教师或改革考试形式等方式来进行的。实践说明，没有筛选的培养不会上层次，当然，没有良好培养条件的学校也不会上水平。处理完学生问题后，我们在教育教学管理方面也进行了反思。反思促进了学校管理制度的进一步完善和教师责任心的增强。在学生方面，借清退契机进行自强、自立教育，校风为之一振。事实说明，学校在不得已的情况下施行的这次“外科手术”。由于跟上了思想教育，使有机体（教师和在校生）得到了“扶正祛邪”，整个教学秩序出现了新的面貌。被清退的同学有些流着悔过的泪水，瞩告其他同学不要像自己那样“玩学习”。这部分同学确实牵动着管理者和教师们的心。学生离校时师生们心情沉重，都感到自己有责任，应该帮好他们。这种美好的感情使走的人和留的人升华到崇高的反思之中。由此我们可以推论，走的同学无论他们今后还能不能重新考入大学，这次挫折都会让他们终身受益。在理论反思中，有些同志也曾担心，承认个体差异性、矛盾性，容易破坏了整体的统一性。通过实践和再反思，人们认识到“整体统一性”是发展的。旧的统一的完结，正是新的统一的开始。马克思主义认为“人的发展取决于和它直接或间接进行交往的其他人的发展”。即人们之间的联系是人发展的充分必要条件。从哲学上看，个体之间的联系，通常综合成总体发展方向。在整个联系过程中，由于差异性存在，个体间互相抵牾、碰撞和改造的过程，往往出现我中有你、你中有我的共性特质，这种综合既有积极因素的整合，也有对消极东西的继承。在整个学生教育过程中，学校只有抓住主要矛盾和矛盾的主要方面，强调正确的导向作用，才能促使学生在新一轮的思想品德整合中取得积极的和进步的成效。相反，片面强调整体性（且是旧的整体性）而忽略了对消极东西的否定，便会出现对旧事物的默许和对新事物的否定，则领导层的政治进步性就要丧失。此外，从另一个角度，个体间差异性又是个体在教育中走向社会化的基础。在不放松引导的前提下，对个体间差异性所显露出来的学习个性、研究个性，乃至不同性格等都应该采取措施加以保护，因为这些个性表现出来的差异，只要在进步意识指导下，都可能为未来社会发展带来丰富的内容。管理实践让我们认识到，管理者要重视事物群中的各种差异和矛盾，研究其性质及转化方向和条件，因势利导，促使学校的管理朝着有利于形成教育教学新秩序和有利于社会发展的方面施动。

二、揭示和解决矛盾的关键在于把握事物本质

差异性、矛盾性来自事物的本质规定性。驾驭差异性和矛盾性的关键是研究事物的本质。从研究事物间不同质的规定性中分析矛盾的转化条件，推动事物发展，这是管理者和理论工作者经常告诫自己的哲学原则。但在具体实践上却往往容易被忽略。比如在理论研究中，我们就遇到了类似问题。在研究民办教育发展趋势时。有的同志从“全球教育”的整体出发，用美国、日本、菲律宾教育发展逻辑来推论中国教育。他们认为，美国、日本、菲律宾教育正在走向“民营”，由此得出世界教育必然走向“民营”的结论，再用这个结论推论中国教育，得出“中国公立教育最终走向‘民营’是中国未来教育的发展趋势”的命题。这个命题把目前我们依赖的公办、民办两条腿合成了“独脚铜人”。从命题的概念上看，研究者把“民办”和“民营”两个概念性质混淆起来，称“民办”为“民营”显然在强调一种经济行为，这样，很可能也很容易把教育的“公益性”特征排除在未来教育发展之外。这个命题的推出，在逻辑上和事实上存在着许多虚假的东西。从事实上看，美国教育不能简单地用“公办”“民办”去概括。美国著名教育家克拉克·克尔在《大学的功用》一书中指出：现代的美国大学“它既不真正是私立的，也不是真正的公立……它是卓然独立的”。显然把美国高等教育看成是“民营”是不准确的。此外，从逻辑上看，即使上述三国教育真的走向了全部“民营”，也与整个国际教育中的其他国家教育没有必然联系，它们的教育发展是它们社会发展的一种选择，不一定其他国家都要重复它们的逻辑轨迹，我们的质疑正是从这点开始的。

首先，从国际教育大系统上看，各国教育作为子系统都存在着差异性，这种差异性通常是由各国的政治、经济、文化等多种原因造成的。特别是文化差异，它是民族历史、地域和民族心理结构的直接反映。文化差异最终透露出的文化价值观上的差异，既是一定经济和政治在民族生活中的集中表现，又是民族文化（包括教育）本质规定性的演绎过程和结果。忽略或否定这些带有民族文化本质特征的差异性而奢谈“教育国际化”带来的整体性，就会舍本逐末，“教育国际化”带来的多元竞争局面也会被抹杀。此外，在文化发展问题上，毛泽东同志曾经强调“古为今用，洋为中用，推陈出新”的原则。这里边中国的“今”是核心，古代文化和外国文化都只能是当代中国“推陈出新”的条件。“古为今用”在于通过批判和吸纳传统文化建立现代意识，“洋为中用”在于发展民族文化。由此可见，并不是中国当代等于自己的古代，也不是中国当代等于“洋人”的当代。也就是说，当代中国人走的路不在古人和“洋人”的脑袋里和脚下，而在当代中国人自己的脑袋里和脚下，这是中国文化质的规定性决定的。从这一前提出发，笔者认为，外国教育不是中国教育的源，而是流。中国教育发展的源在我们自己的政治、经济和文化之中。中国教育借鉴西方教育理论和实践不是照搬，而是结合中国实际发展自己的教育理论和丰富自己的教育实践。理论上如果不加分析地把外国教育发展逻辑当作我们的前提（例如“公立教育民营化”推论的前提），就可能

把中国教育理念引向脱离中国国情的逻辑游戏上去;在实践上,如果用外国教育发展逻辑来演绎我们的教改过程,也会丢掉我们自己的基础和文化传统,其结果必然背离社会发展实际。我们这样立论是不是否定研究国外教育?不是,只有认真研究外国教育,才能为中国教育找到参照物(这些年来对外国教育的研究成绩不容抹杀)。但"参照物"所展示的教育发展轨迹只能帮助我们辨别路标和进行正确判断。实践证明,"参照物"提供理论信息和实践过程,当它完全适应中国国情时,它就以普遍性特征被改造为中国自己的东西(例如大众化理论),反之,就不会被中国社会发展所容。因此,研究中国国情并从国情出发进行教改的理论研究,是文化差异性和民族文化本质规定性的要求。这也是社会科学区别于自然科学的原因。

其次,个别公立高校的转轨也不能视为公立高校未来发展趋势。有研究者举出个别高校转为民办后的"繁荣",却忽视了它为什么转为民办的原因。从教育发展趋势看,今后还可能有因为违反教育规律而被民办高校吸纳和改组的公立高校,但这并不表示公立高校没有发展前途。恰恰相反,失败者的经验告诉我们:教育是有规律可循的,教育科学告诫我们,谁违反教育规律,最终都要受到惩罚。向"民办"转轨后如果仍然违反规律,最终还要被社会淘汰。因此,个别高校转轨不能成为"公立高校转为'民营'是未来教有发展趋势"的论据。中国出现了公办、民办两条腿发展教育是中国国情决定的,公办、民办都有其所长和所短,取长补短,就可能收到比翼双飞的效果。在教育发展问题上,如果忽略了"遵循教育规律"这个教育发展的根本命题而片面强调个别表面现象,就可能把教育改革引向歧途,其思想理论上的片面性是应该从哲学角度进行反省的。

再次,任何理论研究都源于实践,或从实践中来,或接受实践的检验。上述事例也说明,理论工作者不能光追求演绎效果,更重要的是要从我们的教改实践中去归纳并研究教育发展的各种条件,帮助教改提供可靠的思想材料。这才是一种对教改和社会发展的负责任精神,这样的理论研究才有意义。

以上笔者分析的事例也许在教育理论界不够典型,但是它提供的各种研究信息及其研究方法还是发人深思的。也说明,理论的前瞻性首先来自对教改实践的研究和对发展过程中的各种矛盾的深入分析,核心仍是抓住事物的本质,从而揭示其发展方向及条件。离开教育改革实践和采用纯粹经院式的思辨,不但不会为教育改革提供方向,还可能使整个改革及其理论研究走进误区。

三、对事物本质的把握要靠科学的世界观

"教育国际化"既不是中国教育的西化,也不是西方教育的东化,而是民族教育走向世界后在"文化相融性和相斥性"基本矛盾的作用下,不断创造自我特色的过程,是一个由旧我不断改造而形成新的自我的过程。从民族现代意识形成上分析,它是在批判吸收传统文化和外来文化的创新活动中,强化自己的理论和实践的过程,因而是次自我的嬗变。这一过程需要高校管理者和理论工作者掌握科学的方法论。但是,方法论问题最终要从世界观上寻找答案。哲学的方法论同样来自哲学的世界观。马克思主义哲学是科学

的世界观和方法论。运用马克思主义哲学分析教育,教学改革中的各类问题。把问题的解决看成是管理者和理论工作者共同的责任,就可能使理论研究有的放矢,也会使各级管理人员提高管理水平。在21世纪,高等教育担负着参与社会改革并以知识创新和人才培养来“引导社会前进的向导”使命,这就要求高校的管理者和理论工作者必须具有远见卓识,而这些首先来自科学的世界观。因此,运用马克思主义哲学参与教育管理和理论研究,应该从树立科学的世界观入手。有了马克思主义的科学世界观和方法论,在教育改革的错综复杂的矛盾面前,我们就可能依据事物本质和发展规律,从理论和实践两个方面正确引导事物发展,促使矛盾的解决朝着有利于中国社会发展和教育发展的方面转化。这样的管理者和理论工作者群体才是有高度社会责任感和洞察力的“向导群”。

本文原载于《清华大学教育研究》,2003(5):53-55.

高等教育质量构成的宏观透视

我国高等教育已经从宏观上透露出学科群体综合化、研究方向特色化、教育管理现代化和教育质量国际化特征，它们在当代高教实践中正从内涵上表征着中国高等教育的发展方向和水平，被本文确定为新质量要素。用这些新质量要素推论和预测21世纪中国高等教育质量体系，便可以找出中国高等教育质量保障体系的支撑点和框架。

一、四要素的基本内涵和稳定程度

我们先来分析四要素的基本内涵。

（一）学科群体综合化

综合化的内涵是指多学科并存和彼此交叉相融，为知识创新创造学术条件。从文化发展史和科学史上看，古典知识的生成是在文理相融的背景下进行的，它们无论对自然或是社会的认识，都还戴着那个时代的面纱。近代科学的分类，一方面廓清了古典知识的芜杂和虚无，使知识走上了真正意义上的科学，加速了知识的发展；另一方面又把分科推向了极端，导致了人才知识面变窄，使知识生成走入了歧途。学科群体综合化作为知识创新的第二次否定，强调多学科的渗透和相融，是对古典时代知识生成方式的更高阶段上的重复。这种综合化特征，既表现在对近代知识单科直进发展逻辑的否定上，又表现在"反逻辑"的生成方式上，即运用文科思维发展理工知识的方式上（阐释上述观点的文章，请见我校高教所同志的论文《试论知识创新》《试论知识的生成方式和方法》等文章）。这是时代特征。只有当科学技术发展到今天，人们对创新需要学科综合化才有认识。因此，它是社会发展和人的发展的时代要求。教育，特别是高等教育，只有在否定单科传授而把教学内容的安排引入到否定之否定的辩证发展过程上，人的能力才可能获得更大的发挥和发展，作为质量标准才可能使自己突破传统的框定，走进21世纪的新型人才培养方式上来。

（二）研究方向特色化

特色化是学科群体在知识综合过程中，个体的吸纳个性和创造个性得到充分发挥、发展的一种学术现象。研究方向特色化往往导致知识在综合中沿着专业特色化方向发展。研究方向特色化强调尊重和发挥人才在科研方面的专长、个性和风格，强化知识内化后的个人品格特征，并以此为根据形成有特色的专业群，使学术特色成为学校办学特色。它是人才培养的学术环境和教学环境。应该指出的是，在过去漫长的办学实践中，许多学校都已经通过特色化形成了自己的学术氛围，但是，这种演变过程是一种无意识的和被动的，因而发展十分缓慢。今天强调特色化，主要是强调一种有意识的培养和有目的的发挥，使特色化尽快变为学校的一种标识。因为任何学校都不可能做到所有专业都是过硬的或都是标识，只有当它有意识地发挥拔尖人才的个性、风格和研究专长，才可能使之成为学校名称的代名词。这种个性化发展，越到科学发展到否定之否定阶段就越显得可贵和重要，科学史上无数科学家的研究都能证明这一点。而这一点对培养人才和塑造个性无疑是重要的。没有研究个性的学者是平庸的，没有学习个性的学生也是平庸的。从这一点上说，特色对于教育自身是标识，是劲风，是响箭。

（三）教育管理现代化

学校的教育现代化是通过现代观念的输导、现代化教育、教学内容和教学手段的实施，使学生在整个“社会化”过程中，完成从观念现代化向知识、能力现代化转变，从而完成现代化人的塑造。在整个教育现代化过程中，教育管理现代化是制约着学校全面现代化的开关。只有通过教育管理现代化，才能督促教学单位和教师完成学校的全面现代化，进而完成现代化人的塑造。所以，本文把教育管理现代化作为现代化教育的关键要素抽出，确定它为21世纪教育的新质量要素。在教育管理现代化中，教学管理首先要向现代化迈进。教学管理现代化主要应该是建立计算机“教学管理差异系统”。教师的学历、成就、知识结构以及来自学生等各个方面对教师教学、师德的反馈，以一种积分形式输进该系统，人们可以通过对该系统的浏览，对教师的知识结构、教学个性和师德特征有一个全面了解，以此督促教师自我完善和不断更新，促进教育教学水平的提高。同样，对学生也应建立一个差异网，让他们在网上看到自我、分析自我和改造自我。目前，有些学校已经向这方面探索。新时代教育教学管理决不能停留在非现代化时代，建立现代化教育、教学管理模式已经势在必行。

（四）教育质量国际化

教育质量国际化是教育国际化的一个外延。教育国际化还应包括课程内容的国际化。这样，才能完成对学生的国际意识、国际理解力、判断力和行为能力的培养。教育质量国际化和课程内容国际化是因果关系，质量以课程为因，课程以质量为果。我们强调果并不是否定因，只是从确定国际化标准出发，才突出对果的判断和检验。教育质量国际化主要表现在对发达国家高等教育的研究和质量标准的借鉴上。通过借鉴、推论和结合本国（本校）实际的探索，建立起本国（本校）的质量标准，并使该标准具备国际先进水平。经济全球化必然导致不同文化的交叉与相融，教育作为一种文化载体而走向国际化，是一种必然趋势。从国际化角度看，教育培养的人才是人类发展的共同资源，人才质量的互相认同，不仅标明新时期教育的新特征，也标明了教育发展的共同理想。人类的共同发展要求教育去实现民族的心灵沟通，消灭一切丑恶和暴力，创造一个文明的生存环境；此外，先进的文明成果也依赖于教育去传承和开拓。所以，教育质量国际化不仅是发展中国家教育质量提高的关键，也同样是发达国家的任务。否则，双方都将无法走进对方的经济市场、文化市场和内心世界。教育质量国际化，要求课程内容必须向国际化转移，包括对民族文化价值观的阐释和传承、对发达国家科技成果的吸纳等等，都应该按照国际化标准去要求，使我们培养的人才既有民族优良文化根基，又具备现代国际化的水平和能力。

教育质量国际化也为跨国聘任教师和跨国招生创造了条件，这样才能实现真正意义上的与国际教育接轨。

从以上四个要素的分析中不难看出，要素本身不仅使教学内容、质量走进一个新阶段，教育方法论和认识论也应该有新的内容和视角。

构成质量的要素只有稳定才能构成质的恒定。以上四要素稳定性表现在四个方面：1. 国家对高校专业改革提出和拟定了厚基础、宽口径的方案；2. 改革实践使学校形成了对自我的认识与把握；3. 领导者走向理论认识和丰富经验的结合；4.《高等教育法》的制订和实施，为学校充分发挥改革方面的作用建立了法律基础。上述四个条件，已使高等教育四要素具有了稳定的前提。

二、四要素的逻辑结构和教育质量分析

四个要素中，每个要素都有自己的逻辑结构，四要素综合后，又形成自己的稳定结构。

下面，我们试分析每个要素的逻辑结构。

（一）学科群体综合化的逻辑结构

学科综合化的二级要素应为文、理、工三项内容，每项内容自身(不同学科)又构成若干三级要素。综合化的逻辑过程，或是同类学科的交叉与相融，或是不同大类的交叉与相融，即使是单一学科的发展，也要依赖于综合化提供的新知识。这已经被当代许多科学实践所证实。这一逻辑结构特征，提出这样一个质量指标：无论学校大小、培养人才类型有何区别，文、理、工三类内容应是学校知识面的基本要求。在这三类内容方面，每类量(学科)的多少，是由学校办学定位的质规定的，可以视其具体情况进行分析和确定。这里应该指出的是，综合化既然表现在科学发展的辩证否定规律上，即强调人才思维发展的全面性和多样性，那么综合化就不应该反对专业特性的强化，相反，应该提倡发展专业的思想，只是这种发展不是固守原来的科类阵地，而是放开思路，从多种思维的综合中形成立体思维网。原来的二维思维模式或线性逻辑，都只能是它们中的一个小小的部分，代之而来的是全方位的网状思维或称为思维场。

（二）研究方向特色化的逻辑结构

研究方向特色化的结构可分为以下几方面：1. 研究方向具有独创性；2. 研究者知识结构的独特性；3. 研究风格的个性化倾向；4. 研究内容的系列化和可持续性；5. 研究成果的国内外先进性。以上五项内容中，以国内外先进性作为基本标尺，以知识结构的独特性为基础。知识结构是研究者吸纳各类知识并在专业研究中内化成知识品格的形式，知识品格转化为研究个性和研究风格。可持续性也反映着研究者选题的独具慧眼。从教育质量指标上看，研究方向特色化应属学术环境指标。评估或检查学校办学质量，就应看它有多少居国内外先进行列的特色化专业，是否构成以特色专业为中心、形成若干专业群。这应该是学校培养人才的学术硬件，是教学环境的核心内容。

（三）教育管理现代化的逻辑结构

教育管理现代化的结构内容是：1. 管理者的现代化意识；2. 对现代化教育手段的使用情况和水平；3. 管理方面的软件研制和开发情况；4. 软件中是否具有在监控教学过程中使师生自我完善和提高总体教育质量的功能。从以上四个方面看学校对教学信息流通与控制的管理能力和水平，进而检验一个学校对现代化教育过程的驾驭情况，从而判断人才是否是在现代化运作中完成社会化过程的。

（四）教育质量国际化的逻辑结构

教育质量国际化可分解成四个二级

要素：1. 社会主义的文科系统要素；2. 科学技术教育的东西方对照要素；3. 教育发展阶段的理论要素；4. 东西方经济对人才需求的可比性要素。其中，第 1 项是中国文科教育质量的性质，即在马列主义、毛泽东思想、邓小平理论指导下，对中国古代和西方文化进行综合，从而确定我们的文科教育质量标准；第 2 项是指在自然科学教育方面借鉴西方先进的教育经验和学科发展的长处，从而确定理工类质量标准；第 3 项是尊重教育自身规律，借鉴西方已经完成的教育发展阶段理论，结合我们的实际，认识教育发展趋势；第 4 项是从“入关”着眼，对经济需求与人才培养类型、数量进行预测，并随时有能力和时间进行专业调整。

从哲学角度看，综合化和特色化是一般和个别的关系，即特色蕴含在综合之中，是综合后的个别；国际化以现代化为手段，现代化以国际化为准绳。四要素的逻辑顺序应为：以学科综合化为基础，以研究方向特色化为动力，以教育管理现代化为保障，以教育质量国际化为准绳。

三、推演四要素，探索分类评估的重点

我国高等教育经过漫长的演化过程，始于改革前的文、理、工分类。分类办学，是改革前的基本现状。改革以来，许多学校遵循科学技术和人才发展的时代要求，逐渐走向综合化。但由于各个学校原来的科类基础和水平不同，加上办学定位的区别，对各类（三级）要素的取舍与综合也不相同，这就构成了彼此互相区别的办学特色。对学校教育质量的评估，应该依据四要素推演过程，分类探讨质量评估的重点。在此，我仅把一些不成熟的分类设想和四要素推演结果拿出来，作为引玉之砖。

首先，根据现有高校办学情况，将其分为六类。即以文为主，文理工兼备型；以理为主，理工文互相渗透型；以工为主，理工文互相借鉴型；以理工为主，理工文互相借鉴型；以文理为主，兼有工程型；理工文全综合型。下面，我们按照六种办学类型进行要素推演，试找出其质量评估重点。

（一）以文为主，文理工兼备型

以文为主的学校，在文科方面，具有比理工科过硬的强项专业或研究方向。综合化的目的是使人才不仅具有社会理性（或称人文理性），同时还要熟悉自然理性。文科唯其强，所以在特色化方面，具有较强的专家阵容。理工专业唯其弱，所以在学校的地位处于辅助和烘托作用。这样的学校，应该从两个方面考核办学质量，一方面制定文科研究型、学术性的考核标准，并把自然理性的熟悉作为研究型文科专业考核的重要内容之一；另一方面，对理工专业要强调应用化训练，并把文科思维的建立，作为应用化训练考核的内容之一。在这两类标准中，都要强调知识创新，前者的知识创新，反映在专业知识的驾驭和研究思维的形成上；后者的知识创新表现在应用理工知识创造性地解决问题上（对文科思维的熟悉往往能增加解决问题的灵活性，能克服掉纯理工思维的呆板弱点）。

（二）以理为主，理工文互相渗透型

理科研究具有较强的师资阵容，自然理性的拓展与发挥，构成该类学校的主要办学特色。文理渗透应是该类学校在评估中重点考核的方面。在理科考核中，应强调文科思维对学生的渗透，提倡建立情

感思维和社会理性思维。对文科学生要求同上。

（三）以工为主，理工文互相借鉴型

该类学校主要应该强调在理科思维、文科思维的渗透和导引下，学者团队对大工程所涉及的各个门类进行综合开发，并为本学科教学内容改革与发展负责。从特色化上看，主要表现在专家们对大工程的个人经验和个性化思考的创造上，其后劲当在理科思维的建立上。对工科专业学生，应强调理科思维形成和文科思维的渗透。其他专业，仍应强调自然理性与人文理性的有机融合，特别是强调专业之间的思维互补，考核其互补前的不同专业知识基础，借以窥视其不同思维的可能形成状态。

（四）以理工为主，理工文互相借鉴型

理工为主的学校通常是双向互进，多数是以工为主，工程研究往往是强项。考核此类学校，仍应强调综合思维对学生的影响和创新能力的形成。因为该类学校具有比以工为主的学校更深的理科思维能力，文科训练容易变为装饰或陪衬，因而应该考核文科思维的建立。文、理、工综合思维一旦形成，必然创造出出类拔萃的精英。

（五）以文理为主兼有工程型

文理是两类截然不同的思维，文以情感思维和社会理性立身，理以自然理性和专业逻辑面世，双方没有理工的因果关系。文理渗透可能使两大门类双双称雄。然因人才的知识结构、水平和研究个性不同，往往导致同类学校具有不同的办学特色。强项谁也不可能占尽。为保障其文理在全国居领先地位，工具理性不应作为考核该类学校的主要内容(此类学校的工科应视为理科发展的延伸)，而文理渗透程度和水平应视为考核的重点。应该从两大类中分别考核彼类思维的建立情况，以此反映其大系统综合后对学生的影响，以备调整培养思路。

（六）理工文全综合型

此类学校乍看门类齐全，便于综合，但因为齐全而平均使用力量，最易造成所有专业都较平常。考核此类学校，应从特色化入手，考核其特色化专业及其在大系统中的统帅作用，进而研究其综合后的水平对学生的影响。对不同门类学生仍应强调其别类思维的熟悉和吸纳，使所学专业具有“异化”的力量。其次，对所有学校都要考核其教育管理现代化情况，考核其学术水平和教学质量的国际化情况及在国内外的地位。

四、四要素和大众化教育

从理论上探索综合化、特色化、现代化和国际化，应该是从教育改革理论准备时期就开始了。但是，真正把这四个要素看成当前高等教育发展的逻辑起点，应该从政府决策算起。四要素中，综合化是其他三个要素的基础，而这个基础应从教育部下达的《专业改革目录》开始。它的历史起点是否必须和逻辑起点一致，不在本文探讨范围之内。

从逻辑起点往后推，到2010年，距大众化教育阶段还有十几年时间，这段时间被权威专家称为“过渡阶段”。过渡阶段即是两个教育阶段的转型时期。在这个教育转型期内，新教育阶段的质正在酝酿，四要素算不算新质？怎样去认识它在大众化教育阶段的作用？可能也有不同认识，我认为四要素是新教育阶段的质产生的基础(至少在我国目前是这样)，也是精英教育发展到鼎盛阶段的一种自我否定。所以无论是精英教育后期还是大众化教育整个阶段(乃至普及教育时期),都离不开这四个要素。

首先,不论大众化教育还是精英教育,都是以现代科学发展作为教育的基本内容。现代科学是最活跃的,它每日每时都在构建着新的教育模式和教学内容,改变着教育者和被教育者的观念形态。科学技术的发展依赖于学科综合化过程,也依赖于特色化专业群培养出来的人才。这一发展状态,无论哪种教育阶段,都离不开。

其次,尽管精英教育后期,仍有突出教育自身的学术性特征而弱化了对人才技术能力的训练,但这也是暂时的。精英教育强调人才的综合化和特色化学术环境,大众化也要在综合化和特色化的学术氛围中发展。倘若大众化教育离开综合化、特色化的学术环境,就无法使人才适应知识创新节奏加快的现实,也无法适应飞速发展的社会需求。

由此我们可以得出这样的结论:四要素如果作为 21 世纪高等教育的质量平台,就可以保证中国高等教育质量具有世界先进水平,并且可以为我国的经济建设和社会全面发展创造充分必要条件。

五、结束语

高等教育质量构成是一个由若干个具体点组成的立体画面,但在这些点的出现、组合和排列中,起决定性作用的是这些点赖以生成和发展的思想土壤,即质量观点。它是质量各点出现的内在依据,也是点的理性过程和逻辑形式。本文提出的四个要素,其实它只是笔者考察和研究高等教育改革以来出现的各种质量现象后,抽象出来的一种观点。无论怎样展开四要素的结构,都无法替代具体质量的排列形式和排位状况。作为一种思想,笔者确定它为要素,旨在强调设立具体质量保障体系和评估指标时,要重视这些要素内涵的指导作用。

本文原载于《廊坊师范学院学报》,2001,17(13):39-43.

建构中国大学的现代学术理念

段景智　刘宏民

发展有两种形式，一是进化，即以细小的、不显露的和不间断的量变作为自己的内容；二是"革命性"的，即通过创造条件促使原质量变中断和飞跃到新质。中国高等教育改革是一次教育质量的革命性突变，变革结果使传统大学量变终止和现代大学新质产生。从这一论断出发，笔者探讨中国现代大学学术理念的基本特征。

一、现代大学的发展与改革

在西方历史上，"'现代'，实际上就是指西方资本主义从产生、发展而走向现代化的过程。从历史时期上讲是从文艺复兴开始，经启蒙运动到 20 世纪 50 年代"[1]。所以，现代的西方意义是指资产阶级革命成功和走上政治舞台，从经济上看，是资本主义工业化开始和科学技术成为生产力。但是，在进入现代后，西方大学在相当长一段历史时期里依然保留着中世纪的办学文化，特别是科学技术方面，多数大学都把它关在门外。直到 19 世纪后半叶，大学才把发展经济和开设科学课程作为教育的重要内容。20 世纪 60 年代，一批后现代主义哲学家认为，西方已经进入了后现代社会。这一时期的特征是以计算机为代表的信息社会的到来。从 20 世纪 60 年代初期开始，西方高等教育适应后工业化时代社会发展的要求，进行第二次改革，改革的基本内容是以发展经济为中心，对学校的办学方针和课程体系进行现代化改造。如果说第一次改革使大学走进现代社会，那么，第二次改革就让大学成为后工业社会的发动机。

中国的大学具有现代特征应从它诞生算起。最早的大学是 1898 年创办的京师大学堂，在"广育人才、讲求实务"的办学方针指导下，开设了道学、政学、农学、工学、商学等十科。科学技术已经成为中国最早大学的重要内容。以后陆续建起的大学都摒弃了封建教育模式。这些大学经过改造，已与西方现代大学接近。新中国成立初期对大学的改造力度很大，使大学的现代特征得到了充分发展。

20 世纪 70 年代后期，中国大学进入新一轮的改革。1978 年召开的"全教会"提出教学、科研两个中心；1983 年邓小平同志视察景山学校后，提出教育要面向现代化、面向世界、面向未来，中国大学开始转入全面改革时期。与西方大学 20 世纪 60 年代的改革相比，中国大学的改革在时间上晚了 20 年左右。但从教学内容上看，中国大学已与西方大学站在同一个台阶上，即进入了信息化阶段。中国与西方大学虽然因历史和文化的不同存在很多差异，但其改革面向的内容是一致和相同的，即现代化的改革。

中国经过 20 世纪 80 年代以来的现代化大学改革，到 21 世纪初已经形成了新的体系。这次改革主要调整了五个方面的关系，确定了新的人才培养模式和知识创新方式。(1)人文与科学的关系。此前，大学文理分家已久，文理互不往来造成人才知识面偏窄和素质难以提高。改革在于扩大专业面和促进文理相融，使培养对象增强适应社会的能力。(2)“以人为本”的提出和探讨知识、能力、素质关系和结构，进而建立新的教育教学模式，并把素质教育贯穿在全部教育过程中。(3)理性与情感的关系。大学以追求真理为目标是传统大学的特征。但完全排斥情感，也使真理失去了人文性和人性化。改革开放以来，研究情感的特征及其作用使大学进入了情感与理性的辩证发展过程，保证了知识的创造和人才的全面发展。(4)大学使命的确定。传统大学一方面满足于知识的自我欣赏和陶醉，一方面却又轻视和忽略知识对经济和社会发展的价值。改革使大学与当代社会发展的关系得到了确认和定位，大学担负起社会发展的向导使命。(5)从更高的哲学和社会学的理论视角对待自我发展，开始构建终身学习的教育体系及方法。经过以上五个方面的改革，极大地提高了人才培养的质量，使大学与社会更紧密地结合起来。

二、构建中国大学的现代学术理念

社会在发展，大学也要不断地改革和完善，才有希望成为现代社会发展的发动机和枢纽。中国大学因此需要面向未来，构建新的现代大学学术理念。

学术理念是从事学术活动的基本原则和方法，主要指建立在学术活动之上的完整的理论思维系统。它不以学科知识为中心，却又把它作为必不可少的内容纳入系统中来，它以哲学世界观和方法论作为透视一切的前提，构成了学者独有的逻辑视域和情感信号系统。学术理念是由哲学的世界观和方法论及其学科知识体系构成的，构成学者从事学术活动的基本条件。我们试从两个方面来探讨中国大学现代学术理念的建构。

1. 中国大学现代学术理念的基础是马克思主义哲学

理论思维的核心是哲学。哲学确定着人们思维的基本逻辑形式和思考问题的角度、方法及决定最终认识结果。中国文化中有着深厚的哲学底蕴，显露着中华民族祖先们的聪明才智。西方文化亦然。从苏格拉底到黑格尔，用他们的思辨演绎着现存世界。哲学对人类的发展，特别是人类思维中真理性的判定，都具有举足轻重的地位。同时，哲学也折射着时代的差异和民族文化的差异，从而确定着文化的不同时代和不同质的规定性。

中国现代大学学术理念的基础是融合了中国文化和实践的马克思主义哲学，今天我们要构建中国现代大学的学术理念就应当在马克思主义哲学基础上，结合现代大学的理念的发展，进行深化总结，从而建立面向未来的先进的中国大学理念。只有把哲学研究和教育教学以及知识创新结合起来，才能使中国大学的学术活动充满朝气和力量，才能使中国大学成为先进文化发展的动力源。这样做，也是我们民族文化质的规定性的要求。

2. 从学术活动的属性建构中国大学的现代学术理念

学术活动的本质往往决定着学术理念的趋向。大学的一切学术活动都是为了教育，各种学科的研究和应用则是教育自身派生出来的。因此，学术活动的本质是“教化”。关于这一点，我们可以从中国文化史上去考察。《礼记·乡饮酒义》中说：“古之学术道者，将以得身也。”就是说学术活动本身在于个体或群体修身明理。先秦这一观点保留着上古时期的本意。从古文字学角度考证，上古所用教字和学字同字同源，都写作“斆”。东汉许慎在《说文》中把“教”解作“上所施，下所效也”[2]，即上天施行，天下效法。《说文》又把“攴”注为“小击也”，即少许击打，言教之过程必须由师长督催。段玉裁在《说文解字段注》中说：“童朦故教而觉之；秦以来去‘攴’，作‘学’，主于自觉。”[3]所以教和学又被释为“觉悟也”。由此可以断定，中国古代的学术，是泛指教师和学生的“为学之道”，核心是修身明理。

近代随着科学技术的独立，学术概念出现了变异。蔡元培先生说：“学与术可分为两个词，学为学理，术为应用。”[4]梁启超先生说：“学也者，观察事物而发明其真理，术也者，取其发明之真理之诸用者也。”[5]蔡、梁的诠释都是建立在对现代科学的推论上。笔者认为，两位大师的观点标新于现代科学的发展，是现代大学功能和学术活动的延伸和发展，但学术活动的本质属性依然是教化，“发现、创造和应用”是学术活动本质属性所派生出来的一般属性。一般属性一旦离开本质属性，也就不具备教育特征了。而当前高校中出现的教学和科研两张皮的理论根源就在此。人们追求科研利益而放松对自己学风、教风、文风上的要求，除管理上存在漏洞外，更多的是反映了个体放松修养方面，即教化功能失调。这就是我们强调学术活动的本质是教化的理论思考。

倡导学术的“教化”功能，在于强调科学研究必须同教学结合起来，通过教师的学风、教风和文风的端正，来完成个体的品格建构和师德修养。现实上，在许多高校里，教学和科研两张皮，教师们往往各执一端；部分年轻教师学不求其深，教不求其通，科学研究不求其用。在文风上，为追求个人利益，抄袭、剽窃者有之；以人之言为己之见，开文章工厂者有之。学术队伍中出现的这种浮躁、虚妄现象，有悖于学术活动的本质属性，一定程度上也削弱了大学的教学和科研，也给未来学科建设和学术队伍的质量留下了隐患。

运用马克思主义哲学造就一支重修养、有学识和爱教育的学术队伍，是中国大学的一个艰巨而伟大的工程，它不仅是学术理念的要求，也是国力强弱的关键。只有这样才能保证中国现代大学的学术活动真正符合学术的本质属性，合乎大学发展的内在要求，从而建设世界一流大学，并提升民族的创造力和开拓精神。

三、从发展的视角看中国大学的现代学术理念

中国现代大学脱胎于传统大学，是在传统大学基础上的发展，既继承和吸收了传统大学优秀遗产，也扬弃了传统大学中不适合未来社会发展要求的成分。从发展的视角来看，中国大学的现代学术理念对传统的变革和创新主要体现在以下三个方面。

1. 知识生成方式上的变革

传统大学在知识的生成方式上偏执于理性的“思辨”，排斥人生理派生出来的欲望、需要、意向、动机、希望（愿望），以及情绪等心理因素，排斥想象、联想、直觉等思维形式，表现为“逻辑中心主义”。后现代主义哲学在针锋相对的批判中，提出横向联系，并把“树状思维”的纵向逻辑变为横向“块茎”逻辑。这不仅表征着西方哲学的逻辑断裂，而且在知识的发展观上对传统的单一学科直进也从理论层面上提

出了质疑。现代大学把理性和非理性整合起来，使思辨与实证成为知识创新的两极，使多学科结合成为现代大学人才培养和科学研究的前提，从而在知识的新一轮发展中，拉开了与传统大学的距离。

2. 学术活动空间和使命的变革

传统大学的学术活动往往限于“象牙塔”内，表现为一种封闭式研究过程和发展空间。即使研究成果推向社会，研究者与自然、社会也只是处在一种间接联系的状态，对成果可能带来的积极与消极的两端不去理会。现代大学在科学发展观作用下，缩小甚至消除着大学与社会之间的所谓“张力”，开始转入导引社会前进的良性发展过程，学术空间走向社会与自然和谐发展的宏大背景后，新的学术理念和办学实践正在改造着学者们的研究目的、方式，以及他们的世界观。

3. “以人为本”是现代大学学术理念的根本特征

从“以人为本”出发，工程教育在批判“工具理性”中转入了“向人自身要发展、要效益”，实现着向教育性质的回归，从而找回了自我；文科教育从扩大知识的辐射面开始，已经转入对人的素质的关怀，并逐渐走向文理相融的大文科和大理科发展过程，使现代大学的科类结构更符合现代科技要求。在人才培养上、在课程体系上、在教材教法上、在大学治理上、在师资队伍建设上等方面，“以人为本”也日益深入人心，成为大学最基本的办学理念。

以科学的发展观，不断反思大学的办学实践，坚持改革和发展，中国一定能构建起符合中国文化传统和国情，适应社会经济和人的发展需要，面向未来的现代学术理念。

参考文献

[1] 张志伟，等. 西方哲学问题研究[M]. 北京：中国人民大学出版社，1999：186.

[2] 许慎. 说文解字[M]. 北京：中华书局，1963：69.

[3] 段玉裁. 说文解字段注（上）[M]. 成都：古籍书店影印本，1981：133.

[4] 高平叔. 蔡元培全集（第四卷）[M]. 北京：中华书局，1984：42.

[5] 转引自柳海民，孙阳春. 再论教育理论的原创性[J]. 人大复印资料教育学，2005(1).

本文原载于《清华大学教育研究》，2006(4)：99-102.

发挥高校学科优势，促进国防科技创新

燕山大学源于哈尔滨工业大学，是所历史悠久的全国重点大学。1958 年，为适应我国重型机械工业发展的需要，哈尔滨工业大学重型机械及其相关专业搬迁到国家工业重镇富拉尔基，毗邻全国最大的第一重型机器厂(313 厂)，成立了我国第一所为重型机械工业培养技术干部的高等学校——哈尔滨工业大学重型机械学院。1960 年更名为东北重型机械学院，1961 年被第一机械工业部确定为部属重点院校，并开始招收研究生。到 1978 年，学校已经从建校初期只有 6 个本科专业的单科性学校，发展成为拥有轧钢、锻压、机制、冶炼工业自动化、计算机等 13 个本科专业的工科院校，在机械行业具有重要影响。同年，学校被国务院批准为 88 所全国重点院校之一。

1985 年，学校在沿海开放城市秦皇岛创办分校，并以超常规的发展速度实现了当年建校、当年招生。1992 年，学校完成了办学重点的转移，形成了一所学校两地办学的格局。在此期间，学校克服资金严重不足等重重困难，解放思想，开拓创新，走出了一条多渠道筹资、自主发展的道路。1995 年，学校抓住国家对高等学校布局结构调整的机遇，启动了合校工程。到 1997 年，在国家没有任何专项投资的情况下，学校自筹资金 1 亿多元，完成了从富拉尔基向秦皇岛的整体搬迁，并经原国家教委批准更名为燕山大学。1998 年，燕山大学由原机械工业部划转到河北省，实行中央与地方共建，以地方管理为主的管理模式。

学校被划转到河北省后，河北省对燕山大学极为重视，将燕山大学列为河北省十所骨干重点大学之一，并作为三所重中之重的大学给予“重点关心、重点支持、重点服务”。在河北省委省政府的领导和支持下，学校积极推进各项改革，继续保持快速发展的良好势头，特别是“十五”期间，学校紧紧抓住高等教育快速发展的历史机遇，实现了跨越式发展。到 2005 年，校园占地面积 5600 亩，建筑面积 90 余万平方米；拥有专职教师 1350 余人，设置 17 个学院和 1 个校管系，普通高等教育在校生近 32000 人。学校现有 3 个博士后流动站、6 个博士学位授权一级学科、28 个博士学位授权二级学科专业；有 13 个硕士学位授权一级学科、73 个硕士学位授权学科专业、9 个工程硕士专业学位授予权领域，MPA、MBA 专业学位授予权，有 60 个本科专业，学校的办学水平和实力迅速提高，在全国普通高等学校工学百强排名中居第 46 位，自然科学百强排名居第 66 位，学校综合办学实力一直处在全国高校 80 位左右。

在长期的办学过程中，燕山大学形成了鲜明的学科特色和优势，在重型装备成套设备研制、并联式机器人、流体传动及电液伺服控制技术、精密塑性成形技术及设备大锻件热处理、大块非晶技术、亚稳材料科学与技术、工业自动化等研究领域具有国际先进水平，为我国重大技术装备的研制、重型机械行业发展，为繁荣地方经济和科学文化事业作出了贡献。“十五”以来，学校获国家科技进步一等奖 1

项、二等奖 6 项，国家技术发明二等奖 1 项，省部级奖 26 项；在机械、材料和电工等学科独立承担“973”项目 4 项、“863”项目 6 项、国家自然科学基金杰出青年基金 4 项，国家自然科学基金重点项目 4 项，面上项目 106 项。学校先后建成了“亚稳材料制备技术与科学”国家重点实验室、“河北省高精度轧制技术装备工程研究中心”等 10 个省重点实验室和“现代轧制技术与先进钢铁材料”河北省应用基础研究基地。1999 年，学校在秦皇岛经济技术开发区启动燕山大学科技园建设工程。2003 年，燕山大学科技园被科技部、教育部批准为国家大学科技园。这是河北省唯一的国家大学科技园。此外，学校还拥有具有数控工艺师认证资质的工程训练中心、ISO900 内审员培训中心、全国现代制造技术应用软件课程远程培训点和河北省自动化学会 ASEA（自动化系统工程师资格认证）培训中心，学校具备了较强的科技创新能力和职业培训能力。

迄今为止，学校已为国家培养了 4 万余名毕业生，遍及全国机械行业的企事业单位，许多人已经成为中国一重集团、中国一汽集团、中国二重集团、上海重型机械集团等大中型企业的高层领导和技术骨干。

“十一五”期间，学校把工作重心由外延发展为主转向内涵建设为主，将加大在师资建设、学科建设、教学科研平台建设、大学文化建设等方面的投入力度，全面提升学校的办学水平和办学实力，使学校的综合办学实力进入全国高校前 70 名。

国防科技工业是国家的战略性产业，国防科技是国家科技工作体系中的一个重要方面。随着国防工业现代化进程的不断推进，国防工业对科学技术的依赖性愈来愈强，对科学研究和新技术开发的需求总量也愈来愈大，我校的优势学科已具备了为国防科技创新和人才培养提供相应支撑的能力。“十五”期间，学校承担了多项国防科研任务，包括总装重点项目“铝锂合金中试试验线”和“空间环境材料研究”等一批总装“863”项目。2005 年，学校与洛阳轴承研究所、中国航空工业 602 所等科研院所签署了科技合作协议，联合申报了多项国防科研项目。从 1999 年起，学校开始为海军培养在职硕士研究生。2004 年，学校被列为中国人民解放军后备军官选拔培养高等学校之一，目前在校国防生 226 名，未来 2～3 年内将达到 500 名。

2005 年，国防科工委、省国防科工办领导先后访问了燕山大学，对在燕山大学开展委、省科技合作提出了许多宝贵建议，并帮助学校与国防部门的一些科研院所建立了良好的科技合作关系，联合申报了多项国防科研项目。学校对国防科工委和省国防科工办领导提出的委、省合作建议非常重视，积极开展了相关的各项工作。

未来 20 年是国防科技工业发展承前启后的重要战略机遇期，维护国家安全与实现祖国统一大业，经济全球化和国民经济持续发展都为国防科技工业提供了难得的发展机遇。国防建设必须走自主创新之路，必须自主发展重型锻压设备、轧制设备和大型机械制造工作母机，这为重型机械及装备制造业带来了新的发展契机。特别是 2005 年末，首届国防科技工业教育工作会议明确了国防科技工业高等教育和职业教育事业“十一五”的主要目标，并将高层次国防后备人才培养和职业教育并列为“十一五”期间的重点工作，这为在燕山大学开展委、省合作提供了一个良好的机遇。我们将紧紧抓住这次历史机遇，准备在2006年做好武器装备科研生产单位保密资格审查认证工作，并立足现有强势学科开展工作，整合学校现有学科专业资源，成立军械工程、军用电子、军用材料等相关专业，为将来组建国防科技学院作好准备。

目前，燕山大学已进入“十一五”规划建设时期，作为一所出身军工院校的全国重点大学，我们将充分发挥学科优势，扩大科技服务领域，紧密贴近军工，跟踪军工科技发展，加强与国防科工委、国防科工办的联系，把服务军工作为我校科技发展和人才培养的一个重要方向，为促进国防科技创新、为构建牢固的国防长城贡献力量。

本文原载于《河北军工》，2006(5)：6-7.

多科性大学的文科发展战略

20世纪80年代以来，尤其是近10年来，我国理工科大学兴办文科，实行文理工结合的办学模式已成为一种普遍趋势。在这一进程中，理工科大学和文理大学逐渐演变成了多科性(或综合)大学。我们并非考察这一发展趋势的合理性，而是要面对这些由以单科性为主的大学发展为多科性大学的现实，探讨如何来办好文科并进而提升多科性大学整体水平和综合质量。本文所说的多科性大学主要指以工科为主的多科性大学，而文科是个大文科的概念，包括文学、史学、哲学、经济学、管理学、法学、教育学等。

一、新中国大学的文科发展现状

(一) 沿革与认识

1. 第一阶段(1952—1966年)

新中国成立后，高等教育学习苏联，并于1952年到1957年对全国院系进行了相应的调整，发展了工科和师范等专门院校，加强了综合性大学建设。调整后，全国共有普通高等院校229所。其中一大批是单科性大学和学院，只有综合性大学保留了部分文科的建制。这不仅奠定了大学类型结构，也固化了高等教育人才培养模式。这个阶段的办学理念是“没有文科照样办大学”。

2. 第二阶段(1978—1994年)

改革开放后，我国现代化建设发展迅速，高等教育改革不断深化，开始借鉴其他国家高等教育的发展经验，摒弃单学科、专门化的办学模式，寻求适合于人才成长的综合性教育模式。完备的理科和人文社会学科成为现代综合性大学的最低限度要求。“没有文科办不成高水平或一流大学”便逐渐成为这一阶段的办学理念。

3. 第三阶段(1994至今)

1994年以来，教育部提出并在全国高校实施《面向21世纪教学内容和课程体系改革计划》。高等教育界基本形成了“没文科办不好大学”的共识。在这一理念的指引下，不仅过去的理工科大学和其他单科性大学都积极恢复和创办文科，就是过去以文理为主的多科性大学也开始大力加强和发展文科。

以上三种理念中的前两种，要么是不要文科，要么是被动地发展文科，其区别仅在量上，并没有质的不同。第三种理念认识到了文科对一所大学办学质量和水平提升的重要性，但并没有更深入地认识到究竟是什么水平的文科才能支撑一所好大学，或者说一所好大学究竟需要什么样的文科这样一个更深层次的问题。

我们提出大学文科发展的新理念不但是要把培养建设小康社会所需要的全面发展的人当作大学文科发展的真正动力，还要培养在政治和经济领域里能参与国际国内竞争的复合型人才。积极主动地建设文科，发展文科。同时，我们还要考虑到文科有自身的发展规律，各个学校都有自己的特点，不同的文科学科专业有各自不同的社会需求和专业要求等实际情况。相信在这样的理念之下，不仅科学研究的水平会得到进一步提高，学科建设的质量会得到进一步加强，更重要的是，我们所培养出来的人会得到更加全面的发展，成为全面建设小康社会，推动我国经济与社会全面、协调、可持续发展的优秀人才，这也正是我们今天强调建设文科、发展文科的真正意义之所在。

（二）现状与问题

1. 重理工轻人文

长期以来，社会中普遍存在着重视理工学科轻视人文学科的现象。在这种观念影响下，人文学科被弱化，个别学校把发展文科专业视为扩大生源以解决规模和经费问题的手段。重理工轻人文是一种片面的阶段性观念。同理工科专业一样，人文学科有自己特定的社会服务领域，社会越发展文科服务于社会的领域就越宽广，文科人才在社会建设中的作用就越突出。

2. 学科建设薄弱

以工科为主的院校大都开办了一些文科类本科专业，但学科建设薄弱，硕士点还很少，博士点更少。学科结构散乱，还未形成一种具有层次性和互动性的学科品牌体系。因此，如何整合文科资源，形成结构合理的学科专业群已经成为多科性大学的一个不得不面对的战略性问题。

3. 师资力量不足

由于理工科院校在很长时间段里自己不能培养高层次文科专业人才，致使文科师资数量缺少、水平偏低。师资队伍建设的实际困难在一定程度上制约着文科专业的健康发展。只有正视这些实际困难，制定工科大学文科师资战略，才能使人文社会科学发展迈出实质性一步。

4. 评价体系单一

部分学校对工科和文科专业在教学和科研评价标准上未作区分，将获批科研经费的数额以及创造的经济价值等工科科研评价标准套用在文科科研评价上。这种评价体系对人文社会科学研究成果、机构和人员不公正。人文社会科学沿袭自然科学成果评价机制，不符合自身特点和规律。

二、文科发展对多科性大学发展的意义

（一）文科发展使教学体系更加完善

文科专业可以为工科学生接受较优良的人文教育提供条件。文科院系的专家学者可以为工科师生举办讲座，开设选修课。工科院系的专家学者也可为文科学生开设自然科学课程。文科教学与理工科教学交叉，可以形成一种跨度大、覆盖面广的广义教学环境体系，而这种广义教学环境体系有利于完善学生知识结构，是培养复合型人才所必需的。

（二）文科发展使科研体系、学科结构更加合理

文科科研具有自己的研究领域和自己的问题体系。这些领域和问题皆源于社会需求，这一点与理工科无异。但文科科研有自己的特点，有自己的一套方法，有自己的衡量标准，有自己的功用。同时，科学技术人文化趋势已成为科技发展的主流，科学研究必须接受人文精神的规约。所以发展文科专业，开展文科研究能够使工科院校科研体系体现出人文精神与科学精神的真正结合。

学科的交叉和融合是发展的方向，工程技术学科的发展需要文科的融入和结合，同理，文科的发展也需要吸收工科的求是精神。这种交叉和融合，无论是学科本身还是学科特征，都有可能催生新的学科方向，推动科学的发展。

（三）文科发展使校园文化更加和谐

从培养全面发展的人的角度来说，一所大学要有三种气氛，即政治气氛、学术气氛和文化气氛。相比较而言，工科院校最缺乏的就是文化气氛了。而文化氛围的缺乏和文科专业建设不得力有着直接联系。对校园文化的理解、校园文化建设的实施均需要对大学深厚的历史积淀有深刻自觉，需要对价值观、审美观有准确把握，具体一点说就是对人文社会科学的发展和运用。

（四）文科发展使工科大学更加综合

“综合性”是一个系统的概念，一个整体的概念，也是一个结构性概念。对于大学而言，“综合性”是有生命的结构生成的整体，它不仅涵盖学科的综合、教育教学内容和过程的综合，而且还包括观念的综合、文化的综合、管理的综合，其核心是人才培养素质的综合。当然，“综合性”是工科院校发展的必然趋势，但综合性不等于全面化，文科发展要有重点、有特色。

三、多科性大学的文科发展战略

（一）发展目标

世界著名理工大学的文科发展与建设都经历了一个由自发到自觉的过程。它们确立的文科发展目标是独特而坚定的，旨在丰富和扩大理工教育内涵，推动工程教育和人文教育的融合，培养符合新时代要求、能够领导社会前进的优秀人才，使学校永远处于一流大学的水准。基于此，文科发展应与理工科教育结合，丰富理工教育中的通识教育而不是通过盲目地追求学科齐全、形式上的完备与规模上的扩张来实现学校的发展。借鉴国内外知名大学发展文科的宝贵经验确立与自身实际情况相适合的发展方针和目标。工科院校发展文科应坚持高等教育理论与社会主义市场经济相结合，劳动力市场需求与高校学科发展需求相结合的原则。在观念上要把文科发展放在战略地位上来思考和运作，将文科建设与提高学校办学水平紧密结合起来。发展文科应注意发挥自身优势，突出重点，稳扎稳打，循序渐进，办出特色，不能追求“门类齐全”。

（二）发展对策

从宏观上讲，多科性大学发展文科有3种模式：

（1）单一的理工专业设置，文科教育仅限于少量公共课教学。

（2）理工专业和少量文科专业并存。

（3）理工专业和已成规模的文科专业并存。

中国的多科性大学尚都使用(1)和(2)两种模式，从当代大学发展趋势看要提升大学综合水平和质量，立意高远的模式应当是最后一种。应当坚持“择优扶强，文理交叉，以点带面，突出特色”的原则，在各专业之间建立一种共生共荣的关系，使各专业的发展由外延式发展转向内涵式发展。

从微观上讲，发展文科专业大致有3种模式：

（1）从应用性文科专业（本科层次）入手，如法律、国际贸易、金融、工商管理等。

（2）从根学科着手，即首先开设基础性、理论性比较强的人文社会科学专业。

（3）高起点的发展模式，即直接从文科硕士点建设起步，以研究生培养为主要任务，这需要较为雄厚的师资力量为基础。

（三）发展机制

1．建立制度保证机制

我国理工科院校发展文科专业必须

要有相应的制度建设。理工科院校要想将文科专业水平尽快提升上去，还必须借鉴一流工科院校的经验，加强制度建设，为文科专业发展创造良好的环境和制度保证。应该成立文科建设指导委员会或特别指导机构，选拔文科教师进入学校各级管理机构，对文科发展研究和运行进行组织和管理，制定科研标准和评价标准，规划文科发展课题，构建文科发展基地，促使文、理、工之间的相互渗透。

2. 完善师资保障机制

理工科院校办文科要想实现跨越式发展，必须大力引进高水平人才，组建文科创新团队。坚持一手抓引进，一手抓现有人才培养。对于有些已经显示出实力或潜力的中青年教师要重点培养和扶持，使其尽快成为在全国或省内本学科的知名专家。

理工科院校办文科是一项复杂而又艰巨的工程，而办出高水平的文科则更加困难。因为高水平的文科并非一个静态概念，它需要不断发展，想一劳永逸是不可能的。因此，在文科建设过程中，应密切跟踪国内外大学的发展动态，不断探索高等教育发展规律，总结经验，吸取教训，使我国理工科院校在日益激烈的竞争中不断发展。

（四）燕山大学文科发展战略

燕山大学的文科发展经历了 3 个阶段：10 年前从国际贸易、旅游、工业会计、英语专业起步；5 年前设立了经济管理学院和人文社科系、外语系，发展到 12 个本科专业；近 5 年又增加了艺术学院、外语学院、文法学院等文科院系，共设有文科专业 22 个（见下表 1）。

表 1　燕山大学文科发展及本科专业在全校所占比率

10 年前			5～10 年前			近 5 年		
文科学院	文科专业	比率	文科学院	文科专业	比率	文科学院	文科专业	比率
0	4	17%	1	12	36%	4	22	37%

同时，燕山大学也把重点放在了研究生培养层次上，并已经覆盖了管理学、经济学、语言学、政治学几大学科门类，还开办了 MBA 和 MPA 专业。

把“结构基本完整，规模发展适度，理论结合应用，高起点多层次，逐步形成特色，以提升学校整体水平和综合质量”作为燕山大学文科发展的基本战略。

燕山大学积极顺应全球化发展潮流，坚持“走出去”“请进来”的原则，注重与海外的交流与合作。1998 年和美国都灵大学联合培养 MBA，是向办学国际化迈进的初步尝试。2003 年，经济管理学院配合材料学院在香港开办工业工程硕士班。这些成功尝试，凸显了燕山大学文科发展的新成就。

本文原载于《高教发展研究》，2005，7（4）：1-3.

梦想的模样

燕山大学的诞生缘于锻造“大国重器”的梦想和担当。进入21世纪以来，学校开辟、建设了规模宏大的西校区，进入了快速发展的新阶段。两次搬迁建校、三次艰苦创业，一路筚路蓝缕，披荆斩棘，在中国高校发展史上极为罕见的经历，造就了“艰苦奋斗、严谨治学、求实创新”的燕大精神。

迈入大学校门，标志着人生旅程再次出发。在你们开启新征程之际，我想要告诉你们：要敢于做梦、善于追梦。伟大的“中国梦”使国家快速崛起，美丽的“燕大梦”使学校迅猛发展，每一位学生的梦想都会催生精彩的人生。梦想应该如何建立、如何实现？作为你们的师长，我向大家谈谈自己的看法。

一是梦想应该是既有高度又有温度。高尚远大的梦想能够产生充分持久的动力。你们一定要有远大理想，要思考个人与社会、国家的关系，明确我们存在的意义。家国情怀是我们要永远强调的价值观，爱国主义是核心价值和民族精神的精华，爱国者会永远受到尊敬。年轻一代的你们，一定要不负韶华，参与中国梦的伟大实践。家庭是我们的港湾，在前行的过程中，我们要在亲情中感受温暖，营造美满家庭也是值得尊敬的梦想。“君子成人之美”，我们世代受到儒家文化熏陶，将“及人之老，及人之幼”视为美德，通过帮助他人获得满足。一个注重修身、齐家、平天下的人，才能获得个人、家庭、事业的全面丰收。

二是梦想应该是紧跟时代并专注实现的。每个人的梦想都有时代性、社会性和个性，受现实条件的激励和约束。在大家忙着低头走路的同时，要记得仰望星空，要记得抬眼看世界，全面地认识内外部环境。东西方普遍承认的一个事实是，中国用30年走完了西方100年的工业化道路。开着私家车送新生这件事，20年前是闻所未闻的，10年前也很少见，而今天，校园里车水马龙，即使校园宽阔的燕山大学，也要考虑停车问题。现在的共享经济、消费升级、内容创业、虚拟现实、数据产业和信息智能等新科技、新产业、新经济正在不断刷新我们的观念和思维方式。所以，你们一定要努力学习、努力思考，学思结合、知行合一，培养创新精神和能力，建立符合时代特征和个人实际的梦想。追梦的内部条件是每个人时间有限，时间的利用效率将决定大家的差别。互联网时代的商家，都在争夺大家的时间，各种App都想吸引用户投入时间、都想挤到用户手机的首屏。我们一定要清醒地、理性地去使用时间，不能人云亦云，不能随波逐流，而要用时间去培养自身的核心竞争力。三四年的时间转瞬即逝，所以，如何适应时代变化、如何配置时间资源，需要我们深入思考。

三是梦想应该是富有特色和追求卓越的。梦想是美丽动人的，更会因为每个人的不同践行而变得丰富多彩，所以我建议大家去创造有特色的卓越人生。对于你们而言，这个时代的信息量太过巨大，最怕的就是千人一面，如果没有特点很难脱颖而出，所以我们至少要在一个方面出类拔萃。最后愿你们在燕大求索创新，收获成长，追梦燕园，创造精彩。

本文原载于《中国教育报》，2017-10-30，第5版.

如何在未来立于不败之地

未来世界正在加速到来:机场的自助值机、车站的自助取票、银行的自助业务、商场的机器人餐厅,正在代替大量人类劳动。我认为,努力去培养四种品质,将会以不变应万变,在未来立于不败之地。

第一,勇者无畏。真正的勇者既要有胆量,也要知进退。关于胆量,勇者要对公平、正义有强烈的坚守,当遇到明显的不公平和以强凌弱时,要有挺身而出的气概和行为。如果每个人都明哲保身,社会将无法彰显正义。理想主义、英雄主义、浪漫主义是生命之盐,会让我们的生活有味道。关于进退,勇敢不是要以卵击石,而是要具备艺高人胆大的实力,才能去扶助弱势群体;勇敢不等于冒进,勇者也会沉默和等待,但这正是评估风险、积蓄力量并准备爆发的时刻。勇者的人生是值得尊敬和爱戴的。

第二,智者无惑。所谓智者,就是基于足够的知识和阅历,看透事物本质,以恰当的选择达成目标。智慧并不等同于智商,智慧来自博学和深思。然而较之于古代很有限的知识存量,我们穷尽一生也无法学完当今的知识。所以,我们要培养终身学习的习惯、掌握快速高效的方法、具备持之以恒的钻研精神。智慧的更高阶段是豁达。随着年龄增长,你们慢慢会发现人最终追求的是无愧无悔。懂得取舍、看淡得失,做到风物长宜放眼量,值得我们践行一生。

第三,行者无疆。行不是旅游,而是行走;行走不仅是增加阅历,而且贵在体验和感悟。上车睡觉、下车拍照的旅游,收获会很有限,我们需要的是带有体验、欣赏、比较和思考的行走,这样才会促进认知、理解和升华。

第四,仁者无敌。要做到无敌或是少敌,不是靠强权或秀肌肉,而是要学会美美与共、诚信宽容。我们要努力做到严于律己、宽以待人,用宽厚善良、包容理解的心态去看待问题,你一定会在前进的路上找到更多伙伴而不是敌人。仁者乐于助人,虽然我们有时候会作出现实的选择,但大家要把内心的一个角落,留给不求回报、帮助他人。希望我们一生至少做一件理想主义的事情。

本文原载于《中国科学报》,2018-07-03,第7版.

高校教育质量与科技创新

改革的大潮已经把高等教育领域卷入了社会主义市场经济的洪流，市场经济的竞争法则，同样适用于高等教育。事实上，全国各高校已经处于一种或明或暗的竞争当中。正是这种竞争，成为推动高校前进的一种动力，使我国高等教育呈现一派欣欣向荣的繁荣面貌。在激烈的竞争中，怎样才能使高校立于不败之地而有所发展？我们认为：必须牢牢抓住教育质量和科技创新，这是大学尤其是教学研究型大学腾飞的双翼。

科技创新是高校发展和提高的推动力

教育质量是高校的生命线，提高教育质量，是高校永恒的主题。燕山大学认识到，加强师资建设，是提高教育质量的核心内容。学校采取多项措施加强师资建设，使教师整体素质进一步提高，积极性得以充分发挥。

对于高等院校来说，科技创新是大学发展的推动力之一。制度创新是科技创新的前提。在教学研究型大学，科技创新集中地、直接地体现在科学研究工作上。如何推动高校的科技工作？制度创新是首要前提。近年来，燕山大学为了促进科技工作的发展与进步，先后制定了一系列的科技管理政策，其中包括《纵向科研经费管理办法》《燕山大学科技奖励与科技工作量核定办法(试行)》等。这一系列新制度的创立，旨在营造宽松的科研环境，形成和谐的科研氛围，调动广大教师的科研积极性。近3年，全校共获得国家自然科学基金项目、国家高技术项目、国家科技攻关项目、国家“973”项目、“863”项目等211项研究项目，横向合作项目达312项。

科研平台建设是科技创新的基础。高校科研平台的硬件主要体现在实验室上。近3年来，燕山大学致力于科研平台建设，加大投入。2000年、2001年、2002年实验室建设投入，分别占学校年度运行经费的44.4%、45%和39%。学校建设了“亚稳材料设备技术与科学实验室”“金属精密塑性成形技术及设备工程技术研究中心”“高精度轧制技术装备工程研究中心”“金属产品工艺及性能优化控制实验室”“特种光纤与传感实验室”等一批国家级和省级重点实验室。科研平台建设的投入，明显改善了学校的科研条件与环境，增强了学校的科研水平和承接国家课题的能力，并对促进学科建设、提高学校的综合实力起到了不可低估的作用。

大学科技园是科技创新的孵化器。高校科技创新的最终目的在于科技成果转化为现实生产力，推动国家经济发展进步。燕山大学近年来大力进行科技园建设。燕山大学科技园1999年3月奠基，历经4年多建设，2001年确定为河北省唯一的省级大学科技园，2002年5月成为国家大学科技园启动建设单位，2003年经教育部、科技部验收，现已建成为正式挂牌的国家级大学科技园之一。燕山大学科技园以燕山大学为依托，以燕山大学科技创新为支柱，现已毕业20家企业，在孵69家企业。燕山大学科技创新的发展和科技园建设，形成了高校科技创新—科技园孵化—高科技企业发展—科技成果转化和产品研发—推动经济发展的科技创新链条。

教育质量提高和科技创新发展互为推动

教育质量和科技创新是大学腾飞的两翼，是大学前进的两个轮子。对这二者，学校应是“两手都要抓，两手都要硬”。

教育质量和科技创新，二者是互相推动的。提高教育质量，就要资金投入、聚集人才、知识创新，这就为科技创新提供了起飞平台、人才储备和知识基础；科技创新及其成果转化，反转来又为教育质量提高和学校发展提供了智力支持、财力支持和教育与实践相结合的基地支持。有一种说法很有道理，一个教师如果教学能力强，科研能力差，那教学效果好也好不到哪去；如果教学能力差，科研能力强，那教学效果差也差不到哪去。同样，我们认为，一个教师如果科研能力强，教学能力差，那他科研也很难有所突破；如果科研能力弱，教学能力强，科研上也不至于一事无成。根本原因在于，无论教学与科研，都要以扎实的、深厚的知识作为基础。无论个人还是学校，教育质量提高和科技创新发展，二者都是互为推动的，互相提供支持。燕山大学正由于对二者同样重视，所以近几年实现了跨越式发展。学校不仅规模迅速扩大，而且层次也不断提升，声望日隆。如在学科建设方面，仅2003年就新增一级学科博士点3个，二级学科博士点6个，新增硕士点20个，新增博士后流动站1个。学科建设的成就，正是教育质量提高和科技创新发展双管齐下的结果。

本文原载于《中国教育报》，2003-11-01，第3版.

解放思想，持续发展，促进和谐

——学习十七大报告后关于学校发展的一些思考体会

当前，全校上下都在认真学习十七大报告，领会其精神。结合学校发展实际，我们看到，解放思想、创新发展、促进和谐依然是学校发展的主旋律。

一、认清形势，进一步强化发展意识和实力意识

近年来，学校各项工作稳步发展，学科建设、科研水平都有了长足进展。然而放眼全国高校你追我赶、竞相发展的态势，我们感到，学校的发展任务依然很重，如学科综合实力的提高、学校综合竞争力的提升、实验室和工程中心的建设、基建的任务，等等。同时，在学校发展进程中，稳定和谐的任务也突出地摆在面前，如校园综合治理、后勤管理过程中还有许多亟待解决的问题，等等。所有这些，让我们没有任何自满自足的理由。在这种发展情况下，如果我们缺乏紧迫感，压力不够，缺乏事业发展的激情，缺乏远大的目标，缺乏进取的动力，盲目自满，感觉良好，就会丧失发展的动力，失去很多宝贵的机遇。有这样一个道理：大发展小困难，小发展大困难，不发展更困难；力度大问题少，力度小问题多，没力度什么问题也解决不了。做工作、做事情都要等到条件完全具备、成熟才去做，那样事情永远也做不好，很多高校的快速发展，都是有了先于他人的招数，都是解放思想、拓宽思路的结果。

这里的解放思想不是脱离实际、违背规律的为所欲为、胆大包天，而是一种高瞻远瞩的超前意识，一种永不满足、超越自我的进取精神，一种渴求发展的强烈愿望和坚定信心。我们要增强这种发展的气魄。当然，要发展就要承担一些风险，但只要我们摈弃那些不应有的私心杂念，一门心思放在工作上，即使前面有三道紧箍咒，也会像孙悟空一样扫除取经道路上的各种困难。关键看想不想干事，敢不敢干事，能不能干成事。

二、谋划思路，大手笔规划学校发展蓝图

搞好工作，前提是思路。思路决定出路。思路包括发展思路和工作思路。发展思路就是我们在发展上走什么路子，工作思路就是如何实现发展思路和发展目标。我们既要埋头干事，又要抬头看路。好思路决定科学发展，大思路决定跨越式发展。这里有以下两点需要强调。

1. 我们学校虽然是省管大学，但是我们要有更高的追求，各项发展指标、成果要定位在国家队水准。

高等教育担当人才培养、科学研究、服务社会的三大任务，不同层次、不同类别的学校都有着不同的发展定位、办学特色。在国内一流高校和各种强大资源面前，作为地方管理的大学，我们在人才、信息、公共关系、教学科研设施、资金等方面有着相对的劣势。在机遇与竞争并存的态势中，我们学校往往要面对比一些名牌大学更多的困难和更大的压力。如何抓住机遇、迎接挑战，取得更大的发展，如何

在林立的知名高校中获得生存和发展，我们的思考是：要想不成为平庸的大学，我们就要有更高的追求，更远的目标，把各项发展指标、成果定位在国家队水准。

国家队的水准经过量化可以概括为：经过努力使学校总体办学实力达到或接近教育部直属大学（或者其中比较好的学校）；有相当一批学科专业达到国家队水平；做一批国家级的项目，获得国家级的成果。

我们只有坚定住这个大思路，把握住发展的关键，才有可能在激烈的高校竞争中站住脚跟，完成自己的历史使命。

2. 高等学校的办学定位统领学校工作的全局，引导学校的改革与发展方向。其中服务面向定位是学校定位的重要内容之一，如何把握服务面向是发挥好高校服务社会功能的关键，也是实现学校发展目标定位以及关系到人才培养方向的重要问题。鉴于我校原隶属于机械工业部，为机械工业服务，现划转到河北省和实现与国防科工委共建的实际情况，学校逐步确定了适应发展需要的服务面向定位，即重点面向河北，面向重型机械行业，面向国防科技工业。这个服务面向定位是富有全局性、前瞻性、动态性和科学性的。抛弃任何面向，都是对我校历史和实际情况的背离。这是我校发挥高校观念、智慧、知识、技术、人才之源的作用，以服务求支持，在贡献中发展的重要发展思路。

三、突出工作重点，努力实现学校更好更快发展

抓住事关全局的重大问题，集中力量重点突破是推进我校更好更快发展的关键所在。首先要着眼长远，紧紧围绕我校发展目标、办学思路，咬定发展不放松，深入落实科学发展观，高层次规划和推动发展，正确处理"硬实力"和"软实力"的关系、增强自身实力与扩大知名度的关系、全面发展和特色发展的关系、外延发展与内涵发展的关系、改革发展和稳定的关系等学校发展面临的几个重要关系，做到发展中坚持"重点论"和"两点论"的有机统一。其次要统筹兼顾，做到既要把教学科研作为中心工作任务来抓，又要统筹抓好党务建设、校园文化建设，校园稳定；既要推动学科综合化，又要抓好学科特色化；既要把教学作为中心工作来抓，又要认识到科研是提升学校层次的重要工作；既要抓好理论教学，又要抓好实践教学。总之，要全面把握，使每一个部分在总体中都得到应有的重视，以此推动学校发展步入科学发展轨道。第三要和谐发展，做到以人为本，以师生为本，关注师生切身利益。发展是社会和谐的根基。发展与和谐相辅相成、互为因果，只有坚持用发展的办法，才能够解决前进中产生的不和谐问题。发展必须是科学的发展，不科学的发展，不仅不会带来和谐，反而会造成不和谐。

四、强化领导，狠抓工作落实

没有好的工作作风，没有把工作落到实处，没有抓落实的决心和求真较真的态度，我们关于学校发展的任何好的设想、措施和政策都会是一纸空文。

一个学校要想大发展，一个院系部门要想上台阶，没有一群人尤其是领导干部脚踏实地打基础和默默无闻作奉献是不可能的。我们每一个领导干部、师生员工都应层层激发起工作激情，点燃激情，传递激情，保持激情。要深入谋事、扎实干事，勇于任事，把一切工作都落实到具体

事实上，把精力真正集中到研究棘手的问题上来，让事实说话，让实绩说话。

党的十七大报告强调，实践永无止境，创新永无止境。坚持解放思想、实事求是、与时俱进，勇于变革、勇于创新，永不僵化、永不停滞，不为任何风险所惧，不被任何干扰所惑，使中国特色社会主义道路越走越宽广。燕山大学在十七大精神指引下，不断解放思想、创新发展、和谐发展，未来的路也一定会越走越宽广。

本文原载于《燕山大学报》，2007-11-15，第1版.

传授，引导，激发

——培养学生的学习和创新能力

1998年10月，联合国教科文组织在巴黎举行了主题为“21世纪的高等教育：展望与行动”的世界高等教育大会，大会提出，21世纪教育的主旋律是学生批判性思维与创造力的培养。2006年8月，第三届中外大学校长论坛在上海召开，耶鲁大学校长理查德莱文在会上强调指出，传统的“填鸭式”教学不会培养出创新型人才，大学教师的主要工作应该是教会学生如何独立思考，要使大学生具有批判性思维的能力。当前，高等学校又面临着建设创新型国家这一宏伟任务。这些都要求高等学校及时、深刻地转变教育观念，更加注重促进学生知识和思想的全面发展，着力加强学生学习能力和创新能力培养。它要求广大教师对教学方法进行积极变革，对人才培养模式进行不断创新，把落脚点真正放到学生成长上来，从过去只是作为知识的传授者，变为思想和方法的引导者、创新热情的激发者。下面笔者结合学生培养的需要、教师的角色定位及燕山大学的教育教学改革工作，谈几点体会。

一、传授知识技能，掌握专业本领

亚里士多德曾说，求知是人的本能，这个“知”指的就是知识和技能，它们是人类在认识世界和改造世界过程中积累下来的财富，是人类文明的载体。把这些知识和技能传授给学生是教育的基本功能。而现代社会分工的不断深入和拓广，使得掌握专业知识和本领的要求比以往任何时候都更加迫切和强烈。传道授业解惑，向学生传授已有的各类知识和技能，是教师最基本的职责和任务。没有知识的系统传授，人类文明就不可能被传承，也就谈不上更好地认识世界和改造世界。作为高级知识传授者的大学教师，其职业价值无疑是极其重大的。

与传统社会不同，当今社会的发展节奏越来越快，知识更新令人目不暇接。因此必须高效地完成知识和技能的传授。学生们在有限的学生生涯，既要学习已有的，又要学会如何探究未知领域，这些都需要高效率；而这既取决于学生自己掌握好的学习方法，更离不开教师传授知识的方式。早在古希腊苏格拉底就已经懂得使用“启发式”教学传授知识和开启智慧，今天的大学课堂更应该彻底改变过去单一的“灌输式”的教学模式，转而采取启发式、讨论式、探究式、项目式等多种教学方法和手段，引导学生学以致用，做到理论联系实际，激发他们潜在的求知欲和好奇心，使学生们积极、主动地去学习，做到“教”与“学”的有机结合。

二、引导智慧思考，掌握思维方法

以往的教育主要是一种知识型教育，教师往往以知识的占有者和宣导者形象出现，学生的主要任务则是理解、记忆、背诵、复制老师传授的或教科书上的东西。这种教育模式在信息爆炸和知识爆炸的网络时代会遭遇到严重挑战。对受教育者来说，现在的关键不是所知信息的多少，而是所知信息的质量，是对信息的鉴别与筛选，即如何识别虚假信息，抛开冗余信息，抓住关键信息，创造出新的知识和技术，以便在这个社会获得有利的生存和发展空间，不断提高职业竞争力。

“学而不思则罔”，在新的时代，教师们在传授知识和技能的同时，应更加注重学生的智慧和思考能力的开发，注重学生自我学习、主动学习习惯的养成，鼓励学生对知识形成自我理解和升华。教师要用自己的创造性工作，去开发和激活学生的创造潜能，让学生们学会如何举一反三、触类旁通，进行创造性的学习。只有这样，才能形成真正充满创新活力的教育教学氛围，学生才不至于被教育成为“只知其然、不知其所以然”的“工匠”。

使学生掌握正确的思维方法是有效开启心智的必要手段。传统意义上的逻辑思维方法和形象思维方法，是所有专业学习中都要运用的，教师在教学过程中都应该自觉训练学生们的这两种思维方法，使学生既能进行有条理的推导，同时又能适时地实现思维的跳跃和升华。如今又有一种新的思维方法值得我们注意，那就是计算思维。这种思维试图运用计算机科学的基础概念去求解问题、设计系统和理解人的行为，通过约简、嵌入、转化和模拟仿真等方法，把看起来困难的问题阐释成一个我们知道怎样解决的问题。这种思维方法已经在很多学科领域产生了重要影响。我们的大学教育在发扬传统思维方法之长的同时，还应该与时俱进，自觉引导学生去掌握这些适应现代社会需要的思维方法。

三、激发理想激情，胸怀创新动力

自新中国成立以来，我国教育事业的成就令举世瞩目。就高等教育而言，无论普及率还是教育质量，相较于以往更是有了显著提高，基本实现了大众化。然而，如今的大学生也经常被指责为“理想缺失的一代”，“天之骄子”似乎也已经严重褪色。钱学森的问题更是直接：我们的高等院校为什么总是培养不出真正有影响力的人才？在这个问题上，大学教育的精神维度是不能不考虑的。

我国文化传统对大学之功能的界定——“大学之道，在明明德，在亲民，在止于至善”，过于强调了对道德的追求，而不重求真。尽管求善肯定是人才培养的重要环节，但过于强调必然失之偏颇。罗素访问北大作讲演时曾提问“1 加 1 等于几”，竟没有得到直截了当的回答，对于科学真理确定性的迟疑促使罗素思考中国传统文化的不足，结论是缺乏那种“对真理沉思之至上的内在价值的感觉”。我们国家如今并不缺少大学，但却明显缺少“大师”，症结之一，在于大学教育中对于大学生理想激情的激发不足，导致大学生缺乏创新的动力。

大学是人生观、价值观即将定型的阶段，缺少了正确的精神指引，知识技能的传授、智慧思考的引导极可能失去动力之源。作为一校之长，我经常在思考：一个好的大学教育，在学生毕业离开的时候，应该让他们带走些什么？复旦大学前校长杨福家曾在《教授的职责》一文中讲到，教育最重要的目的是“点燃学生心中的火把”，教会学生如何做人和如何学习。我完全赞同这种看法。我认为，除了传授给学生知识技能，引导学生以科学的思维方法外，让学生获得充满智慧的心智，新时代的大学教育应自觉地把学生求真激情和创新动力的激发提到更加显著的地位。实际上，大学生已经具备自我学习的生理能力，一旦他们能够发自内心地爱上学习，充满追求，那么懂得如何学习和如何创新就不再是什么困难的事了；而反过来，如果没有了理想和激情，没有了不断创新的动力，纵然在学期间积累了学识、掌握了方法，当他们离开校园，却不再渴望继续求知和进步，那教育也就失去了意义。

基于上述认识，我们认为，在现代高等教育中，坚持以能力培养为导向、以学生为主体、以教师为主导是正确的，也是必须的。这里所说的"能力"应该是广义的，既包括知识技能，也包括思维方法，还应该包括胸怀理想和动力的人格。如果教师们能够在教学实践中更加自觉地去点燃学生的理想和激情，唤醒学生心中对于创新的追求，尊重学生的主体地位，让学生成为学习的主人，我们大学教育的目标就可以顺利实现了。

燕山大学始终把提高教学水平和人才培养质量作为学校的中心工作之一，全校上下深知教学工作的重要意义。尤其是近年来，出台了一系列政策为此提供保障。比如，完善了《本科生课堂教学质量评价实施办法》，对各个教学和管理环节进行系统的质量监控，力求实现"优教优酬"；修订了教授承担本科生教学任务的规定，启动了课程教学改革，要求理工科课程推行"项目式教学改革"，文科课程明显加大实践环节在课堂教学中的比重，让学生参与课堂教学，通过动手、动口、动脑进行自主学习，在"做中学"；成立了教师教学发展中心，加大教师队伍建设力度，提升教师整体水平；出台了《本科生学科竞赛组织与管理办法》，通过让学生参与学科竞赛实现以赛促教、以赛促学，强化学生创新意识，也取得了一些不错的成绩。如此等等。

但客观地说，整个大学教育教学仍存在很多亟待突破的瓶颈。如何在教育教学实践中实现教学相长，让老师的"教"成为学生自主学习的辅助，真正让位给学生的"学"，还要继续摸索。百年大计，教育为本，无论有多大的困难，都必须迎头赶上，这或许正是我们大学学习科学教指委的历史责任。

本文原载于《教学研究》2014. 第7卷，1期.

源于军工，情系军工，回归军工，服务军工

在河北省人民政府与国防科学技术工业委员会共建燕山大学签约仪式暨燕山大学国防科技学院成立大会上的讲话

（2006年11月30日）

尊敬的陈求发副主任，尊敬的龙庄伟副省长，

各位领导、各位来宾，老师们，同学们：

今天，我们在这里隆重举行河北省人民政府与国防科学技术工业委员会共建燕山大学签约仪式暨燕山大学国防科学技术学院成立大会，在这激动人心的时刻，请允许我代表学校4万余名师生员工向光临大会的各位领导和来宾表示热烈的欢迎和衷心的感谢！

燕山大学源于哈尔滨工业大学，作为一所出身国防科技工业系统的全国重点大学，始终与国防科技工业系统保持着联系。燕山大学的科学技术研究和人才培养体现了以工为主，以重型机械装备和军工技术为优势，以服务机械行业和国防科技工业为己任的办学思想。在独立办学46年的光辉历程中，学校培养了4万多名毕业生，有一批又一批优秀人才献身国防科技工业，他们分布在兵器、航天、航空、船舶、电子、核工业等领域。从1999年起，燕山大学开始为海军培养在职硕士研究生。2004年4月，燕山大学被列为中国人民解放军后备军官选拔培养高等学校。目前在校国防生296名，涉及15个学科专业，计划未来2～3年内，在校国防生人数达到500人左右。

多年来，燕山大学密切关注国防科技工业的发展，把服务军工作为学校科技发展的一个重要方向。1960年，学校接受了国家科委研制二十辊轧机的任务，为我国第一颗人造地球卫星上天作出了贡献；20世纪70年代末，为海军研制成功了当时我国功率最大、技术最先进的军用战略通信设备；80年代末，为某军工厂研制成功了先进的简式超高压水压机，现在依然在生产中发挥作用；90年代，为海军研制成功了某型号导弹发射架随动系统，于1995年被正式确立为军方定型产品；“十五”以来，燕山大学承担了许多国防军工科研任务，包括军口“863”项目和军口预研项目。2005年，学校成立了军工项目管理办公室，进一步加强对军工项目的管理。2006年，学校通过了武器装备科研生产保密资格认证。

为了更好地服务国防科技工业，发挥学校国防科技特色和优势，提高国防科技人才培养质量，增强国防科研实力，2005年，学校整合强势特色学科和优质科研资源，组建了国防科学技术学院。国防科学技术学院现设有军械工程系、军用材料系、军事测控及自动化系、军用电子与通信工程系等4个系，涵盖9个本科专业、3个博士后流动站、5个博士学位授权一级学科、26个博士学位授权二级学科专业、9个硕士学位授权一级学科和9个工程硕士专业学位授权领域。学院建有6个服务于国防科技工业的实验室和1个河北省国防军工职业技能培训基地。学院拥有一支以长江学者特聘教授、国家杰出青年

科学基金获得者、国务院政府特殊津贴专家、博士生导师和教授为骨干的教学科研队伍，形成了新概念武器等 12 个学术创新团队。

各位领导、各位来宾，老师们、同学们，国防科工委与河北省共建燕山大学，学校成立国防科学技术学院，这是燕山大学发展进程中一个具有里程碑意义的重大事件。实现委省共建，将为学校的发展提供新的机遇和空间，将会进一步开阔我们的视野，促进我校与国防科技工业系统高校、科研机构和生产企业之间的交流与合作，提升我校服务国防科技工业的实力、水平和境界，强化我校的国防科技特色和优势。我们一定要进一步增强使命感和责任感，在服务和贡献中求支持、求发展，在发展中作出更多更大贡献。我们相信，有河北省和国防科工委的正确领导和亲切关怀，有国防科工委系统高校、科研机构和生产企业的支持和帮助，经过全校师生的努力奋斗，燕山大学国防科学技术学院一定能够办出特色、办出水平、办成品牌，向国防科工委和河北省，向我国的国防科技工业交上一份满意的答卷。

谢谢大家！

九十年风雨历程，新起点再创辉煌

——在燕山大学建校90周年校庆文艺晚会上的讲话

（2010年9月10日）

尊敬的黄荣副主任，

尊敬的各位领导、来宾、校友、老师们、同学们：

今天，我们在这里隆重举行校庆文艺晚会，热烈庆祝燕山大学建校90周年。首先，请允许我代表燕山大学四万多名师生员工，向莅临晚会的各位领导、来宾表示热烈的欢迎！向全体海内外校友致以亲切的问候！向多年来关心、支持燕山大学建设发展的各级领导、各界朋友表示深深的谢意！向燕大全体师生员工致以节日的祝贺！

九十年弦歌不辍，薪火传承。从哈尔滨工业大学，到东北重型机械学院，再到燕山大学，九十年来，几代燕大人秉承哈工大的优良传统，励精图治，艰苦创业，把燕山大学建设成为一所以工为主，文、理、经、管、法、教等多学科共同发展的全国重点大学，并继续向着高水平大学建设目标阔步前进。九十年的奋斗历程，铸就了燕山大学艰苦奋斗、创业图强、严谨求实、负重致远的办学精神，这是学校历经九十年风雨不断克艰攻难、发展壮大的根本原因，是我们倍感骄傲、弥足珍贵的精神财富，是当前学校各项事业快速发展的力量源泉，并将永远激励着燕山大学全体师生员工为建设高水平大学而奋勇前进。

九十年春风化雨，桃李天下。九十年来，燕山大学崇尚严谨求实，重视育人树德，倡导尊师爱生，汇聚了一批又一批爱岗敬业、严谨治学、甘于奉献的优秀教师，为国家培养了8万余名优秀人才。从燕大毕业的政界精英、著名学者、商业巨子等优秀人才，遍布各行各业和世界各地。广大校友秉承“厚德、博学、求是”的校训精神，在各自的岗位上开拓创新，勇于进取，建功立业，为国家和人类社会的发展作出了突出贡献，为母校赢得了良好的声誉。广大校友的光辉业绩，折射了学校九十年的辉煌历程，彰显了学校九十年的办学成就。

九十年辛勤耕耘，硕果累累。1978年，独立办学仅仅18年的东北重型机械学院被确定为国家重点大学，为学校进一步发展奠定了较高的平台；学校南迁秦皇岛后，又开创了河北省高等教育发展领域众多“零”的突破：拥有河北省第一个国家重点实验室，第一个教育部工程研究中心，第一个国家大学科技园，第一个一级学科国家重点学科，第一位长江学者奖励计划特聘教授，第一位国家杰出青年科学基金获得者，第一篇全国优秀博士学位论文，第一个国家级创新研究群体，第一位“973”项目首席科学家，第一所海外学院，第一个成为教育部首批“卓越工程师教育培养计划”实施高校。2006年成功实现省部共建，使学校发展获得了新的机遇和动力。

九十年历史积淀，厚积薄发。目前的燕山大学充满了活力与希望。有38000余名学子在这里笃学进取，增长才干；有3000名教职员工在这里教书育人，躬耕不辍；4000亩美丽的校园、完善的教学科研设施、厚重的校园文化，为学生成长成才提供了良好的条件；以工为主、理工结合、文理交融、多学科共同发展的学科专业格局，为学科建设和人才培养奠定了坚实宽广的基础；学研产互动的办学特色，为提升学校的综合实力提供了可靠的保障；日益扩大的国际交流与合作，让学校以开放的姿态、坚实的步伐阔步走向世界。省部共建和教育部“卓越工程师教育培养计划”的实施，使学校进一步明确了努力的方向。我们坚信，有积聚九十年的办学实力，燕山大学必将培养出更多的卓越人才，为科技进步和社会发展再谱华彩乐章！

各位领导、来宾、校友，老师们、同学们，燕山大学的建设和发展历程，是先辈们披荆斩棘、不懈努力的创业史，是一代代师生磨砺才智、建功立业的成长史，也是各级领导、社会各界人士鼎力相助的发展史。此时此刻，我谨代表学校向奠定了燕山大学良好发展基础的先辈们和竭诚奉献在学校各个岗位上的师生员工致以崇高的敬意！向为学校建设发展提供大力支持和帮助的各级领导、各界朋友和全体校友表示衷心的感谢！

九十华诞是学校承前启后、继往开来的里程碑，更是学校奋勇前进、再创辉煌的新起点。站在新的历史起点上，回顾过去，我们心潮激荡，光荣自豪；展望未来，我们豪情满怀，任重道远。大学是人才的摇篮，大学是知识的源泉，大学是文明的先导，大学是精神的家园。我们要牢牢把握大学之道，奋勇推进燕山大学健康发展。我们相信，有河北省委省政府的正确领导，有教育厅等各厅局、秦皇岛市委市政府和社会各界的大力支持，全校师生员工奋发图强、锐意进取，一定能够把燕山大学建设成为国内外知名的高水平大学，为中华民族的伟大复兴，为人类的和平与发展作出新的更大的贡献！

谢谢大家！

加强教学建设，深化教学改革，努力提高本科教学水平和质量

——在2011年本科教学工作会议上的讲话

（2011年6月2日）

一、以人才培养为中心，以本科教学工作为重点，形成全员育人、全方位育人新局面

近几年，通过全校教育教学思想大讨论和每年一次的全校本科教学工作大会制度，进一步明确和牢固树立以人才培养为中心，以教学、科研和学生工作为重点，教学工作是重中之重的办学理念；德育为先，能力为重，全面发展的育人理念；通识教育加专业教育：宽口径，重实践，求创新的育人模式；高素质、创新型、应用型的育人目标。

在统一思想认识的基础上，通过检查和考评机制，努力形成领导重视教学、资金保障教学、教师投入教学、学科支撑教学、科研促进教学、管理服务教学、后勤保障教学的全员育人、全方位育人新局面。

二、加强教师队伍、教学条件和课程建设，为提高教学质量奠定坚实基础

在教师队伍建设方面，一是增加教师数量，每年新增教师100名左右，大部分为高水平的博士。对师资力量较弱的学科专业，加大引进和政策支持力度。对拟聘的新教师，对其学术水平和教学能力进行双重考核，确保新增教师质量。二是对青年教师进行严格培训，通过教学讲座、教学观摩、教学竞赛和到企业挂职实习等制度，提高他们的教学水平和实践能力，使他们既过教学关，又过实践关，努力成为双师型的教师。三是加强教学名师和优秀教学团队的培养和建设，制定教学与科研同等重要的政策，鼓励教师热爱和投入本科教学工作。

在教学条件建设方面，着力建立校内外实践教学基地，为培养学生实践能力提供保证。一是优先安排本科教学经费，保证实践教学资金。二是重点建设一批基础性、公共性、示范性的实践教学中心，如物理、化学、力学、电子、计算机、机械和材料等实践教学中心。三是把学科建设和专业建设结合起来，在国家重点学科和重点实验室建设，省强势特色学科、重点学科和重点实验室建设，学校学科和实验室建设中，把本科专业建设作为当然和必需的组成部分，尽可能覆盖本科专业建设内容，实现科研和教学条件的一体化，提高本科实践教学条件水平。四是与企业加强联系，紧密合作，为其提供人才支持和技术服务，建立和巩固一批稳定的校外实践教学基地。

在课程建设方面，设立专项经费，建立管理制度，实行表彰奖励，着力建设一批国家、

河北省和学校的精品课程和双语教学示范课程，提高教学水平，发挥示范和带动作用。

三、强化教学管理，深化教学改革，着力培养学生的创新与实践能力

在强化教学管理方面，一是建立实施由教学评价制度、教学督导制度、信息沟通制度、领导干部听课制度、学生参与制度、专家决策制度等6种制度构成的全程教学质量监控与保障体系。二是对课程考核、实验实习、多媒体教学、专业课教学和毕业设计等方面进一步提出具体严格要求，并通过快速灵活的常态化检查督导，保证这些环节的教学质量。三是实行教学“优教优酬”制度，对教学水平高、教学效果好的教师，经过严格评定，给予优厚报酬，激励教师努力搞好本科教学工作。

在深化教学改革方面，一是实施“四学期制”管理模式，将春季学期和秋季学期都再分为两个小学期，大部分课程都在每个小学期内完成教学任务，小学期之间不放假，集中进行课程考试，大大提高了教师教学和学生学习的效率。对教学内容和学时多的课程和实践教学，设立两个“直通车”贯穿整个学期完成。二是作为教育部“卓越工程师教育培养计划”的首批实施高校，今年学校安排专项经费用于3个试点专业的人才培养模式改革，探索培养创新型工程技术人才的新模式。目前学校正积极联合一重、首钢、鞍钢和齐重数控等国有大中型企业，拟通过让学生参加企业的工程技术工作和聘请企业技术人员兼职学校的教学工作等方式，强化培养学生的工程实践能力。三是对大学生进行创新教育和训练，建立了校、院两级创新教育基地，立项实施了230多项创新性实验计划项目，全校近300名教师和1000多名学生积极参与，涉及所有专业学院。这项工作连续3年获得国家大学生创新性实验计划项目资助。鼓励支持学生积极参加国内外创新设计大赛，承办“首届河北省大学生机械创新设计大赛”等活动，努力营造创新教育氛围，提高创新教育水平。四是扎实推进CDIO教学模式改革，提高工程教育质量。机械学院的大部分课程已实行“做中学”和“基于项目的教育与学习”，形成了“教师讲授”“讨论互动”和“研究项目”一体化的教学新模式。这项工作使我校成为全国实施CDIO教改模式机械组的牵头单位。五是结合思想政治理论课教学改革，通过讲坛、论坛、读书会、影苑、网络、报刊和公益实践等形式，开展“红色旋律”系列特色教育教学活动，抓住学生最关心的热点问题，有针对性地进行思想政治教育。“红色旋律”活动被教育部评为2010年高校校园文化建设优秀成果，所支撑的《中国近现代史纲要》课程被列为教育部“精彩一门课”。

通过加强教学建设、教学管理和教学改革，保证和提高了人才培养质量。近几年，我校的大学生考研率和考研质量不断提高；一次就业率保持在90%以上，毕业生受到用人单位的青睐，学校被评为“全国高等学校毕业生就业工作典型高校”；大学生参加国内外创新设计大赛，取得一系列获奖的好成绩。

质量是办学的生命和永恒的主题，本科教学是人才培养质量的基础、关键和重点。在今后的工作中，我们要认真学习贯彻国家与河北省教育工作会议精神，教育改革和发展规划纲要，以及这次全省本科教学工作会议的部署要求，进一步重视加强本科教学工作，努力提高本科培养质量，为建设现代化河北，实现富民强省目标作出新贡献。

加强教学管理，深化教学改革，推动本科教学质量再上新台阶

——在 2012 年本科教学工作会议上的讲话

（2012 年 3 月 9 日）

各位老师、同志们、同学们：

今天，我们在这里隆重召开燕山大学 2012 年本科教学工作会议。刚刚过去的 2011 年，在全校师生的辛勤努力下，在各部门的通力配合下，全校本科教学工作运行平稳，多项教学改革扎实推进，教学工作秩序进一步规范，卓越工程师教育培养计划稳步实施，人才培养质量与教学管理工作取得了新的进展。在此，我代表学校对辛勤工作在教学第一线的全体教师、教辅人员和教学管理人员表示崇高的敬意和诚挚的感谢！

胡锦涛总书记在清华大学百年校庆大会上指出，“我国高等学校要把提高质量作为教育改革发展最核心最紧迫的任务”。随着《河北沿海地区发展规划》上升为国家战略，我校的本科教育教学工作也迎来了难得的发展机遇。为进一步做好今年的本科教学工作，推动本科教学质量再上新台阶，下面我讲几点意见。

一、巩固本科教学中心地位，强化质量强校意识

建设国内知名的高水平大学，本科教学是最基础、最根本的工作。领导精力、师资力量、资源配置、经费安排和工作评价都要体现出本科教学的中心地位，要从思想、制度、组织及机制等方面进一步巩固和强化本科教学的中心地位，形成全校上下共同关注、服务教学的良好氛围。

人才培养质量是学校的生命线，也是高校生存和发展的基础，更是学校竞争力的具体体现。全体教师要进一步提高思想认识，强化质量强校意识，深刻体会教学工作在人才培养和学校发展中肩负的责任与使命。近年来，学校坚持稳定规模、优化结构、强化特色、注重创新，走以质量提升为核心的内涵式发展道路，始终把提高教育教学质量、提升办学水平作为学校工作的重中之重。希望全校上下牢固树立“没有教学质量就没有学校竞争力，没有教学质量就没有学校发展”的意识，充分认识“忽视教学质量的卓越是失去灵魂的卓越”的道理，真正践行育人为本的教育理念，为进一步提升本科教学质量不懈努力。

二、加强教学管理，稳步推进教学改革

学校教学工作的平稳与高效运行，必须依靠各项规章制度的有效落实来保障，这也是确保教学质量稳步提高的关键。教学管理工作要讲求实效，需要真抓实干，要把目标

管理和过程管理有机结合起来。教学管理工作要不断科学、规范、高效，各项教学文件也需要不断地修订和完善。教学管理部门在做实做好各个教学环节工作的同时，也要与学生管理部门密切合作，共同加强学风建设，以班风养学风，用教风带学风，不断促进教学质量的稳步提高。

今年，学校将继续狠抓各类实习、课程设计、实验等实践教学环节的质量，加大实践教学过程的检查力度，着力提高实践教学的质量和效果。同时，还将继续深化 CDIO 工程教育改革，扩大专业课、思政课以及选修课改革的范围和深度。希望各级教学管理部门、学生管理部门都要强化岗位责任，转变工作作风，增强服务意识，研究性地、创造性地开展工作，形成良好的教学服务氛围。

目前，各级各类高校竞争激烈，教育教学改革如火如荼。我们与国内知名的高水平大学建设目标的差距，不仅体现在人才培养质量与大学制度建立方面，而且还体现在大学精神培育和大学特色文化积淀等方面。教育教学进一步改革面临着思想观念和行为模式上的障碍，特别是可能要触及一些教师既得利益与多年形成的某些习惯，需要深入研究，稳步推进。

三、完善人才培养质量标准，科学制订新版教学计划

2011 年 12 月，《教育部关于全面提高高等教育质量的若干意见》已经明确提出："全面实施素质教育，把促进人的全面发展和适应社会需要作为衡量人才培养水平的根本标准。建立健全符合国情的人才培养质量标准体系，落实文化知识学习和思想品德修养、创新思维和社会实践、全面发展和个性发展紧密结合的人才培养要求。"

今年，学校要启动新一轮本科教学计划修订工作。各专业要抓住机会，认真总结学校的办学优势与不足，借鉴国内外知名院校的宝贵经验，吸纳用人单位的有益建议，紧紧围绕国内知名的高水平大学建设目标与人才培养要求，结合教育部颁布的《普通高等学校本科专业目录》，客观修订本专业的人才培养定位与培养目标，科学制订培养方案和课程体系，充分体现出我们的专业特色和办学优势。

新版教学计划要着力突出"以学生为中心，强化实践教学与创新教育"，努力解决好"精简教学内容和教学时数、工程教育回归工程"两大问题，要巩固和继承 08 版教学计划中已经做起来并且执行效果较好的内容，也要把其中已经体现但还没有做起来或者做得不够之处继续做好，而且还要融合最新的教学研究及教学改革成果，特别是近年来我校实施工程教育改革与专业课教学改革所积累的宝贵经验，科学构建新形势下创新型、应用型人才培养模式、理论教学体系和实践教学体系。希望各单位、各专业要高度重视，投入力量，认真组织，积极梳理，按照教务处的要求和安排，做好教学研讨和教学计划修订工作，保证按时拿出一份高质量、高水平、巩固以往教学计划优点、符合现代人才培养要求、广大教师满意的新的教学计划和人才培养方案。

四、尊重教学规律，完善课程及教学质量监控体系

教学评价体系是教学质量监控与评价体系的重要组成部分，也是教师教学绩效考核、学校兑现“优教优酬”政策的基本依据。自2005年秋季学期开始网上评教、2007年秋季开始进行“连优奖励”以来，对调动教师上好课的积极性起到很大的促进作用。

但是，目前的课程评价指标体系还存在一定的问题，需要进一步修订和完善。要在充分尊重教学规律的基础上，探索制定符合我们办学实际的课程标准、教学过程标准及检验标准，要对教学评价提出更高的要求，从学生学习结果、效果以及教师进行研究性教学程度等方面来综合评价教学质量是否达到要求。各学院要建立起适应本单位教学工作实际的教学工作质量评价标准，以补充、完善学校的教学质量评价与监控体系，使我们的教学评价体系不断完善、更趋科学，使评价结果更加客观，更加符合教育教学规律。同时还要进一步完善选修课、实验课、实习以及随堂测试的评价考核办法，特别是建立实验教学与实习教学环节的评价指标体系，确保教学效果和质量，为推行“优教优酬”提供可靠依据。

五、加强教学条件建设，强化实践育人与创新教育

良好的教学条件是开展教学活动的基础和前提，也是促进教学质量提升的重要保障。学校将针对教学过程中的突出问题和薄弱环节，多渠道、多途径筹措资金，进一步加强教学基本条件建设，保证经费投入，增加实验教学、课程建设、教学改革、教材建设等教学专项经费，尤其要大幅度增加实践教学、创新教育和创新实践活动的经费投入，为进一步培养学生的实践能力和创新能力创造条件。要加快推进教育信息化进程，加强数字校园、数据中心、公共教学资源网络平台等现代教学条件建设，充分利用现代信息与技术手段，不断提高教学管理效率和教学服务水平。

要研究加强学生实践与创新能力培养的有效措施，构建课内教学实践环节与创新性实验计划项目、课外科技活动等相结合的实践教学与创新教育体系。要结合专业特点和人才培养要求，分类制定实践教学标准，增加实践教学比重，配齐配强实验教师，组织编写优秀实验教材，提升实验教学水平。充分利用校内外优秀教育教学资源，加强实验室、工程训练中心和校外实践教育基地建设，稳步推进卓越工程师教育培养计划的实施，努力探索校企联合培养工程技术人才的新模式。

这里再次强调，学校的学科建设必须包括本科专业建设，应该为提高本科教学质量提供条件。我校列入国家和省计划的特色学科专业、强势学科专业、重点学科建设经费，有关学院、学科在安排经费的时候一定要考虑到本科专业建设的内容，把本科专业教学条件建设到位，不能再提出另外的要求。

六、加强教师队伍建设，提高师德水平和教学能力

师德师风建设方面，要完善教师职业道德规范，加强职业理想和职业道德教育，引导教师潜心教书育人。强化师德考评制度建设，将师德表现作为教师绩效考核、聘用和奖惩的首要内容，实行师德一票否决制。要加强教师爱岗敬业教育与考评工作，加大对学生思想道德、学习方法、学业职业规划方面的教育引导力度，教务部门、工会、宣传部门和人事部门都要结合本部门工作实际，进行认真研究，形成长效机制。

教育部文件已经明确要求，要“推动高校普遍建立教师教学发展中心，重点支持建设一批国家级教师教学发展示范中心”。学校将认真规划，积极推动建立我们自己的教师教学发展中心，努力争取获得国家级教师教学发展示范中心建设立项，有计划地开展教师培训、教学咨询等工作，不断提升中青年教师专业水平和教学能力。进一步完善教学系、教学团队、课程组等基层教学组织，强化教学研讨，鼓励集体备课，深化教学重点难点问题研究。健全老中青教师传帮带机制，加强助教工作，完善助教制度。探索科学评价教学能力的办法，鼓励聘用具有实践经验的专业技术人员担任专兼职教师，支持教师获得校外工作或研究经历。

教育教学改革，主体是教师，关键在教师。提高人才培养质量，就必须充分调动广大教师倾心教学、安心教学的积极性和主动性。学校将进一步完善教学质量监控评价体系，稳步推进人事分配制度改革，积极研究新的考评机制与激励办法，使教师主动积极地进行教学内容和教学方法的改革，不断提高教学质量。

老师们、同志们，在学校深化内涵建设、提升水平和质量的关键时期，我们要进一步加强本科教学工作，切实提高本科教育教学质量，充分体现高等教育的永恒主题。希望大家坚持改革创新，狠抓工作落实，以充足的干劲、扎实的工作和优秀的业绩，开创我校本科教学工作的新局面，为早日实现高水平大学建设目标作出新的更大贡献！

谢谢大家！

做一名有担当的人

——在燕山大学2016年本科生毕业典礼上的讲话

（2016年6月29日）

亲爱的同学们，各位老师、各位家长、各位来宾：

今天，我们在这里隆重举行燕山大学2016年本科生毕业典礼。3768名本科生和14名本科留学生顺利完成学业，其中287名同学获得省级优秀毕业生荣誉称号、10名同学获得“燕山大学2016届最美毕业生”荣誉称号。作为校长，我由衷地为你们高兴，在此，我代表全校师生员工，向你们和你们的家人表示最热烈的祝贺！向4年来悉心指导你们的老师们表示最衷心的感谢！

每到毕业季，校园里总是弥漫着离别的气氛。学校首页的“光影燕大”栏目晒出了同学们的各种毕业照，你们把对母校的依恋定格为一系列美好瞬间，这是一个价值多元化的时代，你们甚至可以选择用遥控无人机进行拍摄，把毕业照拍得创意无限、精美绝伦。我上下班经过燕宏桥的时候，发现大桥是同学们合影的热门地点，我在对大家表示理解的同时，更希望同学们一定要注意安全。因为，你们肩负着对自身、家庭、社会的更重要的使命，你们要去闯荡广阔的世界、开拓壮丽的人生。

燕山大学是一所厚重、低调、严谨的学府，你们在这里度过了人生中最美好的青春时光。本科教育会为每位同学打下最深刻的烙印，我可以自信地告诉大家，燕山大学的本科教育会为大家奠定扎实牢固的知识、能力、素质基础。经过4年的学习和科研训练，你们的知识更加系统深入，能力更加综合全面，思想更加独立成熟。你们在实验室里聚精会神，在图书馆内奋笔疾书，在学术论坛上交流提升，在创新创业活动中挥洒激情。在刻苦学习的过程中，你们为学校的建设与发展作出了贡献，留下了财富，在学校的历史档案中，记载着燕山大学2016届毕业生所创造的骄人业绩。学校为拥有你们这样优秀的学生而感到骄傲和自豪！

在这难以忘怀的4年里，你们也见证了学校事业的蒸蒸日上，你们见证了教育部、工信部、河北省共建给学校发展带来的机遇，你们见证了学校科技成果连续两年入选“中国科学十大进展”和“中国高校十大科技进展”，你们见证了学校接受《华盛顿协议》专家的现场考察，并为中国争得了入场券，你们也见证了身边的同学“冰海救人”、向世界展示了燕大学子的精神风貌。在这些关于学校成长的故事中，你们既是忠实的见证者，也是英俊的主人公。

同学们，在燕大的4年里，你们收获的不仅有丰富的知识、扎实的技能和健全的人格，更有90多年来燕大人薪火相传的创业精神和自强不息的奋斗精神，这些宝贵的精神财富将使大家受益终生。今天，你们即将告别母校，踏上新的人生征程，书写新的人生篇章。作为你们的师长，我向大家提出几点希望，谨作临别赠言。

第一，希望同学们胸怀家国，担当历史责任。

爱国主义不仅在我国是传统美德，在任何国家都是核心价值观。科学没有国界，但科学家有自己的祖国，这是不争的事实。同学们是当代中国的社会中坚力量，你们一定要把自己的人生目标与祖国发展和民族进步紧密结合起来。每一位心系天下的爱国者都是值得尊敬的，只有为更多人的福祉而奋斗的人生才是有意义的，才不会因执着于物质生活而迷失方向。爱国不是空话，同学们应深刻认识到，生活在这样一个伟大的时代和伟大的国度是我们的幸运，我们要通过努力奋斗去助力中华民族的伟大复兴。

第二，希望同学们终身学习，担当创新责任。

人生因学习而美丽，人生因奋斗而精彩。大学生活的结束，并不是学习的终结，而是新的学习生活的开始。在现代社会，知识更新的速度日新月异，本科教育的目的主要是通识教育，在专业技能方面仅有较短的保鲜期，唯有具备了终身学习的能力才能保持核心竞争力。同学们是燕山大学培养出来的高素质创新人才，学校有学研产互动的办学传统，创新更是我们的办学特色。同学们必须将终身学习变成一种技能、一种能力、一种习惯，在学习中获取前进的力量，在创新中推动社会进步。

第三，希望同学们正视挫折，担当人生责任。

人生的道路没有坦途，同学们肯定会遇到坎坷和挫折。关键在于如何看待挫折，挫折一定会带来痛苦，但是同学们要在咬紧牙关坚持的过程中，把挫折视作宝贵的受教育机会，在挫折中使自己深刻而丰富，在挫折中使自己奋起而成熟。同学们是“90 后”，你们没有经历过物资匮乏的年代，承受的艰苦和磨难很少，但是我相信你们也一定能够正视挫折，因为你们有责任感，能够担当对于自己、家庭、国家的责任。人生必定会因为担当而变得坚强有力。

“海阔凭鱼跃，天高任鸟飞。”同学们，今天你们从这里毕业，明天你们就是燕大的校友。校友是学校最宝贵的财富，校友是学校的“铁杆粉丝”。今年 5 月初，网上有一次关于河北省重点支持哪所高校的投票，5 天之内，燕大就得到 54876 票，获得了总投票数的 30%，而第二名仅获得 22000 票，由此可见，校友们就是学校值得信赖的燕大力量！希望大家离校后继续关心母校的建设和发展，为把母校建设成中国一流大学献计出力。

同学们，母校舍不得你们，但是又盼望你们创造灿烂辉煌的明天。无论你们身在何方，母校永远是你们最坚强的后盾，最宁静的港湾，最温暖的家园！同学们，有空的时候，常回家看看！

最后，祝同学们一路顺风，健康平安，前程似锦，万事如意！

坚守理想信念，创造一流人生

——在2016年研究生毕业典礼暨学位授予仪式上的讲话

（2016年6月26日）

亲爱的同学们，各位老师、各位家长、各位来宾：

今天，我们在这里隆重举行2016年研究生毕业典礼暨学位授予仪式。这是一个值得我们珍藏在记忆深处的美好时刻。首先，我代表学校向圆满完成学业的113名博士生和2155名硕士生表示最热烈的祝贺和最美好的祝愿！向悉心指导研究生成长成才的全体导师，以及为学位与研究生教育工作作出贡献的广大教职员工，致以崇高的敬意和衷心的感谢！

2015年以来，我校不断深化研究生教育综合改革，全面推进“一流大学和一流学科”建设，在学科建设和研究生培养方面取得了重要进展，圆满完成国家第四轮学科评估材料的申报工作，学校新增河北省优秀博士学位论文6篇、河北省优秀硕士学位论文15篇，数量居河北省高校首位，再次彰显了我校研究生教育的水准。

同学们，经过短则两三年、长则六七年的研究生阶段的学习，你们的知识更加系统深入，能力更加综合全面，思想更加独立成熟。毕业是人生新的起航，我相信，你们已经做好准备，带着一身修为去闯荡广阔的世界，去开拓壮丽的未来！燕山大学正在争创中国一流大学，而各位同学，你们要去创造属于自己的一流人生！

很庆幸，我们生活在一个充满希望的时代，每个人都有机会实现梦想；但是我们也生活在一个充满选择的时代，不同的思想文化和价值观念时刻都在碰撞交融，每一次坚守都是对内心的考验。在这样一个机遇和挑战并存的时代，我们要把个人的追求与国家需要、社会发展和人类进步紧密结合起来，唯有如此，我们才能从容地拥抱时代，创造属于自己的一流人生。

今天的典礼过后，你们当中的大多数人将辞别母校，奔赴新的征程。此时此刻，作为你们的师长，我将自己的一些思考分享给大家，作为临别赠言，与大家共勉。

第一，要树立家国情怀，担负历史责任。

经过今天的学位授予仪式，同学们就正式成为了博士、硕士。但我想强调的是，博士、硕士的重点不在于博、硕，而在于士。“士不可不弘毅，任重而道远”，在座同学是国家和民族的中坚力量，即使起于微末也要胸怀家国，不忘作为博士、硕士的社会责任。在一个“士”的心中，既要有范仲淹“先天下之忧而忧，后天下之乐而乐”的悲悯和担当，也要有名士张载“为天地立心，为生民立命，为往圣继绝学，为万世开太平”的宏大气魄。能够为更多人的福祉去奋斗，这才是精彩非凡的一流人生。

第二，要善于思考质疑，坚守做人底线。

经过博士、硕士阶段的学术训练，同学们具备了基本的科学精神。科学精神的重要特征就是敢于思考质疑，反对随波逐流，这种批判思维在当代尤为宝贵和稀缺。国家的强盛和富足提升了我们的生活质量，只要努力拼搏，中产阶级的富裕生活并非遥不可及。但是在追求财富的过程中，一定要依法依规、取之有道，不能丢失了重信守义的人生底线。各位同学是中国社会的良心，即使为了适应社会去沟通和协调各种关系，但依然要心存正直，这才是有“君子之风”的一流人生。

第三，要坚持终身学习，勇于开拓创新。

同学们，这是一个美好的时代，因为只要你是个有才华、有能力的人，就永远不用担心失业。作为博士、硕士，拥有终身学习的能力才是最大的资本。现有的知识可能会过时，唯有坚持学习才会让你们保持并不断提升核心竞争力。无论你们身处何种工作岗位，希望同学们都要把学习研究变成一种精神、一种能力、一种习惯，时刻保持学习研究的激情与动力，作为国家培养的高层次创新型人才，同学们要始终站在科学技术、改革发展的时代前沿，勇于开拓，敢于创新，这才是壮怀激烈的一流人生。

此时的你们想必一定有对老师的感恩，对同学的感情，对校园一草一木的感怀，也有对未来工作和生活的美好憧憬。无论你们将要进入怎样的工作岗位，是选择了继续深造，还是其他各种类型的职业，我都希望你们能够秉承燕山大学厚重严谨的校风，厚德、博学、求是的校训，活出一流人生，为国家和社会尽到一份责任。

同学们，你们即将从这里扬帆起航，在新的环境中接受风雨考验，在实践中砥砺人生。无论什么时候，都不要忘记，母校永远是你们的坚强后盾，永远是你们的温暖港湾，母校永远支持你们、祝福你们，欢迎大家常回家看看！

最后，祝同学们一路顺风，鹏程万里，万事如意！

谢谢大家！

关于人生的几个问题

——在毕业生晚会上的临别赠言

（2016 年 6 月 11 日）

亲爱的同学们、老师们，今晚的主角毕业生朋友们：

大家晚上好！

每当夏花盛开，就意味着到了收获和离别的六月。今晚，我们欢聚一堂，隆重举行欢送 2017 届毕业生的文艺晚会。对于所有燕大人，为毕业生送别都是最重要的事项。因为，你们是燕山大学存在之意义，你们是燕山大学明日之荣光！此时此刻，我代表全体教师、在校生，向毕业生们表示热烈的祝贺！也向四年来悉心指导你们的老师们表示最衷心的感谢！

时光匆匆而逝，四年之前，你们带着对未来的憧憬，带着父母、亲人的嘱托来到燕山大学。经过本科阶段的学习和大学生活的历练，我相信你们一定对于人生有了更多的体验和感悟，你们一定会变得成熟而不失原则，谦逊而不失风骨，大学精神应该在你们的头脑中留下了烙印。

在这四年中，你们也陪伴、见证、助力了学校的成长。我校扎实卓越的人才培养质量，支撑中国加入了《华盛顿协议》国际工程教育组织；连续两年，学校 2 项科研成果入选“中国科学十大进展”和“中国高校十大科技进展”；学校被吸纳进高水平行业大学联盟“北京高科大学联盟”，被列为河北省“双一流”建设重点支持高校；燕大学子参加的“挑战杯”等各类创新创业竞赛，不断刷新最好成绩记录，向世界展示了你们优秀的学习能力和综合素质。

作为你们的师长，在你们即将登上广阔的社会舞台之际，我有千言万语想嘱托你们，但今晚是你们欢庆毕业与收获的晚会，我要把时间留给你们。我仅仅提出几个问题，附上我的理解，供你们参考。

第一个问题：在快速发展变化的时代，什么是不变的价值？我的答案是爱国、敬业、诚信、友善。因为爱国主义是最伟大最高尚的理想，在国界彻底消失的大同时代到来之前会一直如此；敬业是对于一名社会人的基本要求，这种优良品质在任何环境和组织中都是宝贵的；诚信是人们立身处世的根本，你们年龄越长越会发现，人最终活得是人品和口碑；友善是我们在社会中的基本生活态度，能够为我们创造一个心情愉悦的外部环境。

第二个问题：互联网时代带来的是危机还是机遇？互联网给世界带来的变化之迅猛，让人眼花缭乱、应接不暇、措手不及，我们突然发现，只要带着一部手机，几乎可以解决吃穿住用行的一切问题。很多传统行业正在逐渐消亡，但是不必担心，只要你仍在思考，只要你保持终身学习的观念和状态就不会被淘汰，共享经济、消费升级、内容创业、普惠金融、虚拟现实等这些你从未想过的机遇在等着你。

第三个问题：我们还要不要读书？这看似是一个小而具体的问题，但却值得我们警醒。现在是一个碎片化阅读的时代，手机和平板上的朋友圈、微博、论坛、空间改变了信息接收方式，我们获取了大量片段式、节选式的信息，我们为了快捷而放弃了耐心阅读和深入思考。我建议大家每天都要拿出时间阅读纸质书，最好连电子书阅读器都不要用，因为纸质书能够让我们找到内心的宁静。这才是我们的蓝海战略，在别人走马观花的时候，我们率先获得事物的真相和本质。

我提出的是开放式问题，没有标准答案。你们能否答对，取决于你们如何去知行合一，如何用勇气和智慧披荆斩棘。你们将要迈出校门、成为学校的校友，你们将要迎接新的挑战、拥抱新的生活。我相信，燕山大学注定会为你们自豪和骄傲，因为，你们是燕大出品，你们是燕山大学的子弟兵，你们具有燕山大学低调而进取、谦和而坚韧的高贵品质！

年年岁岁花相似，岁岁年年人不同。今天坐在晚会现场的是 2017 届毕业生。离情别绪万千，不是此间少年。结束意味着新的开始、孕育着新的希望，那么我们就应该欢笑着与燕园挥手作别。不仅燕大毕业的小伙子们会有仗剑行走天涯的侠肝义胆，燕大的姑娘们也必定会有放眼天下、追风逐月的气度和格局。燕大毕业生，老师们永远为你们点赞！

最后，预祝今天的晚会圆满成功、欢声笑语！祝毕业生们一帆风顺，一路欢歌，一生平安！

深刻巨变的时代：开拓与坚持

——在燕山大学2017年本科生毕业典礼上的讲话

（2017年6月28日）

亲爱的同学们，各位老师、各位家长、各位来宾：

今天，我们在这里隆重举行燕山大学2017年本科生毕业典礼。4020名本科生和13名本科留学生顺利完成学业，其中321名同学获得省级优秀毕业生荣誉称号、10名同学获得“燕山大学2017届最美毕业生”荣誉称号。作为校长，我由衷地为你们高兴，在此，我代表全校师生员工，向你们和你们的家人表示最热烈的祝贺！向四年来悉心指导你们的老师们表示最衷心的感谢！

四年的时间，你们已经化茧成蝶，变得成熟而坚毅，我从你们的眼睛中看到了自信。这是我极为欣慰的，因为单从知识角度而论，大学已经不能垄断知识了，互联网能让你们看到地球另一端名校教授的公开课。那你们上大学的意义究竟是什么？大学在帮助我们植入良知和公义，大学在引导我们追求真理和光明，大学在训练我们系统学习、深度学习和独立思考、善于创新的能力，大学在培育我们做人的品德、勇气和自信。顶尖大学学生与我们的最大区别在哪里？不是知识多少、不是视野宽窄、不是智商高低，而是那种舍我其谁的自信。燕山大学为大家提供了非常扎实的本科教育，你们在相对安静的环境中提升了学习和科研能力。你们一定要有底气、勇气、豪气，一定要有一股不服输的劲头，一定要有一种英雄不问出处的自信和追求。在风云际会的大时代，到底谁会成为引领和推动社会进步的人，取决于谁有击水中流的自信、谁有浪遏飞舟的勇气！

你们也陪伴、见证、助力了学校的成长。我校优秀的人才培养质量，支撑中国加入了《华盛顿协议》国际工程教育组织；连续两年，学校2项科研成果入选“中国科学十大进展”和“中国高校十大科技进展”；学校被吸纳进高水平行业大学联盟“北京高科大学联盟”，被列为河北省“双一流”建设重点支持高校；辅导员老师们也很优秀，段磊和王银思老师分别获得第四届、第六届高校辅导员职业能力大赛全国总冠军，燕山大学是唯一两次夺得该赛事总冠军的高校；燕大学子参加“挑战杯”等各类创新创业竞赛，不断刷新最好成绩记录，向世界展示了你们优秀的学习能力和综合素质。

很多大学都非常重视离校教育，因此，我们很早就在思考，在你们大学时期的最后一课应该讲什么？我想在临别之际向大家提三个问题，希望引起大家的思考。

第一个问题是：我们所处的是一个什么样的时代？

这是一个急速变化、深刻变革和创新改变命运的时代。阿尔法狗（AlphaGo）连续战胜了人类围棋冠军李世石和柯洁，人工智能的机器学习能力又达到了新高度；BAT的优势越来越显著，各种App都在争夺着人们的时间资源，都想挤到用户手机的首屏；中国的移动支付几乎无所不在，无纸币时代正在向我们逼近。大数据和智能革命正在改变着我们的思维方式，我们必须用新的视角去认识这个世界的运行规律。世界事物变化的不确定性，对于保守的人来说，无疑会很不适应；但对于善于接受新事物、开拓新局面的人来说，这个伟大的时代又孕育着各种机遇，比如共享经济、内容创业、数据产业和人工智能，等等。如果你善于学思结合、知行合一，具有创新精神和执行力，很可能搭乘到新科技、新产业、新经济的快车，迅速成为社会的新锐和英雄。

第二个问题是：在这种变化之下，我们应具备哪些品质？

我提倡勇敢、独特、卓越。关于勇敢，今天，机遇与挑战像波涛一样澎湃翻滚，唯有胸怀"敢为天下先"的胆识，才能乘风破浪，把握转瞬即逝的创业良机。我校 99 级的刘华奇，2013 年辞去了行政工作，和另一位燕大毕业生孙志亮于 2016 年在上海创办了 V+ space 国际青创公寓，现在已经在上海、杭州开办了 11 个社区，公司估值 6 亿元。关于独特，人只有短短的一生，每个人的心中都要有诗和远方。如果有一件事情是有意义的，那就去做。信息学院 2012 级的何冬冬同学，2016 年 4 月报名参加了援藏工作，在阿里地区中级人民法院负责信息化工作，他不仅克服了环境和生活的不适，还获得了先进个人荣誉称号。关于卓越，这个时代的信息量太过巨大，所以最怕的就是千人一面，如果没有特点很难脱颖而出，我们至少要有一件事情做得出类拔萃。在学习这件事上也可以做到极致，我校杨亚娜同学在博士阶段获得过 2 次国家奖学金、2 次一等学业奖学金，发表了 17 篇 SCI 收录论文，担任多个学术期刊审稿人，2016 年成功入选了国家首届"博士后创新人才支持计划"。

第三个问题是：在变化的时代，我们要坚持哪些不变的价值？

无论时代如何变化，总有一些价值具有黄金一样的稳定性。爱国、敬业、诚信、友善，都是非常质朴而实用的人生信条。爱国者在任何时代、任何国家都会受到尊敬，无论你们的成就大小，爱国都是永远不变的操守；敬业是对于一名社会人的基本要求，这种优良品质在任何环境和组织中都是宝贵的；诚信是人们立身处世的根本，你们会随着年龄的增长发现，人最终活得是人品和境界；友善是我们在社会中的基本生活态度，能够为我们创造一个身心愉悦的外部环境。

亲爱的同学们，让老师们最后一次用这个称谓嘱托你们。时间煮雨，你们在燕大校园留下了"光阴的故事"。今年学校为每位毕业生私人订制了毕业名章，那里面是你们的名字和学号；每个名章都独一无二，你们每个人在母校眼里都是唯一。

结束意味着新的开始，结束孕育着新的希望，那么我们就应该欢笑着与燕园挥手作别。老师们会以不舍和期望的心情目送你们，看着燕大的小伙子们仗剑行走天涯、修身齐家安天下；看着燕大的姑娘们追风逐月、巾帼不让须眉。老师们会永远为你们加油，为你们点赞！

最后，祝同学们一帆风顺，一路欢歌，一生平安！

亲爱的校友，再见！

做人当有大爱、大勇、大恒之心

——在2017年研究生毕业典礼暨学位授予仪式上的讲话

（2017年6月25日）

亲爱的同学们，各位老师、各位家长、各位来宾：

今天，我们在这里隆重举行2017年研究生毕业典礼暨学位授予仪式。这是一个值得我们珍藏在记忆深处的美好时刻。首先，我代表学校向圆满完成学业的139名博士生和2121名硕士生表示最热烈的祝贺和最美好的祝愿！向悉心指导研究生成长成才的全体导师，以及为学位与研究生教育工作作出贡献的广大教职员工，致以崇高的敬意和衷心的感谢！

刚刚过去的2016年，是我们国家的“十三五”开局之年，也是我校学位与研究生教育发展的重要一年。2016年，学校被确定为河北省重点支持的“双一流”建设第一层次高校，我们有3个学科成为世界一流建设学科，4个学科成为国家一流建设学科，学校的发展迎来新的历史机遇。2016年，学校新增河北省优秀博士学位论文8篇、河北省优秀硕士学位论文18篇，获奖数量均居河北省高校首位；同时，我校10篇博士学位论文和108篇硕士学位论文在国家学位办和河北省学位办抽检中全部合格。这充分彰显了我校研究生教育的水准和成就。

但是作为校长，我更在意这些成就是否为你们延伸了人生长度、拓展了人生宽度、筑起了人生高度。较之于本科生，研究生经过了更长时间的学习，尤其是博士生代表了学习的最高层次，所以各位同学对于个人与世界的关系应该有更多思考。燕山大学位于秦皇岛这样一座美丽宜居的海滨城市，适合大家潜心学习和研究，但硬币的另一面是，会限制我们的眼界和格局，你们一定要更积极地去感知和融入世界，去主动了解世界的变化。

看一看互联网时代，为我们的生活带来了怎样的变化：中国的移动支付比美国来得更彻底，支付宝和微信支付几乎无所不在，无纸币时代正在向我们逼近；旧的职业正在消亡，而新的职业正在诞生，一排排的快递柜正在取代快递员，而各种外卖骑手和跑腿小哥又出现在大街小巷；我们每天都挂着QQ、开着微信，大量的时间都用在浏览空间、发朋友圈，为别人点赞和希望别人为自己点赞。互联网经济让人眼花缭乱、应接不暇甚至措手不及，对于保守的人来说，这无疑会很不适应；但对于善于接受新事物、开拓新局面的人来说，这个伟大的时代又孕育着各种机遇，比如共享经济、消费升级、内容创业、普惠金融、虚拟现实、数据产业和信息智能，等等，很可能让你快速找到创新创业的渠道，成为社会的新锐和英雄。

世界在飞速变化，我们在这样一个时代，应该坚守什么，应该如何创新？此时此刻，作为你们的师长，我将自己的一些思考分享给大家，作为临别赠言，与大家共勉。

第一，要有大爱之心，敢于担当。在互联网时代，大学已经不能垄断知识了，那么大学的意义何在？我认为，大学在培养这个社会的良知和公义，大学引导我们追求真理和光明，大学训练我们系统学习、深度学习和独立思考的能力。做大事之人必有大爱，成大事之人必有大德。对自己、对国家、对家庭，都需要一份责任、一种担当、一份深情。当物质条件改善到一定程度，我们就会去追求自我实现，人生归根结底就变成一个哲学问题。当我们如流星一般从世界上划过时，怎样才是有价值的人生？我们定然会因为帮助了他人而充实，温暖了家人而喜悦，服务了祖国而自豪。这就是我们优良儒家文化的精华，不需要用宗教来填补头脑，这种大爱是无私、崇高、神圣之爱。

第二，要有大勇之心，敢于开拓。如果大家翻一翻《山海经》，就会发现勇敢一直是我们的民族基因。太阳神在各国几乎都是绝对权威，而我们的夸父则敢于逐日；刑天勇猛无畏、与天作战；精卫锲而不舍、要填平大海。这是何等的气概和勇气！在日新月异的互联网时代、大数据时代和机器智能的时代，机遇与挑战像波涛一样澎湃翻滚，更需要勇敢者去乘风破浪。希望同学们不要做键盘侠，要做开拓者和践行者；减少网络娱乐和虚拟社交的时间，多多走向丰富多彩的外部世界和跌宕起伏的社会舞台，行万里路和阅尽繁华的效果要远胜过死读书和看朋友圈。永远不要言败，不经历风雨怎能见彩虹，转机就在坚持中，黎明总在黑暗后。你们有一位 99 级的师兄叫刘华奇，他在 2013 年辞去了行政工作，和另一位燕大毕业生孙志亮在 2016 年共同创办了 V＋SPACE 国际青创社区，在国内首次提出居办学创一体化概念，现已在上海、杭州开办了 11 个社区，公司估值 6 亿元。刘华奇在 33 岁时离开校园，重启了新的人生，这份勇气值得尊敬。也许我会惋惜一名优秀的行政人员离开了燕山大学，但我更高兴的是，我们又多了一位杰出的校友，他为社会创造了更大价值——包括招聘了 12 名燕山大学毕业生。与他相比，你们尚有大把时间和精力，为什么不去拼搏？在人短短的一生中，若能披荆斩棘、气吞山河如虎，将是何等快意！

第三，要有大恒之心，敢于坚持。在互联网时代，我们经常被各种变化裹挟前行，坚持也像开拓一样是一种宝贵的品质。两周前，我在本科生毕业生晚会提到需要坚持的内容，对今天的大家同样适用。要坚持社会主义核心价值观与个人有关的要求：爱国、敬业、诚信、友善。爱国是我对大家永远的嘱托，因为爱国者在任何时代、任何国家都会受到尊敬，你们要做这样的人；敬业是对于一名社会人的基本要求，这种优良品质在任何环境和组织中都是宝贵的；诚信是人们立身处世的根本，你们会随着年龄的增长发现，人最终活得是人品和境界；友善是我们在社会中的基本生活态度，能够为我们创造一个身心愉悦的外部环境。我还要建议大家多读纸质书，在碎片化阅读的时代，朋友圈、微博、论坛改变了信息的接收方式，我们为了快捷而放弃了耐心阅读和深入思考，仅获得了片段式信息。我建议大家每天要拿出一定的时间阅读纸质书，不要用电子书阅读器，因为纸质书能够让我们找到内心的宁静、沉淀更多的积累、思考深远的未来。

亲爱的同学们，从走进燕人的第一天起，你们就与母校产生了天然的、不能割舍的血肉联系。母校不仅会关心她的学子跑多远，更关心他们跑得累不累。当你们事业有成时，请传回捷报，让母校分享你们的喜悦；当你们身处逆境时，也请告知母校，让母校为你们分忧。母校会一直关注着你们，不仅仅是微信，而是每一个可能的角度。祝你们拥有一个快乐、美满、辽阔、充实的美丽人生。希望你们，不忘初心，扬帆远航，砥砺前行，再创辉煌！

长亭古道，无问西东

——在2018年毕业生文艺晚会上的临别赠言

（2018年6月10日）

亲爱的同学们、老师们，毕业倒计时的2018届同学们：

大家晚上好！

今夜，东大活灯光璀璨，我们欢聚一堂，隆重举行欢送2018届毕业生的文艺晚会。校团委的老师们连续加班筹备了这台晚会，因为，你们就是燕大上空最亮的星！借此机会，我代表全体教职工、在校生，预祝大家顺利通过毕业答辩！也向四年来悉心指导你们的任课教师和辅导员老师表示最衷心的感谢！

四年的时光，你们这些孩子与燕山大学同频共振、心灵相通。你们洒出的每一滴汗水，都繁盛了校园文化、推进了创新创业、丰富了志愿服务，获评团中央“小平科技创新团队”、不断刷新“挑战杯”和“创青春”最好参赛成绩、涌现出一系列正能量典型。你们，扮靓了燕山大学，唱响了青春之声！

不管是不是学神或学霸，你们都是燕山大学的孩子，我有千言万语要嘱托和叮咛。几经思虑，我决定和大家共同探讨：出校门后，应该过什么样的人生。

第一，要过富含能量密度的人生。以当前科技发展的速度看，我无法去预测二十年、甚至是十年以后世界的变化。但我能确定的是，在这个浩瀚宇宙，一定会需要有趣的灵魂。大工业的批量化产品会让人乏味，人类社会需要五光十色的人生。同学们，你们要活出自己的个性，要有自己的定力，要有自己的选择。大家工作以后，我建议大家远离吃饭、喝酒、混圈子这些活动，因为时代已经大不同，你们要通过持续学习积累核心竞争力，要有一技傍身，才能永远被需要、才能挺起腰板做人、才能一直意气风发。实现小康之后，我建议大家去参加公益活动、努力培养一项爱好、把空余时间更多地留给家人。希望我们在垂垂老矣的时候，不要感慨被名利奴役了一生。

第二，要过博闻强识的人生。在人短短的一生中，如何战胜各种苟且？答案是一定要去远方。去远方不是为了刷步数、拍照留念，去远方是为了丰富人生。因为见识决定了我们思想的深度、包容心的厚度、创新意识的维度。我建议大家择业时要综合考虑：留在秦皇岛和燕赵大地是好选项，人熟地熟，事业容易起飞；另外一些有思想、有技术、白手起家的同学，也可以去珠三角和长三角地区去看一看，因为远方可能有另一番风景。当公务员不是唯一出路，未来政府的功能主要是提供公共服务，而非手握资源和权力。未来的精英不仅是社会管理者，也包括那些为社会贡献利税和创新的人们。

第三，要过通达开阔的人生。一个人成熟的标志，就是不会轻易让情绪影响对他人的态度和对事物的判断。你们慢慢会发现，象牙塔内的生活是单纯、幸福的，因为努力程度和结果呈正相关；而生活的真相是，不如意之事常有，社会上的事情影响因素众多，是个多因素复杂系统。所以，当你明白世界并不以个人意志为转移时：一定要想清楚生而为人的终极意义所在，要以大爱、大勇之心锚定人生，唯有如此，才不会迷失于无尽的物质欲求，才不会为一城一地之得失所苦恼。当然，洞穿世事不等于阿 Q 精神，淡泊坦然不等于安贫乐道，在未来，好的心态意味着乐观和健康，也会转化为优质的生活。

上述三条是一家之言，请大家细斟慢酌。但是在这个创新为王、知识变现的时代，请大家迅速行动，快速成长。青春做伴，无问西东，大家有放手一搏的资本，一定要活出青年人的模样。

长亭古道，离歌别情，心中有燕园；金戈铁马，跨山越洋，启航赴明天。未来的路上，愿你们锐不可当且谦虚谨慎，愿你们步伐坚定且内心温柔，愿你们纵横四海且心系母校。祝福你们，燕大毕业生，燕大子弟兵！希望你们度过一个欢乐、难忘的夜晚！

谢谢大家！

如何应对未来

——在燕山大学2018年本科生毕业典礼上的讲话

（2018年6月26日）

亲爱的同学们，各位老师、各位家长、各位来宾：

今天，我们在这里隆重举行2018年本科生毕业典礼。共有4561名本科生和5名本科留学生顺利完成学业，其中，337名同学获得省级优秀毕业生荣誉称号、10名同学被评为“燕山大学2018届最美毕业生”。在此，我代表卫东书记和全校师生员工，向你们及家人致以最热烈的祝贺！向4年来悉心指导你们的老师们致以最衷心的感谢！

每年的典礼都让人既高兴又伤感。学工部门的老师们绞尽脑汁把典礼办得温暖而精彩，让大家把今天珍藏在记忆里；犯愁的还有我，因为有千般叮咛、万种嘱托，总想在最后一课分享有新意和最深刻的体会。几经思虑，我决定送给大家关于未来的期望和祝福。由于文明的迭代发展，过去的一切会漫延到现在；同时，未来世界正在加速到来：机场的自助值机、车站的自助取票、银行的自助业务、商场的机器人餐厅，正在代替大量人类劳动。大家未来从事哪些职业才不会被取代？我们在琢磨不定的未来面前该何以自处？

我认为，努力去培养四种品质，将会以不变应万变，在未来立于不败之地。

第一，勇者无畏。真正的勇者既要有胆量，也要知进退。关于胆量，勇者要对公平、正义有强烈的坚守，当遇到明显的不公平和以强凌弱时，要有挺身而出的气概和行为。如果每个人都明哲保身，社会将无法彰显正义。理想主义、英雄主义、浪漫主义是生命之盐，会让我们的生活有味道。关于进退，勇敢不是要以卵击石，而是要具备艺高人胆大的实力，才能去扶助弱势群体；勇敢不等于冒进，勇者也会沉默和等待，但这正是评估风险、积蓄力量并准备爆发的时刻。勇者的人生是值得尊敬和爱戴的。

第二，智者无惑。所谓智者，就是基于足够的知识和阅历，看透事物本质，以恰当的选择达成目标。要做到世事洞明、不存疑惑是一项很高的标准，但是我们可以循序渐进。智商并不等同于智慧，智慧来自博学和深思。然而较之于古代很有限的知识存量，我们穷尽一生也无法学完当今知识。所以，我们要培养终身学习的习惯、掌握快速高效的方法、具备持之以恒的钻研精神。大家一定要坚信，我们燕大学子通过持续努力，将会成为科学家、企业家、政治家等社会精英。我举一个通过博学、求是变得卓越的例子，理学院01级的田广军同学，2005年毕业后，继续攻读了硕士、博士学位，并在世界顶级学术期刊《物理评论快报》《德国应用化学》发表了研究成果，在2016年以D类人才身份回到燕大任教，并于2017年入选河北省“百人计划”。智慧的更高阶段是豁达。随着年龄增长，你们慢慢会发现人最终追求的是无愧无悔，人生不是活给别人看的，我们要活出内在的宁静和踏实。懂得取舍、看淡得失，做到风物长宜放眼量，值得我们践行一生。

第三，行者无疆。行不是旅游，而是行走；行走不仅是增加阅历，而是贵在体验和感悟。上车睡觉、下车拍照的旅游，收获会很有限，我们需要的是带有体验、欣赏、比较和思考的行走，这样才会促进认知、理解和升华。我认为，有意义的“去远方”是这样的：在同学们中间，车辆学院的辛纪元同学不仅品学兼优、被评为最美毕业生，还即将奔赴青海省德令哈市从事为期一年的支教工作，为西部地区的中小学生送去知识和力量。还有刚才发言的崔轩同学，既能做“壮士带吴钩”的军旅健儿，回校园后也能转型成为学霸，人生可谓精彩。我认同他们的选择，通过远行，开阔眼界，丰富体验，慰藉心灵，通过奉献社会来增加生命的质量。我为他们喝彩。

第四，仁者无敌。要做到无敌或是少敌，不是靠强权或秀肌肉，而是要学会美美与共、诚信宽容。我们要努力做到严于律己、宽以待人，用宽厚善良、包容理解的心态去看待问题，你一定会在前进的路上找到更多伙伴而不是敌人。仁者乐于助人，虽然我们有时候会做现实的选择，但大家要把内心的一个角落，留给不求回报、帮助他人。希望我们一生至少做一件理想主义的事情。环化学院的研究生杜大学同学，他成功捐献了造血干细胞。整个捐献过程不仅耗费了大量的时间精力，并且要调整好自己的心态、打消家人的顾虑。但杜大学认为，跟拯救病人的生命比起来，所有困难都是微不足道的。能将救人性命优先于自身安危的人，都是可敬可爱、具有强劲正能量的，他们也是具有无敌意义的。

同学们，努力去做到敢于战斗、善于思考、勤于行走、乐于助人，我相信，你们必将成为未来的主人，将命运掌握在自己手中。过去未去，未来已来。同学们，我知道今天的典礼会有一丝离别的感伤，但是我希望大家能够笑着与母校作别。因为，本科阶段的学习告一段落，你们将开启更加壮阔的人生征程。

同学们，不论天遥地远，不论万水千山，母校就在这里，老师们永远祝福你！心中端起一杯送行的酒，敬往昔、敬未来、敬现在，祝愿大家超尘逐电、气贯长虹、人生有趣、幸福一生！

校友们，再见！

让生命在报国中燃烧和怒放

——在2018年研究生毕业典礼暨学位授予仪式上的讲话

（2018年6月24日）

亲爱的同学们，各位老师、各位家长、各位来宾：

大家上午好！

今天，我们在这里隆重举行2018年研究生毕业典礼暨学位授予仪式。这是一个值得大家铭记的庄严时刻。首先，我代表学校向圆满完成学业的137名博士生和2177名硕士生致以热烈的祝贺和美好的祝愿！向悉心指导研究生成长成才的全体导师，以及为学位管理与研究生教育作出贡献的广大教职员工，致以崇高的敬意和衷心的感谢！

同学们，我也要借此机会向你们表达谢意。天道酬勤，你们没有辜负时光，作为科技创新的有生力量，你们的刻苦钻研和奋发进取，助力我校学科建设和研究生教育竿头日上。在全国第四轮学科评估中，我校机械工程学科进入全国排名前10%，为河北省唯一的A类学科；材料科学与工程学科进入全国排名前20%，为河北省3个B+类学科之一。我校今年新增4个博士学位授权点；尤其是新增工程博士专业学位授权点，全国仅有16所高校有此收获，彰显了我校工程教育的水准。一年来，我校研究生不断刷新科技竞赛的参赛成绩，共获得国家级一等奖2项、二等奖11项。

作为校长，我要为每一位博士学位获得者拨流苏；和其他校领导共同为每一位硕士学位获得者拨流苏。大家是否知道原因？因为在座的各位是：燕大之光，国之栋梁！研究生教育是高等教育的最高阶段，我们获得博士、硕士学位不应有优越感，但我们确实应该有更高的使命和更大的胸襟。有人将深造看作是改换门庭的敲门砖，但燕大学子则要有内心的坚守，因为燕大诞生于“大国重器”的初心和理想，“国家需要我奉献”是我校的基因。燕大人寒窗苦读的落脚点，绝不只是养家糊口和小富即安，我们还要有诗和远方。所以我便抛出了今天讲话的主题：博士生和硕士生读书钻研的意义到底是什么？

答案见仁见智，下面是我的体会和思考：置身于岁月之河的流波中，我见证和体验了中国走向富强的过程，民族复兴让我感触强烈并热切期盼！我常想，什么才是当下中国最为宝贵的精神？这个所需的精神恰好与读书的意义有着本质的共通，即怀着作为中国人的强烈荣耀感而奉献于、直至最终见证中华民族的伟大复兴！我们需要一种昂扬向上的爱国主义，催生伟大目标，战胜前路困难，创造精彩人生！

我们需要胸怀天下的爱国主义。每个人的悲欢离合在社会历史中都是沧海一粟，我们固然不能每天都指点江山，但是一定要有大视野、高境界和美丽梦想，人生才不至于狭隘无趣。如果读一读《南渡北归》，就会明白只有简易房的西南联大，为什么培养出了灿若群星的大师们，是因为家国情怀使然。在民族复兴的关键时期，我们尤其需要有激情、有胸怀、有思考的爱国主义。经过近年的中西对比，大家对中国特色社会主义充满信心，但也要有人类命运共同体的眼光和担当。抚今追昔，中华民族历史上最强大的汉唐时代，都是洋溢着开放、自由和包容的气息。我们今天要有协和万邦、四海一家的气魄，还应有开创人类社会美好未来的智慧。

我们需要敢为英雄的爱国主义。时代变化之迅猛让人目不暇接，去年的典礼上我还在谈共享经济、普惠金融、消费升级，今年共享单车的市场里就主要剩下 ofo、摩拜、Hellobike 等几家公司；区块链在这一年风起云涌，似乎不了解区块链就已落伍。所以，在日新月异、迭代发展的今天，一定要有敢作敢当、敢闯敢试的英雄气概。较之于庞大的人口和人才数量，机会和资源都是稀缺品，如果不是富二代，大家不要指望机会自动找上门来。在扎实的掌握了一项技能之后，就要用艺高人胆大和火中取栗的状态去争取机会。这种精神同样适用于科技创新。生命的意义在于燃烧和怒放！按照亚当·斯密“看不见的手”理论，每一个个体勇敢创新和争取幸福的行为，就汇集成国家的欣欣向荣，这本身也是一种爱国主义。

我们需要笃定信念的爱国主义。上半年还有一件大事：伟大思想家马克思诞辰 200 周年。我们应该由衷感谢这位超越时代的伟人，他为我们指引了未来的方向。在将科学社会主义同中国发展实际、历史文化传统、时代要求紧密结合后，中国人民的生活得以气象日新、蒸蒸日上。越来越多的国人认清一个事实，西方国家对于其他国家的干涉，并不是真的要去传播所谓民主、自由，最深层次的原因乃是国家利益。作为超级大国，美国不负责任地退出了《巴黎协定》、联合国教科文组织、伊核协议，悍然挑起中美贸易战，明目张胆用强权维护本国利益。反观中国，我们发起“一带一路”倡议，完全不附加任何政治条件，和标榜“五月花号”精神的美国相比，中国反而是自由贸易的最大捍卫者。所以，大家不要迷信西方政治制度，代议制民主暴露出来的低效率，我们正以中国道路给出答案和正解。

我们需要内心温柔的爱国主义。最近半年，几部电影热映。《战狼 2》《红海行动》让大家血脉偾张，为生为中国人而自豪和庆幸；然而，《芳华》《无问西东》的热映却让很多影评家意外，他们原以为“80 后”“90 后”不会喜欢带有苦味和反思的电影。事实证明，情怀是深植于大家内心的，真正的好作品能够拨动人们内心最柔软的部分。我希望大家步伐坚定而内心温柔，尤其是对家人。习总书记提醒党员干部“少出去应酬，多回家吃饭”，同学们也要把时间和耐心多留给家人。儒家思想的本意是将“忠”与“孝”辩证统一的，并且将“孝”及善待家人作为精忠报国的前提。所以，爱国主义的内涵不是铁血无情的，而是刚柔并济、有血有肉的。

同学们，今天是大家在学校的最后一课，题目是“让生命在报国中燃烧和怒放”，我强调了爱国主义这个主题。因为我们终将超越小康和致富的目标，若要昂首行走于天地之间，终需更高远的境界和更强大的力量。我希望燕大制造的标签中，有这种值得尊敬的内涵。亲爱的同学们、校友们，无论你留在燕赵大地，还是奔向远方，母校就在这里；无论你顺风顺水，还是前路艰辛，母校就在这里！欢迎你们随时回到这个温暖的港湾！

祝你们人生有趣，事业有成，生活美满，书写华美人生诗篇！

谢谢大家！

成为有定力、有韧性、有温度的人

——在里仁学院 2018 届学生毕业典礼上的讲话

（2018 年 6 月 22 日）

亲爱的 2018 届同学们、家长朋友们、老师们：

韶华四载，满园桃李芬芳；青春如歌，唱响毕业时光。今天，我们齐聚一堂，隆重举行燕山大学里仁学院 2018 届学生毕业典礼。在这喜庆而又神圣的时刻，我代表学校向里仁学院 2018 届全体毕业生表示热烈的祝贺，祝贺你们顺利完成学业，开启人生新的篇章！

同学们，今天你们多彩青春的华丽绽放，离不开默默支持你们的父母亲友们，离不开谆谆教诲你们的老师们，离不开此时站在你身旁的同窗好友们，让我们用最热烈的掌声向他们致以最衷心的感谢！

时光飞逝，日子总是不经意地从我们身边悄然溜走。你们是否还记得 2014 年 9 月 4 日的开学典礼，我也是站在这里，欢迎风华正茂、意气风发的你们。相识犹如昨日，可离别就在眼前。燕山脚下，夏熟秋实；燕飞湖边，冬去春来。四年间，图书馆里曾点燃多少憧憬与渴望，林荫道上曾记录多少凝思与遐想，田径场上曾挥洒多少激情与汗水，课堂内外曾展示多少自信与昂扬。难忘的大学生活奏响了同学们青春的华彩乐章。四年来，你们不仅在学业和能力上取得了长足进步，而且也在学校发展的历史画卷中留下了精彩的一页。学校为拥有你们这样优秀的学生而感到骄傲和自豪！

虽然参加过很多次毕业典礼，但此时此刻，我的心中仍充满激动。看到这么多年轻人学有所成，实现了蜕变和成长，这油然而生的成就感，真的无比美好。然而，从今天起，你们将从这里重新远航，作为你们的师长和朋友，只能将这份不舍融入惜别前的殷切希望和深切祝福。

第一，我希望你们成为善于思考有定力的人。

社会比学校要复杂得多。要在复杂多变的社会中找准人生的方向和目标，实现人生的成功和幸福，必须要有自己的思考和定力。我认为，人生的意义在于奋进和奉献、在于跋涉和到达、在于追求和幸福。

人生，没有一步登天的路，做人做事既要奋发进取，又要稳健从容，既要与时俱进，又不能随风起舞。在大家都在急匆匆向着某些所谓的目标前进时，我们不妨放慢一下脚步，让我们的灵魂跟上，看看我们的追求是否是我们自己和社会的真正需要，追求的过程是否符合法律规范和道德要求。有思考的人生才是有意义、有味道的。

第二，我希望你们成为面对现实有韧性的人。

现实与理想总有差距。我了解到，有的考研同学被调剂到了其他院校或专业，我要说的是，如果你不用心去接触它，那么你永远也不会喜欢它。当你用心去钻研它的时候，你自然能体会到其中的乐趣。继续求学也许有些孤独，但能身处孤独而不觉孤独的人，经过潜心努力必能取得一番成绩。

有的同学在就业路上并不尽如人意，我希望你们不要气馁，要经受住磨炼，有实力的人又何必畏惧从不顺心做起。青春是用来奋斗的。先干起来，然后再求发展，请留给未来的自己一个努力的青春模样！我希望，多年以后，你们能够成为母校的光荣，成为后来者的榜样！

第三，我希望你们成为心怀感恩有温度的人。

人是属于家庭和社会的。同学们，你们的父母一直守望你们成长，陪伴你们前行，不要辜负他们。当你们为了理想踏上征途的时候，充满对未来的憧憬，别人都在关注你们飞得多远多高，只有父母担心你们飞得累不累，心疼你们小小的翅膀，努力为你们撑起沿途休息的港湾。所以，不管你身在何处，不管你顺与不顺，都要记得常和家里联系，给父母报平安，为家人送温暖。我们同样不能辜负的，还有老师、同学和每一位关心帮助过自己的人。

生命需要感恩，人生要有温度。同学们，你们今天就要从学校毕业了，我希望大家永怀一颗感恩之心，感恩父母家人，感恩学校社会，感恩伟大祖国。只有懂得感恩，内心才更踏实满足，人生才更真实友好。同学们要做一个对家庭、社会和国家有感恩、有担当、有温度的人。

亲爱的同学们，四年前，你们从全国各地怀揣梦想而来，勤奋求学；今天，你们从这里奔向四面八方，扬帆远航。多年以后，愿远航归来的你们，青春而不幼稚，简约而不简单。同学们，你们永远是学校的名片，母校永远是你们的家！

最后，祝大家所有的希望都能如愿，所有的梦想都能实现，所有的等候都能出现，所有的付出都能兑现！愿同学们一帆风顺、前程似锦、事业有成、生活幸福！

谢谢大家！

塑造更好的自己

——在 2018 级新生开学典礼上的讲话

（2018 年 9 月 5 日）

亲爱的同学们、老师们：

四季更替，最忆是金秋。今天我们在这里隆重举行 2018 级新生入学典礼。首先，请允许我代表燕山大学的全体师生员工，向 6234 名本科生、2448 名研究生以及 66 名留学生新同学的到来表示最热烈的欢迎和最诚挚的祝福！同时也向精心培养你们的老师和家长致以衷心的感谢！

同学们，经过多年的寒窗苦读，你们从祖国的四面八方汇聚到渤海之滨，无论你们初入学校，还是在这里继续深造，从今天开始，燕山大学将正式写入你们的人生履历；未来几年，你们将用一生最美好的年华在这里镌刻属于自己的燕大故事。这几天，在校园里看到你们洋溢着青春的面孔，我心里充满了欣慰和快乐，从你们灿烂的笑脸和神采奕奕的眼神中，我能读到你们对即将踏入新征程的无限向往。

你们来到燕大，首先要再一次认识这所学校。燕山大学是一所出身名门、秉新图宏的高等学府。

学校源于哈尔滨工业大学，是新中国培养重型机械工业人才的摇篮，经过风雨兼程的跋涉奋进，学校已成为教育部、工信部、河北省、国家国防工业科技局四方共建的河北省“双一流”建设高校。

燕山大学是一所奋斗不息、负重前行的高等学府。

学校历经两次白手起家，从哈尔滨到第一重型机械厂驻地齐齐哈尔市富拉尔基区，从白山黑水再到泱泱渤海之滨，学校的迁徙历史创造了中国高等教育的奇迹。几多风雨，几度沧桑，近百年的办学历史孕育了“厚德、博学、求是”的校训传统，积淀了艰苦奋斗、严谨治学、求实创新的燕大精神，燕山大学从荆棘中走出了一条坚忍不拔、与众不同的发展之路。

燕山大学是一所群英荟萃、人才辈出的高等学府。

学校汇集了一大批由中国科学院院士、“万人计划”领军人才、长江学者特聘教授、国家杰出青年基金获得者、全国模范教师、全国优秀科技工作者等组成的高水平师资队伍，你们将有机会聆听他们的教导，目睹他们的教学风采，感受他们的人格魅力。建校至今，学校为国家培养了 20 余万名毕业生，涌现出了中共中央政治局委员丁薛祥、中国工程院院士黄庆学、中国运载火箭技术研究院副院长唐国宏、浙江吉利控股集团董事长李书福、国内著名剧作家张永琛等一大批在国内外有重大影响的杰出校友。

燕山大学是一所特色鲜明、实力雄厚的高等学府。

学校拥有 5 个国家重点学科、6 个教育部高等学校特色专业，我们的工程学、材料科学、化学 3 个学科进入 ESI 世界排名前 1%。在教学方面，我校“公共教育＋专业教育”和“项目教学＋工程训练”的模式和特色，助力中国加入《华盛顿协议》组织，实现我国工程教育质量的国际实质等效和学位互认，目前已经有 9 个专业进入全球工程教育“第一方阵”；在科研方面，进入 21 世纪后，我校有 2 项成果入选“中国科学十大进展”，17 项成果荣获国家科技大奖，参与了世界最大最先进的水压机和核电锻件、C919 大型客机、“中国天眼”FAST 望远镜、高速铁路研制等一系列国家重大科研项目，为国家和地方经济社会发展作出了卓越贡献。

今年是改革开放 40 周年，我们国家正昂首阔步行进在实现中华民族伟大复兴中国梦的征程中。同学们欣逢盛世，正值当年。与中学相比，大学生活会拥有更多更大的自由度，但对同学们自主学习、善思善悟、独立生活、责任担当、成人成才等方面将会提出新的更高要求。如何在燕山大学度过一段充满意义的时光，需要你们做出思考，更需要你们付诸行动。作为你们的师长，我给同学们提出三点建议，与大家共勉。

第一，希望你们学思结合，学会求知做事。

学习与思考相结合是一种根本的治学方法。学习丰富知识，思考明辨方向。考上大学只是完成了人生的一个“阶段目标”，录取通知书是对大家过去努力的肯定，但不是对未来的承诺，在大学里好好学习仍然是永恒的主题。学校为你们的学习和成长提供了优质的教育资源，你们要珍惜利用，学会自主学习，积极参与研讨交流，既要刻苦钻研专业知识，也要广泛涉猎人文知识和自然知识，关注专业外的其他领域，学习不同专家学者的研究视角、分析方法和思维方式，在探索中开拓自己的学术视野，在实践中培养自己独立思考的能力。

大学生涯，你们不仅在学习上要善于思考，在日常生活和未来人生中也要养成勤于思辨的习惯。我们现在身处互联网技术飞速发展的时代，大量信息和知识呈多元化、碎片化的状态，微博、微信等新媒体工具的信息真假难辨，扰乱人们的思维，耗费大家的时间。希望你们在纷繁复杂的信息中敢于质疑和批判，在人云亦云的社会里保持清醒，成为真正内心强大、有思想的青年。

第二，希望你们知行合一，学会修身做人。

理论与实践相统一是培养创新能力和良好人格的有效途径。作为中国传统哲学的精华，在新时期知行合一也成为习近平总书记治国理政思想的重要内容。在你们身边，有很多优秀的师兄师姐，他们把理想付诸行动、敢想敢干，用实际行动践行着“知行合一”的人生信条。信息科学与工程学院的张琨同学，2017 年获得国际全美大学生数学建模竞赛二等奖，并带领团队与阿里云公司合作获教育部产学研协同育人项目立项（全国仅三项），同时他奉献社会，累计献血 5200 毫升，4 次参加支教活动，服务学生上百人。在 2017 年研究生推免中，获得了 5 个 985 高校、科研院所的录取通知书，并最终选择中科院计算技术研究所继续深造。

理学院的崔轩同学，2012 年入学后毅然响应国家号召参军报国。在部队他是身先士卒、英勇战斗的副班长，获得了“旅嘉奖”和“优秀士兵”等荣誉称号。复学后，他刻苦努力、认真钻研，取得了总成绩和综合测评专业双第一的优异成绩，并荣获“2016 年全国大学生数学建模竞赛国家一等奖”。

2017 年 7 月，车辆学院曾祥端同学、电气学院宋岳奇同学、环化学院李甄同学作为燕山大学研究生支教团的第一届成员，赴青海省海拔 2980 米的德令哈市开展为期一年的支教活动。为了所热爱的事业，研支团成员不惧艰辛，克服高原气候所带来的重重考验，在艰苦的环境下踏实工作，充分发挥自己的才能，用信念成就青春，用行动浇筑梦想，三位燕大学子被青海省海西州授予优秀支教工作者荣誉称号。

我说这些，是想告诉各位同学，燕大人有一种实干和奋进的精神，相比于天赋，燕大人更相信日积月累和久久为功的力量。读万卷书，行万里路，希望你们格物而致知、研学以致用，不论环境如何变化，都能远离浮躁，沉下心来完善人格，俯下身去踏实做人，成为一个不懈奋斗的实干者。

第三，希望你们独立自主，学会相处协作。

独立自主是一个人立身处世的基本要求。初次告别父母、来到异乡开始独立生活，无论是生活方式还是学习习惯，你们都需要做出很多改变。面对全新的生活，希望你们学会对自己负责，拥有独立面对困难挫折的勇气；希望你们激发求知的欲望，用阅读和思考不断充实自己的大学生活；希望你们能保持一颗初心，积极投身于如火如荼的公益实践；希望你们不做宅男宅女，不做低头族，坚持锻炼身体，养成良好的生活习惯；希望你们学会与人相处，用感恩与宽容去尊重他人、欣赏他人。不久的将来，你们就会沉浸于丰富多彩的校园生活，和身边的伙伴们组队参加数学建模竞赛、机器人大赛、化工设计大赛、方程式汽车大赛、创业大赛、社会实践等活动，收获历久弥新的同窗情谊，在不断地成长中成就最好的自己。

同学们，青春正好，莫负昭华。奋斗是青春最高的礼赞，你们要相信，所有的努力都有意义和价值；你们要谨记，现在是积累能量、改变未来人生最宝贵的时光。选择这里，是你们与燕大的缘分。希望你们能真正地融入燕大，将“厚德、博学、求是”的校训和“艰苦奋斗、严谨治学、求实创新”的燕大精神深深地镌刻进你们的脑海里，铭记在你们的心里，伴随你们的一生。

再次欢迎大家成为燕大人，衷心祝愿每一位同学都能拥有一个充实而精彩的大学生活，在燕大这篇土地上书写属于自己的人生华章，在美丽的燕园里塑造更好的自己！

以学生为本，培养适应社会需要的创新创业人才

（2018 年 9 月 5 日）

2017 年 1 月 7 日，在“学生喜爱的大学校长”颁奖大会校长论坛上的发言，广东顺德

尊敬的各位来宾：

我是燕山大学校长刘宏民，非常荣幸参加这次颁奖会。首先感谢评委会授予我“学生喜爱的大学校长”这一荣誉称号，在倍感光荣的同时，我也深刻感受到肩上的责任和压力。

燕山大学源于哈尔滨工业大学，前身是从哈工大独立出来的东北重型机械学院，是原国家机械工业部直属全国重点大学。目前是河北省、教育部、工信部、国家国防科工局四方共建高校。深厚的行业背景、鲜明的行业特色、严谨求实的传统和校风，造就了燕山大学面向社会需求、贴近社会需求、服务社会需求的人才培养特色，并随着时代的发展，不断创新进步。建校 96 年来，燕山大学一直秉承“艰苦奋斗、严谨治学、求实创新”的燕大精神和“以学生为本”的办学理念，学校高度重视学生的教育培养工作，不断推动教育教学改革，提升教育教学质量。我认为，对学生最大的关爱，是培养他们成长成才。下面，我将从三个方面阐述我校在学生培养方面的具体做法。

一、开展特色鲜明的本科工程教育，使学生成为社会需要的优秀人才

为了使燕大学子们成长为社会需要的优秀人才，燕山大学秉承“面向社会需要，制定培养目标和方案”的指导思想，采取“公共教育＋专业教育”的基本模式，形成了“项目教学＋工程训练”的教学特色。本科教育教学“以能力为导向、学生为主体、教师为主导”，全校教师瞄准目标和标准，开展教学工作。将知识传授、价值培养、能力训练三位一体统一协调融入教学全过程，突出能力培养，促进学生全面发展，适应社会需要。特别是学校2007年开始试点借鉴CDIO模式进行工程教育改革，实施项目式教学，取得了显著成效。2015年以来，借鉴OBE教育理念和模式，面向社会需求，制定各专业的人才培养标准，修订人才培养方案，建立项目式课程体系和工程训练体系。此项工作为学校工程教育专业认证奠定了基础。到目前为止，燕山大学已有5个专业通过了工程教育认证或行业评估。2016年1月，作为教育部委托的两所高校之一，学校的材料成型及控制工程和电子信息工程两个专业的认证过程全程接受了《华盛顿协议》专家的观摩考察，支撑了我国正式加入《华盛顿协议》国际工程教育组织，得到了教育部的高度评价。

在“大众创业，万众创新”的大背景下，对学生创新创业能力的培养常抓不懈。加强顶层设计，全方位推进创新创业教育改革。2016年，学校以实施基于学生毕业要求为导向(OBE)的人才培养模式综合改革为契机，以各类创新创业实践活动为载体，积极探索推进创新创业教育改革和发展的路径，构建了融合课程教学、创新创业实训、创新创业自主立项和大赛、创客实践等人才培养环节的全方位、立体式、一体化创新创业教育平台。

二、持续加强制度建设，对学生的关爱体现在每一个细节

为进一步完善学生奖助学金资助体系，保证评选工作的公开、公平、公正，燕山大学制定了《燕山大学本科生国家奖学金实施办法(暂行)》《燕山大学本科生校内助学金实施办法(暂行)》《燕山大学研究生国家奖学金实施办法(暂行)》等一系列助学促学规章制度，总体上使学生管理工作章法更完善，规矩更严谨。新制度的实施效果显著，学生的奖、贷、助形成了比较系统的制度体系。仅2016年，我校评审发放各类奖助学金、减免学费就达到了8000余万元，惠及学生6万余人次。

每个新学年开学时学校都会开辟绿色通道，让家庭经济困难的新生便捷地免费领取生活用品、军训服装和生活补助；学校在端午节、中秋节为所有在校生发放节日补助，让在外求学的学生们感受到家的温暖；还为家庭经济困难的学生发放助学金，减免孤儿、烈士子女的学费，让他们减轻负担全心全意投入学习中。

三、与同学们进行有温度的交流，做学生喜爱的大学校长

作为校长，要坚持在政治思想、道德品质、学识学风等各个方面以身作则，言传身教，

真正做到为人师表、教书育人。每年新生入学，我都会到新生报到现场去走一走、看一看，为新生介绍燕园学子的学习生活状况，并向迎新工作人员了解工作进展情况。每年的毕业典礼上，所有校领导都会走下主席台，到毕业生离场时经过的跑道边，向他们挥手作别，一句“常回家看看”总会让毕业生泪流满面。学生们说，燕山大学是他们永远的家！

对学生的关爱是一所大学教育成功的感情基础，是一所大学教育精神的重要体现。在一所大学中，校长不仅是学校的管理者，在万千学子心中，更应该是朋友，是亲人，是学生心中可敬可爱的人。“路漫漫其修远兮，吾将上下而求索。”当好学生喜爱的大学校长任重道远，使命光荣。在以后的工作中，我将不忘初心，坚守本分，认真履职，团结带领全校师生继续前行，为把燕山大学建设成为特色鲜明的中国一流大学而努力奋斗。

打造“顶天立地”的国家工程技术研究中心

（2020 年 6 月 2 日）

2003 年 9 月我上任校长后，主要面临三大任务：一是大规模贷款建设西校区，把石家庄校区和邯郸校区、秦皇岛北校区（原河北轻工业管理学院）和南校区（原秦皇岛市财经学校）卖掉，停止富拉尔基校区招生，集中力量建设东、西两个区，实现办学规模的扩大和集中，提高办学质量和效益。二是加强内涵建设，提高科技创新水平和综合办学实力，扩大提升学校的贡献度、影响力和知名度。三是改善教职工住房条件，提高教职工工资水平，扩大教师规模，提升教师水平和能力，适应学生规模扩大和培养质量提高的需要。

作为一所以工为主，定位于国家队水平的多科性大学，加强内涵建设，提高科技创新水平的一个重要方面，就是打造国家级的科技创新平台。当时，学校正在筹建侧重基础研究的材料类国家重点实验室，已经建有侧重科技成果产业化的国家大学科技园，尚缺少侧重技术创新和成果转化，能够承上启下的国家科技平台——国家工程技术研究中心。所以，申报建设国家工程技术研究中心，成为学校的一项重要任务、关键突破方向和广大师生期待。

轧制设备及工艺是我校的传统优势专业和硬核科研领域，是我校第一个博士点、第一个博士后流动站、第一个国家重点学科的主体力量和领军团队。在 1999 年建设“河北省高精度轧制技术装备工程技术研究中心”后，2006 年我们又建设了“教育部轧制设备及成套技术工程研究中心”，2008 年再建设了“中国机械工业高精度轧制技术装备工程技术研究中心”。所以，选择轧制设备及工艺领域冲击国家工程技术研究中心，是由我们的传统基础和优势特色决定的。

2008 年，我们以三个省部级工程技术研究中心的综合实力和身份资格为基础，开始了申报争取国家工程技术研究中心的攀登历程。我和彭艳、赵铁石等先跑河北省科技厅向连小勇副厅长和高新技术处陈雷处长汇报工作并提出申报要求，然后在陈雷处长的指导带领下，我先后和刘文远、彭艳、孔祥东、赵铁石等跑科技部高新技术发展及产业化司向戴国强副司长、先进制造与自动化处周平处长汇报。戴司长给我们提出指导意见，在一个领域只能设立一个国家工程技术研究中心，即“只能有一个太阳”，必须特色鲜明、国内领先，中心的名称不能涵盖领域过宽，以免影响其他单位申报，但具体研究内容可不必拘泥于中心名称。根据学校实际情况，我们选择轧制技术装备领域，以板形控制、板厚控制等方向为鲜明优势特色，通过河北省科技厅向科技部报送了项目建议书。之后，我们又提炼了一份简要材料，通过我校校友周铁农老师，推荐给时任科技部部长万钢。万部长批示，燕山大学科技创新和成果转化成效显著，成果丰富水平高，主管部门要认真切实办好这件事，并且在文字下面画了横线强调。我们得知消息后，非常高兴和期待！

好事多磨。这时，北京科技大学已被批准建设“国家板带生产先进装备工程技术研究中心”，而且他们的研究领域与我们申报的领域有相当多的重合，会形成明显的竞争。根据唯一性原则，我们再设国家工程技术研究中心就困难了。科技部发展计划司平台基地处的曹煜中处长帮助我们协调北京科技大学，两个中心可以各有特色，协同发展。孔祥东副校长带领赵铁石、彭艳等拜访了北京科技大学的主要领导和主管部门，说明我们的意愿和心情，最后得到对方的同意和支持。

2010 年 1 月，经过进一步凝练特色和优势，我们以冷轧板带装备及工艺为领域名称，通过河北省科技厅又向科技部报送了新的项目建议书。春季学期，科技部高新司组织以中国工程院院士孙传尧为组长的专家组和周平处长一起，到学校考察指导，我代表学校和中心做了可行性研究汇报，专家们提出了意见和建议。6 月份，科技部部长与河北省省长进行省部会商，明确表示支持河北省在燕山大学建立国家工程技术研究中心。暑假期间，河北省科技厅贾红星厅长带领我和孔祥东、刘文远、赵铁石、彭艳等到科技部发展计划司向王晓方司长汇报工作，表达积极建设的心情和谢意。10 月份，我们向科技部报送了可行性论证报告。11 月份，科技部高新司周平处长在北京铁道大厦为我们和其他几个申报单位组织了可行性论证模拟答辩会，使我们受益匪浅并进一步坚定了信心。12 月份，科技部发展计划司在北京裕龙大酒店组织进行了可行性论证答辩会，我在几易其稿的基础上，做了可行性研究报告和答辩。河北省龙庄伟副省长，科技厅穆铁学副厅长和科技平台处的处长们，都到会指导支持。

2011 年 1 月 7 日，科技部发文通知，依托燕山大学建设“国家冷轧板带装备及工艺工程技术研究中心”。当年，作为支持措施和建设任务，科技部批准工程中心承担一项国家科技支撑计划项目，分为三个课题，总经费 1000 万元。河北省科技厅在贾红星厅长的主导下，分两次支持工程中心建设经费 1000 万元，教育厅在刘教民厅长的主导下，支持工程中心建设经费 500 万元。学校为工程中心建设了研究大楼和中试车间，配备加强了研究人员力量和实验人员队伍。

从 2008 年至 2010 年，经过 3 年努力申报，国家工程技术研究中心立项建设，终于获得批准。从 2011 年至 2014 年，又经过 4 年精心建设、第三方评估、总结汇报、验收委员会综合评议，2014 年 11 月 17 日科技部发文通知，我校国家工程技术研究中心通过验收，正式挂牌运行。至此，通过 7 年的申报立项和建设发展，国家工程技术研究中心终于修成正果，走上正常发展和良性发展的道路。

2011 年至 2015 年，我担任工程中心主任，彭艳任常务副主任。在这期间，2011 年工程中心获得 1 项国家科技进步二等奖，2013 年建设了“河北省现代轧制技术与先进钢铁材料协同创新中心”。2016 年以后，彭艳一直担任工程中心主任，至今已是第五个年头，工程中心又取得进一步发展。2016 年中心成为“科技部科技服务业行业试点单位”，2017 年获得 1 项国家技术发明二等奖，2018 年成为“教育部首批省部共建协同创新中心”，彭艳成为国家“万人计划”科技创新领军人才。

国家工程技术研究中心的建立，为我校填补了在技术创新和成果转化方面国家平台的空白。它是一个“顶天立地”的科技创新平台，既屹立国际科技前沿，又服务国家重大需求，既把论文写在国际权威期刊，又把论文写在中国企业车间，使科技创新之花在工程实践中结出硕果，促进经济社会发展。它为实现科学、技术、工程的一体化，产学研深度融合，提供了实施载体。对于我校通过科技创新和成果转化提高人才培养质量和学科建设水平，推进“双一流”大学建设，具有重要作用和意义。

吹响建设双一流大学的冲锋号

——燕山大学 2017 年春节贺词

亲爱的老师们、同学们、校友们、朋友们：

金猴辞旧岁，雄鸡报春来。在这辞旧迎新的美好时刻，我谨代表燕山大学向全体师生员工、离退休老同志、海内外广大校友和长期支持燕山大学发展的社会各界朋友，致以新春的祝福和美好的祝愿！

2016 年，是我们坚定信心，吹响建设双一流大学冲锋号的一年！

学校出台了“十三五”发展规划，制订了一流大学和一流学科建设方案，提出了建设“具有机械、材料等世界一流学科，学研产协同和军民融合发展办学特色的中国一流大学”的发展目标和任务措施，使我们燕大人追寻百年强校的梦想和路径更加清晰，决心和信心更加坚定。

2016 年，是我们奋发有为，不断创造发展亮点的一年！

学校成为河北省重点支持的国家一流大学和世界一流学科建设高校、国家国防科技工业局与河北省继续共建支持的高校。

作为教育部选定的两所高校之一，学校两个工程专业认证代表国家接受《华盛顿协议》国际专家的观摩考察，支撑我国正式加入《华盛顿协议》国际工程教育组织，为我国工程教育质量的国际认同和实质等效作出了贡献。

赵丁选教授主持承担总经费达 2 亿多元的国家重点研发计划项目，赵永生教授参与完成世界第一大单口径射电望远镜核心部件的研发，张福成教授负责完成的国家 863 重点专项课题顺利通过技术验收，王洪波教授主持承担我国对发展中国家的科技援助项目。

作为北京高科大学联盟成员，积极发挥作用，助力联盟与秦皇岛市深化合作和在秦办学，承办多项科技创新和大学生创新创业活动，服务京津冀协同发展。

这些成绩，不仅体现了我校服务国家和地方重大需求的能力，也更加坚定了我们建设“双一流”大学的信心。

2016 年，是我们凝神聚力，推动学校各项事业全面进步的一年！

人才培养质量全面提高。学校以本科教学评估为契机，面向社会需求，进一步明确了人才培养的目标，修订完善了人才培养的标准和方案，形成了“公共教育＋专业教育”的基本模式和“项目教学＋实践训练”的教学特色。5 个专业完成了国家工程教育专业认证，2 门课程入选国家“精品视频公开课”和“精品资源共享课”。

全方位推进创新创业教育，构建了包括课程教学、实践训练、创客大赛等环节的一体化双创教育体系。我校成为全国首批深化创新创业教育改革示范高校，燕山大学创客学院入选国家级众创空间。获得国家和省级大学生创新创业训练项目 135 项，在“互联网＋”、创青春、数学建模、智能汽车、机械创新设计等大赛中获国家级奖励 21 项。

研究生教育再创佳绩，获河北省优秀博士、硕士论文数量继续位居全省高校之首，硕士毕业生再获全国“工程硕士实习实践优秀成果获得者”称号。

留学生规模进一步扩大，国际化建设全面推进，国际合作办学项目深入实施。新增汉语国际教育硕士点，40名巴基斯坦政府奖学金留学生来我校学习。

科技创新能力不断增强。获国家重点研发计划项目5项、国家自然科学基金项目80项、国家社科基金和教育部社科基金项目12项、河北省自然科学和社会科学基金项目156项。国家工程技术研究中心入选国家科技服务业行业试点单位，国家技术转移示范机构被评为优秀单位。获河北省科技创新团队1个、省部级和行业科技奖励24项、河北省社会科学优秀成果奖8项。新增河北省重点实验室、协同创新中心和新型智库各1个。

人才强校战略日益巩固。引进海内外高层次人才11人，特别是全职引进了在国际能源材料领域有很高学术影响力的黄建宇研究员。新增“万人计划”“创新人才推进计划”等国家级杰出人才5人，省部级杰出人才19人。21名博士后获中国博士后科学基金项目、入选国家“香江学者计划”和“博士后创新人才支持计划”。

美丽校园建设成效显著。新图书馆和学生公寓12、13组团主体完工，校园主干道路改造投入使用，综合实验训练中心、体育馆和游泳馆立项完成。学生餐厅引入大型餐饮公司提高服务质量，清真餐厅和教职工餐厅投入运营。学生宿舍网络条件进一步改善，管理水平进一步提高。教职工工资稳步提高，离退休人员待遇继续改善。

党建和思想政治工作深入推进。落实全面从严治党要求和中央、省委重大决策部署，持续深化巡视整改工作，扎实开展“两学一做”学习教育，大力实施基层党建“熔淬工程”。顺利完成处科级干部换届，干部队伍综合能力进一步提升。创新改进教师和大学生思想政治教育，涌现出一批“最美燕大人”，以良好的政治生态环境保障了学校事业健康发展。

老师们、同学们，回顾成绩，令人鼓舞，催人奋进；展望未来，重任在肩，时不我待。2017年是学校深入实施“十三五”规划、全面推进“双一流”建设的重要一年。在新的一年里，我们要在党的十八届六中全会精神指引下，认真落实全国高校思想政治工作会议精神，坚持正确方向、坚持立德树人、坚持服务大局、坚持改革创新、坚持内涵发展，不断优化办学环境，提高人才培养质量，提升学校综合实力和核心竞争力，努力在追求“双一流”的道路上迈出更加坚实的步伐，以优异成绩迎接党的十九大胜利召开。

最后，祝愿我们的祖国繁荣昌盛，燕山大学的未来更加美好。祝大家在新的一年里，身体健康、工作顺意、阖家幸福！

以十七大精神为指导，贯彻落实科学发展观，努力推动学校各项工作又好又快发展

——燕山大学五届二次教职工代表大会工作报告

（2008年4月12日）

各位代表，同志们：

受学校委托，我向燕山大学五届二次教职工代表大会作工作报告，请予审议。

一、去年的工作回顾

2007年，是我校积极推进和谐校园建设的重要一年，也是全面落实委省共建协议的开局之年。一年来，学校坚持以邓小平理论和“三个代表”重要思想为指导，深入贯彻落实科学发展观，全校师生员工团结奋斗、开拓进取、努力工作，学校各项事业都取得了新成绩。

（一）学科建设取得重大进展，研究生培养再创佳绩

“机械工程”一级学科和“机械电子工程”“材料学”二级学科申报国家重点学科获得成功，使我校的国家重点二级学科由原来的1个增至5个；“控制科学与工程”“仪器科学与技术”申报博士后流动站获得成功，使我校的博士后流动站由原来的3个增至5个。新增全国优秀博士学位论文1篇，有8篇博士学位论文被评为河北省2007年优秀博士学位论文，10篇硕士学位论文被评为河北省2007年优秀硕士学位论文。

文科建设工作取得可喜成绩。2007年我校文科院系教师在CSSCI来源期刊发表论文118篇，是2006年的2.8倍；获得各类资助项目共16项，省级以上项目是2006年的3.2倍，在研的国家社科基金项目得到持续资助。

（二）教学建设成绩显著，教学改革进一步深入

学校大力加强教学建设，“材料综合实验教学中心”获批成为国家实验教学示范中心，“机械设计制造及其自动化”被评为教育部高等学校特色专业建设点；建成河北省实验教学示范中心3个、河北省人才培养模式创新实验区2个、河北省创新高地2个、河北省教学团队2个；在河北省启动的第二轮精品课程建设工作中，我校2002年获批的9门省级精品课程全部通过评审（其中2门被评为优秀课程），同时新增2门省级精品课程，使我校2007年省级精品课程达到了11门。

学校进一步深化教学改革，继续实施《燕山大学院（系）本科教学运行状态评价指标》，对院（系）进行定量教学评价；在秋季学期首次实现了教师讲课优质优酬，全校共有228人次得到了奖励；在信息学院、建工学院和外语学院进行改革试点的基础上，“四学期制”秋季学期在全校实施，收到了良好效果；开展了教学管理研讨活动和教学观摩活动，出台了《燕山大学院（系）教学督导组工作条例》等一系列文件，进一步提高教学管理

水平和教学质量。

（三）委省共建进展顺利，科技实力进一步增强

学校积极推进委省共建工作，“极端条件下机械结构和材料科学实验室”获批成为国防重点学科实验室，“国防科技工业精密塑性成形技术研究应用中心”获批成为国防科技工业先进技术应用中心；1本教材入选国防科工委规划教材，1项国防基础科研项目通过立项审核；国军标质量管理体系认证（GJB9001A－2001）和武器装备科研生产许可认证已经通过现场审查。

“亚稳材料制备技术与科学国家重点实验室”顺利通过河北省政府组织的预验收，目前国家自然科学基金委组织的评估专家组对实验室进行了现场评估，形成了初步评定意见，反映良好。“先进制造成形技术与装备工程研究中心”获批成为河北省发改委工程研究中心。

科研经费进一步攀升，实现了年初确定的2亿元工作目标，其中纵向、横向科研经费较去年同比增长30.31％；获批准的纵向科研项目211项，其中“863计划”13项，国家自然科学基金重点项目1项，面上项目17项，教育部人文社会科学青年项目1项，社科类科研项目的立项水平和数量均比往年有显著提高；获得省部级科技奖励11项，其中特等奖1项、一等奖3项、二等奖3项；完成科研成果鉴定34项，获得授权专利53件，正式申请各种知识产权117件。

（四）招生任务圆满完成，学生管理水平不断提高

我校共招生9719人，其中本科生7520人（含里仁学院3585人），高职专科生633人，博士研究生111人，硕士研究生1455人。取消了专接本层次的招生。生源质量较往年又有明显提高。

学生管理坚持“以人为本”，加强对经济困难学生的资助，全年共发放各种奖学金、特困补助及减免学费等1300余万元，为学生办理助学贷款1100余万元；完善学生心理辅导工作机制，举办了“5·25心理健康教育活动月”活动，在三个校区广播电台设立了心理健康教育专题节目，免费向学生开通了“网络版大学生心理测评系统”。全年共接待求助学生339人，开展个体咨询543次，对42次心理危机进行了及时干预，维护了学生身心健康和校园安定。

学校积极开展“扬帆·启航——关注就业”求职系列活动，举办了春冬2场大型双向选择洽谈会，400余家单位到校选聘毕业生，80多家用人单位来校举行专场招聘会。本科一批毕业生4053人，一次就业率达到86.13％；本科三批毕业生2029人，一次就业率达到88.32％，考研率首次突破10％。

（五）师资队伍建设不断加强，教师结构进一步优化

学校召开了教师队伍建设工作会议，出台了《燕山大学引进教师管理办法》等9个文件，教师引进和培养工作进一步制度化、规范化。全年共引进教师118人（含里仁学院9人），其中博士占67％，硕士占31％；招聘辅导员、教辅人员、实验人员64人（含里仁学院13人）；外聘教师15人，聘任讲座教授7名，客座教授9名，兼职教授13名。学校加强对在职师资的培养，全年共有112名教职工报考研究生，3名教师分别被派到清华大学、中科院进修学习，1 名教师被派往比利时根特大学开展汉语教学，17 人成为 2008 年度“青年骨干教师出国培训项目”人选。

我校新增享受国务院政府特殊津贴专家 2 人、全国优秀教师 1 人、“新世纪百千万人才工程”国家级人选 3 人；新增河北省优秀教师 2 人、河北省第三届教学名师 2 人，河北省新世纪“三三三人才工程”一层次人选 1 人、二层次人选 1 人。以田永君教授为带头人的“亚稳材料科学”创新团队入选教育部“长江学者和创新团队发展计划”创新团队；教育部批准我校继续设立长江学者特聘教授岗位。

（六）合作办学取得实质进展，对外交流进一步扩展

2007 年 8 月 27 日，燕山大学海外汉语教学中心（托力多学院）开学典礼暨揭牌仪式在美国托力多大学隆重举行，目前首批学员顺利结业。

全年共聘请长期外国文教专家 18 人，有外国专家团组 50 多人次到我校访问交流；招收留学生 270 余人次，与 2006 年相比增加了 40 人次，新增加了乌克兰和吉尔吉斯斯坦两个国家；开展了与美国托力多大学、法国滨海大学、俄罗斯阿尔泰国立工业大学等友好学校及意大利“马可波罗”计划的留学项目，87 名学生办理了留学签证；学校积极争取国家留学基金委公派项目和各类国家专项资助基金，为我校教师出国（境）研修和攻读学位创造条件，全年获得国家公派 12 人次，单位长期公派 24 人次，单位短期公派 12 人次。

（七）校园建设稳步推进，后勤管理再上新台阶

学校继续实施安居工程，分三批次完成腾空住房分配工作，并启动公有住房确权工作；对搬入三栋高层住宅职工的旧房房款、装修费进行核算并返还给个人，完成了高层住宅职工的全额补贴发放工作；完成邯郸校区出售工作，妥善处理了遗留的历史问题。学校进一步美化绿化校园，春季学期组织全校师生在西校区塔山义务植树近 2 万株，在高层住宅周边铺设了草坪；加强对基础设施的维护修缮，完成了环化实验室、燕鸣湖、图书馆前雕塑广场等改造工程。

为了解决东西校区交通问题，后勤集团自筹资金 70 多万元购置电瓶车 8 辆、面包车 4 辆，使东西校区交通顺畅；后勤集团加大改革力度，降低运行成本，用工数从原来的 1240 人减少到 970 人；针对农副产品价格迅猛上涨情况，从去年 9 月份起，学校采取积极措施，稳定食堂饭菜价格，维护了学生利益和校园稳定。2007 年 5 月，西校区食堂被省卫生厅评为“食品卫生等级 A 级单位”。

（八）国有资产管理逐渐规范，图书馆建设实现新发展

学校完成了国有资产清查工作，摸清了学校家底，找出了我校国有资产管理存在的问题，制定和完善了《燕山大学国有资产管理办法》等 7 个相关文件；日元贷款项目有了实质进展，签订了供货合同，本学期将陆续到货。

学校加强校园网络建设，投资 200 万元专项经费进行网络升级和改造工作，提升了校园网络通信能力；实施校园无线网络工程，图书馆和经济管理学院 MBA 班无线网络建设已经完成；“重型机械数字图书馆”项目荣获 CALIS“十五”全国高校专题特色库项目三等奖；我校成为“中国教育和科研计算机网城市节点单位”，正式挂牌为社会服务；图书馆被确立为教育部科技查新工作站以来，共完成查新项目 58 个，建成了科技查新网站，提升了我校查新资质和能力。

(九) 西校区住宅建设进展顺利，科技园效益进一步增加

学校成功将西校区部分土地变为商住综合用地，通过土地收入缓解了学校资金紧张状况，面向广大教职员工的团购工作也于去年 11 月顺利结束。目前，住宅小区规划设计已经初步完成，即将进入施工阶段。

2007 年，燕大科技园的销售收入超过年初确定的 5 亿元的工作目标。注册成立了秦皇岛燕大龙城科技园发展有限公司(卢龙分园)，一期工程已经完成了工程总量的 30%，今年 6 月将竣工交付使用；科技园与秦皇岛市科技投资有限公司合作，在秦皇岛北部工业区建设港城创业园，规划占地 84 亩，建筑面积 8 万 m^2，目前已经进入施工建设阶段；科技园加强园区各公司的软硬件建设，建筑工程设计有限公司建筑资质成功晋升甲级，博圣电子有限公司成为省级高新技术企业；科技园与学校各个院系建立了科技成果转化机制，为校内科技成果转化提供了畅通渠道。

(十) 党建工作进一步加强，校园文化品位得到提升

学校认真贯彻落实党的十七大精神，开展创建和谐校园活动、“双学、双守、双做”教育实践活动和解放思想大讨论，全校党员素质明显提高，基层组织建设不断加强；开展党风廉政建设和廉政文化进校园活动，组织全体中层干部、民主党派、侨联成员到唐山冀东监狱开展警示教育活动；推进基建工程、修缮工程竣工结算审计工作，有效地维护了学校利益；里仁学院成功举办了全国独立学院党建与思想教育研讨会和河北省独立学院协作会成立大会，学院声誉和知名度进一步提高。

一年来，学校以重大活动和重要节日为契机，在全校学生中开展了纪念建团 85 周年团歌大赛、“九一八”签名活动、“一二·九”长跑等系列主题教育活动，大力弘扬和培育民族精神；组织离退休人员赴香港等地参观考察，举办健康讲座和形势报告会，关心他们的身心健康和生活待遇；开展丰富多彩的文化体育活动，举办拉丁舞、交谊舞、桥牌等形式多样的培训班，努力建设高品位、高层次的校园文化，形成了融思想性、知识性、趣味性于一体的校园文化模式。

各位代表，同志们，上述各方面成绩的取得是学校党委总揽全局、正确领导的结果，也是全校教职员工团结奋斗、辛勤工作的结果。在此，我代表学校向为学校建设和发展付出辛勤汗水的同志们表示衷心的感谢！

在看到成绩的同时，我们也必须清醒地认识到工作中存在的困难和问题。随着我校成功将西校区部分土地变为商住综合用地，学校获得了一定的经济收益，但资金紧张状况依然制约着学校的发展；学校师资规模还不能满足学校发展的需要，教师整体素质有待进一步提高，引进人才的数量和质量与我们的规划仍存在很大差距；文科建设虽然取得一定成绩，但文科科研实力与师资队伍规模还不匹配，对学校的贡献力还不够；科研实力还需进一步提升，国家级奖项的申报还需继续努力；学校管理水平还不能完全适应建设高水平大学的目标要求，有待进一步提高。我们应该正视这些问题，以实事求是的态度，采取积极措施，努力通过改革和发展加以解决。

二、2008 年学校工作的指导思想和主要任务

2008 年学校各项工作的指导思想和总体要求是：认真学习贯彻党的十七大和省委七届三次全会精神，高举中国特色社会主义伟大旗帜，以邓小平理论和“三个代表”重要思想为指导，深入贯彻落实科学发展观，牢固树立人才培养是学校中心工作的理念，稳定规模、提高质量、强化特色、促进和谐、创新发展，为实现建设高水平大学的奋斗目标奠定坚实基础。

（一）不断深化教学改革，进一步提高教育教学质量

要进一步深入实施教学质量与教学改革工程，完善教学质量保障与监控体系和教学质量评价系统，促进教学管理水平和教学质量的不断提高；要加强教材建设、精品课程建设、多媒体教学建设、实验室建设，做好迎接新一轮教学评估的准备工作。

要深化人才培养模式改革，积极探索以能力培养为核心的教学模式；要结合“四学期制”的实施和按学科大类招生（试点），完成新一轮培养方案和教学计划的修订，精简教学内容和教学时数；要加强教育教学的实践环节，积极推动学生到企事业单位实习实践。

要深入开展教育思想大讨论活动，不断深化和推进教学领域内的各项改革；要明确宽、专、精、新和科学、人文、技术相结合等教学原则和要求；要实现教师研究式的教学和学生探究、创新、实践、自主式的学习方式，从以教师为中心向以学生为中心、从传授型教学向研究型教学、从教学科研相分离向教学科研相结合、从淡化工程和专业向强化工程和专业等转变。

要深化研究生招生制度改革，积极推进以初试、复试和推荐免试为重点的改革措施，更加重视创新人才的选拔；要继续落实高校招生“阳光工程”的精神和要求，健全公开透明的招生工作体系，强化招生工作的管理和监督；要做好招生的宣传工作，注重招生、教学和就业的有机结合。

要深化大学英语教学改革和计算机文化基础教学改革，确保英语四级考试一次性通过率和计算机等级考试成绩继续保持省内领先水平；要以北京奥运会为契机，深入开展阳光体育运动；进一步深化体育教学改革工作，做好国家学生体质健康标准落实工作。

要发挥老教师“传、帮、带”作用，做好新上岗教师的岗前培训工作，通过各种活动和政策措施鼓励青年教师提高业务水平；要继续加强名师工程建设和教学团队建设，健全教授为本科生讲授基础课制度。

（二）加强科研平台和科技园建设，进一步增强科技创新能力

要制定国防重点学科实验室发展建设规划，做好运行条件验收及揭牌仪式的组织筹备工作；要尽快完成秦皇岛西重所燕大重型机械研究院有限公司工商注册、税务登记、公司运营揭牌等筹建工作。

要加强在课题申报工作中的组织和服务，努力开拓社科类纵向科研项目的立项渠道，争取“973 计划”“863 计划”、国家科技支撑计划、国家自然科学基金和国防军工项目等国家级科研项目获得新进展和新突破，力争获得国家科技奖 1 项，国家自然科学基金 30 项以上，专利授权 100 项以上，科研经费到款达 2.3 亿元，力争获批国防应用技术中

心1个(联合申报)、省重点实验室1个、国家工程中心申报入围,实现国防科工委创新研究团队零的突破。

要大力推进大学科技园的建设,全面实施"大科技园"发展战略,整合多方力量合作建立分园,共同推动技术创新和科技成果转化,促进区域经济发展;要与大型企业签署战略合作协议,共建产学研基地;要继续推进校办企业改制工作,保证国有资产保值增值,力争实现全年产值5.5亿元。

要积极做好委省共建工作,强化军工科研保密工作,完善军工产品质量管理体系建设和武器装备科研生产许可认证;要紧紧围绕振兴东北老工业基地、环渤海经济区、京津冀都市圈、曹妃甸等的建设,积极参与河北省社会主义新农村建设,更好地为地方经济和社会发展服务。

(三)加强学科建设,进一步提升学科建设水平

要以国家重点学科和强势特色学科群的建设为契机,形成强势特色学科与相关基础学科的深度交叉和融合,推进新学科的发展和建设;要做好第十一次学位点授权审核申报工作,进一步优化硕士学科结构和布局,力争在基础学科和人文社会学科的博士点建设上取得新的突破和进展。

要以提高研究生教育质量为中心,启动新一轮研究生教育创新计划;要深入推进研究生培养机制改革,进一步完善和落实以科学研究为主导的导师负责制和资助制度;进一步完善研究生培养校院两级管理体系;积极探索以提高研究生创新能力为目标的课程体系建设和教学方法改革,努力培养综合素质高、创新意识强的高层次人才,力争再获1篇全国优秀博士论文;要积极做好研究生院申报工作,力争早日进入研究生院建设序列。

(四)积极推进人才队伍建设,进一步提高师资整体水平

要加大高层次人才的培养与引进力度,着重加强我校重点建设学科(专业)、新增专业(方向)、申报和建设博士点、硕士点专业所需人才的引进力度,力争年度招聘高水平教师150人;要继续推行柔性引进、资源共享、特聘、兼职和项目合作等模式引进人才,继续加强同中科院北京分院的合作,做好2008年度长江学者特聘教授岗位的申报工作。

要做好上级人事分配制度有关政策的落实工作,强化人员编制和用工审批制度,降低用人成本,提高办学效益;严格控制临时工岗位职数,加强录用后的管理,制定出台相关管理办法;完善专业技术职务评聘条例,做好专业技术职务评聘工作。

(五)坚持以学生为本,全面提升学生教育管理水平

要深入贯彻教育部《普通高等学校学生管理规定》,不断丰富学生教育管理工作内容,积极探索学生工作新方式、新方法,努力在教育管理、人格培养、学风建设、队伍建设等方面构建新机制;要认真落实2007年全省高校辅导员队伍建设工作会议精神,进一步加强辅导员队伍建设。

要深入开展"志愿中国·人文奥运"主题活动,采取多种形式引导广大学生服务和参与奥运;继续开展"五四"文化艺术节、社团活动月、创业大赛等形式多样的学术科技文化活动;组织参加教育部主办的第八届"五月的鲜花"全国大学生校园文艺汇演活动,进一步丰富学生的课余文化生活。

要进一步强化“以人为本”理念，不断探索和寻求毕业生就业的新对策，确保一次就业率不低于85%；要建立健全贫困学生资助体系，做好国家助学贷款、国家奖（助）学金的审批与发放工作；要加强和改进心理健康教育与卫生防病教育，关心学生身心健康。

（六）深化管理体制改革，不断提高管理效率和办学效益

要积极稳妥推进后勤管理改革，建立起适应市场经济体制和高等教育事业发展的新型后勤保障体系，理顺后勤集团与学校之间的人事、财务和产权关系，建立后勤服务市场准入制度，稳步开放校内后勤服务市场，逐步剥离后勤服务经营职能；要进一步理清后勤账目，加强财务预算管理，做好成本核算，确保学校利益；做好地下采暖管网、学生宿舍、浴池等基础设施改造工作，不断提高服务质量。

要完善校院两级国有资产管理体制，建立和完善教学和科研设备的共享机制，通过计划采购、集中采购的模式，努力提高资产使用效益；要完善收费管理办法，加大学费和住宿费收缴力度，提高收缴率；加强预算管理和成本意识，努力开源节流；完善差旅费报销制度，节约日常经费开支；推行财务集中管理，修订和完善财务规章制度，促进财务管理规范化；加强财会人员队伍建设，提升服务质量和水平。

要不断深化学校内部管理体制改革，加强各项规章制度建设，提升学校管理水平；要积极推进机关转变职能，开展学习型机关建设，改进工作作风和工作方法；要进一步改进文风、会风，精简会议和文件，清理并严格控制评比、评奖、评估和考核等活动。

（七）做好公共服务和保障体系建设，全面提高服务水平

要精心运作西校区房地产项目，稳妥推进偏坡村搬迁工作，尽早开工建设，实现经济效益和社会效益双赢；要制定五型房的入住标准和租住条例，尽快投入使用；要全面启动公有住房确权与产权办理工作，逐步完成已竣工工程的结算工作；要积极稳妥地推进西校区体育场、艺术学院楼、教学楼、医院和教育部轧制工程中心等基础设施建设项目。

要继续建设及优化CALIS、河北省高校数字图书馆和精品课程等省数据中心各系统及应用平台，拓展教育部科技查新工作站的服务范围，增强图书馆的社会服务功能；要加快校园网络建设步伐，全面实施校园无线网络工程，进一步提高网络速度。

要认真做好信访工作；加强安全保卫工作，加强科技防范措施，积极推进平安校园建设；要完善学校各类突发事件的应急预案，进一步提高学校应急能力和处置水平；要加大工作力度，积极申报燕山大学出版社。

（八）拓宽国际合作与交流渠道，扩大留学生规模和层次

要继续拓宽国际合作与交流渠道，全面巩固与国际友好学校的合作关系，重点抓好与美国托力多大学的合作项目，努力办好燕山大学托力多学院；做好外国留学生工作，不断扩大留学生规模和层次。

（九）抓好党建与思想政治工作，为建设和谐校园提供动力

要深入学习贯彻党的十七大和省委七届三次全会精神，着力在武装头脑、指导实践、推动工作上下功夫；全面总结改革开放三十年来学校办学过程中的宝贵经验和教训，积极探索中国特色社会主义高等教育的新规律和要求，认真借鉴国内外高水平大学的办学理念和管理模式，促进学校全面、协调、可持续发展。

要继续推进解放思想大讨论活动，从根本上解决在思想观念、发展思路、措施方法和体制机制等方面影响我校建设高水平大学存在的突出问题，为推进高水平大学与和谐校园建设注入强大动力。

要进一步加强党的组织建设、党风廉政建设和干部队伍建设，提高党组织和干部队伍的凝聚力和战斗力；加强学生思想政治教育，把社会主义核心价值体系融入教育教学和精神文明建设全过程，全面提高学生政治觉悟和政策水平；做好宣传工作，充分发挥新闻和宣传的舆论导向作用，提高学校的知名度；做好统战工作、离退休工作、工会工作、共青团工作，适当提高离退休同志的生活补贴，凝聚各方面力量，为建设和谐校园作出贡献。

各位代表，同志们，2008 年是全国人民期盼的奥运年，也是我校全面实施“十一五”发展规划承上启下的关键之年，希望全校师生员工在十七大精神指导下，深入贯彻落实科学发展观，发扬“更快、更高、更强”的奥运精神，乘“两会”东风，以饱满激昂的斗志和奋发有为的状态投入到我校 2008 年各项事业建设中，扎实工作，开拓进取，为全面构建和谐校园、实现学校又好又快发展贡献力量！

深化内涵建设，提高管理水平，努力实现学校平稳较快发展

——燕山大学五届三次教职工代表大会工作报告

（2009 年 4 月 2 日）

各位代表，同志们：

受学校委托，我向燕山大学五届三次教职工代表大会作工作报告，请予审议。

一、去年的工作回顾

2008 年是我们党和国家发展史上极不平凡的一年，我国经济社会发展经受住了历史罕见的重大挑战和考验。过去的一年，也是燕山大学安定和谐、创新发展的一年，全校师生员工紧密地团结在校党委周围，深入贯彻落实科学发展观，团结奋进、开拓进取，学校各项事业都取得了新成绩。

（一）教学改革进一步深入，教学建设取得新成绩

学校深入开展了教育思想大讨论活动，进一步深化教育教学改革，完成了《本科专业培养计划》的修订工作，已从 2008 级本科新生开始实施，收到了良好的效果。

学校全面推进教学改革与教学质量工程建设，入选国家级教学团队 1 个、国家级精品课程 1 门、国家级实验教学示范中心 1 个、国家级人才培养模式创新试验区 1 个和教育部高等学校特色专业建设点 2 个，我校获批成为“国家大学生创新性实验计划”项目实施高校。同时有 12 个项目获得河北省立项资助。

（二）科技工作再创新高，委省共建扎实推进

全年科研总经费达到 2.31 亿元，其中：纵向科研到款 4396 万元，横向科研到款 7273 万元，产业科研经费 4486 万元，科研条件建设经费 6944 万元。获国家自然科学基金项目 42 项，获国家科技进步一等奖 1 项、国家自然科学二等奖 1 项、省部级科技一等奖 6 项；完成科研成果鉴定 24 项，获得专利授权 82 件。田永君教授的学术团队获得国家基金委创新研究群体科学基金资助，实现了我省国家级创新研究群体零的突破。燕山大学科技开发总公司获批成为“国家技术转移示范机构”，是河北省唯一一家国家技术转移示范机构。

学校正式取得武器装备科研生产二级保密资格证书、国军标质量管理体系证书、武器装备科研生产许可证书；“亚稳材料制备技术与科学国家重点实验室”通过科技部组织的建设验收；“极端条件下机械结构和材料科学实验室”按照国防重点学科实验室运行，“精密塑性成形技术工程技术研究中心”被纳入国防科技工业局的科技创新体系建设；新增 2 个河北省重点实验室；刘日平教授的学术团队成为国防科技工业创新团队，实现了我校国防科技工业创新团队零的突破。

（三）学科建设成绩显著，研究生培养质量稳步提高

新增 4 个国防重点学科和 1 个工程硕士专业学位授权领域；圆满完成省强势特色学科（群）中期检查评估工作，获得了评估专家组的高度评价和名列前茅的好成绩；启动了 2008 年研究生指导教师的遴选工作，新增 27 名博士生指导教师，44 名硕士生指导教师。

学校开展了研究生课程体系建设大讨论，稳步推进研究生教学改革，研究生培养质量进一步提高，新增 1 篇全国优秀博士学位论文提名论文，4 篇博士学位论文和 13 篇硕士学位论文被评为河北省优秀学位论文；1 名博士后获得国家首批博士后科学基金特别资助，3 名博士后获一等资助，1 名博士后获二等资助。

文科建设工作取得新的成绩。2008 年文科论文成果总量是 2007 年的 1.7 倍，同时实现了国际上最著名的 3 大索引 SSCI、A&HCI 和 SCI 的论文收录目标；获得省级以上科研项目 21 项，其中国家级项目 3 项，省级项目 18 项。

（四）师资队伍建设明显加强，教师引进培养进一步规范

全年引进教师 119 人，其中博士 93 人，硕士 26 人；招聘辅导员、行政及教辅人员 27 人，实验人员 11 人；聘任讲座教授 3 名，客座教授 6 名，兼职教授 2 名；选派 12 名骨干教师到国内外高校进修学习。

新增"新世纪百千万人才工程"国家级人选 3 人；新增河北省新世纪"三三三人才工程"一层次人选 1 人、二层次人选 1 人；新增河北省突出贡献专家 2 人，3 人获国家留学人员科技活动项目资助。

学校进一步加强制度建设，颁布实施《燕山大学关于进一步加强教师队伍建设的实施意见》等多个文件，教师的引进和培养工作逐步制度化和规范化；组织继续教育学院教师的分流工作，46 名教师分流到里仁学院、职技学院和艺术学院。

（五）招生任务圆满完成，学生管理水平进一步提高

共招收新生 9944 人，其中博士研究生 117 人，硕士研究生 1535 人，本科生 7835 人（含里仁学院 3875 人），高职专科 457 人。停止招收省内计划硕士研究生。

学校建立完善了多种形式的学生资助体系，全年共发放各种补助 1696.19 万元；学生心理健康服务效果显著，启用了大学生心理测评软件系统，开展了"绿色、文明、和谐网络家园"主题教育活动；"5·12"汶川大地震发生后，对来自四川、陕西等灾区的 61 名学生进行了心理危机干预和团体辅导，使他们顺利度过了心理危机期。

学校积极组织学生参加各种竞赛活动，在河北省"挑战杯"大学生创业计划竞赛上，我校学生荣获特等奖 1 件、一等奖 3 件、二等奖 2 件、三等奖 3 件；在全国第六届"挑战杯"大学生创业计划竞赛中，我校喜获一项银奖；燕山大学舞蹈队参加全国大学生"七彩云南·激情奥运"大型校园文艺演出，获得"优秀节目奖"。

学校积极谋划促进学生就业，举办了两场大型双向选择洽谈会，到校选聘毕业生单位达 400 余家，一些国内外知名企业来校举行了专场招聘会近百场。2008 年，本科一批毕业生 4198 人，一次就业率达到 89.88%；本科三批毕业生 3044 人，一次就业率达到 90.44%；高职专科毕业生 633 人，一次就业率达到 99.7%。

（六）合作办学取得新突破，国际知名度获得较大提升

与美国托力多大学签署了联合建立孔子学院的执行协议，与国外 6 所高校新签或续签友好交流协议；全年聘请长期外国文教专家 18 人，招收国外语言进修生 171 人次，增加了新的国别；有 13 名外国留学生在我校攻读学士学位。

学校积极争取国家留学基金委公派项目和各类国家专项资助基金，为我校教师出国(境)研修和攻读学位创造条件，全年获得国家公派 12 人次，自费留学 49 人次；开展了与意大利各高校的“马可波罗计划”、法国滨海大学、美国托力多大学等国外友好学校的多个留学项目，为 120 余名学生办理留学中介与签证服务。

(七) 校园建设管理扎实推进，后勤改革取得阶段性成果

学校启动了西校区第十一组团学生宿舍、公共教学楼(二)工程建设，目前已经全部开工；对基础设施进行维修和改造，维修项目近 150 项；加快教职工住宅产权办理工作，成功办理产权 497 份，送审待办 300 余份；完成邯郸校区资产处理及住宅楼的产权办理、住宅出售和维修工作；进一步美化绿化校园环境，我校被评为 2008 年度“全国绿化模范单位”。

后勤集团进一步深化内部改革，积极探索餐饮、幼儿园、浴池等的运行模式，逐步建立起“自主经营、成本运营、自负盈亏”的企业化管理模式；做好节能降耗工作，共维修管线 270 多处；加大对各食堂、餐厅的食品安全检查力度，确保食品卫生安全；积极探索新的经营方式，3 月份在西校区食堂率先推出了经济实惠的自助餐，中央电视台对这一经营方式进行了宣传报道。

(八) 国有资产管理逐步规范，图书馆建设取得新进展

国有资产管理已经形成了校、院两级管理体制，以制度管理和规范管理为突破口，颁布实施了《燕山大学家具管理办法(暂行)》等 4 个文件；完善国有资产两级管理的组织建设，培训了各单位国资员；组织了资产清查与新标签粘贴工作，核对了 34000 余件仪器设备的领用人和资产状态，基本理清了学校国有资产的结构与现状；完成已到货的 55 件日贷设备的接收、安装、调试工作。

图书馆完成了燕山大学作为中国教育和科研计算机网秦皇岛城市主节点建设工作，正在进行线路稳定测试运行；完成了校园主网站系统和公网访问学校网站的加速工作，同时解决了家属区网上远程访问图书馆资源的问题；拓展了教育部科技查新工作站的服务范围，完成查新 150 多份，比 2007 年增长 150%；优化升级了维普、万方、书附光盘等读者访问平台，师生文献信息检索更加便捷；争取到省教育厅投入 100 万元，用于 CALIS 河北省中心建设。

(九) 科技产业经济效益稳步提升，社会影响进一步扩大

2008 年，产业集团销售收入达到 6 亿元；我校科技园被科技部授予“国家科技计划实施 20 周年先进服务机构”荣誉称号；在产业集团设立了国家博士后科研工作站，进一步提高企业的科技创新能力。

继续推进大科技园发展战略，燕大龙城科技园一期建设已经完成；与唐山市政府签署协议，筹划建设唐山燕大科技园；与大型企业合作建立产学研基地，先后建立了“燕山大学液压测试研发承德基地”“承德万利液压测试研发维护中心”；进一步提升服务学校的能力，建立了各个院系科技成果转化的长效机制，成立了学生创业管理中心和“燕大科技园职业技能培训学校”，全面提高我校学生科技创新及创业能力。

（十）党建与思想政治工作进一步加强，和谐校园建设成效显著

学校深入开展了和谐校园创建活动，校园和谐稳定，我校获得了“秦皇岛市和谐校园建设先进单位”荣誉称号；开展了“党风廉政建设宣传教育月”主题活动，完成对2004—2007届离任领导干部经济责任审计工作；加大对干部的培训力度，创新干部培训模式，党员干部的工作能力和廉政意识进一步增强；在全校学生中广泛开展主题学习教育活动，大力弘扬和培育了民族精神；构建大宣传格局，实现“外宣重点年”目标，在省级以上新闻媒体发表报道我校的稿件127篇次。

学校以奥运安保为主线，采取多种措施做好校园安保工作，全年校园无重大火灾事故、重大安全生产事故、重大交通事故，圆满实现了“平安校园、平安奥运”的既定目标；积极组织抗震救灾系列活动，全校师生勇献爱心，积极捐款捐物，合计达90余万元，全体共产党员自愿缴纳特殊党费51万元。

一年来，学校坚持以人为本，积极解决群众关心的热点和难点问题，让广大教职工充分享受到学校发展的成果，得到实实在在的实惠：努力提高教职工待遇，增加了预发性工资，大幅度提高了绩效工资、暖气补贴和离休人员护理费标准，并为1983年9月9日前评为中级职称的人员比照副高级职称兑现了待遇；与2006年6月30日工资改革前相比，2008年在职教职工人均月收入增加了792元，离休人员增加了1183元，退休人员增加了721元；提高了住房公积金缴纳比例，1998年12月15日以前工作的教职工住房公积金学校缴纳比例由原来的10%提高到15%，1998年12月15日以后工作的由15%提高到20%；积极解决教职工子女小学、初中入学难题，解除了青年教职工的后顾之忧；积极推进西校区教职工住宅建设，目前已完成规划设计，争取市政府审批已取得重要进展，学校决定支付教职工已交房款的利息，4月上旬开始选房，上半年全面开工建设；关心离退休老同志身心健康，组织离退休人员到校医院体检，全年走访慰问老干部320人次，为134位70岁以上离退休人员祝贺生日；积极开展政治举荐，向省委、市委统战部门推荐了多名党外后备领导干部和政协委员。

各位代表、同志们，上述各方面成绩的取得，是学校党委总揽全局、正确领导的结果，是全校教职员工团结奋斗、辛勤工作的结果，也是我校深入贯彻落实科学发展观的结果。在此，我代表学校向为学校建设和发展付出辛勤汗水的同志们表示衷心的感谢！

在充分肯定成绩、总结经验的同时，我们必须清醒地看到工作中存在的困难和问题：办学经费紧张、债务压力较大，制约着学校快速发展和提高；引领学科发展的大师级人才和学术团队还太少，距离高水平大学的目标要求尚有明显差距；学校有些管理还比较粗放，资金、设备、房屋的使用效益还有待提高；学校调动教职工积极性的政策、机制还不够完善，教职工为学校发展倾心尽力的积极性没有得到充分发挥，等等。我们应该正视这些问题，以科学发展观为指导，采取积极措施加以解决。

二、2009年学校工作的指导思想和主要任务

2009年学校各项工作的指导思想是：全面贯彻党的十七大，十七届三中全会和第十

七次全国高校党建会议精神，以邓小平理论和“三个代表”重要思想为指导，深入贯彻落实科学发展观，继续解放思想，深化内涵建设，以人才培养为中心，以教学科研和学生工作为重点，以学科建设为龙头，以师资队伍建设为关键，发挥优势，抢抓机遇，突出特色，强化管理，努力实现学校平稳、和谐、可持续发展。

（一）以人才培养为中心，提高教育教学水平和质量

进一步加大“教学质量与教学改革工程”建设与管理力度，认真实施“教学质量与教学改革工程”项目建设管理办法，做好省级、国家级实验教学示范中心、教学团队、人才培养模式创新实验区、创新高地、品牌特色专业、精品课程、教学名师奖、教学成果奖等的申报工作，力争在国家教学名师评选中实现突破、获国家级教学成果奖 1 项；认真实施并完善本科人才培养计划，完善教学质量监控与保障体系和教学质量评价系统，加强各级精品课程建设、教材建设、多媒体教学建设和教学研究的工作，做好迎接新一轮教学评估的各项准备工作。

加强青年教师的培养，加强名师工程建设、教学团队建设以及教风、考风和学风建设，为提高教学质量提供保障；启动校内生产实习基地和创新教育基地建设项目，建立创新教育与人才培养有效机制；启动国家大学生创新性实验计划项目和大学生创新与特长教育，以大学生创新性学习与实践活动带动学风建设。

深入推进高校招生“阳光工程”，科学制订和严格执行招生计划，进一步规范录取工作，确保录取安全和公正；开展学生阳光体育运动，创办“大学生体育文化节”，制定“体育俱乐部”教学实施办法；承办好 CUBA 女子八强赛。

（二）加强科技创新体系建设，提高学校科研水平与创新能力

加强科技管理服务体系和科技研发服务体系建设，充分利用和发挥学校教育部工程中心和中国重型机械研究院燕大分院的平台优势，力争在承担 500 万元以上的大型工程项目投标中有较大的突破，在国家“973”“863”“自然基金重点项目”和“国家科技重大专项”等立项方面取得较大的突破，获国家科技奖励 1 项，国家自然基金 40 项，专利授权 110 项，中国重型机械研究院燕大分院年内科研到款达 3000 万元，实现科研经费到款 2.5 亿元。

进一步加强科研与学科平台建设，优化重点实验室（工程中心）总体布局，重点做好现有重点实验室（工程中心）的建设规划；做好省、部、委重点实验室（工程中心）建设期评估验收准备工作；力争实现国家工程中心申报入围，新增教育部工程中心 1 个、新增省重点实验室 1 个；完善专利申报、科技奖励申报、高水平论文与专著奖励激励机制，培育和激励产生更多高水平的科技成果；积极搭建共享院士和后备院士服务平台，加强与我校共享院士的交流与合作，积极推进院士工程计划。

做好国防重点学科建设和国防科研工作，组织国防重点学科固定资产投资计划项目的实施，做好“极端条件下机械结构和材料科学国防重点实验室”建设期验收评估工作；充分利用我校现有军工科研平台和武器装备科研生产的资质和许可，努力切入军工科研领域，迅速扩大我校承担国防科研项目的总量，力争在军口“973”“863”“国防基金项目”“军品研制项目”等立项方面有较大的突破。

（三）优化学科结构和布局，提升学科建设和研究生培养水平

密切关注国家有关研究生院设置的法规政策，全力做好研究生院申报工作，力争早日使我校研究生学院纳入教育部研究生院建设序列；积极做好学位授权审核与申报工作，力争在基础学科和人文学科取得新的进展和突破；继续做好对文科建设的支持工作，全面提升文科学科水平和科研能力。

健全完善研究生培养和学位管理等方面的规章制度，加强对新增研究生导师的培训和帮带工作；做好研究生培养方案的修订和研究生英语教学改革工作，研究制定我校研究生教学检查和质量评估体系；完善我校优秀硕博士学位论文奖励激励机制，全面提高学位论文质量，力争再获 1 篇全国优秀博士论文；做好博士后科研流动站的申报准备工作，力争再增加 1 个博士后科研流动站。

（四）继续实施人才强校战略，提升学校核心竞争力

加强高层次拔尖人才的培养和引进力度，力争年度引进教师 120 人，其中具有博士学位的教师不少于 90 人；继续推行柔性引进、资源共享、特聘、兼职和项目合作等模式引进人才；制订实施我校 2010 年教师在职培养计划，做好教师国内外进修、学习的选派工作；做好长江学者特聘教授的申报工作。

按照河北省事业单位岗位设置及岗位聘用要求，组织开展校内专业技术人员、管理人员和工勤人员的聘岗分级工作；进一步推进人员聘用制改革，完善人事代理制度，规范选聘程序，加强新聘人员试用考核、聘期考核等管理；做好学校机构设置及调整计划，为新一轮聘期做好准备。

（五）狠抓学生教育管理工作，形成全员育人机制

健全和完善全员育人工作机制，不断提高学生教育管理和服务水平，为学生成长成才提供优质的服务和良好的环境；强化学生公寓文化建设，充分发挥社区育人功能；狠抓学生工作队伍建设，建立和完善培养考核体系，建设一支政治合格、素质过硬、教育有方、管理到位的学生工作队伍。

紧紧抓住庆祝新中国成立 60 周年、纪念五四运动 90 周年、澳门回归 10 周年等重要契机，深入开展一系列弘扬和培育民族精神、有利于学生身心健康、奋发向上、团结友爱的主题教育活动；整合校内资源，进一步完善贫困学生资助体系和评审规程，创新扶助模式，加大贫困帮扶力度，确保经济困难学生顺利完成学业；做好就业指导服务工作，积极组织开展职业生涯大赛等活动；进一步巩固和开拓就业市场，为学生创造尽可能多的就业机会。

（六）创新管理体制和运行机制，提高管理和服务水平

完成公有住房的确权与产权办理工作，积极推进家属区物业管理社会化；完成后勤服务管理模式、经费核算方式和标准的确定工作；积极推进水电暖管理及节能工作；完成西校区 7.5 万平方米工程建设，确保秋季学期投入使用；严格控制、慎重启动新的基建项目，适时启动教育部工程中心、校医院等项目建设。

继续积极稳妥推进后勤管理改革，实现自主经营、成本核算、自负盈亏；建立符合市场规律和学校实际、富有活力的后勤绩效体制，进一步理顺学校与后勤集团之间的人事、财务和产权关系；稳步开放校内后勤服务市场，完善后勤服务监管体系，不断提高后勤服务质量和水平。

加强财务管理，完善财务监督机制，努力增收节支，确保学校日常工作正常运转和重点支出需要；积极做好学费收缴工作，有效解决欠缴学费问题；积极拓展筹资渠道，大力争取财政拨款、国家和省级专项资金，以及更多的社会捐赠；积极与银行联系，有序安排资金周转，保证学校资金链的持续运转；加强现金流管理，有效提高资金使用效率。

开展国有资产使用效益的评估工作，推进“规划采购、集中采购”运行模式；启动教学和科研设备的共享共用以及自制实验教学设备的工作；做好新建校舍的设备采购工作；做好日元贷款设备的管理和人员培训工作。

积极拓展文献信息服务功能，更好地满足师生对信息资源的需求，努力提高服务质量；提升 CALIS 全省服务能力，推广科技查新服务工作；优化校园网络服务平台，提升我校网络的公共服务效率；完成中国教育和科研计算机网秦皇岛城市主节点建设，实现出口带宽达到 300～500 兆。

切实采取措施，提升校办期刊的影响因子和办刊水平，为 2012 年进入核心期刊创造条件；全力做好燕山大学出版社申办工作，力争年内取得实质性突破。

启用学校办公自动化系统，推进我校无纸化办公、移动办公、远程办公，不断提高管理工作效率和水平；积极做好校友会工作，凝聚广大校友的力量，为学校的事业发展争取更多的支持。

切实维护校园的安全和稳定，不断完善公共事件突发应急预案，加强应急组织、队伍、平台和能力建设，提高各类突发事件预警、防范和处置能力；全面落实安全稳定责任制，认真排查和整改薄弱环节，及时化解各种矛盾和问题。

（七）深化国际交流和合作，进一步提升学校国际声誉

不断深化与美国托力多大学的合作项目，认真做好燕山大学与托力多大学合作建立孔子学院的授牌和孔子学院理事会成立工作；积极探索开展硕士研究生、博士研究生等层次的留学生招生与培养工作；继续拓宽国际合作与交流范围和渠道，提高留学生教育的层次和质量，扩大在校留学生规模；推动设立我校优秀中青年教师参加高水平国际会议的资助基金，制订并实施中青年骨干教师海外培训计划；继续做好外籍教师的聘任和服务工作。

（八）深入实施大科技园战略，全面提高经济效益和社会效益

加快燕大科技园的建设和发展步伐，完成卢龙分园一期的企业入孵工作，积极谋划卢龙分园二期建设，完成唐山燕大科技园的可行性研究和规划审批；完成科技园大厦的规划审批及相关手续，筹划开工建设；加快西校区房地产项目建设步伐，上半年全面开工建设。

继续做好学生创业管理中心的工作；加强与大型企业的沟通合作，共建产学研基地；整合部分企业的优势资源，组建具有竞争优势的企业集团，促进国有资产的保值和增值，力争实现全年产值 6.5 亿元。

（九）加强党建和思想政治工作，促进学校又好又快发展

积极开展学习实践科学发展观教育活动，进一步确立科学发展思路，集中全校师生智慧，着力破解影响学校科学发展的思想、体制和机制障碍，着力破解学校发展中的热点难点问题，着力解决广大师生最关心、最直接、最现实的问题，全面提高育人质量、科研水平、管理水平和服务经济、社会发展的能力，实现党员干部受教育、科学发展上水平、人民群众得实惠的要求。

加强领导班子和干部队伍建设，全面提高党员干部的政治素质、理论修养和工作能力；按照《燕山大学处、科级干部选拔任用工作条例》要求，制定新一轮干部换届选任规定，选配好中层领导班子和各级干部，努力形成"选贤任能、能上能下、能进能出"的用人机制和良好的选人用人氛围。

加强党的组织建设和党风廉政建设，进一步增强党组织的凝聚力和战斗力；加强大学生思想政治教育，全面提高当代大学生的政治思想素质；加强宣传工作，继续推进"大宣传"战略，力争实现全年在省级以上新闻媒体发表稿件120篇，为学校的建设和发展营造良好的舆论氛围。

推进民主政治建设和党内民主建设，充分发挥教代会、工会参与民主管理、民主监督以及联系群众的桥梁和纽带作用；加强统战工作，支持和帮助民主党派搞好自身建设，发挥其在学校民主管理和民主监督中的作用；做好共青团工作，开展好大学生暑期"三下乡"社会实践、"五四"文化艺术节、社团文化展示月和各类课外学术科技活动，努力营造健康向上、富于时代特色的校园文化；做好离退休工作，认真落实离退休人员的各项待遇，充分发挥他们在学校建设中的作用。

各位代表，同志们，2009年是我校贯彻落实"十一五"发展规划的关键之年，也是立足学校实际，做好学校"十二五"规划前期各项工作的重要一年。希望全校师生员工乘两会的东风，深入学习实践科学发展观，以饱满的工作热情投入到我校2009年各项事业建设中，扎实工作，开拓进取，为实现学校平稳较快发展贡献力量。

贯彻落实科学发展观，提高教育质量和水平，为全面完成“十一五”规划目标努力奋斗

——燕山大学六届一次教职工代表大会工作报告

（2010 年 4 月 17 日）

各位代表，同志们：

受学校委托，我向燕山大学六届一次教职工代表大会作工作报告，请予审议。

一、去年的工作回顾

2009 年，我校以深入学习实践科学发展观活动为契机，不断加强党的思想建设、组织建设、制度建设和党风廉政建设，坚持内涵强校之路，力行科学发展之举，全校师生员工团结拼搏、扎实工作，学校各项事业都取得了新成绩，为建设高水平大学积聚了力量。

（一）教学管理进一步加强，教学建设取得新成绩

学校加强教学质量监控体系建设，修订学生网上教学评价指标，运用“教学服务短信平台”对教学过程进行实时监控，开展了教学观摩、试卷专项检查、多媒体教学检查等多项活动，建立健全了《燕山大学校外实践教学基地建设与管理办法》等多项教学管理制度，为确保教学质量提供了有力保障。

新增国家级教学团队 1 个，教育部高等学校特色专业建设点 2 个，入选教育部大学生创新性实验计划备案项目 30 项，13 个项目获得河北省资助；申报成功“软件工程”专业；组织参加了教育部“卓越工程师培养计划”试点工作，为学校发展抢抓了新的机遇。

（二）科技工作实现新突破，省部共建取得新进展

全年科研总经费达到 2.5 亿元；获国家科技进步二等奖 2 项、省部级奖励 12 项、知识产权授权 132 件；刘日平教授的研究项目获“973 计划”资助，实现了我省“973 计划”项目首席科学家“零”的突破；7 项国家科技重大专项课题通过立项评审；获国家自然科学基金资助项目 39 项，其中张福成教授的科研项目获国家杰出青年科学基金资助；获国家人文社科基金项目 2 项。

在河北省重点实验室评估中，我校参评的 7 个重点实验室全部顺利通过评估，其中有 3 个实验室被评为“优秀”；“极端条件下机械结构和材料科学”国防重点学科实验室顺利揭牌，新增省级重点实验室和工程技术研究中心 3 个。

2009 年 11 月 5 日，工业和信息化部、国家国防科技工业局与河北省政府正式签署了《军民结合战略合作框架协议》，支持我校国防科技学院建设，办好国防特色学科专业和国防重点学科实验室，创建国防科技工业中高级人才培训基地。该协议的签署，使我校省部共建工作继续向前推进。

（三）学科建设取得显著成绩，研究生培养质量进一步提高

新增4个博士后科研流动站、2个工程硕士专业学位授权领域和2个省级重点学科；在河北省重点学科检查评估中，我校接受检查的4个省级重点学科全部顺利通过评估；圆满完成了MBA和“电子科学与技术”博士后科研流动站的检查评估。

获河北省优秀博士学位论文5篇，其中1篇被推荐参加全国优秀博士学位论文评选；获河北省优秀硕士学位论文14篇；1名博士后获得第二批中国博士后科学基金特别资助、1人获得二等奖励资助。

（四）师资队伍建设不断加强，师资结构进一步优化

全年共引进教师111人，其中博士94人，硕士17人；招聘行政、教辅和实验人员29人，外聘教授10人；组织开展教育部公派资助申报工作，共有8名教师到国内外高校进修学习；圆满完成了专业技术岗位分级聘用实施工作。

新增“长江学者”特聘教授1人，国务院特殊津贴获得者1人，德国“洪堡学者”1人，全国模范教师1人；新增“新世纪百千万人才工程”国家级人选1人，“新世纪优秀人才支持计划”人选2人，河北省优秀教师、优秀教育工作者、优秀专家出国培训人选等12人；获得河北省教学成果奖5项，河北省教育先进集体1个。

（五）招生任务圆满完成，学生管理再上新台阶

全年招收新生10588人，其中：博士研究生118人，硕士研究生1625人，全日制专业学位硕士研究生132人，本科生8244人（含里仁学院4267人），高职专科469人。

学校通过国家助学贷款、国家奖助学金、校内奖助学金、社会企业资助、各类补贴等多种途径，全年共发放各种补助2332.54万元；开展辅导员心理健康教育骨干培训，举办了第8届以“积极应对压力、快乐健康成长”为主题的“5·25”心理健康宣传教育活动；学校加大学费收缴力度，2009年全年学费收缴完费率达到99%以上。

学校积极组织我校学生参加“挑战杯”大学生课外科技作品竞赛，在河北省“挑战杯”竞赛上，我校参赛的13件作品全部获奖；在全国“挑战杯”竞赛上，我校作品获得二等奖3项，三等奖3项，首次以全国第18名的总成绩入选全国挑战杯组委会，取得了我校自参加全国“挑战杯”竞赛以来的最佳成绩。

学校采取积极措施应对金融危机对就业的冲击，开展了“万名教师访万家”、服务学生创新与就业创业的“海燕计划”等活动，组织冬季、春季就业洽谈会以及各类专场招聘会共156场。全年毕业学生8847人，其中：博士生80人，硕士生1498人；本科一批毕业生3913人，一次就业率达到89.53%；本科三批毕业生2752人，一次就业率达到88.11%；高职专科毕业生604人，一次就业率达到87.09%。我校被教育厅评为“河北省普通高校毕业生离校前就业先进集体”和“河北省大学生创业教育示范学校”。

（六）办学国际化水平不断提高，国际影响进一步扩大

2009年12月2日，我校与美国托力多大学联合申办的孔子学院顺利揭牌；我校获得国家汉办孔子学院奖学金接收院校资格，共有8名留学生获得2009年度全额奖学金；留学生规模继续扩大，全年共招收长短期留学生258人次，涉及12个国家；留学生学历层次也有了很大提高，在读本科留学生21名，专科留学生6名，涉及经管、文法等多个专业。除了招收本专科留学生外，学校还启动了硕士、博士留学生招收工作。

学校积极组织国家公派留学申报工作，有 11 名教师成功获得国家留学基金资助；开展了与美国托力多大学、意大利“马可波罗计划”、“图兰朵计划”以及法国滨海大学等留学项目，为 77 名学生办理了留学手续；成功入选欧盟伊拉斯谟合作项目，2009—2013 年，我校每年将有 17 人获得该项目资助。

（七）校园建设管理稳步推进，后勤服务水平进一步提高

学校完成了西校区第三教学区、学生公寓 11 组团，西校区运动场、西校区清水泵房迁移等大型建设工程；对基础设施进行维修和改造，全年维修改造工程 52 项，总金额 612 万元；推进教职工住宅产权办理工作，全年办理产权 700 户；校医院顺利完成西校区门诊的搬迁和改建，满足了西校区学生服务的需要。

后勤集团进一步推进人事制度改革，科学设岗，合理定编，用工数从原来的 1200 人减少到 900 人，降低了用工成本；深化幼儿园管理改革，实行了企业办园的收费政策，扭转了幼儿园亏损局面；积极探索食堂经营管理模式，进行了餐饮联合经营招标工作，食堂实行了全成本核算；加强节能降耗工作，对学校浴池水控系统进行改造，对供暖管道进行全面维修，实行燃煤定额管理，对全校 2800 多盏路灯实行分时段开放，为学校节约了资金；在暑期新购置 4 辆公交车，调整优化了行驶路线和停靠站点，行车路线延伸到了学生生活区和教职工工作区，极大地方便了学生和教职工通勤。

（八）国资管理改革不断深入，图书馆服务能力进一步增强

学校开展了教学、行政用房管理改革工作，对教学、行政用房资源统一规划和规范管理；完成了日元贷款项目设备采购及安装验收工作，64 件日元贷款设备全部到货，已经验收合格并投入使用，并着手开展对日元贷款设备人员的培训工作；全年共采购教学、科研等大宗设备 270 余项，总金额 2364 万元；在学校相关单位及设备使用单位的支持下，积极推进“规划采购、集中采购”的运行模式。

图书馆开发建设的“特藏文献资源库”已收藏中外文电子图书 10 万多册，提升了我校专业资料的服务能力；完成了中国教育和科研计算机网秦皇岛城市主节点的建设工作，将我校教育网接入带宽提升至 500 M，提高了网络速度、信息安全和公共服务能力；“省高数图”新增电子图书 4.3 万册，进一步提高了全省高校电子资源共建共享服务能力；教育部科技查新工作站完成校内外查新 252 项，显著超出去年的 150 项；与国防科技学院联合解决了 IEEE 数据库查阅使用问题，极大地便利了我校电类学科专业教学和科研工作。

（九）科技产业不断发展壮大，育人功能进一步增强

2009 年，产业集团销售收入达到 6.3 亿元；继续推进大科技园战略，完成了卢龙分园一期工程验收和厂房招商工作，唐山分园总体规划方案正在逐步完善，与邯郸市共同谋划燕大科技园邯郸分园建设相关事宜；“燕大西苑”规划完成最后审批及各项招投标工作，目前已全面开工。

全面开展了大学生创新创业工作，与机械学院、信息学院、电气学院、材料学院、里仁学院签订协议，共建 5 个大学生科技创业实习基地，成立了 6 个学生实体创业公司，我校大学科技园被科技部和教育部联合授予“全国首批大学生科技创业实习基地”。

（十）科学发展理念深入人心，党建工作得到全面加强

学校深入开展学习实践科学发展观活动，以“深化内涵求质量、科学管理上水平、服务社会促发展”为主题，历经学习调研、分析检查、整改落实三个阶段，着力解决了一批影响和制约学校科学发展的突出问题，学习活动取得了明显成效，师生满意率高达98.31%；2009年底启动了新一轮岗位设置及干部换届选任工作，优化了干部队伍结构，提升了学校整体管理水平。

学校积极推进以和谐校园建设为中心的精神文明建设，大力宣传教书育人先进典型，涌现出一批精神文明建设先进单位和个人，学校被评为“秦皇岛市和谐校园建设先进单位”；为维护国庆期间校园安全稳定，防控“甲流感”侵入校园，学校实行校园限制出入措施，圆满实现了“平安国庆、平安校园”的目标；开展权力运行监控机制建设试点工作，构建了我校权力运行监控机制基本框架；加强“党外人士之家”建设，充分调动各级政协委员、各民主党派、归侨侨眷以及港澳台胞等各界人士参政议政的积极性；成功举办了第十一届CUBA中国大学生篮球联赛女子八强赛，学校的知名度进一步提升。

一年来，随着学校经济状况的逐步好转，学校不断提高教职工的福利待遇，为全体在职人员和离退休人员发放教师节补贴和防暑降温费，人均920元；发放取暖费，人均3173元；发放年终奖励，人均3826元；兑现了在职人员评职和分级聘任待遇，国家工资部分人均增加200元/月；为55位新中国成立前参加工作的离退休人员提高津贴补助，人均增加403元/月；提高教职工子女入托费报销标准，由2008年的50元/月提高到目前的210元/月。

学校关心教职工的身心健康和精神文化生活，推动“职工之家”“职工小家”建设，制订并实施了“教职工健康促进计划”“群众性体育活动促进计划”和“红丝带健康行动”；投入近50万元为全校教职工进行定期体检，拨出专款为全校女职工进行专项体检；寒暑假组织全校劳模、博导、先进工作者到湖南、湖北、海南等地休闲旅游；给344位专家教授和137位70岁以上离退休人员过生日，慰问离退休人员468人次；做好教职工子女升入中小学择校的协调工作，使全校几十名职工子女进入教学条件较好的学校就读。

各位代表、同志们，上述各方面成绩的取得，是学校党委坚持以科学发展观为指导，总揽全局、正确领导的结果，更是全校教职员工团结奋斗、辛勤工作的结果。在此，我代表学校向为学校建设和发展付出辛勤汗水的同志们表示衷心的感谢！

在充分肯定成绩、总结经验的同时，我们必须清醒地看到学校发展中存在的困难和问题：师资规模还不能满足学校发展的需要，特别是引领学科发展的高水平教师和杰出人才还比较少；办学的层次结构和学科结构还不尽合理，与高水平大学的目标要求还不相符合；学科发展还不平衡，文科和理科需要确定有特色的、稳定的研究方向，整体水平有待快速提升；科学研究需要全面加强，专利数和学校的实际还不相符合，高水平论文和学术专著数量需要进一步增加；教学建设与改革需要进一步加强，国家教学名师、国家级教学成果奖等标志性成果尚未取得实质性突破；学报的学术影响力与目前学校的地位和实力还不相符合，水平和质量急需提升；学校的科学管理、精细化管理需要进一步加强，校园综合治理任务艰巨。总之，学校深化内涵建设还有许多工作要做，建设高水平大学任务繁重，实现这个目标需要不懈努力。

二、2010年学校工作的指导思想和主要任务

2010年学校各项工作的指导思想是：全面贯彻党的十七大，十七届三中、四中全会和第十八次全国高校党建工作会议精神，以邓小平理论和“三个代表”重要思想为指导，深入贯彻落实科学发展观，以学习贯彻《国家中长期教育改革和发展规划纲要》和全国教育工作会议精神为主线，以解放思想、改革创新为动力，以夯实基础、提升内涵为重点，进一步提高人才培养质量、科学研究水平和社会服务能力，为圆满完成“十一五”规划目标继续努力奋斗，为谋划“十二五”规划奠定坚实基础，推动学校各项事业在新的起点上实现科学发展。

（一）构建创新人才培养模式，进一步提高教育教学质量

积极参与“卓越工程师培养计划”试点工作，争取成为教育部首批试点单位；全面推动创新实践教育的开展，强化创新性实验项目与实验教学网络化建设，鼓励学生进行创新性实验，推进校内生产实习基地和创新教育基地建设，不断提高学生的创新精神和实践能力。

继续加强“教学质量与教学改革工程”建设，力争申报成功国家级项目4个、省级项目6个，争取实现双语教学示范课程“零”的突破，争取1门教材入选国家级精品教材。

继续加强教学质量监控、评价与保障体系建设，完善校院两级教学管理体制和运行机制，修订与完善教学管理规章制度；扎实推进本科专业建设，启动扩招后新增专业现状调研工作；加强对青年教师的培养工作，制订教师培训计划，不断提高青年教师业务水平和教学能力。

进一步加大招生宣传力度，深入推进招生“阳光工程”，确保生源质量稳步提高；通过主动联系教育部、省教育厅等业务主管部门，争取招生政策上的支持，力争在博士生招生计划和应届本科毕业生推荐免试研究生方面取得突破。

进一步加强体育工作，促进体育专业学科建设，深入开展学生“阳光体育运动”，办好第二届大学生“体育文化节”；深化体育教学改革，继续完善“体育教学俱乐部”教学模式。

（二）加强科技创新体系建设，进一步增强科技创新能力

加强重大科研项目、科技奖励、发明专利的申报工作，力争在国家“973”“863”“自然基金重点项目”和“国家重大专项”等立项方面取得较大进展，努力实现国家自然基金50项的立项目标，中国重型机械研究院燕大分院年内科研到款达5000万元，科研总经费到款2.8亿元，发明和实用新型专利授权150件，获国家科技奖励1～2项。

加强科研平台建设，着力推进国家工程技术研究中心的申报和建设工作，逐步开展与大型骨干企业共建国家重点实验室（工程技术研究中心）的工作，继续做好重点实验室（工程技术研究中心）的评估、验收准备工作，争取新增省级重点实验室1个。

积极推进省部共建工作，进一步做好国防重点学科和国防重点学科实验室的建设工作；努力切入军工科研领域，迅速扩大我校承担国防科研项目的总量，力争在“973”和

“863”军口项目、国防基金项目、军品研制项目的立项方面有明显进步；继续做好武器装备科研生产保密工作和国军标质量管理体系建设工作。

做好人文社科科研管理工作和文科发展规划，继续执行并逐步完善校内文科奖励制度，全面提升文科学科水平和科研能力；研究制定促进理科快速发展的政策措施，努力提升理科水平和质量；积极筹划院士专家工作站的创建工作，更好地发挥两院院士在我校学科建设和科研工作中的作用。

（三）完善学科建设管理体系，进一步提升学科建设水平

做好第十一次学位授权审核申报工作，力争学位授权点取得新的进展和突破；关注国家有关研究生院设置的法规政策，做好申报研究生院的准备工作。

做好国家、省级和校级三级重点学科建设规划的制定和实施工作，进一步优化学科结构和布局，推进学科均衡协调发展；建立科学的经费投入和考核体系，加强学科内涵建设，努力提升学科建设整体水平。

努力构建有利于提高研究生创新能力的培养体系，推进研究生培养机制改革，落实以科学研究为主导的导师负责制和资助制度，加强研究生教学、学位论文指导等各环节的监管力度，进一步提高研究生培养质量，力争再获得 1 篇全国优秀博士学位论文。

（四）深入实施人才强校战略，进一步提升学校核心竞争力

根据学校整体教师需求情况，制订教师引进计划，力争完成年度招聘教师 100 人（其中具有博士学位的教师至少为 80 人）；加强高层次人才的引进力度，重点吸引一批海外高层次人才到校工作，力争引进 5～10 名高层次人才。

做好“长江学者”特聘教授、国家“新世纪百千万优秀人才”、国务院特殊津贴专家等优秀人才的推荐评审工作；对在岗、新增、续聘“长江学者”特聘教授的工作继续给予支持，对国家杰出青年基金获得者做好相应的奖励支持工作；做好“燕山学者”特聘教授的遴选工作，加强对讲座教授的管理和考核。

继续深化人事管理体制改革，按相关政策做好我校的绩效工资改革工作；建立博士后人员入站后的创新机制，发挥博士后人员在站期间的科研力量，做好 2011 年申报新的博士后科研流动站的准备工作。

（五）完善全员全方位育人格局，进一步提高学生教育水平

以马克思主义学院成立为契机，深入推进中国特色社会主义理论体系进教材、进课堂、进学生头脑，大力推进精品课程与学科建设，切实提高我校思想政治理论课教学科研水平；继续加强学生工作队伍建设，建设一支政治合格、素质过硬、教育有方、管理到位的学生工作队伍；建立学生公寓与院系学生党员教育、培养、管理的有效协调机制，全面促进思想政治教育进公寓工作的深入开展。

以学生健康成长成才为核心目标，注重对学生持续性的正面引导，开展年度主题教育活动；完善心理危机预警机制，制定心理危机重点排查制度；加强学风建设、考风考纪教育和学术道德教育，引导学生诚信考试，培育健康向上、具有学府文化气息的学习氛围。

努力探索毕业生就业的新对策，通过完善职业指导课程建设、开展职业咨询、举办专题讲座、加强就业网络建设等多种途径，努力促进学生就业，提高学生就业率。

（六）创新管理体制和运行机制，进一步提高科学管理水平

以学习贯彻《国家中长期教育改革和发展规划纲要》和全国教育工作会议精神为契机，对“十一五”规划目标完成情况进行全面总结，并着手“十二五”规划研制工作。

做好校园基本建设，完成“轧制设备及成套技术”教育部工程研究中心工程施工，第三教学区周边及塔山局部绿化，西校区长江道大门、东校区文昌路大门设计及施工，以及东校区正门维修等工程；推进二、三食堂收回工作，加强餐饮管理，确保饮食卫生安全；推进家属区住宅确权工作，完成富区留守处家属区物业社会化管理，积极推进“节约型校园”建设；加强校医院医德医风建设，提高服务质量。

继续深化后勤人事及分配制度改革，不断提高自主经营、成本核算、自负盈亏的企业化能力；积极探索食堂经营管理模式，建立竞争有序的原材料采购体系，不断提高餐饮服务水平；努力提高后勤经营管理水平，提升后勤综合保障能力，办师生满意的后勤。

进一步完善预算管理体制，加强预算外资金管理；加强与金融机构沟通和合作，为学校的发展建设争取更多的社会资金；积极争取政府和财政支持，努力解决学校债务问题。

继续采取切实有效措施，大幅提高学术期刊的质量及影响力，为进入核心期刊行列奠定基础；继续做好燕山大学出版社的审批及筹建准备工作。

加强办公自动化系统建设，逐步推进无纸化办公、移动办公、远程办公，不断提高管理效率和水平；积极推进校友会工作，凝聚广大校友力量，为学校事业发展争取更多的支持。

完成三年一次的国有资产清查工作，进一步明确资产分布与使用现状；完成教学科研用房的调整工作，大力推进房屋资源有偿使用工作；进一步推进“规划采购、集中采购”的运行模式，推进教学和科研设备以及自制实验教学设备的共享共用工作。

升级校园网络运行服务平台，逐步实现校园网由千兆向万兆网的平滑升级；推进省高数图、CALIS省中心、省精品课网站建设，构建全省高校文献保障体系；科学完善馆藏结构，推广科技查新工作，提高专业服务水平，大幅提升图书馆“特藏文献资源库”等特色资源的数据量和学科价值。

建立健全维护学校稳定的长效机制，不断完善公共事件突发应急预案，加强应急组织、队伍、平台和能力建设，提高各类突发事件预警、防范和处置能力；落实新《消防法》的要求，推进消防安全管理运行机制不断完善；校园建设管理处、后勤集团、保卫处联动，加强校园综合治理，确保学校安全稳定。

以创建一流独立学院为目标，继续做好里仁学院各项工作，不断提高办学质量，形成特色，创出品牌。

（七）深化国际交流与合作，进一步提高办学国际化水平

进一步扩大和提高留学生教育的规模与层次，争取2010年长期留学生人数超过100人；加大本科和硕士、博士层次的留学生招生宣传力度，争取获得“中国政府奖学金”来华留学生接收院校资格，开创全方位、多层次的留学生教育培养模式。

与美国托力多大学紧密合作，做好托力多大学孔子学院的各项工作，保证孔子学院的健康发展；积极推动我校申请与俄罗斯实用东方学学院合作建立孔子课堂事宜的获批，探讨和寻求在纳米比亚建立孔子学院的可能性，进一步提升学校办学国际化水平。

（八）深入实施大科技园战略，进一步增强服务社会能力

完成卢龙分园二期、唐山分园和邯郸分园一期、二期的征地工作；组建科技园孵化器公司，并以其为主体申报国家级高新技术创业服务中心，构建由产业集团、科技园发展公司和科技园孵化器公司互动发展的新格局。

加强对产业集团下属企业的管理和绩效考核，促进国有资产的保值和增值，力争使全年产值达到6.5亿元；做好博士后科研工作站和省级企业技术中心的运营管理工作，为企业的技术升级提供保障；做好大学生科技创业实习基地的管理工作，积极引导和支持大学生从事创新创业活动；做好“燕大西苑”的建设管理工作，确保工程质量和工程进度，启动和运营物业管理公司，保证工程交付后及时为业主提供良好的物业管理服务。

（九）加强党建和思想政治工作，不断开拓学校发展新境界

进一步做好学习实践科学发展观活动的整改落实工作，不断巩固和扩大学习实践成果；继续抓好服务学生创新与就业创业的“海燕计划”和服务富民强省的“腾飞计划”的实施工作。

以庆祝建校90周年为契机，本着“热烈、简朴、务实、高雅”的原则，办好高层论坛、校史展览、庆祝晚会等一系列活动，弘扬燕大精神，展示办学成就，凝聚师生力量，扩大学校影响。

以提高领导水平和执政能力为核心，进一步加强领导班子和干部队伍建设，制定领导班子和领导干部考核实施细则，强化对各级干部的教育培训，逐步推进后备干部队伍建设和培养工作；切实加强基层党组织建设，抓好党员队伍建设这一基础工程，做好大规模党员培训工作，充分发挥基层党组织和党员应有作用。

深入开展党风廉政建设，加快推进惩防体系建设，做好权力运行监控机制建设试点工作；进一步完善管理制度，规范办事流程，确保学校各项工作依法照章进行；加强对重点部位、重要工作环节行使权力的监督，突出强化审计监督；加强廉政教育，特别是加强对新上岗处级和科级干部的教育；加大惩治腐败工作力度，认真梳理案件线索，力争有新的进展。

积极推进大学文化建设，注重培育有燕山大学特色的大学精神，充分挖掘和凝炼办学历史，加强和完善制度文化、形象文化建设，努力建设人文校园环境，为学校建设发展打下良好的思想文化基础；进一步做好学校新闻网等宣传载体工作，不断提升宣传工作的品位；做好省级以上新闻媒体的报道和舆情上报工作，进一步推动学校“大宣传”工作。

进一步完善校务公开、重大事项公示、重大决策论证等制度，保障师生员工的知情权、参与权和监督权；继续开展凝聚力工程和送温暖工程，着力解决贫困教职工的生活困难问题。

进一步加强团委工作，通过对学生会、研究生会、社团联合会等学生组织的工作指导，正面引导校园主流文化生活；继续开展好大学生社会实践、志愿者服务和各类课外学术科技活动；强化学生干部培训工作，搭建起学校与广大学生的沟通桥梁。

进一步落实离退休教职工政治、生活待遇，加强离退休教职工党建和思想政治工作，加强离退休教职工二级管理，充分发挥他们在学校建设中的作用。

进一步做好民主党派人士、无党派人士工作，做好民族宗教工作，调动一切积极因素，为建设和谐校园贡献力量。

各位代表，同志们，2010 年是我校实施“十一五”规划的最后一年，也是编制“十二五”规划、为“十二五”奠定基础的关键一年。谋划好、落实好今年的工作，意义重大、影响深远。让我们紧密地团结在校党委的周围，凝聚广大师生的智慧和力量，再接再厉，开拓进取，为全面完成“十一五”规划的各项任务、早日实现高水平大学的建设目标努力奋斗！

以科学发展观为指导，贯彻《教育规划纲要》精神，为全面实施“十二五”发展规划开好局起好步

——燕山大学六届二次教职工代表大会工作报告

（2011 年 1 月 8 日）

各位代表，同志们：

受学校委托，我向燕山大学六届二次教职工代表大会作工作报告，请予审议。

一、去年的工作回顾

2010 年是我校建校 90 周年，也是落实“十一五”发展规划的收尾之年。一年来，在省委、省政府和省教育厅的关怀和指导下，在学校党委正确领导和全校师生员工共同努力下，学校以欢庆 90 华诞为契机，坚持以科学发展观为指导，贯彻落实《国家中长期教育改革和发展规划纲要(2010—2020)》精神，抢抓机遇，开拓进取，胜利完成了“十一五”发展规划各项目标，教学工作、科学研究、学科建设等各项事业都取得了新成绩。

（一）工程教育改革不断深入，教学建设取得显著成绩

6 月 23 日，教育部“卓越工程师教育培养计划”在天津大学正式启动，我校成为该计划首批实施高校；我校组织立项的“地方高等工程教育人才培养模式改革”项目获得河北省教改重大资助。11 月 20 日，学校召开了“地方高等工程教育人才培养模式改革”项目开题暨“卓越工程师教育培养计划”启动会，为扎实推进我校工程教育改革起到了积极的促进作用。

新增国家级精品课 1 门、国家级双语教学示范课 1 门、国家级品牌特色专业 1 个、国家级教学团队 1 个，第三次获得教育部“大学生创新性实验计划”项目资助；有 6 个项目获得河北省资助，6 门省级精品课通过了检查评估；获得省级教改立项 9 项，累计获得国家及河北省各类教学项目资助经费 157 万元。

（二）省部共建继续向前推进，科技创新能力大幅提升

11 月 23 日，河北省人民政府、国家国防科技工业局签署协议，在“十二五”期间继续共建燕山大学，为学校建设发展注入新的动力。

2010 年科研总经费达到 2.85 亿元；理工类获省部级奖励 8 项、知识产权授权 157 件；获国家自然科学基金项目 58 项，其中柳忠元、李小俚两位教授获国家杰出青年科学基金资助；7 项国家科技重大专项课题和 2 项国家科技支撑计划课题通过立项评审。文科科研实力快速提升，获国家社会科学基金项目 2 项、省部级人文社科项目 85 项、河北省社会科学优秀成果奖 13 项，申报成功河北省哲学社会科学研究基地。学校平稳启动了文科学科梯队建设和理科建设。

以教育部工程研究中心为基础组建的国家工程技术研究中心建设项目，已经通过科

技部最终评审;新增3个中国机械工业联合会重点实验室和1个省级工程技术研究中心;在今年河北省重点实验室评估中,我校参评的4个实验室全部通过评估,其中有2个实验室被评为“优秀”。2010年,我校被国家知识产权局认定为“全国企事业知识产权试点单位”“全国企事业知识产权示范创建单位”。

(三)学科建设取得重大进展,研究生培养又创佳绩

学校积极做好第十一次学位授权学科申报工作,11个硕士授权一级学科通过河北省学位委员会审核,4个博士授权一级学科通过河北省初审,目前已提交国务院学位委员会等待最终审批;新增翻译硕士、旅游管理硕士、应用统计硕士、工程管理硕士等4个硕士专业学位授权类别,新增生物医学工程、工业设计工程2个工程硕士授权领域,使我校现有的专业学位授权类别由3个(工程硕士、MBA、MPA)扩展到7个,工程硕士授权领域由16个增加到18个,所有研究生培养二级单位均获得专业学位招生权,高层次应用型人才培养平台进一步完善。

获全国优秀博士学位论文提名论文1篇、河北省优秀博士学位论文5篇;学校开展研究生导师遴选工作,新增博士生导师34人,硕士生导师80人;学校建立了研究生导师定期培训制度,对近两年新增的研究生导师进行培训;成立了学位与研究生教育咨询指导专家组,加强了研究生教务管理和教学研究工作。2010年,我校被评为“全国工程硕士研究生教育创新院校”,机械工程、材料工程、控制工程被评为“全国工程硕士研究生教育特色工程领域”。

(四)人才引进质量进一步提高,中青年拔尖人才不断涌现

2010年引进教师92人,其中博士65人,教授5人(其中海外高层次人才2人,博导3人),副教授3人(其中海外高层次人才1人);招聘辅导员15人、实验员2人,聘用客座教授、讲座教授、兼职教授共13人;开展教育部公派资助、日元贷款人才培养、以国际旅费形式资助等申报工作,共有46人到国外学习或培训;做好博士后培养工作,博士后人员进站19人,出站4人。

新增教育部高等学校青年骨干教师国内访问学者3人,教育部“新世纪优秀人才支持计划”2人,河北省优秀专家出国培训人选5人,河北省“三三三人才工程”人选9人,河北省有突出贡献中青年专家2人,河北省“百人计划”1人,“燕赵金牌技师”1人;1名博士后获中国博士后科学基金特别资助、3人获面上资助,2人获河北省博士后科研项目择优资助。

(五)生源结构进一步优化,学生工作水平不断提高

2010年招收新生10122人,其中博士研究生125人,硕士研究生1777人,本科生8220人(含里仁3981人)。各层次生源质量较往年均有较大提高。停招高职专科生,生源结构得到优化。

学校通过国家助学贷款、国家奖助学金、校内奖助学金、社会企业资助、减免学费等途径,为1万多人次的学生提供了资助,资助总金额1671万元;加强对勤工助学岗位的开发,提供校内勤工助学岗位1043个,有效地缓解了贫困学生的生活困难;创新辅导员工作模式,推进辅导员进驻学生公寓办公,充分体现了以学生为本的教育理念;关心大学生心理健康，开展两次心理危机排查工作，举办了第九届“5·25”大学生心理健康节，我校被中国心理卫生协会授予“全国大学生心理健康教育工作先进集体”荣誉称号。学费收缴再创佳绩，2009—2010年度缴费率达到99.9%。

学校积极推动学生就业和创业工作，首次发表了《燕山大学2010年就业白皮书》，对招生、教学和就业进行了科学总结和前瞻分析；举行春冬两场大型双向选择会、248场校园专场招聘会，721家用人单位为毕业生提供工作岗位1万多个；结合“海燕计划”，成立了创业教育指导教研室，设立大学生创业专项基金，积极支持学生自主创业。

2010年毕业学生9367人，其中博士研究生56人，硕士研究生1247人；本科一批毕业生3985人，一次就业率达到92.17%；本科三批毕业生3463人，一次就业率达到90.21%；高职专科毕业生616人，一次就业率达到92.37%。

（六）留学生教育跻身国家队，国际影响进一步扩大

2010年，我校获得教育部“中国政府奖学金来华留学生项目”接收资格，标志着我校来华留学生教育跻身“国家队”行列，为进一步提高国际化办学水平创造了良好条件。

接待俄罗斯阿尔泰国立技术大学等37个组团、近400人次来访；开展各类公派留学人员的申报工作，共有24名师生获得留学资助；聘请外教18人，分别来自美国、日本、俄罗斯等7个国家，涉及6个语种；招收长短期留学生231人次，其中本科学历留学生规模进一步扩大，共招收47人，涉及9个学院的17个专业。

（七）校园建设管理不断加强，后勤服务机制进一步完善

学校完成了教育部工程研究中心、西校区第三教学区音乐厅等大型建设项目；完成东校区门、文昌路门、学生公寓、家属楼等维修项目共20项，总金额314万元，进一步改善了教学及生活基础设施；加强对后勤服务、社区服务、医疗服务的监督，进一步提高校园服务和保障水平。

后勤集团着力加强精细化管理，建立健全《职工绩效考核管理办法》等15项规章制度，为集团健康发展提供制度保障；积极创收，回报学校，自筹资金100余万元进行基础设施改造；采取积极措施，提前采购供暖用煤，降低供暖成本；加大食堂经营及监管力度，明确了食品卫生安全工作责任制，建立了主副食原材料集中采购机制，确保饮食安全；针对今年物价上涨的情况，及时调整菜品结构，降低原材料供应和经营成本，稳定了饭菜价格，为学校稳定作出了贡献。

（八）国资精细化管理不断深化，图书馆信息化水平快速提升

学校完成了三年一次的国有资产清查工作，进一步明确了资产分布与使用现状；完成了国有资产管理数字化平台的功能测试和检验，搭建了资产管理的信息化平台；按照“规划采购、集中采购”的运行模式，加强了预算管理下的采购工作，共采购教学、科研等大宗设备250项，总金额2555万元；按照计划完成了2010年日元贷款项目的人才培训工作。

图书馆全面开展校园网络万兆升级、教职工免费上网流量配送和电子邮箱开通工作，提高了网络公共服务能力和信息安全能力；新增电子图书29.2万册，购置了中国标准全文数据库；推动全省高校文献资源共建共享建设工作，获得100万元专项经费支持；

完成教育部 CALIS 三期建设子项目可行性研究报告，签署了承建协议书，获得 120 万元专项经费支持；完成查新项目 280 项，科技查新数量持续增长，社会服务能力进一步扩大。

（九）大科技园战略稳步推进，学生科技创业结出硕果

2010 年产业集团销售收入达到 6.5 亿元；积极推进教师科研成果转化和大学生创业活动，完成了机械学院、信息学院、电气学院和环化学院可产业化项目数据库建设；与经管学院共建大学生科技创业实践基地。目前大学生科技创业实践基地达到 6 个，实体创业公司 10 个，虚拟企业 450 个，参与创业教育活动的学生 4000 余人，大学生创业团队已有 1 项科研成果成功地推广到社会。燕大西苑建设进展顺利，目前所有高层已经全部封顶。

科技园进一步加强主园区建设，联合社会力量启动了科技园创业大厦等孵化器的规划工作；分园区建设稳步推进，与石家庄高新技术产业区签订了《共建石家庄高新区大学科技园协议》，完成了卢龙分园一期工程的股权转让工作。

（十）创先争优工作深入开展，精神文明建设成效显著

学校本着“热烈、务实、节俭”的原则，从 3 月起举办了丰富多彩的纪念活动庆祝建校 90 周年，进一步弘扬了燕大精神，展示了办学成就，凝聚了师生力量，扩大了对外影响；以“凝心聚力夯基础、创先争优促发展”为主题，在全校基层党组织和党员中深入开展创先争优活动；以《燕山大学报》等校内媒体为平台，以新闻报道为手段，有力地推动了精神文明建设和大学文化建设，我校第四次被省委省政府授予“河北省文明单位”荣誉称号；以建校 90 华诞为契机，深入开展“我为燕大做贡献”主题团日教育活动，进一步激发了广大学子爱校荣校的情怀；组织民主党派及无党派人士开展参政议政活动，广泛凝聚办学力量；全面推进权力运行监控机制建设，制定了《燕山大学权力运行风险预警与防控暂行办法》，加大惩治和预防腐败工作力度；积极推进燕大出版社的申办工作，进一步彰显了学校办学实力；举行“治安安全月”“交通安全月”“消防安全月”等系列活动，实现了“平安校园”建设目标；妥善处理高职专科停止招生导致的人员分流、聘用等相关问题，保证了校园和谐稳定；里仁学院荣获“全国先进独立学院”“中国最具影响力独立学院 20 强”等称号，为学校赢得了荣誉。

一年来，学校始终坚持以人为本，重视人文关怀，筹集 10 多万元建立了特殊困难职工救助基金，进一步完善了救助保障机制；关心教职工的福利待遇，兑现了 2009 年评职晋级和 2010 年职务提升人员的工资和津贴补助，按照新的工资标准调整了教职工的住房公积金、医疗、生育和养老保险基数，报销了教职工独生子女入托费；发放教师节补贴、校庆补贴和防暑降温费 386 万元，其中在职人员人均 1116 元，离退休人员人均 1135 元；发放取暖费 1100 万元，其中在职人员人均 3176 元，离退休人员人均 3190 元；发放省文明单位奖励 486 万元，其中在职人员人均 1403 元，离退休人员人均 1453 元。

学校坚持开展“送温暖”工程，组织劳模专家休养、青年教工联谊、教授专家生日祝福、全校职工假期休养等系列活动；关心教职工的身体素质和健康水平，联系部队医院为全校教职工免费进行了体检，组织全校女职工进行专项体检；学校和学院两级工会组织了100余场丰富多彩的文化体育活动，营造了文明健康的校园文化氛围；关心离退休老同志的身体健康，努力为老同志办实事，开展了丰富多彩的健身娱乐活动，举办了系列健康知识讲座，先后组织部分离退休职工到台湾、厦门、上海等地参观考察。2010年，我校被中华全国总工会授予"全国模范职工之家"荣誉称号，被省委组织部、老干部局授予"离退休干部工作先进单位"荣誉称号。

各位代表、同志们，上述各方面成绩的取得，是学校党委坚持以科学发展观为指导，正确领导、把握机遇的结果，更是全校教职员工团结奋斗、辛勤工作的结果。在此，我代表学校向为学校建设和发展付出辛勤汗水的同志们表示衷心的感谢！

在充分肯定成绩、总结经验的同时，我们必须清醒地看到学校发展中仍然存在许多困难和问题：教师队伍数量紧张，质量有待提高，在国内外有影响的学科带头人数量不多；学科整体实力和科研创新能力不够强，学科发展不平衡，承担国家级重大项目的能力亟待提高，学术研究原创性和创新性程度不高，在国际国内有影响的学术成果不多；管理水平有待提高，学校整体管理水平与学校发展规模和层次不相适应，责权利相统一、有利于调动教职工积极性的体制机制有待完善，精细化管理亟待提高；办学经费依然紧张，贷款压力还未解除，资金来源渠道拓展不够，创建节约型校园、提高办学效益还需大力加强；大学文化建设有待加强，大学办学理念的凝炼、大学精神的积淀欠缺，学府文化氛围不够浓厚。这些困难和问题要求我们在今后的工作中，要进一步解放思想，开拓创新，变困难为挑战，化压力为动力，不断深化内涵建设，推进学校各项事业科学发展。

二、关于"十二五"时期学校发展战略的说明

2010年4月，学校启动了《燕山大学"十二五"发展规划》（以下简称《规划》）的编撰工作，目前已经完稿。《规划》全面回顾了"十一五"期间学校各项工作取得的成绩、存在的问题和面临的挑战，提出了"十二五"时期学校发展的指导思想、战略目标和具体措施。这是我校今后五年建设与发展的纲领性文件，对学校高水平大学建设必将产生重大影响。希望各位代表认真审阅、讨论，并提出修改建议。

经过"十一五"期间的建设，学校各项事业都取得了长足进步，综合实力大幅提升，办学条件明显改善，社会影响日益扩大。"十一五"期间取得的成绩，为我们实现高水平大学建设目标奠定了基础，积聚了力量。"十二五"时期是我校建设高水平大学的重要阶段，也是进一步提升整体实力与核心竞争力的重要机遇期。我们一定要珍惜机遇、抓住机遇、用好机遇，更加奋发有为地推进高水平大学建设。对于"十二五"时期学校发展的总体思路，我简要概括为以下三句话。

（一）牢牢把握机遇，争取发展环境

学校的建设发展，离不开上级领导和部门的大力支持。"十一五"期间，学校建成了国家重点实验室，实现了省部共建，成为教育部"卓越工程师教育培养计划"实施高校，获得教育部"中国政府奖学金来华留学生项目"接收资格，筹建中的国家工程技术研究中心已通过科技部评审，等待最后批准，这些都为学校发展提供了新的机遇和动力，从而也搭建了我校争取教育部、科技部、国家国防科工局支持的平台。作为河北省重点骨干大学，

我们在努力争取省委省政府、省教育厅以及各职能部门重点关心和支持的同时，也要加强与教育部、科技部、国家国防科工局的联系，力争获得更多的指导和支持，为学校“十二五”时期的建设争取良好的发展环境。

（二）严格控制规模，着力提升内涵

建设高水平大学，不在规模大小，关键要办出水平。目前学校的办学条件基本适应了建设高水平大学的需要，“十二五”时期，学校将严格控制规模：控制专业规模，若无特殊需要，学校不再新增专业；控制学生规模，招生人数每年保持在 1 万人左右，全日制普通高等教育在校生控制在 4 万人左右；控制基本建设，在资金没有大额突破或特殊需要的情况下，学校不再搞大型建设。在保持规模稳定的基础上，学校将着力提升内涵建设，在教学质量、科技创新、学科专业、师资队伍、大学文化等各方面投入更多的精力和财力，实现综合办学实力的快速提升，争取达到全国高校 60 名左右，科技创新能力达到全国高校 50 名左右，建设成为特色鲜明、国内外知名的高水平大学。

（三）突出办学特色，实现全面发展

办学特色是高校核心竞争力的集中体现。《教育规划纲要》明确强调“促进高校办出特色”。目前我校有 61 个本科专业，已呈现出以工为主，文、理、经、管、法、教等多学科并举的学科格局。但是我校学科专业发展还不平衡，工科实力较强，文科、理科相对较弱。经过多年的建设，我校的机械工程、材料科学与工程、信息科学与技术、控制科学与工程具有明显的学科专业优势，从而带动我校在人才培养、科学研究、服务社会等方面形成了鲜明的办学特色；“十一五”期间，学校已经采取积极措施加强文科建设，取得了明显的成效，文科科研实力获得较快提升，2010 年学校还正式启动了理科建设工作。“十二五”时期，学校将继续加强工科建设，促进工科做大做强，不断突出办学特色，提升学校核心竞争力。同时还要进一步采取积极措施，加强对文科、理科建设的支持力度，促进文科、理科快速提升，最终实现我校所有学科专业全面发展。

三、2011 年学校工作的指导思想和主要任务

2011 年学校各项工作的指导思想是：全面贯彻党的十七大，十七届三中、四中、五中全会和全国、全省教育工作会议以及第十九次全国高校党建工作会议精神，以邓小平理论和“三个代表”重要思想为指导，深入贯彻落实科学发展观，按照《国家中长期教育改革和发展规划纲要》和《河北省中长期教育改革和发展规划纲要》的任务要求，以人才培养为中心，注重协调发展，着力强化内涵，不断提高质量，突出办学特色，进一步改善师生学习、工作、生活条件，提升学校的综合办学实力和核心竞争力，努力开创我校各项工作新局面。

（一）着力创新人才培养模式，努力提高教学质量和水平

牢固树立“人才培养是学校中心工作”的理念，把各项工作提高到育人的境界和高度去认识；积极探索“通识＋专业：宽口径、重创新、重实践”的人才培养新模式，全面提升大学生思想道德素质、科学文化素质、业务能力素质和身体健康素质。

做好“卓越工程师教育培养计划”实施工作，不断推进我校理工类学生工程教育改

革;加强教学质量与教学改革工程建设,积极申报和实施各类教学质量与教学改革工程二期建设项目,特别要加强国家级教学名师等标志性教学成果的培育,力争取得实质性突破。

加强实践教学平台建设,做好实验室建设规划,推进校内实习基地建设,为提高教学质量提供保障;加强本科专业建设,争取建设一批"特色专业"和"品牌专业";加强教学质量监控评价和保障机制建设,进一步完善教师教学评价指标。

加大招生宣传力度,扩大优质生源基地数量,深入推进招生"阳光工程",进一步优化生源结构,提高生源质量;努力提高优秀应届本科毕业生推荐免试攻读硕士研究生名额,积极争取博士研究生招生计划;适度扩大函授教育培养规模,探求开展远程网络教育。

加强体育专业学科建设,深入开展学生"阳光体育运动",办好第三届大学生"体育文化节";建立排球高水平运动队;面向学校及社会,做好体育场馆开放工作。

(二)加强科技创新体系建设,努力提高科研水平与创新能力

继续深化对国家重点实验室的建设和运行管理,认真落实国家工程技术研究中心(筹)的各项建设任务,做好省部级重点实验室的申报、管理工作,推进河北省现代港口煤炭物流工程技术中心的后续建设与管理,筹划河北省装备制造产业研究院的组建工作。

培育国家级重大科技项目的竞争优势,力争在国家基础研究、科技支撑和科技重大专项等科研任务方面有新的进展,年度实现国家自然科学基金 60 项,科研总经费达到 3.2 亿元,获得国家科技奖励 1 项。

积极推进省部共建工作,做好国防重点学科实验室的建设,不断拓宽国防军工项目申报途径,完善国防科研质量管理体系,加强军工项目保密管理,提高服务国防军工科研生产能力。

加强对文科、理科建设的支持力度,推进人文社会科学学科梯队建设、文献资料建设和河北省哲学社会科学研究基地建设;科学实施理科建设项目,提高理科的科研成果水平和影响力,构筑以工助理、以理促工、理工结合、相互渗透的学科专业共生状态。

加强知识产权工作,力争在自主创新、自主知识产权创造方面取得新的业绩;积极开展院士专家工作站的创建工作,更好地发挥两院院士在我校学科建设和科研工作中的作用。

(三)完善学科建设管理体系,努力提升学科整体水平

做好新增博士、硕士学位授权学科建设规划工作;优化学科建设体制机制,加强学科内涵建设,形成以学科为基本单元、纵向行政流畅通、横向学术流活跃的矩阵式学科建设组织构架;以学科的自我管理为基础,实行学科带头人(负责人)负责制、教师聘任制与学科建设评估、考核相结合的学科建设运行新机制。

做好国家重点学科评估和申报准备工作,力争取得新成绩;进一步提高研究生培养质量,做好全国优秀博士学位论文和河北省优秀博士、硕士学位论文的评选工作,力争再获 1 篇全国优秀博士学位论文;推进研究生分类培养工作,构建适合我校办学特色的学术型和应用型研究生人才培养体系。

(四)大力实施人才强校战略,努力提升学校核心竞争力

加强人才引进工作,力争年度招聘教师 120 人(其中具有博士学位的教师至少为 80

人)；加强高层次人才引进力度，重点吸引一批海外高层次人才到校工作，落实河北省“百人计划”、海外赤子留学回国服务项目等有关工作，力争引进5～10名高层次人才。

做好教师培养工作，对专任教师、教辅及教学管理人员有计划、有选择地安排多种形式的进修和培训，选派高层次人才和优秀青年教师赴海外进行高级研修和学位攻读；对在岗、新增、续聘“长江学者”特聘教授的工作继续给予支持，做好2011年度我校“长江学者”特聘教授申报工作，对国家杰出青年基金获得者做好相应的奖励支持；做好校级特聘教授的遴选工作，加强对讲座教授的聘任与管理；完善博士后科研流动站的日常管理，做好新一轮博士后流动站的申报工作。

深化人事分配制度改革，完善不同类型、不同层次、不同学科教师及管理人员基本工作量考核制度，修订考核评价标准；完善绩效工资分配制度，充分发挥绩效工资的激励作用，努力提高教职工收入。

(五) 创新思想政治教育工作，努力形成全员全方位育人格局

加强马克思主义学院建设，推进学科建设和科学研究，提升教师队伍整体素质；加强“两课”建设，推出一系列标志性教学成果；继续办好“红色旋律”讲坛等系列特色活动，积极推进中国特色社会主义理论体系进教材、进课堂、进学生头脑工作。

以纪念建党90周年和辛亥革命100周年为契机，开展主题教育活动；鼓励创新思想政治教育方式方法，加强网络思想政治教育工作；进一步完善辅导员进公寓工作制度；启用“国家助学贷款计算机网络化信息管理系统”，加强贫困生思想政治教育工作；完善心理健康服务机制，加强大学生心理健康教育工作；进一步推进辅导员队伍专业化、职业化建设。

做好就业指导服务工作，扩宽就业渠道，加强就业教育，提供更多的工作岗位，不断提高就业质量和数量；继续推进“海燕计划”，以创业促就业，完善创新服务体系，进一步提高创业服务能力。

(六) 创新管理体制和运行机制，努力提高办学水平和办学效益

探索构建现代大学管理制度，完善校院二级管理体制，建立责权利相统一、机关与学院协调配合、有利于调动学院积极性、提高执行力的运行机制；全力推进电子政务平台建设，不断提高管理工作效率和水平。

加强国有资产管理，推进国有资产管理数字化平台建设，进一步加强预算管理下的采购工作；开展资产采购申报审核的管理工作，提高资金使用效益，确保资金使用安全；完成学校公有用房的调整工作。

提高经费筹措能力与财务管理水平，加强与政府、银行沟通，及时反馈学校的状况和需求，为学校的建设发展争取更多的社会资金；进一步完善预算管理体制，加强预算外资金管理。

继续采取有效措施，大幅提高学术期刊的质量和影响力，力争一种期刊达到中文核心期刊水平；进一步做好出版社的筹备组建工作。

加强数字校园与文献保障体系建设，全面完成校园网络万兆升级建设工作；做好学生宿舍区网络系统两年整体规划和设计工作，完成学生宿舍网络第一期建设工作；完成教育部 CALIS 三期子项目建设，加快 CALIS 省中心、省高数图建设进度；加强馆藏文献资源保障体系建设，提高信息服务能力，建设具有我校特色的信息资源平台；加强档案管理工作，为高水平大学建设提供文献保障。

做好校园基本建设，完成西校区第三教学区景观铺装绿化工程、重机路铺装工程；建立维修改造项目数据库，做好楼宇、道路的维修改造工作；加强对宾馆的监管力度，确保完成学校指标；加强校医院医德医风建设，提高服务质量；做好社区各项工作，完善社区职能。

提升后勤保障和服务水平，加强成本核算，健全服务监管体系，逐步建立起符合集团发展的目标管理模式；进一步完善人事制度，规范后勤劳动用工，建立和谐劳动关系；加大绩效考核力度，建立科学合理的激励机制，逐步解决困扰后勤集团发展的关键问题，确保学校、后勤集团和师生员工利益。

加强安全稳定工作，进一步完善治安、消防等管理制度，完善突发事件应急预案和矛盾纠纷排查化解机制，深入开展安全隐患大排查，全力维护校园稳定；加强校园周边综合整治，确保学校在健康安全的环境中科学发展。

推进校友会工作，全方位、多层次开发校友资源，充分发挥广大校友在学科建设、人才队伍建设和毕业生就业等方面的重要作用。

加强里仁学院建设，以“全校办里仁、里仁创品牌”为指导思想，创新管理体制，加强内涵建设，提高办学质量，努力形成特色，创出品牌。

（七）深化国际交流与合作，努力提高办学国际化水平

探索新的合作院校和合作项目；拓宽外教聘请渠道，做好外教的聘任、管理和服务工作；扩大和提高留学生教育的规模与层次，争取长期留学生超过 200 人；加大留学生管理力度，建设留学生管理人员队伍；做好首批中国政府奖学金留学生的接收、教学与管理工作；推进校际交换生项目的开展。

（八）深入实施大科技园战略，努力增强服务社会能力

积极落实“大科技园”发展战略，完成卢龙分园二期工程、燕大信息产业园征地工作，加快与唐山曹妃甸工业区、石家庄高新技术产业区的谈判，扩大科技园的孵化管理范围；加速主园区科技产业孵化器建设，力争科技园创业大厦、先进制造孵化器等项目的开工；加强校内孵化器建设，启动东校区科技大厦和西校区“创意产业长廊”建设项目。

强化对产业集团下属企业的管理和绩效考核，促进国有资产的保值增值，力争年产值达到 6.7 亿元；完善产业集团博士后科研工作站和省级企业技术中心的运营管理工作；积极参与河北省产业技术路线图的谋划、制定和实施，参与秦皇岛旅游立市战略；完善大学生创业实习基地建设和管理，新增学生实体公司 3 家；做好燕大西苑的建设管理工作，力争年底前交付使用，并落实好物业管理，确保服务优质。

（九）加强党建和思想政治工作，努力为学校发展提供强大动力

按照学校创先争优活动实施方案要求，继续按节点、分步骤在全校基层党组织和党员中深入开展创先争优活动；认真做好纪念建党 90 周年庆祝活动，保证纪念活动顺利健康开展。

加强领导班子和干部队伍建设，做好对各级干部的培训工作，努力提高领导干部的综合素质、领导水平和驾驭全局的能力；抓好基层党组织建设和党员队伍建设，切实发挥基层党组织和党员战斗堡垒和先锋模范作用。

加强宣传思想文化工作，做好省级以上新闻媒体的报道，进一步推动学校“大宣传”工作；加强校史研究，规范视觉形象识别元素，打造人文讲坛、大学生文化艺术节、大学生科技节等文化品牌，不断提升校园文化品位；完善舆情工作机制，加强突发事件快速反应与媒体应对机制研究；开展精神文明创建活动，推动精神文明建设向更高层次迈进。

加强党风廉政建设，继续深入开展权力运行监控机制建设；组织开发网络监控软件，对重要权力运行过程进行实时监控；全面落实《中国共产党党员领导干部廉洁从政若干准则》各项规定和党风廉政建设责任制，加强对重要领域、重点工作及群众关注热点问题的监督监察力度。

做好统战工作，组织好党外人士教育培训和调研工作，开展统战理论课题研究，做好民族宗教工作。

做好工会工作，继续开展凝聚力工程和送温暖工程，解决教职工的生活困难；加强师德师风建设，开展好以教师技能竞赛为主要形式的“三育人”活动。

做好共青团工作，开展丰富多彩的科技文化活动，加强对大学生科技创新活动的指导，提高学生创新能力；规范学生社团管理，完善学生社会实践体系，深化青年志愿者行动。

做好离退休工作，认真落实好离退休老干部、老同志的政治待遇和生活待遇，组织开展有益老同志身心健康的活动，支持老同志为学校的建设发展作贡献。

各位代表，同志们，2011 年是我校全面实施“十二五”发展规划的开局之年，也是建设高水平大学的关键之年。让我们紧密地团结在校党委的周围，团结和带领全校广大师生，再接再厉，锐意进取，努力做好 2011 年各项工作，为全面实施“十二五”发展规划开好局起好步，为早日实现高水平大学的建设目标努力奋斗！

抢抓机遇，乘势而上，奋发有为地推进高水平大学建设

——燕山大学六届三次教职工代表大会工作报告

（2012 年 1 月 11 日）

各位代表，同志们：

受学校委托，我向燕山大学六届三次教职工代表大会作工作报告，请予审议。

一、去年的工作回顾

2011 年是中国共产党成立 90 周年，也是我校实施"十二五"发展规划的开局之年。一年来，在省委、省政府和省教育厅的关怀和指导下，在学校党委正确领导和全校师生员工共同努力下，学校以庆祝中国共产党成立 90 周年为契机，坚持以科学发展观为指导，不断深化内涵建设，努力推进科学发展，实现了"十二五"良好开局，学校各项事业都取得了新成绩。

（一）出版社获批成立，学校社会影响进一步扩大

经过 3 年坚持不懈的努力，在省市各级领导的关怀和支持下，2011 年 9 月 13 日，国家新闻出版总署批准我校设立燕山大学出版社。12 月 20 日，我校隆重举行了燕山大学出版社成立大会暨揭牌仪式。

燕山大学出版社的成立，是我校建设高水平大学的一个重要组成部分，也是提高学校综合实力的一个重要平台，对于促进学校科研、教学成果的出版和推广，进一步增强学校整体办学实力、扩大学校社会影响都具有重要的作用。燕山大学出版社是秦皇岛市、也是冀东和辽西地区首家出版社，对于推进秦皇岛市、河北省及周边地区文化产业发展，繁荣我国图书文化市场具有重要的意义。

（二）教学改革不断深入，教学工作平稳有序运行

学校不断加强教学管理，召开了 7 次本科教学工作例会，推进教学工作检查常态化，制定了《关于加强实习教学及其经费管理的实施办法》等 3 个教学管理文件，保证了教学工作平稳有序运行。2011 年，学校先后在全省本科教学工作大会上做典型发言，在"中国大学教学论坛"做特邀报告，两次被省教育厅向教育部推荐作为河北省教学改革经验典型高校提交交流报告。

学校积极推进"卓越工程师教育培养计划"实施工作，组织"机械设计制造及其自动化""自动化""电子信息工程"等首批 3 个试点专业参加阶段检查，新增"车辆工程""生物工程"2 个实施专业；教学改革与质量工程建设取得新成绩，新增省教学名师 2 人，省级精品课程 3 门，有 7 门 2006 年省级精品课程通过了评估。

（三）科研总量持续增长，科技创新能力不断攀升

2011年科研总经费达到3.21亿元；理工类获国家自然科学二等奖、国家科技进步二等奖各1项，省部级科技进步奖10项；获国家自然基金项目60项，省自然基金项目58项；承担国家科技支撑计划项目1项、课题2项，国家科技重大专项课题3项，国家软科学项目1项。文科科研实力快速提升，获全国教育科学研究优秀成果奖三等奖1项、国家社科基金项目3项，省部级人文社科项目107项。获知识产权授权232件。2011年，学校先后获得“教育部高等学校科技管理优秀团队”“省自然科学基金管理先进单位”“省企事业知识产权优势培育工作先进单位”等荣誉称号。

国家“冷轧板带装备及工艺”工程技术研究中心、教育部“先进锻压成形技术与科学”重点实验室和河北省“重型装备与大型结构力学可靠性”重点实验室分别通过科技部、教育部和科技厅立项审批，纳入相应的创新平台建设序列。河北省社科联在我校设立了省哲学社会科学研究基地——“地方政府改革与发展研究基地”。

学校加强武器装备科研生产保密管理工作，通过了国军标质量管理体系再认证；推进理科建设和文科学科梯队建设，制定了《燕山大学理科学科“十二五”建设规划》《燕山大学2012－2014文科学科梯队建设资助方案》等文件，为增强理科和文科实力提供保障。

（四）学科建设取得重要进展，研究生教育开辟新篇章

新增软件工程博士学位授权一级学科，统计学、软件工程、音乐与舞蹈学、美术学等4个硕士学位授权一级学科，使我校博士学位授权一级学科达到11个、硕士学位授权一级学科达到27个；获河北省优秀博士学位论文5篇，河北省优秀硕士学位论文15篇，获奖数量居省内高校首位。2011年，我校分别被全国工程硕士专业学位教育指导委员会、教育部学位与研究生教育发展中心授予“全国工程硕士研究生教育创新院校”“全国学位与研究生教育信息工作先进单位”荣誉称号。

学校着力提高研究生培养质量，加强研究生培养过程管理，制定了《燕山大学研究生教务管理规定》等6个管理文件，召开了研究生培养工作会议，启动了新一轮研究生培养方案修订工作。2011年12月11日，学校举行了研究生教育50周年庆典暨研究生院成立大会。研究生院的成立，是我校学位与研究生教育发展史上的一个重要里程碑，标志着我校学位与研究生教育工作进入到一个新的发展阶段。

（五）师资结构进一步优化，人才队伍建设成绩显著

2011年招聘教师90人，其中博士70人，教授3人（其中，海外高层次人才2人），副教授8人（其中，海外高层次人才5人），教师中具有博士学位的比例由2010年的38%提高到41%；招聘行政教辅、实验员、医生34人；聘用客座教授、兼职教授、讲座教授12人；推进继教和职技学院教师分流工作，有14人应聘到艺术学院和里仁学院工作。

新增教育部青年骨干教师访问学者3人，河北省有突出贡献的中青年专家2人，第六批省管优秀专家人选3人，河北省“三三三人才工程”二层次人选1人，河北省人才工程培养经费人选2人，河北省优秀专家出国培训人选3人；新增河北省“百人计划”人选3人；获得中国博士后科学基金面上资助6项、特别资助2项，河北省博士后科研项目资助

5 项。

（六）招生任务圆满完成，学生工作水平进一步提升

2011 年招收博士研究生 127 人，硕士研究生 1851 人，本科一批 4218 人。学校科学制订招生计划，加大招生宣传力度，在国内重点高中建立了 17 个优秀生源基地，确保生源质量不断提高。

学校积极开展全方位学生资助工作，全年共为 1.2 万人次的学生提供了资助，资助总金额 2660 万元；通过提供勤工助学岗位等多种方式，帮助经济困难学生缓解经济压力，我校被省教育厅授予“河北省高校家庭经济困难学生资助工作先进单位”荣誉称号；加强辅导员工作技能的培训提高，举办了第一届辅导员职业技能大赛，选派优秀选手参加河北省第一届辅导员职业技能大赛，取得优异成绩；健全心理健康服务机制，举办了第十届“5·25”大学生心理健康节，起到很好的宣传效果。

学校重视大学生就业工作，在全校学生中推行职业生涯规划指导、创新与创业教育、就业指导与服务等三项工作，努力开拓就业市场，全面优化就业服务，全年举办春秋双向选择会 2 场、校园专场招聘会 300 余场。2011 届学生顺利毕业，其中博士研究生 39 人，硕士研究生 1455 人；本科一批 3912 人，就业率达到 93.43%；高职专科 450 人，就业率达到 97.56%。2011 年，我校被教育部授予“2010—2011 年度全国毕业生就业典型经验高校”荣誉称号。

（七）国际化办学水平不断提高，国际影响力显著增强

学校探索和开拓新的合作院校和合作项目，先后与美国凯特林大学、佛罗里达国际大学、加拿大渥太华大学、英国谢菲尔德大学和土耳其萨班哲大学等 5 所高校建立合作关系；全年接待美国佛罗里达国际大学等 20 个组团、60 人次来访；聘请外教 17 人，涉及 6 个语种；招收长短期留学生 226 名，其中本科生 51 人、硕士生 1 人；首次招收中国政府奖学金留学生 44 人，留学生教育的层次和规模均有大幅度提高。

学校积极推进校际交流生的派出与接收工作，选派 5 名学生赴国外进行联合培养，接收 7 名韩国交换生；顺利完成了各类公派留学申报工作，共有 22 名师生获得留学资助；完成了 2011—2013 年度托力多大学孔子学院中方院长、4 名对外汉语教师的选派工作。我校 3 名留学生在河北省第七届外籍师生汉语技能大赛中分别荣获一、二、三等奖，1 名外籍教师荣获省政府“2011 年度燕赵友谊奖”。

（八）里仁学院育人质量稳步提升，社会声誉越来越好

里仁学院积极推进应用型人才培养模式改革，大力开展因材施教，努力培养学生的创新精神和实践能力，人才培养质量不断提高。2011 届毕业生 3532 人，就业率达到 89.3%，就业层次不断提高，就业结构趋于合理；有 700 余人成功考取硕士研究生，其中 46 人考取 985 院校和燕山大学专业第一名，考研率达到 20.53%。2011 年共招收新生 3725 人，超过二本分数线的新生比例占录取人数的 48.18%，再创历史最高水平。

在由腾讯网主办，中国教育电视台、中国教育新闻网等单位协办的“2011 回响中国”教育年度盛典上，里仁学院获得“中国最具品牌价值独立学院”荣誉称号。

（九）校园基本建设进一步改善，后勤精细化管理不断加强

学校完成了国家工程技术研究中心建设、西校区第三教学区周边景观铺装、西校区

C1 路至长江道临时道路硬化等工程；完成了东校区变电所控电改造、学生宿舍粉刷及地面铺装、图书馆节能改造、环化学院过程装备实验室改造等维修改造项目共 40 余项，总金额 500 余万元，进一步改善了教学及生活基础设施；加强对后勤服务、社区服务、医疗服务的监督，进一步提高校园服务和保障水平。

后勤集团以精细化管理为目标，进一步规范社会用工，推动社会用工最低工资标准调整和社会保险缴纳工作，有效降低了用工风险；提高幼儿园办园水平，努力扩大容量，使我校二代子女 79 人全部入园，解除了教职工后顾之忧；自筹资金 68 万元对东校区一食堂进行改造，在学校主营食堂安装视频进行监控，成立采购中心集中采购，确保饭菜价格稳定和饮食安全；提前谋划采购供暖用煤，完善质量监督机制，节约资金 100 余万元；积极开展节能减排工作，对多项高耗能项目及基础设施进行改造，降低了运行成本。2011 年，我校被中国高等教育学会评为“全国高校后勤十年社会化改革先进院校”，后勤集团被评为“全国高校后勤服务优秀企业”。

（十）国资管理改革扎实推进，图书馆服务能力进一步增强

学校深入开展资产普查工作，推进国有资产管理数字化平台建设，完成了资产分布与使用现状的数据统计及分析；扎实推进公有用房使用管理改革，完成了国家工程技术研究中心及相关单位的搬迁与房屋调整工作；按照计划完成了 2010 年日元贷款项目的人才培训工作；完善“规划采购、集中采购”的运行模式，基本实现了按照预算和规划进行采购，全年签订教学、科研等大宗设备合同 299 份，总金额 3656 万元。

图书馆全面完成校园网万兆升级建设工作，对校园网各项服务系统进行了优化调整，进一步提高了网络服务能力和水平；承建的教育部 CALIS 三期建设子项目全面展开，并在河北大学等 5 所省内高校设立了 6 个信息服务分中心，推进了教育部 CALIS 服务体系更好地服务省内各高校；数据库数量及文献保障能力大幅提高，新增了国际、国内研究生论文全文、施普林格电子期刊全文等 5 个科研型数据库，引进了超星名师讲坛等视频数据库，使我校数据库总量达到 57 个，新增中外文数字图书 7 万册，使“省高数图”数字图书总量达到 125 万册；科技查新数量持续增长，达到 350 项，有力地保障了教育部博士点基金等科研项目申报和结题。

（十一）产业集团管理不断规范，育人条件进一步完善

产业集团积极推进产业规范化管理，深入落实国家大学科技园评价工作，完成了组织机构调整和人员优化，理顺了产业集团与科技园及下属企业的关系，全面启动资产管理和企业改革工作。2011 年销售收入达到 6.7 亿元。

科技园推进大学生创业平台建设，与文法学院、车辆学院共建 2 个创业实践基地，目前大学生创业实践基地达到 8 个，大学生创业实体企业 16 个，虚拟企业 550 个；与北京百善重工有限公司共建师生创业基地；申报成功国家火炬计划项目——大学生科技创业实习基地、河北省中小企业技术创新公共服务示范机构、河北省科技企业孵化器，共获得资助 150 万元；2011 年，科技园实施建设的“燕山大学国际科技合作基地”被科技部正式批准，这是秦皇岛市第一个国家级“国际科技合作基地”。

（十二）精神文明建设成效显著，和谐校园建设开创新局面

学校举行了丰富多彩的纪念活动庆祝中国共产党成立 90 周年，颂扬了中国共产党的丰功伟绩，进一步激发了全校师生员工的爱党爱国爱校的热情；深入开展创先争优活动，启动“关爱学生、服务学生——雏燕计划”，创先争优活动取得显著实效；做好对外宣传工作，我校3篇新闻被中央电视台报道，各级电视台和电台报道学校发展成果的新闻20余次，人民网、《中国日报》、《科技日报》等国家级报纸和网络媒体刊发稿件100余篇。

学校依托大学生文化艺术节、科技节、社团展示月、志愿服务月、暑期社会实践和青年马克思主义者培养工程等六大活动平台，不断推动共青团工作实现新发展；做好民主党派人士、党外知识分子的统战工作和民族宗教工作，调动一切积极因素为建设和谐校园贡献力量；高度重视群众工作，组建了燕山大学群众工作室，建立了服务职工有关制度和规范的工作流程；充分发挥离退休老干部作用，组织老干部“校史与传统”宣讲团为2011级新生作报告，取得良好效果。

学校深入推进权力运行监控机制建设，建立起具有我校特点的惩治和预防腐败体系，为实现学校科学发展创造良好环境；完善学校涉诉案件和法务咨询案件管理办法，创新法律顾问聘请方式，为学校规避了法律风险，维护了学校合法权益；加强治安技防建设，完成校园重点区域治安视频监控系统的建设工作，为建设“平安校园”提供有力保障；继教和职技学院不断提高教学质量和管理水平，在河北省成人高等教育办学水平评估中被评为“优秀”，为学校赢得了荣誉。

一年来，学校着力保障改善民生，努力提高教职工的福利待遇，在省内高校中率先实施在职人员基础绩效工资和离退休人员补贴，在职人员人均月增资586元，新中国成立后参加工作的退休人员人均月增资614元，新中国成立前参加工作的离退休人员在2009年人均月增资402元的基础上，2011年人均再月增资717元。实施基础绩效工资和离退休人员补贴后，学校2011年增加支出4615万元，在职人员人均增加1.33万元，新中国成立前参加工作的离退休人员人均增加1.46万元，新中国成立后参加工作退休人员补贴人均增加1.29万元。从2011年7月起，学校提高了在职职工住房公积金缴存基数，单位缴存部分人均月增加110元。发放了教师节补贴和暑期降温费，合计人均920元，全校共发放319万元。发放了2011—2012取暖期的取暖费，在职人员人均3699元，离退休人员人均3749元，在职人员和离退休人员人均较去年增加了520元，全校共发放1299万元。发放了2011年度在职人员年终一次性奖励及离退休人员年终一次性生活补贴，在职人员人均4497元，离退休人员人均3975元，在职人员和离退休人员人均较去年增加了515元，全校共发放1530万元。

各位代表、同志们，上述各方面成绩的取得，是学校党委坚持以科学发展观为指导，正确领导、科学决策的结果，更是全校教职员工团结奋斗、辛勤工作的结果。在此，我代表学校向为学校建设和发展付出辛勤汗水的同志们表示衷心的感谢！

二、学校发展面临的机遇与挑战

多年来，我校实现快速发展的最重要的经验，就是以敢为人先的魄力抢抓机遇，不断提升各项工作的新境界。机遇是稍纵即逝和弥足珍贵的战略资源，2012年学校面临着重要的发展机遇。

一是：《国家中长期教育改革和发展规划纲要(2010—2020年)》明确提出，2012年要实现国家财政性教育经费支出占国内生产总值比例达到4%的目标。2010年财政部、教育部联合下发了《关于减轻地方高校债务负担，化解高校债务风险的意见》，对化解高校债务负担提出了指导性意见。在2011年河北省经济工作会上，省长张庆伟同志在报告中指出，2012年"不断提升高等教育办学水平，集中力量支持高等院校特色学科、重点学科建设，将本科生均公用经费标准由8000元提高到12000元"。如果有关政策能够得以落实，学校的财政拨款与以前相比将有大幅增加，学校财务状况将逐步好转。

二是：《河北沿海地区发展规划》已获国务院批准实施，2011年11月27日，国家发展改革委印发了《河北沿海地区发展规划》，"秦唐沧"三市发展上升为国家战略，为我校服务区域经济社会发展提供了更加重要的舞台。最值得一提的是，发展规划"高等教育"部分明确提出要"支持燕山大学建设国内知名的高水平大学"，这更是一个难得的发展机遇。

三是：在河北省第八次党代会上，省委书记张庆黎同志在报告中指出："要着力提高高等教育质量，择优建设全国知名大学。"2011年11月9日，河北省政府参事室来到我校就"振兴河北高等教育"进行调研，也表明了省委省政府要择优选取高校进行重点建设的思路和愿望，相关的支持政策与措施也有望出台。

在看到发展机遇的同时，我们必须清醒地认识到学校仍然面临许多困难和挑战。学校债务负担仍然较重，目前学校负债在10亿元左右，每年需要支付的贷款利息约6000万元；学科整体实力和科研创新能力不够强，学科建设和教学平台建设欠账较多，教学仪器设备没有及时得到更新，影响了学校整体教学和科研水平的提高；教职工的福利待遇有待进一步提高，以利于教师队伍的稳定和吸引高水平人才到校工作；教师数量仍然紧张，高水平学科带头人和创新团队还不多，特别是还没有院士，这与高水平大学建设目标很不相符。我们应该正视这些困难和挑战，在努力推动学校科学发展中，采取积极措施加以解决。

三、2012年学校工作指导思想和主要任务

2012年学校工作指导思想：全面贯彻党的十七大和十七届四中、五中、六中全会以及第二十次全国高校党建工作会议和河北省第八次党代会精神，以邓小平理论和"三个代表"重要思想为指导，深入贯彻落实科学发展观，牢牢把握发展机遇，以内涵建设为主线，以提高质量为核心，重点推进"十项工作"，积极实施"八大计划"，不断增强办学实力和核心竞争力，努力在建设高水平大学的道路上迈出更加坚实的步伐，以优异成绩迎接党的十八大胜利召开。

（一）高端定位、追求卓越，重点推进"十项工作"

1. 继续深入开展创先争优活动。紧扣活动主题，把握节点节奏，继续落实"关爱学生、服务学生——雏燕计划"，不断把创先争优活动引向深入。

2. 积极落实《河北沿海地区发展规划》。争取有利于学校发展的各项政策，着手制订有指标体系的高水平大学建设方案，争当贯彻落实《规划》的排头兵，努力为河北沿海

地区发展作出新的更大的贡献。

3. 扎实做好新一轮干部换届选任工作。按照《燕山大学处、科级干部选拔任用工作条例》要求，制定新一轮干部换届选任规定，选好、配好中层领导班子和各级干部。

4. 全面修订本科人才培养方案和教学计划。着力体现“以学生为中心，强化实践、创新和因材施教”，努力解决好“精简教学内容和学时、工程教育回归工程及强化实践环节”两大问题，积极探索新形势下创新型、应用型人才培养的理论与实践教学体系。

5. 进一步提升科学研究水平与科技创新能力。力争完成科研总经费 3.6 亿元。获得国家自然基金资助项目 70 项、国家社科基金资助项目 3 项。获国家科技奖励 1 项，省部级科技奖励 29 项（含人文社科类奖励 16 项）。发表高水平学术论文 1220 篇，SCI 收录论文 320 篇。申请、注册知识产权 370 件，授权 200 件，发明专利申报和授权量有显著增加。

6. 全力做好国家重点学科、国家重点实验室的评估和申报工作。确保我校国家重点学科和国家重点实验室顺利通过评估，并全力争取材料科学与工程一级国家重点学科和材料物理与化学二级国家重点学科申报成功。积极谋划新的国家重点实验室或工程技术研究中心的申报工作。

7. 积极做好债务化解工作。制订好我校债务化解方案，达到控制风险、化解债务和优化办学环境的目的。

8. 稳步推进绩效工资改革工作。制定奖励性绩效工资分配及管理办法，进一步细化考核及奖惩条件，努力提高教职工收入。

9. 努力做好燕山大学出版社经营发展工作。进一步完善出版社组织机构，加强出版人才队伍建设，遵循企业发展规律，尽快出版一批选题好、品质良、装帧美、影响广的图书，努力打造自己的特色出版品牌。

10. 高度重视安全稳定工作，努力构建和谐校园。全面落实治安、消防、公共安全、国家安全等各项工作，重点推进监控技防设施建设，做好信息化条件下的保密工作，完善矛盾纠纷排查化解机制，为党的十八大胜利召开营造良好的氛围和环境。

（二）求真务实、奋发有为，积极实施“八大计划”

1. 实施党建和思想政治工作“创优计划”，促进学校科学发展。

加强学校党的思想理论建设和形势研判工作。完善校院两级党委中心组学习、“书记讲坛”、工作务虚会等制度。加强舆情信息工作，及时分析研判形势和社会思想动向，增强工作的预见性和主动性。

推进领导班子和干部队伍建设。健全党委常委会、校长办公会等议事决策制度。坚持校领导碰头会制度，完善领导班子沟通机制。以健全领导干部问责追究制度为突破，重点解决脱离群众、能力不足、精神懈怠三方面的问题，不断加强干部队伍作风建设。

创新基层党组织工作。继续贯彻落实新修订的《中国共产党普通高等学校基层组织工作条例》，积极研究新形势对基层党组织工作提出的新要求，切实发挥基层党组织战斗堡垒作用。

强化党风廉政建设。继续推进权力运行监控机制建设。加强对重要领域、重点工作以及群众关注的热点问题的监督监察工作力度。

推动新闻宣传工作。加强对重点工作的宣传报道，提升对外宣传报道的层次与质量。健全新闻发布会、接受新闻媒体访谈制度和突发事件新闻报道应急工作机制，提高新闻宣传工作水平。

做好统战、群团、离退休工作。扶持知联会建设，做好党外干部培养选拔工作。加强教代会制度建设，提高教代会提案的办结率，继续开展送温暖工程，加强职工之家建设。以纪念建团90周年为契机，不断加强基层团组织建设。加强离退休职工二级管理，组织开展有益于老同志身心健康的活动，支持老同志为学校建设发展作出贡献。

做好群众工作。建立健全群众工作机制，着力解决关系民生的热点难点问题，切实为师生办实事、谋利益。

2. 实施校园文化“繁荣计划”，推进文化传承创新。

做好校园文化建设顶层设计。制订学校文化建设实施方案，召开文化建设工作会议，形成具有深厚积淀的校园文化，全面提升学校软实力。

推进优良校风创建活动。重视教师思想品德和学术道德教育，倡导优良教风。抓好学风建设，在学生中努力形成勤奋学习、刻苦钻研的良好精神风貌。

加强校园文化载体建设。完成“燕山大学视觉形象识别系统建设工程”，推进校史馆建设，加强网络文化建设，不断提升校园文化品位。

3. 实施人才培养“卓越计划”，提高人才培养质量。

推进“卓越工程师教育培养计划”实施工作。全面实行研究型教学改革，落实学生实践教学环节和工程型教师的安排与培训，形成校企联合培养工程人才新模式。建立培养质量监控体系，推进我校理工类学生工程教育改革。

加大各类课程教学改革和“本科教学工程”“质量工程”建设力度。深化CDIO工程教育改革，扩大专业课、思政课以及选修课改革的范围和深度。积极申报各类“本科教学工程”建设项目，力争在视频公开课、国家级实验教学示范中心等标志性教学成果上取得实质突破。加强“质量工程”项目的管理，为国家质量工程一期项目的检查和验收做好准备。

强化教学研究与教学基本建设。探索实践教学管理特别是实习教学管理的新模式与新方法，加大实验教学建设力度。加强公共教学资源网络平台的建设和共享工作。加强本科专业建设。积极参与专业认证与评估，力争在国家专业示范点项目建设中有所收获。

服务一线教师。完善教师教学评价指标，推行“以质定酬”“优教优酬”，充分调动广大教师投身教学工作的积极性、主动性。

提高生源质量。加大招生宣传力度，扩大省外招生计划，优化生源结构，增加优质生源基地数量。努力增加本科毕业生推荐免试硕士研究生名额，积极争取博士研究生招生计划。稳定函授教育培养规模，推进函授教育网络化。

加强体育工作。大力开展阳光体育运动和群众性体育活动，推进体育选修课及俱乐部教学网上选课制度。加强排球高水平运动队建设。面向学校和社会，做好部分体育场馆有偿开放工作。

4. 实施科学研究“促进计划”，提升科技创新能力。

继续推进标志性项目及成果的组织培育工作。有组织、有计划地培育国家重点和重大研究计划项目的竞争优势，力争在国家基础研究、科技支撑和科技重大专项等科研任务方面取得新进展。进一步加强国家基金等科研项目的申报工作。

充分发挥国家技术转移示范机构等服务平台的作用。推进横向科研的组织培育模式，深化产学研相结合的技术创新体系建设，创新知识产权管理模式。做好知识产权战略发展规划，快速提升知识产权工作对我校高水平大学建设的支撑作用。

切实提高科研基础创新平台内涵水平。做好国家工程技术研究中心建设和教育部重点实验室立项论证的组织协调工作。谋划“基于网络环境的燕山大学科技创新平台虚拟重构与资源共享”工作。

努力加强对文科、理科以及新办学科专业建设的支持工作。加强人文社会科学学科梯队和省人文社会科学基地建设工作。科学实施理科建设项目。分析和研究新办学科专业的学科建设问题，完成新办学科专业的学科建设规划。

切实做好武器装备科研生产保密工作。高标准维持国军标质量管理体系认证和武器装备科研生产许可资质。做好国防重点学科平台建设工作，保持国防科研总量持续增长。

5. 实施学科建设“拓展计划”，提升学科综合实力和核心竞争力。

优化学科专业结构和加强特色优势学科建设。努力培育与学科发展前沿及经济社会发展需要相适应的新的学科增长点。进一步加强对特色优势学科专业科研教学平台的建设，不断培育高水平、有特色的学科领域和研究方向。

做好学位点建设和申报工作。加强新增学位点的建设，特别是要做好文科学院博士点和体育学院硕士点的申报准备工作，力争在下一轮学位点申报中取得优异成绩。

全面修订我校博士、学术型硕士和专业学位硕士研究生培养方案。努力构建具有我校特色的研究生分类培养体系，新版培养方案将从2012级研究生开始实施。

提高研究生培养质量。力争培育更多的全国优秀博士学位论文和河北省优秀博士、硕士学位论文。

6. 实施人才队伍“引育计划”，提高师资整体水平。

做好院士的引进培养工作。推进我校院士的培养、申报工作，力争尽早实现突破。继续做好智力引进院士和“院士工作站”工作。

加强高层次人才队伍建设。做好国内青年教师骨干访问学者、河北省优秀出国专家的选派工作。对在岗、新增、续聘“长江学者”特聘教授和国家杰出青年基金获得者的工作继续给予支持，做好2012年度“长江学者”特聘教授的申报工作。做好新一轮博士后流动站的申报工作。

积极引进高层次人才。多措并举，吸引教学、科研成果丰硕的高层次人才到学校任教，各学科重点引进高水平博士。

7. 实施服务学生“成长计划”，推进全员全方位育人格局形成。

继续加强和改进大学生思想政治工作。做好“红色旋律”系列教学改革实践活动，增强思想政治理论课教学的针对性、实效性。加强大学生情感教育。大力推进思想政治教育进公寓、进网络工作。完善研究生思想政治教育工作体系。加强辅导员队伍建设，推动辅导员工作上水平、上层次。

扎实做好家庭经济困难学生的资助工作。完善“奖、贷、助、补、减”等多元化学生资助体系，切实做好资助育人工作。

全力推进就业指导服务工作。深入开展职业生涯规划和就业创业指导，完善职业指导课程体系建设。对就业困难群体实施“就业帮扶工程”。加强创业实习基地和孵化基地建设，加快校地、校企就业基地建设，不断开拓就业市场和就业渠道，争取毕业生就业率持续增长。

切实做好大学生心理健康教育工作。完善校、院、班三级心理健康预防教育网络，健全面向全体学生的预警、诊疗、救助体系。

8. 实施国际教育“提升计划”，促进国内外交流与合作。

提升国际化办学层次和水平。建立健全中国政府奖学金、孔子学院奖学金和燕山大学留学生奖学金项目的管理和激励机制，提升留学生教育层次，扩大学位留学生规模，力争硕博留学生人数有所突破。积极申报国家青年骨干教师公派出国进修、研修项目，推进国外合作院校教师交流、学生交流及学分互认（联合办学）项目。发挥孔子学院国际窗口作用，引进国际先进的教育资源和教育理念。

加强留学生教育管理工作。加强师资队伍建设和教学质量工程建设，做好来华留学生的教育教学和科研工作，全面提升留学生教育和科研水平。加大留学生管理力度，进一步建立健全管理制度和措施，建设专门的留学生管理人员队伍，为实现留学生教学与管理分离做好准备，确保留学生安全稳定。做好留学生公寓的改（扩）建的各项准备工作，为不断扩大和提高留学生教育规模与层次奠定基础。

（三）科学管理、提升档次，为事业发展提供坚实保障

1. 推进信息公开工作。建设“燕山大学信息公开网（党务、校务）”，完善OA办公系统，进一步拓宽师生员工利益诉求渠道，积极打造网络问政和沟通交流平台。

2. 切实加强制度建设。认真分析总结现有各项规章制度在执行中遇到的问题，做好规章制度的“废、改、立”工作。

3. 加强里仁学院建设。以独立学院评估指标体系为依据，努力提升教学与管理服务水平。开展学士学位授予单位和专业学士学位授予资格的申报、评估工作，为迎接2013年独立学院评估验收做好准备。

4. 强化信息资源建设。完成学校宿舍网络第一期建设工作、里仁学院外网统一校本部出口改造和升级工作、教育部互联网应用创新开放平台联盟和示范基地申请与基础条件建设工作。做好教育部CALIS三期建设工作。保持科技查新数量持续增长，年度查新数量达到400项。加强特色资源库建设，不断提高数据量和学科专业价值。

5. 做好校园基本建设和管理服务工作。完成土地项目、建设工程的有关手续，完成材料学院实验厂房施工建设工程和西校区三期工程绿化美化工作。加强对宾馆的监管力度，确保完成学校指标。不断加强校医院医务人员医德医风建设，提高服务质量。做好社区综合治理，完善社区职能，活跃社区文化。

6. 强化国有资产管理工作。完善国有资产管理两级体系建设。探索资源优化配置模式、仪器设备共建共享使用模式，研讨仪器设备使用效益评价模式，建立资源信息化管理和共享平台，提高国有资产综合使用效益。加强无形资产管理，坚决维护学校合法权益。

7. 提高期刊水平。继续采取针对性措施，大幅提高现有期刊的质量和影响力，力争有一种期刊达到中文核心期刊水平。

8. 推进校友会工作。全方位、多层次开发校友资源，充分发挥广大校友在学校学科建设、人才队伍建设和毕业生就业工作等方面的重要作用。

9. 促进科技产业发展。扎实推进创新创业人才培育工作。切实加强园区孵化器项目建设，整合园区孵化器资源，全力做好国家级科技企业孵化器的申报工作。加强企业新产品研发，提升企业核心竞争力，2012 年力争实现营业收入 6.9 亿元。继续做好燕大西苑建设管理工作，确保工程保质保量交付使用，并落实好物业管理，确保服务优质。

10. 提升后勤保障和服务水平。进一步规范社会用工，筹措资金解决社会保险等问题，确保职工队伍稳定。对幼儿园基础设施进行改造，尽量扩大招生能力。积极推进节能工作，降低办学成本。加大原材料集中采购力度，稳定食堂饭菜价格，确保就餐安全。改造校区供水系统，保证师生饮用水安全。改造第一教学楼供暖设施，采取措施保障东校区大学生活动中心室内温度。

各位代表，同志们，2012 年，是我校贯彻落实国家和省《中长期教育改革和发展规划纲要》以及《河北沿海地区发展规划》的关键一年，也是实施“十二五”发展规划承上启下的重要一年，我们将迎来党的十八大胜利召开。做好 2012 年工作，责任重大，使命光荣。让我们紧密地团结在校党委的周围，凝聚全校师生员工的智慧和力量，抢抓机遇，开拓进取，扎实工作，奋发有为地推进高水平大学建设，以优异的成绩向党的十八大献礼！

乘两会东风，谋科学发展，努力开创高水平大学建设新局面

——燕山大学七届一次教职工代表大会工作报告

（2013 年 4 月 14 日）

各位代表，同志们：

受学校委托，我向燕山大学七届一次教职工代表大会作工作报告，请予审议。

一、去年的工作回顾

2012 年，是我校贯彻落实国家和省《中长期教育改革和发展规划纲要》以及《河北沿海地区发展规划》的关键一年，也是扎实推进“十二五”发展规划的重要一年。一年来，在省委、省政府和省教育厅的关怀和指导下，在学校党委正确领导和全校师生员工共同努力下，学校以建设高水平大学为奋斗目标，凝聚全校师生员工的智慧和力量，不断深化内涵建设，努力推进科学发展，学校各项事业都取得了新成绩。

（一）教学改革进一步深入，教学建设取得新成果

学校对本科专业培养计划进行了修订和完善，从 2012 级学生开始执行；稳步推进“卓越工程师教育培养计划”，我校与一重等 9 个企业共建的“国家级工程实践教育中心”获得教育部和财政部批准，第一批 3 个实施专业进入到企业学习阶段，第二批 2 个实施专业开始招生。

土木工程专业通过了住房和城乡建设部本科教育评估，机械设计制造及其自动化专业通过了全国工程教育专业认证评估，体育学院通过了省教育厅“每天一小时校园体育活动”专项评估；新增国家专业综合改革试点项目 4 个、“十二五”国家规划教材 3 门；获得河北省教学成果一等奖 2 项；被教育部批准实施“大学生创新创业训练计划”，设立国家级项目 20 项。

（二）科研能力进一步增强，科技工作实现新提升

全年科研总经费达到 3.32 亿元；获批国家自然科学基金项目 63 项，河北省自然科学基金项目 84 项；国家社会科学基金项目 9 项，河北省社会科学基金项目和发展研究课题 92 项；签署横向科研合同 198 件，授权专利 242 项；发表《自然》(Nature)论文 1 篇。

获国家技术发明二等奖 1 项，省部级科技奖励及社会力量设奖 10 项，省部级社会科学优秀成果奖 11 项；新增“先进制造成形技术及装备”国家地方联合工程研究中心，与中航工业集团共建“航空自润滑关节轴承共性技术”重点实验室；学校积极参与教育部“2011 计划”，组织申报了“精密冷轧板带生产技术”2011 协同创新中心。

（三）学科建设进一步发展，研究生培养体系逐步完善

完成了国家第三轮学科评估申报工作，我校参评的 9 个一级学科都取得了良好的评

估结果；获全国优秀博士学位论文提名论文1篇，河北省优秀博士学位论文4篇；新增博士生导师36人；学校对研究生培养方案进行了修订和完善，全校各类研究生培养方案共计74套，从秋季学期开始执行。

学校积极构建专业学位研究生培养体系，开展了首批专业学位研究生校内导师评聘工作；加强专业学位研究生校外实践基地建设，建设校外实践基地82个，专业学位研究生培养体系初步建立。

（四）师资结构进一步优化，人事管理水平不断提高

2012年招聘专任教师112人，其中博士研究生101人，海外高层次人才9人；招聘辅导员、行政教辅、实验员等共计40人；享受国务院政府特殊津贴专家2人，河北省优秀拔尖人才19人，河北省"巨人计划"创新团队1个。

新增物理学、计算机科学与技术2个博士后流动站，获批中国博士后科学基金项目10项；学校推进继续教育学院、职业技术学院待聘职工岗位分流，有7人调配到里仁学院工作，分流工作已基本结束；加强里仁学院聘用制职工管理，规范了人事劳动关系，明确了工资待遇水平。

（五）招生工作再创佳绩，学生管理工作进一步加强

2012年招生录取工作科学规范，各类生源充足，生源质量不断提高。招收博士研究生131人，硕士研究生1912人，博士、硕士研究生招生人数均居河北省高校首位，优秀应届本科毕业生推免攻读硕士研究生人数明显提高；招收本科一批4280人，录取分数普遍高于往年，河北、湖南、山东等17个省市理工类录取分数线高出当地一本控制线20分以上。

学校坚持立德树人，全面做好学生思想政治教育工作，开展了"弘扬雷锋精神，做全面发展一代新人"和"一路阳光"主题教育实践活动；通过国家奖助学金等10余种资助方式，共资助1.2万人次2600万元；坚持宣传教育和咨询服务并重的原则，扎实做好学生心理健康教育工作；成功举行大型就业洽谈会2场，校园专场招聘会300余场，在河北省高校中率先推行就业信息平台网络化，实现了毕业生和用人单位一站式注册及信息合理有效共享。2012年毕业学生共计6176人，其中博士研究生111人，硕士研究生1660人，本科一批3946人，高职专科459人。本科毕业生初次就业率达到93.74%。针对国际国内频繁发生的热点事件，学校积极做出应急预案，杜绝了群体性事件的发生，确保了校园的平安稳定。

（六）国际交流进一步扩展，留学生教育层次不断提高

学校与加拿大渥太华大学、法国滨海大学、美国佛罗里达国际大学等3所学校建立了正式合作关系；接待友好学校、外国友人共18个团组50人来访；聘任外教17人；招收长短期留学生238人，其中本科生47人，硕士研究生1人；中国政府奖学金学生和孔子学院奖学金学生达到51人，留学生教育规模稳步扩大，层次不断提高。

学校加强公派教师和学生的国际交流，做好国家和地方各类公派留学项目，全年选派47名师生到国外交流或研修，接收9名来自韩国的交换生；完成了西校区留学生公寓、教学区的改造工作，从秋季学期起留学生全部搬迁到西校区上课，留学生教学和生活条件进一步改善。

（七）里仁学院获得学士学位授予权，学院发展掀开新篇章

里仁学院顺利通过了由省政府学位委员会组织的独立学院学士学位授权审核工作，获得学士学位授予权。这是里仁学院发展史上的里程碑，学院发展从此掀开新的篇章。

2012年招收新生3277人，录取新生超过二本线人数再创新高，达到录取总人数的48.33%；2012届毕业生3752人，初次就业率达到90.59%，考研录取率达到21.14%，有49人考取“985”院校和燕山大学研究生专业第一名。在由腾讯网主办的2012“回响中国”教育盛典上，里仁学院荣获“最具品牌影响力独立学院”称号；在中国校友会网公布的独立学院排名中，里仁学院位居第七位，这是里仁学院连续四年位居第七位，表现出稳定的办学水平和雄厚的办学实力。

（八）校园基本建设不断改善，后勤服务能力进一步增强

学校成为国家发改委“中西部高校基础能力建设工程”首批实施高校，我校申报的西校区图书馆项目获得批准，目前已完成可研评审工作；全年共完成维修改造项目90余项，总金额1300余万元，教学和生活基础设施不断改善；通过加强对后勤服务、社区服务、医疗服务的监督和指导，校园服务和保障水平进一步提高。

后勤集团加强食堂管理，采取多项措施加大食品安全监管力度，确保饭菜质量和价格稳定；在西校区建成清真餐厅并投入使用，满足了不同民族师生用餐需求；对校园水电暖等管网进行检修和维护，保障通畅和安全；在燕大西苑筹建第二幼儿园，于12月10日顺利开园，解决了职工子女入园难问题。

（九）国资管理改革进一步深入，数字化校园建设扎实推进

学校进一步完善了“规划采购、集中采购”的运行模式，实现了5万元以上物资采购的OA流程管理；全年购买大宗设备311项，总金额3410万元；完善了资产报废处置流程，处置报废资产4048台件、原值近2240万元，资产结构趋于合理；完成了家具普查工作，并建设了家具数据库。

图书馆优化升级校园网万兆主干系统和各服务系统，实现了多媒体教学和视频会议的实时应用，提高了校园网综合服务能力；建设了“教育部互联网应用创新开放平台”和“校园网网站群管理系统”，启动了学校“雏燕计划—宿舍网络”一期建设工程；建设了“高效资源服务系统”，实现了信息资源“云计算服务”模式，成为教育部CALIS项目在我省高校推广和扩大服务的高端技术平台；科技查新服务能力和文献信息资源保障能力稳步提高，专业数据库增至64个，有力地支撑了我校教学和科研工作的正常完成。

（十）科技产业管理进一步规范，社会影响和声誉不断提升

学校成立了产业集团资产处置领导小组，先后对7家公司进行资产处置，累计回收资金3000余万元，确保国有资产保值增值；燕大西苑高层住宅顺利入住，别墅项目基本竣工，房地产项目进入收尾阶段。2012年营业收入达到7亿元。

科技园与北京大学国家干部考核研究中心合作，共建创业实训基地和人才培训基地；全方位开展人才培养工作，新增大学生创业实践基地2个、学生创业实体企业3个。我校大学科技园被科技部、教育部评为“A类国家大学科技园”，名列第15位。

（十一）党建工作进一步加强，精神文明建设取得新成效

学校成功召开了第三次党代会，团结动员全校共产党员和师生员工，更加奋发有为地推进高水平大学建设；加强精神文明建设，我校第五次被省委省政府授予“河北省文明单位”荣誉称号；开展大学生社会实践活动，暑期组织580支小分队参加社会实践活动，2支被评为全国重点团队，我校荣获“河北省大学生暑期实践活动先进单位”称号；重视统战工作，组织党外人士进行理论培训、社会调研和交友联谊活动；举办丰富多彩的文体活动，全年各类文体活动100余场，提升了教职工锻炼意识，活跃了校园文化；加强离退休职工文化建设，创办《秋实》杂志，受到老同志的欢迎，学校和离退休党委分别荣获河北省“离退休干部工作先进单位”和“先进离退休干部党组织”称号。

学校积极开展反腐倡廉教育，以理想信念教育、党风党纪教育和法律法规教育为主要内容，通过网上在线学习、警示教育视频、专题讲座等多种形式加强对党员干部的教育；增强依法办学意识，提高法律事务处理效率，处理诉讼案件5件，咨询案件106件，为学校规避了法律风险，维护了学校合法权益；完善出版社机构设置和队伍建设，出版图书20余种，提升了学校文化影响力；积极筹划化债方案，利用财政资金偿还银行贷款近3.67亿元，有效化解了财务风险；对重点防范部位进行消防安全隐患排查，下达整改通知书严格整改，及时消除重大隐患，为平安校园建设保驾护航。

一年来，学校把做好群众工作、为广大教职工排忧解难始终摆在突出重要的位置，从切实保障和改善民生入手，千方百计为广大教职工谋福利，大幅提高教师节补贴、防暑降温费、取暖补贴，教师节补贴由原来的每人每年300元提高到1000元，防暑降温费由原来的每人每年620元提高到1240元，为全体教职工每人一次性发放专项取暖补贴1000元；2012年初为教职工发放了交通补贴和精神文明奖励，在职人员人均发放5917元，离退休人员人均发放5044元，2012年底再次为全体教职工每人一次性发放了精神文明奖励5000元；发放省文明单位奖励，在职人员人均1422元，离退休人员人均1472元。综合以上福利项目，学校共计增加支出5443万元，其中在职人员人均1.46万元，离休人员人均1.45万元，退休人员人均1.38万元。

各位代表、同志们，上述各方面成绩的取得，是学校党委坚持以科学发展观为指导，正确领导、科学决策的结果，更是全校教职员工团结奋斗、辛勤工作的结果。在此，我代表学校向为我校高水平大学建设付出辛勤汗水的同志们表示衷心的感谢！

在充分肯定成绩、总结经验的同时，我们必须清醒地看到学校发展仍面临许多困难和问题：一是优秀人才引进力度不够。目前我校引进人才主体为博士，部分专业仍有硕士，优秀拔尖人才不多，很难引进高水平的学科带头人和创新团队，引进力度需要进一步加强。二是人才培养条件还有差距。学生学习生活条件和教师工作条件以及学校的体育设施需要进一步改善。三是人事分配政策急需改进。现有的人事分配政策还不完善，教师职称上岗、校内津贴标准还需要进行调整，教职工的福利待遇还需要不断提高。四是内部精细化管理不到位。学校整体管理水平与学校发展规模和层次不相适应；后勤服务和校园管理还比较粗放，校园治安案件时有发生，校园综合治理需要不断加强，建设美丽校园和平安校园任重道远。五是廉政教育、监督不到位。学校个别干部以身试法，贪污腐败，严重损害了学校的社会声誉，造成了极坏的社会影响，对各级领导干部的教育、监督需要进一步加强。六是校园文化氛围不够浓厚。以加强师德教育和提升教职工整体素质为核心的校园文化建设有待深入推进。七是办学经费依然紧张。目前学校尚有债务7.1亿元，其中银行贷款5.9亿元，其他欠款1.2亿元，学科平台建设、人才引进仍需大量经费，西校区图书馆、人才周转房也需要投入基本建设资金。八是学校争取大的发展机遇力度不够。由于没有211、985的名分，学校发展受到很大制约，今后学校发展要想取得新的突破和超越，必须要解放思想，敢于创新，争取谋划更大的发展机遇。我们应该正视这些困难和问题，在建设高水平大学的征程中，以科学发展观为指导，采取积极措施加以解决。

二、2013年学校工作指导思想和主要任务

2013年学校工作的指导思想是：深入学习贯彻党的十八大和两会精神，以邓小平理论、"三个代表"重要思想、科学发展观为指导，全面落实学校"十二五"规划和第三次党代会确定的任务目标，深化内涵建设，强化质量特色，优化育人环境，不断提高人才培养质量和科技创新能力，力争在核心竞争力指标、人才引进培养、办学条件保障等方面实现新的突破，更加奋发有为地推进我校高水平大学建设。

（一）贯彻育人为本理念，着力提高人才培养质量

要不断提升本科教育教学质量。坚持和完善教授给本科生授课制度；完善教师教学绩效评价指标体系和评价方法，调动广大教师投身教学工作的积极性、主动性；稳步推进"国家大学生创新性实验计划"和"卓越工程师教育培养计划"的实施；做好各类"本科教学工程"项目的建设和申报工作，力争在国家级教学成果方面取得实质性突破；加强大学生科技竞赛工作，力争获全国"挑战杯"竞赛二等及以上奖项2项，全国大学生数学建模竞赛二等及以上奖项4项，在其他各级各类学术、科技、技能竞赛中取得新突破。

要不断提高研究生培养质量。积极发展专业学位研究生教育，增加实践基地数量，建立专业学位研究生联合培养机制；加强研究生学位论文的指导与监控，培育优秀博士、硕士学位论文，力争再获1篇全国优秀博士学位论文或提名论文；提高研究生学术贡献，制定措施鼓励博士生撰写SCI高水平论文和申报专利，确保产生成果100项。

加强里仁学院建设，以独立学院评估指标体系为依据，努力提升教学与管理服务水平，确保顺利通过国家对独立学院的评估验收；推进继续教育函授网络化，加强函授站的监管，不断提高继续教育质量；做好体育工作，加强排球高水平运动队建设，力争在全国大学生排球赛事中取得优异成绩；做好学生心理健康教育工作，实施学生心理健康素质提升计划，保障学生健康成长。

加强招生就业工作。努力增加优秀应届本科毕业生推荐免试硕士研究生名额，积极争取博士研究生招生计划；加大招生宣传和优秀生源基地建设力度，持续提高生源质量；加强就业指导队伍建设，构建全程化、个性化就业指导服务体系，积极开拓就业市场，确保本科毕业生初次就业率保持在90%以上。

（二）推进人才强校战略，着力提高师资队伍水平

加大高层次人才培养引进力度。出台《燕山大学培养和引进高层次人才实施办法》，

充分调动和发挥基层单位培养和引进高层次人才的积极性和创造性；做好院士的培养、申报和智力引进工作，力争尽早实现突破；充分利用国家、省部各级各类人才项目平台，力争新增863计划领域专家、973计划首席科学家、长江学者、国家杰青等杰出人才2人以上，省级及以上创新团队2个，引进海内外高层次人才20人。

提升师资队伍整体水平。招聘教师150人，其中博士110人；加大青年教师培养力度，尽快提升青年教师的实践能力和科研能力；强化管理人员和其他专业技术人员招聘、培训与考核工作，建设一支高素质、高效率的管理队伍和支撑队伍；做好新一轮博士后流动站的申报及评估筹备工作。

深化人事制度改革。召开全校人才工作会议，完善人才发展规划和具体措施；实施绩效工资改革，建立有利于各类人才发挥才能与作用的综合评价体系；制定校内专业技术职务评聘办法，开展第二次专业技术岗位分类分级聘用工作。

（三）强化重点学科建设，着力提高学科整体实力

优化学科专业结构。实施工科提升工程，推进机械工程、材料科学等优势学科群建设，缩小与国内同类一流学科的差距；实施理科崛起工程，发挥理科基础支撑作用，形成学科优势和特色；实施文科繁荣工程，加强文科学科梯队、省软科学基地和省哲学社会科学研究基地建设，围绕社会经济和文化发展需求增强应用文科、特色文科发展能力。

强化重点学科建设。做好国家和省重点学科的评估与申报工作，确保取得优异成绩，力争新增一级学科国家重点学科1个，二级学科国家重点学科2个，河北省重点学科2个。

重视学位授权点建设。做好MPA专业学位教学合格评估工作，确保取得优异成绩；做好文科学院博士点和体育学院硕士点的申报准备工作，力争在下一轮学位授权点申报中实现新的突破。

（四）培育重大科研成果，着力提高科学研究水平

强化重大科技项目与标志性成果的组织培育。力争获国家自然科学基金项目70项、国家社会科学基金项目8项，发表高水平论文1600篇（其中SCI收录论文480篇），获国家科技奖励1项、省部级科技奖励18项，专利申请410项、专利授权260项。全年科研总经费达到4亿元。

加强科技创新平台与基地建设。做好国家重点实验室评估后续工作，组织好国家工程技术研究中心、教育部工程研究中心、国防重点学科实验室、航空自润滑关节轴承共性技术重点实验室的评估验收工作。加强新的国家和省部级重点实验室（工程技术研究中心）、省部级社会科学研究基地的培育和组织申报工作。

推进产学研协同创新。对接国家“2011计划”，积极筹划成立国际科技战略研究院，与第一重型机械集团合作建立“重大装备技术研究院”，重点推进“精密冷轧板带生产技术”协同创新中心建设，力争尽早申报成功国家级“2011协同创新中心”。

深化“省部共建”。做好国军标质量管理体系认证和武器装备科研生产许可证的审核工作，实现武器装备科研生产保密工作常态化。

（五）对接社会发展需求，着力提高社会服务能力

继续落实《河北沿海地区发展规划》。深化与曹妃甸新区、渤海新区和秦皇岛经济技术开发区的战略合作，形成若干具有明显优势和突出特色的社会服务领域。

促进科技产业发展。做好国家级科技企业孵化器的申报工作；妥善完成燕大西苑、世纪海洋花园等相关收尾工作；力争实现营业收入 7.1 亿元，并加大回报学校力度。

办好燕山大学出版社。全年出版图书 100 种以上，完成图书码洋 500 万元以上，实现良好的经济社会效益。

加强期刊建设。采取针对性措施，不断提高期刊质量和学术水平，为《燕山大学学报》2014 年进入全国中文核心期刊目录打好基础。

（六）深化国际交流合作，着力提高国际影响力

增进国际交流与合作。提升留学生教育层次，扩大学位留学生规模，力争硕博留学生人数有所突破；与美国加州圣贝纳迪诺大学、南非斯坦林布什大学、英国谢菲尔德大学、德国莱比锡大学等国外高校开展合作交流；建立美国名校申请服务体系，逐步实现每年向美国高校输出留学生 60 人左右的目标；在加强托力多大学孔子学院建设的同时，力争申办、筹建一所孔子课堂。

加强留学生教育管理。加强师资队伍和教学质量工程建设，全面提升留学生教育和科研水平。健全留学生管理制度，促进教学与管理两支队伍分离，确保留学生安全稳定。

（七）加强内部科学管理，着力提高服务保障能力

实施开放带动战略，加强对涉及学校发展重大问题的战略研究，积极谋求学校发展新的战略机遇。加强依法治校和民主管理，推进规章制度“废、改、立”工作，编制新的《燕山大学规章制度汇编》；健全信息公开制度，以“燕山大学信息公开网”为平台，不断提高党务、政务公开的质量和效果；推进校友总会工作，启动校友基金会工作。

做好财务管理和监察审计工作。完成绩效管理实施方案设计和制度建设，完成内控（财务部分）总体设计，推进财务信息化服务平台建设；建立年度经济责任审计制度，加强大额经费支出的事前监督审计，扎实做好建设工程项目的全过程审计和工程结算审计。

强化国有资产管理。进一步摸清家底，加强对全校经营性资产统一监管，促进经营性资产安全完整、保值增值；定期组织非经营性资产处置工作，促进非经营性资产的合理分布；建立健全公房、水电、设备有偿使用管理模式。

推进数字化校园建设。编制数字化校园建设中长期发展规划，制定学校门户网站和中层单位网站管理办法；启动学校信息资源数据库及数据维护系统建设，实现教学、科研、人事、财务、学生管理等部门数据共享；推进学生宿舍网络建设工程，完善学校网络办公平台，开通教育部互联网应用创新示范基地服务。

加强图书、档案建设管理。力争增加 1～2 个大型学术型数据库和 5 万册中外文电子图书，增加自建特色数据库 5000 条和数字化图书 500 册，完成科技查新 400 项以上；完成档案馆的合并整合工作，做好档案数字化工作，进一步提高各类档案的归档率、完整率和准确率。

推进民生工程。出台奖励性绩效工资分配方案，完善教职工上岗晋级考核办法，缩小收入差距，实现优绩优酬；提高校内津（补）贴标准，从 2013 年 1 月 1 日起，在职人员每年发放 12 个月的岗位津贴，每人每月普涨 500 元，离退休人员每年发放 12 个月校内生活补贴，离休人员每人每月提高200元，退休人员每人每月提高150元；补发2012年绩效工资，为2012年12月在岗在册且年终考核合格人员每人发放6000元的奖励性绩效工资，为2012年12月在册的离退休人员每人分别发放2400元和1800元的校内生活补贴，并在此基础上再按一个月基本离退休费标准发放年终一次性生活补贴；关心教职工身心健康，做好困难职工救助工作，继续开展教职工大病医疗互助活动；加强学生公寓建设，切实改善学生住宿条件；抓好学生餐饮工作，建立价格平抑机制，严把食品卫生安全关，满足学生就餐需要。

加强校园基本建设。落实“中西部高校基础能力建设工程”，启动西校区图书馆建设；推进人才周转房建设和西校区土地确权工作，加强东校区职工住宅规范管理；着力改变东校区门前环境，规划建设家属区便民商业点，杜绝校园内乱耕乱种现象；做好东校区大学生活动中心、学生教室等维修改造工作。

提升后勤服务保障水平。出台“节约型”校园建设实施方案，完善节水、节电、节能机制和措施；做好东西校区公共交通服务工作，确保行车安全；加强幼儿园软硬件环境建设，让教师安心工作；加强收发室、家属区便民餐厅、招待所、浴池等的管理，更好地为师生服务。

（八）加强党建和思想政治工作，为高水平大学建设提供强大动力

深入学习贯彻党的十八大和学校第三次党代会精神，把会议精神内化为学校科学发展的强大动力；开展以“为民、务实、清廉”为主要内容的党的群众路线教育实践活动，着力解决广大师生反映强烈的突出问题，提高做好新形势下群众工作的能力。

加强领导班子和干部队伍建设，出台《领导班子和领导干部综合考核评价办法》和《干部培训实施细则》，强化届中考核，实施领导干部任期目标管理机制，做好换届后干部培训工作；推进基层党组织建设，完善校院两级党委中心组学习、理论务虚会、网络在线学习等制度，积极探索基层党组织理论学习的新途径和新方法，增强基层党组织凝聚力和战斗力。

强化党风廉政建设，开展“机关作风建设年活动”，改进机关工作作风和服务水平；加强党风廉政建设责任制，推进权力运行监控机制建设，坚决杜绝贪腐和违法案件的发生。

加强思想政治教育工作，继续做好“红色旋律”系列教学改革实践活动，开展“中国梦”主题教育活动，完善研究生思想政治教育工作体系，构建经济资助、能力支持和精神关怀一体化学生资助模式；加强辅导员队伍建设，完善辅导员培训制度，提升辅导员工作水平和综合素质。

推动新闻宣传工作，扩大对外宣传，在省级以上主流媒体发表反映学校发展的作品50篇（次）以上；建立学校官方微博，健全网络舆情的监测、引导和应对机制；加强校园文化建设，制订学校文化建设实施方案，召开学校文化建设工作会议；推进校史馆建设；着力提炼燕大精神，并打造一批内容健康高雅、形式新颖多样、师生喜闻乐见的校园文化品牌项目。

做好统战、群团、离退休工作。围绕学校中心任务开展调查研究，不断提高统战成员建言献策质量；创新群众与学校的沟通途径，做好群众意见建议征集、处理和教代会提案的督办、落实及公开工作；优化构建共青团实践育人工作机制，提升团组织正确引导青年的影响力和实效性；加强离退休人员校、院（中层单位）两级管理，认真落实老同志的政治、生活待遇，努力发挥老同志的独特作用。

推进平安校园建设，强化校内交通、消防、治安和校园及周边环境综合治理，优化育人环境；推进校园技术防控设施建设。积极落实校园安全稳定责任制，建立学校安全隐患排查整改协调、督办机制；理顺信访工作体系，妥善处理各类信访事件；做好信息化条件下的保密工作。

各位代表，同志们，学校 2012 年 12 月召开的第三次党代会，明确了未来五年乃至更长一段时期学校发展的目标和任务，开启了在新的起点上实现学校科学发展的新征程。2013 年是我校贯彻落实党的十八大和学校第三次党代会精神的开局之年，也是深入实施“十二五”规划承前启后的关键一年，做好 2013 年工作，责任重大，使命光荣。让我们紧密地团结在校党委的周围，以党的十八大精神为指导，乘两会东风，再接再厉，锐意进取，以高昂的工作热情和奋发有为的精神状态投入到 2013 年各项工作中，努力开创燕山大学高水平大学建设的新局面。

抢抓机遇，深化改革，努力开创学校各项事业新局面

——燕山大学七届二次教职工代表大会工作报告

（2014年1月17日）

各位代表，同志们：

受学校委托，我向燕山大学七届二次教职工代表大会作工作报告，请予审议。

一、去年的工作回顾

2013年，是我校贯彻落实党的十八大和学校第三次党代会精神的开局之年，也是深入实施“十二五”规划承前启后的重要一年。一年来，在省委、省政府和省教育厅的正确领导下，学校坚持以十八大精神为指导，以建设高水平大学为目标，团结带领广大师生解放思想，改革创新，锐意进取，学校各项事业都取得了新成绩。

（一）教学建设成绩显著，教学改革进一步深入

“电子实验教学中心”被评为国家级实验教学示范中心；新增国家级精品资源共享课建设课程2门；在全国数学建模大赛中获一等奖2项，二等奖7项；获国家级“大学生创新创业训练计划”项目39项。

我校正式加入CDIO国际合作组织，成为亚洲区域中心成员，标志着我校工程教育改革跻身国际行列；“机械设计制造及其自动化”专业顺利通过全国工程教育专业认证；机械工程学院和电气工程学院成为河北省高校综合改革试点学院。

（二）科技工作进一步提升，协同创新取得实质进展

全年科研总经费达到3.6亿元；获国家自然科学二等奖1项，省部级奖励17项；获国家自然科学基金项目63项，“973”、“863”、重大专项课题4项，国家社会科学基金项目8项；签署横向科研合同180项，授权知识产权331件；田永君教授主持完成的科技成果“纳米孪晶结构极硬立方氮化硼”项目入选教育部“中国高等学校十大科技进展”。

“亚稳材料制备技术与科学”国家重点实验室顺利通过科技部评估，“自润滑关节轴承共性技术”航空科技重点实验室正式挂牌，“河北省工业设计创新与发展研究中心”落户我校；我校牵头申报的“亚稳材料科学协同创新中心”与“现代轧制技术与先进钢铁材料协同创新中心”被认定为河北省首批协同创新中心；理科建设项目和文科梯队建设工程有效推进，启动了新建学科专业建设和青年教师自主研究课题立项工作。

（三）学科建设进一步发展，研究生培养再创佳绩

申报成功3个河北省高校国家重点学科培育项目，获得资助7500万元；工程力学、行政管理、凝聚态物理等3个学科被评为河北省重点学科，应用化学等6个参评的省重点学科全部通过评估。

改革博士生导师遴选及招生资格审核办法，通过评聘分开，进一步优化博士生导师队伍；获全国优秀博士学位论文提名论文 1 篇，河北省优秀博士学位论文 5 篇；新增专业学位研究生校外实践基地 7 个；MPA 顺利通过教学合格评估。

（四）人才引进质量不断提高，师资结构进一步优化

引进教师 107 人，其中具有博士学位 88 人；招聘辅导员、实验员、行政教辅共 65 人；新增教育部“长江学者”特聘教授 1 人、“百千万人才工程”国家级人选 1 人、国务院特贴专家 2 人、教育部新世纪优秀人才 1 人，以及河北省“百人计划”人选等省级专业技术人才 20 人。

学校召开了人才工作会议，提出了“1525”高层次人才建设目标，制定了《燕山大学高层次人才引进与培养暂行规定》等一系列文件，为高水平人才在教学、科研和生活上搭建好平台；创新博士后管理机制，提高人才培养质量，获各类博士后基金资助 13 项。

（五）招生规模进一步扩大，就业工作保持较高水平

2013 年招收博士研究生 136 人，硕士研究生 1980 人（推免生 353 人），本科一批 4740 人，本科、硕士、博士招生计划及推免计划净增数均列河北省高校首位；本科生录取分数普遍高于往年，有 17 个省份理工类录取分数线高出当地一本控制线 20 分以上。

2013 年恰逢近年“最难就业季”，学校坚持“拓市场、重引导、充分就业”的工作理念，成功举办春秋大型就业洽谈会 2 场，校园专场招聘会 317 场。2013 年毕业学生总计 5776 人，其中博士研究生 93 人，硕士研究生 1731 人，本科一批 3952 人，本科毕业生初次就业率达到 91.65%。

（六）学生工作进一步加强，创新教育取得优异成绩

全年开展“中国梦”主题系列教育活动 100 余项，初步建成了各具特色的学院学生工作品牌；我校辅导员代表河北省参加全国辅导员职业能力大赛，喜获团体第六名；全年为 13000 余名学生发放各类资助 4780 余万元；落实学生心理健康素质提升计划，对全体新生实施了心理健康普测和辅导；顺利完成近 3 万名学生的宿舍调整工作。

在全国“挑战杯”大学生课外学术科技作品竞赛中，我校以总分 290 分、分值排名全国高校第八的好成绩首次捧得“优胜杯”，参赛的 6 件作品全部获奖，分别获得特等奖 1 项，一等奖 1 项，二、三等奖 4 项；在中国大学生排球联赛中，我校男子排球代表队获得男子 B 组第三名的好成绩。

（七）国际合作进一步拓展，留学生教育层次不断提高

我校与澳大利亚科廷大学开展“工业工程专业”本科“3＋1”和“电气工程专业”硕士“1＋1＋1”两个中外合作办学项目，目前上报教育部审批；在美国托力多大学开办我校境外第一个孔子课堂。

全年招收长短期留学生 300 余人次，涉及 40 多个国家、我校的 10 个学院 25 个专业，博士生实现了零的突破，首次招收硕士、博士层次英文授课留学生，初步形成了多学科多层次的全方位留学生教育格局；聘请外籍教师 17 人，来自 8 个国家，涉及 6 个语种。

（八）里仁学院办学质量稳步提高，社会影响进一步扩大

2013 年共招收新生 3172 人，其中超过二本分数线的新生比例为 67.62 %。2013 届毕业生初次就业率达到 88.59 %，考研录取率达到 20.11%，有 45 人考取 985 院校和燕山大学研究生专业第一名。

在官方网站“新华网”举办的“2013 新华教育论坛活动”中，里仁学院荣获“2013 中国品牌影响力独立学院”称号。

（九）科技产业工作稳步推进，育人功能进一步完善

产业集团对汽车零部件公司进行整治，全年实现扭亏为盈；燕大西苑顺利通过联合验收，争取政策减免城市配套费、垃圾转运站增容费共计 1000 多万元。产业集团全年实现营业收入 7.1 亿元。

科技园成功申报了国家火炬计划、国家和省科技型中小企业创新基金、秦皇岛市创新城市建设项目各 1 项；新增孵化企业 8 个、创业团队 5 个，与地方企业共建产学研合作基地 1 个，培训大学生创新创业人数 9000 人。

（十）绩效工资改革全面实施，职工福利不断改善

一年来，学校积极推进奖励性绩效工资改革，制订了完善的改革方案，大幅度提高教职工工资福利，合理调整收入差距。在原有发放教师节补贴、防暑降温费、取暖补贴等工资福利的基础上，年初为在职教职工每人每月提高 500 元奖励性绩效工资，为离休人员每人每月提高 200 元、退休人员每人每月提高 150 元校内生活补贴，同时为在职教职工逐月补发 2012 年奖励性绩效工资，人均补发 5793 元；为离退休人员补发 2012 年全年校内生活补贴和年终一次性生活补贴，人均补发 3375 元。

2013 年 12 月，学校全面实施绩效工资改革方案，提高了在职教职工奖励性绩效工资，人均月增加 1344 元，并从 2013 年 12 月开始逐月补发 2013 年 1—11 月奖励性绩效工资差额，预计将补发 3870 万元；为离退休人员人均月增加 330 元校内生活补贴，并一次性补发 2013 年前 11 个月校内生活补贴差额，人均补发 3672 元；2013 年教学超工作量每教分增加 10 元，2013 年秋季学期每次监考补贴增加 20 元。综合全年工资福利，学校共计增加支出 8807 万元，其中在职人员人均 2.91 万元，离退休人员人均 0.93 万元。

（十一）基本建设进一步改善，管理服务能力显著增强

学校完成了西校区土地确权工作，土地证已办理完毕，完成了东校区东门停车场、燕大西苑道路、塔山公园道路的修建工作；如期收回第二学生食堂经营权，提前收回第三学生食堂经营权，从根本上解决了食堂管理、饭菜价格及食品安全等问题；加强国有资产管理，完善了国有资产管理规章制度及相关工作流程；开展教学、行政用房管理改革，对 11 个行政部门、7 个学院的公有用房和 3 个学院的实验用房进行了调整，使东西校区的公有用房资源配置更为合理。

学校推行学生阅览室秩序化管理，利用图书馆精细化管理系统，解决了阅览室占座问题，改善了阅览环境；制定数字化校园总体规划，整合各种网络资源，积极推进信息化校园建设；启动学校规章制度“废、改、立”工作，对全校所有的规章制度进行全面审核和修订，为依法治校提供制度保障；着力提高编辑出版水平和质量，期刊社三刊的基金论文比、期刊复合影响因子等客观评价指标均有进步；积极筹措资金化解债务，2013 年偿还银行贷款 1.2 亿元，银行贷款余额从 2012 年底的 5.9 亿元下降到 4.7 亿元；高度重视校友工作，注册了河北省燕山大学教育基金会，正式通过河北省民政厅的审批，为进一步拓宽办学资源奠定了坚实基础。

（十二）党建思想文化工作进一步加强，精神文明建设成效显著

暑期省委书记周本顺、省长张庆伟来校调研，明确表示我校已具备建设高水平大学的基础和实力，省委省政府将全力支持我校办成全国知名的高水平大学，全校上下深感振奋、倍受鼓舞；学校接受省委巡视组的巡视监督，我校各项工作受到巡视组的高度评价，启动了学校内部巡视工作，对中层单位领导班子及成员巡视监督，推动学校反腐倡廉建设，营造风清气正、和谐稳定的校园环境。

学校不断强化领导班子任期目标管理，组织各中层单位签订《2013－2016年任期目标责任书》，进一步明确了中层干部任期内重点工作和关键目标；加强校园文化建设，召开全校文化建设工作会议，制订学校未来五年大学文化建设目标和工作任务；建立党外人士建言献策直通车制度，积极为党外人士提供广泛的参政议政机会，充分发挥统战在学校发展建设中的独特作用；进一步落实教代会职权，充分发挥教代会执委会作用，重点加强教代会提案的督办、落实和公开工作；组织离退休老同志开展宣讲活动，老干部“校史与传统”宣讲团作报告17场，受教育学生5400多人，取得良好效果；加强安全稳定工作，落实校园安全稳定责任制，完善安全隐患排查整改协调、督办机制，一年来校园和谐稳定。

各位代表、同志们，过去一年的成绩来之不易，是学校党委正确领导、科学决策的结果，更是全校教职员工同心同德、拼搏进取的结果。在此，我代表学校向为学校建设发展付出辛勤汗水的同志们致以崇高的敬意和衷心的感谢！

在肯定成绩、总结经验的同时，我们必须清醒地看到学校发展仍面临许多困难和问题：师资规模还不能满足学校发展的需要，特别是引领学科发展的高水平教师和杰出人才还比较少；全校重视本科教学氛围还有待加强，教授给本科生上课制度还需要加强落实；学校科研总量不够，后劲不足，承接国家重大科研项目的能力还需提升；人才培养条件还有差距，学生学习生活条件和教师工作条件以及学校的体育设施需要进一步改善；人事分配政策还不完善，专业技术分级上岗和聘用考核办法急需改进；学校精细化管理还不到位，校园综合治理任务艰巨，建设美丽校园和平安校园任重道远；办学经费依然紧张，目前学校尚有债务6.2亿元，其中银行贷款4.7亿元，其他欠款1.5亿元，学科平台建设、人才引进仍需大量经费，新图书馆、学生公寓和体育设施也需要投入基本建设资金；争取重大发展机遇的进度缓慢，“省部部”共建虽然取得了一定的进展，但未能取得实质性突破，仍需持续不懈的努力。

二、2014年学校工作指导思想和主要任务

2014年学校工作的指导思想是：以邓小平理论、“三个代表”重要思想、科学发展观为指导，深入贯彻落实党的十八大和十八届三中全会精神，围绕学校第三次党代会提出的目标任务，坚持内涵式发展不动摇，把立德树人作为根本任务，改进工作作风、深化改革创新、强化质量特色、提高管理效益，继续在核心竞争力指标、人才引进培养、办学条件

保障等方面实现新的突破，不断改善师生学习、工作、生活条件，提升学校办学水平和综合实力，努力开创我校高水平大学建设事业新局面。

（一）创新模式，不断提高人才培养质量

提高本科人才培养质量。推进卓越工程师计划、本科专业综合改革试点等国家级教学改革项目，力争扩大试点专业范围。开展相关专业课程评估和认证工作。落实教授为本科生上课制度。加强省级以上各类质量工程及教学成果奖的培育、申报和建设，力争取得新的突破。

提升研究生培养水平。全面启动研究生教育综合改革。加强研究生学位论文的指导与质量监控，力争再获1篇全国优秀博士学位论文或提名论文。完善研究生奖助学金资助体系，争取获得更多的创新性研究成果。

加强留学生工作。扩大学历留学生规模，力争硕博留学生人数取得新的突破。加强师资队伍建设，制订实施本科留学生“1＋3”教学模式培养方案，不断提升留学生教育、管理和服务水平。

加强里仁学院品牌建设。迎评促建，贯彻落实教育部26号令对独立学院评估要求。力争二本线上率达到70％，毕业生一次就业率达到90％，考研率保持在20％以上，确保学院知名度和影响力保持在全国独立学院第一梯队。

办好继续教育。继续推进成人函授教育网络化。着力扩大非学历教育范围与规模，提升社会影响力。加大函授站监督检查力度，提高函授教学水平。

加强教师教学支持体系建设。发挥教师教学发展中心作用，提高教师特别是青年教师的教学能力与工程实践能力。完善有关教学奖励的政策及办法，向高层次教学指标倾斜。

强化学生创新精神与实践能力培养。加强大学生科技竞赛工作，力争在“挑战杯”中国大学生创业计划竞赛、中国大学生数学建模竞赛等各类竞赛中取得新的突破。

提高学生体质水平。加强体育设施和师资队伍建设，确保学生体育课程和课外锻炼活动时间。加强排球高水平运动队建设，力争在全国大学生排球赛事中取得优异成绩。提高阳光体育运动实效，打造积极向上的校园体育文化。

推进招生就业工作。继续争取本科一批和研究生招生计划，增加推荐优秀应届本科生免试攻读硕士研究生名额。扩大省外招生计划，优化生源结构。增加本科优秀生源基地中学数量，提高生源质量。开展职业生涯规划大赛，做好就业信息服务工作，确保本科毕业生初次就业率保持在90％以上。

（二）引育并举，不断提高师资队伍水平

加大高层次人才引进培养力度。全力做好院士培养和智力引进工作。利用国家、省部各级各类人才项目平台，力争新增长江学者、国家杰青等国家级高层次人才1～2人，省级及以上创新团队1～2个，引进海内外高层次人才15～20人。

加强师资队伍建设。全年引进教师120人，其中具有博士学位教师100人。开展首批“新锐工程”评选工作，继续实施青年教师“博士化工程”，力争专任教师中具有博士学位的比例达到50％。

深化人事管理制度改革。以机械工程学院、电气工程学院综合改革试点为契机，推进校院两级管理体制改革。完善校内专业技术职务评聘办法，完成第二次专业技术岗位分类分级聘用工作。做好新一轮博士后流动站的评估和申报工作，力争申报成功新的博士后流动站。

（三）优化结构，不断提高学科整体实力

分类建设学科专业。推进工科提升工程，着力打造机械工程、材料科学等若干“学科高峰”。推进理科崛起工程，努力拓展若干“学科高原”。推进文科繁荣工程，积极建设若干“学科高地”。

加强重点学科的培育、申报和建设。落实“河北省高校国家重点学科培育项目”建设，确保国家重点学科在评估中取得优异成绩，力争新增一级学科国家重点学科 1 个，二级学科国家重点学科 2 个。

重视学位授权点建设。做好文科学院博士点和体育学院硕士点申报准备工作，力争在下一轮学位授权点申报中实现新的突破。做好新增硕士专业学位授权点申报工作，争取新增 2 个硕士专业学位授权点。

（四）协同创新，不断提高科技创新能力和社会服务水平

完善科研管理体制机制。加强科研项目、科研经费管理，不断规范科研行为。增设以燕山大学为承担单位的横向科研流程管理体系，促进横向科研发展。切实做好武器装备科研生产保密工作。

推进“2011 计划”协同创新中心的建设与申报。推进 2 个省级协同创新中心实质性运行，力争再申报成功 1～2 个河北省协同创新中心。全力推进“重型机械”协同创新中心的培育组建申报工作，力争早日入围国家“2011 计划”。

抓好重大科技创新平台与基地的培育、申报和建设。确保国家工程技术研究中心顺利通过验收，国防重点学科实验室、省级重点实验室（工程中心）顺利通过评估。加强新的国家和省部级重点实验室（工程中心）、省部级社会科学研究基地的培育和申报工作。

提升科研关键指标。力争在“973”、“863”、军工项目、重大专项等重大项目上取得突破。获批国家自然科学基金 80 项（重点项目 1～2 项）、国家社科基金 8～10 项，力争获国家杰青（含优秀青年基金）1～2 项。完成 2～3 项标志性科研成果组织培育，力争获国家科技奖励 1 项、省部级奖励 18 项。完成专利申请 440 项、专利授权 265 项。全年实现科研总经费 4 亿元。

推进产学研合作。力争与中国航天员科研训练中心共建联合实验室，争取在国家航天空间站建设项目中承担任务。筹建产业技术研究院，推进实质性工作进程。

促进科技产业发展。规范经营性资产管理，盘活现有资产，规避经营风险。加快科技园成果转化和项目孵化，力争孵化科技型企业 5 家，与地方企业共建产学研合作基地 3 个。完成燕大西苑房产证办理等房地产公司收尾工作。

办好期刊社和出版社。力争《燕山大学学报》本年度进入全国中文核心期刊目录。全年出版图书 120 种以上，完成图书码洋 600 万元以上，实现良好的经济社会效益。

（五）开放办学，不断提高国内外影响力

争取实现“省部部”共建。加强与教育部、工信部、河北省联系，争取早日签订共建协议，为学校建设发展争取更多资源和政策支持。

深化国内合作与交流。继续落实《河北沿海地区发展规划》，深入推进与曹妃甸新区、渤海新区和秦皇岛经济技术开发区实质性合作。充分发挥燕山大学教育基金会作用，实现校友与学校发展良性互动。

拓展国外交流与合作。落实与澳大利亚科廷大学中外合作办学项目，力争获教育部批准。与土耳其萨班哲大学、俄罗斯阿尔泰国立技术大学和韩国庆星大学、建国大学、青州大学等保持密切合作，做好学生互换工作。增加专业型外籍教师比例。加强孔子学院和孔子课堂建设，力争与美国托力多大学开展1项学分互认交换生项目。

（六）科学管理，不断提高服务保障能力和办学效益

提高战略管理能力与水平。加强战略规划的动态管理，建立规划进展报告制度，科学指导和扎实推动各部门各项关键指标的有效落实。

推进现代大学制度建设。完成《燕山大学章程》制定工作。推进规章制度“改、立”工作。制定《燕山大学合同管理办法》，加强学校合同管理。运行和完善“燕山大学信息公开网”，不断推进党务、校务公开。

做好财务、审计工作。多渠道筹集办学经费，积极争取节能改造专项资金，继续做好债务化解工作。优化财务流程，试行横向科研经费管理学校与公司双轨制运行。做好新图书馆、学生公寓等基建和维修改造工程项目全过程跟踪审计。

强化国有资产管理。建立土地和房屋类资产数据库，加强日常监管。完成仪器设备类资产清查，实现动态管理。建立投资性资产和出租出借资产数据库，对使用效益进行分析评价。规范电信运营商校内业务，优化校内网络布局。

推进资源优化配置。加强公用房、水电、设备有偿使用管理。稳步推进大型仪器设备共享共用工作和学院二级开放共享平台建设。对部分公用房进行布局和功能性调整，优化配置公用房资源。

加强图书、档案建设管理。新增中外文图书5万册左右、大型数据库（SCI＋SSCI）1个。提高各类档案的归档率、完整率和准确率，做好档案管理迎评检查工作。

（七）关注民生，不断提高师生学习、工作、生活条件

建设平安校园。推进校园车辆门禁系统、学生公寓门禁系统和校园视频监控平台建设。落实安全隐患排查和整改工作。统筹校内交通和停车场的规划布局。完善安全事故责任认定标准，落实安全事故责任追究制度。加强保密工作，确保不发生失泄密事件。

建设数字校园。推进统一认证平台、数据共享平台和业务支撑平台一期工程建设，开通学生宿舍校园网。加强校园公共区域无线网络建设，推进一卡通系统升级改造。加强多媒体教学平台建设，为师生创造良好的教学环境。

建设美丽校园。推进西校区新图书馆、学生公寓、材料科学与工程学院中试车间工程、体育场建设和东校区第一体育场改造。落实学校2014年校园维修改造计划。规范商业网点。完成西校区未利用土地绿化，对塔山公园进行美化绿化。

建设和谐校园。装修改造西校区心怡餐厅，整合改造东校区一、二、三食堂，推进教工餐厅建设，引进成熟餐饮公司经营，确保服务质量。对东校区学生公寓、家属区保洁实行托管。完成花窖搬迁,新建便民市场。开展文明校园创建活动,力争再获省级文明单位称号。

(八)提高党建思想政治工作科学化水平,为高水平大学建设提供强大动力

深入学习贯彻党的十八届三中全会精神和习近平总书记系列讲话精神。在各个层面将学习贯彻党的十八届三中全会精神和习总书记系列讲话精神不断引向深入,内化为推动学校科学发展的强大动力。

开展党的群众路线教育实践活动。制订实施方案,扎实做好规定动作,创新自选动作;贯彻落实中央"八项规定"和《党政机关厉行节约反对浪费条例》等文件精神,切实改进作风,厉行勤俭节约,形成制度体系和长效机制。

加强宣传思想工作。完成学校主页英文版建设,开通学校官方微博,完善校内外媒体宣传报道联动机制,力争在省级以上主流媒体发表高显示度宣传作品50篇以上。

加强校园文化建设。贯彻学校文化建设工作会议精神,按照《燕山大学2014年度文化建设实施方案》要求,重点落实"燕大精神"凝练与宣传等七大文化建设项目。

加强领导班子和干部队伍建设。完善校领导班子理论务虚会制度,健全教学单位领导班子工作运行机制,加强干部日常管理和培训工作。

优化考核工作。结合奖励性绩效工资实施办法,完善上岗条件和考评办法,建立科学的中层单位、中层领导班子及领导干部、教职工考核评价机制。

加强基层党组织和党员队伍建设,健全制度,严格党内组织生活,创新基层党组织工作内容和活动方式,实施党员素质提升工程,完善党员发展、管理、教育相关制度。

推进党风廉政建设。贯彻落实中央《建立健全惩治和预防腐败体系2013—2017年工作规划》,制定具体实施办法。加大对重要领域、重点工作及教职工关注热点问题的监督检查力度。深入开展校内巡视工作,力争巡视24~28个中层单位。扎实推进"校检共建"预防职务犯罪工作。

改进大学生思想政治教育和日常管理工作。深化"红色旋律"特色教学活动,开展"翔燕工程"主题教育实践活动。加强研究生教育管理体系建设,创新网络思想政治教育。加强学生安全和文明行为教育,防止意外事件发生。提升辅导员队伍整体素质,推进辅导员队伍职业化、专业化建设。

做好统战、群团、离退休工作。支持各民主党派和统战团体加强自身建设。规范各级教代会制度,开展青年教师教学基本功竞赛,创建特色职工小家。推动志愿服务制度化、常态化,打造志愿服务品牌项目。构建为老服务机制,发挥老同志在学校发展中的独特作用。

各位代表,同志们,2014年是全面贯彻党的十八届三中全会精神的开局之年,也是实施学校"十二五"规划、推进高水平大学建设的关键之年。做好今年各项工作,意义重大、影响深远。让我们紧密地团结在校党委的周围,抢抓机遇,深化改革,再接再厉,开拓进取,在建设高水平大学的道路上迈出更加坚实的步伐!

全面深化改革，抢抓发展机遇，为圆满完成“十二五”规划目标而努力奋斗

——燕山大学七届三次教职工代表大会工作报告

（2015年1月15日）

各位代表，同志们：

受学校委托，我向燕山大学七届三次教职工代表大会作工作报告，请予审议。

一、去年的工作回顾

2014年是我校全面落实党的十八届三中全会精神的开局之年，也是学校建设发展具有里程碑意义的一年。一年来，在省委、省政府和省教育厅的正确领导下，学校坚持以十八大精神为指导，团结带领广大师生抢抓机遇，深化改革，开拓进取，学校各项事业都取得了新成绩。

（一）实现省部部共建，学校发展迎来新的机遇和空间

经过近两年的努力，2014年11月26日，河北省、工信部、教育部签署意见共建燕山大学。在获得河北省重点支持的同时，我校正式进入工信部、教育部共建院校行列，这是学校建设发展史上具有里程碑意义的一件大事，为更好地突出办学特色，提高人才培养质量，增强综合办学实力，加快推进高水平大学建设提供了新的发展机遇和发展空间。

（二）先进教育理念深入人心，教学改革稳步推进

学校开展了先进高等教育理念和人才培养模式系列专题培训，使广大教师教书育人更加自觉，教学改革思路更加明确；组织了首届“教学成就奖”“教学标兵奖”“青年教学标兵奖”评选活动，教学工作的中心地位得到进一步加强，尊师重教的氛围更加浓厚；推进“综合改革试点专业”和“卓越计划实施专业”的人才培养模式改革和课程规范化建设，自动化专业顺利通过全国工程教育专业认证；获国家“十二五”规划教材和“大学生创新创业训练项目”46项；工商管理、会计学、法学、行政管理、汉语言文学等5个专业获准开展双学士学位教育。

学科竞赛取得优异成绩，数学建模竞赛获国家一等奖2项、二等奖8项；机械创新设计大赛获国家一等奖1项、二等奖2项；“飞思卡尔”杯智能汽车大赛获国家级一等奖1项、二等奖2项；全国广告艺术大赛获国家二等奖1项、三等奖1项；中国大学生足球联赛获全国总决赛第八名，创我校参加该赛事最佳战绩。

（三）科技工作再获重大进展，科技实力进一步提升

全年科研总经费达到4.15亿元；获省部级科技奖和社科优秀成果奖24项；获国家自然科学基金项目84项（其中优秀青年科学基金2项）、国家科技重大专项1项、国家科技支撑计划项目2项，国家社会科学基金项目3项；签署横向科研合同196项，授权知识

产权 336 件；田永君教授团队的科研成果“具有极高硬度和稳定性的纳米孪晶金刚石”再次发表在《自然》杂志上，受到美国《洛杉矶时报》、央视《朝闻天下》等国内外媒体密集报道，被评为 2014 年度“中国高等学校十大科技进展”。

国家工程技术研究中心、国防重点学科实验室分别通过科技部、国家国防科工局考核评估；申报成功河北省高端装备产业技术研究院、河北省军民融合产学研用示范基地；参评的 8 个省级重点实验室(工程技术中心)全部通过评估；新增 2 个河北省高等学校人文社科重点研究基地和 1 个河北省工业设计中心；全力推进国家“重型机械协同创新中心”的培育、建设和申报工作，2 个省级协同创新中心进入实质运行阶段。学校进一步规范科研项目管理，制定了《燕山大学政府科技计划项目管理办法》《燕山大学横向科研项目管理办法》《燕山大学科研经费管理办法》等系列文件；开展学术委员会组建工作，完善《燕山大学学术委员会章程》等相关制度。

(四) 学科建设进一步发展，研究生教育改革扎实推进

新增体育硕士、法律硕士、会计硕士等 3 个专业学位授权类别；新增博士生导师 22 人，获河北省优秀博士论文 9 篇；“控制工程”成为河北省专业学位研究生教育综合改革试点专业；依托国家重点学科培育项目，启动了 25 个创新团队建设工作。

全面深化研究生教育综合改革，制定了《燕山大学研究生教育改革实施方案》与配套规章制度，从招生选拔制度、人才培养模式、导师责权机制、评价监督体系、奖助贷政策等五个方面进行改革，着力提高研究生创新能力和实践能力。

(五) 人才队伍建设成绩显著，校院管理体制改革全面启动

引进教师 96 人，其中具有博士学位 80 人；招聘辅导员、实验员、行政教辅 37 人；新增教育部“长江学者”特聘教授 1 人、国家创新人才推进计划人选 1 人、全国优秀教育工作者 1 人、十佳全国优秀科技工作者提名奖 1 人、全国会计领军(后备)人才培养工程人选 1 人以及河北省高端人才、河北省管专家等省级优秀拔尖人才 19 人；获全国专业技术人才先进集体 1 个、河北省科技创新团队 1 个、河北省巨人计划创新团队 1 个。

学校启动了校院两级管理体制改革，完成了《校院两级管理体制实施办法》等 10 余个系列文件的起草工作，为进一步实施改革做好了准备工作。

(六) 招生质量稳步攀升，就业市场进一步拓宽

2014 年招收一本新生 4720 人，录取分数总体高于往年，有 16 个省市理工类录取分数线高出当地一本控制线 30 分以上，其中黑龙江、山东、福建等 3 省理工类录取分数线高出当地一本控制线 50 分以上；招收硕士研究生 2038 人(其中推免生 363 人)、博士研究生 141 人，硕士、博士研究生录取人数稳居河北省高校首位。

学校坚持“拓市场、重引导、全员参与”的工作理念，积极拓展就业市场，全年共邀请来校招聘用人单位 1183 家，组织校园专场招聘会 322 场。2014 年毕业学生总计 6069 人，其中博士研究生 112 人，硕士研究生 1759 人，本科一批 4198 人，本科毕业生初次就业率 90.02%。

(七) 学生工作进一步加强，主题教育取得显著成效

开展“翔燕工程”主题教育实践活动并取得丰硕成果，涌现出“12・7 冰海救人”先进学生群体，受到中央电视台等百余家知名媒体的广泛报道，获河北省文明委、教育厅、秦皇岛市文明委等单位表彰，赢得了社会的高度赞誉；建立“学校－学院－学生－家长”长效互通机制，举办“学生处长沙龙”活动，畅通学生参与学校管理渠道；建立学院学生工作和辅导员考核评价机制，依法依规对各学院和全体辅导员进行了年度考核；制定研究生奖助学金等相关制度，建立奖、助、贷一体的研究生资助体系。全年为1.9万名学生发放各类资助8000余万元。

学校举办“第十三届大学生科技节”，组织了67项特色鲜明的大学生科技活动；组织大学生参加科技竞赛并荣获佳绩，在河北省“创青春”大学生创业大赛中荣获3个特等奖、5个一等奖，在全国“创青春”大赛中荣获3个铜奖。

（八）中外合作办学实现新突破，国际影响进一步扩大

我校与澳大利亚科廷大学开展的“工业工程专业”本科和“电气工程专业”硕士两个中外合作办学项目获得教育部批准，实现了中外合作办学项目零的突破；与日本的上智大学、高知大学、韩国的庆北大学、俄罗斯的阿尔泰国立技术大学等国外高水平大学签订合作协议。

全年招收长短期留学生300余人次，涉及40多个国家，学历层次覆盖本科、硕士和博士三个层次，涉及我校的10个学院25个专业，初步形成了多学科多层次的全方位留学生教育格局。

（九）里仁学院健康发展，社会声誉持续提升

2014年招收本三新生3100人，二本线上率达到80.71%，在录取人数较多的河北、黑龙江和陕西3个省，首次实现录取新生分数全部超过二本线。2014届毕业生3953人，初次就业率89.93%，考研录取率15.2%，30人考取985院校和燕山大学专业第一名。

在中国校友会网发布的中国独立学院特色星级专业排行榜上，以2个五星级、2个四星级、2个三星级并列排行榜第四位；在新华网主办的新华教育论坛上，里仁学院荣获“中国影响力独立学院”称号。

（十）产业管理进一步规范，育人功能进一步增强

全面启动燕大西苑房产证办理工作，完成燕大西苑和世纪海洋花园闲置资产清点工作；自筹资金建设了燕大西苑农贸市场；在参控股企业管理中，按照股权退出机制，完成了燕大源达科技公司、科力汽车零部件公司、燕大工程设计公司的股权比例变更。

科技园成立了燕山大学大学生创新创业促进会，培训大学生创新创业人数达6000人，新增学生实体企业5个，成功孵化企业5个，与地方共建产学研基地3个。

（十一）绩效工资调整全面实施，职工福利进一步改善

2014年为全校在职和离退休职工发放暑期补助228万元和取暖补贴1657万元，取暖补贴比去年增加140万元；为离休干部增加护理费和补发一次性抚恤金64万元。学校2014年增加人员支出共计204万元，其中在职教职工人均增加380元，离退休职工人均增加988元。

2014年12月，学校在办学经费仍然十分紧张的情况下，决定再次大幅度提高在职教职工绩效工资和离退休职工的离退休补贴、校内生活补贴，在职教职工人均增加绩效工资 1017 元/月，从 2015 年 1 月开始随工资发放，并逐月补发 2013 年和 2014 年两年的绩效工资，预计将为在职教职工发放 10230 万元；离退休职工人均增加离退休补贴和校内生活补贴 580 元/月，从 2015 年 1 月开始随工资发放，并补发 2013 年和 2014 年两年的离退休补贴和校内生活补贴，预计将发放 2151 万元；从 2015 年 1 月起调整在职教职工公积金缴存基数和缴存比例，预计学校每年增加支出 970 万元。学校 2015 年预计增加人员支出共计 13351 万元，其中在职教职工人均增加 4.3 万元，离退休职工人均增加 2.1 万元。

（十二）基本建设稳步推进，管理服务水平进一步提高

西校区图书馆完成了设计招标、勘察和施工图设计及联审工作，学生公寓 12、13 组团完成了设计招标和勘察工作，材料学院中试车间正在进行施工，西校区田径场、东校区第一体育场完成施工前的准备工作；积极推进信息化校园建设，完成了学校标准化机房开工准备工作和东西校区学生宿舍校园网建设，一卡通系统升级改造取得阶段性进展；加强图书馆文献资源保障能力建设，完善馆藏资源采购制度，完成 SCI/SSCI 数据库、中外文图书期刊和数据库的采购工作；积极推进校园车辆门禁系统建设，加强进出校园车辆管理，有效地维护了交通秩序和校园安全。

加强学生食堂管理，东校区二食堂二楼引进大型餐饮公司，成立主食加工间，实行全校食堂面食统一配送，改善了食堂就餐环境，确保了食品安全；开展全校资产清查工作，摸清了学校国有资产家底，进一步优化各类物资采购流程，全年完成校内集中采购 260 项，总金额 5700 万元；制定实施《燕山大学合同管理办法》及各类合同实施细则，规范了合同审批流程，降低了合同风险；继续采取针对性措施，加强期刊品牌建设，三刊各项重要指标均有明显提高；配合省审计厅开展对学校的审计工作，并根据审计意见修订相关内控政策，完善报账管理制度，使学校财务管理更加规范；清查电信运营商在学校的基站情况，建立了运营商进校审批制度，与运营商签订固话优惠方案，仅通话费一项每年就可为学校节省经费约 30 万元。

（十三）群众路线教育实践活动深入开展，党建思想文化工作进一步加强

学校开展了以“为民务实清廉”为主题的党的群众路线教育实践活动，以“践行群众路线，实现创新发展”为目标，以学校和中层领导班子、副处级以上党员领导干部为重点，着力解决“四风”方面和师生反映强烈的突出问题，扎实推进各环节工作，取得了丰硕成果，为学校事业发展提供了坚强的组织和作风保证；开展了大规模公用房调整与搬迁工作，规范了行政办公用房的使用，腾空面积 4878 ㎡ 以用于教学科研工作；积极开展廉政文化建设，组织党风廉政理论征文活动、廉政文化演讲大赛、廉政知识竞赛等活动，努力营造风清气正的校园廉洁文化氛围。

学校进一步扩大对外宣传，与央视等主流媒体和各大网站建立更为紧密的合作关系，发表关于我校的正面报道 100 余篇；加强精神文明建设和大学文化建设，大力弘扬社会主义核心价值观，完善《燕山大学教师师德建设工作条例》，开展了凝练“燕大精神”、修订校歌、推出官方微博等文化建设工作；开展“党委出题、党外调研”活动，发动民主党派和无党派人士就学校发展过程中出现的各种问题进行调研，为党外人士提供更为广泛的参政议政机会和平台；努力为老同志办实事、做好事、解难事，关心老同志身体健康，开展了健康知识系列讲座，请北戴河医院专家进行义诊咨询活动；坚持举办丰富多彩的群众性文体活动，全年组织大型文体活动 223 场，共计 2400 余人次教职工参与，提升了广大教职工锻炼意识和身体素质，也活跃了校园文化。

一年来，学校先后获得"全国高校创业教育研究与实践先进单位""机械工业联合会优秀会员单位""全省科技管理工作先进集体""河北省社会科学基金项目管理工作先进单位""河北省统战工作先进集体""河北省第三届创新创业大赛先进集体""河北节约之星"等荣誉称号，社会声誉不断提升，社会影响进一步扩大。

各位代表，同志们，过去一年的成绩来之不易，是学校党委正确领导、科学决策的结果，更是全校教职员工同心同德、锐意进取的结果。在此，我代表学校向为学校建设发展付出辛勤汗水的同志们致以崇高的敬意和衷心的感谢！

在肯定成绩、总结经验的同时，我们也必须清醒地看到学校发展仍然面临着许多困难和挑战：师资规模还不能满足学校发展的需要，高水平教师和杰出人才还比较少，引进高端人才还比较困难，而且存在一定程度的人才流失；学校科研总量不够，承接国家重大科研项目的能力还需提升；学生心理健康和安全教育还需要大力加强；校院两级管理体制改革需要推进落实；办学经费依然紧张，目前学校尚有债务近 4.2 亿元，其中银行贷款 3.98 亿元，其他欠款 0.22 亿元，学科平台建设、绩效工资调整、人才引进仍需大量经费，西校区图书馆、学生公寓和体育设施也需要投入基本建设资金；争取重大发展机遇任务繁重，虽然实现了"省部部"共建，但要取得实质性支持还需要进一步落实，争取"2011 计划"国家协同创新中心任务艰巨，利用京津冀资源协同发展还需努力争取。我们应该正视这些困难和挑战，在建设高水平大学的征程中，进一步解放思想，深化改革，采取积极措施加以解决。

二、2015 年学校工作指导思想和主要任务

2015 年学校工作指导思想是：以邓小平理论、"三个代表"重要思想、科学发展观为指导，深入贯彻落实党的十八大和十八届三中、四中全会精神以及习近平总书记系列重要讲话精神，围绕学校第三次党代会确定的目标任务，以"省部部"共建为契机，牢固确立人才培养的中心地位，坚持立德树人，把改革创新贯穿于学校发展各个领域各个环节，走以质量提升为核心的内涵式发展道路，推进学校治理体系和治理能力现代化，加快依法治校进程，不断改善师生学习、工作、生活条件，不断提高学校办学水平和综合实力，进一步推进特色鲜明、国内外知名高水平大学建设。

本年度在做好日常工作基础上，重点做好以下工作：

（一）深化教育教学改革，提高人才培养质量

深化本科教育教学改革。做好迎接本科教学审核评估、国家工程教育认证和 CDIO 亚洲区域会议的各项准备工作；推进通识教育改革，引进通识教育网络课程，提升学生人文素养和综合素质；做好"卓越计划实施专业"与国家级工程实践教育中心的评估验收，

推进“质量工程”项目评选和评估验收；加大教学改革力度，积极培育和申报教学成果奖；加强教师教学支持服务体系建设，修订实验教学工作量核定办法，开展第二届教学奖评选，引导广大教师潜心育人。

推进研究生教育综合改革。完善学术型和专业学位研究生分类培养模式，做好研究生课程建设项目立项工作；加强研究生培养过程规范管理和质量监控，力争再获1篇全国优秀博士学位论文或提名论文；推进校内外研究生实践基地建设；设立博士生国际学术交流基金，推进研究生教育国际化。

加强留学生工作。力争在校留学生人数突破200人，学历留学生人数突破100人；推进本科留学生培养“1＋3”教学模式实施，不断提升留学生培养质量；积极申办汉语国际教育硕士点。

办好里仁学院。做好教育部对独立学院评估的准备工作；申请行政管理专业学士学位授予权；争取成为河北省转型发展试点学院；加强学院品牌建设，力争二本线上率达到85％，毕业生初次就业率达到90％，考研录取率达到20％，学院知名度和影响力继续保持在全国独立学院第一梯队。

推进继续教育。规范招生工作，控制继续教育在校生规模；加大非学历培训工作力度，提升培训质量；加强各地函授站的规范管理，提高函授教学水平。

注重学生创新精神和实践能力培养。做好各级“大学生创新创业训练计划”实施工作；发挥大学生创新创业促进会作用，加快大学生创业孵化基地建设；加强大学生科技竞赛工作，力争在“挑战杯”、数学建模竞赛等各类国家级竞赛中取得优异成绩。

抓好体育工作。加强体育设施建设，确保学生体育课程和课外锻炼活动时间，提升学生体质健康水平；加强排球高水平运动队建设，积极参加各级各类体育竞赛，力争取得优异成绩；推进“阳光体育运动”，建设健康向上的校园体育文化。

推进招生就业工作。积极争取本科一批和研究生招生计划，增加推免硕士研究生名额；加大招生宣传力度，增加本科优秀生源基地数量，提高生源质量；扩大省外招生计划，优化生源结构；积极开拓就业市场，做好就业信息服务工作，确保本科毕业生初次就业率保持在90％以上，研究生就业质量稳步提高。

（二）深化学科建设与科研管理体制机制改革，提高科技创新能力和社会服务水平

推进学科管理机制改革。推动学科结构优化和交叉融合，健全学科协同创新机制，全面提升学科建设水平；开展学位授权点合格评估和专项评估工作，为学位授权点动态调整打下基础；推进国家重点学科培育项目建设，加强过程管理和动态监管，建立学科建设绩效激励机制。

深化科研管理体制改革。创新科研管理模式，优化科研管理工作流程；完善知识产权保护、管理和激励制度，提升知识产权质量；做好武器装备科研生产保密、质量体系、许可证管理工作；深化科技评价改革，逐步实行分类评价、开放评价。

推进协同创新工作。推动各级协同创新中心的培育、建设与申报，培育1～2个校级协同创新中心，申报成功1～2个河北省协同创新中心，全力做好国家第三批“2011协同创新中心”认定申报工作，力争“重型机械协同创新中心”早日入围国家“2011计划”。

加强科研平台建设。强化重点实验室(工程研究中心)的建设与运行管理,确保国家地方联合工程研究中心、教育部重点实验室通过验收,4个河北省重点实验室、3个机械工业重点实验室通过评估;加强新的国家和省部级重点实验室(工程研究中心)的培育和申报,力争"河北省微结构物理重点实验室"列入省科技厅论证计划;推进文科科研平台内涵建设,发挥战略研究、政策建言、人才培养等重要功能。

提升科研关键指标。力争在国家重大项目上取得新突破,获批国家自然科学基金90项(重点项目1～2项、杰青优青1～2项)、国家社会科学基金8项;完成2～3项标志性科研成果组织培育,力争获国家科技奖励1项、省部级奖励18项;发表一批高影响因子的学术论文;完成专利申请460项,提高专利质量和授权率。全年科研总经费达到4.3亿元。

推进产学研合作。加强国家技术转移示范机构等服务平台建设,推进河北省高端装备产业技术研究院运行,申报国家级中小企业公共技术服务平台;积极研究"寓军于民"政策,拓展服务军工领域;推进科技开发总公司管理运行改革,形成我校横向开发项目的规范管理机制。

促进科技产业发展。推进科技园区软硬件设施建设,提升企业孵化软实力,力争孵化科技型企业3家,与地方企业共建产学研合作基地1～2个;与省科技投资公司合作共建燕山大学国际交流中心,力争取得实质进展。

(三)深化人事制度改革,提升师资队伍整体水平

加强高层次人才培养、引进、管理和使用工作。全力做好院士的培养、申报和智力引进工作,力争实现我校院士零的突破;利用各级各类人才项目平台,力争新增"长江学者""国家杰青"等国家级高层次人才1～2人,省级及以上创新团队1～2个。

推进师资队伍建设。加大青年教师培养力度,进行第二批"新锐工程"评选;做好博士后招收、出站和各类博士后基金申报工作;加强管理及其他专业技术人员招聘和培养工作。

健全考核评价机制。建立教师岗位分类管理制度,完善对教学科研和管理服务单位的分类评价,发挥考核的激励和导向作用;健全完善绩效工资分配和增长机制。

(四)深化社会参与机制改革,提升开放办学水平

推进国内合作与交流。深入推进"省部部"共建工作,拓展学校发展的外部资源;加强与地方政府、企业在人才培养、科研合作、产学研基地与实习实训基地建设方面的深度合作;完善校友联系与服务机制,建立1～2个地方校友会,召开各地校友会会长和秘书长联席会议,做好教育基金会筹资宣传。

拓展国外交流与合作。落实与澳大利亚科廷大学本科、硕士层次中外合作办学项目后续工作,开展与澳大利亚莫纳什大学和科廷大学本硕层次校际交流项目,与日本上智大学签署联合培养硕士研究生"4+2"项目;加强孔子学院和孔子课堂建设,开展与美国托力多大学互认学分交换生项目和教师交流项目。

(五)深化条件保障机制改革,提高资源优化配置能力和管理服务水平

编制学校"十三五"发展规划。在总结学校"十二五"发展规划的基础上,科学编制

《燕山大学“十三五”事业发展规划纲要》，推动学校事业发展。

做好财务、审计工作。做好财务预算执行和经费监管，提高资金使用效益；继续做好资金筹集和债务化解工作。加强审计监督，出台专项资金审计工作规则，重点做好图书馆、学生公寓等基建和维修改造工程项目全过程跟踪审计。

强化国有资产管理。健全国有资产管理机制，落实政府采购管理办法，完善招标采购管理制度；完成中央政府采购平台注册申报，简化小额采购事项程序，实现小额采购网上竞价；处理好资产清查工作中查找出的问题。

促进资源优化配置。完善校级大型仪器设备共享信息系统建设，做好大型仪器设备共享共用入网工作；加强实验室教学设备维修管理，进行大型仪器设备绩效考核评价；制定学校公用房总体使用规划，实施科研周转房有偿使用办法，对公用房进行局部调整。

办好期刊社和出版社。提高三刊办刊质量和学术水平，力争《燕山大学学报》早日进入全国中文核心期刊目录。出版社争取获批文艺创作类图书出版资质，实施 2～3 个重大出版项目，力争实现利润 80 万元。

加强图书档案建设管理。增购外文数据库 1～2 个、高水平中外文原版电子书 3.5 万册，发订中外文纸本图书 2 万种、5 万册；搭建中文知识发现网络平台，着力推进资源利用。加强档案归档工作，全面提升档案服务水平。

（六）深化内部管理体制改革，不断推进学校治理体系和治理能力现代化

完善内部治理结构。深化校院两级管理体制改革，在机械工程学院、电气工程学院、文法学院试点运行；优化调整学校内设机构，理清岗位职责和权限；加强机关效能建设，提升服务水平。

构建现代大学制度。依据《燕山大学章程》完善学校制度体系，健全党委与行政议事决策制度，提高议事效率；完善法律顾问制度，加强学校合同管理，保护学校无形资产和办学声誉；推进信访工作法治化建设和依法治校进程。

推进民主政治建设。加强党外代表人士队伍建设，发挥其在学校改革建设中的积极作用；加强对二级教代会工作的指导，举办首届行政人员综合技能竞赛，开展特色职工小家创建活动；加强学生社团规范化建设，扩大志愿服务影响力；积极为老同志实现“六个老有”创造条件，推进文化养老工作；做好校院两级学术委员会换届工作；畅通学生参与学校管理渠道，切实满足学生合理诉求。

（七）落实各项民生实事，推进“美丽燕园工程”建设

推进平安校园建设。运行校园车辆门禁系统；强化实验室特种设备安全使用，完善实验室安全巡查与监督制度；落实消防安全隐患排查整改工作；完善安全事故责任认定标准，落实安全事故责任追究制度；做好信息化条件下的保密工作。

推进数字校园建设。推进统一认证平台、数据共享平台和业务支撑平台一期工程建设；升级学校办公自动化系统，建设综合办公与服务管理平台；制订校园网整体运营管理策略，推进公共区域无线网络建设；完成标准化核心机房建设和一卡通系统升级改造。

推进绿色校园建设。推进西校区图书馆、学生公寓 12、13 组团建设，争取年内完成主体工程；完成西校区田径场、材料学院中试车间的建设和东校区国家地方联合工程研究中心、第一体育场的改造；落实学校 2015 年校园维修改造计划，继续美化绿化塔山公园；规范东校区学生生活区经营网点。

推进和谐校园建设。完成东校区教工餐厅和清真餐厅建设，争取在西校区食堂引进大型餐饮公司，稳定饭菜价格，保障食品安全；对西校区学生公寓保洁实行托管；改善校医院就医环境，办好幼儿园。学校力争获得省级文明单位称号。

（八）落实从严治党新要求，提升学校党建和思想政治工作科学化水平

加强思想理论、意识形态和大学文化建设。发挥党委讲师团作用，完善校院两级党委中心组学习制度；建立健全理论学习与学校改革发展重大问题相结合的专题学习研讨机制；学习宣传“12·7”冰海救人群体先进事迹；健全校园热点舆情监控和快速反应机制；制订学校 2015 年度文化建设实施方案，开展“印象燕大”品牌建设工作。

巩固和深化群众路线教育实践活动成果。规范学校大型活动管理和评比表彰项目，开展公务用车制度改革，从严从简降低公务活动成本；加大整改落实力度，做好建章立制工作，及时组织“回头看”，建立健全教育实践活动长效机制，形成作风建设新常态。

改进新闻宣传工作。加大校园媒体对学校发展成就、优秀师生典型事迹的宣传报道力度，力争在高端媒体发表更多高显示度的宣传作品；运行学校英文版主页，加强学校官方微博日常管理工作。

加强干部队伍和基层党组织建设。落实《校领导班子成员密切联系基层、加强调查研究工作制度》，开好校领导班子暑期务虚会，专题研究校内综合改革；完善干部选拔任用制度，做好干部届满考核和换届工作；加强督查督办，提升领导班子和各级干部的执行力；召开全校党建工作会议；搭建党建工作信息平台，开展新一轮党建课题申报工作。

加强党风廉政建设。全面落实党风廉政建设党委主体责任和纪委监督责任，强化“一岗双责”；用好校内巡视和审计手段，强化对重要领域、重点工作及师生关注热点问题的监督检查；推进校园廉政文化和权力运行监控机制建设，加强廉政风险防控。

改进大学生思想政治教育和日常管理工作。深化“红色旋律”，推进“翔燕工程”，强化辅导员职业能力建设，发挥导师在研究生思想政治教育中的积极作用；研究探索对学生品行进行考核评价与激励的新机制；完善资助育人体系，提升资助育人实效；做好学生心理健康教育工作，强化安全和文明行为教育。

各位代表，同志们，办好一所大学，需要 6 个关键要素。精神层面的 3 个要素是：理想、价值和责任；操作层面的 3 个要素是：人才、经费和管理。我们一定要树立建设高水平大学的理想信念、价值观念和责任担当，紧紧抓住人才培养这个根本任务，积极筹措办学经费，全面提高管理水平。2015 年是完成学校“十二五”规划的收官之年，也是谋划“十三五”规划、全面深化改革、推进高水平大学建设的关键一年。谋划好、落实好今年的工作，意义重大、影响深远。让我们紧密地团结在校党委的周围，以“省部部”共建为契机，改革创新，锐意进取，再接再厉，为全面完成“十二五”规划各项任务、早日实现高水平大学建设目标而努力奋斗！

做好“十三五”规划开局工作，奋力开创特色鲜明的一流大学建设新局面

——燕山大学八届一次教职工代表大会工作报告

（2016 年 4 月 9 日）

各位代表，同志们：

受学校委托，我向燕山大学八届一次教职工代表大会作工作报告，请予审议。

一、“十二五”工作回顾

五年来，在省委省政府的正确领导下，全校上下深入贯彻党的十八大及近年来历次中央全会、习近平总书记系列重要讲话精神，扎实开展党的群众路线教育实践活动和“三严三实”专题教育，紧扣“知名高水平大学建设”主线，深化改革创新，聚力攻坚克难，顺利完成了“十二五”规划确定的主要目标任务。

（一）办学规模保持适度增长

学校普通高等教育在校生 37162 人，其中，博士研究生由 530 人增加到 712 人，增长了 34.3%；硕士研究生由 4983 人增加到 5971 人，增长了 19.8%；本科一批由 16196 人增加到 18623 人，增长了 15%；本科三批由 15726 人减少到 11687 人，减少了 25.7%。研究生与本科一批在校生比例达到 1∶2.8，专业学位研究生招生比例从 2010 年的 16.8%提高到 2015 年的 37.6%。继续教育招生规模合理调整，生源结构不断优化。

（二）办学条件获得全面改善

学校债务从 10.2 亿元减少到 3.2 亿元，还款压力大为减轻。目前，学校占地 4000 亩，建筑面积 105.6 万平方米；图书馆藏书 200 余万册，期刊 2200 余种，网络数据库 106 个；学校固定资产达到 29.24 亿元，教学科研仪器设备 4.2 万台(件)，设备总值 5 亿元；完成了材料学院中试车间、东西两个校区田径场工程建设；启动了新图书馆、学生公寓(12、13 组团)等工程建设；完成维修改造项目 700 余项，涉及资金 5000 余万元。办学规模与办学条件之间的矛盾大为缓解。

（三）人才培养质量稳步提升

在本科教育方面，新增国家级实验教学示范中心 1 个，国家级工程实践教育中心建设单位 9 个，国家级精品资源共享课 2 门，国家级专业综合改革试点 4 个，“卓越计划”专业 2 个，国家级大学生校外实践教育基地建设项目 2 项，国家“十二五”规划教材 4 部；土木工程专业通过行业评估，机械设计制造及其自动化、自动化 2 个专业通过工程教育认证，获准开展双学士学位教育专业 5 个。里仁学院继续保持在全国一流独立学院前列，办学水平不断提高。本科毕业生初次就业率保持在 90%以上。在研究生教育方面，获全国优秀博士学位提名论文 1 篇，河北省优秀博士学位论文 29 篇，河北省优秀硕士学位

论文73篇,优秀硕博学位论文数量居河北省高校首位。

(四)学科建设取得重要进展

博士后流动站由9个增加到11个;博士学位授权一级学科由6个增加到11个,二级学科由35个增加到40个,硕士学位授权一级学科由13个增加到27个,二级学科由80个增加到103个;硕士专业学位授权类别由6个增加到9个;省级重点学科由13个增加到16个。在教育部第三轮学科评估中,机械工程排名第14位(14/102),材料科学与工程第23位(23/98),控制科学与工程第27位(27/83),计算机科学与技术第46位(46/120)。工程学、材料科学2个学科进入ESI世界排名前1%。

(五)科技创新能力显著增强

新增"冷轧板带装备及工艺"国家工程技术研究中心、"先进制造成形技术及装备"国家地方联合工程研究中心两个国家级科研平台;新增省部级科研平台15个,河北省协同创新中心2个;获国家级科技奖励4项,省部级科技奖励62项;在《自然》杂志发表论文2篇,科研成果入选2013年和2014年"中国高校十大科技进展"和"中国科学十大进展";获国家自然科学基金项目341项,国家社会科学基金项目26项;发表SCI等三大检索论文2048篇;授权专利1560项,其中发明专利680项;科研经费总额达到18.6亿元。

(六)师资队伍水平不断提高

专任教师从1885人增加到2000人,其中教授441人(含博导190人),副教授641人,全校师生比达到1∶17;新增长江学者特聘教授3人,国家杰出青年基金获得者3人,万人计划人选1人,"新世纪百千万人才工程"国家级人选3人,国务院特殊津贴专家4人,教育部"新世纪优秀人才"4人,国家优秀青年基金获得者3人,科技部创新人才1人,河北省"百人计划"、高端人才、省管优秀专家、突出贡献专家共20人;博士学位教师比例达到56%,硕士以上学位教师比例达到90%。创新团队建设取得重要进展,新增全国专业技术人才先进集体1个,河北省科技创新团队1个,河北省巨人计划创新团队2个。

(七)国际交流合作稳步拓展

留学生培养规模从126人增加到近300人;每年聘请外教30余人,其中专业型外教比例超过50%;每年选派赴外交流学习师生30余人;开展实质交流的合作项目10个,与澳大利亚科廷科技大学联合开办"工业工程专业"本科和"电气工程专业"硕士两个层次合作办学项目;与美国托力多大学合办的孔子学院被俄亥俄州政府和托列多市政府授予特殊贡献奖。

(八)科技产业实现创新发展

充分发挥大学科技园在创新、创业教育中的拉动作用,将发展重心转向科技成果转化、高新技术企业孵化、创新创业人才培养。大学科技园被科技部、教育部评为"A类国家大学科技园";科技园新增孵化面积6万平方米,孵化企业50余家,大学生创业孵化基地15家,实体创业公司38家,虚拟创业公司700家;学校大学生创业孵化园年均培训大学生创新创业4000人,被评为"河北省大学生创业孵化示范园""省级青年创业孵化基地"。

（九）管理体制改革卓有成效

坚持党委领导下的校长负责制，深化教育教学、干部选任、人事分配改革；推进校院两级管理体制改革，启动机械、电气、文法等 3 个试点学院改革工作；制定《燕山大学章程》，为依法办学提供制度保障；加强学校教代会、二级教代会建设，推进学校民主管理；完善学校涉诉案件和法务咨询案件管理办法，有效规避法律风险；制定实施《燕山大学合同管理办法》，规范合同审批流程；修订审计内控政策，完善财务管理制度；优化各类物资采购流程，国有资产管理更加规范。

（十）职工福利待遇显著改善

学校多次大幅度提高在职和离退休人员收入水平，教职工幸福感、获得感明显增强。"十二五"期间，学校共计增加工资福利支出 60932 万元，为在职人员增加支出 49353 万元，人均增加 18.71 万元，人均年增加 3.74 万元，人均月增加 0.31 万元；为离退休人员增加支出 11579 万元，人均增加 11.17 万元，人均年增加 2.23 万元，人均月增加 0.19 万元。其中，为在职人员增加基本工资和绩效工资 38487 万元，人均增加 14.49 万元；为在职人员增加超课时补贴 1210 万元，人均增加 0.46 万元；为在职人员增加公积金缴存 970 万元，人均增加 0.37 万元；为在职人员增加取暖补贴、文明单位奖励等 2912 万元，人均增加 1.13 万元。为离退休人员增加基本离退休费 698 万元，人均增加 0.64 万元；为离退休人员增加补贴和校内生活补贴 7459 万元，人均增加 7.24 万元；为离休人员增加护理费和抚恤金 98 万元，人均增加 3.27 万元；为离退休人员增加取暖补贴、文明单位奖励等 975 万元，人均增加 0.94 万元。为全校人员增加教师节补助和防暑降温费 947 万元，人均增加 0.26 万元；为全校人员加发河北省精神文明奖励 7176 万元，人均增加 2 万元。

（十一）党建思想文化建设成绩斐然

召开了第三次党代会，进一步明确了学校发展方向；深入开展创先争优活动、党的群众路线教育实践活动和"三严三实"主题教育活动，贯彻落实中央八项规定，改进机关工作作风；通过权力运行监控平台和校内巡视制度建设，健全了惩防体系；凝练了"燕大精神"，修订了"燕大校歌"；实施学生评教、心理健康教育、"翔燕工程"、"红色旋律"、"雏燕计划"等主题教育及社会主义核心价值观教育活动，引导学生思想政治教育工作不断深入，涌现出"12·7 冰海救人"先进学生群体；学校先后获得河北省"文明单位"称号和"河北省五一劳动奖状"。

2015 年是关键的一年，也是学校"十二五"规划的收官之年，这一年学校取得了一系列工作成绩。主要体现在以下八个方面，一是抓教学提质量，学校积极开展本科教学审核评估工作，代表中国接受"华盛顿协议"专家现场观摩认证，目前，专家组已经正式建议接纳中国为《华盛顿协议》正式成员，教育部也专门向我校发来了感谢函。完成"机械设计制造及其自动化"专业和"卓越计划"实施情况的现场评估考查；二是抓学科争一流，积极推进世界一流学科建设工作，工程学、材料科学两个学科进入 ESI 全球前 1%；三是抓创新出成果，获国家自然科学基金项目 72 项、国家社会科学基金项目和教育部人文社科研究项目 16 项，获省部级科技奖一等奖 3 项，新增 2 个省级重点实验室，《燕山大学学报（自然科学版）》成功入编 2014 版中文核心期刊要目总览；四是抓人才强师资，新增长江学者、“万人计划”等国家级专业技术人才7人；五是抓合作促开放，抢抓京津冀协同发展机遇，正式加入北京高科大学联盟，与北京理工大学、天津理工大学签署战略合作协议；六是抓素质出成绩，在“挑战杯”课外学术科技作品竞赛、数学建模竞赛、全国大学生电子设计竞赛、“飞思卡尔”杯智能汽车竞赛和各类体育赛事中，我校学生捷报频传、屡获佳绩。我校将体育课列为学位课，严格执行《国家学生体质健康标准》，学生体质明显提升；七是抓和谐惠民生，我们期待已久的新图书馆正式开工建设，东校区第一体育场、西校区体育场、教工餐厅和民族餐厅相继投入使用，学校办学条件进一步改善；八是抓党建聚合力，扎实开展“三严三实”专题教育和“八破八立”解放思想大讨论活动，平稳完成中层干部换届工作，全面落实党风廉政建设责任制，宣传思想工作、意识形态工作和统一战线凝聚人心的作用进一步加强。

2015年，学校在招生就业、财务资产、校友档案、独立学院、国际合作、科技产业、发展战略、信息网络、校园安全、群团工作等方面，也都取得了良好的成绩。这些成绩来之不易，凝聚了全体师生员工的聪明与才智、奋斗与奉献。我代表学校向付出辛勤汗水的同志们表示衷心的感谢！

各位代表、同志们，过去五年取得的成绩鼓舞人心，但在充分肯定成绩、总结经验的同时，我们也必须清醒地看到学校发展中仍然存在许多困难和问题，主要表现在：人才培养工作有待加强，生源质量和结构有待优化；学科领军人才缺乏，师资规模还不能满足学校发展需要；学科之间发展不均衡，理科、文科发展相对滞后；承接国家重大科研项目的能力还需提升，科技创新、学研产合作与社会服务能力有待进一步增强；精细化管理还有差距，责权利相统一、有利于调动教职工积极性的体制机制有待完善；职业精神尚有欠缺，爱岗敬业、精益求精、追求卓越的职业道德培育还需加强；留学生培养规模较小，国际化办学水平亟须大幅提升；贷款和欠款压力尚未完全解除，办学经费的多元化筹资渠道亟待建立；文化建设有待加强，高等学府文化氛围不够浓厚；“省部部”共建意见落实、国家级2011协同创新中心申报、利用京津冀资源协同发展等还需争取政策支持。“十三五”期间，我们必须下大气力解决这些问题。

二、“十三五”期间的目标任务

各位代表、同志们，“十三五”规划确定了学校未来五年的发展愿景，下面我对规划的基本思路和主要任务予以说明。

（一）指导思想与战略目标

制定规划的指导思想：高举中国特色社会主义伟大旗帜，以邓小平理论和“三个代表”重要思想、科学发展观为指导，深入学习贯彻习近平总书记系列重要讲话精神，按照“四个全面”战略布局总体要求，全面贯彻党的教育方针，依据《国家中长期教育改革和发展规划纲要（2010－2020年）》提出的任务要求，把立德树人作为教育的根本出发点和落脚点，牢固树立人才培养的中心地位，深化综合改革，突出办学特色，注重内涵发展，加快推进学校治理体系和治理能力现代化，服务国家装备制造业、战略性新兴产业和区域经济社会发展。

制定规划的发展思路：继续弘扬“艰苦奋斗、严谨治学、求实创新”的燕大精神，秉承“厚德、博学、求是”的校训，以学科专业建设为牵引，以提高人才培养质量为中心，以提升科技创新能力为重点，以服务国家发展战略为目标，以加强党的建设和思想政治工作为保障，以深化教育综合改革为动力，进一步提升办学实力和整体水平，加快推进一流大学建设。

学校发展的战略目标：力争在5年内，综合办学实力达到全国高校60名左右，科技创新能力达到全国高校50名左右，把学校建设成为特色鲜明的一流大学——具有机械、材料等世界一流特色学科和学研产协同办学特色的中国一流大学。

（二）面临的机遇与挑战

未来五年，建设创新型国家、高等教育改革、教育国际化等大变革，既为我校的发展创造了机遇，也带来了挑战，发挥主观能动性，开拓进取，勇于探索，是化挑战为机遇、化机遇为成功的关键。

我们需要牢牢把握的机遇：一是国家启动“双一流”大学建设方案，我校工程学和材料科学2个学科进入ESI世界排名前1%，具备建设世界“一流学科”的实力和基础；二是京津冀协同发展国家战略，为我校争取河北省进一步重点支持、实现与京津高校深度合作办学留下了努力空间；三是国家出台创新驱动发展战略，我校具有“学研产协同创新”的办学传统和特色，国家政策为我校提升科技创新能力、推进创新创业教育改革和提高人才培养质量提供了重要契机；四是国务院印发《中国制造2025》，我校学科设置与该项规划中的战略任务和重点领域有很高的契合度，可借助国家战略进一步提升学校办学能力和水平；五是国家实施“一带一路”倡议亟须相关专业人才、技术提供有力支撑，为我校人才培养、科学研究与社会服务提供了新的发展空间；六是成为“省部部”共建高校，我校2016年生均经费拨款将达到教育部直属高校水平，在学科建设、项目申报、人才引进、平台建设、研究生指标等方面将获得相关部门更多支持。

我们需要设法应对的挑战：一是非“211高校”身份的限制，虽然国家提出要淡化“985”和“211”工程，但其在社会上的影响仍将长期存在；二是高校生源竞争将愈演愈烈，必然进一步加剧办学质量的比拼；三是部分省份启动高水平大学建设计划，对入围的省属高校给予空前力度的支持，高等教育省域之间的竞争越来越激烈；四是“一省一校”工程启动，相应高校将持续获得国家的额外投入，发展后劲逐步显现，我校面临的竞争态势愈加严峻。

（三）具体的目标与任务

“十三五”期间，在战略目标的指导下，我们必须齐心协力完成以下八方面目标任务。

人才培养方面，全日制普通高校在校生规模控制在36500人左右，即控制每年招生规模9800人，其中：本科一批5500人，研究生2600人（博士研究生200人），本科三批1500人，长短期留学生200人；继续教育重点培养本科层次学员，将每年招生人数控制在5000人。研究生在校人数达到8000人左右（博士生800人左右），专业学位研究生与学术学位研究生招生比达到1∶1，研究生与本科一批在校生数达到1∶2.5；本科毕业生初次就业率保持在90%以上，创新创业训练项目学生参与比例达30%以上；独立学院保持在全国独立学院前十的位置；获国家级教学成果奖1项，国家级精品在线课程3门，通过专业认证与评估的专业数10～12个，获省级优秀博士学位论文30篇。

学科建设方面，力争2个学科进入“世界一流学科”建设序列，学校整体进入“世界一流学科”建设常态支持行列；新增博士学位授权一级学科2个，硕士学位授权一级学科6个，硕士专业学位授权类别（领域）3个；积极谋划博士专业学位授权点的建设；实现我校人文社会学科博士点的突破。

科学研究方面，力争科研经费总额达到28亿元，“重型机械协同创新中心”入围国家“2011计划”，新增国家自然科学基金550项，国家社会科学基金40项，新增国家重点实验室（工程中心）2个，获国家科技奖励5项，在《自然》和《科学》发表论文2篇，发表SCI/SSCI/AH&CI检索论文3000篇，授权专利1500项，其中发明专利800项，专利成果转化合同额1000万元以上，新增国防特色学科1个，国防重点学科实验室1个。

师资队伍方面，到2020年，教师总数达到2600人，其中教授520人、副教授900人，具有博士学位教师比例超过70%，全校师生比达到1∶15；新增“万人计划”、长江学者、国家杰出青年基金获得者6人，新世纪百千万人才工程国家级人选3人，国家优秀青年基金获得者2人，国务院特殊津贴专家3人，在国内有一定影响的创新团队15个。

国际合作方面，到2020年，友好学校数量超过40所，有实质内容的校际交流项目达到20个以上，涉及国别20个；聘请外籍教师数达到50人/年，其中专业型外籍教师比例超过50%；每年选派70名以上师生赴外交流；长短期留学生规模达到500人，其中学历生250人；申报成功汉语国际教育硕士点。

科技产业方面，规范和加强校属企业资产管理，确保国有资产保值增值；充分发挥大学科技园的科技成果转化、高新技术企业孵化及创新创业人才培养职能，新增孵化面积2万平方米，孵化基地10个，孵化企业50个，培训大学生创新创业25000人，园区实现就业300人，实现科研教学成果转化15项，2个大学生创业企业销售收入1000万元以上。

管理体制方面，以推进校院两级管理体制改革为契机，积极探索适应“双一流”大学建设的人事制度改革新机制；建立健全高校章程落实机制，加快形成以章程为统领的制度体系；加强学术组织建设，健全以学术委员会为核心的学术管理体系与组织架构，充分发挥其在学科建设、学术评价、学术发展和学风建设等方面的重要作用；完善民主管理和监督机制，充分发挥教职工代表大会、共青团、学生会等在民主决策机制中的作用，积极探索师生代表参与学校决策的机制。

校园文化方面，弘扬“燕大精神”，普及“燕大校歌”，讲好“燕大故事”，挖掘校史资源，建设校史馆；编纂出版《燕山大学文化建设丛书》；开展基层文化建设立项，培育文化活动品牌；加强校园人文景观规划和形象识别系统建设，打造学院主题文化区、文明社区；构建底蕴深厚、境界高雅、和谐向上、特色鲜明的校园文化。

三、2016年学校重点工作

2016年是“十三五”规划的开局之年，也是建设“双一流”大学的启动之年。今年，在做好日常工作的基础上，要重点做好以下工作。

（一）坚持育人为本，全面提高人才培养质量

推进本科教育教学改革。着力健全制造类专业和战略性新兴产业人才培养体系。推进“卓越计划”，确保测控技术与仪器专业通过国家工程教育专业认证。开展相关专业课程校内评估工作，加强国家级教学成果奖的培育。全力做好教育部本科教学审核评估迎评工作，确保取得优异成绩。

深化研究生教育综合改革。推进研究生分类培养模式改革。完善研究生学位论文质量保证与监督体系，争取获得更多的省级优秀博士、硕士学位论文。加强校内外实践基地和企业导师队伍建设。推动研究生国际学术交流，加强研究生创新资助项目管理，完善研究生科技成果评定标准和评价办法。

提高留学生教育水平。力争全年长短期留学生突破 250 人，学历留学生突破 170 人。积极申办汉语国际教育硕士点。完善留学生培养方案，加强师资、专业、教材和课程建设。改善留学生学习生活条件，确保留学生安全稳定。

稳妥办好里仁学院。逐步压缩学院招生指标，积极准备教育部对独立学院的评估验收。毕业生初次就业率保持在 90%以上，考研录取率保持在 20%以上，学院知名度和影响力保持在全国独立学院第一梯队。

推进继续教育内涵发展。规范招生工作，控减继续教育在校生规模。加大对各地函授站的监管力度。修订教学计划，制作微课课件，推进函授教育网络化。积极发展非学历教育，扩大学校社会影响力。

加强教师教学支持服务体系建设。系统开展教师培训、教学咨询服务，提升青年教师教学能力。加强教学管理信息化建设，完善学生网上评教体系，开展学校第三届教学奖评选。

提高学生创新创业能力。构建课堂教学、自主学习、实践训练、导师帮扶、文化引领为一体的创新创业教育体系。扩大创新创业训练项目实施范围，支持学生参加各级各类赛事。利用大学科技园、创业孵化基地、大学生创业孵化园、“创客学院”国家级众创空间等平台的功能及政策资源，扶持师生创新创业。

抓好学风建设工作。建立长短期举措相结合的长效机制，以提高上课出勤率、诚信考试等为抓手，加强学生行为习惯养成教育，逐步构建培育优良学风的整体氛围。

加强体育工作。做好《国家学生体质健康标准》测试工作，确保学生体育课程和课外锻炼活动时间。加强高水平运动队建设，积极参加各级各类体育竞赛。推动体育场馆全面向师生开放。防范体育运动风险，保障学校体育工作健康、有序开展。

做好招生就业工作。争取增加本科一批和研究生招生计划，增加推荐优秀应届本科生免试攻读硕士研究生名额。完善艺术类招生考试程序。加大招生宣传力度，增加本科优秀生源基地数量，扩大省外招生计划。加强就业指导课程建设，建立精准推送就业服务机制，确保本科毕业生初次就业率保持在 90%以上，研究生就业率、就业质量稳步提高。

（二）以“双一流”建设为契机，着力提高学科核心竞争力

推进“双一流”建设。出台学校“双一流”建设实施方案。积极开展一流学科建设项目论证与申报工作，全力争取机械工程、材料科学与工程2个学科尽早进入世界一流学科建设序列，带动控制科学与工程、计算机科学与技术、化学工程与技术、管理科学与工程4个学科一流学科建设，努力创建一流大学。

夯实一流学科建设支撑条件。加强ESI全球学科排名跟踪分析研究。争取在教育部第四轮学科评估中，2个学科进入学科评估排名前20名。建立学科建设绩效考核和激励奖惩机制。做好学位授权点动态调整工作。

实现学科分类分层建设。推进工科提升工程，着力打造若干“学科高峰”；推进理科崛起工程，努力拓展若干“学科高原”；推进文科繁荣工程，加强文科研究基地和文科学科梯队建设，积极建设若干“学科高地”。对接国家战略性新兴产业发展需求，推动理、工、文学科交叉融合。

（三）推动创新引领，不断提升科研品质和服务社会经济发展能力

加强科研发展顶层设计与整体谋划。围绕国家重大战略需求和装备制造业、国防科技工业、战略性新兴产业以及河北经济社会发展需要，凝练重大科学问题和工程技术问题，完善科研组织方式，进行大团队组建或跨团队合作，培育标志性科研成果，加速重大科技成果产出。

深化科研管理体制改革。改进科研项目和经费管理，逐步建立科研活动全成本核算制度，强化经费使用审核监督。推进科研评价体系改革，根据学科类别与研究性质逐步制定分类评价标准和开放评价方法。

推进科研平台建设。确保“先进锻压成形技术与科学教育部重点实验室”和“河北省自润滑关节轴承技术重点实验室”顺利通过验收。积极开展国际科技合作基地、新的国家和省部级重点实验室（工程技术研究中心）、省部级研究基地的培育和申报。推进智库建设，加强应用对策研究。

提升科研关键指标和水平。力争在国家重大项目申报、立项上取得佳绩，获批国家自然科学基金90项（重点项目1～2项、杰青优青1～2项）、国家社科基金8项。完成2～3项标志性科研成果组织培育，力争获国家科技奖励1项、省部级科技奖励12项、社科奖励8项。着力提高专利质量和授权率，新增授权专利（发明专利）300（160）件。发表一批高影响因子学术论文。全年科研总经费达到4.6亿元。

推动国防军工科研发展。确保武器装备科研生产保密、国军标质量和科研生产许可管理的规范运行。申报新的国防特色学科，谋划军民融合创新平台，积极承担重大国防军工项目，提升服务军工水平。

提高协同创新能力和学研产合作水平。做好各级协同创新中心实质运行和认定申报工作。落实“河北十条”，制定我校促进科技成果转化激励政策，提高科技成果转化与产业化成效。推进河北省高端装备产业技术研究院实质运行，加强技术转移中心建设，理顺科技开发总公司运营管理。

（四）扎实推进人才强校战略，努力打造一流师资队伍

加强高层次人才培养、引进和使用。加强院士智力引进，提前做好高端人才前期培育和院士申报策划，新增“万人计划”、长江学者等国家级高层次人才1～2人，在国内有一定影响的创新团队2～3个。对拟引进高层次人才确保“引得准”“留得住”“用得好”。

提升师资队伍整体水平。优化新进师资的学历和职称结构，开展第三批“新锐工程”评选，鼓励青年教师到国内外知名高校攻读学位或访学研修，到企业挂职锻炼。积极推行师资博士后制度。

深化人事制度改革。推进校院两级管理体制改革，做好三个试点学院年度考核奖励工作。进行职称评审改革，修改专业技术岗位分类分级聘用条件。拓宽管理人员职业发展空间，调动工作积极性。完善对教师岗位分类管理和对教学科研单位、管理服务单位分类考核制度。

（五）加强国内外交流与合作，着力提高开放办学水平

深化国内交流与合作。确保“省部部”共建取得实效，各责任部门加强与工信部、教育部和河北省相关部门沟通联系，争取政策支持。与北京理工大学、“北京高科大学联盟”成员高校加强沟通交流，力争在深度合作办学上取得新突破。制定国内合作管理办法，认真落实与政府、企业、高校签订的各项战略合作协议。鼓励教师在各级各类学术组织中任职。完善校友联系与服务机制，争取尽早在民政部门注册校友总会；推动教育基金会规范运行，争取实现大额捐赠项目的突破。

提升国际化办学水平。积极开展与“一带一路”沿线国家和地区高校的实质性合作办学项目，落实与科廷科技大学本硕层次中外合作办学项目。推进与国外合作高校的校际师生交流项目，加强孔子学院和孔子课堂建设。加强因公出国（境）管理，做好国家留学基金委各类资助项目的选派工作。

（六）推进依法治校，全面提高管理服务效能

完善内部治理结构。完成校内规章制度编辑整理工作。充分发挥学术委员会在学科建设、学术评价、学术发展和学风建设等事项上的重要作用。开展机关作风整顿，强化劳动纪律，加强效能建设。推进督查督办信息化、网络化、自动化和常态化，确保学校重大决策和重点工作有效落实。推进党务、校务公开工作。加强法治宣传教育，保护学校无形资产和办学声誉。

完成“十三五”规划编制。做好“十二五”规划执行情况总结评估。完成学校和各学院“十三五”规划编制，做好宣传贯彻工作。建立健全规划评估调控体系，每年对“十三五”规划实施过程、进度和效果进行跟踪检查和监测评估。

做好财务、审计工作。加强预算项目支出进度管理，建立考评机制。推进财务信息化建设，全面实施内部控制制度。创新融资方式，争取更多经费支持。加强审计监督，做好重点基建和维修改造工程项目全过程跟踪审计。

强化国有资产管理。对各经营性单位开展资产清查，进行资产评估，完成产权登记。完善学校经营性投资退出机制，优化校办企业法人治理结构。规范资产出租出借程序，确保经营性资产安全完整、保值增值。妥善处理燕大西苑等历史遗留问题。

优化资源配置。推进大型仪器设备开放共享，进行绩效考核评价。启动新一轮公用房标准核定，做好环化学院实验室搬迁工作。推进科研用房有偿使用。加强实验室设备维修管理，推进多媒体教室设备标准化建设。建立适应政府要求的采购模式，杜绝重复购置。

（七）提升支撑保障能力，努力改善办学条件

完善图书、档案保障体系。优化文献资源在学科、类型、载体等方面的比例，提高文献资源利用率。认真做好西校区图书馆室内装修装饰设计。提升档案工作信息化水平，推进档案资源体系、服务体系、安保体系建设。

提升期刊、出版水平。提升《燕山大学学报（自然科学版）》在北大中文核心期刊中的排名，力争《教学研究》和《燕山大学学报（哲学社会科学版）》早日进入全国中文核心期刊目录。办好出版社，开拓图书发行渠道，开发精品出版项目和大中专教材，加大营销力度，实现社会效益和经济效益双增长。

推进信息化建设。推进统一认证平台、数据共享平台和业务支撑平台建设。完善“燕园在线”校园网络综合服务平台。推进校园一卡通二期工程和公共区域无线网络建设。规范与运营商合作，逐步将中层单位网站纳入学校站群系统，制定学校门户网站和中层单位网站管理办法。

加强校园基本建设。启动中西部高校基础能力建设工程第二轮项目“综合实验训练中心”建设工作。稳步推进图书馆、学生公寓（12、13 组团）建设，完成东校区国家地方联合工程研究中心改造。落实 2016 年校园维修改造计划，重点完成东、西校区开闭所建设、学校东门至燕宏桥道路维修等项目。对校园室外保洁实行托管，绿化美化塔山公园，杜绝“乱耕乱种”现象。转变燃煤采暖锅炉供暖方式。

提高后勤保障服务能力。完成西校区心怡餐厅装修改造，改善东校区二食堂一楼就餐环境。改善东校区学生公寓住宿环境，对西校区学生公寓保洁实行托管。规范东校区学生生活区经营网点，提升东西校区公共交通服务水平，办好幼儿园，推动校医院内部管理机制改革。规范后勤社会用工，解决好历史遗留问题。

（八）切实担负起全面从严治党主体责任，不断提升党建和思想政治工作科学化水平

巩固“三严三实”专题教育成果、扎实开展“两学一做”学习教育和解放思想大讨论活动。聚焦查摆出的“不严不实”问题，抓好整改落实。在全体党员中认真开展“学党章党规、学系列讲话，做合格党员”学习教育。落实“解放思想、抢抓机遇、奋发作为、协同发展”大讨论推进方案，重点抓好六项“提升工程”。

加强意识形态和宣传思想工作。认真落实《中共燕山大学委员会关于落实意识形态工作责任制的实施意见》，发挥党委讲师团作用，改进党委中心组学习制度。发挥新媒体作用，开通学校微信公众平台，提升网络舆论引导能力。力争在高端媒体发表更多高显示度的宣传作品，不断提高学校办学声誉。

加强领导班子和干部队伍建设。开展校领导班子成员重大专题调研，研究学校发展中的重大问题。严格落实中央八项规定精神，切实执行“六大纪律”。强化后备干部队伍建设。做好干部换届后教育培训工作。修订党政领导干部问责办法，推动从严管理监督干部常态化。完善干部综合考核评价机制，加强中期考核和过程考核，重视运用考核结果。

强化基层党组织整体功能。全面落实党建工作责任制，建立健全党建工作考评体系，严格和规范党内政治生活，认真开展“三会一课”、党员活动日、民主评议党员等活动。搭建党建工作信息平台，开展新一轮党建课题申报，建成一批党建工作品牌。

推进党风廉政建设。深入落实“两个责任”，强化“一岗双责”，推动全面从严治党向基层延伸。积极推进巡视整改，坚持“把纪律和规矩挺在前面”，认真开展“一问责八清理”专项行动。严格执行内控制度，推进惩防体系建设。强化监督执纪问责，加强对重要领域、重点工作和师生关注热点问题的监督检查，做好重要时间节点教育提醒工作。

改进大学生思想政治教育。充分发挥课堂主渠道作用，以提高思政课到课率、抬头率为突破点，推进思政课教学改革和学风建设，深化“红色旋律”活动。推进“翔燕工程”，开展纪念建党 95 周年、红军长征胜利 80 周年主题教育活动。创新网络思想政治教育，做好舆情收集梳理和分析研判。发挥导师作用，强化研究生思想政治教育。加强辅导员职业能力培养，建设学习型辅导员队伍。做好大学生征兵工作。实施精准资助，提升资助育人实效。健全大学生心理健康教育工作机制。

加强校园文化建设。完善师德考核评价奖惩制度，建立教师严重失德行为退出机制。开展“寻找最美燕大人”活动。制订学校 2016 年度文化建设实施方案，重点落实完善学校形象识别系统、推广校歌、编辑校园文化系列丛书等文化建设项目。

做好统战、群团、离退休工作。推进统一战线协商民主建设，发挥党外代表人士、民主党派和统战团体在推动经济社会发展和学校改革建设中的积极作用。推进工会会员普惠制服务，加强教职工职业技能培养。拓展志愿服务平台，争取申报成功中国青年志愿者研究生支教团。积极为离退休老同志实现“六个老有”创造条件。

维护校园平安和谐稳定。认真落实《燕山大学安全工作“党政同责、一岗双责”制度实施意见》。强化消防、交通安全管理和实验室特种设备安全使用，加强安全隐患排查整改，推进校园视频监控平台建设，实现安保服务外包管理，推动与地方公安机关共建燕园派出所。落实领导干部保密工作责任制，确保不发生失泄密事件。扎实开展校园精神文明创建活动，力争再获省级文明单位称号。

各位代表，同志们，“十三五”是我校创建“双一流”大学的关键时期，也是全面深化综合改革的攻坚阶段。奋斗目标已经确定，进取的号角已经吹响。我坚信，只要全体燕大人笃定信心，解放思想，就一定能够抓住这一重大发展机遇，合力推动学校实现新的跨越。2016 年是学校落实“十三五”规划的开局之年，让我们紧密地团结在校党委的周围，带领全校广大师生，再接再厉，锐意进取，努力做好 2016 年各项工作，为全面实施“十三五”发展规划开好局起好步，为把我校建成“特色鲜明的中国一流大学”而努力奋斗！

稳中求进，奋发有为，全面深入推进“双一流”大学建设

——燕山大学八届二次教职工代表大会工作报告

（2017年1月13日）

各位代表，同志们：

受学校委托，我向燕山大学八届二次教职工代表大会作工作报告，请予审议。

一、2016年的工作回顾

2016年是我校落实“十三五”规划的开局之年，也是各项工作向前扎实推进的一年。一年来，在全校师生员工的精诚团结和共同努力下，我校“十三五”期间继续获得国家国防科工局与河北省共建支持，各项事业都取得了新的进步。

（一）被列为河北省“双一流”建设重点支持高校，我校迎来大好发展机遇

我校被确定为河北省重点支持的“双一流”大学第一层次高校，机械工程、材料科学与工程、控制科学与工程等3个学科获批世界一流学科建设项目，化学工程与技术、计算机科学与技术、管理科学与工程、电气工程等4个学科获批国家一流学科建设项目，2016年河北省拨付我校“双一流”建设专项资金8000万元，“十三五”期间，持续投入，滚动建设。

（二）我校教师主持和参与多项国家重点科研项目，服务国家重大需求的能力不断加强

赵丁选教授负责承担的国家重点研发计划项目总经费超过2亿元；赵永生教授团队参与研发了世界第一大单口径射电望远镜的核心部件；张福成教授主持的国家863重点专项课题顺利通过技术验收；王洪波教授获得科技部对发展中国家科技援助项目，这是我校首次获批国际合作标志性项目。这些成就说明我校有能力服务国家重大科技需求，具备冲击中国一流大学和世界一流学科的科研实力。

（三）代表中国接受《华盛顿协议》专家现场考察，我校工程教育质量受到认可

作为教育部委托的2所考察高校之一，我校材料成型及控制工程、电子信息工程2个专业接受了《华盛顿协议》组织观察员全程考察观摩。《华盛顿协议》组织在观摩后向我国发来转正考察报告，对我国的工程认证体系、认证标准、学校工作给予高度评价，6月2日，中国成为国际本科工程学位互认协议《华盛顿协议》的正式成员。教育部专门致函我校，对学校接受专家考察观摩所做的工作表示感谢；我校作为典型多次在全国高教会议上介绍工程教育开展经验。

（四）大力推进“双创”教改，教育教学质量得到进一步提升

顺利接受教育部本科教学审核评估现场考查；材料成型及控制工程、电子信息工程

等2个专业通过专业认证，计算机科学与技术等3个专业完成专业认证。举办教学沙龙、技能工作坊、名师讲座等教师培训活动38场次，完成第三届教学奖评选工作。承办“2016年CDIO亚洲区会议暨亚洲工程教育会议”，共有来自12个国家和地区的260余名代表参会。

推出一系列支持双创的具体举措，建立“双创”教育领导机构、出台“双创”教改实施方案。我校成为全国首批深化创新创业教育改革示范高校。获得国家级、省级大学生创新创业训练计划项目135项，在全国“互联网＋”创新创业大赛中获得银奖、铜奖各1项。在国家级的本科生、研究生科技竞赛中取得优异成绩，在数学建模大赛、机械创新设计大赛、石油工程设计大赛等赛事中共获得一等奖7项、二等奖25项。

（五）推进文理协调发展，科技创新高原进一步形成

理工科方面，获得国家自然科学基金80项、国家重点研发计划5项，获得河北省自然科学基金101项；获省部级科技奖励15项，其中一等奖3项，获行业奖励9项，其中特等奖1项、一等奖2项；获批国防特色学科4个。文科方面，获得国家社科基金和教育部人文社科项目12项、国家体育总局科研项目1项，获得省社科基金55项；获得河北省社科优秀成果奖8项，其中一等奖1项。

制订科技成果转化行动方案，出台系列文件促进科技成果转化和创新创业。河北省微结构材料物理重点实验室获批建设，实现了理科省部级科研平台零的突破；先进锻压成形技术与科学省部共建教育部重点实验室和河北省自润滑关节轴承技术重点实验室通过验收。统筹省级协同创新中心建设。以智库建设为突破口，提升文科服务社会发展和地方经济的能力，出台《决策咨询类成果奖励暂行办法》，新增“河北沿海地区临港产业发展”省级协同创新中心、首批新型智库“河北省公共政策评估研究中心”，成功承办第51届全国高校哲社科研研讨会。

（六）全力聚焦学科建设，研究生培养质量进一步提高

出台《燕山大学一流大学和一流学科建设方案》；组织29个学科参加第四轮学科评估、2个专业参加专业学位评估；完成学位点动态调整工作。

新增博士生导师26人，学术型硕士生导师74人，专业学位研究生校内导师57人；获得河北省优秀博士学位论文8篇，河北省优秀硕士学位论文18篇，获奖数量均居河北省高校首位。加强专业学位研究生实训环节建设工作，新增校外实践基地17家，遴选校外实践基地13家。

（七）引育结合夯实基础，师资队伍进一步充实

完成了学校新一届岗位设置和在编在岗人员的人事聘用协议签订工作。引进具有博士学位教师66人，启动了师资紧缺专业硕士师资招聘工作。

引进海内外高层次人才11人，特别是全职引进了在国际能源材料领域有很高学术影响力的黄建宇研究员。新增“万人计划”“科技部创新人才推进计划”等国家级杰出人才5人，省部级杰出人才19人。获中国博士后科学基金面上资助17项、第九批特别资助2项，入选国家“香江学者计划”1人，入选国家“博士后创新人才支持计划”1人。

（八）招生质量持续攀升，就业市场进一步拓宽

录取本科一批6120人，较2015年净增1200人。生源质量总体比往年进一步提高，高出当地一本控制线30分以上考生占92.26%，高出50分以上的占75.54%；普通理工类有14个省份录取最低分数线高出一本控制线50分以上。录取硕士研究生2104人、博士研究生156人，硕博士研究生录取人数稳居河北省高校首位。

举办春、秋两次大型就业洽谈会，共吸引1142家用人单位参会，举办校园专场招聘会602场次，提供37685个就业岗位。

（九）学团工作力求创新，主题教育润物无声

以“翔燕工程”统领思想政治教育，加强学生行为养成教育，提高学生到课率、抬头率；提升资助育人实效，全年发放各类奖助学金6.16万人次，总金额8177万元；科学构建心理健康教育体系，有效完善心理危机干预机制。

在“创青春”全国大学生创业大赛中，获得银奖1项、铜奖2项；获评国家级“三下乡”社会实践优秀团队1支，全国社会实践专项重点团队3支。面向我校大学生共举办120余场丰富多彩、寓教于乐的文化活动。

（十）独立学院健康发展，继续教育拓展空间

里仁学院全国二本线上率达到88.29%，较2015年增加了3.8个百分点，在河北省录取分数再创新高，超过省内半数公办二本院校；在最新的2017中国独立学院综合实力排行榜中，里仁学院位列第6位，同时荣膺“中国五星级独立学院”和“中国一流独立学院”称号。

控减继续教育在校生规模，调整和优化专业、层次结构；完成三个省份的地税、国税、口岸系统9期班460人的非学历教育培训工作，积极推进亚行贷款“康养人才培训中心”项目。

（十一）强化国际交流合作，留学生招生打开局面

出台13个推进国际化建设的政策性文件，首次召开全校性国际化建设工作会议；认真落实与澳大利亚科廷科技大学等国外优秀大学的中外办学项目，继续深化与托力多大学的合作。

成功申办汉语国际教育硕士点，提升了留学生培养层次；开拓多种招生渠道，全年留学生数达293人次，现有在校留学生176人，其中博士留学生13人、硕士留学生40人、本科留学生52人、语言进修生31人、巴基斯坦政府奖学金学生40人。博士和硕士留学生人数均创历史最高，学历生成为留学生的主体。

（十二）发展规划纲举目张，开源节流保驾护航

高等教育发展研究中心协同有关部门，密集召开11次“双一流”建设专题研讨会，从10个方面寻找学校发展短板，认真开展讨论、寻找对策、统一思想、凝聚共识，充分发挥了应有的顶层设计和参谋规划作用。

财务方面出台一系列加强内部控制的规章制度，结合内控要求启用新的报账流程；加大对外融资力度，与多家企业洽谈，推进PPP项目；筹集资金补发绩效工资，保障基建项目建设资金需要。

（十三）校园建设深入推进，资源整合取得成效

新图书馆主体工程完工并通过验收，学生公寓12、13组团部分主体工程完工，完成学校东门至燕宏桥道路维修；在东校区食堂继续引入大型餐饮公司经营管理，东校区清真餐厅和教职工餐厅投入运营。

全面启动学校经营性资产清查工作，逐步理清产业集团投资情况；完成第二幼儿园的改造和消防验收工作，全面接管燕大国际交流中心。燕山大学出版社全年出版图书160种，码洋1474万元，填补了2015年以前的投入和欠账后实现了赢利；主题出版实现突破，《李大钊评传》获省委宣传部重点出版物立项支持；中标河北省重大文化出版工程《燕赵文库》项目。

（十四）人性化服务保障运行，精细化理念深入人心

各部门分别召开精细化管理和专业化服务专题研讨会并制订实施方案。发订中文图书20863种、50862册，发订外文原版图书1103种；围绕新馆功能定位，研究馆舍空间的装饰装修问题。将中国联通、中国电信原有学生宿舍宽带线路全部并入校园网，建立了学校重点部门参与的信息化工作协调机制；采用响应式设计技术开展了学校门户网站改版工作，实现新版网站上线试运行。为异地校友提供电邮办理快递到付业务，推进档案信息化进程；多次接待校友返校聚会，面向毕业生公布各地校友会联络方式；教育基金会努力筹集资金和实物支持学校发展。《燕山大学学报（哲学社会科学版）》《教学研究》被中国社科院《中国人文社会科学引文数据库》收录为来源刊，梳理了“三刊”2011—2015年度目录索引并实现网络推送。

将我校安全隐患排查工作划分成170个网格，应用网格化平台管理；统筹校内交通和停车场规划，大力加强消防安全管理。出台制度强化实验室日常安全管理，规范采购流程、提高采购效率，2016年底完成各类仪器设备类采购额2.3亿元；扎实推进公用房管理工作，完成国有资产清查。孵化新增入园企业10家，燕山大学创客学院被认定为国家级众创空间，与秦皇岛鹏远集团设立100万元的创新创业基金；培育的“小马物联网”成为知名大学生创业企业，并获得国家级、省级多项创业大赛奖励。

（十五）职工工资稳步提高，福利待遇持续改善

2016年，在连年提高在职和离退休职工工资待遇的基础上，学校多方筹措资金，综合全年各类工资福利项目，学校共计增加支出5788万元，其中在职职工年人均增加1.6万元，离退休人员年人均增加1.5万元。

为全校在职职工和离退休人员发放精神文明奖1846万元、取暖补贴2403万元，其中取暖补贴比去年增加152万元；为离退休人员发放年终一次性慰问金242万元，比去年增加30万元；调整在职职工公积金缴存基数，全年增加支出424万元；1月起为全校在职职工缴存工伤保险金，全年增加支出113万元。

4月，学校较大幅度提高在职职工基础绩效工资和离退休人员离退休补贴标准，并补发2014年7月至2016年3月之间差额。此次在职职工人均月增加350元，累计补发2000万元；离退休人员人均月增加367元，累计补发855万元。12月，学校再次提高在职职工工资和离退休人员的离退休费，并补发2016年7月至11月的差额，此次在职职工人均月增加385元，累计补发505万元；离休人员人均月增加580元，累计补发93万元；退休人员人均月增加256元，累计补发2016年1月至11月的退休费288万元。

（十六）发挥“两学一做”引领作用，党建思想文化工作不断加强

信息报送工作取得新进展；贯彻党委领导下的校长负责制，认真落实全委会、党委常委会和校长办公会议事规则，开展校领导班子成员重大专题调研，组织开好务虚会，提升办学治校能力。助力北京高科大学联盟与秦皇岛市深化合作，承办了京津冀大学生创新创业活动。稳妥完成上级部署的基层党建重点任务，大力推进从严管理干部工作；创新“自选动作”，加强基层党建工作顶层设计，实施了“熔淬工程”，通过“一计划三行动三平台”建设，开展基层党建工作述职评议，推动全面从严治党向基层延伸。认真开展“把纪律和规矩挺在前面”试点工作和“一问责八清理”专项行动，强化“四个意识”和“两个责任”；加强重点领域和关键环节监管，全年完成采购、招投标、招生等监督300余次；继续开展财务收支、内控制度执行情况审计工作，加强审计监督；加强基建维修工程项目的预算、跟踪和竣工结算审计，提高建设资金使用效益；持续深化巡视整改，受到上级肯定。

深入落实意识形态工作责任制，推进6大重点文化项目建设。加强新闻宣传工作，不断提升学校办学美誉度，学校官方微信开通以来影响力不断扩大，官方微博迈入高校万人粉丝微博行列；持续提升《燕山大学报》、电视台、新闻网等媒体品质，“光影燕大”栏目入选“全国高校优秀网络栏目”；学校外宣工作实现突破，在中央电视台、《中国教育报》、《中国科学报》、《河北日报》、光明网、新华网等重要媒体和网站上刊发外宣稿件200余篇。不断完善支持保障和协助党外人士发挥作用的制度，构建大统战工作格局，为学校发展凝聚了重要力量。机关党委创新党员教育管理方式，建设“特色活动”项目12项；并首次开展共产党员“政治生日”纪念活动，增强了机关党员干部的荣誉感和使命感。启动为会员送生日祝福工作，为全体会员办理市大病医疗互助；协调教职工子女入小学、升初中工作，共为94名教职工子女办理了升学择校，解决了教职工的后顾之忧。积极为老同志落实各类生活待遇，组织各类丰富多彩的文体活动，为他们发挥正能量搭建平台，推动校史与传统宣讲团、教导员志愿者服务团发挥作用。

二、“十三五”规划的完成情况分析

“十三五”规划不能仅限于“开局年”的启动和“收官年”的总结，还应该更加注重“中间年”的过程监控和动态调节。本年度的一些关键指标完成情况良好，但是还需各部门继续努力，争取超额完成任务。

在人才培养方面，招生工作的目标实现率为97.75％，其中，本科一批目标实现率为98.71％，本科三批目标实现率为88.24％，硕士研究生目标实现率为89.15％，博士研究生目标实现率为97.5％。质量工程取得突破，我校课程入选教育部“精品视频公开课”1门，入选“国家级精品资源共享课”2门；获省级优秀博士学位论文8篇，优秀硕士学位论文18篇，分别超过年均6篇、15篇的目标值。

在科学研究方面，我校新增国家自然科学基金项目的年度目标实现率88.9％，理科省部级科研平台建设实现突破。文科新增教育部人文社科项目6项，立项数居省内高校第一；实现了省社科优秀成果奖一等奖的突破。

在我校的国际化短板方面，有关部门不断发力，“十三五”完成情况较好。英文授课

硕士专业达到5个，英文授课博士专业达到3个；友好学校数量达57所，涉及国别22个，提前实现“十三五”规划目标；有实质内容的校际交流项目为12个，目标实现率60%；全年聘请外教数35人，目标实现率70%，其中专业型外教占65.7%，超过50%的目标值。

各位代表，同志们，回望来路，过去一年的成绩可谓来之不易，我校教师数量相对“双一流”大学标准尚有较大差距，教学和管理岗位都承受了巨大的工作负荷。在此，我代表学校向为事业发展披肝沥胆、呕心沥血的全体教职工致以崇高的敬意和衷心的感谢！

在肯定成绩、总结经验的同时，我们也必须清醒地看到学校发展仍然面临着许多困难和挑战：教师编制非常紧张，学校的2300个教职工编制存量已经用完，目前引进的硕博士学历教师仅能以人事代理身份入校工作，极大影响了学校人才引进力度。博士生、硕士生招生指标缺口较大，部分导师分不到博士生，招收硕士生较少，不能适应“双一流”建设需要。现阶段对于校园文化、校园环境等内涵性办学指标的关注程度还不够。校院两级管理体制改革还需要大力推进落实。办学经费的压力仍未解除，目前学校尚有银行债务约2.5亿元，且于今明两年全部到期；学科平台建设、绩效工资调整仍需大量经费，基本建设项目自筹资金部分缺口较大。仍需要争取更加利好的外部机遇，相关部门需要深挖出“省部部”共建能提供的更实惠的办学支持，要时刻关注“双一流”建设的政策变化。同时，我们应该辩证地看待这些困难，外部机遇、人才、经费是大多数高校都在求解的几道难题，如果我们能够智慧地解答好，那么这些挑战就将转化为我们的优势。在建设“双一流”大学的征程中，我们需要进一步形成共识，凝聚智慧，采取积极措施，创造性地破解难题、把握机遇。

三、2017年学校工作的总体要求和重点任务

学校工作的总体要求是：深入学习贯彻党的十八大和各次全会精神以及习近平总书记系列重要讲话精神，认真落实全国高校思想政治工作会议精神，坚持正确方向、坚持立德树人、坚持服务大局、坚持改革创新、坚持内涵发展，不断优化办学环境，提高人才培养质量，提升学校综合实力和核心竞争力，努力在追求“双一流”“双特色”的道路上迈出更加坚实的步伐，以优异成绩迎接党的十九大胜利召开。

在做好日常工作基础上，本年度要重点做好以下工作：

（一）着眼人才质量，切实提高教育教学能力和水平

提升本科人才培养质量。做好本科教学审核评估整改工作。坚持专业教育，优化通识课程，加强人文教育。深入实施OBE教育理念、CDIO教学模式和“卓越工程师计划”，完善三级项目式教学，早日实现国家级教学成果奖的突破。扎实开展工程教育专业认证（评估），推进“本科教学工程”各级各类精品课程、网络开放课程、规划教材等的建设。

完善研究生教育培养体系。启动研究生培养方案修订工作，推进研究生优质课程、案例库、精品教材建设和专业学位论文标准分类制定，做好学位论文抽检与优秀学位论文评选奖励工作。打造优质导师队伍，加强研究生创新创业奖励资助，修订研究生培养

工作量计算办法，推动研究生国际学术交流。

积极发展国际教育。加大招生宣传力度，扩大留学生规模，特别是增加学历留学生数量，力争全年长短期留学生突破 280 人。完善留学生培养方案，扩大全英文授课课程比例，积极引入国外优质教育资源。加强中国文化、法律法规教育，改善留学生学习生活环境。

打造里仁学院品牌。按照“减量提质”总体要求，科学制订招生计划。提高学生创新创业和就业能力，力争毕业生考研录取率保持在 20%以上、就业率保持在 90%以上，学院知名度和影响力进一步提升。

推进继续教育发展。控减招生规模，推进远程教育平台建设。打造精品培训项目，推进机械行业各类非学历教育培训，争取“全国机械行业人才培训中心”在我校挂牌。

提高教师教育教学能力。系统开展教师学习培训、教学咨询服务，鼓励青年教师到行业企业挂职锻炼，争取获评更多省级教学名师，早日实现国家级教学名师奖突破。

深化创新创业教育改革。启用创新创业教育管理与学业指导系统，落实创新创业教育学分认定和双创教育及学业导师制。挖掘校友资源，搭建创新创业实践平台。发挥大学科技园、“创客学院”等大学生创业孵化平台服务功能，扶持师生创新创业。

提高学生体质健康水平。完善课内外一体化大学生体育教育模式，做好《国家学生体质健康标准》测试工作。加强高水平运动队建设，积极参加各级各类体育竞赛，推进“阳光体育运动”。

抓好招生就业工作。稳定本科一批招生规模，积极争取硕博研究生招生计划。开展全方位招生宣传，增加本科优秀生源基地数量，扩大省外招生计划，争取新生录取分数线有新的提高。探索本硕博连读贯通式培养模式。推进就业指导课程建设，邀请校友企业来校招聘，提供精准就业服务。

（二）着眼创新能力，充分发挥学校科学研究和成果转化优势

推进科研组织策划和高水平成果产出。力争在国家科技重大专项、国家重点研发计划等重大项目上取得新突破。获批国家自然科学基金 100 项（重点项目 2～3 项、杰青优青 1～2 项）、国家社科基金 10 项。完成 2～3 项标志性科研成果组织培育，力争获国家科技奖励 1～2 项，省部级和行业科技奖励 20 项、社科奖励 10 项。发表一批 ESI 高被引论文和热点论文，争取 5 项以上咨政研究成果获省部级以上领导肯定性批示。全年科研总经费达到 5 亿元。

优化科研管理体制机制。完善激励创新的分配制度，管理使用好劳务费、间接经费和结余经费，规范科研行为，激发广大科研人员的创新活力。建立有利于跨学科合作、有利于体现成果学术创新和应用价值的分类评价体系。

强化科研平台建设。确保国家地方联合工程研究中心通过验收、7 个河北省重点实验室（工程技术研究中心）通过评估、“微结构材料物理实验室”通过河北省重点实验室可行性论证。推进智库建设，围绕京津冀协同发展、“一带一路”发展倡议，提高咨政建言能力和社会贡献力。

推动国防军工科研发展。强化国防军工科研管理，推进质量管理体系扩项和装备承制单位资格认证。加强国防科研基础设施和平台建设，培育申报国防科技创新团队，谋划恢复我校国防生招生资格。

加强协同创新和科技成果转化。全力做好“重型机械协同创新中心”申报国家级协同创新中心的认定工作，确保省级协同创新中心通过验收。提升专利授权数量质量，推进高端装备产业技术研究中心内涵建设，搭建产学研合作平台，提高科技成果转移转化成效。

（三）着眼核心竞争力，统筹推进“双一流”建设

强化一流学科体系建设。加大3个河北省“世界一流学科建设项目”建设力度，做好申报工作，全力争取机械工程、材料科学与工程2个学科进入“世界一流学科”建设序列。重点提升4个河北省“国家一流学科建设项目”学科实力，尽快达到国内一流水平。重点培育6个第三层次学科，尽早建成省内一流学科。

构建支持一流学科发展机制。开展ESI数据跟踪和学校ESI学科分析工作。继续做好教育部第四轮学科评估工作。启动新一轮学位点申报，争取新增2～3个博士学位授权一级学科，5～6个硕士授权一级学科，实现我校人文社科学科博士点的突破。

（四）着眼一流师资，扎实推进人才强校战略

实施高层次人才建设工程。力争实现我校院士零的突破。力争新增“长江学者”“万人计划”等国家级高层次人才1～2人，在国内有一定影响的创新团队2～3个。

提升师资队伍整体水平。加大海内外优秀青年博士引进力度。开展第四批“新锐工程”评选。鼓励青年教师到国内外知名高校攻读学位或访学研修。扩大博士后招收规模，做好博士后流动站申报、综合评估和各类博士后基金申报工作。加强实验队伍、管理队伍和其他专业技术人员培养，拓宽职业发展空间。

推动以激发人才活力和办学活力为目标的各项改革。全面推进校院两级管理体制改革，稳步推进学科专业整合优化、人事分配制度改革，研究制订综合改革方案。做好专业技术职务评审工作，探索使用劳务派遣用工方式，开展在职人员养老保险和职业年金缴存工作。

（五）着眼开放办学，大力加强国内外交流与合作

深化国内共建合作。积极推进省部部局四方合作共建，为学校发展争取更多支持。与秦皇岛市进行全面对接，与行业龙头骨干企业开展协同合作，与北京理工大学、“北京高科大学联盟”成员推进深度合作办学。加强校友工作，建立健全校院两级校友工作体系和服务平台。完善小额捐赠，争取实现大额捐赠的突破。

提升国际化办学水平。争取与更多“一带一路”沿线国家和地区高校开展多层次多领域务实合作。深化拓展与发达国家高校及科研机构的合作交流。积极申报国家学科创新引智基地（“111计划”）等外专项目，加强外籍教师引进，加大师生外语培训力度。举办第三届亚稳材料国际研讨会，提高学校国际学术声誉和国际影响力。

（六）着眼硬环境改善，启动实施“美丽校园建设三年行动计划”

加强校园基本建设。完成新图书馆装修装饰，力争年底前全面竣工。完成学生公寓（12、13组团）建设，争取秋季学期建成投入使用。启动学校中西部高校基础能力建设工程二期、多功能风雨操场、游泳馆、康养人才培训中心等项目建设，推进校史馆建设，研究留学生公寓建设方案，完成燃煤锅炉、开闭所、纳米能源研究中心一期用房、世纪楼外立面等维修改造项目。

提高后勤保障能力。进行学生公寓维修，改善学生住宿条件。优化食堂就餐环境，继续引进大型餐饮公司经营管理。做好社区综合治理，建设和谐社区。

加快信息化校园建设。构建网上办事大厅，推进校园云平台、校园一卡通二期工程和公共区域无线网络建设，完成校园网主干网络、网络楼宇交换和出口核心设备升级。加快档案数字化、信息化进程，不断提高档案编研水平。

（七）着眼软环境提升，重点推进精细化管理和专业化服务

完善内部治理机制。不断完善以章程为统领的制度体系。健全以学术委员会为核心的学术治理体系。强化机关效能建设，推行权责清单制度。加强督查督办工作，确保学校重大决策和重点工作落实到位。完善信息报送机制，力争信息上报国家级层面取得新突破。做好“十三五”规划实施年度监测评估，加强学校重大现实问题应用对策研究。

加强财务管理和审计监督。设计基于内部控制的信息化流程，推进财务信息化建设。创新融资方式，适时启动燕大学术交流中心等 PPP 项目，保障学校重点项目建设资金。加大对重点领域、关键环节的审计与督查力度，健全整改跟踪机制。

强化国有资产监管。继续开展学校经营性资产清查，完成产权登记。加快推进参股企业股权划转和“僵尸企业”处置工作。促进经营性资产安全完整、保值增值。做好燕大西苑土地出让金差价补缴及土地证办理工作。

优化资源配置。推进大型仪器设备开放共享，加强公用房信息化管理，推进科研用房有偿使用。规范政府采购项目各项流程，加强采购过程管理和合同执行管理。

提高图书文献和期刊出版水平。开展学科情报分析，提升新媒体环境下图书馆服务水平。着力提高“三刊”质量和学术影响力，力争进入更高层次期刊评价平台。进一步提高出版社的社会效益、经济效益和核心竞争力。

（八）着眼方向引领，全面加强和改进学校党建和思想政治工作

迎接党的十九大胜利召开。出台我校加强和改进新形势下思想政治工作的实施意见。严格落实“四个合格”目标要求，扎实推进“两学一做”学习教育。开展主题教育活动，重点宣传党的十八大以来取得的伟大成就。认真学习宣传贯彻党的十九大精神，凝聚推动发展的强大合力。

强化意识形态和宣传思想工作。加强网络舆情的监测、研判和引导，落实意识形态工作责任制。完成校园网主页改版，加强信息发布管理。构建新闻宣传工作大格局，加大外宣力度，建立新媒体联盟，加强新媒体建设管理。

加强领导班子和干部队伍建设。健全党委领导下的校长负责制，严格执行“三重一大”决策制度。制定干部兼职管理办法，抓好公车改革，继续抓好出国（境）、办公用房、公务接待、会议管理、婚丧喜庆、请销假、请示报告等方面制度执行。优化干部考核测评方式，落实干部问责办法。

提高基层党建工作质量。完善学院党政联席会议制。开展基层党建工作述职评议，推进全面从严治党向基层延伸。强化党务工作培训，加强教师党支部建设。深化“熔淬工程”，抓好“一计划三行动三平台”建设，打造有影响力的党建品牌。

推进党风廉政建设。加强校园廉洁文化建设，营造良好政治生态。深化巡视整改，持续开展自查自纠工作。出台我校落实党内监督条例实施细则，健全校内巡视检查机制，聚焦重点领域，完善内部控制与监管，推行权力清单制度。聚焦主责主业，落实我校实践“四种形态”暂行办法，强化监督执纪问责，坚决查处违纪违法行为，实行“一案双查”。

提升大学生思想政治教育管理实效。深化思政课教学改革，发挥思政课育人功能，推进“翔燕工程”，强化校园网络借贷、电信诈骗等安全教育，深化行为养成教育，选树先优典型。构建“教师引导、朋辈引领”网络思想政治教育工作新机制。做好大学生征兵和军训工作。完善资助育人体系，实现精准帮扶。健全大学生心理健康教育工作体系。

落实文化引领战略。扎实开展校园精神文明建设，提高学生课堂出勤率、抬头率和点头率。普及“燕大校歌”，丰富“燕大精神”内涵，增强师生的认同感和归属感。深度发掘学校历史积淀，讲好“燕大故事”。制订学校2017年度文化建设实施方案，开展第四批基层单位文化建设立项工作。

做好统战、群团、离退休工作。健全统战工作机制，成立燕山大学归国学者联谊会，举办京津冀高校党外人士学术交流活动，不断扩大学校影响力。做好教代会提案办理落实工作，完善多维度服务教职工关爱体系。完善社会实践项目化管理模式，完成好大学生志愿服务西部计划和中国青年志愿者研究生支教团工作。建设好老同志发挥作用和开展活动的平台，激励老同志为学校事业发展贡献正能量。

维护校园安全和谐稳定。推进安全隐患网格化管理，加快校园视频监控平台建设。建设实验室化学废弃物中转站，加强化学废弃物管理。完善保密防范工作机制。健全应急处理突发事件快速反应机制。拓展校地合作共建机制，建设平安校园。

各位代表，同志们，大学办学如同逆水行舟，不进则退，2016年举办的一系列“双一流”专题研讨会让我们的目标和思路更加清晰。我校虽然被确定为河北省重点支持的“双一流”建设高校，但是考虑到经济发达省份的大量投入和兄弟高校的迅猛发展势头，我们必须要有强烈的危机感和更加奋进的竞争精神。我们要有描绘“百年目标”和“燕大梦”的自信和勇气：在建校百年的时刻，我们要成为拥有世界一流学科的中国一流大学；在独立办学百年的时刻，也就是21世纪中叶，我们通过持续的努力和积累，将燕山大学建成世界名校。

“稳”是大局和基础，“进”是方向和目的，二者相辅相成、相得益彰。有了“稳”，才能更有效地推动“进”；有了“进”，才能在更高水平上实现“稳”。2017年是落实“十三五”规划的第二年，要以稳中求进的平衡感和奋发有为的精神状态，谋划好、落实好今年工作，并不断创造出亮点与奇迹。让我们牢牢把握住“双一流”建设的宝贵契机，凝心聚力，振奋精神，为把我校建成特色鲜明的中国一流大学而奋力拼搏！

聚焦内涵建设，着力高质量发展，奋力开启新时代“双一流”建设新征程

——燕山大学八届三次教职工代表大会工作报告

（2018年1月12日）

各位代表，同志们：

历史新起点，气象再更新，党的十九大胜利召开，为新时代中国特色社会主义建设指明了方向。这种举国振奋的美好心情也感染和影响了每一位燕大人，我们自觉增强“四个意识”，坚决维护党的集中统一领导，努力将十九大精神内化于心，外化于行。今年的教代会就是在这样的背景下召开的，我们共同梳理2017年的收获与不足，开始2018年的拼搏与进取。

受学校委托，我向燕山大学八届三次教职工代表大会作工作报告，请予审议。

一、2017年的工作回顾

岁月不居，时节如流，我们走过了心潮澎湃的2017年。这一年，学校不乏亮点，在院士培养、国家科技奖励、校园环境等方面都可圈可点；但是也有遗憾，我们在学科评估中拿到了河北省唯一的A类学科，却与“世界一流学科”建设序列失之交臂。我们需要总结成绩，分析短板，凝聚力量，开创未来。

（一）拔尖人才培养实现重大突破

田永君教授当选中国科学院院士，实现了我们多年期盼的院士零突破；彭艳教授入选第三批国家“万人计划”科技创新领军人才序列；赵丁选教授作为教育系统唯一代表当选河北省首届“军民融合十大人物”；华长春教授当选“长江学者”，赵智胜教授获评国家优青。我校毕业生也取得杰出成就，78级校友丁薛祥同志当选十九届中央政治局委员、中央书记处书记，76级校友张春贤同志继续当选十九届中央委员会委员；我们的本硕博校友黄庆学教授当选为中国工程院院士；87级校友胡坤同志入选“万人计划”科技创业领军人才序列。

（二）立足专业认证，加强本科人才培养

以落实本科教学审核评估整改为契机，推动6学分“创新创业教育”课程实施，自2017级学生开始实行学分制管理；土木工程专业取得有效期6年的优秀认证结果，车辆工程等5个专业获得2018年认证资格；完成第四届教学奖评选工作；以教学午餐会和技能工作坊等形式，完善教务管理和教师发展的柔性工作机制。

我校在中国高校创新人才培养暨学科竞赛评估中排名第63位；获批教育部首批99所创新创业示范高校；获河北省第七届教学成果奖一等奖2项，新增省级教学名师2人；在高校工程应用技术教师大赛中获一等奖1项；在一类竞赛中获国家级一等奖9项、

二等奖9项。夏怀成教授获评“国创计划十周年”最佳导师奖。

(三)立足“顶天立地”,提高科技创新竞争力

理工科方面,张福成教授成果获国家技术发明奖二等奖;学校获河北省科学技术奖一等奖3项、中国机械工业科技奖一等奖3项、中国石油和化学工业联合会科技奖一等奖1项;获批国家自然科学基金62项、获批省自然科学基金72项,毕卫红教授主持的国家重点研发计划获批立项。8个河北省重点实验室通过评估,4个省级平台通过评审拟立项建设;三大检索论文收录1889篇,较2016年增加199篇,增幅12%。

文科方面,获批国家社科基金、教育部人文社科项目14项,获批其他省部级项目53项;黄晟研究员关于河北高等教育发展和雄安新区建设的3篇咨政报告被《河北智库报告》采用,分别获得省长许勤同志批示2次、原省委常委田向利同志批示1次。“河北省设计创新与产业发展研究中心”被列入省重点培育智库序列,25份咨政报告得到市委市政府主要领导批示。

(四)立足高原高峰,夯实下一轮“双一流”遴选基础

打造工程学、材料科学两大学科群,启动实施三大发展计划。在全国第四轮学科评估中,我校机械工程学科进入全国排名前10%,为河北省唯一的A类学科;材料科学与工程进入全国排名前20%,为河北省3个进入B+类的学科之一;3个学科进入全国排名前30%,位于河北省的13个B类学科行列,上述学科较第三轮学科评估结果均有提升。近日,教育部学位管理与研究生教育司官方网站发布了2017年学位授权审核结果公示,我校工程博士、工商管理、物理学、力学四个博士学位授权点通过条件复核和专家审议。这意味着我校的博士学位授权点数量将升至15个。本次授权点申报责任重大,任务艰巨。特别是工程博士专业学位授权点的申报对学校工程教育意义非凡,这是国家首次以申报评审的方式增列工程博士专业学位授权点,本次全国通过评审的仅16所高校,我校位列其一。其他3个博士学位授权点的成功增列也进一步优化了我校博士学位授权点布局。

组织参加研究生创新竞赛,获得国家级一等奖2项、二等奖11项。13篇被国务院学位办抽检的博士论文全都合格,至此,我校连续7年、共被抽检75篇博士论文全都合格;在全省参评的27篇博士学位论文和152篇硕士学位论文中,我校分别有7篇、28篇被评为优秀博士、硕士学位论文。

(五)立足改革试点,推动二级管理进一步深化

通过努力争取,我校获批省属高校编制改革试点单位和职员制试点单位,为学校推动二级管理和激发办学活力奠定了基础。采取“组合拳”建立防治“吃空饷”长效机制,平稳完成年度各级专业技术职务评审及初聘工作。

新增国家级人才6人、省级人才25人,引进海内外高层次人才8人,招聘专业教师47人,招聘专技人员7人、实验员9人、专职辅导员10人。

(六)立足提质增效,把握生源和就业两大关键环节

录取本科生6345人,较2016年增加225人;录取硕士研究生2162人、博士研究生172人,硕博士招生人数均居河北省高校首位。本科招生方面,普通理工类有12个省份录取分高出一本线60分以上；本科高出一本线60分以上人数达到74%。

被人社部列为年度部属重点招聘计划巡回站点，为人社部首次在河北省属高校设立的站点。春、秋两次大型就业洽谈会共有1677家用人单位参会，举办校园专场招聘会602场次，提供37685个就业岗位；就业微信公众号关注度位列全国高校第三位。

（七）立足以德为先，不断提高学团工作水平

王银思老师荣获第六届全国高校辅导员职业能力大赛冠军，我校成为全国唯一两次夺得该赛事冠军的高校。为毕业生上好最后一课，通过精心组织使毕业典礼更具新意、更富情怀、更有温度。

校团委获团中央“暑期‘三下乡’社会实践活动”优秀单位称号；入选团中央“小平科技创新团队”科技项目1项；在2017年“挑战杯”课外学术科技作品竞赛中，获得国家级二等奖3项、三等奖2项、累进创新奖银奖1项；打造了共青团系统的全生态型闭环“456”工作体系。

（八）立足品牌建设，抓好独立学院和继续教育工作

里仁学院录取新生1250人，二本上线率97%，较2016年提高了9%；在中国校友会网独立学院排行榜上位居第6位，在多项排名中稳居前十名。里仁学院主动作为，全年处理安全隐患216项；顾全大局，选拔推荐32名辅导员、教师、行政人员到校本部工作。

优化继续教育招生结构，增加本科招生专业10个，减少专科招生专业8个；获批“全国机械行业产教协同创新人才培养基地”；承接省委组织部干部培训，完成1112人的非学历教育任务。

（九）立足国际教育，推动国际化程度日益提升

成功申获“丝绸之路”中国政府奖学金项目，完成第一届汉语国际教育硕士招生工作。留学生招生总数、生源层次均创历史最优，全年留学生数达393人次，较2016年增加100人次；现有在校留学生195人，其中博士留学生22人、硕士留学生52人、本科留学生33人，巴基斯坦政府奖学金学生79人、其他语言生9人。

举办首届国际交流与留学项目展示会；完成首批12名赴澳进行专业学习的学生派出工作；深化与托力多大学合作，互派师生到对方学校工作学习；协助各学院承办大型国际会议4次；完成学校新版英文网站上线工作。

（十）决策咨询作用凸显，资金使用效益提高

完成学校综合改革方案征求意见稿；编印《决策参考》，发布“高教动态”300条；跟踪分析ESI排名并编印《高教研究简报》；与国际大学排名机构建立联系，我校首次上榜US News世界大学排名；2个学科入选软科“世界一流学科排行榜”；在软科发布的世界大学排名榜单中，我校国内排名位于80～91，世界排名位于701～800，为国内46所有望入围世界500强的潜力高校之一；承办中国高教学会学习科学分会年会；全年撰写咨询报告20余篇共计20万字。

安排财务人员到西校区开展现场报账；为节约学校行政经费支出，制定出台交通费管理暂行规定；设法筹集各类专项资金11391万元，保障供暖入网等重点项目实施；推动康养人才培训中心项目进入实施阶段。

（十一）校园环境大幅改观，校办产业运行平稳

完成世纪楼外立面改造、西校区学生公寓主体工程、东校区四条道路维修等项目，启动新图书馆装修施工，稳步推进综合实验训练中心、游泳馆、多功能风雨操场等项目；圆满完成供暖管网及换热站改造，保障了我校4万师生冬季取暖；完成两家大型餐饮公司的引进，餐饮服务质量明显提高，“大榕树餐厅”获得网络热评；第一幼儿园通过“4A”评估验收，第二幼儿园办理完成公办园手续。燕大宾馆通过微信营销、与美团网合作等方式提升经营效益，保障了学校重大活动和会议的接待工作。

产业集团完成清产核资和芜湖燕大润伟公司清算等工作；补缴土地出让金，解决燕大西苑住宅部分土地证办理问题；保证校园快递中心的平稳运营。出版社全年出版图书141种，实现码洋1529万元，同比增长约4%；重大文化出版工程《燕赵文库》首批图书在河北省新闻发布会上隆重首发；服务学校教学科研与文化建设，出版《燕山大学知名学者学术文库》等图书。

（十二）教辅工作硕果累累，精细化管理效果显现

图书馆荣获“河北省高校图书资料先进集体”称号，获河北省高校校园文化建设成果奖一等奖1项，开展了多项受到师生好评的服务创新活动。信息技术中心荣获“河北省校园网络安全工作先进集体”称号，搭建了校级高性能计算公共服务平台；做到随时在线排除网络故障。通过主动服务，档案馆接收往年积压应归档案材料3万余份；成立了陕西校友会、黑龙江校友会，推动近70家校友企业回校招聘；共募集资金212.7万元。《燕山大学学报》影响因子较上年度提高43%达到0.888，《燕山大学学报（哲学社会科学版）》改版为双月刊。

将安保和消防控制室服务外包，大幅度提升工作效率；协调交管部门开通文昌路路口交通信号灯。处置历史积压资产2800件（套），回收报废设备数量约3300台（套）；加强对实验室的管理和检查。科技园组织我校创业团队申报市大学生科技双创资金，获批32项、资金总额174万元；创客学院在市众创空间绩效评价中排名第一，获奖补资金支持。

（十三）工资福利持续提高，职工获得感和幸福感增强

2017年，在面临巨大经费压力的情况下，学校努力确保教职工待遇稳中有升。综合全年各类工资福利项目，学校共计增加支出约1.07亿元，其中，在职职工8019万元，年人均增加3.4万元，离退休人员2647万元，年人均增加2.4万元。

为全校在职教职工和离退休人员发放2016年度精神文明奖1872万元；为离退休人员发放2015年度离退休生活补助481万元；2017年7月开始为离休干部增加护理费7万元；2017年1月调整了在职职工公积金缴存基数，全年增加支出359万元；2017年7月为全校在职事业编制教职工缴存养老保险和职业年金，增加支出3060万元。

今年，即将发放2017年度离退休人员年终一次性慰问金266万元，比上年度增加24万元；2017—2018年度取暖补贴2433万元，比上年度增加30万元；向教职工发放2016年度目标绩效管理考核奖励和平安建设考评奖励6705万元，其中，向离退休人员一次性发放2105万元，向在职职工逐月发放4600万元。

（十四）学习落实“十九大”精神，党建思想文化工作层次明显提升

统筹协调省委巡视整改、组织开展学校“不作为、乱作为、慢作为”问题专项清理、研究制订学校综合改革方案、完善学校“三重一大”决策程序制度、健全重点工作督查督办机制等一系列重要工作，坚持全年每个工作日编辑推送《高教要情》共 200 余期；组织协调了全校性大型活动 40 余次，加大力度清理了 8 起年代较远的信访积案。以“熔淬工程”为抓手推进“两学一做”学习教育，获河北省高校党建研究成果奖一等奖 2 项；组织 74 名处级干部参加了在上海交大举办的改革发展专题研修班。配合省委巡视组开展巡视工作；组织开展“小金库”治理、“一问责八清理”、“微腐败”专项整治、准则条例贯彻执行情况监督检查等四个专项行动；完成了对部分校属单位的年度财务收支、内控情况审计。在全校营造了学习宣传贯彻十九大精神的浓厚氛围；利用报网台和新媒体紧密服务学校中心工作；稳步推进校史馆建设；对外宣传工作实现新突破，精准脱贫等工作被《人民日报》、新华网、光明网、《工人日报》等中央级媒体和重要影响力平台专题关注报道。

张福成教授《关于完善立法，加强监管，规范我国外籍教师聘任与管理的提案》获全国政协优秀提案表彰；健全工作机制，全力以赴做好民族宗教工作；持续开展“党委出题、党外调研”活动，形成 9 篇高质量调研报告。开展“亮身份、亮职责、亮承诺”活动，机关形成挂牌上岗新气象；举办“同过政治生日”活动，激发党员荣誉感；第五届机关文化节以文化人效果明显。荣获全国“厂务公开民主管理先进单位”荣誉称号，这是我校在该领域获得的最高荣誉；开展行政人员职业技能培训；共为 107 名教职工子女办理了升学择校。大力推进文化养老，老年大学开设多种课程、各类协会组织多样活动、艺术团下乡演出、举办文艺汇演和书画展等活动；积极发挥老干部作用，老干部校史与传统宣讲团自秋季学期以来累计为新生作报告 24 场，受教育学生达 7000 余人。

二、“十三五”规划达成度和机遇挑战分析

“十三五”规划绝不是嘴上说说、纸上画画、墙上挂挂，只有继续撸起袖子加油干，才能将规划蓝图变为现实。规划设立了 25 项关键指标作为观测点，有 7 项已经提前完成，其他指标进展正常。但也有个别指标进展缓慢，希望责任部门认真对照指标体系，分析原因，尽快采取有效措施，补齐短板。

人才培养方面，本硕博招生都完成或超额完成年度目标；本科毕业生初次就业率为 95％，超过 90％的目标线；研究生在校生数 8053 人，超额完成规划目标，目标完成率 111％。科学研究方面，科研经费总额、国家自然科学基金、国家社会科学基金的目标完成率分别为 77％、70％、75％；在国家级和部委专项项目方面实现了多项零的突破，地方政府关注度较高的咨政贡献度也大幅度提升。学科建设方面，第四轮学科评估结果超额完成了规划目标；新增一级学科博士点 4 个，超额完成规划目标，新增一级学科硕士点 5 个，完成规划目标，新增 1 个金融硕士专业学位授权类别，目标完成率为 33％。2017 年的省级优秀博士、硕士学位论文数量均居省内高校首位，完成并远超年均 6 篇、15 篇的目标值。国际化方面，友好学校数量达到 81 所，涉及国别 22 个，有实质内容的校际交流项目 30 个，均提前超额完成规划目标；英文授课硕士专业 11 个，英文授课博士

专业 3 个；选派 260 名师生赴外交流，远超 70 名的预定目标；长短期留学生规模 393 人，其中学历生 107 人，目标完成率分别为 79％和 42％，国际化方面的短板仍需重点突破。如果不严抓落实，再美好的规划也是空中楼阁，我们必须一件一件抓落实，一年一年抓成效，踏石留印，抓铁有痕，才能积小胜为大胜，积跬步至千里。

各位代表，同志们，在大家的共同努力下，学校取得了一系列成绩。成绩的取得，离不开全体师生员工的辛勤劳动与拼搏奉献。在此，我代表学校向全体教职工致以崇高的敬意和衷心的感谢！

在肯定成绩、树立信心的同时，我们也必须要客观、理性地分析学校当前面对的两大困难和挑战。一是“双一流”建设难度增大：我们从宏观办学环境中获得的支持不足；我们的士气会受到一定程度的影响；在未来几年的建设周期内，我们在经费支持上有可能与入围高校拉开距离。二是经费紧张：近两年办学的人员成本增幅较大；部分基本建设项目自筹资金部分缺口较大；一些高水平的“双一流”项目需要经费支持；银行债务 2.5 亿元于 2018 年全部到期。

困难总是存在，但我们仍有一定的基础、实力和优势，学校现在最需要三种精神，即奋斗精神、改革精神、团结精神。奋斗精神：真正的浪漫在于坚持，真正的英雄不畏困境。我们的发展确实受制于很多客观因素，但这些都不是理由，只有平庸的人才会把失败归结为他人。无数案例告诉我们，主观能动性将会在福祸转换的过程中发挥决定作用，我们再艰苦也不会苦过南迁初期的白手起家，更不用说红军长征，所以奋斗的精气神是我们取胜的最大法宝。改革精神：中华民族的伟大复兴不是轻轻松松、敲锣打鼓就能实现的，燕山大学的再次崛起也不是通过坐等靠要、墨守成规就能实现的，相反，我们要尽锐而出、革故鼎新，我们制定政策时要仰望星空，要对标国内“双一流”高校，最大限度地激发高端人才、管理人员、一线教师的创造力和活力，用“双一流”目标导向去倒逼、统筹和梳理各项工作，将十指握成两只战斗的铁拳。团结精神：同志们，同富贵的好日子谁都会过，考验人性的是能否同患难，悲观、失望、抱怨的情绪除了制造负能量别无他用，学校现在需要的是荣辱与共的情怀和自强不息的精神，我们要放弃小的分歧，谋事做事从大局出发，与学校同甘共苦、和衷共济，唯有如此，我们才能携手并进、共享荣光。

三、2018 年学校工作的总体要求和重点任务

2018 年学校工作的总体要求是：深入学习贯彻党的十九大精神，以习近平新时代中国特色社会主义思想为统领，切实加强党对学校工作的全面领导，按照稳中求进、内涵发展的总基调，着眼“四个服务”，坚持正确方向、落实立德树人、深化改革创新、优化办学环境、大力提质增效，不忘初心、牢记使命、精准发力、攻坚克难，着力提升学校核心竞争力和综合实力，坚定不移地推动高质量发展，奋力开启新时代全面建设特色鲜明一流大学的新征程。

在做好日常工作的基础上，本年度要重点做好以下工作：

（一）全面落实立德树人根本任务，着力提高教育教学质量

提升学生思想政治教育管理水平。落实《高等学校马克思主义学院建设标准》。修

订完善学生管理规章制度。加强国防、安全、行为养成和新生入学教育。提高课堂出勤率、抬头率，推进学风、校风建设形成长效机制。充实思政工作力量，推动辅导员队伍专业化、职业化建设。

提高本科人才培养质量。强化人才培养统筹规划和顶层设计。完善三级项目式教学，推进学分制改革。加强各类教改项目资源整合和总结凝练，争取早日实现国家级教学成果奖的突破。抓好本科教学审核评估后续整改工作，以新工科建设为契机调整优化专业结构，积极开展专业认证与评估。

深化研究生培养机制改革。做好2018版研究生培养方案修订工作。以项目为依托，推进研究生示范课程、案例库、教材建设以及教育教学改革。改革评教制度，力争获更多优秀硕博学位论文。完善研究生奖助政策，重点对标志性成果进行奖励。

加强留学生教育管理。拓宽招生渠道，发挥来华留学生奖学金项目等激励作用，适当增加自费生招生比例。扩大全英文授课课程比例，积极引入国外优质教育资源。深入实施“彩虹计划”，推动中外学生交流互通。

推进里仁学院和继续教育“减量提质增效”。提升里仁学院学生创新实践能力和就业能力。探索里仁学院国际化办学新模式。缩减继续教育招生规模，积极开展非学历教育培训，重点扩大康养、智能制造等行业培训，拓展干部、专业技术人员等高端培训。

提升教师教育教学能力。系统开展教师学习培训、交流研讨活动，加强教学研究。完善青年教师成长档案。力争早日在国家级教学名师和团队上取得突破。强化教师教学支持服务体系建设，加强评价结果应用。

深化创新创业教育改革。推进创新创业教育学分认定和双创教育及学业导师制。鼓励青年教师到行业企业挂职锻炼。推进“大学生创新创业训练计划”，大力支持学生参加各级各类赛事。利用大学科技园、“创客学院”等大学生创业孵化平台服务功能及政策资源，扶持师生创新创业。

提高学生身心健康水平。加强健康教育、健康实践和健康教育教学能力建设。推进“阳光体育运动”，丰富师生体育文化生活。加强高水平运动队建设。增强学生心理健康教育的针对性和有效性。

抓好招生就业工作。稳定本科一批招生规模，努力争取硕博研究生招生计划。深化招生宣传队伍和优质生源基地建设，扩大省外招生计划。努力增加推免研究生名额，举办优秀大学生暑期夏令营。推进就业指导课程建设，积极开拓就业市场，引导和鼓励毕业生到西部和基层工作。

（二）统筹推进“双一流”建设，着力提高学校核心竞争力

加快推进一流学科建设。完善和实施我校的发展规划与建设方案，坚持突出重点、精准支持、统筹推进建设原则，实施ESI排名提升计划、学科水平提升计划、国家科技一等奖培育计划，积极打造机械工程、材料科学与工程学科高峰，建设博士学位授权学科高原，力争在国家“双一流”建设的关键指标上早日实现突破。

构建支持一流学科发展机制。完成学科优化整合工作。做好学位授权点合格评估和专项评估。启动一流学科交叉创新团队建设项目，集中力量加快建设高压科学研究中心、纳米能源研究中心和军民融合领域具有代表性和展示度的重大科技创新平台。

（三）全力服务创新驱动发展战略，着力提升科研品质和社会服务水平

深化科研管理体制改革。推进科研领域“放管服”改革。加强科研项目的全过程管理，简化优化科研经费报销程序。将考核与奖励管理权限下放学院，激发广大科研人员的创新活力。

加强科研组织策划和高水平成果产出。在大科学工程、国家重大重点项目和奖项方面加强组织策划，力争在国家重点研发计划、国家科技重大专项等重大项目上取得新突破。获批国家自然科学基金100项（重点项目2～3项、杰青优青1～2项）、国家社科基金10项。完成2～3项标志性科研成果组织培育，力争获国家科技奖励1～2项，省部级和行业科技奖励20项、社科奖励10项。发表一批ESI高被引论文和热点论文。

推进高水平科研平台建设。确保亚稳材料制备技术与科学国家重点实验室通过评估。加强哲学社会科学研究，制定新型智库管理办法，提高咨政建言能力和社会贡献力。

推动国防军工科研发展。筹备武器装备科研生产单位保密资格认证、质量管理体系认证机构转换、装备承制单位资格认证等工作。积极承担国防重大科研项目，提升服务国防军工水平。

强化学研产协同和科技成果转化。构建以创新驱动为引导、校地企广泛参与的学研产协同创新机制。做好各级协同创新中心认定申报工作，推进高端装备产业技术研究中心、燕山大学齐齐哈尔产业发展研究院实质运行。

（四）扎实推进人才强校战略，着力打造一流师资队伍

推进高层次人才队伍建设。加大对校内人才的支持和激励。做好院士等高端人才培育工作，力争在“长江学者”“万人计划”等国家级高层次人才和创新团队建设上取得新进展。

提升师资队伍整体水平。加大海内外优秀青年博士引进力度。鼓励和支持优秀青年教师到国内外知名高校攻读学位或访学研修。做好博士后流动站申报、综合评估和各类博士后基金申报工作。认真抓好管理队伍职员制改革试点，加强实验队伍和其他专业技术人员培养。

深化人才发展体制机制改革。做好专业技术职务评审工作。继续清理长期不在岗人员，全面推动教师管理信息化。推进教师分类管理、分类发展，建立以体现岗位绩效为核心的职务业绩奖励体系，逐步建立教师流转退出机制。

（五）大力加强国内外交流与合作，着力提高开放办学水平

深化国内共建合作。推进省部部局四方合作共建。积极服务京津冀协同发展和雄安新区建设，与秦皇岛市进行全面对接，与“长三角”“珠三角”等地开展校企合作，与“北京高科大学联盟”成员等推进合作办学。继续做好围场县驻村帮扶工作。推动各地校友会建设，积极开拓办学资源。

加快国际化办学。与“一带一路”沿线国家有关高校和科研机构开展多领域多层次务实合作。用好孔子学院平台，推动我校与美国托力多大学深入合作。落实我校与国外大学的各项协议，做好国家留学基金委各类资助项目的选派工作。

（六）全面深化内部治理体制改革，着力提高精细化管理和专业化服务水平

完善内部治理机制。推进学校综合改革方案落实，重点完成校院两级管理体制改革、人事分配制度改革和学科专业整合优化。优化调整学校内设机构。落实学校深化机关作风整顿、推进精细化管理和专业化服务实施方案。建立机关效能建设长效机制，成立工作研讨沙龙。

构建现代大学制度。出台学校规章制度制定程序管理办法。完善以学术委员会为核心的学术治理体系。强化督查督办，确保学校重大决策部署落实到位。提高信息报送的数量、质量和时效性，推进信息公开。做好学校“十三五”规划实施年度监测评估，加强学校重大现实问题应用对策研究。提高学校面向社会依法自主办学能力。

强化财务管理和审计监督。科学编制财务预算，提高资金使用效益。提升筹融资能力，积极争取财政资金和“竞争性拨款”，加强银校合作，有选择地推进引入社会资金。鼓励二级学院积极创收。加大对重点领域、关键环节审计监督力度。

加强经营性国有资产监管。完成对所有校办企业的资产清查，切实解决未计对外投资、产业集团专家公寓、学校账实不符等问题。处理好燕大地产遗留问题。加快推进参股企业股权划转和“僵尸企业”处置工作。

优化资源配置。逐步对公共资源实行分类管理、统一调配、有偿使用。推进科研用房有偿使用，加强大型仪器设备开放共享。探索建立采购信息管理平台。推进学校资产全生命周期管理。

（七）努力改善办学条件，着力建设美丽校园

推进校园基本建设。完成新图书馆装修装饰及室外配套施工工程。完成学生公寓12和13组团建设。推进中西部高校基础能力建设工程二期、多功能风雨操场、游泳馆、康养人才培训中心等项目建设。实施2018年规划项目和校园维修改造计划项目。

加快信息化校园建设。完成网上办事大厅、数据中心等信息化校园一期建设项目。推进校园视频监控平台建设。创建教师个人主页系统。开展信息系统安全等级保护工作。加快档案数字化、信息化进程，不断提高档案编研水平。

提高后勤服务保障能力。进行学生公寓维修，加强餐饮服务、学生公寓管理；加强节水、节电等节能管理，杜绝长明灯、长流水等浪费现象。规范校园经营服务网点，做好社区综合治理。办好幼儿园，提高校园基本医疗服务水平。

提升图书文献和期刊出版水平。提高文献资源保障能力，做好新图书馆搬迁各项准备工作。对标北大核心期刊新的评价体系，着力提高三刊质量和学术影响力。多出精品力作，进一步提高出版社的社会效益、经济效益和核心竞争力。

（八）切实加强党的全面领导和党的建设新的伟大工程，着力推动全面从严治党向纵深发展

学懂弄通做实党的十九大精神。弘扬马克思主义学风，让十九大精神真正入脑入心。继续推进“两学一做”学习教育常态化制度化。

开展“不忘初心、牢记使命”主题教育。以处级以上领导干部为重点，认真开展主题教育，力戒形式主义，在做实上下功夫。

做好学校第四次党代会筹备和组织工作。做好学校第四次党代会各项筹备和组织工作，把全校师生员工的智慧和力量凝聚到加快建设特色鲜明的一流大学的伟大实践上来。

加强思想政治建设。落实学校党委关于加强和改进新时代思想政治工作的实施意见。加强和规范党内政治生活特别是基层党组织生活。落实校院两级党委中心组学习和师生政治理论学习制度。成立党委教师工作部，统筹教师思想教育和管理服务工作。隆重纪念改革开放40周年。

抓好意识形态和宣传工作。坚持定期研究、报告意识形态制度。做好网络舆情的监测、研判和引导，牢牢掌握意识形态工作领导权、话语权。开展宣传师德典型、学术诚信教育等活动。抓好反邪教工作，坚决抵御和防范宗教向校园渗透。推进传统媒体与新媒体融合，讲好燕大故事。

加强领导班子和干部队伍建设。严格执行“三重一大”决策制度。落实校领导密切联系基层、加强调查研究工作制度。做好干部届满考核和换届准备工作。加强干部教师校外推荐任职和挂职锻炼工作。强化干部教育培训。从严从实抓好干部管理监督，建立激励机制和容错纠错机制。

强化基层组织建设。深化“熔淬工程”，抓好述职评议考核，发挥基层党组织战斗堡垒作用。加强党支部特别是教师党支部建设。开展发展党员工作专项检查，健全全过程党员质量监控系统。完善“燕铭红韵”党建信息平台，推进党务公开。

推进党风廉政建设。压实“两个责任”，强化“党政同责”和“一岗双责”。锲而不舍推进作风建设，继续整治“四风”问题。进行学校公务用车改革。持续抓好省委巡视后续整改工作。推进廉政文化进校园。出台校内巡察工作暂行办法等。落实《关于高等学校纪律检查体制改革的意见》，强化监督执纪问责，实行“一案双查”和“双报告”制度。

做好统战、群团、离退休工作。强化基层统战工作，建立同心讲坛和双月协商座谈会制度，开展“党委出题、党外调研”活动。加强学校民主管理，畅通教职工利益诉求渠道，开展丰富多彩的教职工文体活动，推进工会会员普惠制服务。推动共青团改革创新，着力构建“凝聚青年、服务大局、当好桥梁、团要管团”四维工作格局，完善社会实践项目化管理模式。用心用情做好离退休工作，认真落实老同志待遇，推进文化养老工作，引导老同志发挥余热释放正能量。

建设平安文明和谐校园。推进安全隐患网格化管理，抓好治安、交通、消防、生产、食品等安全工作。严格执行实验室安全管理制度，实现危险化学品等全过程管理。大力开展文明校园创建活动。落实学校2018年度文化建设项目。以迎接百年校庆为契机，梳理凝练学校发展史。加强信访法治化建设。完善各类突发公共事件应急预案。做好保密工作。关注并做好民生工作。

各位代表，同志们，燕山大学的发展已经到了一个新的关键起点，学校的前途命运就掌握在我们每一位代表、每一位教职工手中。我们现在最需要的就是万众一心、共克时艰，最需要的就是不等不靠、改革创新，最需要的就是再次启航、厚积薄发！用激情和奋斗精神去创造燕山大学的未来，我们相信，转机和崛起就在拼搏和坚持中。我们的前路是星辰大海，我们的未来会春暖花开，同志们，在十九大精神的指引下，我们一定要燃烧起来，激情奋进。2018 年是我国改革开放 40 周年，我们要把 2018 年作为学校的再次改革元年，用魄力、勇气、韧性去推动高质量发展，继续向“双一流”发起冲击。我们要努力到感动自己和感动他人，为实现“燕大梦”积累坚实的办学特色和优势，奋力开启燕山大学的新时代“双一流”建设新征程！

打出创新组合拳，理清思路再出发，奋力谱写新时代全面建设特色鲜明一流大学新篇章

（2019 年 1 月 10 日）

各位代表、同志们：

现在，我代表学校向大会作工作报告，请予审议，并请列席的同志们提出意见。

一、2018 年主要工作回顾

2018 年是改革开放 40 周年，是深入学习贯彻党的十九大精神的开局之年，是燕山大学的奋进之年、改革之年。一年来，学校坚持以习近平新时代中国特色社会主义思想为指导，深入学习贯彻习近平总书记关于教育工作的重要论述、全国及河北省教育大会精神和新时代全国高等学校本科教育工作会议精神，认真落实立德树人的根本任务，用奋进之笔书写了燕山大学开拓创新、追求高质量发展的新篇章，取得一系列突出成绩。

1. 亮点成绩

获三项国家教学科研奖：机械学院史艳国教授团队的教学改革项目获国家教学成果二等奖，材料学院刘日平教授团队的科研成果获国家技术发明二等奖，电气学院华长春教授团队的科研成果获国家自然科学二等奖。

获三个国家级创新平台：学校获科技部“国家创新人才培养示范基地”、人社部“国家级专业技术人员继续教育基地”，以国家工程技术研究中心为主体组建的“精品钢铁生产工艺装备智能化协同创新中心”入选教育部首批“省部共建协同创新中心”。

获三个国际、国家级人才称号：材料学院田永君院士当选发展中国家科学院院士并获在河北省尚属首次的陈嘉庚技术科学奖，电气学院华长春教授获“国家杰青”人才称号，机械学院彭艳教授入选国家“万人计划”科技创新领军人才。

推进三项重大改革：学科专业优化调整，撤销和增列一批博士、硕士学位授权点，停招、转移和新增一批本科专业，设立人工智能与机器人学院，开辟 4 个新工科专业方向。推进校院两级管理体制改革和绩效工资制度改革。

建设三个研究中心、三个研究院：着力打造高压科学、纳米能源材料、特种运载装备三个研究中心，设立人工智能与机器人、海洋科学与工程、康养产业技术三个研究院。培育发展科研新方向、新领域、新动能和学科新生长点。

学校有 9 个专业通过工程教育专业认证，进入全球工程教育“第一方阵”，位列全国高校第 25 位。化学学科首次进入 ESI 全球前 1%，我校 ESI 全球前 1%学科数达到 3 个。

王银思老师获 2010 年以来河北省唯一的“全国高校辅导员年度人物”。

这些办学成就，更加坚定了我们追求“双一流”“双特色”的信心和决心。

2. 立德树人，以本为本，完善人才培养体系

落实根本任务。学校抓住培养德智体美劳全面发展的社会主义建设者和接班人这个根本，坚持办学正确政治方向，培养学生爱国、励志、求真、力行。出台“贯彻《高等学校马克思主义学院建设标准》实施方案”，大力开展理想信念、爱国爱校和中华优秀传统文化教育，举办“红色旋律”讲坛、读书会、影苑等系列活动300余期。加强国防、安全、行为养成、毕业离校、新生入学和朋辈教育，提高实践育人水平。加强网络思想政治教育，推动辅导员队伍专业化、职业化建设，开展第四届师德建设主题教育月活动，增强学生心理健康教育的针对性和有效性。我校被评为全国“大学生心理健康教育工作先进集体”和“国防教育特色学校”。河北省高校易班发展研究中心、河北省高校网络思想政治工作中心先后落户我校，两名辅导员获得“河北省高校辅导员年度人物”称号。涌现出“美丽河北·最美大学生”朱嘉淇 、成功捐献造血干细胞的杜大学和“最美毕业生”“大学生年度人物”等一批先进典型，传递了青春正能量。

提升招生就业质量。学校招收本科生7406人(其中一本6228人，里仁1178人)，毕业7079人；招收硕士生2524人，毕业1934人；招收博士生205人，毕业135人。全校现有全日制在校生38145人。优秀生源基地总量已达到52个。本科生理工类有20个省份录取分高出一本线50分，文理高出一本线70分以上的人数达到76.2%。硕士研究生“一本”生源率达到51.13%，增速显著。学术型博士生增加“申请—考核”制招生方式。硕博研究生招生数及净增数均居河北省高校首位。我校被人社部列为重点招聘计划巡回站点，本科毕业生就业率达到95.29%，连续三年保持增长。

提高教学质量。坚持“以本为本”、推进“四个回归”、建设一流本科教育。制订《贯彻落实新时代全国高等学校本科教育工作会议精神实施方案》。4个专业入围2019年专业认证。制订“本科教学信息化建设实施方案”，进行教学管理文件修订，启动“超级金课”建设，开展课程规范化建设、公共(通识)选修课教学改革、“新工科”专业建设、“大班授课小班研讨”等教学模式改革，立项建设近200项。抓好本科教学审核评估整改，完善三级项目式教学，推进学分制改革。获得2项国家新工科实践项目、14项教育部产学合作协同育人项目。

修订研究生培养方案，连续四届共7名研究生获全国“工程硕士实习实践优秀成果获得者”称号，河北省优秀硕博士学位论文数连续位居全省高校首位。

继续教育坚持优化专业设置，调控招生规模，拓展培训空间，提升培训质量。

深化创新创业教育改革。学校获高校大学生创新创业训练计划国家级项目50项、省级项目95项。燕山大学创客学院在河北省首批获科技部备案。我校在第四届“互联网+”大赛国赛中获银奖2项、铜奖2项，创河北省高校历史最好成绩；在中国研究生创新实践系列大赛、“创青春”、“数学建模”、学科专业技能竞赛等国内外赛事中捷报频传，不断取得新突破。

加强学生管理与资助。贯彻落实《普通高等学校学生管理规定》，修订完善5项学生管理规章制度和6项资助制度，发放各类奖助学金9870万余元，我校获河北省学生资助工作优秀单位称号。

3. 积极建设新时代高素质教师队伍

除新增的国家级杰出人才外，还引进 C 类高层次人才 2 人，E 类人才 2 人。新增省部级杰出人才 28 人、省“巨人计划”创新团队 3 个。获中国博士后科学基金面上资助 14 项、特别资助 2 项、河北省博士后择优资助 5 项，1 人入选国家“博士后创新人才支持计划”。

完成专业技术职务推荐评审工作，修订《燕山大学高级专业技术职务任职资格申报评审条件》。进一步严肃考勤及请销假制度，持续清理与解聘长期不在岗或旷工人员。多元化充实辅导员队伍建设。鼓励青年教师到行业企业挂职锻炼。有条件放开人事代理人员攻读博士研究生的限制。不断提高在职和离退休人员的待遇，让广大教师更好地学习、工作和生活。

4. 强化一流学科体系建设

按照“精准支持、建高原造高峰，加快推进一流学科建设”的思路，出台《燕山大学工程学和材料科学 ESI 提升工作方案》，实施 ESI 排名提升计划、学科水平提升计划、国家科技一等奖培育计划，力争在国家“双一流”建设的关键指标上早日实现突破。

体育硕士、法律硕士、会计硕士 3 个学位授权点顺利通过专项评估，40 个学位授权点顺利完成合格评估，开展新建博士点建设规划编制与论证工作。根据全国第四轮学科评估结果，对我校参评学科进行全面分析，查找短板，提出整改方案。

5. 着力提升科技创新能力和社会服务水平

推进科研领域“放管服”改革，修订学校纵向科研经费使用管理办法，完善科研成果奖励办法，将考核奖励权限下放学院，学校主要对标志性成果进行奖励，激发广大科研人员创新活力。

谋划科研新领域新方向，培育新动能，全力打造三个研究中心和三个研究院，加强交叉融合创新和前沿发展。

服务国家重大工程能力进一步增强，材料学院王青峰教授团队参与港珠澳大桥技术攻关，机械学院赵永生教授团队参与“北斗三号”卫星发射、珠海航展“广角域雷达”的研发。

强化高水平科研平台建设，10 个平台纳入省级科技研发平台建设计划，9 个国家和省级科研平台通过验收。获批国家重点研发计划项目、课题共 5 项，国家自然科学基金 56 项(其中重大、重点、国家杰青、联合重点各 1 项)，国家社科基金 9 项、教育部人文社科项目 8 项。12 项成果获河北省科学技术奖(其中一等奖 3 项)，13 项成果获省社科优秀成果奖。张福成教授获“2018 年度河北省科学技术突出贡献奖”。

全年举办各类学术讲座 200 余场，主办和承办国内外重要学术会议近 30 场。在高强度、高热稳定性、抗辐照的块体纳米晶钢、纳米孪晶金刚石硬度机理等研究中取得重要进展。紧抓军民融合发展国家战略机遇，军工科研年度合同额达 7200 余万，服务国防军工能力进一步增强。

推进智库建设，出台《燕山大学新型智库管理办法(暂行)》，举办第四届雄安新区建设公共政策智库论坛，3 篇咨政报告获省领导批示。推进燕山大学齐齐哈尔产业发展研究院实质运行，河北省高端装备产业技术研究院通过绩效评估，新增4个技术转移分支机构。

6. 大力提高开放办学水平

深化国内交流与合作，推进省部部局四方合作共建。与海港区和山海关区人民政府、南京工程学院、中国二重（德阳）、浪潮集团等签署战略合作协议，积极参与“北京高科大学联盟”活动。省领导赵一德、冉万祥和教育厅厅长杨勇、秦皇岛市主要领导来校考察调研，解决学校发展中遇到的问题。

推进继续教育发展，举办第二期“全国机械行业智能制造关键技术”高级研修班、河北省委办公厅干部专题培训班等，提升了学校声誉和影响力。

选派新一轮精准脱贫驻村干部，围场县驻村帮扶工作受到省委表彰，扶贫经验被《人民日报》《中国教育报》等多家媒体报道。推动各地校友会建设，选聘校友工作年级理事，做好校友服务工作。

提升国际化办学水平，加强与“一带一路”沿线国家有关高校、科研机构交流合作，顺利招收第二批“丝绸之路”中国政府奖学金留学生，两批79名巴基斯坦政府奖学金汉语进修生顺利毕业。落实中外合作办学项目，深化与美国托力多大学合作，加强孔子学院建设。深入实施“彩虹计划”，举办国际文化节、国际交流与留学项目展示会和多场国际学术会议，两个“优秀本科生国际交流项目”获国家留学基金委资助，出国留学人数再创新高。

学校在泰晤士、QS等国际国内权威大学排行榜中排名和影响力稳中有升。

7. 强化服务保障能力

着力建设美丽平安校园。继续实施“美丽校园建设三年行动计划”，校园道路环境、学生就餐条件得到显著改善。推进新图书馆、学生公寓12、13组团、综合实验训练中心、多功能风雨操场、游泳馆、康养人才培训中心等重大基建工程建设，完成东校区主要道路、特种运载装备研究中心、纳米能源材料研究中心用房的改造。东校区学生生活服务楼投入使用，完成西校区两个学生生活服务楼的功能规划、商户清退和出租招标。

规范校园经营网点管理，出台《燕山大学卫生工作实施方案》，继续绿化美化校园。提高餐饮服务质量，保障水电暖运行，加强社区服务，办好燕大宾馆、校医院、幼儿园，加强智能后勤建设。

网上信息综合服务大厅、官方App“今日校园”等信息化校园基础平台一期项目全面交付使用，启动校园无线网络一期工程建设，推行校园软件正版化，开展信息系统安全等级保护，确保网络信息安全。

严格执行实验室安全管理制度，启用实验室废弃物暂存柜，实现危险化学品等全过程管理。加大安全隐患排查整改力度，加强校园及周边环境综合治理，开展扫黑除恶专项斗争，燕园派出所揭牌成立并已办公，抓好治安、交通、消防、生产、食品等安全工作。妥善处理各类信访事件，全力做好军工保密资格认定工作，未发生失泄密事件。

推进精细化管理。开展机关作风建设年活动，全校各单位公布105项2018年精细化管理和专业化服务实事。出台《燕山大学大型活动管理办法》，修订《燕山大学合同管理办法》。

健全重点工作督查督办机制。加大对重点领域、关键环节审计监督力度，抓好审计发现问题的整改落实。提升筹融资能力，积极争取财政资金和“竞争性拨款”，加强与银行的合作，化解了到期债务风险。燕山大学云采购平台上线运行，成为河北省首个采用云采购模式的高校。加强经营性国有资产监管，出台《燕山大学国有资产处置管理实施细则》，完成校属全资企业清查核资。

拓展专业化服务。举办第六届机关文化节，加快推进“最多跑一次”改革。成功举办第四十七届体育运动会和教职工趣味运动会，帮助青年教职工解决子女入学问题。用心用情做好离退休工作，积极发挥老干部校史与传统宣讲团作用。完善民主党派、无党派人士建言渠道和作用发挥机制，田永君教授、张福成教授分别当选全国人大代表、全国政协委员。加快档案数字化、信息化进程，成立知识产权信息中心，图书馆荣获“中国高等教育文献保障系统”项目建设二十周年突出贡献奖。《燕山大学学报》再次入选中文核心期刊，排名大幅提升，并被评为“河北省十佳期刊”。出版社 3 个选题入选教育部全国高校出版主题，实现社会效益和经济效益双增长。

8. 精心打造独立学院品牌

大力推进提质增效。二本上线率超过 97%，19 名新生超过一本分数线，比去年增长一倍。毕业生一次就业率为 90.83%，考研录取率为 14.32%。学院教师在省级以上比赛中屡获佳绩，学生在各类赛事中共获国家级奖 101 项，省部级奖 155 项，创历史新高。

里仁学院品牌美誉度进一步提升。在武书连 2018 中国独立学院排行榜上，里仁学院就业质量第 1 名、升学率第 2 名。在艾瑞森中国校友会网 2018 中国独立学院排行榜上，里仁学院位居第 6 位。学院还荣获“中国六星级独立学院”“2018 年度综合实力独立学院”称号，跻身中国顶尖独立学院行列。

9. 全面加强党建与思政工作

牢牢把握中国特色社会主义办学方向，坚持党对学校工作的全面领导，切实履行管党治党、办学治校的主体责任。

把政治建设摆在首位。在持续抓好省委巡视整改的同时，推进“两学一做”学习教育常态化、制度化，举办校院两级党委中心组学习研讨会近百场，党委讲师团和学生宣讲团宣讲 54 场。举办处级干部、基层党务干部专题研讨班 8 期。召开全面从严治党工作会议，出台学校思想政治工作质量提升工程实施方案，着力构建“十大育人”体系。开展干部不担当不作为问题专项整治和违规办理和持有因私出国(境)证件专项治理等。

提升基层党建工作质量。落实《高校党建工作重点任务》，出台学院党委会议事规则，修订党政联席会议事规则，建立基层党建工作标准。深化“熔淬工程”“燕铭红韵”，开展党建和思想政治研究课题立项工作，严肃党内政治生活，推进教师党支部书记“双带头人”培育工程，亚稳材料国家重点实验室党支部成为河北省唯一入选的全国首批高校“双带头人”教师党支部书记工作室，并被评为“全国党建工作样板支部”。

深化党风廉政建设。修订学校《关于贯彻落实中央八项规定实施细则的实施办法》，开展纠正“四风”和作风纪律专项整治和公务用车改革。出台《燕山大学巡察工作暂行办法》，强化监督执纪问责，坚决查处违纪违规行为。

2018年，学校在教学改革、科技创新、人才队伍建设等方面取得一系列成绩，得益于每一位燕大人的奋进和担当。在此，我代表学校向全校师生员工表示崇高的敬意和衷心的感谢！

10. 发展的短板、困难和挑战

学校身份不够高、经费紧张、师资短缺，成为制约发展的三大因素。学校各项改革需要进一步加快速度、加大力度；人才培养体系还不完全适应新时代德智体美劳全面发展的人才培养要求，本科专业建设、研究生创新能力、国际化办学水平亟待提高；学科高峰尚未形成、领军人才和创新团队较少、后备人才缺乏，新的科研领域、新的学科增长点还不多不强；协同创新机制水平、服务国家重大需求和地方经济社会发展能力还需提高；校容校貌、育人环境和师生学习工作生活条件还需要持续改善；全面从严治党"两个责任""一岗双责"压力传导还不到位，特别是身边发生的违法违纪案件给我们敲响了警钟。对于这些问题和不足，我们必须高度重视，采取有效措施切实加以解决。

二、2019年重点工作

2019年学校工作的总体要求是：以习近平新时代中国特色社会主义思想为指导，深入贯彻党的十九大和全国教育大会精神，加强党对学校工作的全面领导，落实立德树人根本任务，坚持"以本为本"，聚焦"双一流"建设，凝心聚力、改革创新、攻坚克难，着力提高人才培养能力、核心竞争力和综合实力，推动学校高质量内涵式发展，加快特色鲜明的一流大学建设，努力培养德智体美劳全面发展的社会主义建设者和接班人，以优异成绩向新中国成立70周年和学校第四次党代会献礼！

1. 深化管理改革，提高办学活力和效益

要重点加快四项改革：细化学科专业优化调整，继续统筹有序做好教师分流、教学招生、机构调整、干部安排等工作，确保本轮学科专业优化调整按期完成，推进学科"建高原、造高峰"，在"造尖"方面早日实现突破；出台相关实施细则和配套办法，推进校院两级管理体制改革和绩效工资制度改革，进一步明确学校与学院间的责权利，扩大学院人财物管理自主权，理顺各级科研平台与依托学院的关系，建立以体现岗位绩效为核心的职务业绩奖励体系，更有效地发挥二级单位的积极性、主动性和创造性，激发人才活力和办学活力；贯彻落实河北省深化高等教育"放管服"改革精神，全力做好人员总量管理试点工作。

同时，要继续推进内部治理结构改革，科学合理设置内设机构和干部职数。统筹优化资源配置，拓展筹融资渠道，保障学校重点项目建设资金。全面推进水电管理改革，推动大型仪器设备开放共享和有偿使用，完善公用房分配使用机制。加强经营性国有资产监管，确保国有资产保值增值。

2. 狠抓立德树人根本任务，培养德智体美劳全面发展的人才

提升学生思想政治教育的精准性、实效性。加强马克思主义学院建设，推进习近平新时代中国特色社会主义思想"三进"工作。深化"思政课程"改革，推动"课程思政、专业思政”建设，推动其他各门课“守好一段渠，种好责任田”，与思政课同向同行，形成协同效应。引导学生做社会主义核心价值观的坚定信仰者、积极传播者、模范践行者。

提高一流本科人才培养能力。优化招生专业、层次及区域结构。稳定本科招生规模，全力争取更多硕博研究生招生指标和研究生推免名额。完善学术型博士“申请—考核”制选拔方式。积极开拓就业市场，不断提高毕业生就业质量。

坚持“以本为本”，推进“四个回归”，牢固树立人才培养的中心地位和本科教学的基础地位，推动更多优质资源向本科教育倾斜。夯实“公共教育＋专业教育”人才培养模式，加快人工智能与机器人学院和“新工科”专业方向建设。大力开展专业认证与评估，加强公共（通识）课程建设，打造“超级金课”。鼓励高层次人才参与本科生培养全过程，推动高水平科研成果融入育人各环节。完善本科教学质量保障体系，实施《普通高等学校本科专业类教学质量国家标准》，严格教育教学过程管理，提高学业挑战度。推动现代信息技术与教育教学深度融合，发展在线学习，打造智慧教室，为学生提供更好的学习体验。

打造高水平研究生教育。完成研究生培养方案调整，构建高质量课程体系。深化专业学位研究生教育改革，强化研究生培养过程管理和质量监控，积极推进研究生教育国际化，提高研究生创新实践能力。全面落实研究生导师立德树人职责，健全研究生导师评价激励机制。

推进里仁学院和继续教育“提质增效”。以创建中国顶尖独立学院为目标，推动里仁学院内涵发展，重视学生创新创业教育，着力提高生源质量、培养质量和就业质量，持续扩大学院知名度和影响力。

稳定继续教育招生规模，加强课程资源和远程教育平台建设，规范函授站管理，积极开展非学历教育培训，拓展高端培训项目，确保继续教育办学质量和效益。

加强体育、美育和劳动教育。实施体育固本工程，深入推进“阳光体育运动”。实施美育提升工程，推进高雅艺术进校园，提高学生艺术审美素养。弘扬劳动精神，广泛开展社会实践活动，提升志愿服务水平，提高实践育人功效，引导学生知行合一。

拓展创新创业和学生管理工作。强化创新创业课程体系建设，推进大学科技园、“创客学院”等创新创业实践平台建设，鼓励支持学生参加“挑战杯”、“数学建模”、各级各类创新创业实践大赛和学科专业技能竞赛。

强化国防和国家安全教育，做好军训征兵工作。重视入学教育和毕业教育，完善学生荣誉文化体系，发挥朋辈榜样示范引领作用。完善资助育人体系。构建教育教学、实践活动、咨询服务、预防干预、平台保障“五位一体”心理健康教育工作格局。推进辅导员队伍向专业化、职业化发展。

3. 实施人才强校战略，打造新时代高素质教师队伍

积极引育高层次人才。举办燕山大学首届海外高层次人才论坛。全力做好院士的培养、申报和智力引进工作，力争在“长江学者”“万人计划”等国家级高层次人才和创新团队建设上取得新进展。

提高教师队伍整体素质。把师德师风作为教师素质评价的第一标准，系统开展教师学习培训、交流研讨活动。加强青年拔尖人才和骨干教师培育，支持青年教师到国内外知名高校攻读学位或访学研修，到行业企业挂职锻炼。以师资博士后队伍建设为重点，优化引育机制。加强实验、管理和其他专业技术人员队伍建设，推进职员制改革试点工作，拓宽职业发展空间。

完善教师发展综合支持体系。推进教师分类考核评价，完善以代表性成果为导向的评价体系，改变简单片面将论文、职称、学历、奖项作为教师评价标准的现象，形成有利于潜心教学、研究和创新的评价制度。做好专业技术职务评审工作，充分发挥职称评聘在教师队伍建设中的导向作用。强化教师教学支持服务体系建设，健全教学评价制度和激励表彰制度，让站好三尺讲台的每位教师都享有职业荣誉感。加强职业指导教研室师资队伍建设，加大教职工素质能力培训，让每一位为学校付出劳动、作出贡献的教职工都得到尊重和认同。

4. 聚焦一流学科建设，提高学校核心竞争力

加快推进一流学科建设。重点推进“河北省7个一流学科建设项目”，大力实施ESI提升计划、国家科技一等奖培育计划，着力打造机械工程、材料科学与工程学科高峰，力争在国家“双一流”建设关键指标上早日实现突破。做好拟增博士授权点规划建设、学位授权点合格评估工作，促进学科实力整体提升。

加强学科交叉融合创新和前沿发展。全力打造高压科学研究中心、纳米能源材料研究中心、特种运载装备研究中心等高水平科研创新平台，推动人工智能与机器人研究院、海洋科学与工程研究院、康养产业技术研究院实质建设，拓展科研新领域新方向，培育学科新的生长点。

5. 推进科研组织模式和体制机制改革，提升科技创新能力和社会服务水平

优化科研管理体制机制。推进科研领域“放管服”改革，优化科研服务模式，简化办事流程，规范科研行为，提高科研服务效率和水平。完善科研成果奖励办法，建立以质量和贡献为导向的科研评价机制。

强化高水平科研平台建设。进一步整合资源，强化科研创新平台内涵建设，积极开展新的国家和省部级重点实验室（工程技术研究中心）、社科研究基地的培育和申报工作，确保河北省微结构材料物理重点实验室顺利通过验收。加强哲学社会科学研究，提升智库服务质量，更好服务京津冀协同发展、雄安新区建设和地方经济社会发展。

加强科研组织策划和高水平成果产出。面向国际学术前沿和国家、区域及行业重大战略需求，整合校内外资源联合攻关。大力提高国家重点研发计划、国家自然科学基金项目数量和经费总额，实现牵头项目、重点项目、国家杰青和优青等标志性项目的新突破。保持国家社科基金、教育部人文社科基金等社科项目增长态势。加速重大原创性科技成果产出，争取ESI高被引论文和热点论文有较大幅度增长，力争获国家科技奖励1～2项。

强化国防军工科研管理，确保顺利通过各类认证，推动军民融合创新平台建设，积极承担标志性重大重点项目，提升服务国防军工水平。

推进学研产协同和科技成果转移转化。完善学校促进科技成果转移转化激励政策，加强省部共建协同创新中心建设，精心谋划技术转移分中心布局，搭建更多高质量学研产合作新平台，提高科技成果转移转化成效，服务经济社会发展。

6. 拓展国内外交流与合作，构筑开放办学新格局

深化国内共建合作。瞄准“中国制造 2025”、军民融合发展、京津冀协同发展等国家重大战略，积极拓展与国家部委、区域、行业、企业的战略合作。发挥学校人才、科技、智力优势，支撑河北省、秦皇岛市传统产业转型升级和战略性新兴产业发展。推进与“北京高科大学联盟”成员的合作办学，探索在雄安新区共同创办研究院。

大力提升国际化办学水平。积极开拓新的中外合作办学项目，推进与国外高水平大学各类交流项目。继续探索里仁学院国际化办学新模式，发挥孔子学院桥梁纽带作用，切实抓好外专引智工作。做好国家留学基金委各类资助项目的选派工作，提高师生留学访学数量和质量。扩大留学生规模，完善留学生培养方案，扩大全英文授课课程比例，提高留学生培养质量。

7. 改善办学环境，建设美丽平安校园

加快校园基本建设。完成西校区学生公寓 12、13 组团建设和新图书馆整体工程，积极配合市政府完成高压科学研究中心改造项目。争取综合实验训练中心、康养人才培训中心项目早日开工建设。推进多功能风雨操场、游泳馆项目建设，做好已竣工工程验收工作。落实校园维修改造计划和“美丽校园建设三年行动计划”建设项目。

推动信息化校园建设。完成信息化校园综合服务融合平台二期工程建设。完善网络基础设施建设，实施一卡通系统聚合支付升级，提高网络信息安全防护能力和水平。加快档案数字化、信息化进程，不断提高档案编研水平。

提升后勤服务保障能力。对东校区第七、八学生公寓进行维修改造，西校区学生生活服务楼尽快完成改造、投入营业。进一步规范校园经营服务网点管理，做好社区综合治理，办好幼儿园，提高校园基本医疗服务水平。

提高图书文献和期刊出版水平。推进“燕山大学知识产权信息服务中心”建设，做好新图书馆搬迁准备工作。着力提高《燕山大学学报》《燕山大学学报(哲学社会科学版)》《教学研究》的质量和学术影响力，推动出版社向规模适度的高质量发展。

确保校园安全稳定和谐。推进平安校园综合信息指挥平台建设，做好治安、交通、消防、生产、食品等各项安全工作。加强实验室安全管理和标准化建设。依法依规做好信访工作。强化国家安全与保密教育，做好网络信息化条件下的保密工作。高度重视民生工作，帮助青年教职工解决子女入学入园问题，积极开展群众性文体活动，改善学生学习生活条件，切实增强师生的安全感、获得感和幸福感。

8. 加强党建工作，坚定不移推进全面从严治党

全面贯彻党的教育方针，坚持社会主义办学方向，坚持和完善党委领导下的校长负责制，始终将正确政治方向、价值导向贯穿办学治校、育人育才全过程，做好第四届党代会各项工作。以庆祝新中国成立 70 周年、纪念五四运动 100 周年、迎接百年校庆等为契机，深入开展理想信念、爱国主义、中国特色社会主义、“中国梦”和校史校情宣传教育。牢牢掌握意识形态工作领导权、话语权，善建、善用、善管微博微信等新媒体，围绕学校中心工作做好主题策划与宣传，加大外宣力度，讲好燕大故事，传播正能量。

坚持党管干部原则，完善干部选拔任用机制，扎实做好干部换届工作。实施基层党建“八大提升工程”，推进教师党支部书记“双带头人”培育工程。深化党风廉政建设和党内监督，持续抓好省委巡视后续整改，推进学校纪检监察体制改革。谋划筹备百年校庆工作，建设校史馆（展）。做好统战、群团、离退休工作。发挥科教优势，继续做好围场县驻村帮扶工作。

各位代表、同志们！时序更替，永不停歇。回望燕山大学两次搬迁建校、三次艰苦创业，正是一代代求真务实的东重人、燕大人一路不惧艰难、负重前行，一棒接着一棒跑，每一代人都为下一代人跑出一个好成绩，才有了今天的办学成就。

回顾2018，我们过得很充实、走得很坚定。展望2019，有机遇也有挑战，只要我们不忘初心，心怀梦想，一起拼搏、一起奋斗，燕山大学一定会有更加光明美好的未来！

第八篇　学科平台建设

国家冷轧板带装备及工艺工程技术研究中心

可行性研究报告

依托单位 ：燕山大学

主管部门 ：河北省科技厅

报 告 人 ：刘宏民

2010年 12 月 1 日

一 项目的背景和意义

1.1 板带钢的重要作用和地位

- 我国是钢铁大国，产量约7亿吨，占GDP的10%，国民经济支柱产业
- 钢材按形状分为板带、型钢和钢管3大类
- 板带约占钢材总量的50%，占GDP的7%，产值2万亿元
- 板带钢主要用途：汽车、造船、桥梁、建筑、家电和电子工业
- 板带钢的比重和生产水平，代表一个国家钢铁工业的水平，是钢铁强国的重要特征，也是国家工业化水平的重要标志
- 发达国家板带比重为70%，我国还有20%的差距，随着工业化的发展，板带比还要提高，增加1.4亿吨

1.2 板带钢生产工艺流程与中心研发重点

工艺流程：炼钢 → 连铸 → 热轧带钢 → 冷轧带钢 → 汽车、家电板 / 建筑、电子板

产品

冷轧带钢优点——高性能、高精度

- 厚度薄：0.2-1.0mm (热轧1.2-6.5mm)
- 强度高：比热轧提高1倍
- 板厚精度高：3μm (热轧30μm)
- 板形精度高：0.5% 波浪度(热轧1%)
- 表面质量高：粗糙度0.5μm (热轧5μm)

冷轧带钢用途——高级汽车、家电、建筑和电子等高端制造业

冷轧带钢发展前景广阔

- 目前我国年产量8000万吨，未来十年产量将翻一番
- 是钢铁工业结构调整和产品升级重点

冷轧带钢先进装备特征——大型：轧机宽度1000~2000mm

高速：轧制速度30~40m/s(热轧20m/s)

高精度：μm 级

本中心研发的重点：冷轧带钢先进技术装备

1.3 我国与国际先进水平的差距

我国是板带钢生产大国，但非强国，中低端产品多，高端产品少、依靠进口，特别是冷轧带钢需大量进口。

- 高级汽车板、镀层和涂层板需进口40%
- 大型变压器用取向硅钢需要进口80%
- 2008年进口板带钢约2000万吨，其中冷轧带钢占70%、硅钢35万多吨
- 冷轧带钢质量指标国内、外差距较大

板厚精度——国内5μm，国外2μm

板形精度——国内0.8%，国外0.5%

表面精度——国内30%，国外5%

原因:（1）轧制装备工艺核心关键技术不过关

- 板形控制和板厚控制技术，缺少精确数学模型和软件
- 板形检测装置（板形仪）设计制造精度低，可靠性差
- 表面质量控制技术，缺少基础研究、数学模型和软件

（2）自主创新能力不足

- 企业间技术壁垒
- 共性关键技术的创新激励机制不够
- 自主研发的机构不足
- 研发与应用的联系不密切

1.4 组建“中心”的必要性

（1）面向重大需求，建设钢铁强国

- 冷轧带钢属高端带钢，未来10年产量将翻番，增加8000万吨
- 未来10年内我国还将新建50条以上冷轧带钢生产线
- 未来10-15年我国将逐步更新现有的100多条冷轧带钢生产线
- 其它发展中国家有巨大的市场需求
- 有色金属行业有大量需求

因此，有必要组建重点研究冷轧装备的国家工程技术中心，为建设钢铁强国服务。

（2）提升河北水平，促进行业发展

- 河北省是我国钢铁大省，年产量1亿吨
- 中低端产品占80%——面条、槽钢、裤腰带等
- 高端产品占20%，冷宽带占10%，没有高级汽车面板、高强钢和硅钢
- 西气东输，未用河北1卷钢
- 唐山高速列车，未用河北1吨钢
- 2009年吨钢利润是宝钢的1/4
- 2008年吨钢利润是武钢硅钢的1/8
- 冷轧宽带钢需增加3000万吨
- 河北省还没有研究板带的国家工程技术中心
- 燕山大学是河北省重点建设大学，在冷轧装备方面有优势

因此，有必要在燕山大学组建重点研究冷轧装备的国家工程技术中心，提升河北钢铁水平，促进钢铁行业发展。

（3）促进自主创新，打破垄断封锁

- 我国大型冷连轧装备已达到国际先进水平，国产化率超过70%
- 但产品质量尚未达到应有的国际先进水平
- 主要原因是没有掌握核心关键技术——板形、板厚和表面质量控制技术
- 不掌握核心关键技术，不能实现工程总包，干80%的活，挣20%的钱，实际上是为国外打工

因此，有必要组建重点研究冷轧装备的国家工程技术中心，自主创新，打破垄断封锁，提高行业水平和国际竞争力。

（4）推动节能减排，实现持续发展

- 我国钢铁行业能耗占全国工业能耗的20.5%
- 平均吨钢能耗比国外高100kg标准煤
- 轧钢工序能耗比国外高20%
- 生产高级板带，可以节材、节能、减排

高级钢材用于新一代汽车：到2010年末，先进高强度钢所占汽车板的比重将超过50%，减少5%的排气量

（5）建设研发平台，促进成果转化

通过组建国家工程技术研究中心：

- 进一步建立产学研合作研发平台与机制，整合行业技术力量
- 实现学术创新、技术创新与工程应用的一体化，提高研发水平和转化效率
- 加速关键技术的自主创新，尽快打破国外垄断封锁
- 增强成套设备工艺的总体集成能力，提升国际竞争力

（6）响应国家政策，提升装备水平

- 《国家中长期科学和技术发展规划纲要》优先主题之一
  ——大型板材连轧机组的集成设计、制造和系统耦合技术
- 国务院《关于加快振兴装备制造业的若干意见》16项关键领域之一
  ——研制大型薄板冷热连轧成套设备及涂镀层加工成套设备，实现成套设备国产化，满足汽车工业和家电等行业发展需要
- 国家《装备制造业产业调整和振兴规划》指出
  ——全面提高重大装备技术水平，满足国家重大工程建设和重点产业调整振兴需要，包括大型宽带钢冷连轧关键设备的研制及其装备自动化的实施

因此，有必要组建重点研究冷轧装备的国家工程技术中心。

二 依托单位的优势

2.1 综合实力

- 老牌全国重点大学，90年办学历史
- 中央与地方共建高校
- 河北省与工信部、国家国防科工局共建高校
- 9个博士后流动站，35个博士学位授权点
- 5个国家重点学科，4个国防重点学科
- 1个国家重点实验室，1个国防重点学科实验室
- 1个国家大学科技园
- 长江、杰青人才8人
- 2010年科技经费3亿元，科技产业产值6.5亿元
- 近年来获国家级科技奖励17项
- 2010年高校科技创新竞争力排第65名

哈尔滨工业大学
1920

东北重型机械学院
1978全国重点大学

机械部
1998年

河北省

燕山大学 1997

2.2 行业优势

- 1960-1998年机械工业部管理的全国重点大学
- 面向重型机械与钢铁行业的行业优势
- 擅长轧钢机械成套设备研制的专业技术特色
- 擅长板形、板厚控制的关键技术特色
- 以设备为主，以工艺为纲，设备与工艺密切结合的专业技术特色

——轧钢设备及工艺专业源于哈尔滨工业大学。1955年，在前苏联著名的莫斯科国立包曼工业大学专家指导下，哈工大创建了全国最早的轧钢设备及工艺专业。1958年，该专业整体迁到齐齐哈尔，以其为主体成立哈工大重型机械学院。

2.3 依托单位支撑

支撑学科

机械工程	国家重点学科、河北省重点实验室和工程中心
材料科学与工程	国家重点学科、国家重点实验室
控制科学与工程	河北省强势特色学科 河北省重点实验室
仪器科学与技术	
计算机科学与技术	

相关研发机构

- 原机械工业部高精度轧制技术装备工程研究中心——1998年
- 河北省高精度轧制技术装备工程研究中心——2001年
- 教育部轧制设备及成套技术工程研究中心——2006年
- 机械工业高精度轧制技术装备工程研究中心——2007年

  中心已通过验收，评估取得优秀成绩。

2.4 研发队伍与条件

研发队伍

- 固定人员60人，其中研发40人，高级职称30人，博士学位80%
- 博士生导师16人
- 2名外聘工程院院士
- 国家百千万人才工程、教育部新世纪人才15人
- 基础研究、技术研发和成果转化人员各约占1/3，结构比较合理
- 丰富的技术研发和工程转化经验和成果

研发条件

- 中试生产车间与设备
  - 冷轧带钢车间——机电液配套4辊轧机
    ——硅钢与极薄带材20辊轧机
    ——拉弯矫直机
  - 冷弯型钢和焊管车间——成型、剪切、钎焊等成套设备
- 中试车间和实验室设备仪器70余台/套，原值1500多万元
- 基础设施
  - 中心现有建筑面积5200多平方米
  - 正在建设中试车间和实验室3000多平方米
  - 配套齐全的公用设施系统

2.5 运行机制与产学研合作

运行机制

- 法人地位——秦皇岛燕大轧制设备成套技术工程研究中心（公司）
- 相对独立的二级机构——有较充分的人、财、物权，主任负责制
- 财务管理——独立帐户，独立核算，专款专用
- 经营管理——独立开展各项业务，自负盈亏，自我发展

管理制度

建立了人事分配、计划财务、研究课题、项目经营、设备管理等管理制度

产学研合作

- 研究设计院所——西安院、重庆院、武汉院、包头院、北京院
- 装备制造企业——一重集团、二重集团、上重集团、北方重工、大连重工
- 钢铁生产企业——宝钢、鞍钢、武钢、首钢、攀钢、马钢、河北钢铁

2.6 主要科研项目与成果

承担政府和企业重要项目100余项

- 973计划：2项
- 863计划：2项
- 科技支撑：4项
- 国家自然科学基金重点项目：2项
- 大中型企业委托项目：近百项

获科技奖励
- 国家级：7项，其中一等奖1项，二等奖6项
- 省部级：30项

论文专利
- 高水平论文：247篇
- 发明专利：77项

国家级项目

项目名称	来源	项目名称	来源
碳和硼对高强度弹簧钢性能影响的研究（2003AA331060）	"973" 课题	大型宽厚板轧制成套装备关键技术研究与示范应用—重载轧机设备监测与故障诊断技术	科技支撑计划项目
大型零件热态成形制造虚拟技术基础研究（2004CCA06600）	"973" 课题	特大件成形制造技术基础研究	国家自然科学基金重点项目
热带钢连轧过程板形控制的建模和计算机仿真系统开发	"863"项目	板材轧制过程中有限元高速在线算法基础	国家自然科学基金重点项目
面向钢铁行业生产中的组织性能预报及智能化控制	"863"项目	流面条元法及其在热轧板带板形控制中的应用	国家自然科学基金项目
70MN强力高刚度轧机辊系参数匹配及工作辊热凸度的研究	国家科技攻关项目	基于多Agent技术和样条有限条法的冷弯成形设计系统的研究	国家自然科学基金项目
耐蚀超高强度钢焊接性	国家科技攻关项目	现代带钢冷轧机板形在线控制模糊神经模型的研究	国家自然科学基金项目
大型轧机共性技术	科技支撑计划项目	基于板形动态控制的板带轧机系统多领域建模与协同仿真	国家自然科学基金项目

国家级奖励——7项：一等奖1项，二等奖6项

项目名称	奖 项
宝钢高等级汽车板品种、生产及使用技术的研究	国家科技进步奖一等奖
IGC650-HCW冷带轧机成套设备研制及关键技术研究	国家科技进步奖二等奖
延长大型轧机轴承寿命研究	国家科技进步奖二等奖
板带轧机板形控制的理论体系、数学模型、仿真软件及其应用	国家科技进步奖二等奖
冷带轧机高精度液压厚度自动控制系统关键技术及应用	国家科技进步奖二等奖
中薄板坯连铸机成套技术与关键设备	国家科技进步奖二等奖
金属型材三维拉弯工艺及设备	国家科技进步奖二等奖

2.7 重要工程转化

第一方面：基于学术创新的关键技术研发应用

① 板形控制技术与装备——优势、特色、亮点

- 提出模拟轧制过程的条元法
- 发明同时改变凸度和形状的轧辊辊型
- 发明整辊镶块式板形仪
- 建立轧辊系统辊型综合优化设计模型
- 提出系统的控制模型
- 研发工程设计软件
- 应用：宝钢2030、1420、1200、1550、2050和1580冷、热连轧机
  河北钢铁1050、900和西南铝1850冷轧机
  唐山国丰1450、宁波建龙1780热连轧机
  攀钢1450、新疆八一1750热连轧机
- 获奖：2004年国家科技进步二等奖、2005年国家科技进步一等奖

② 板厚控制技术与装备——优势、特色、亮点

- 提出内辊缝控制原理和模型
- 建立工艺设备设计模型
- 研发工程设计软件
- 研制高精度控制系统——2μm
- 应用：张家港万达1450、1422、1150、1050等10多套大型冷连轧机
- 获奖：2009年国家科技进步二等奖

③ 表面质量控制技术

- 建立系统的轧制工艺模型
- 提出预报和控制模型
- 研发工程设计软件
- 应用：宝钢1220、2030、1800、1550冷连轧机
- 获奖：2005年国家科技进步一等奖

④ 轧机轴承均载延寿技术与装备

- 提出轧机微尺度力学行为与控制原理
- 发明空间自位型均载装置
- 应用：宝钢2030、渤海铝2200冷轧机，提高轴承寿命10倍
- 获奖：2003年国家科技进步二等奖

⑤ 中薄板坯连铸技术与装备

- 提出连铸结晶器非正弦振动原理和模型
- 研制非正弦振动装置
- 应用：舞钢、唐钢、攀钢和土耳其等30套
- 获奖：2009年国家科技进步二等奖

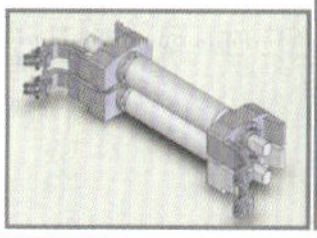

第二方面：基于关键技术的成套设备研制应用

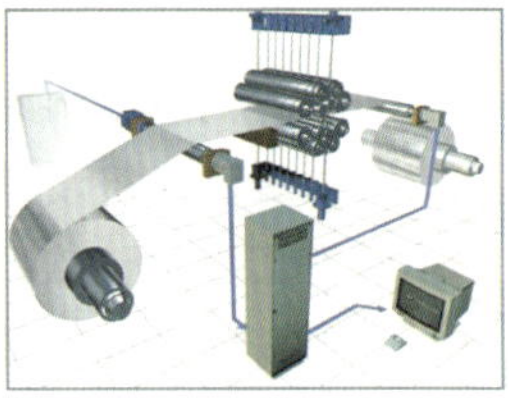

① 1250冷轧机板形检测与闭环控制系统

- 国产第一套，正在为1780冷轧机做第二套
- 关键技术：板形仪和智能控制软件
- 应用：鞍钢冷轧厂
- 获奖：2010年中国机械工业科技进步一等奖

② 650精密冷轧带钢轧机生产线

- 关键技术：高精度厚度控制——3μm
- 应用：西南精密带钢厂
- 获奖：1999年国家科技进步二等奖

③ 900冷轧带钢平整机组生产线

- 关键技术：高精度延伸率和板形控制
- 应用：辽宁凌源钢铁公司
- 获奖：2009年中国机械工业科技进步一等奖

④ 冷弯型钢成套装备工艺

- 关键技术：三维拉弯成型
- 应用：向国内外推广40多套，包括美国福特汽车公司
  在燕大科技园成立精密冷弯型钢公司
- 获奖：2000年国家科技进步二等奖

⑤ 冷轧双层卷焊钢管机组生产线

- 关键技术：高精度冷轧成型
- 应用：向天津、内蒙推出6条生产线
  在燕大科技园成立精密制管公司

⑥ 特殊合金板材冷轧机成套装备工艺

- 关键技术：四/六辊可转换、多功能轧机
- 应用：中科院沈阳金属所550钛铝合金轧机
  航天材料研究院400锂铝合金轧机

2.8 与国内同类研究机构的区别

同类机构——北京科大● 高效轧制国家工程研究中心
● 板带生产先进装备国家工程技术研究中
东北大学● 轧制技术与连轧自动化国家重点实验室

区别与特色：3个侧重擅长，1个拓展

(1) 侧重擅长冷轧技术，提升高级带钢比重

(2) 侧重擅长板形板厚控制，提高尺寸形状精度

(3) 侧重擅长成套装备工艺，装备与工艺结合，解决复杂工程问题

- 拓展——将研发拓展到带钢深加工领域（冷弯型钢和焊管），提高附加值

三 建设目标与任务

3.1 指导思想

- 以国家中长期科技发展纲要和相关产业政策为指导
- 面向我国板带材产品质量与装备工艺技术长远发展的需求
- 坚持自主创新与创新人才培养相结合
- 开展基础研究、技术研发、工程转化和开放服务，实现学术、技术与工程的一体化

3.2 建设目标

长远目标

- 3-5年国内领先，8-10年国际先进的板带生产装备工程技术研究中心
- 创新突破和完善关键技术，通过产学研合作，用5年左右时间，实现我国大型冷连轧机组的自主集成设计和制造，改变国外负责总包的局面

近期目标（3年）

- 完成中试车间的建设，形成中试研发平台
- 在主要研发方向上形成2-3个国际领先的具有自主知识产权的创新技术
- 将创新技术推广应用到国内外5-10条生产线
- 组建一支高水平的研发团队，获得1-2项国家级科技奖、3-5项省部级科技奖
- 形成65人的研发队伍，50人的转化队伍，每年为行业培训50-100名技术骨干

3.3 主要任务

- 开展关键共性技术的基础研究，提高原创能力
- 以关键技术创新突破和完善带动成套装备工艺的研发，提高产品质量
- 探索产学研合作机制，加快自主创新和成果转化
- 建设公共服务平台，形成共建、共享、共赢创新体系
- 创新高层次人才培养模式，打造多学科专业研发转化团队

3.4 主要研发方向和内容

（1）板形控制关键技术与成套装备工艺

- 板形控制工艺设备数学模型
- 辊型设计与新机型研发
- 板形在线检测技术与装备
- 液压系统和计算机控制系统

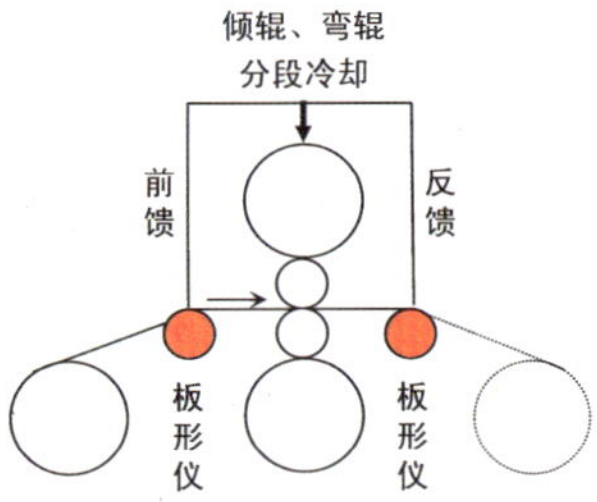

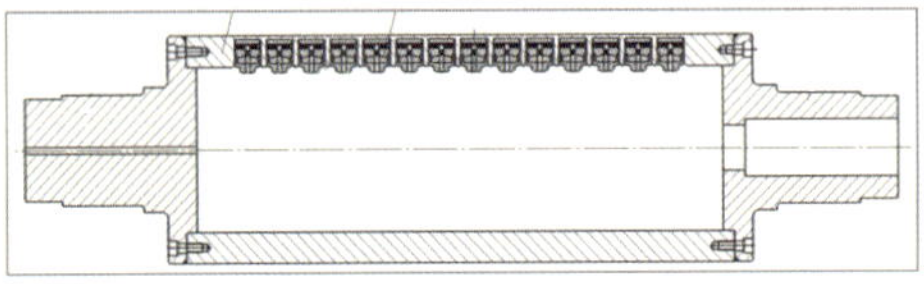

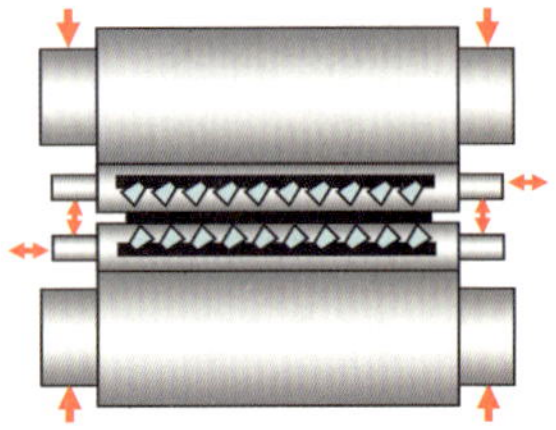

（2）板厚控制关键技术与成套装备工艺

- 板厚控制工艺设备数学模型
- 板厚在线检测技术与装备
- 液压系统和计算机控制系统

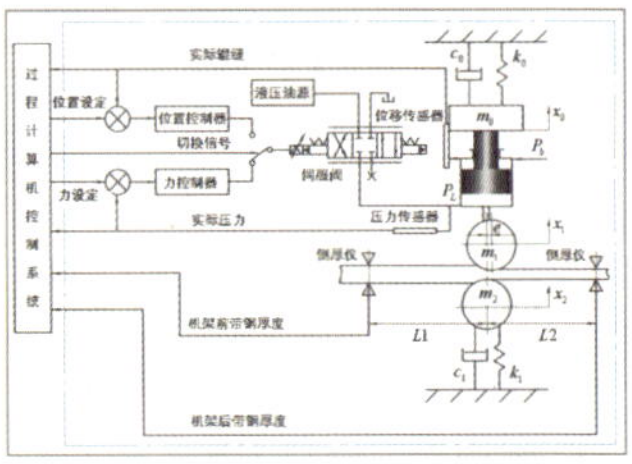

（3）表面质量控制关键技术与成套装备工艺

- 表面质量控制的工艺设备数学模型
- 表面质量在线检测技术与装备
- 表面质量控制的成套设备工艺

（4）轧机故障诊断与延寿技术成套装备

- 主要机械设备
- 辅助机械设备
- 液压系统
- 电气系统
- 轧机延寿技术

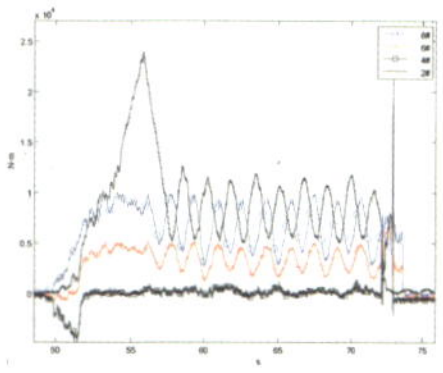

（5）带钢深加工关键技术与成套装备工艺

- 冷弯成型工艺设备数学模型
- 冷弯型钢成套装备工艺
- 冷弯焊管成套装备工艺

3.5 研究开发与转化进度计划

基础研究　中试转化　推广应用

研发方向	转化项目	2011	2012	2013
板形控制关键技术与成套装备工艺	板形设定控制技术	推广应用	推广应用	推广应用
	板形检测系统	中试转化	推广应用	推广应用
	板形闭环控制系统	基础研究	中试转化	推广应用
板厚控制关键技术与成套装备工艺	液压厚控系统	中试转化	推广应用	推广应用
	液压厚控系统仿真	基础研究	中试转化	推广应用
表面质量控制关键技术与成套装备工艺	冷轧表面质量综合控制技术	中试转化	中试转化/推广应用	推广应用
	平整表面质量综合控制技术	推广应用	推广应用	推广应用

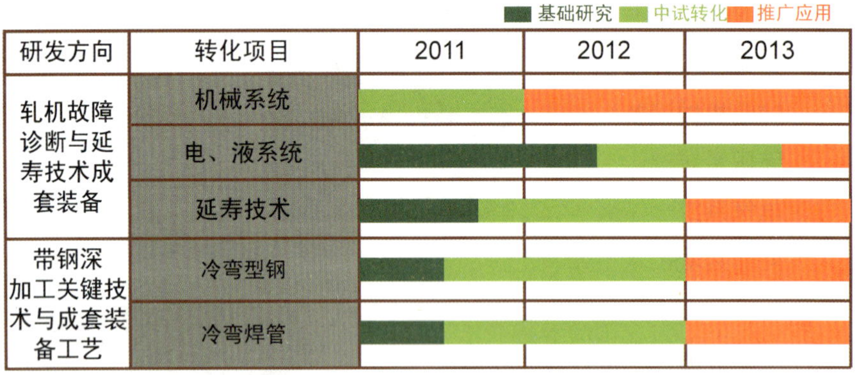

四 实施方案

4.1 组织机构

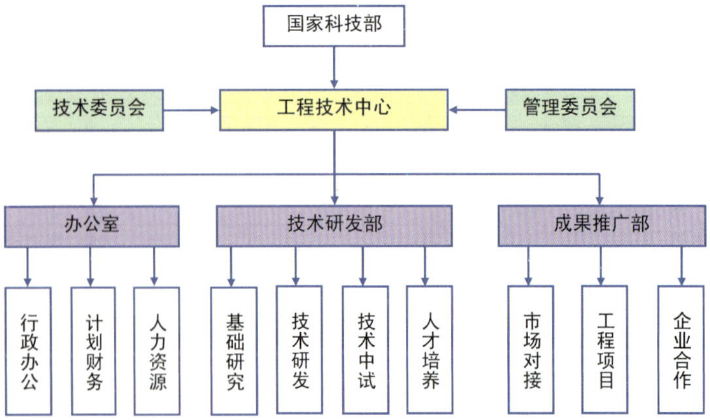

“中心”建设领导小组（推荐）

组　长：龙庄伟，副省长

副组长：李　靖，省政府副秘书长　　贾红星，省科技厅厅长

刘教民，省教育厅厅长　　刘宏民，燕山大学校长

齐守印，省财政厅厅长

成　员：科技部、省有关部门领导和学校有关领导

“中心”主要负责人（推荐）

主　任：刘宏民，校长

副主任：彭　艳，机械工程学院副院长

技术委员会（推荐）——11人

主　任：	胡正寰，院士/教授	机械工程，北京科技大学
副主任：	刘相华，教　授	压力加工，东北大学
	唐　荻，教　授	冶金工程，北京科技大学
	刘宏民，校长/教授	机械工程，燕山大学
委　员：	江光彪，教授级高工	冶金机械，宝山钢铁公司
	王光儒，院长/教授级高工	机械工程，一重集团大连设计研究院
	黄庆学，副校长/教授	冶金机械，太原科技大学
	谢东钢，院长/教授级高工	机械工程，中国重型机械研究院
	王军生，教授级高工	轧钢工艺与自动化，鞍山钢铁公司
	孔祥东，副校长/教授	机械工程，燕山大学
	彭　艳(兼秘书)，教授	机械工程，燕山大学

管理委员会（推荐）——15人

主　任：陈卫滨，河北省科技厅副厅长

副主任：翟海魂，河北省教育厅副厅长

耿艳楼，河北省科技厅平台处处长

陈　雷，河北省科技厅高新处处长

刘宏民，燕山大学校长

孔祥东，燕山大学副校长

委　员：郭宝峰，燕山大学科学技术研究院院长

肖　宏，燕山大学研究生学院院长

将中伟，燕山大学监察审计处处长

官英平，燕山大学人事处处长

彭　艳，燕山大学机械学院副院长

赵永生，燕山大学机械学院院长

杜凤山，燕山大学图书馆馆长

徐玉民，燕山大学国资处处长

戚伟欣，燕山大学财务处处长

人员规模：120人，其中研发65人，工程转化50人，管理5人

固定人员：60人

- 管理人员：5人
- 研发人员：45人（高级职称35人）
- 工程转化人员：10人

流动人员：60人

- 客座研发人员：20人
- 工程转化人员：40人

4.2 运行与管理

运行机制

- 相对独立的二级机构，具有法人地位，具有充分的人、财、物权，主任负责制
- 管理委员会负责制定发展规划，审定年度工作计划，协调人、财、物管理和对外合作关系，监督审查财务运行
- 技术委员会负责规划、指导研发方向、内容和目标，检查、评估重要项目
- 人员管理实行“开放、流动、竞争、协作”机制，聘任制与合同制相结合，确保研发队伍精干高效
- 经济管理实行特殊分配政策，建立考核和激励机制，提高工作效率和水平
- 运行效果由科技部组织专家评定

管理制度

完善已有的管理制度，实现“中心”建设和发展的规范化、制度化和持续能力，确保完成“中心”建设任务，实现“中心”建设目标。

- 《中心管理条例》
- 《人事管理与奖惩制度》
- 《国有资产管理及使用办法》
- 《科研项目与经费管理办法》
- 《促进科技成果转化管理办法》
- 《重点项目科研规划制度》
- 《科研团队建设条例》
- 《科研人员技术交流促进办法 》

4.3 产学研布局与研发转化路线

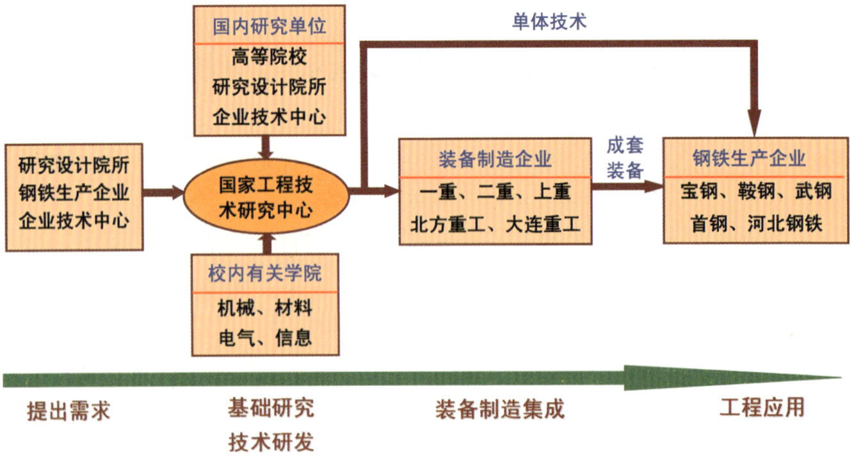

4.4 研发转化合作方式

（1）关键技术+中小型成套设备：中心负责
高校、研究院所、制造和生产企业合作

（2）关键技术 + 大型成套设备：研究院所或制造企业负责
中心提供关键技术

（3）关 键 技 术 推 广：中心负责
高校、研究院所、制造和生产企业合作

4.5 建设内容

（1）新建9000m²工程中心楼

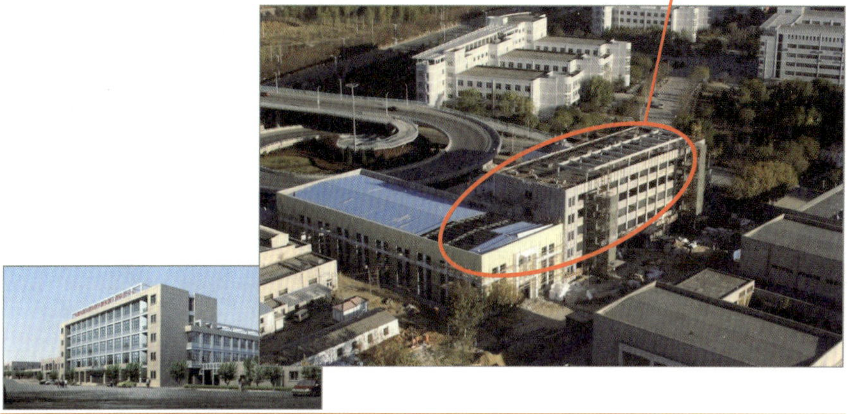

（2）冷轧带钢中试生产线

- 650 四/六辊可逆式多功能、高精度轧机

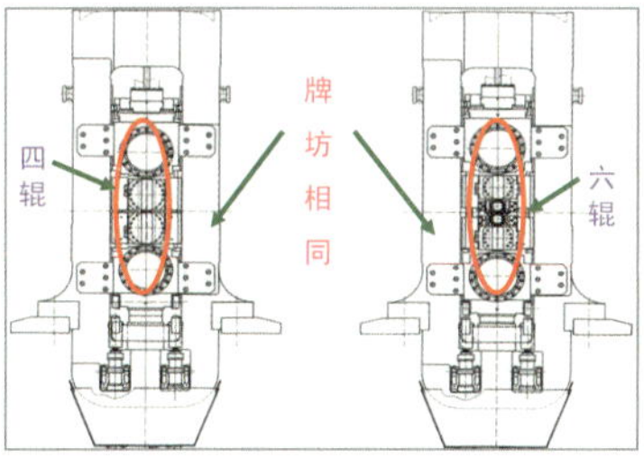

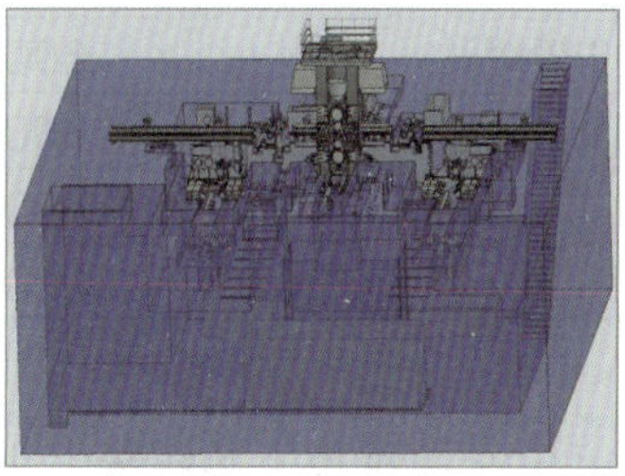

- 卷取机等辅助设备
- 液压和自动化系统

（3）核心关键技术研发平台——5个

- 板形检测、控制及仿真
- 板厚检测、控制及仿真
- 表面质量检测、控制及仿真
- 轧机故障诊断与延寿技术
- 带钢深加工检测、控制及仿真

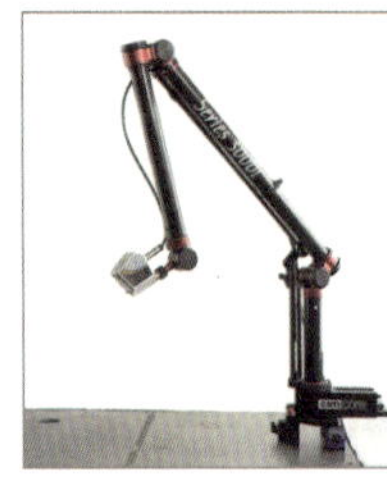

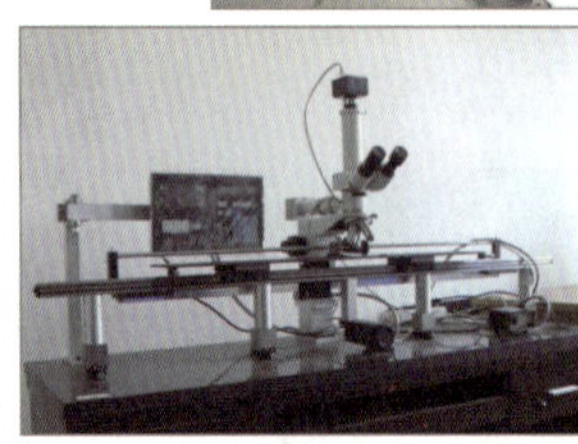

4.6 建设经费

经费来源 （单位：万元）

经费来源	金 额	占总经费比例（%）
科技部拨款	600	12.0
省政府拨款	600	12.0
学校自筹	3800	76.0
总计	5000	100

经费支出 （单位：万元）

	设备费	基建费	研究开发费	运行费	其他	合计
项目支出	1500	2300	700	400	100	5000
占总支出的比例 （%）	30.0	46.0	14.0	8.0	2.0	100

4.7 考核目标

第一年

- 投资2500万元，完成工程中心基本建设和650冷轧机设计制造
- 完成研发和工程项目5项以上，获2项以上有自主知识产权的成果，主要包括：
  - 冷轧带钢板形检测技术
  - 冷轧带钢板形设定控制技术
  - 热轧带钢板形设定控制技术

第二年

- 投资1500万元，完成650冷轧机中试生产线和板形、板厚、表面质量关键技术研发平台建设
- 完成研发和工程项目6项以上，获3项以上有自主知识产权的成果，主要包括：
  - 冷轧带钢板形闭环控制技术
  - 冷轧带钢厚度控制技术
  - 热带钢连轧机成套设备工程化
  - 轧机状态监测与故障诊断

第三年

- 投资1000万元，完成轧机故障诊断与延寿、带钢深加工关键技术研发平台建设
- 完成研发和工程项目8项以上，获5项以上有自主知识产权的成果，主要包括：
    - 冷轧带钢表面质量控制技术
    - 轧机状态监测与故障诊断
    - 轧辊寿命提高技术
    - 轴承寿命提高技术
    - 带钢深加工技术
- 建设期内申请发明专利10项以上，获国家奖1-2项，省部奖3-5项

五 预期效益

5.1 形成具有国际先进水平的工程技术研发能力，引领行业技术进步

- 高水平队伍——整合多学科专业优势，组建一支高水平的研发和转化团队
- 高水平基地——建成具有国际先进水平的板带生产装备及工艺工程技术研究、开发和工程化基地
- 高水平成果——在主要研发方向上的学术创新、技术创新和工程转化能力达到国内领先、国际先进水平，形成2-3个国际领先的原创性核心关键技术成果
- 高水平转化——每年完成3-5项先进技术的推广应用，引领行业技术进步

5.2 形成密切高效的产学研合作体系，促进成套设备的国产化

- 形成研发、设计、制造和生产之间的紧密合作关系，建立工程集成创新体系，提高板带成套设备的国产化率
- 集中有限目标，重点解决冷轧带钢板形板厚控制关键技术与装备，实现大型宽带钢冷连轧机成套设备的国产化
- 充分利用学校优势，加强国际交流合作，加速引进技术的消化、吸收和再创新的进程

5.3 形成全面的行业服务能力，提高行业技术水平

- 为全行业提供技术与信息服务，帮助技术引进企业尽快完成消化、吸收和再创新工作，帮助企业提高技术水平和研发能力
- 为全行业提供中试服务，加快技术成果中试和工程化的速度
- 为全行业提供人员培训和技术交流服务，每年为行业培训50-100名技术骨干

5.4 形成良性循环的机制和能力，实现中心不断发展

通过不断完善运行管理机制，增强中心的可持续发展能力，形成创新成果、项目经费和人才培养等方面的良性循环。

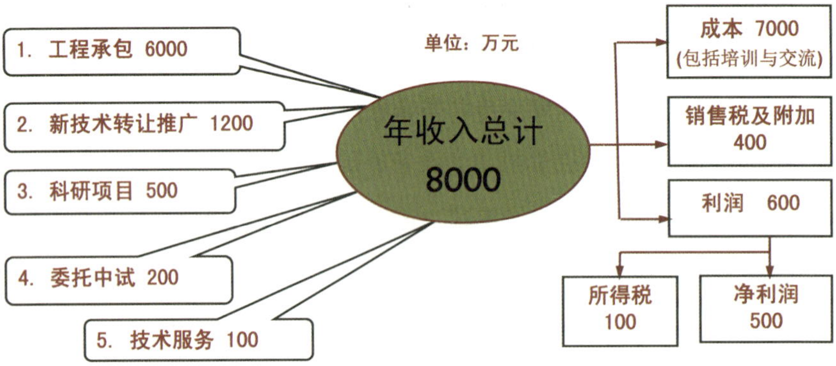

六 结束语

我们坚信，在科技部、河北省、燕山大学和专家学者的支持和指导下，通过有效组织和整合有关资源，现有工程中心有基础、有能力、有条件建成一个能够支撑我国板带生产装备及板带产业可持续发展的共性关键技术和公共服务平台，为促进我国钢铁行业结构调整和产业升级，使我国从钢铁和制造大国走向钢铁和制造强国做出贡献。

国家工程技术研究中心

综合评议验收汇报

中心名称： 国家板带生产先进装备工程技术研究中心
——国家冷轧板带装备及工艺工程技术研究中心

依托单位： 燕　山　大　学

主管部门： 河 北 省 科 技 厅

汇 报 人： 刘　宏　民——工程中心主任

汇报时间： 2014 年 10 月 16 日

汇报目录

一、依托单位基本情况

二、三年任务完成情况

三、工程中心运行绩效

四、主要问题与3年规划

国家冷轧板带装备及工艺工程技术研究中心

1.1 燕山大学历史沿革

1958-1960
哈尔滨工业大学
重型机械学院

1960-1985-1997
东北重型机械学院

1985年-1997-
燕山大学

国家冷轧板带装备及工艺工程技术研究中心

1.2 燕山大学学校规模

2个校区，占地4000亩

40000学生，3000教职工

国家冷轧板带装备及工艺工程技术研究中心

1.3 燕山大学优势科研领域——8个

- **重型机械成套设备**——大型连铸机、连轧机、液压机
- **亚稳材料科学与技术**——超硬材料、非晶材料、耐磨材料
- **并联机器人理论与技术**——并联机构与装备
- **流体传动与电液伺服控制技术**——冶金装备、锻压装备和矿山装备
- **工业自动化控制理论与技术**——工业自动化系统集成及应用
- **精密塑性成型技术**——模锻件成型工艺设备
- **大型锻件锻造工艺与热处理技术**——核电锻件、大型轧辊和舰船曲轴
- **极端条件下机械结构与材料科学**——航空、航天关键零部件

国家冷轧板带装备及工艺工程技术研究中心

1.4 燕山大学国家科技奖励与科研、产业平台

2000年以来获国家科技奖励——16项

- 国家科技进步一等奖 2
- 国家科技进步二等奖 9
- 国家技术发明二等奖 2
- 国家自然科学二等奖 3

国家级科研、转化、产业基地——6个

- 国 家 重 点 实 验 室——亚稳材料
- 国家工程技术研究中心——板带生产
- 国家地方联合工程中心——先进制造
- 国防 重点 学科 实验室——极端制造
- 国家技术转移示范机构——开发公司
- 国 家 大 学 科 技 园——企业孵化

国家冷轧板带装备及工艺工程技术研究中心

汇报目录

一、依托单位基本情况

二、三年任务完成情况

三、工程中心运行绩效

四、主要问题与3年规划

国家冷轧板带装备及工艺工程技术研究中心

2.1 工程中心主要研究方向和特色

（1）主要方向——5个

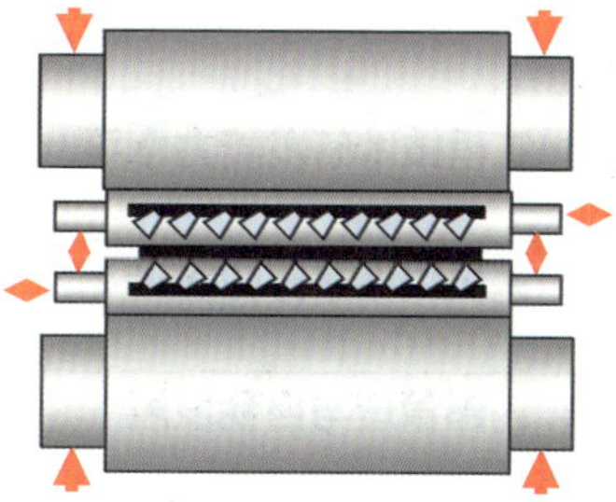

- 板形控制关键技术与装备
- 板厚控制关键技术与装备
- 表面控制关键技术与装备
- 轧机故障诊断与延寿关键技术与装备
- 带钢深加工关键技术与装备

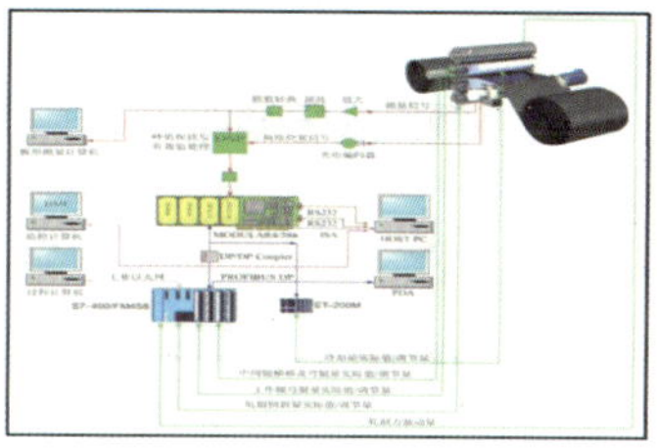

国家冷轧板带装备及工艺工程技术研究中心

2.1 工程中心主要研究方向和特色

（2）特色——与北京科技大学比较

- 冷轧板带——板厚、板形、表面质量控制

  ——模型、软件、装备、系统

  ——工业冷轧带钢板形仪（辊），国内唯一，绝活

  打破国外垄断，替代进口，价格为进口价的1/3

- 带钢深加工——冷弯型钢、卷焊钢管

  ——工艺、装备、生产线

  ——2个产业化基地

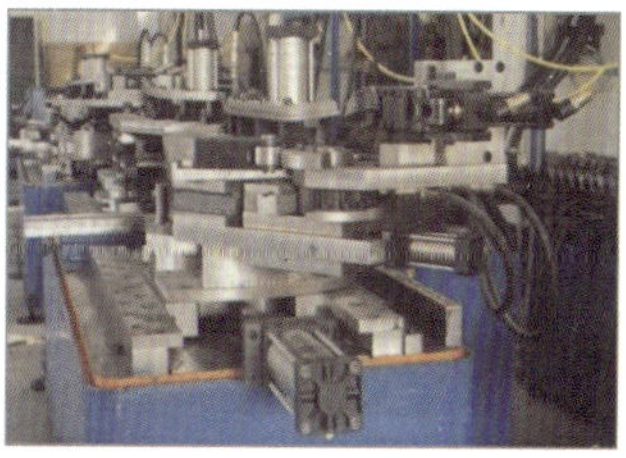

国家冷轧板带装备及工艺工程技术研究中心

2.2 三年建设期任务和目标完成情况

考核内容	考核指标数	超额完成数	完成数
1. 工程技术研发能力水平	8	3	5
2. 人员培训和开放服务	5	3	2
3. 内部管理与自我发展	7		7
4. 技术成果对行业影响	3		3
5. 经费预算执行情况	3	2	1
总　计	26	8	18

国家冷轧板带装备及工艺工程技术研究中心

2.2 三年建设期任务和目标完成情况

（1）工程技术研究开发能力和水平——超额完成

- 完成政府和企业重大工程项目 81项 ——计划15项，经费2986万元
- 完成技术转让和企业合作项目169项——计划50项，经费38232万元
- 取得国际先进、国内领先成果 10项 ——计划10项
- 开发集成先进关键技术与装备 24项 ——计划10项
- 申 请　国 家 发 明 专 利 40项 ——计划10项、授权7项；获软件权34项
- 获国家科学技术进步奖二等奖 1 项 ——计划1项
- 获省、部 级 科学技术进步奖　7 项 ——计划2—3项
- 新建中心楼9000平米，投3015万元——计划2400万元
- 新增仪器设备200台, 投资1934万元——计划21台、1500万元

国家冷轧板带装备及工艺工程技术研究中心

2.2 三年建设期任务和目标完成情况

- 新建技术中试平台3个——计划1个
- 建设关键技术平台6个——计划5个
- 增设产业化基地2个

国家重点资助项目——部分

项目来源	项目名称
国家科技重大专项	3700mm筒节轧机轧制工艺与在线检测技术
国家863重点项	高品质特殊钢-大功率风电机组用轴承钢关键技术开发
国家973计划项目	Zr-Al合金制备与表面处理研究
国家973计划项目	复杂流体动力传输系统的振动噪声溯源与控制
国家科技支撑计划重点项目	先导式大流量电液比例阀
国家重大科技成果转化	工程机械用高压轴向柱塞泵/马达关键技术成果转化项目
国家海洋局海洋可再生能源专项	高效热交换工质和高效热交换器研究与实验

国家冷轧板带装备及工艺工程技术研究中心

2.2 三年建设期任务和目标完成情况

企业重大工程项目——部分

序号	项目名称	委托单位	经费（万元）
1	武钢1420双机架平整机组辊型设计及关键数模开发	北京金自天正智能	380.00
2	攀华二期热连轧1750冷连轧过程自动化及AGC系统装备	西重所	710.00
3	1200mm双机架平整机自动化控制系统及液压伺服系统	天津天兰生冶金科技	188.00
4	明泰铝业1+4热连轧精轧电控系统改造	天津天传电气	176.00
5	7500t筒节轧机热态成形计算与工艺开发应用研究	二重集团重型装备	252.00
6	五机架全连续冷轧主轧机部分自动化装备研制	秦皇岛西重所	501.00
7	1150单机可逆轧机电控系统	唐山一重	157.00
8	60MN自由锻造水压机动力传输及控制系统	北方重工集团有限公司	583.00
9	850KW全液压风力发电机组液压系统研发	上海财宇投资有限公司	165.00

国家冷轧板带装备及工艺工程技术研究中心

2.2 三年建设期任务和目标完成情况

获奖项目——10项

序号	成果名称	获奖情况	完成时间
1	冷轧板形控制核心技术自主研发与工业应用	国家科技进步二等奖	2011.12.23
2	超高强度贝氏体耐磨钢及其热加工技术	河北省技术发明一等奖	2012.12.11
3	高速板带轧机机电耦合振动控制技术研究与应用	中国机械工业科技进步一等奖	2013.11.25
4	高等级镀层带钢基板制备及镀铬工艺控制技术	河北省科技进步二等奖	2011.12.28
5	冷轧带钢酸联轧机成套设备自主研发与工业应用	中国机械工业科技进步二等奖	2012.10.30
6	《冷连轧机高速生产过程核心工艺数学模型》	中国机械工业科技进步三等奖	2011.10.23
7	《平整轧制工艺模型》	中国机械工业科技进步三等奖	2013.10.25
8	《液压工程师技术手册》	中国机械工业科技进步三等奖	2011.10.23
9	流体传动及控制技术的评述	《机械工程学报》优秀论文	2013.10.01
10	冷带轧机板形控制动态矩阵模型	《机械工程学报》优秀论文	2013.10.01

国家冷轧板带装备及工艺工程技术研究中心

2.2 三年建设期任务和目标完成情况

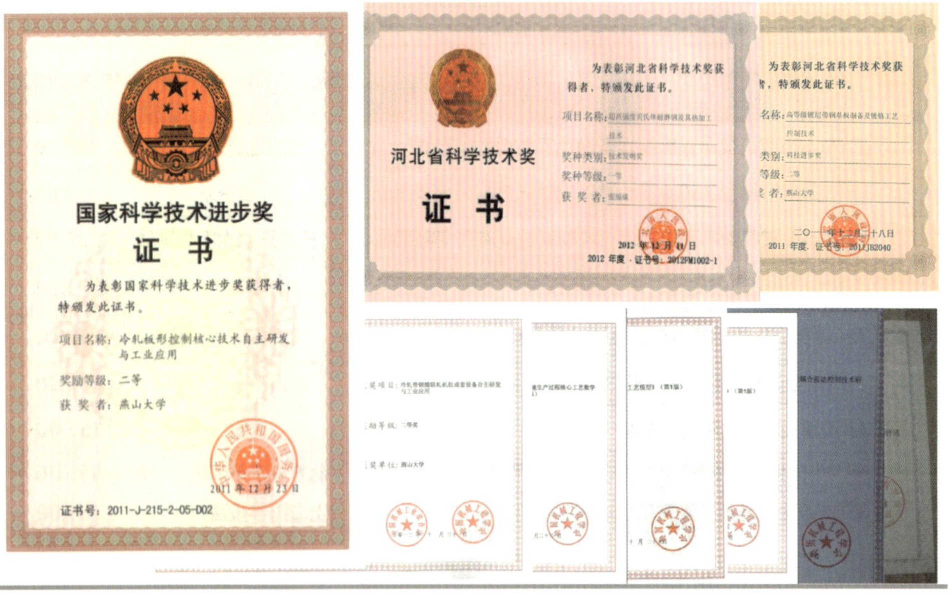

国家冷轧板带装备及工艺工程技术研究中心

2.2 三年建设期任务和目标完成情况

（2）人员培训与开放服务能力——超额完成

- 出国进修13人,培养研究生240名 ——计划150名
- 为行业企业培训技术人员188人次——计划150人
- 进企业做技术报告和讲座 94 人次——计划30人
- 邀请专家来中心技术交流 63 人次——计划20次
- 举办技术讲座和学术报告 14 次 ——计划3-5次
- 举办、参与行业技术交流 32 次 ——计划10次
- 每年对外合作、开放课题 25 项 ——计划4项
- 举办国际会议2次，参加国际会议并做特邀报告6次
- 建设中心网站，信息调研室，完成研究报告3项，制定企业标准2项
- 每年完成中试实验30项、工程测试40项，3年推出新技术或新产品8项

国家冷轧板带装备及工艺工程技术研究中心

2.2 三年建设期任务和目标完成情况

（3）内部管理与自我发展能力——完成

- 组织管理——管理、技术、教授委员会，主任负责制

  制定 19项管理制度
- 中心地位——独立二级单位，独立法人，独立财务，独立运行

  学校提供人员配备、基地建设、仪器设备、后勤保障
- 经济效益与发展能力：总收入47760万元
  - 建设经费4663万元——科技部998、河北省650、学校3015
  - 政府科研1615万元
  - 自筹研发1879万元——人才1249，学科630
  - 经营收入39603万元（83%）——计划24000万元

国家冷轧板带装备及工艺工程技术研究中心

2.2 三年建设期任务和目标完成情况

（4）技术成果对行业发展的影响——完成

- 取得6项国际先进、4项国内领先成果10项——计划10项
- 开发和集成行业核心关键技术与装备24项——计划10项
- 技术成果辐射到国内外100多家企业，推动行业技术进步
- 牵头组建河北省协同创新中心（轧制技术）——增加
- 牵头筹建国 家 协同创新 中心（重型机械）——增加

国家冷轧板带装备及工艺工程技术研究中心

2.2 三年建设期任务和目标完成情况

（5）经费预算执行情况——超额完成（单位：万元）

经费来源	预算	经费到位	经费使用
国家科技部	300	998	813（平台建设）
河北省	300	650	650（平台建设）
依托单位自筹	4400	4894	4894（房屋、平台）
合计	5000	6542	6357

国家冷轧板带装备及工艺工程技术研究中心

汇报目录

一、依托单位基本情况

二、三年任务完成情况

三、工程中心运行绩效

四、主要问题与3年规划

3.1 技术成果工程化、产业化基础条件建设

（1）工程化、产业化基地和基础原有情况

- 中心基础：河北省工程研究中心——高精度轧制技术装备

  教育部工程研究中心——轧制设备及成套技术

- 建筑面积：1800m² 研究室，分散，不利于管理

  1200m² 中试车间 + 实验室

- 仪器设备：70余台套，原值2500万元

3.1 技术成果工程化、产业化基础条件建设

（2）新建工程化、产业化基地和基础设施

- ◆ 新建工程中心楼9000平米
  - ● 研究开发5600平米
  - ● 中试车间3400平米
  - ● 投资：3015万元——计划2400万元

国家冷轧板带装备及工艺工程技术研究中心

3.1 技术成果工程化、产业化基础条件建设

- ◆ 新建3个中试平台
  - ● 650mm四/六辊板带冷/热可逆轧机

特点：（1）六辊和四辊共用一机架

（2）冷、热轧共用一条轧制线

功能：工业中试、工业生产

轧材：钢、铝、铜带等

水平：国内领先

投资：1540万元

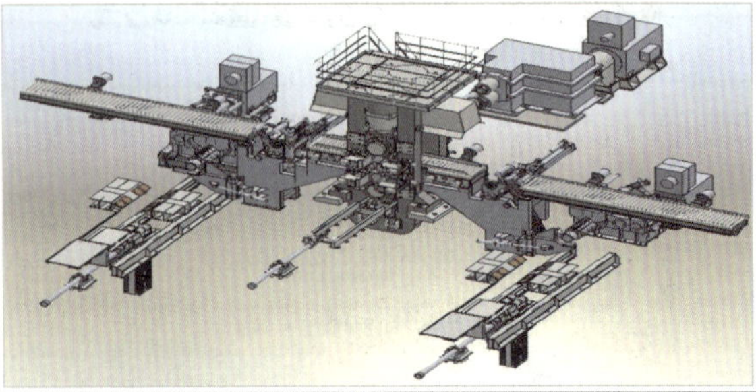

国家冷轧板带装备及工艺工程技术研究中心

3.1 技术成果工程化、产业化基础条件建设

◆ **新建3个中试平台**

● **Gleeble-3800热模拟试机——增加**

功能： 材料测试

冶金过程模拟

材料基础研究

投资： 600万元

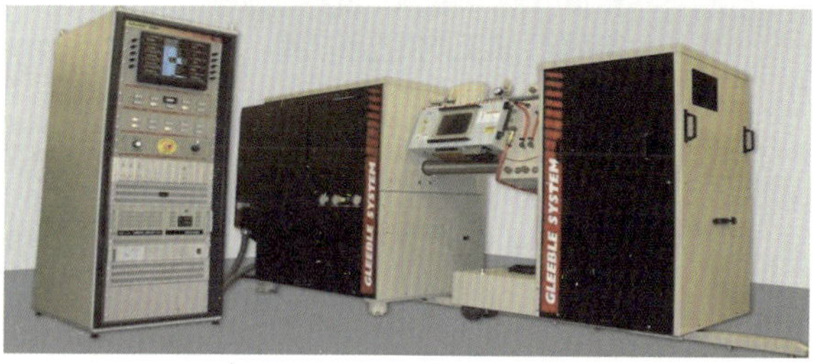

国家冷轧板带装备及工艺工程技术研究中心

3.1 技术成果工程化、产业化基础条件建设

◆ **新建3个中试平台**

● **数值模拟仿真平台——增加**

硬件： 刀片服务器

软件： Thermo—Calc

CosMap

ABAQUS

ANSYS

DEFORM

功能： 材料设计分析

冶金过程仿真优化

塑性成形仿真优化

投资： 200万元

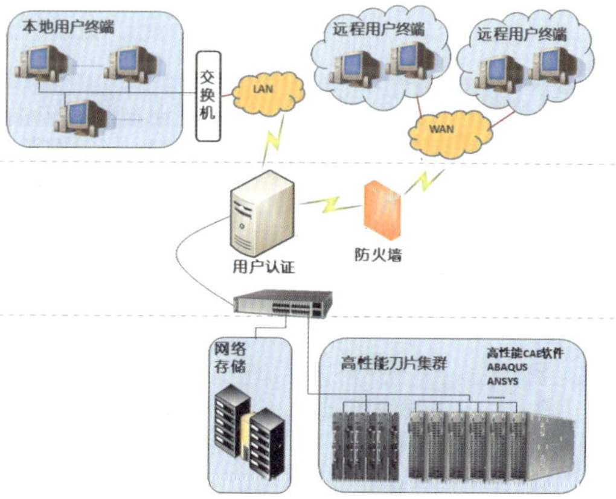

计算机工作站

国家冷轧板带装备及工艺工程技术研究中心

3.1 技术成果工程化、产业化基础条件建设

◆ 建成6个关键技术研发平台

- 板形测控及仿真
- 板厚测控及仿真
- 表面测控及仿真
- 轧机故障诊断与延寿
- 带钢深加工测控及仿真
- 材料热模拟实验——增加

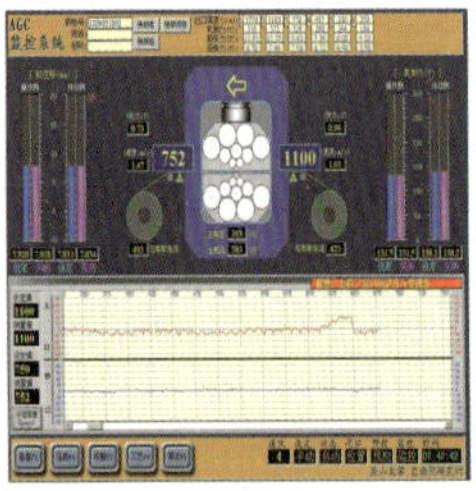

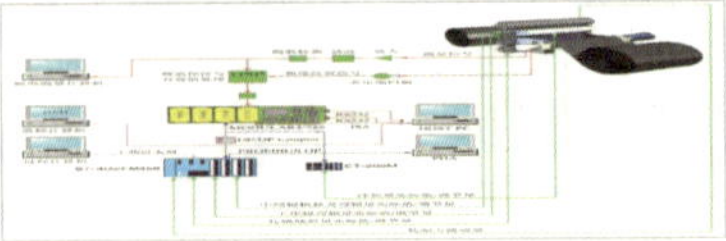

3.1 技术成果工程化、产业化基础条件建设

◆ 新增仪器设备200余台，投资1934万元——计划1500万元

10万元以上设备详情

序号	主要设备名称	购进时间	设备类型	数量(台套)	原值(万元)	型号
1	轧机主体机械设备	2011	国产	1	410	ZS650
2	压下缸	2011	国产	1	32.5	*
3	液压伺服控制系统	2011	国产	1	96	*
4	润滑、冷却系统	2011	国产	1	70	*
5	车间16吨天车	2011	国产	1	11.3285	*
6	测厚仪	2011	国产	2	70	D900H-X
7	电气系统设备	2011	国产	1	95	*
8	板形仪	2012	自制	1	40.7127	*
9	板形仪	2012	自制	2	33.0071	*
10	板形闭环控制系统	2013	自制	1	25.8	*
11	数据采集系统	2013	美国	1	18.4305	NI-PX130306-2

国家冷轧板带装备及工艺工程技术研究中心

3.1 技术成果工程化、产业化基础条件建设

10万元以上设备详情

序号	主要设备名称	购进时间	设备类型	数量(台套)	原值(万元)	型号
12	Ansys有限元软件	2012	美国	1	42.4449	V14.0
13	Deform计算软件	2012	美国	1	22.4982	V6.1
14	Abaqus计算软件	2012	法国	1	15.9682	*
15	Thermo-calc软件	2013	瑞典	1	28.0	Thermo-Calc
16	Cosmap计算软件	2013	日本	1	15.0	Cosmap
17	服务器	2013	国产	1	31.9	*
18	热模拟试验机	2013	美国	1	600	Gleeble3800
19	平面磨床	2013	国产	1	52.5	HZ-024
20	普通车床	2013	国产	1	11.75	CW61800E/3000
21	轧辊磨床	2013	国产	1	70.0	MQ8463*3000mm
合计					1934.74	

国家冷轧板带装备及工艺工程技术研究中心

3.1 技术成果工程化、产业化基础条件建设

◆ 增设2个产业化基地

- 秦皇岛方华埃西姆机械有限公司

  冷弯型钢——辊弯、拉弯工艺装备及产品

- 秦皇岛燕大国海不锈钢业有限公司

  不锈钢丝、软管——工艺装备及产品

国家冷轧板带装备及工艺工程技术研究中心

3.2 工程技术研究开发能力、水平和转化效益

（1）冷轧带材板形检测与闭环控制系统

◆ **技术创新**

● 整辊无线式板形检测辊（仪）

——工业级，国内唯一，绝活

——打破国外垄断，替代进口

——价格为进口价的1/3

——鞍钢2套，河北3套

——冷轧带钢升级核心关键技术

● 板形闭环控制系统

● 板形控制模型软件、仿真系统

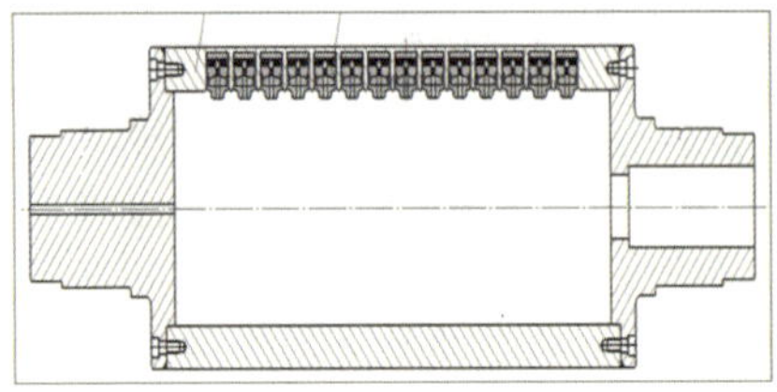

国家冷轧板带装备及工艺工程技术研究中心

3.2 工程技术研究开发能力、水平和转化效益

◆ **技术效果**

● 国际先进：板形检测分辨力 0.2I ——西门子、三菱 0.5I

控制精度6I（0.2mm)——西门子、三菱 8I

3I（0.5mm)——西门子、三菱 5I

● 完成研发和工程项目31项

● 应用到18条生产线上

● 获国家科技进步二等奖1项

● 申请发明专利5项、授权2项；获软件著作权16项

● 获《机械工程学报》创刊60周年优秀论文1篇

国家冷轧板带装备及工艺工程技术研究中心

3.2 工程技术研究开发能力、水平和转化效益

◆ **应用实例**

实例1：鞍钢1250、1780mm 二次冷轧带钢轧机 板形控制系统

带钢平直度 2-4 I，年增效益9000万元

国家冷轧板带装备及工艺工程技术研究中心

3.2 工程技术研究开发能力、水平和转化效益

实例2：河北钢铁集团 1050mm 冷带钢轧机
河 北 省 迁安 1450mm 五机架冷连轧机 板形控制系统

带钢平直度指标6I，年增效益1.5亿元

国家冷轧板带装备及工艺工程技术研究中心

3.2 工程技术研究开发能力、水平和转化效益

（2）冷轧带材板厚控制系统

◆ 技术创新

- 柔性切换，实现高速稳定轧制
- 高精模型，加强头尾厚差控制
- 综合控制，监控、预控、张力控制

打破国外垄断

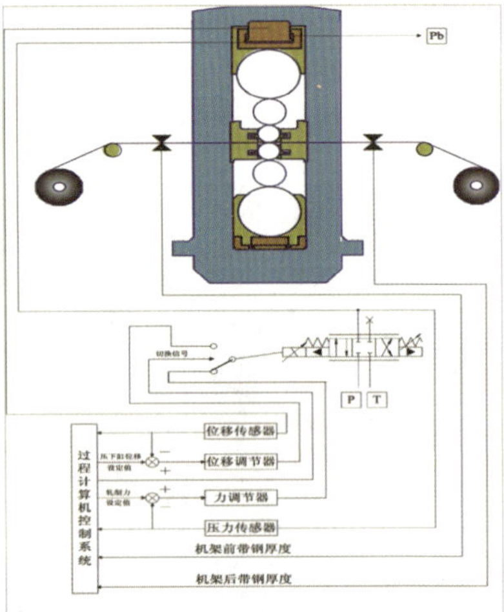

液压自动厚度控制系统

国家冷轧板带装备及工艺工程技术研究中心

3.2 工程技术研究开发能力、水平和转化效益

◆ 技术效果

- 国际先进——厚度控制精度2μm（加、减速段8μm）

  ——厚控相对精度1%，延伸率波动0.05%
- 完成研发和工程项目32项
- 成果应用到14条生产线
- 获中国机械工业科技进步一等奖1项、三等奖1项
- 申请发明专利8项、授权1项；获软件著作权4项
- 获《机械工程学报》创刊60周年优秀论文1篇

国家冷轧板带装备及工艺工程技术研究中心

3.2 工程技术研究开发能力、水平和转化效益

◆ **应用实例**

实例1：攀华集团重庆万达薄板1450mm五机架冷连轧机

厚控精度 1%，年增经济效益 2000万元

国家冷轧板带装备及工艺工程技术研究中心

3.2 工程技术研究开发能力、水平和转化效益

实例2：攀华集团重庆万达薄板1750mm五机架冷连轧机

厚控精度1%，年增经济效益 3000万元

国家冷轧板带装备及工艺工程技术研究中心

3.2 工程技术研究开发能力、水平和转化效益

实例3：河南万达铝业1850mm双机架铝带冷连轧机

国家冷轧板带装备及工艺工程技术研究中心

3.2 工程技术研究开发能力、水平和转化效益

（3）冷轧带材表面质量控制关键技术

◆ 技术创新

- 带钢表面粗糙度控制
- 带钢色差控制
- 带钢热滑伤控制
- 轧机机电耦合振动控制——非线性振动
- 平整轧制工艺参数模型和闭环控制系统

国家冷轧板带装备及工艺工程技术研究中心

3.2 工程技术研究开发能力、水平和转化效益

◆ **技术效果**

- 国际领先——粗糙度控制精度0.5μm
  ——色差缺陷发生率0.34%
  ——表面拉毛发生率0.04%
- 完成研发和工程项目21项
- 成果应用到14条生产线
- 获河北省科技进步奖二等奖1项
  中国机械工业科学技术奖三等奖2项
- 申请发明专利8项、授权2项
- 获软件著作权10项

国家冷轧板带装备及工艺工程技术研究中心

3.2 工程技术研究开发能力、水平和转化效益

◆ **应用实例**

实例1：宝钢1420mm五机架冷连轧机

无振动痕、热划伤等质量缺陷，年增效益3500万元

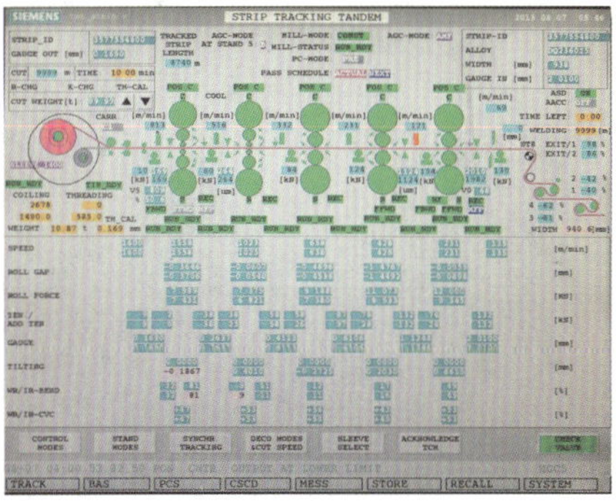

国家冷轧板带装备及工艺工程技术研究中心

3.2 工程技术研究开发能力、水平和转化效益

实例2：宝钢梅钢1420mm五机架冷连轧机

速度提高25.43%，振纹减少80.6%，年增效益3000万元

缺陷治理前

缺陷治理后

国家冷轧板带装备及工艺工程技术研究中心

3.2 工程技术研究开发能力、水平和转化效益

实例3：宝钢1220mm五机架冷连轧机组

速度提高8.3%，拉毛下降2/3，年增效益3000万元

国家冷轧板带装备及工艺工程技术研究中心

3.2 工程技术研究开发能力、水平和转化效益

（4）轧机故障诊断与延寿技术装备

◆ **技术创新**

- 微尺度静定辊系，延长轴承寿命
- 轧机振动测量与减振装置
- 四/六辊，冷/热轧 共用同一机架

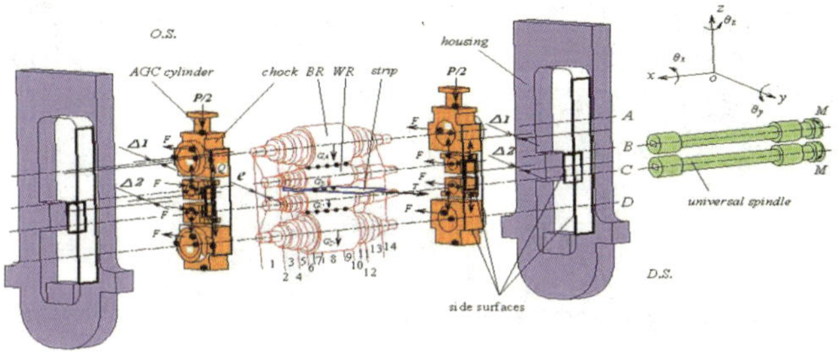

国家冷轧板带装备及工艺工程技术研究中心

3.2 工程技术研究开发能力、水平和转化效益

◆ **技术效果**

- 国际先进——轴承能力提高2倍，寿命提高20倍

  工作辊与支承辊交叉角≤0.001°

  轧制力偏差≤1%

  轧制中性线偏移量≤0.01 mm
- 完成研发和工程项目21项
- 成果应用到国内14条生产线
- 获中国机械工业科学技术一等奖1项
- 申请发明专利2项、授权1项；获软件著作权1项

国家冷轧板带装备及工艺工程技术研究中心

3.2 工程技术研究开发能力、水平和转化效益

◆ **应用实例**

实例1：首钢迁钢1580mm和2160mm带钢连轧机

轧制薄带材，振动大幅降低，年增效益4000万元

国家冷轧板带装备及工艺工程技术研究中心

3.2 工程技术研究开发能力、水平和转化效益

实例2：河北钢铁集团1780mm带钢连轧机

次品率降低1倍，年增效益2000万元

国家冷轧板带装备及工艺工程技术研究中心

3.2 工程技术研究开发能力、水平和转化效益

（5）带钢深加工关键技术与装备——冷弯型钢

◆ 技术创新

- 十轴联动伺服拉弯机，连续控制弯曲角度
- 拉弯回弹高精度模型，提高位置控制精度

◆ 技术效果

- 国际先进——位置精度0.005mm
  ——高速切断8次/秒
  ——辊压速度150米/分
- 产品覆盖大众、通用、奔驰等公司车型，占国内市场80%以上
- 申请发明专利10项、授权1项；获软件著作权3项

国家冷轧板带装备及工艺工程技术研究中心

3.2 工程技术研究开发能力、水平和转化效益

（5）带钢深加工关键技术与装备——直缝焊管

◆ 技术创新

- 焊管内毛刺清除装置，刮削模型
- 状态监测和报警系统
- 液压自动退刀机构，防止突然停车造成打刀

◆ 技术效果

- 国际先进——360°刮削刀刃与焊管内壁圆弧接触
  毛刺残留高度小于1.5mm
- 推广到国内外15条焊管生产线，打破国外垄断，出口俄罗斯

国家冷轧板带装备及工艺工程技术研究中心

3.2 工程技术研究开发能力、水平和转化效益

◆ **应用实例**

实例1：奔驰W204 B柱饰板辊压生产线（型号GYJ）

国家冷轧板带装备及工艺工程技术研究中心

3.2 工程技术研究开发能力、水平和转化效益

实例2：福特B299前门框拉弯机与工装（型号ZBS-00）

位移跟随性能好，稳态误差小，综合性能好

国家冷轧板带装备及工艺工程技术研究中心

3.2 工程技术研究开发能力、水平和转化效益

实例3：红旗HQE501前、后门框拉弯机与工装（型号LWJ-1202）

实现伺服拉弯，综合性能好，响应速度快

国家冷轧板带装备及工艺工程技术研究中心

3.2 工程技术研究开发能力、水平和转化效益

实例4：Φ530直缝焊管机组内毛刺清除装置——出口俄罗斯

达到国际水平和标准，机组稳定生产

国家冷轧板带装备及工艺工程技术研究中心

3.2 工程技术研究开发能力、水平和转化效益

（6）其他研究成果

◆ 超高强度贝氏体耐磨钢及其热加工技术

- 成果推广应用国内外多个港口
- 获河北省技术发明一等奖1项
- 申请发明专利7项

国外港口应用情况

国内港口应用情况

产品应用

国家冷轧板带装备及工艺工程技术研究中心

54

3.2 工程技术研究开发能力、水平和转化效益

◆ 镁合金板带轧制成套技术装备

营口银河镁业股份公司
1725mm镁合金板轧机

技术应用前后板材质量对比

国家冷轧板带装备及工艺工程技术研究中心

3.3 人才队伍建设及人才培养

◆ 队伍建设——总规模 125人：固定65人（研发50、转化10、管理5）

流动60人（研发20人、转化40人）

—— 固定人员65人：高级职称53人（82%），博士59人（91%）

—— 研发团队 5个 ：按研发方向组织团队

◆ 高端人才： 863 首席专家 1 人， 国家杰青 1 人

国家百千万人才 4 人，国务院特贴 5 人

◆ 人才培养：研究生240人——博士（后）33人，硕士207人

出国进修13人

为企业培训技术人员188人次

国家冷轧板带装备及工艺工程技术研究中心

3.4 成果辐射对行业技术进步与产业发展的影响

（1）技术成果推广的3种方式

◆ 方式一： 关键技术 + 中小型成套设备

中心总包——应用到钢铁生产企业

◆ 方式二： 关键技术 + 大型成套设备

中心与制造企业联合——应用到钢铁生产企业

◆ 方式三： 关键技术推广

中心独立——应用到钢铁生产企业

（2）成果与推广

◆ 形成6项国际先进、4项国内领先成果

◆ 开发集成24项先进关键技术与装备

◆ 应用到100多家企业，推动行业技术进步

国家冷轧板带装备及工艺工程技术研究中心

3.4 成果辐射对行业技术进步与产业发展的影响

国际先进、国内领先成果——10项

序号	成果名称	先进水平
1	高等级镀铬带钢涂镀工艺及基板生产技术	国际先进
2	冷轧带钢酸联轧机组成套设备自主研发与工业应用	国际先进
3	高精度宽带钢大型冷轧机板形控制数学模型和仿真系统	国际先进
4	热轧板带正品表面质量控制技术（板形控制部分）	国际先进
5	轧机主传动机电耦合系统的失稳震荡与控制方法	国际先进
6	电塑性效应理论及应用基础研究	国际先进
7	一种平整轧制压力设定、预报及自学习方法	国内领先
8	双六辊UCM机型平整机组板形综合控制方法	国内领先
9	双UCM平整机组基于机理模型的板形参数在线设定方法	国内领先
10	双机架六辊平整机核心工艺数学模型研究	国内领先

国家冷轧板带装备及工艺工程技术研究中心

3.4 成果辐射对行业技术进步与产业发展的影响

典型成果推广应用情况

序号	成果名称	推广应用
1	冷轧板形检测与控制技术	18条生产线
2	板厚控制关键技术	14条生产线
3	表面质量控制关键技术	14条生产线
4	轧机故障诊断与延寿关键技术	14条生产线
5	冷弯型钢成套技术设备	占国内市场份额80%
6	冷轧带钢卷焊管去毛刺机技术装备	15条生产线

（3）行业机构建设

- 牵头组建河北省协同创新中心——轧制技术
- 牵头筹建国家 协同创新 中心——重型机械

——北科大、太原科大、重型院、机械总院、金属所、一重、二重、鞍钢、河北钢铁

国家冷轧板带装备及工艺工程技术研究中心

3.5 对外开放服务能力和效果

（1）合作研究

- 联合9家企业院所高校，建立协同创新中心——重型机械
- 每年与企业联合研发10个项目，技术创新和工程应用
- 每年与院所联合研发 3个项目，关键技术创新和应用
- 每年与高校联合研发 2个项目，基础研究和技术创新
- 每年设立开放课题 10个项目， 鼓励学术和技术创新
- 每年完成中试实验 30项、工程测试40项
- 3年推出新技术或新产品8项

国家冷轧板带装备及工艺工程技术研究中心

3.5 对外开放服务能力和效果

（2）信息交流与技术咨询

- 完成3项板带生产行业技术和市场研究报告
- 制订企业标准2项——板形测量、板形控制
- 形成政策与信息咨询、标准制定等多方面的能力

（3）国内外学术和技术交流

- 进企业做报告和讲座94人次
- 邀请专家来中心技术交流63人次
- 举办国际会议2次、学术报告会与技术讲座14 次
- 举办参加行业技术交流32次、参加国际会议并作特邀报告6次

国家冷轧板带装备及工艺工程技术研究中心

3.5 对外开放服务能力和效果

第三届中日板壳理论基础与应用研讨会

中国金属学会冶金设备工作会议

中国金属学会冶金设备教学研究会

华北地区仿真模拟学术会议

国家冷轧板带装备及工艺工程技术研究中心

3.6 组织结构、制度建设及运行机制创新

（1）组织机构

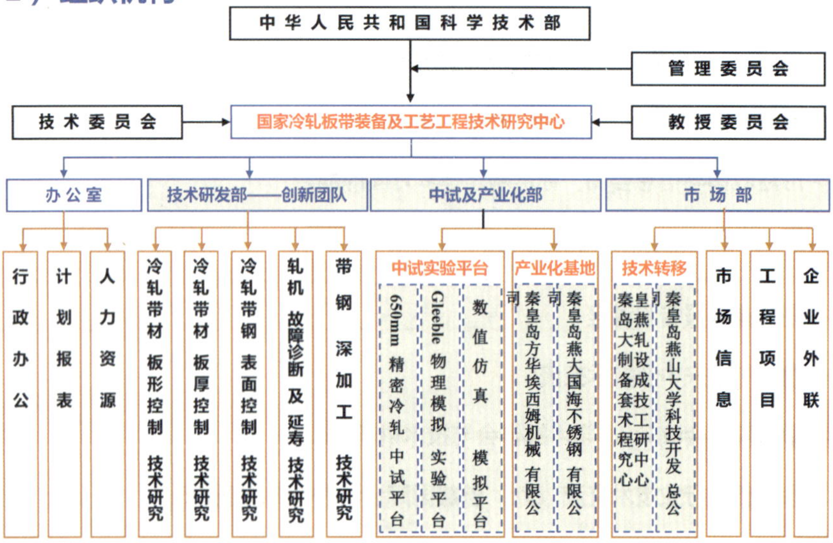

国家冷轧板带装备及工艺工程技术研究中心

3.6 组织结构、制度建设及运行机制创新

工程中心管理委员会成员

序号	姓名	性别	中心职务	工作单位	职务
1	陈卫滨	男	主任	河北省科技厅	副厅长
2	翟海魂	男	副主任	河北省教育厅	副厅长
3	耿艳楼	男	副主任	河北省科技厅	处长
4	陈　雷	男	副主任	河北省科技厅	处长
5	刘宏民	男	副主任	燕山大学	校长
6	孔祥东	男	副主任	燕山大学	副校长
7	郭宝峰	男	成员	燕山大学	馆长
8	肖　宏	男	成员	燕山大学	院长
9	徐玉民	男	成员	燕山大学	处长
10	戚伟新	男	成员	燕山大学	处长
11	赵永生	男	成员	燕山大学	副校长
12	杜凤山	男	成员	燕山大学	院长
13	蒋中伟	男	成员	燕山大学	副书记
14	官英平	男	成员	燕山大学	处长
15	彭　艳	男	成员	燕山大学	副院长

国家冷轧板带装备及工艺工程技术研究中心

3.6 组织结构、制度建设及运行机制创新

工程中心技术委员会成员

序号	姓　名	性 别	学 历	职　务	职　称	专业	工作单位
1	胡正寰	男	学士	主　任	院士	机械	北京科技大学
2	刘相华	男	博士	副主任	教授	机械	东北大学
3	谢东钢	男	学士	副主任	教授级高工	机械	中国重型机械研究院
4	刘宏民	男	博士	副主任	教授	机械	燕山大学
5	江光彪	男	学士	委　员	教授级高工	机械	宝山钢铁股份有限公司
6	王光儒	男	学士	委　员	教授级高工	机械	中国第一重型机械集团
7	黄庆学	男	博士	委　员	教授	机械	太原科技大学
8	张晓力	男	学士	委　员	教授级高工	机械	河北钢铁集团
9	杨　荃	男	博士	委　员	教授	机械	北京科技大学
10	王军生	男	博士	委　员	教授级高工	机械	鞍钢股份有限公司
11	孔祥东	男	博士	委　员	教授	机械	燕山大学
12	彭　艳	男	博士	委　员 兼秘书	教授	机械	燕山大学

国家冷轧板带装备及工艺工程技术研究中心

3.6 组织结构、制度建设及运行机制创新

工程中心教授委员会成员——10人

序号	姓　名	性别	学　位	专业	职　称	工作单位
1	刘宏民	男	博士	机械设计及理论	教授、博导	燕山大学
2	彭　艳	男	博士	机械设计及理论	教授、博导	燕山大学
3	孔祥东	男	博士	机械电子工程	教授、博导	燕山大学
4	王益群	男	学士	机械电子工程	教授、博导	燕山大学
5	方一鸣	男	博士	电气工程	教授、博导	燕山大学
6	任廷志	男	博士	机械设计及理论	教授、博导	燕山大学
7	肖　宏	男	博士	机械设计及理论	教授、博导	燕山大学
8	张福成	男	博士	材料工程	教授、博导	燕山大学
9	杜凤山	男	博士	机械设计及理论	教授、博导	燕山大学
10	于恩林	男	博士	机械设计及理论	教授、博导	燕山大学

国家冷轧板带装备及工艺工程技术研究中心

3.6 组织结构、制度建设及运行机制创新

管理委员会、技术委员会、教授委员会 会议纪要

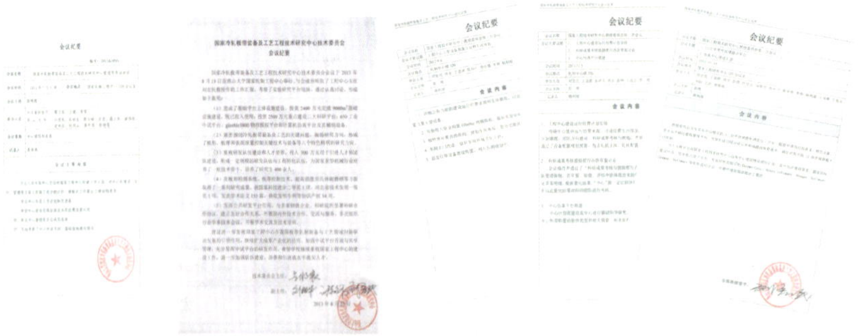

国家冷轧板带装备及工艺工程技术研究中心

3.6 组织结构、制度建设及运行机制创新

（2）制度建设——19项

- 建设运行管理总则
- 管理委员会组成与职责
- 技术委员会组成与职责
- 教授委员会组成与职责
- 人事管理制度
- 科研项目管理办法
- 科研成果考核办法
- 成果资助奖励办法
- 团队建设管理办法
- 开放课题管理办法

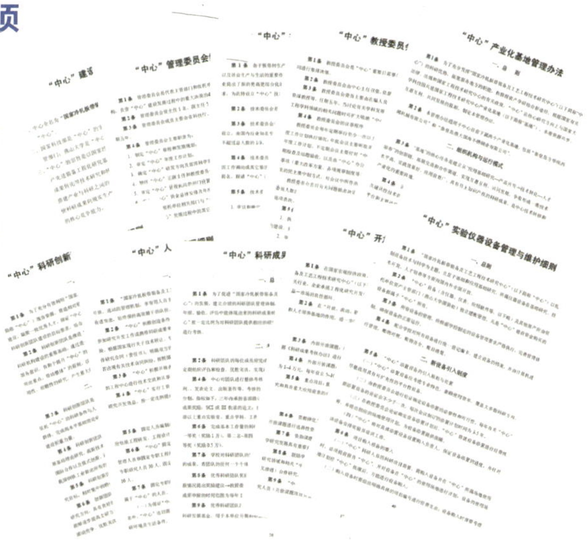

国家冷轧板带装备及工艺工程技术研究中心

3.6 组织结构、制度建设及运行机制创新

（3）运行机制及创新

- 管理体制机制
  - 主任负责——管理委员会领导，科技部聘任，任期4年
  - 团队研发——5个研发团队，按方向任务组建，责、权、利统一
  - 部门服务——提供人事、财务、法律、产权保护等专业化服务
  - 分类管理——理论创新、技术创新、工程转化、企业孵化
- 经济运行模式
  - 独立法人，独立财务
  - 面向市场，独立运行
  - 自负盈亏，自我发展

国家冷轧板带装备及工艺工程技术研究中心

3.6 组织结构、制度建设及运行机制创新

◆ 发展能力建设

- 团队建设——每个团队5年支持200万元创新经费
- 人才培养——新锐工程30万元、新秀计划8万元、开放课题5万元/人
- 人才引进——A、B、C、D 4类：500、200、100、50万元
- 平台建设——中试3个，关键技术6个，研发楼和中试车间9000平米
- 知识产权——资助专利申请，奖励专利成果

◆ 行业技术引领

- 先进技术工程化：国家工程技术研究中心——提供技术装备
  燕山大学科技开发公司——提供技术服务
- 先进产品产业化：燕山大学国家大学科技园——孵化企业
  产业化基地——成果快速产业化
- 技术培训经常化：中心办班培训，企业现场培训

国家冷轧板带装备及工艺工程技术研究中心

3.6 组织结构、制度建设及运行机制创新

◆ 协同创新转化

- 协同中心——2个，重型机械，轧制技术
- 校内协同——机械、材料、控制、力学、仪器、计算机等
- 校外协同——钢铁企业、装备企业、科研院所、高等学校
- 孵化协同——联合国家大学科技园，孵化高新技术企业
- 转化协同——联合成果产业化基地，加速成果产业化
- 孵化模式——入孵、孵成、退出，支持而不打扰企业运行

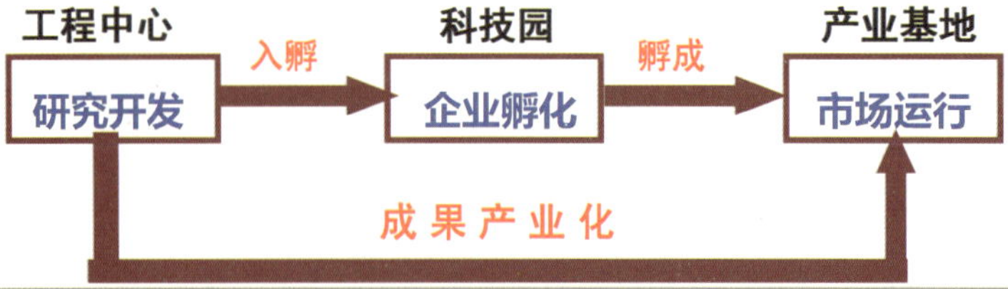

国家冷轧板带装备及工艺工程技术研究中心

3.7 经费投入、到位及使用情况，经济效益

（1）经费投入、到位8157万元，使用7972万元

- 政府投入3263万元——科技部平台998
  ——河北省平台650
  ——政府项目1615
- 学校投入4894万元——房屋建设2715、电力增容300
  ——人才建设1249、学科建设630

（2）总收入47760万元，总支出44183万元，节余3577万元

- 政府学校投入8157万元
- 技术收入20687万元（43%），产品收入18916万元(40%)
- 技术产品收入39603万元（83%）——大型工程1371，其他38232
- 技术产品年均13201万元——原计划8000万元

国家冷轧板带装备及工艺工程技术研究中心

3.7 经费投入、到位及使用情况，经济效益

经费收入情况表（万元）

类别	预算经费	实际经费收入 2011	2012	2013	合计
总收入	29000	14145.79	13021.80	20592.94	47760.53
① 基本建设经费收入	3000	3895.00	398.00	550.00	4663.00
科技部专项	300	700.00	298.00	0.00	998.00
地方配套	300	0	0	650.00	650.00
学校自筹	2400	3015.00	0	0	3015.00
② 政府科研项目经费收入	1500	474.30	587.94	488.00	1615.24
③ 学校自筹人才建设经费	2000	665.20	413.97	689.93	1249.10
④ 技术收入	4500	7522.00	5513.96	7651.25	20687.21
技术承包		6224.93	4617.42	7204.86	18047.21
技术咨询与服务		470.18	395.94	371.22	1237.34
社会委托研究开发		826.86	500.60	75.20	1402.66
⑤ 产品销售收入	18000	1594.29	6107.93	11213.76	18915.98
⑥ 学校学科建设经费	0	480	100	50	630

国家冷轧板带装备及工艺工程技术研究中心

3.7 经费投入、到位及使用情况，经济效益

经费支出情况表（万元）

类别	预算经费	实际经费支出			
		2011	2012	2013	合计
总支出	5000	18388.45	12720.50	13075	44183.95
① 仪器设备支出	1500	523.30	168.40	1243.04	1934.74
② 中试生产线建设支出	0	121.37	94.65	104.06	320.07
③ 中心房屋建筑物支出	2400	3015	0.00	0.00	3015
④ 研究试验支出	1000	14430.26	12151.80	11392.31	37974.36
材料等耗材费		8658.15	7291.08	6835.38	22784.62
劳务费用		2164.54	1822.77	1708.85	5696.15
差旅、会议费		2886.05	2430.36	2278.46	7594.87
其他费用		721.51	607.59	569.62	1898.72
⑤ 其他(人员工资等)	100	298.54	305.65	335.59	939.78

国家冷轧板带装备及工艺工程技术研究中心

汇报目录

一、依托单位基本情况

二、三年任务完成情况

三、工程中心运行绩效

四、主要问题与3年规划

国家冷轧板带装备及工艺工程技术研究中心

4.1 中心发展存在的主要问题

（1）中试设备尚有欠缺

分段冷却系统，退火炉，线切割机，表面质量仪，凸度仪等

（2）引进培养领军人才不够

尚无院士、长江学者等

（3）协同创新尚需推进

尚未建成国家级协同创新中心

（4）行业技术引领还需加强

尚未制定行业、国家技术标准

国家冷轧板带装备及工艺工程技术研究中心

4.2 中心未来三年的发展规划

（1）平台建设

- 增加设备20台套，经费2000多万元
- 建设研发平台4个——精密特种带材轧制关键技术
  ——轧机振动测量与故障诊断控制
  ——冷轧带材退火工艺设备
  ——带材深加工性能测试与仿真

（2）研发方向5个——整合拓展

- 板形板厚表面控制关键技术装备
- 轧制过程电气自动控制技术系统
- 板带生产装备数字仿真设计技术
- 轧机状态监测与运行保障技术
- 先进钢铁材料制备关键技术

国家冷轧板带装备及工艺工程技术研究中心

4.2 中心未来三年的发展规划

（3）科技产出

- 面向行业重大需求，突破2-3项重大核心关键技术，打破国外垄断
- 形成8-10项国际先进研发成果，实现工程应用，推动行业技术升级
- 获1-2项国家科技奖励，申请50项发明专利
- 制定行业或国家标准2-3项

（4）学科发展

- 促进学科交叉融合、协同发展，催生新的学科前沿
- 创新学科发展思路，形成工程技术学科群发展模式
- 巩固提高机械工程国家重点学科实力水平
- 促进材料科学与工程、控制科学与工程等学科发展

国家冷轧板带装备及工艺工程技术研究中心

4.2 中心未来三年的发展规划

（5）人才培养

- 国家科技创新群体1-2个，长江杰青1-2人
- 研发骨干人员60名
- 博士、硕士研究生300名，卓越工程师本科生200名

（6）协同创新

- 联合企业、院所、高校，建设国家协同创新中心
- 形成高效的科技创新管理体制机制
- 形成基础研究、技术创新、工程应用更为紧密结合的链条
- 加强技术转化和人员培训，提高行业技术水平和创新能力
- 加强与大型企业合作，形成更大的工程化能力

国家冷轧板带装备及工艺工程技术研究中心

结束语

1. 经过三年建设发展，本中心形成了高水平工程技术研究能力 ——人才队伍、研发平台、技术成果、转化推广；显著推动了板带行业技术进步；对外交流合作、开放服务、协同创新成效显著；管理运行先进完善，经营收入比重大、效益好，自我发展、良性循环能力强。

2. 板带钢是最主要钢铁产品，冷轧带钢是高端板带钢，是钢铁工业结构调整和产业升级重点。目前，我国有板带钢轧机约500套，其中冷轧机约300套，技术和产品都需升级。因此，本中心发展符合行业发展需求，有广阔前景。

3. 再经过3年建设发展，使本中心成为世界先进水平的板带生产、特别是冷轧板带装备及工艺工程技术研究基地 —— 队伍、平台、管理、成果、转化、服务，推动我国板带行业技术进步，支撑我国板带行业高效发展。

国家冷轧板带装备及工艺工程技术研究中心

谢　谢！

请批评指正！

国家冷轧板带装备及工艺工程技术研究中心

河北面向行业产业类

现代轧制技术与先进钢铁材料协同创新中心

燕山大学: 刘宏民

2013 年 12 月 10 日

现代轧制技术与先进钢铁材料协同创新中心

主要内容

一　总体思路和研究方向

二　培育组建和运行状况

三　体制与机制改革情况

四　经费投入与资源整合

五　实施成效和预期效果

现代轧制技术与先进钢铁材料协同创新中心

钢铁工业的战略地位

- 钢铁是人类用量最大的金属材料，21世纪，仍将是工程材料的第一选择。

- 我国是世界钢铁产量第一大国，2012年粗钢产量7.2亿吨，约占全球总量的一半，钢铁工业产值3.5万亿元，占我国GDP的6.7%。

- 钢铁是国家工业化的重要支柱，钢铁产品的50%用于制造业，对我国成为第一制造大国具有重要支撑作用。

现代轧制技术与先进钢铁材料协同创新中心

存在的问题与挑战

□ 四大问题

产能严重过剩	产品结构失调	环境污染严重	能源消耗大户
消费需求7.5亿吨，产能10亿吨	高端产品不足1/3，同质化严重	粉尘、CO_2占工业总排放15.2%和16%	能耗占全国工业能耗的20.5%

□ 三大挑战

◆ **国家经济转型的挑战**

我国钢铁工业今后发展重点是技术升级和结构调整，发展目标是成为世界钢铁生产大国和具有竞争力的强国。转型升级是我国钢铁行业面临的重大战略任务。

◆ **产业结构调整的挑战**

我国钢铁工业结构性矛盾突出、同质化严重，2012年钢铁企业利税740亿元，同比下降54%，利润仅15亿元，同比下降98%。产业结构调整是钢铁行业面临的严峻挑战。

◆ **创新能力提升的挑战**

我国钢铁企业研发投入不足，行业核心技术自主研发能力薄弱、分散，难以适应转型升级的迫切需求。提升自主创新能力是钢铁行业面临的重大挑战。

现代轧制技术与先进钢铁材料协同创新中心

存在的问题与挑战

□ 河北省形势尤为严峻

钢铁产量全国第一	2012年粗钢产量达到1.8亿吨，占全国总产量的25%，继续位列全国首位。钢铁对全省经济贡献率达60%以上。
环境污染全国最重	2013年国家环保部公布的10个空气污染最严重的城市，河北占7个（邢台\石家庄\保定\邯郸\廊坊\衡水\唐山）。
产品结构比例失调	中低端产品占80%（面条、槽钢、裤腰带），高级汽车板、高强钢、硅钢等高级产品比例很小，利润低。
技术水平亟待提升	行业研发投入不足，自主创新能力弱而分散，对外依存度高，缺少核心和关键技术，核心竞争力不高。

面对现状：河北省提出“淘汰落后一批、沿海搬迁一批、就地提升一批、整合重组一批”的战略规划，以提升行业竞争力。

现代轧制技术与先进钢铁材料协同创新中心

应对需求和挑战的战略思考

□ 通过产业结构调整和技术升级，做优做强钢铁工业

- 生产过程绿色化、产品质量精准化、装备运行可靠化
- 技术装备大型化、自动化、连续化、集约化
- 产品高端化、材料轻量化、品种差异化

□ 组建“现代轧制技术与先进钢铁材料”协同创新中心

- 整合创新力量，汇聚创新要素，改革创新机制，提高创新能力
- 面向钢铁工业技术进步的重大需求，研发提供共性关键技术
- 促进河北及我国钢铁工业由大向强转变

现代轧制技术与先进钢铁材料协同创新中心

河北、国家重大需求—主要研究方向：5个

□ 产品质量测控技术与装备

- 钢板质量测控关键技术与装备
- 钢管型钢质量测控关键技术与装备
- 连铸坯质量测控关键技术与装备
- 轧制过程电气自动控制系统

□ 轧机状态监测与运行保障技术

- 轧机动态建模及耦合技术
- 轧机状态检测理论与技术
- 轧机动态特性与稳定运行技术

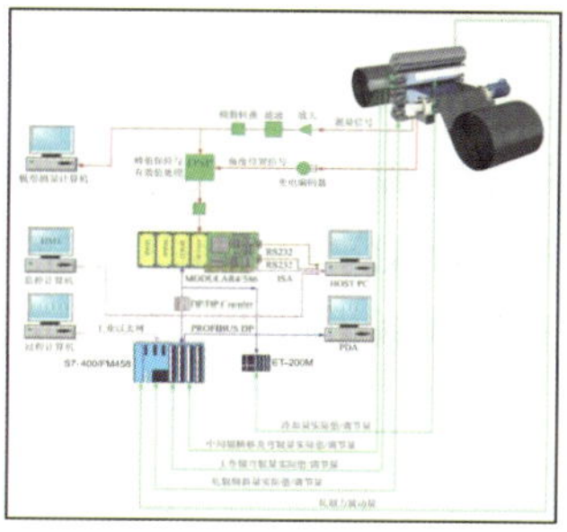

现代轧制技术与先进钢铁材料协同创新中心

河北、国家重大需求—主要研究方向：5个

□ 轧制工艺设备先进设计技术

- ◆ 工艺设备建模仿真与虚拟生产系统
- ◆ 工艺设备先进设计技术
- ◆ 轧机空间自位技术与装备
- ◆ 大型轧辊服役与延寿技术

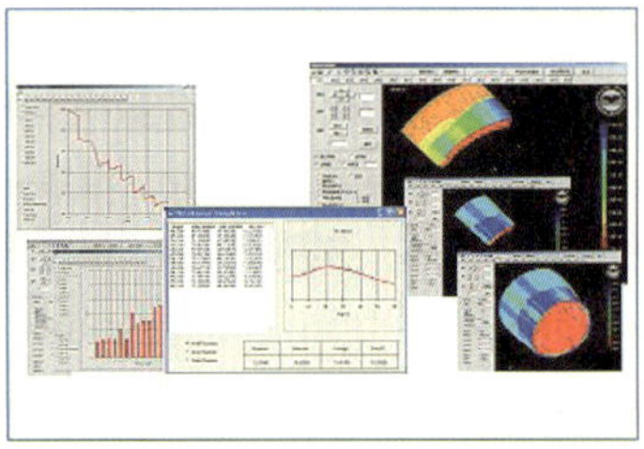

现代轧制技术与先进钢铁材料协同创新中心

河北、国家重大需求—主要研究方向：5个

□ 钢铁生产节能环保技术与装备

- ◆ 煤气电除尘技术与装备
- ◆ 生态化烧结控制技术与装备
- ◆ 薄带连续铸轧短流程工艺与装备

□ 先进钢铁材料研制

- ◆ 奥氏体和贝氏体相变特征、组织演变及力学行为
- ◆ 不同服役条件下组织性能精准调控原理与工艺
- ◆ 重载铁路辙叉用钢、先进高强汽车用钢
- ◆ 高等级功能化不锈钢、先进轴承钢

现代轧制技术与先进钢铁材料协同创新中心

钢铁工业开展协同创新的必要性

□ 力量分散，协同创新体系急需完善

钢铁生产工艺装备复杂，共性关键技术自 主研发风险高、投入大；企业之间由于存在竞争，研发力量和内容独立、分散、重复，急需统筹合作，建立行业协同创新体系。

□ 资源分散，科技研发平台急需整合

钢铁工业是典型流程工业，需要整合高校、科研院所和生产企业的各种研发资源，打造协同创新大平台，实现 研发资源开放共享，提高行业创新能力。

□ 水平不高，人才培养机制急待改革

行业研发队伍中有博士学位不到0.1%，硕士学位仅1%，高层次人才不足发达国家1/10，急需培养有创新思维、创新能力、创新实践的综合型人才。

现代轧制技术与先进钢铁材料协同创新中心

总体实施方案

□ 联合高等学校、研究院所、钢铁企业，组建协同创新中心

□ 成立管理机构，建立规章制度，改革体制机制

□ 确定研发方向，明确目标任务，组建研发队伍

□ 整合研发力量，汇聚研发资源，实现互补共享

□ 以基础研究为先导，以技术创新为关键，以工程应用为目的

□ 建立科学、技术、工程一体化的完整创新链条

□ 全面提升学科、科研、人才三位一体的创新能力

目标：建设“河北急需、国内一流”的协同创新中心
发展为“国家急需、世界一流”的国家级协同创新中心

现代轧制技术与先进钢铁材料协同创新中心

主要内容

一　总体思路和研究方向

二　培育组建和运行状况

三　体制与机制改革情况

四　经费投入与资源整合

五　实施成效和预期效果

现代轧制技术与先进钢铁材料协同创新中心

校内协同基础——坚实

□ 国家重点实验室和国家工程技术研究中心建设

- 促进多学科交叉、产学研协同
- 形成轧制技术与钢铁材料学科群

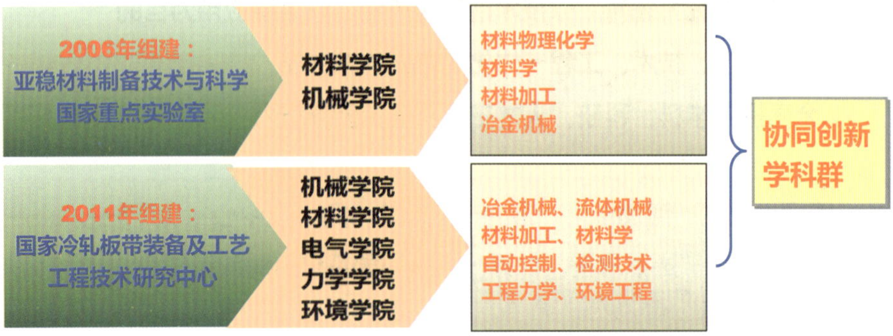

现代轧制技术与先进钢铁材料协同创新中心

校外协同基础——良好

- 2001年，建立河北省“现代轧制技术与先进钢铁材料”研究基地
- 2006年，建立教育部“轧制设备及成套技术”工程研究中心
- 2007年，成立中国“重型机械研究院”燕山大学分院
- 2008年，建立机械工业“高精度轧制技术装备”工程研究中心
- 2011年，建立国家“冷轧板带装备及工艺”工程技术研究中心

上述研究基地建设，使燕山大学与国内钢铁和重型装备企业、研究院所、高等学校建立了良好的协同关系，构建了协同创新中心的雏形。

现代轧制技术与先进钢铁材料协同创新中心

协同创新中心培育组建历程

现代轧制技术与先进钢铁材料协同创新中心

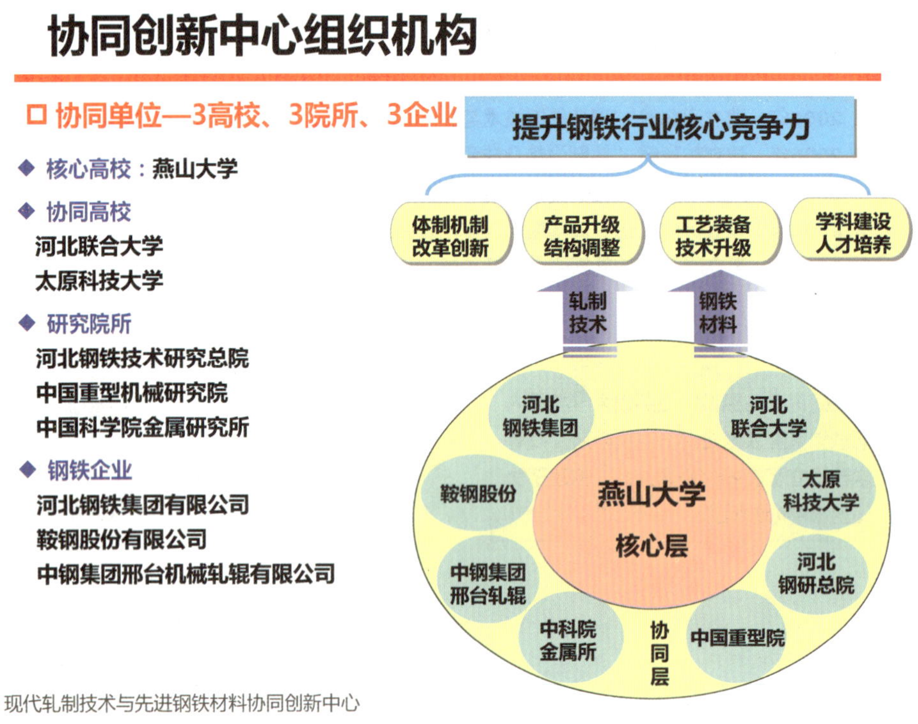
协同创新中心组织机构
□ 协同单位—3高校、3院所、3企业
◆ 核心高校：燕山大学
◆ 协同高校
河北联合大学
太原科技大学
◆ 研究院所
河北钢铁技术研究总院
中国重型机械研究院
中国科学院金属研究所
◆ 钢铁企业
河北钢铁集团有限公司
鞍钢股份有限公司
中钢集团邢台机械轧辊有限公司
提升钢铁行业核心竞争力
体制机制改革创新
产品升级结构调整
工艺装备技术升级
学科建设人才培养
轧制技术
钢铁材料
河北钢铁集团
河北联合大学
鞍钢股份
燕山大学
核心层
太原科技大学
中钢集团邢台轧辊
河北钢研总院
中科院金属所
协同层
中国重型院
现代轧制技术与先进钢铁材料协同创新中心

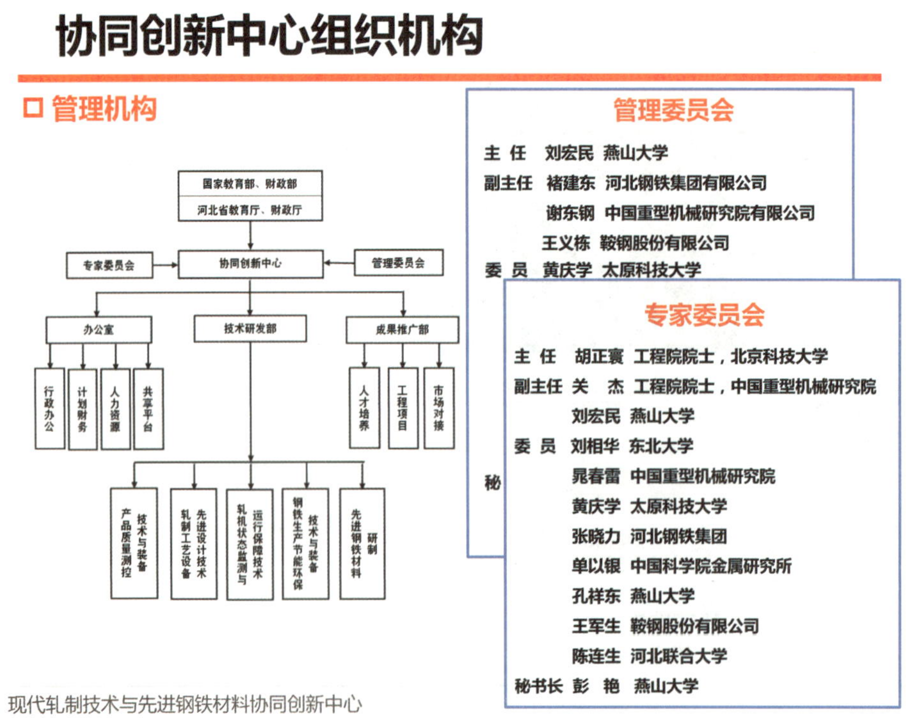
协同创新中心组织机构
□ 管理机构
国家教育部、财政部
河北省教育厅、财政厅
专家委员会
协同创新中心
管理委员会
办公室
技术研发部
成果推广部
行政办公
计划财务
人力资源
共享平台
人才培养
工程项目
市场对接
产品质量测控技术与装备
轧制工艺设备先进设计技术
轧机状态监测与运行保障技术
钢铁生产节能环保技术与装备
先进钢铁材料研制
管理委员会
主 任　刘宏民　燕山大学
副主任　褚建东　河北钢铁集团有限公司
谢东钢　中国重型机械研究院有限公司
王义栋　鞍钢股份有限公司
委 员　黄庆学　太原科技大学
秘
专家委员会
主 任　胡正寰　工程院院士，北京科技大学
副主任　关　杰　工程院院士，中国重型机械研究院
刘宏民　燕山大学
委 员　刘相华　东北大学
晁春雷　中国重型机械研究院
黄庆学　太原科技大学
张晓力　河北钢铁集团
单以银　中国科学院金属研究所
孔祥东　燕山大学
王军生　鞍钢股份有限公司
陈连生　河北联合大学
秘书长　彭　艳　燕山大学
现代轧制技术与先进钢铁材料协同创新中心

主要内容

一　总体思路和研究方向

二　培育组建和运行状况

三　体制与机制改革情况

四　经费投入与资源整合

五　实施成效和预期效果

现代轧制技术与先进钢铁材料协同创新中心

成立领导与管理机构

2013年7月，成立

- **2011领导小组：**书记校长、副校长、有关部门负责人组成。负责顶层设计、统筹协调、资源配置和督促落实等重大事项。

- **2011办公室：**有关部门、协同中心负责人组成。负责内外联络、组织管理等具体工作。

- **管理委员会和专家委员会：**负责管理指导，重大任务凝练。

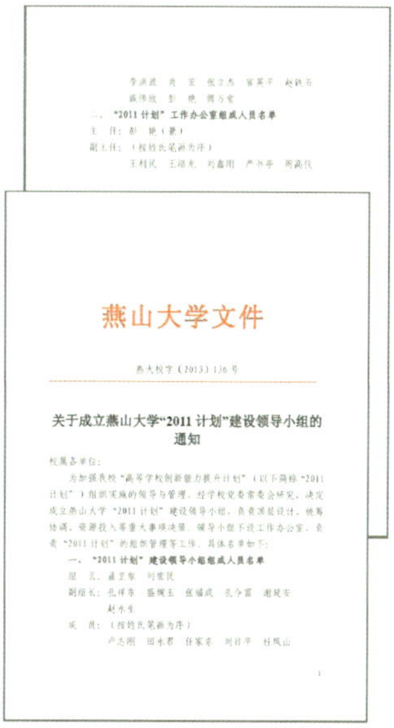

现代轧制技术与先进钢铁材料协同创新中心

建立协同创新管理制度

□ 指导思想

- ◆ 强强联合、优势互补
- ◆ 分工协同、资源共享
- ◆ 改革体制机制，打造科研特区
- ◆ 提升学科、科研、人才三位一体创新能力

□ 管理文件

- ◆ 岗位人员管理办法
- ◆ 人才培养协同方案
- ◆ 研发任务协同制度
- ◆ 经费管理办法
- ◆ 资源汇聚共享办法
- ◆ 管理委员会工作条例
- ◆ 专家委员会工作条例
- ◆ 国际合作交流方案
- ◆ 知识产权管理办法

关于发布燕山大学“协同创新中心”相关管理文件的通知

校各协同创新中心：

为加强我校“高等学校创新能力提升计划”（以下简称“2011计划”）的组织实施与管理，深化协同创新中心组织管理、人事制度、人才培养、人员考评、科研模式、资源配置方式、国际合作以及创新文化建设八个方面的改革，校“2011计划”工作办公室协同科学技术研究院、人事处、研究生院等相关部门，针对我校已组建运行的3个协同创新中心（“亚稳材料科学协同创新中心”（科学前沿领域）、“现代轧制技术与先进钢铁材料协同创新中心”（行业产业领域）、“先进成形技术及装备协同创新中心”（行业产业领域）），经认真研究讨论，制定了相关管理文件，现予以发布，请遵照执行。

燕山大学“2011计划”工作办公室

2013年8月7日

现代轧制技术与先进钢铁材料协同创新中心

与协同单位签订共建协议—8份

现代轧制技术与先进钢铁材料协同创新中心

组织管理和运行机制

按照"目标统一、任务统一、队伍统一、机制统一"原则，确定管理运行模式

组织管理模式：管理委员会负责重大重要事项决策，专家委员会负责重大任务凝练，中心主任负责建设实施。

科研组织模式：根据任务组建团队，进行核心共性技术研发；根据企业特定需求,提供个性化服务，实现人才和成果双重转移。

人事管理制度：以任务为导向，面向全球招聘杰出人才，制订特殊薪酬体系，建立奖励机制和人才流动机制。

成果转化机制：建立共建、共享、共赢的研究成果转化机制；组建成果转化和技术服务队伍，加速成果转移推广。

人才培养模式：将人才培养贯穿在整个创新过程，建立多元化培养模式，培养不同类型、层次的创新人才。

资源配置方式：整合研发资源，促进开放共享，利用网络、云计算等现代化手段,推动数据和仪器等跨平台、跨地域集成。

现代轧制技术与先进钢铁材料协同创新中心

典型体制机制改革措施

□ 人事管理制度改革

- 建立"以任务为牵引"的人才聘用摸式
- 建立"流动不调动"的科研人员双聘模式
- 建立"按能力分级"的岗位特区
- 实行"按贡献分配"的薪酬体系
- 形成"按质量和贡献"的考核机制

□ 科研组织模式改革

- 打破单位和专业限制，建立科研特区
- 以任务为导向动态组建科研团队
- 建立多元化项目引发机制
- 建立成果快速转化机制

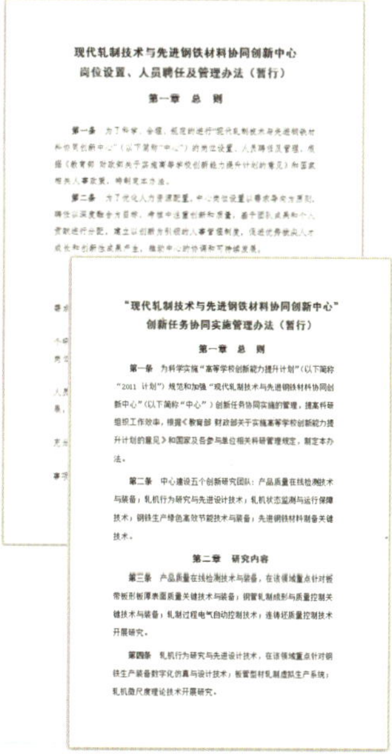
现代轧制技术与先进钢铁材料协同创新中心
岗位设置、人员聘任及管理办法（暂行）

第一章　总　则

第一条　为了科学、合理、规范的进行"现代轧制技术与先进钢铁材料协同创新中心"（以下简称"中心"）的岗位设置、人员聘任及管理，根据《教育部 财政部关于实施高等学校创新能力提升计划的意见》和国家相关人事政策，特制定本办法。

第二条　为了优化人力资源配置，中心岗位设置以需求导向为原则，聘任以深度融合为目标，考核中注重创新和质量，基于团队成果和个人贡献进行分配，建立以创新为引领的人事管理制度，促进优秀拔尖人才成长和创新性成果产生，推动中心的协调和可持续发展。

"现代轧制技术与先进钢铁材料协同创新中心"
创新任务协同实施管理办法（暂行）

第一章　总　则

第一条　为科学实施"高等学校创新能力提升计划"(以下简称"2011 计划")规范和加强"现代轧制技术与先进钢铁材料协同创新中心"(以下简称"中心")创新任务协同实施的管理，提高科研组织工作效率，根据《教育部 财政部关于实施高等学校创新能力提升计划的意见》和国家及各参与单位相关科研管理规定，制定本办法。

第二条　中心建设五个创新研究团队：产品质量在线检测技术与装备；轧机行为研究与先进设计技术；轧机状态监测与运行保障技术；钢铁生产绿色高效节能技术与装备；先进钢铁材料制备关键技术。

第二章　研究内容

第三条　产品质量在线检测技术与装备，在该领域重点针对板带板形板厚表面质量关键技术与装备；钢管轧制成形与质量控制关键技术与装备；轧制过程电气自动控制技术；连铸坯质量控制技术开展研究。

第四条　轧机行为研究与先进设计技术，在该领域重点针对钢铁生产装备数字化仿真与设计技术；板管型材轧制虚拟生产系统；轧机微尺度理论技术开展研究。

现代轧制技术与先进钢铁材料协同创新中心

典型体制机制改革措施

□ 人才培养模式改革

- 以本硕、本硕博连读生为主，改革招生方式
- 改革培养机制，实行多元化人才培养模式
- 推进精英教育，培养高层次创新人才
- 开展产学研合作，培养复合型创新人才
- 推进国际化培养，提高创新人才国际竞争力

□ 资源配置方式改革

- 整合研发资源，实现跨学科专业交融
- 汇聚整合“高精尖”科研人员
- 建立资源开放机制，提高资源利用率
- 加大交流力度，实现信息共享，合作共赢

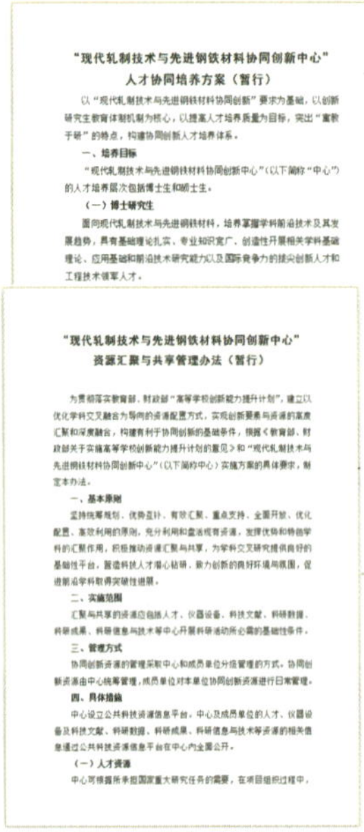

“现代轧制技术与先进钢铁材料协同创新中心”
人才协同培养方案（暂行）

以“现代轧制技术与先进钢铁材料协同创新”要求为基础，以创新研究生教育体制机制为核心，以提高人才培养质量为目标，突出“寓教于研”的特点，构建协同创新人才培养体系。

一、培养目标

“现代轧制技术与先进钢铁材料协同创新中心”（以下简称“中心”）的人才培养层次包括博士生和硕士生。

（一）博士研究生

面向现代轧制技术与先进钢铁材料，培养掌握学科前沿技术及其发展趋势，具有基础理论扎实、专业知识宽广，创造性开展相关学科基础理论、应用基础和前沿技术研究能力以及国际竞争力的拔尖创新人才和工程技术领军人才。

“现代轧制技术与先进钢铁材料协同创新中心”
资源汇聚与共享管理办法（暂行）

为贯彻落实教育部、财政部“高等学校创新能力提升计划”，建立以优化学科交叉融合为导向的资源配置方式，实现创新要素与资源的高度汇聚和深度融合，构建有利于协同创新的基础条件，根据《教育部、财政部关于实施高等学校创新能力提升计划的意见》和“现代轧制技术与先进钢铁材料协同创新中心”（以下简称中心）实施方案的具体要求，制定本办法。

一、基本原则

坚持统筹规划、优势互补、有效汇聚、重点支持、全面开放、优化配置、高效利用的原则，充分利用和盘活现有资源，发挥优势和特色学科的汇聚作用，积极推动资源汇聚与共享，为学科交叉研究提供良好的基础性平台，营造科技人才潜心钻研、致力创新的良好环境与氛围，促进前沿学科取得突破性进展。

二、实施范围

汇聚与共享的资源应包括人才、仪器设备、科技文献、科研数据、科研成果、科研信息与技术等中心开展科研活动所必需的基础性条件。

三、管理方式

协同创新资源的管理采取中心和成员单位分级管理的方式。协同创新资源由中心统筹管理，成员单位对本单位协同创新资源进行日常管理。

四、具体措施

中心设立公共科技资源信息平台，中心及成员单位的人才、仪器设备及科技文献、科研数据、科研成果、科研信息与技术等资源的相关信息通过公共科技资源信息平台在中心内全面公开。

（一）人才资源

中心可根据所承担国家重大研究任务的需要，在项目组织过程中，

现代轧制技术与先进钢铁材料协同创新中心

主要内容

一 总体思路和研究方向
二 培育组建和运行状况
三 体制与机制改革情况
四 经费投入与资源整合
五 实施成效和预期效果

现代轧制技术与先进钢铁材料协同创新中心

整合研发力量

- 打破界限，形成高等学校、研究院所、生产企业协同创新力量。
- 研用结合，形成基础研究、技术开发、工程应用完整创新链条。

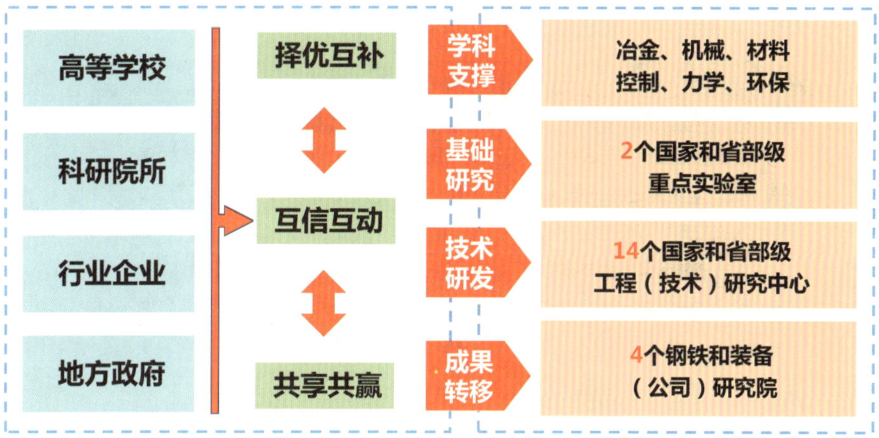

现代轧制技术与先进钢铁材料协同创新中心

主要经费投入

经费投入情况

经费投入	金额（万元）
财政拨款（含学科建设拨款）	2100
牵头高校（含科研项目到款）	4200
参与高校（含科研项目到款）	2200
参与企业（含科研项目到款）	2000
其它	500
合计	11000

经费支出情况

经费使用范围	金额（万元）
创新平台建设	2400
项目研发	6000
队伍建设与人才培养	1700
机制体制改革	500
运行管理与国际交流	400
合计	11000

现代轧制技术与先进钢铁材料协同创新中心

任务导向与团队汇聚

- □ 任务来源：国家重大项目，行业共性需求，企业特定任务
- □ 团队组成：根据任务组建，提出资源需求，队长组织实施

研究团队	团队负责人	团队主要人员组成		
		高校	企业	研究院所
产品质量测控技术与装备	刘宏民	6	2	1
轧制工艺设备先进设计技术	杜凤山	6	2	1
轧机状态监测与运行保障技术	彭 艳	5	2	2
钢铁生产节能环保技术与装备	肖 宏	6	2	1
先进钢铁材料研制	张福成	5	2	2
合计	45	28	10	7

现代轧制技术与先进钢铁材料协同创新中心

政策支持

□ 学校给予的政策支持

- ◆ 成立2011领导小组：负责顶层设计、统筹协调、资源配置和督促落实等重大事项。
- ◆ 成立2011 办公室：负责内外联络、组织管理等具体工作。
- ◆ 投入专项建设经费。

□ 协同单位给予的政策支持

- ◆ 制定人事管理和薪酬制度，保障中心运行。
- ◆ 根据重大任务需求，向中心投入支持经费。
- ◆ 根据中心需求，选拔科研骨干到中心工作。
- ◆ 根据任务需要，中心成员参与企业的研发和生产。

现代轧制技术与先进钢铁材料协同创新中心

平台汇聚与共享

□ 平台汇聚

◆ **仪器与设备：** 先进的冶炼、轧钢、钢材深加工等中试设备，高端的材料物理、化学、力学等检测仪器。

◆ **文献与信息：** 中外文图书400万册，期刊2500种，丰富的网络信息资源，以冶金、重型机械专业文献为特色。

□ 开放共享

◆ 按照优化配置、全面开放原则，实现资源优势互补，高效利用。

◆ 采取激励和补偿机制，盘活现有资源，实行统筹规划，分级管理。

◆ 建立公共信息平台，技术数据、科研成果面向中心成员公开共享。

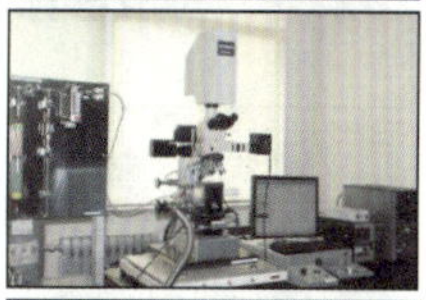

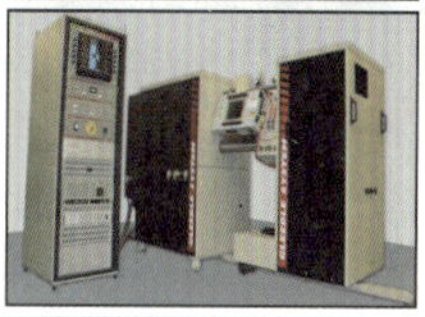

现代轧制技术与先进钢铁材料协同创新中心

主要内容

一　总体思路和研究方向

二　培育组建和运行状况

三　体制与机制改革情况

四　经费投入与资源整合

五　实施成效和预期效果

现代轧制技术与先进钢铁材料协同创新中心

学科建设成效

- 2007年，机械工程成为一级国家重点学科
- 2006年，成立教育部工程研究中心
- 2008年，成立机械工业工程研究中心
- 2011年，成立国家工程技术研究中心

钢铁共性技术协同创新中心

拔尖人才汇聚

- 院士—2名
- 国家杰出青年基金—1名
- 教育部新世纪人才—2名
- 燕赵学者—1名
- 河北省杰出青年基金—2名
- 河北省高校百名创新人才—1名
- 河北省“巨人计划”领军人物—2名

人才项目	院士	国家杰出青年基金/教育部新世纪优秀人才	燕赵学者/河北省杰出青年基金/河北省高校百名创新人才/河北省“巨人计划”领军人物
燕山大学	1*	3	3
河北联合大学			2
太原科技大学		1	
河北钢铁集团有限公司			1
中国重型机械研究院	1		

* 胡正寰院士为燕山大学双聘院士

钢铁共性技术协同创新中心

创新型人才培养

□ 本科教育

◆ 卓越工程师教育培养计划

- 全国首批实施高校—2007年
- 每年招收30名本科生进入中心学习
- 与科研院所和企业共建实践培养基地

◆ CDIO工程教育模式改革

- 全国首批实施高校—2008年
- 全国机械类牵头单位
- 实行构思、设计、实施、操作一体化培养模式

□ 研究生培养

◆ 产学研联合培养硕士和博士研究生

◆ 结合重大任务，制定培养方案

目前承担的主要科研项目

□ 纵向项目当年实际到款：3000万元

序号	项目名称	编号	负责人	工作单位	起止时间	经费(万元)	项目来源
1	大功率风电机组用轴承钢关键技术开发	2012AA03A504	张福成	燕山大学	2012-2015	3900.0	863项目
2	新型耐高温抗辐照抗液态金属腐蚀材料的研制	XDA03010301	单以银	中科院金属所	2011-2015	1000.0	中科院战略先导
3	金属资源高效利用与加工基础研究	2012CB722800	黄庆学	太原科技大学	2012-2014	835.0	973预研
4	铁素体结构材料制备	XDA03010302	杨　柯	中科院金属所	2011-2015	800.0	中科院战略先导
5	冷轧带钢实验轧机研制	2011BAF15B01	彭　艳	燕山大学	2012-2014	680.0	国家科技支撑计划
6	新型医用材料的功能化设计及生物适配基础科学问题研究	2012CB619101	杨　柯	中科院金属所	2012-2016	500.0	国家973项目课题
7	冷轧带钢板形控制系统研制	2011BAF15B02-B03	刘宏民	燕山大学	2012-2014	300.0	国家科技支撑计划
8	河北钢铁技术研究总院钢铁前沿技术和高端产品自主创新研发团队	——	胡志刚	河北钢研总院	2012-2017	200.0	河北巨人计划
9	“亚稳材料制备技术与科学”国家重点实验室先进钢铁材料研究团队	——	张福成	燕山大学	2012-2017	200.0	河北巨人计划
10	3700mm简节轧机轧制工艺与在线检测技术研究	2011ZX04002-101-1	刘宏民	燕山大学	2012-2013	190.0	国家科技重大专项
11	分段内封闭式高速压电板形仪的研制	51027003	杜凤山	燕山大学	2011-2013	160.0	国家自然科学基金
12	耐高温马氏体钢的组织稳定性基础研究	2010CB630804	单以银	中科院金属所	2010-2014	100.0	“973”三级子课题

目前承担的主要科研项目

□ 横向项目当年实际到款：3000万元

序号	项目名称	负责人	工作单位	起止时间	经费(万元)	项目来源
1	浙江滨海金属制品有限公司4300mm中宽厚板工程矫直机、滚切双边剪、液压定尺剪成套设备	黄庆学	太原科技大学	2010-2013	2008.0	企业攻关
2	旋转电渣重熔复合轧辊生产装备及工艺研究	杨昱东	中钢邢台轧辊	2013-2015	2800.0	企业攻关
3	冷轧板形控制技术研发与工业应用	王军生	鞍钢股份	2011-2013	1050.0	企业攻关
4	板形控制模型与测控系统	刘宏民	燕山大学	2010-2013	560.0	企业攻关
5	河北钢铁集团金鼎重工股份有限公司液压滚切式分段剪	黄庆学	太原科技大学	2012-2013	455.0	企业攻关
6	7500t筒节轧机热态成形计算与工艺开发应用研究	杜凤山	燕山大学	2011-2013	252.0	企业攻关
7	中冶陕压重工设备有限公司金堆城钼业钼轧制板材生产线热矫直成套设备	黄庆学	太原科技大学	2012-2014	199.0	企业攻关
8	特高压电力铁塔用大规格高强角钢工艺开发	冯运莉	河北联合大学	2012-2013	154.0	企业攻关
9	连退机组横向条纹缺陷治理与稳定通板及平整色差控制等相关工艺技术的开发	白振华	燕山大学	2009-2014	145.0	企业攻关
10	纺织钩针专用材料的设计制备及规模化生产	单以银	中科院金属所	2013-2014	95.0	企业攻关
11	张家港沙景宽厚板有限公司50MN液压压平机	黄庆学	太原科技大学	2012-2013	85.0	企业攻关
12	特殊环境地区机车车辆弹簧技术研究	单以银	中科院金属所	2012-2013	50.0	企业攻关

钢铁共性技术协同创新中心

获得国家科技奖励——1等奖1项，2等奖7项

序号	项目名称	获奖等级	完成单位（协同体内）	时间
1	冷轧板形控制核心技术自主研发与工业应用	国家科学技术进步二等奖	鞍山钢铁集团公司 燕山大学	2011
2	中薄板坯连铸机成套技术与关键设备开发及应用	国家科学技术进步二等奖	中国重型机械研究院有限公司，宝山钢铁股份有限公司，燕山大学	2009
3	冷带轧机高精度液压厚度自动控制（液压AGC）系统关键技术及应用	国家科学技术进步二等奖	燕山大学	2009
4	无缝钢管减径产品工艺优化及其质量控制	国家科学技术进步二等奖	燕山大学	2006

现代轧制技术与先进钢铁材料协同创新中心

获得国家科技奖励——1等奖1项，2等奖7项

序号	项目名称	获奖等级	完成单位（协同体内）	时间
5	宝钢高等级汽车板品种、生产及使用技术的研究	国家科学技术进步一等奖	宝山钢铁股份有限公司燕山大学	2005
6	板带轧机板形控制的理论体系、数学模型、仿真软件及其应用	国家科学技术进步二等奖	燕山大学	2004
7	延长大型轧机轴承寿命研究	国家科学技术进步二等奖	燕山大学	2003
8	耐磨奥氏体锰钢化学成分和热加工工艺优化	国家科学技术进步二等奖	燕山大学	2002

现代轧制技术与先进钢铁材料协同创新中心

典型成果及应用

（1）板形控制模型——国家2等奖（2004）

创新
- ◆ 提出板形控制理论模型体系
- ◆ 提出模拟板带轧制条元法
- ◆ 建立辊型综合优化模型
- ◆ 研发工程设计软件

应用
- ◆ 宝钢1420、1200、1550、1580冷、热连轧机
- ◆ 河北钢铁1050冷轧机、1810热连轧机
- ◆ 鞍钢1780冷轧机，武钢1420冷轧机
- ◆ 宁波钢铁1780热连轧机

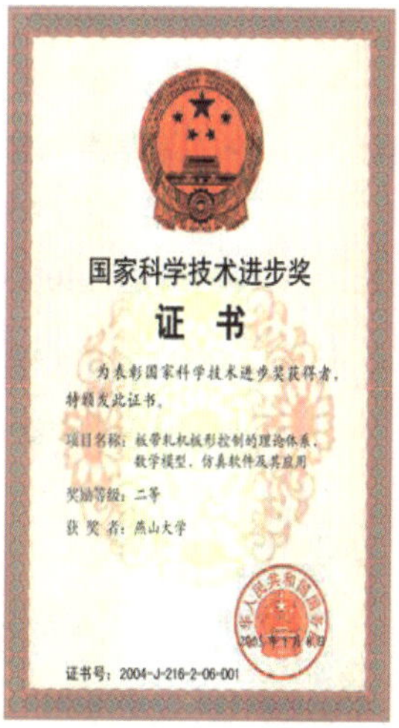

现代轧制技术与先进钢铁材料协同创新中心

典型成果及应用

（2）板形测控技术——国家2等奖（2011）

创新
- 发明整辊镶块式和无缝式板形仪
- 研制嵌入式DSP板形信号处理系统
- 研制无线传输信号系统
- 研制板形闭环计算机控制系统

应用
- 鞍钢1250、1780、2190冷轧机
- 河北钢铁1050冷轧机
- 燕大国家工程中心650冷轧机

国家科学技术进步奖
证书
为表彰国家科学技术进步奖获得者，特颁发此证书。
项目名称：冷轧板形控制核心技术自主研发与工业应用
奖励等级：二等
获奖者：燕山大学
2011年12月23日
证书号：2011-J-215-2-05-D02

现代轧制技术与先进钢铁材料协同创新中心

典型成果及应用

（3）板厚控制技术——国家2等奖（2009）

创新
- 板厚控制精度 1%
- 轧制速度 1260m/min
- 板带压缩率90%
- 头尾超差长度<30m

应用
- 张家港万达薄板1780五机架六辊连轧机
- 重庆万达薄板1450五机架四辊连轧机

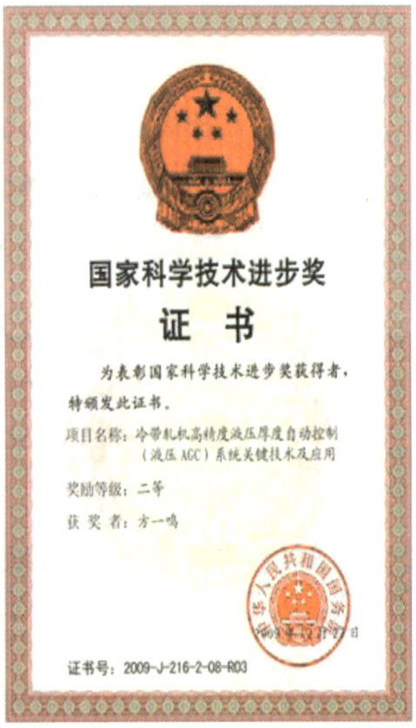
国家科学技术进步奖
证书
为表彰国家科学技术进步奖获得者，特颁发此证书。
项目名称：冷带轧机高精度液压厚度自动控制（液压AGC）系统关键技术及应用
奖励等级：二等
获奖者：方一鸣
证书号：2009-J-216-2-08-R03

现代轧制技术与先进钢铁材料协同创新中心

典型成果及应用

（4）表面质量控制技术——国家1等奖（2005）

创新
- 建立打滑预报和控制模型
- 建立表面粗糙度预报和控制模型
- 制定表面质量控制技术规程

应用
- 宝钢2030、1220五机架冷连轧机
- 宝钢1800、1220冷轧带钢平整机
- 攀钢1450热轧带钢平整机

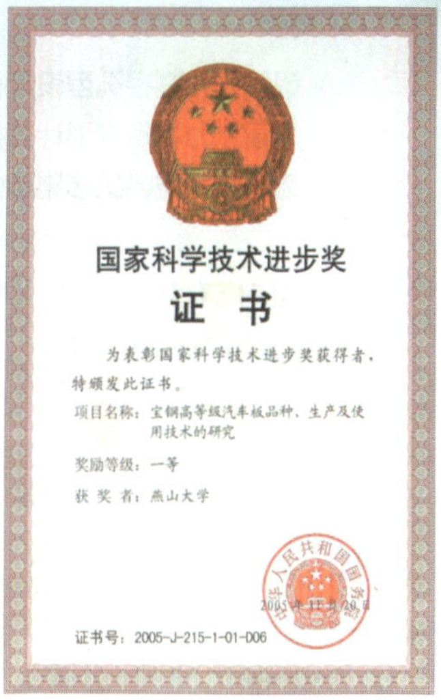
国家科学技术进步奖

证　书

为表彰国家科学技术进步奖获得者，特颁发此证书。

项目名称：宝钢高等级汽车板品种、生产及使用技术的研究

奖励等级：一等

获 奖 者：燕山大学

证书号：2005-J-215-1-01-D06

现代轧制技术与先进钢铁材料协同创新中心

典型成果及应用

（5）轧机空间自位技术——国家2等奖（2003）

创新
- 提出辊系静定、自位、动态交叉理论模型
- 研发辊系空间自位技术与装备
- 降低轴承载荷峰值2倍，提高轴承寿命4倍

应用
- 河北600、430、300型钢轧机
- 河北2200铝箔轧机
- 宝钢2050钢板轧机

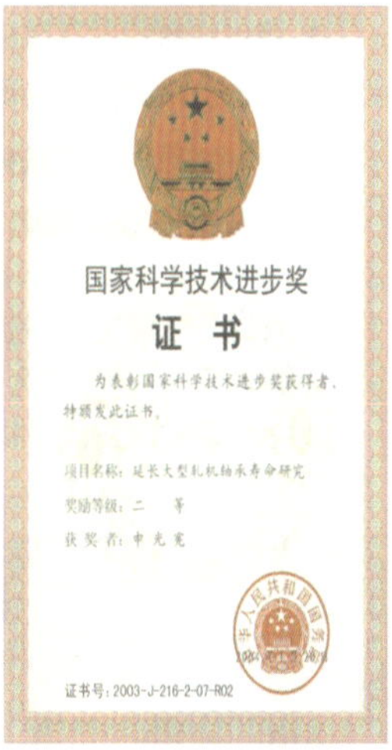
国家科学技术进步奖

证　书

为表彰国家科学技术进步奖获得者，特颁发此证书。

项目名称：延长大型轧机轴承寿命研究

奖励等级：二　等

获 奖 者：申光宪

证书号：2003-J-216-2-07-R02

现代轧制技术与先进钢铁材料协同创新中心

典型成果及应用

（6）无缝钢管质量控制技术——国家2等奖（2006）

创新
- 钢管张力减径孔型设计模型软件
- 钢管张力减径变形计算模型软件
- 钢管张力减径工艺制度优化设计

应用
- 宝钢、武钢、二重、中冶赛迪
- 美国TIMKEN公司

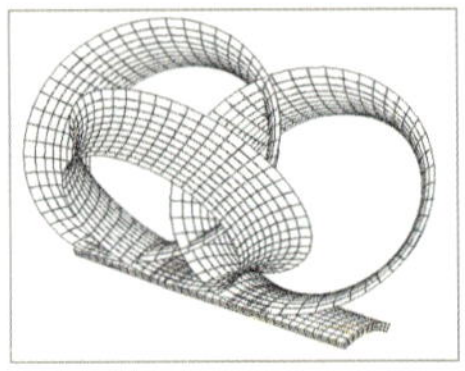

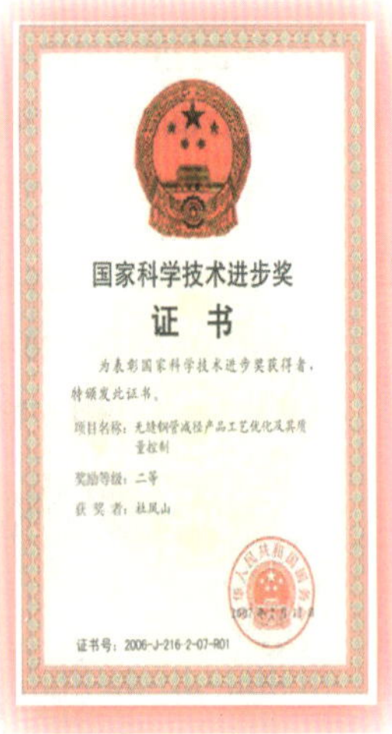

现代轧制技术与先进钢铁材料协同创新中心

典型成果及应用

（7）板坯连铸技术——国家2等奖（2009）

创新
- 提出结晶器非正弦振动模型构造新方法—变角速度旋转矢量法
- 建立最佳振动参数控制模型
- 研制结晶器非正弦振动技术装备
- 研发基于粘弹性理论连铸坯矫直技术

应用
- 鞍钢二炼钢1#、2#板坯连铸机
- 首钢二炼钢2#、3#、4#方坯连铸机
- 河北新兴铸管、湖北大冶特钢、山东济钢方板坯连铸机

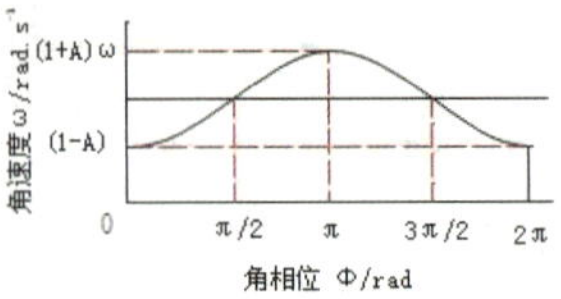

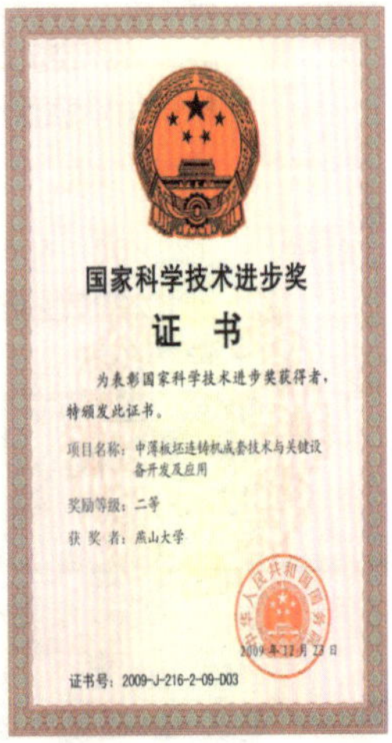

现代轧制技术与先进钢铁材料协同创新中心

典型成果及应用

（8）高速重载铁路辙叉用钢及焊接技术——国家2等奖（2002）

创新
- 奥氏体锰钢辙叉
- 锰钢辙叉与碳钢钢轨焊接技术
- 贝氏钢辙叉——与价格高30倍的马氏体钢同性能

应用
- 河北钢铁
- 山海关桥梁厂
- 陕西宝鸡、辽宁辽阳、河南洛阳铁路线
- 制定贝氏体钢辙叉国家标准

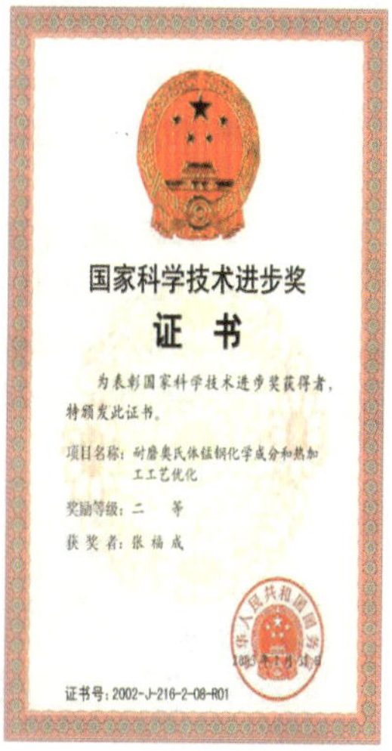

现代轧制技术与先进钢铁材料协同创新中心

典型成果及应用

（9）超高强度贝氏体耐磨钢及其热处理技术——河北省发明1等奖（2012）

创新
- 铸造贝氏体钢

  σ_b>1700MPa，硬度HB550-600，韧度>20J/cm²
- 轧制贝氏体钢

  σ_b>2200MPa，硬度HB600-700，韧度>20 J/cm²
- 锻造贝氏体钢

  σ_b>2000MPa，硬度HB550-600，韧度>30 J/cm²

性能达到、超过瑞典HARDOX和德国XAR耐磨钢

应用
- 国内：秦皇岛港、黄骅港、曹妃甸港、京唐港、天津港、营口港等
- 国外：伊朗、马来西亚、印尼、菲律宾等

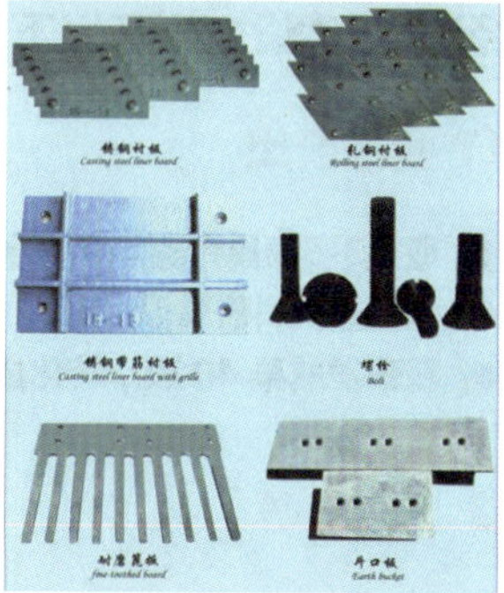

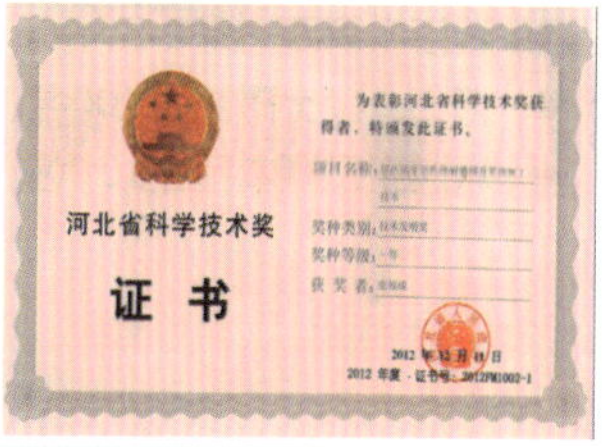

现代轧制技术与先进钢铁材料协同创新中心

典型成果及应用

（10）节能环保技术——河北省进步1等奖（2008）

创新
- 高炉煤气发电除尘技术装备——燃气蒸汽联合循环发电除尘器
- 转炉煤气回收除尘技术装备——湿式电除尘器

应用
- 沙钢高炉煤气发电CCPP57-15电除尘系统
- 本溪6300kVA炼硅炉余热发电除尘系统
- 沙钢180吨转炉煤气回收湿式电除尘系统
- 承钢100吨转炉煤气回收湿式电除尘系统

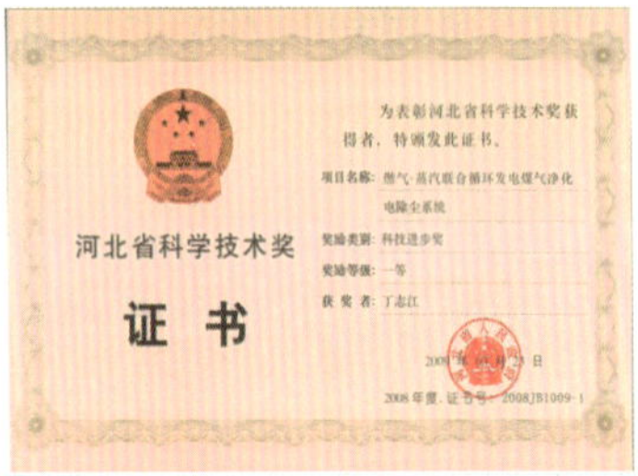
河北省科学技术奖
证书
为表彰河北省科学技术奖获得者，特颁发此证书。
项目名称：燃气-蒸汽联合循环发电煤气净化电除尘系统
奖励类别：科技进步奖
奖励等级：一等
获奖者：丁志江
2008年度，证书号：2008JB1009-1

现代轧制技术与先进钢铁材料协同创新中心

预期目标—国家级协同创新中心

经过4年建设，拟在以下几方面取得显著成效

□ 科技产出

- 取得3-5项具有国际先进水平自主知识产权的成果。
- 承担重大科研项目50项，经费2亿元。
- 获研发成果 40 项，转化成果 30 项，实现产业化产值8亿元。

□ 人才培养

- 国家级科技创新群体1-2个。
- 长江学者和杰青1-3人。
- 博士、硕士研究生500名。
- 卓越工程师本科生150名。

现代轧制技术与先进钢铁材料协同创新中心

预期目标—国家级协同创新中心

□ 学科发展

- ◆ 促进学科交叉融合、协同创新，催生新的学科前沿。
- ◆ 创新学科发展思路，形成面向工程的学科群发展模式。
- ◆ 巩固机械工程国家重点学科，支撑材料成为国家一级重点学科。

□ 社会贡献

- ◆ 提高钢铁行业自主创新能力，实现一批核心关键技术升级。
- ◆ 提高产品等级，推动结构调整，促进我省钢铁由大到强转变。

□ 科技创新模式

- ◆ 探索出一套高效的科技创新管理机制和体制。
- ◆ 形成基础研究、技术开发、工程转化、行业推广的完整创新体系。

现代轧制技术与先进钢铁材料协同创新中心

结束语

□ 钢铁工业是国民经济的支柱产业，我国要实现从钢铁大国向钢铁强国的转变，开展协同创新十分必要。

□ 本协同创新中心汇聚了省内外具有钢铁特色的高等学校、科研院所与生产企业，经过10年的探索、培育，已建立稳定的研究队伍、明确的研究方向和高效的运行机制，取得良好的实施效果。

□ 实现本协同创新中心建设目标，对解决我省及国家重大需求，促进行业结构调整和技术升级，提升高校创新能力具有重大作用。我们有信心、有能力实现这一目标！

现代轧制技术与先进钢铁材料协同创新中心

行业产业类

国家重型机械协同创新中心组建情况汇报

燕山大学

2014 年 6 月 11 日

重型机械协同创新中心

主要内容

一 总体思路和研究方向

二 培育组建和运行状况

三 体制与机制改革情况

四 经费投入与资源整合

五 实施成效和预期成效

重型机械协同创新中心

重型机械的战略地位

1. 重型机械的内容和地位

- 重型机械——冶金机械、重型锻压机械、大型铸锻件
  矿山机械和起重运输机械
- 重型机械是装备制造业的重要组成部分，国家基础性和战略性产业
- 重型机械是制造装备的重大装备——母机，国家工业化的基石和脊梁
- 2013 年，我国重型机械行业总产值 1.1 万亿元，约占 GDP 的 2.1%
- 本中心主要研究冶金机械、重型锻压机械和大型铸锻件

重型机械协同创新中心

重型机械的战略地位

2. 重型机械在国民经济中的重要作用

- □ 服务行业：钢铁、电力、石化、矿山、港口、航空、航天、船舶、交通等
- □ 重要作用：制造提供重大技术装备和大型铸锻件

3. 重型机械是节能环保、高端装备、新能源 3 大战略性新兴产业的重要支撑

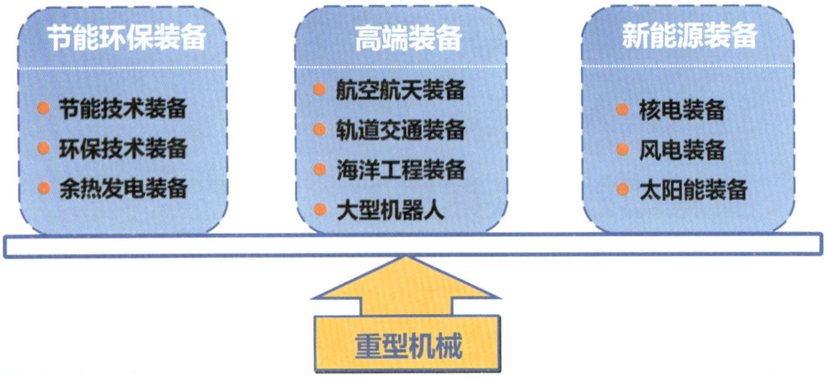

重型机械协同创新中心

存在的主要问题和挑战

1. 核心关键技术设计落后

- □ 板带轧机板形控制
- □ 薄板坯连铸机结晶器——厚度 < 20mm
- □ 大型压机动力传输与机电控制
- □ 大型锻造操作机——机器人

2. 关键基础件——大型铸锻件制造不过关

- □ 大型轧辊——100 吨工作辊，200 吨支承辊
- □ 大飞机起落架、翼梁、涡轮盘
- □ 大型舰船曲轴
- □ 大型核电转子、封头、筒节
- □ 核电和天然气输送大泵、大阀

重型机械协同创新中心

存在的主要问题和挑战

3. 传感控制系统研制落后

- 冷轧带钢板形仪与控制系统
- 热轧带钢凸度仪与控制系统
- 大型筒节在线检测与控制
- 大锻件尺寸在线测量

4. 装备成套能力不足

- 工程总包竞争力差：为发达国家总包公司配套、打工
- 长期引进成套装备：冷热轧板带轧机

重型机械协同创新中心

存在的主要问题和挑战

5. 备品备件长期进口

- 大型轧辊
- 定宽压机关键件
- 冷轧板形仪
- 曲轴
- 大泵、大阀

6. 自主创新能力不足，核心关键技术受制于人

- 核心关键技术、零部件和成套技术装备长期重复引进
- 提供市场，没有换来先进技术，外国人卡脖子
- 没有掌握核心关键技术，不能适应转型升级的需要

重型机械协同创新中心

国家和行业重大需求

1. 核心关键技术设计理论与方法

- 板带轧机板形控制——数学模型、轧辊辊型、在线磨辊
- 薄带钢多辊轧机—— 12 辊轧机、20 辊轧机
- 薄板坯连铸机结晶器——厚度 <20mm
- 大型压机动力传输与机电控制——耦合控制
- 大型锻造操作机——大型机器人

大型锻造操作机器人

重型机械协同创新中心

国家和行业重大需求

2. 关键基础零部件——大型铸锻件制造

- 冶金装备
  - 大型轧辊——100 吨以上工作辊，200 吨以上支承辊，每年进口 50 亿元
  - 定宽压力机关键件——曲轴、压块，每年进口 5-10 亿元
- 航空装备
  - 大飞机起落架、框架、翼梁、涡轮盘等
  - 现代飞机制造，模锻件占零件总重的 80%

5m 轧机锻钢支承辊

A380飞机起落架——大型高强钢模锻件

重型机械协同创新中心

国家和行业重大需求

2. 关键基础零部件——大型铸锻件制造

□ 舰船装备

- 大型曲轴——每年 300 根，75-100 万元/吨
- 宽厚板——每年 2100 万吨

大型船用曲轴

□ 轨道交通装备

- 列车车轴、铁路辙叉
- 今后十年，高铁 1.6 万公里，投资 1.875 万亿元

□ 能源装备

- 核电发电机转子、封头、筒件
- 核电和天然气输送管道大泵、大阀
- 今后 15 年，核电装备总台套数：48 台套
- 投资 7200 亿元，其中铸锻件 864 亿元（占 12%）

封头锻件

重型机械协同创新中心

国家和行业重大需求

3. 传感器与智能控制系统

□ 冷轧带钢板形仪与自动控制系统——200 套，进口需 20 亿元

□ 热轧带钢凸度仪与自动控制系统——100 套，进口需 10 亿元

□ 大型锻件在线尺寸激光测量系统

□ 核电、化工容器焊缝质量检测系统

□ 超大空间装配激光定位系统

例：800MN 模锻压机，高度 40m，单重 200 吨零件 40 个

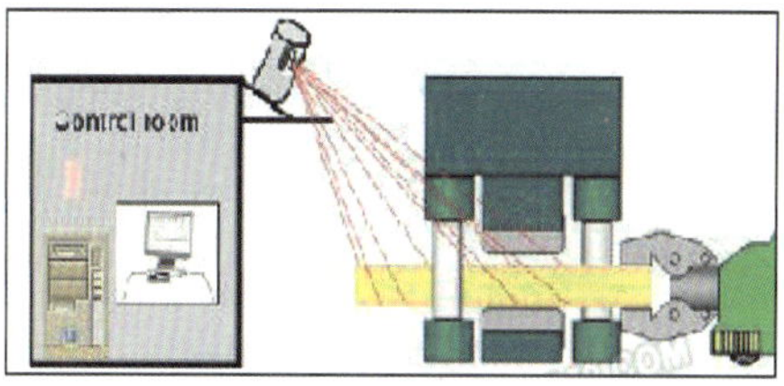

激光扫描测量

重型机械协同创新中心

国家和行业重大需求

4. 成套装备研制

- 新型多辊轧机——12 辊轧机，轧制薄、硬带钢
- 新型板形控制轧机——辊缝形状高次变化，提高控制复杂板形能力
- 薄板坯连铸机——铸坯厚度 <20mm，提高效率，节能减排
- “以轧代锻”新型轧机——轴类件、筒件轧机，提高效率，节能节材
- 大型锻造操作机——与压机联动控制，提高效率，节能节材

以轧代锻

德国 SMS 产 50MN 油压快锻机

重型机械协同创新中心

国家和行业重大需求

5. 重型机械安全服役与延寿技术

- 重型机械特点——大尺寸、大重量、大载荷、大投资，高温恶劣环境运行
- 安全运行与延长寿命——设备状态监测诊断

  控制运行，防止事故

  及时维修，延长寿命

  消耗件修复和再制造

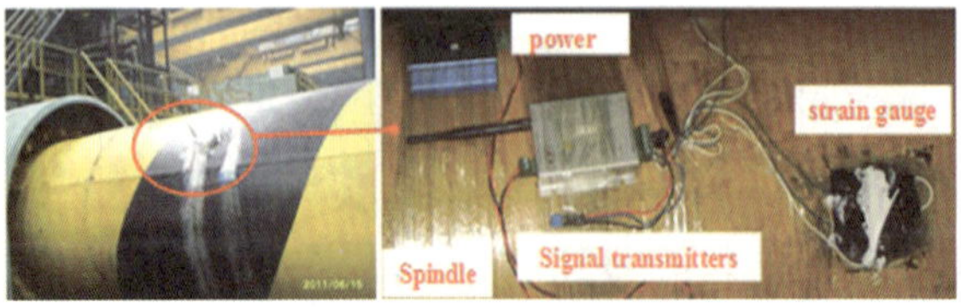

板带轧机扭振监测系统

轧辊表面激光修复

重型机械协同创新中心

应对问题挑战和需求的战略措施

1. 加强自主创新和技术升级、做优做强重型机械

- 提高核心关键技术设计水平
- 提高关键基础件制造水平
- 突破测控技术
- 实现成套装备自主研制

实现重大技术装备自主高端，制造过程绿色节能

2. 组建重型机械协同创新中心

- 必要性
- 研发力量分散、资源分散，重复研发，效率水平不高，急需整合
- 研发体制机制不健全，基础研究、技术创新和工程应用联系不紧，创新质量效果差
- 学科建设、科技创新和人才培养联系不紧，不能适应国家重大需求
- 急需形成新的协同创新体系

重型机械协同创新中心

应对问题挑战和需求的战略措施

2. 组建重型机械协同创新中心

- 总体思路
- 联合高等学校、研究院所和生产企业，组建协同创新中心
- 整合研发力量，汇聚研发资源，实现互补共享
- 明确研发方向，制定目标任务，组建研发队伍
- 改革体制机制，建立创新特区，打造创新体系
- 形成基础研究、技术创新和工程应用紧密联系的完整链条
- 全面提升学科、科研、人才三位一体的创新能力和水平质量，推动行业转型升级

重型机械协同创新中心

主要研究方向——科学技术问题：5个

1. 重型机械核心关键技术设计理论与方法

- 板带轧机板形控制技术设计
- 新型多辊轧机辊系设计
- 薄板坯连铸机结晶器设计
- 薄带铸轧机结晶与轧制技术设计
- 大型压力机动力传输与机电控制设计
- 轴类件、筒形件轧机辊系设计
- 大型锻造操作机机构、结构设计
- 轧机动力学设计
- 数字化仿真设计

中信重工 185MN 液压机

重型机械协同创新中心

主要研究方向——科学技术问题：5个

2. 重型机械关键基础件制造理论与技术

- 先进金属材料制备——冶炼
- 先进凝固成形——铸造
- 先进塑性成形——锻造、轧制
- 热处理工艺

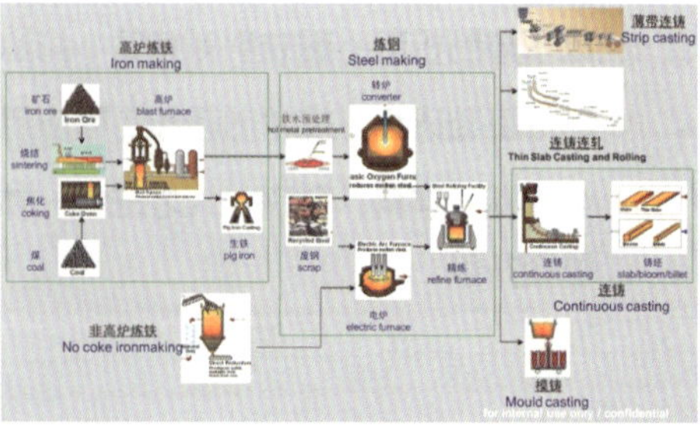

短流程炼钢

重型机械协同创新中心

主要研究方向——科学技术问题：5个

3. 重型机械传感器和自动控制系统研制

- 冷轧带钢板形仪与自动控制系统
- 热轧带钢凸度仪与自动控制系统
- 大锻件热态在线尺寸精确测量系统
- 超大型容器焊缝质量检测系统
- 超大空间装配激光定位系统
- 流体传动与控制系统
- 电力传动与控制系统
- 信息化与智能化过程控制系统

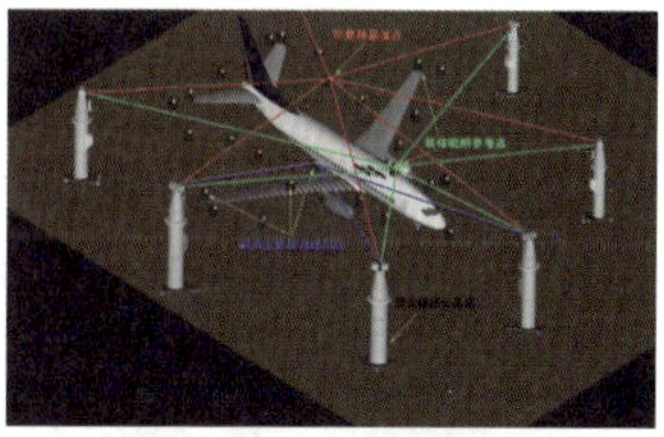

现场条件下大空间高效测量

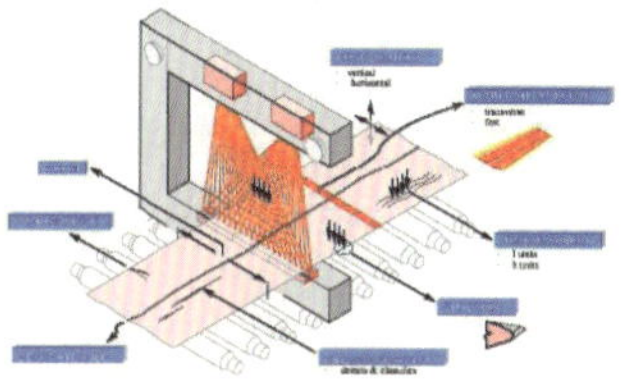

板凸度检测

重型机械协同创新中心

主要研究方向——科学技术问题：5个

4. 重型机械成套装备研发

- 新型高性能板形控制轧机
- 新型多辊轧机成套装备
- 薄板坯连铸机成套装备
- 薄带铸轧机成套装备
- 轴类件、筒形件轧机成套装备
- 锻造操作机成套装备

机、电、液、测控技术装备集成配套

5. 重型机械安全服役与延寿技术

- 零部件质量检测与控制
- 装备运行监测与故障诊断
- 寿命预测与运行控制
- 关键部件修复与再制造

20MN 快锻机

重型机械协同创新中心

主要内容

一　总体思路和研究方向

二　培育组建和运行状况

三　体制与机制改革情况

四　经费投入与资源整合

五　实施成效和预期成效

重型机械协同创新中心

第1阶段：起步期（1958-1985）——肩负国家使命 协同组建东北重机学院

□ 协同标志

- 1958-1960：根据国家工业建设需要，
  哈工大在富拉尔基与第一重机厂创办重机学院
- 1960：学院独立，更名东北重型机械学院
- 1978：东北重机学院成为全国重点大学

重型机械协同创新中心

第1阶段：起步期（1958-1985）——肩负国家使命 协同组建东北重机学院

□ 协同模式——交叉任职，教学、科研、生产三结合

- 领导交叉：院长、系主任工厂选派，副职哈工大选派
- 人员交叉：学校教师、工厂技术人员交叉任职
- 工作交叉：学校科研项目、毕业设计题目与工厂项目一体化
- 功能互补：工厂为学校教学科研基地，学校为工厂科研人才基地

重型机械协同创新中心

第1阶段：起步期（1958-1985）——肩负国家使命 协同组建东北重机学院

□ 协同成效——创多项全国第一

- 诞生第一所重机行业全国重点大学
- 120MN 水压机：国宝，重机行业最早协同创新范例
- 300MN 模锻压机
- 2800mm 铝板轧机

120MN水压机

300MN模锻压机

2800mm铝板轧机

重型机械协同创新中心

第2阶段：探索期（1958-1985）——深化拓展 创建实体联盟

□ 协同标志

- 组建中国重型院燕山大学分院——2007 年
- 成立秦皇岛西重所重型机械研究院有限公司——2008 年
- 与一重、二重、浙大、北科大、河北钢铁、鞍钢、机研总院、金属所等形成联盟

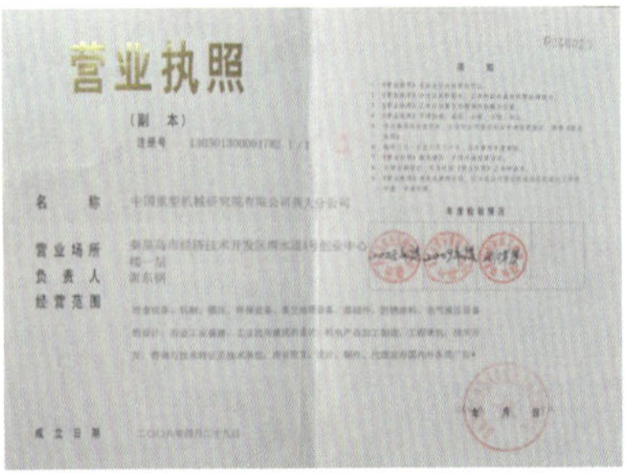

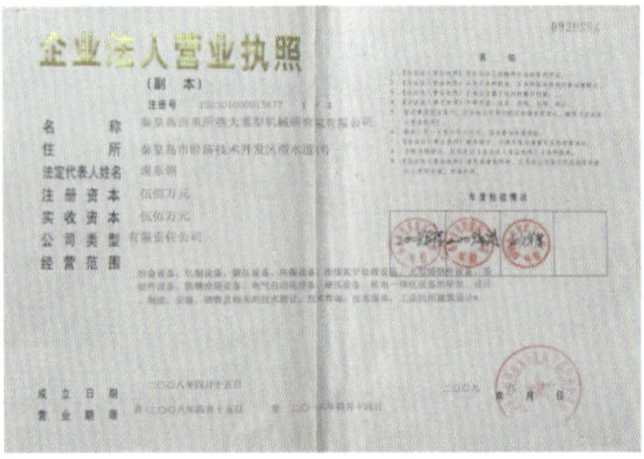

重型机械协同创新中心

第2阶段：探索期（1958-1985）——深化拓展 创建实体联盟

□ 协同模式

- 法人：双方共出资 5000 万元，组建实体公司
  董事长、总经理、职员，双方选派
  动态调整任务目标，薪酬特殊制定
- 联盟：科研项目合作、人才培养合作、科研平台合作、
  学术交流合作、信息建设合作
- 校内：

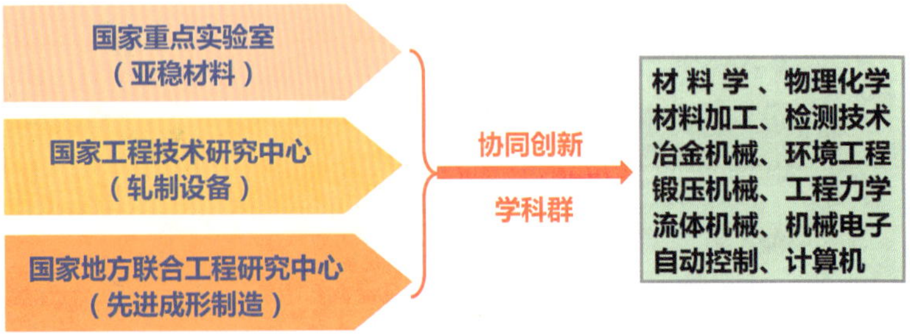

重型机械协同创新中心

第2阶段：探索期（1958-1985）——深化拓展创建实体联盟

□ 协同成效——创多项全国、世界第一

- 150MN 水压机——国际领先，国家 1 等奖
- 800MN 模锻压机——国际领先
- 1350mm 板坯连铸机——国内领先，国家 1 等奖
- 1250mm 冷轧机板形测控系统——国内领先，国家 2 等奖
- 高等级汽车板——国内领先，国家 1 等奖
- 1450mm 冷轧机板厚测控系统——国内领先，国家 2 等奖
- 1780mm 冷轧机板厚测控系统——国内领先，国家 2 等奖

解决了国家重大急需，深化了创新体制机制，拓展了创新联盟体系。

重型机械协同创新中心

第3阶段：组建期（2012-）——发展提升引领重机行业转型升级

□ 协同标志

- 牵头组建国家“重型机械协同创新中心”——2014 年

  牵头高校：燕山大学

  协同高校：浙江大学、北京科技大学

  研究院所：中国重型机械研究院、机械科学研究总院、中科院金属所

  生产企业：一重集团、二重集团、河北钢铁、鞍钢股份

重型机械协同创新中心

第3阶段：组建期（2012-）——发展提升
引领重机行业转型升级

- **牵头组建运行2个河北省协同创新中心——2013 年**

① **亚稳材料科学——科学前沿类**

② **现代轧制技术与先进钢铁材料——行业产业类**

- **组建运行1个校内协同创新中心——2012 年**

  先进成形技术与装备——行业产业类

2个省级、1个校级中心，为国家中心建设运行提供支撑和经验。

河北省教育厅
河北省财政厅 文件

河北省教育厅 河北省财政厅
关于公布2013年度河北省协同创新中心
认定结果的通知

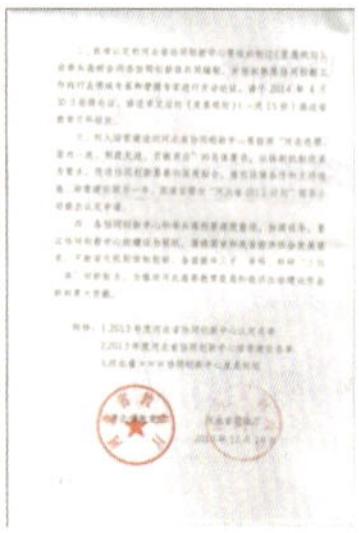

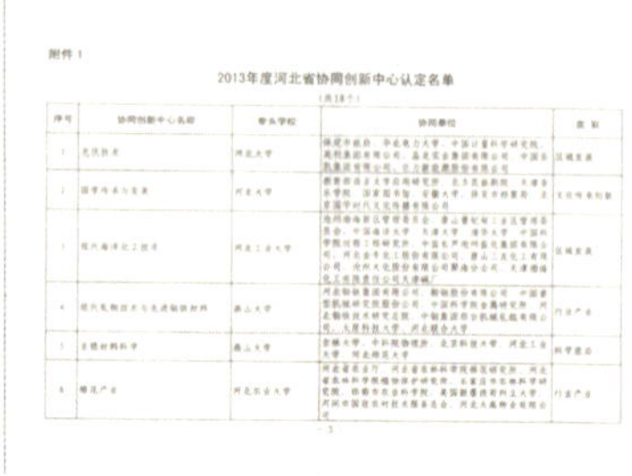

附件1

2013年度河北省协同创新中心认定名单

重型机械协同创新中心

第3阶段：组建期（2012-）——发展提升
引领重机行业转型升级

□ 协同模式、效果

- **成立管理机构和咨询指导机构**
- **整合力量、汇聚资源、互补共享**
- **明确方向、制定目标、组建队伍**
- **改革体制、建立特区、创新体系**

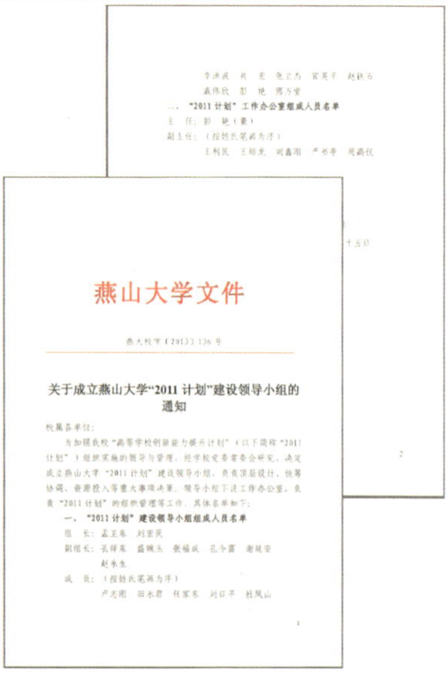

燕山大学文件

关于成立燕山大学“2011 计划”建设领导小组的通知

重型机械协同创新中心

协同历史全程

东重：因国家急需，通过协同诞生

燕大：因改革开放，通过协同发展

优势：具有协同传统、基因，与时俱进，深化发展提升

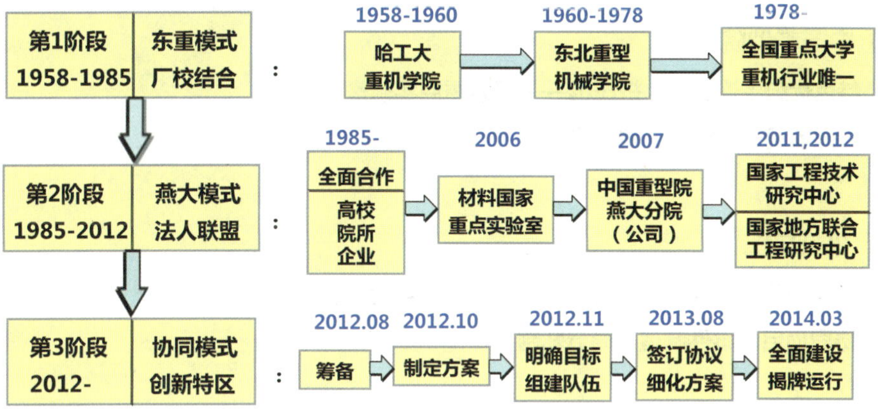

重型机械协同创新中心

协同单位特色优势与协同基础

□ 燕山大学

- 我国第一所重机学院，重机行业唯一全国重点大学
- 重机面宽：冶金机械、锻压机械、大型铸锻件
- 优势明显：国家重点学科、国家工程研究中心
国家重点实验室——大锻件制造（方向）
- 为重机行业培养大批领军人才和技术骨干
- 与协同单位长期合作、成效突出

□ 浙江大学

- 特色优势：流体动力与机电系统——国家重点学科、实验室、工程中心
- 协同项目：大型压机机电控制

重型机械协同创新中心

协同单位特色优势与协同基础

□ 北京科技大学

- 特色优势：冶金机械——国家重点学科、工程中心
- 协同项目：板带轧机、零件轧机

□ 中国重型院

- 特色优势：连铸机、挤压机——国家重点实验室
- 协同项目：连铸机、冷轧机

□ 机械总院

- 特色优势：先进、精确成形——国家重点实验室、工程中心
- 协同项目：零件制造、筒节轧制

重型机械协同创新中心

协同单位特色优势与协同基础

□ 中科院金属所

- 特色优势：金属材料制备——国家重点实验室
- 协同项目：钛合金板轧机

□ 一重、二重

- 特色优势：板带轧机、重型压机、大锻件——国家工程中心、工程实验室
- 协同项目：板带轧机、重型压机、大锻件

□ 河北钢铁、鞍钢

- 特色优势：冶金机械运行、维护——国家技术中心
- 协同项目：连铸机、轧机、测控系统

重型机械协同创新中心

协同单位特色优势与协同基础

目前重大协同创新任务

序号	需求对象	协同创新任务	实施周期	合作单位
1	国家战略重大装备大型关键基础零部件	大功率风电机组用轴承钢关键技术开发（国家高技术研究发展计划—863计划）	2012-2015	燕大、金属所
2		大型核电站关键设备大型铸锻件研制	2014-2017	一重、燕大
3		大飞机关键构件成型共性技术研究（国家科技重大专项）	2013-2017	燕大、二重
4		大型轧机用轧辊及关键零部件自主化	2014-2016	燕大、一重、二重
5		钢锭冶炼与铸造技术	2013-2017	燕大、一重、二重、金属所
6		船用曲轴锻件研制	2014-2016	燕大、一重
7		大型舰船用特厚钢板研制	2014-2015	燕大、鞍钢
8		高铁车轴轧制技术	2014-2016	燕大、北科大
9		高速铁路辙叉制造技术	2012-2016	燕大、金属所
10	传感测试技术与装备	冶金机械装备自动化控制领域特种仪表装置	2014-2017	燕大、鞍钢
11		高性能板带产品在线质量测控装备和关键技术（"十二五"国家科技支撑计划课题）	2012-2014	北科大、河北钢铁
12		极端条件下非接触精确测控技术	2014-2018	燕大、一重

重型机械协同创新中心

协同单位特色优势与协同基础

序号	需求对象	协同创新任务	实施周期	合作单位
13	重型机械大型复杂系统设计理论技术	大型液压机动力传输控制系统自主设计	2014-2016	燕大、浙大
14		伺服电机驱动的连铸结晶器非正弦振动控制系统及其关键技术研究(国家自然科学基金-宝钢联合基金项目)	2013-2016	燕大、重型院
15		高品质钢特厚大型板坯连铸生产线	2011-2014	重型院、燕大
16		极薄带钢精整技术与设备研究	2013-2015	重型院、燕大、河北钢铁
17		高强钢大型板带轧机综合动态设计	2014-2017	燕大、北科大
18		重型机械特种机器人技术与装备	2014-2016	燕大、机科总院、一重、鞍钢
19	高效节能工艺与装备	大型锻件快速锻造联合控制	2013-2017	燕大、浙大
20		大型筒节轧制工艺及装备	2014-2017	燕大、一重、二重
21		复杂铸件高效低耗绿色生产制造工艺及设备（国家高技术研究发展计划—863计划）	2012-2014	重型院、燕大
22		节能、节材精确锻造成形工艺及装备研制（国家高技术研究发展计划—863计划）	2012-2014	重型院、燕大
23		核电、化工重型容器焊接工艺技术装备及焊缝质量检测仪器	2013-2017	燕大、一重、机科院
24	安全服役与延寿技术	重型机械装备安全服役与延寿技术	2014-2016	燕大、浙大、北科大
25		复杂流体动力传输系统的振动噪声溯源与控制（国家重点基础研究计划—973计划）	2014-2018	燕大、浙大

重型机械协同创新中心

主要内容

一　总体思路和研究方向

二　培育组建和运行状况

三　体制与机制改革情况

四　经费投入与资源整合

五　实施成效和预期成效

重型机械协同创新中心

成立管理机构

□ 管理体系

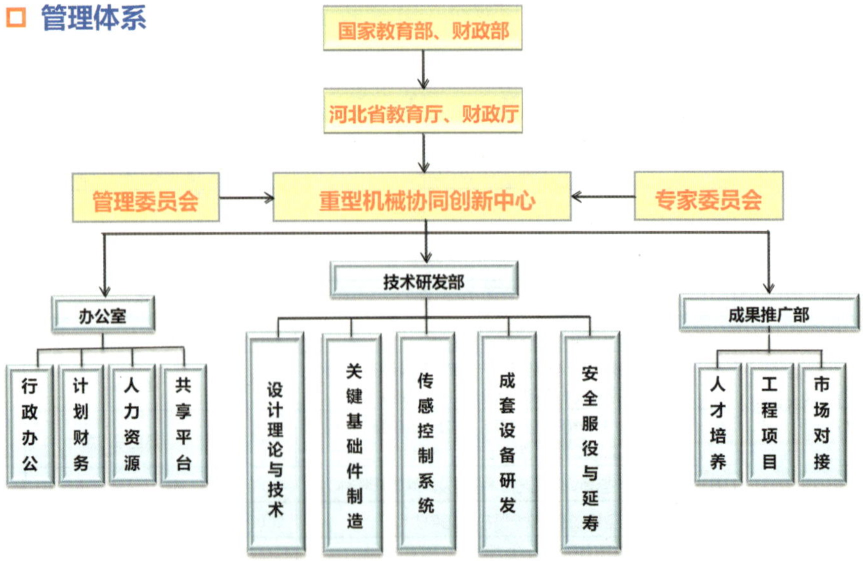

重型机械协同创新中心

成立管理机构

□ 管理委员会——重大决策

管理委员会

主　任：刘宏民，燕山大学
副主任：孙冬柏，北京科技大学
　　　　谭建荣，浙江大学
　　　　马　克，一重集团
　　　　谢东钢，重型机械研究院
委　员：李骏聘，二重集团
　　　　王德成，机械科学研究总院
　　　　王义栋，鞍钢股份有限公司
　　　　褚建东，河北钢铁集团
　　　　孔祥东，燕山大学
　　　　单以银，中科院金属所
秘书长：彭　艳，燕山大学

专家委员会——咨询指导

专家委员会

主　任：胡正寰，北京科技大学
副主任：关　杰，重型机械研究
　　　　陈蕴博，机械科学研究总院
　　　　杨华勇，浙江大学
　　　　刘宏民，燕山大学
委　员：臧　勇，北京科技大学
　　　　晁春雷，重型机械研究院
　　　　蒋金水，一重集团
　　　　刘南飞，二重集团
　　　　张晓力，河北钢铁集团
　　　　王军生，鞍钢股份有限公司
　　　　单以银，中科院金属所
　　　　孔祥东，燕山大学
　　　　张维新，中国重型机械工业协会
　　　　彭　艳，燕山大学
秘　书：彭艳（兼），燕山大学

重型机械协同创新中心

创新管理制度

□ 指导思想

- 强强联合，优势互补
- 分工协同，资源共享
- 改革机制，建立特区
- 科学、技术、工程紧密结合
- 学科、科研、人才三位一体

□ 管理文件

- 岗位人员管理办法
- 人才协同培养方案
- 研发任务协同制度
- 研发经费管理办法
- 资源汇聚管理办法
- 管理委员会工作条例
- 专家委员会工作条例
- 国际合作交流方案
- 知识产权管理办法

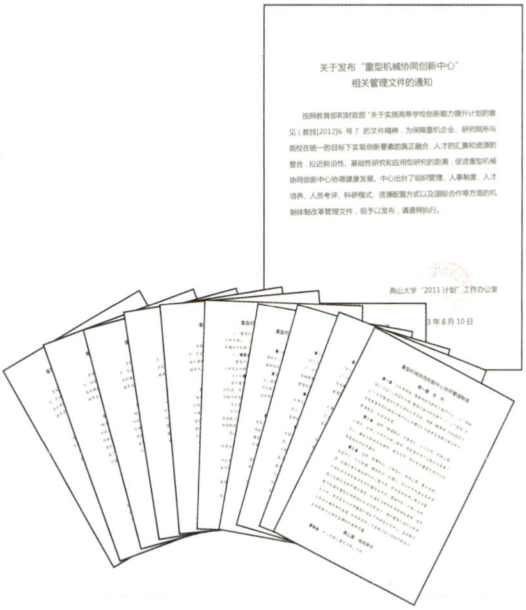

关于发布“重型机械协同创新中心”
相关管理文件的通知

按照教育部和财政部“关于实施高等学校创新能力提升计划的意见（教技[2012]6 号）”的文件精神，为保障重机企业、研究院所与高校在统一的目标下实现创新要素的真正融合、人才的汇集和资源的整合，拉近前沿性、基础性研究和应用型研究的距离，促进重型机械协同创新中心协调健康发展。中心出台了组织管理、人事制度、人才培养、人员考评、科研模式、资源配置方式以及国际合作等方面的机制体制改革管理文件，现予以发布，请遵照执行。

燕山大学“2011 计划”工作办公室

3 年 8 月 10 日

重型机械协同创新中心

体制机制改革重点

1. 科研模式

- **任务来源**：国家重大项目、行业共性需求、企业特定任务
- **研究团队**：根据方向任务组建，跨专业、跨单位
- **分类管理**：基础研究 、技术创新、工程应用
- **高效转化**：基础、技术、工程紧密结合

2. 团队建设

- 根据方向任务组建团队
- 根据方向任务配置资源
- 引进培养人才
- 分类建设管理

重型机械协同创新中心

体制机制改革重点

3. 人事管理

- 按任务聘用，流动不调动
- 按能力分级，按贡献分配
- 分类、分级、分段考核
- **首席科学家**： >30 万元/年
- **骨干研究人员**：> 20 万元/年
- **一般研究人员**：> 12 万元/年

4. 人才培养

- **目标**：重型机械领军人才和卓越工程师
- **机制**：指标单列、自主选拔、能力为重
- **模式**：导师组共同指导，跨学科、跨单位协同培养
- **待遇**：博士生 1500-1800 元/月、硕士生 500-800 元/月

重型机械协同创新中心

体制机制改革重点

5. 资源配置

- 根据任务需要，跨学科、跨单位整合配置资源
- 开放共享，有偿使用
- 利用网络、云计算，建立公共服务平台

6. 成果共享

- 知识产权——按贡献
- 经济收入——按贡献
- 资产增值——按投入

重型机械协同创新中心

主要内容

一　总体思路和研究方向

二　培育组建和运行状况

三　体制与机制改革情况

四　经费投入与资源整合

五　实施成效和预期效果

重型机械协同创新中心

经费投入——5.2亿元

主要投入（万元）			主要支出（万元）	
经费来源	金额		支出科目	金额
1.国家教育经费投入	7550		1.基本建设	3279
2.国家科技经费投入	13673		2.平台设施/仪器设备	19818
3.行业部门支持	950		3.科学研究	24673
4.地方政府投入	13313		4.人才引进与团队建设	1995
5.国际合作任务	84		5.学生培养	1010
6.企业支持	12160		6.国内外合作交流	276
7.高校自筹	4619		7.日常运行	450
8.其他（须注明来源）			8.其他	
合计	52349		合计	51501

重型机械协同创新中心

人才汇聚——85-100人

- **院　士**：4 人——胡正寰、关杰、陈蕴博、杨华勇
- **长　江**：2 人——刘日平、杨华勇
- **杰　青**：3 人——刘日平、张福成、杨华勇
- **百千万**：8 人——刘宏民、刘日平、彭艳、张福成、许志强、杨荃、
- **骨　干**：25-30 人
- **一　般**：50-60 人

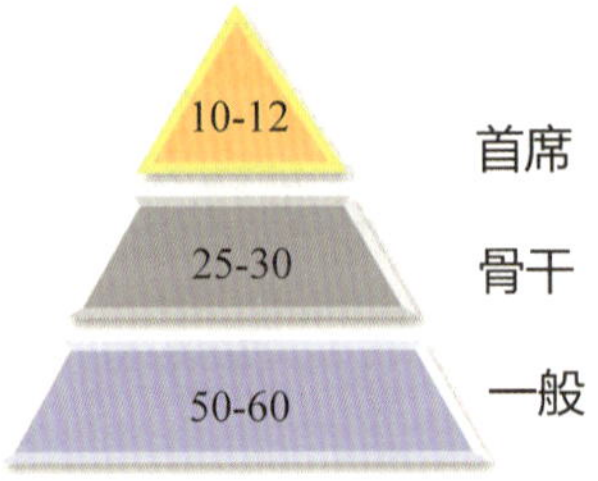

重型机械协同创新中心

平台汇聚——国家级18个

- 国家重点实验室：8 个
- 国家工程/技术研究中心：10 个
- 省部重点实验室、工程中心：10 个
- 大型设备仪器：500 台/套
- 重机行业 80% 的国家科研基地
- 重机行业 70% 的国家重点科研任务
- 重机行业 2/3 的国家科技奖励

重型机械协同创新中心

平台汇聚——国家级18个

国家重点实验室：8个

序 号	名 称	依托单位
1	亚稳材料制备技术与科学	燕山大学
2	极端条件下机械结构和材料科学（国防）	燕山大学
3	流体动力与机电系统	浙江大学
4	先进成形技术与装备	机科总院
5	沈阳材料科学（国家实验室）	中科院金属所
6	金属腐蚀与防护	中科院金属所
7	金属挤压与锻造装备技术	中国重型院
8	大型铸锻件数值模拟（工程实验室）	中国二重

重型机械协同创新中心

平台汇聚——国家级18个

国家工程（技术）研究中心：10个

序　号	名　称	依托单位
1	冷轧板带装备及工艺	燕山大学
2	高效轧制	北京科技大学
3	板带生产先进装备	北京科技大学
4	精密成形	机科总院
5	高性能均质合金	中科院金属所
6	高精度带材轧制成套装备产业化基地	中国重型院
7	重型技术装备	中国一重
8	鞍钢股份技术中心	鞍钢
9	河北钢铁集团唐钢技术中心	河北钢铁
10	河北钢铁集团邯钢技术中心	河北钢铁

重型机械协同创新中心

学科汇聚

□ 一级学科：12 个

- 机械工程
- 材料科学与工程
- 力学
- 电气工程
- 控制科学与工程
- 仪器科学与技术
- 动力工程
- 冶金工程
- 计算机科学与技术
- 信息与通信工程
- 化学工程与技术
- 环境科学与工程

□ 国家（国防）重点学科：4 个

- 机械
- 材料
- 控制
- 电路

□ 重机行业 80% 的国家重点学科

重型机械协同创新中心

信息化建设与办公用房

- □ 重型机械数字图书馆
- □ 中外文图书 500 万册，期刊 2500 种
- □ 基于网络、云计算的公共信息平台
- □ 办公用房——5000m²
  - ● 首席科学家工作室
  - ● 团队工作室

重型机械协同创新中心

政府行业支持

1. 河北省支持

- □ 建立 2 个省级协同创新中心——2013 年
- ● 亚稳材料——科学前沿类
- ● 轧制技术——行业产业类
- □ 投入 1.4 亿元建设经费—— 2012-2020 年
- ● 学科：1 亿元
- ● 平台：5000 万

2. 中国重型机械工业协会

- □ 推荐意见
- ● 符合国家重大需求
- ● 推动行业转型升级、中国创造
- ● 目标任务明确，改革思路清晰，分工合理

我们认为燕山大学牵头组织成立的"重型机械协同创新中心"建设科学合理，分工明确，体制机制改革思路清晰，目标定位准确，符合我国重型机械行业发展的重大需求，能够起到引领重型机械行业转型升级，实现由中国制造向中国创造转变的推动作用。

经研究决定，中国重型机械工业协会同意推荐燕山大学"重型机械协同创新中心"参加国家"2011 协同创新中心"认定申报，共同为我国重型机械行业的发展和科技进步做出更大贡献。

中国重型机械工业协会

2013 年 12 月 21 日

重型机械协同创新中心

主要内容

一　总体思路和研究方向

二　培育组建和运行状况

三　体制与机制改革情况

四　经费投入与资源整合

五　实施成效和预期效果

重型机械协同创新中心

新世纪以来重大协同创新任务

项目名称	项目类型	参加单位	经费（万元）
8万吨模锻压力机	“高档数控机床与基础制造装备”国家科技重大专项	机科总院 中国重型院 燕山大学等	42864
大型铸锻件制造关键技术与装备研制	“十一五”国家科技支撑计划重点项目	一重、二重、金属所 燕山大学等	4375
2万吨难变形合金卧式挤压机	“高档数控机床与基础制造装备”国家科技重大专项	中国重型院 燕山大学等	29465
3000KN/750KNm大型锻造操作机	“高档数控机床与基础制造装备”国家科技重大专项	中国重型院 燕山大学等	7150
大型多向模锻制造共性技术研究	“高档数控机床与基础制造装备”国家科技重大专项	二十二冶集团 燕山大学 清华大学	7000

重型机械协同创新中心

新世纪以来重大协同创新任务

项目名称	项目类型	参加单位	经费（万元）
精密冷轧带钢板形在线检测与控制技术	国家科技支撑计划	燕山大学 鞍钢 河北钢铁	980
大型伺服压力机冲压线自动化上下料技术研究	“高档数控机床与基础制造装备”国家科技重大专项	一重 中国重型院 燕山大学等	580
重型自由锻液压机核心技术与工艺研究	“高档数控机床与基础制造装备”国家科技重大专项	一重 机科总院 燕山大学等	3315
节能、节材精确锻造成形工艺及装备研制	国家高技术研究发展计划（863计划）	机科总院 燕山大学等	500
大飞机关键构件成型共性技术研究	“高档数控机床与基础制造装备”国家科技重大专项	机科总院 燕山大学等	4500

重型机械协同创新中心

新世纪以来重大成果——国家 1 等奖 3 项，2 等奖 8 项

1. 150MN自由锻造水压机——国家 1 等奖（2008）

- **协同单位：中国一重、燕山大学**
- **创新要点**
  - 全预应力平接式组合机架
  - 间隙可调“方立柱-活动横梁”导向装置
  - 表面镶嵌耐磨板铸-焊立柱
  - 整体铸造上横梁和活动横梁
  - 高压、大流量水压控制系统
  - 重型箱体铸钢件铸造技术
- **应用成效**
  - 世界第 1 个直径 5.75m 核电锥形筒体
  - 核电封头

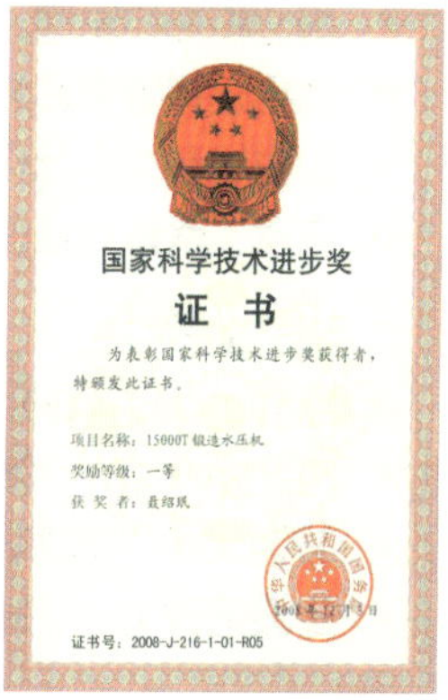

重型机械协同创新中心

新世纪以来重大成果——国家 1 等奖 3 项，2 等奖 8 项

2. 800MN 模锻液压机——世界最大（2013）

□ 协同单位：中国二重、燕山大学

□ 创新要点

- 横梁浇注突破冶金铸造极限
- C 型板制造突破锻造机加极限
- 主缸焊接突破焊接极限
- 国内最大铸件（758 吨钢水）
- 最厚筒形锻件、焊接件，最长机加工件
- 800MN 压力以内无级锻造

□ 应用成效

- 大飞机发动机涡轮盘、起落架
- 船用燃气轮机涡轮盘

重型机械协同创新中心

新世纪以来重大成果——国家 1 等奖 3 项，2 等奖 8 项

3. 钢板轧机板形控制模型——国家 2 等奖（2004）

□ 协同单位：燕山大学、河北钢铁、宝钢、鞍钢

□ 创新要点

- 提出板形控制理论模型体系
- 提出模拟板带轧制条元法
- 建立辊型综合优化模型
- 研发工程设计软件

□ 应用成效

- 宝钢 1420、1200、1550、1580 冷、热连轧机
- 河北钢铁 1050 冷轧机、1810 热连轧机
- 鞍钢 1780 冷轧机，武钢 1420 冷轧机
- 宁波钢铁 1780 热连轧机

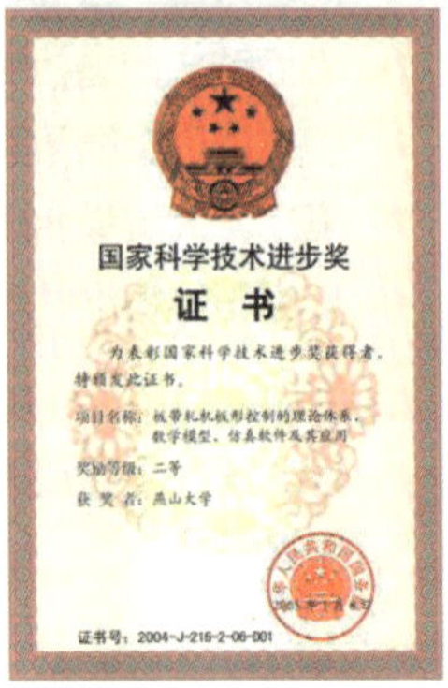
国家科学技术进步奖

证　书

为表彰国家科学技术进步奖获得者，特颁发此证书。

项目名称：板带轧机板形控制的理论体系、数学模型、仿真软件及其应用

奖励等级：二等

获 奖 者：燕山大学

证书号：2004-J-216-2-06-001

重型机械协同创新中心

新世纪以来重大成果——国家 1 等奖 3 项，2 等奖 8 项

4. 钢板轧机板形测控技术——国家 2 等奖（2011）

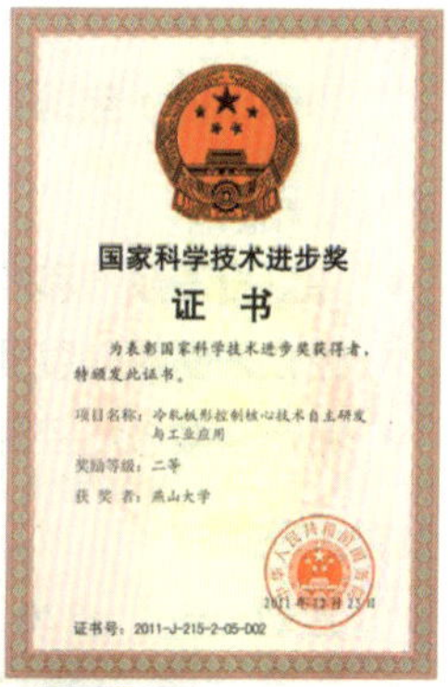

□ 协同单位：鞍钢、燕山大学、河北钢铁

□ 创新要点

- 发明整辊镶块式和无缝式板形仪
- 研制嵌入式 DSP 板形信号处理系统
- 研制无线传输信号系统
- 研制板形闭环计算机控制系统

□ 应用成效

- 鞍钢 1250、1780 冷轧机
- 河北钢铁 1050 冷轧机
- 燕大国家工程中心 650 冷轧机

重型机械协同创新中心

新世纪以来重大成果——国家 1 等奖 3 项，2 等奖 8 项

5. 钢板轧机板厚控制技术——国家 2 等奖（2009）

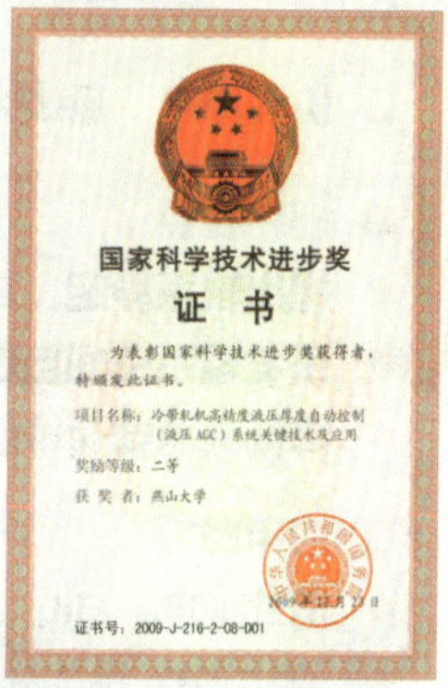

□ 协同单位：燕山大学、中国重型院

□ 创新要点

- 板厚控制精度 1%
- 轧制速度 1260m/min
- 板带压缩率 90%
- 头尾超差长度 <30m

□ 应用成效

- 张家港万达薄板 1780 五机架六辊连轧机
- 重庆万达薄板 1450 五机架四辊连轧机

重型机械协同创新中心

新世纪以来重大成果——国家 1 等奖 3 项，2 等奖 8 项

6. 钢板轧机表面质量控制技术——国家 1 等奖（2005）

- □ 协同单位：宝钢、北京科技大学、燕山大学
- □ 创新要点
  - 建立打滑预报和控制模型
  - 建立表面粗糙度预报和控制模型
  - 制定表面质量控制技术规程
- □ 应用成效
  - 宝钢 2030、1220 五机架冷连轧机
  - 宝钢 1800、1220 冷轧带钢平整机
  - 攀钢 1450 热轧带钢平整机

重型机械协同创新中心

新世纪以来重大成果——国家 1 等奖 3 项，2 等奖 8 项

7. 钢板、型钢轧机空间自位技术——国家 2 等奖（2003）

- □ 协同单位：燕山大学、宝钢
- □ 创新要点
  - 提出辊系静定、自位、动态交叉理论模型
  - 研发辊系空间自位技术与装备
  - 降低轴承载荷峰值 2 倍，提高轴承寿命 4 倍
- □ 应用成效
  - 河北 600、430、300 型钢轧机
  - 河北 2200 铝箔轧机
  - 宝钢 2050 钢板轧机

重型机械协同创新中心

新世纪以来重大成果——国家 1 等奖 3 项，2 等奖 8 项

8. 无缝钢管轧机质量控制技术——国家 2 等奖（2006）

- □ **协同单位**：燕山大学、宝钢、美国TIMKEN公司
- □ **创新要点**
  - 钢管张力减径孔型设计模型软件
  - 钢管张力减径变形计算模型软件
  - 钢管张力减径工艺制度优化设计
- □ **应用成效**
  - 宝钢、武钢、二重、中冶赛迪
  - 美国TIMKEN公司

重型机械协同创新中心

新世纪以来重大成果——国家 1 等奖 3 项，2 等奖 8 项

9. 1350mm 板坯连铸机——国家 1 等奖（1996）

- □ **协同单位**：中国重型院、燕山大学
- □ **创新要点**
  - 无氧化浇注：钢包—中间罐—结晶器
  - 汽雾冷却：二冷水采用
  - 三电合一集成控制
- □ **应用成效**
  - 攀钢 1350mm 板坯连铸机

重型机械协同创新中心

新世纪以来重大成果——国家1等奖3项，2等奖8项

10. 板坯连铸机技术——国家2等奖（2009）

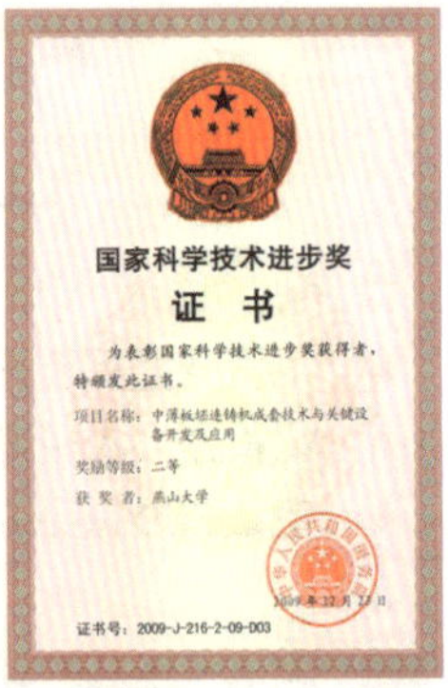

- □ 协同单位：中国重型院、燕山大学
- □ 创新要点
  - ● 提出结晶器非正弦振动变角速度旋转法模型
  - ● 建立最佳振动参数控制模型
  - ● 研制结晶器非正弦振动技术装备
  - ● 研发基于粘弹性理论连铸坯矫直技术
- □ 应用成效
  - ● 鞍钢二炼钢1#、2#板坯连铸机
  - ● 首钢二炼钢2#、3#、4#方坯连铸机
  - ● 新兴铸管、大冶特钢、济钢方板坯连铸机

重型机械协同创新中心

新世纪以来重大成果——国家1等奖3项，2等奖8项

11. 高速重载铁路辙叉用钢及焊接技术——国家2等奖（2002）

- □ 协同单位：燕山大学、河北钢铁
- □ 创新要点
  - ● 奥氏体锰钢辙叉
  - ● 锰钢辙叉与碳钢钢轨焊接技术
  - ● 贝氏钢辙叉——与价格高30倍的马氏体钢同性能
- □ 应用成效
  - ● 河北钢铁
  - ● 山海关桥梁厂
  - ● 陕西宝鸡、辽宁辽阳、河南洛阳铁路线
  - ● 制定贝氏体钢辙叉国家标准

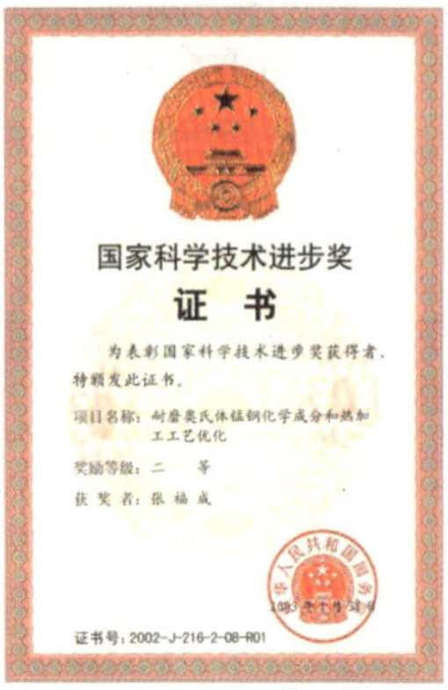

重型机械协同创新中心

新世纪以来重大成果——国家 1 等奖 3 项，2 等奖 8 项

12. 特种机器人技术装备——国家2等奖（2013）

- 协同单位：燕山大学、中国一重
- 创新要点
  - 创立并联机器人机构拓扑设计理论体系
  - 提出“空间模型”理论
  - 建立并联机器人机构性能评价体系
- 应用成效
  - 为并联机器人机构优化设计和产品创新提供有效途径
  - 创新设计出 12 种并联机构新装备
  - 为一重研制大型锻造操作机

重型机械协同创新中心

新世纪以来重大成果——国家 1 等奖 3 项，2 等奖 8 项

13. 超高强度贝氏体耐磨钢及其热处理技术——河北省发明 1 等奖（2012）

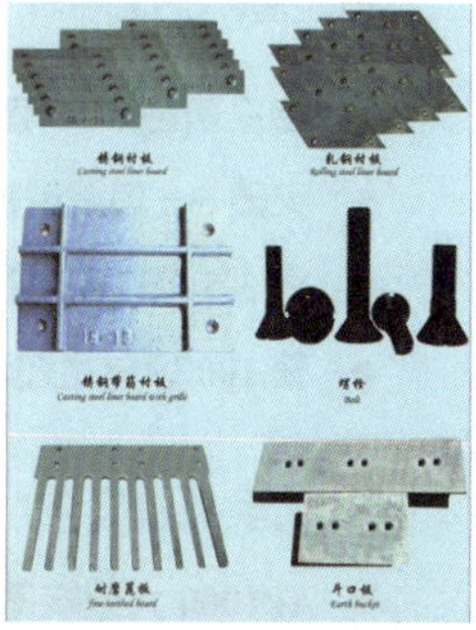

- 协同单位：燕山大学、河北钢铁
- 创新要点
  - 铸造贝氏体钢
    σ_b>1700MPa，硬度 HB550-600，韧度 >20J/cm²
  - 轧制贝氏体钢
    σ_b>2200MPa，硬度 HB600-700，韧度 >20 J/cm²
  - 锻造贝氏体钢
    σ_b>2000MPa，硬度 HB550-600，韧度 >30 J/cm²
    性能赶超瑞典 HARDOX 和德国 XAR 耐磨钢
- 应用成效
  - 国内：秦皇岛港、黄骅港、曹妃甸港
    京唐港、天津港、营口港等
  - 国外：伊朗、马来西亚、印尼、菲律宾等

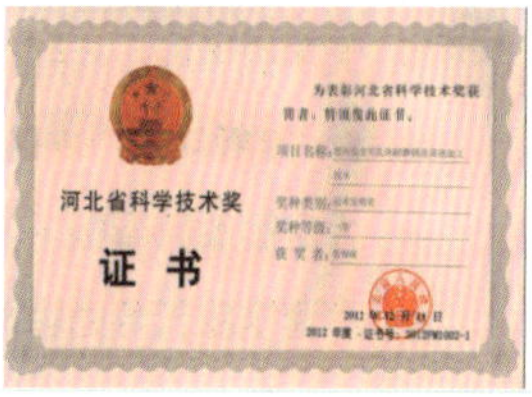

重型机械协同创新中心

新世纪以来重大成果——国家 1 等奖 3 项，2 等奖 8 项

14. 环保技术装备——河北省科技进步 1 等奖（2008）

□ 协同单位：燕山大学、中国重型院

□ 创新要点

- 高炉煤气发电除尘技术装备——燃气蒸汽联合循环发电除尘器
- 转炉煤气回收除尘技术装备——湿式电除尘器

□ 应用成效

- 沙钢高炉煤气发电 CCPP57-15 电除尘系统
- 本溪 6300kVA 炼硅炉余热发电除尘系统
- 沙钢 180 吨转炉煤气回收湿式电除尘系统
- 承钢 100 吨转炉煤气回收湿式电除尘系统

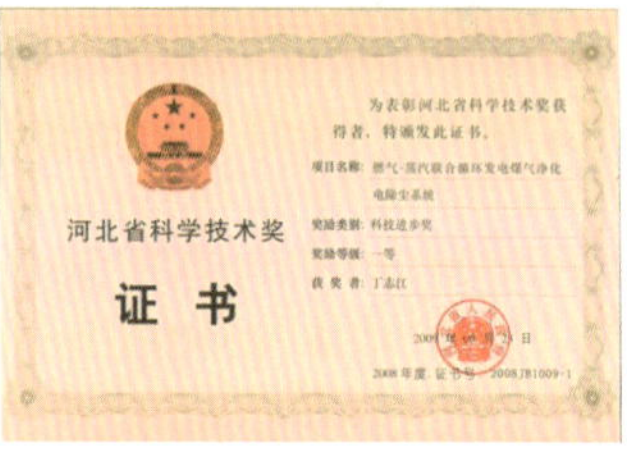

重型机械协同创新中心

预期效果

经过 4 年建设，取得如下成效：

1. 科技产出

□ 主要指标

- 自主研制 8-10 套国家急需首台套重机装备
- 突破 5-8 项重型机械核心关键技术
- 获 3-5 项国家科技奖励
- 获 100 项自主知识产权

□ 大型关键零部件方面，重点突破：

- AP1000 大型核岛压力容器、发生器、主管道、转子
- 大飞机 300M 高强钢起落架、发动机涡轮盘
- 5m 厚板轧机 200 吨以上大型支承辊
- 大型舰船特厚板（>150mm）和发动机曲轴
- 高速铁路长寿命辙叉（>2亿吨）

重型机械协同创新中心

预期效果

□ 成套设备研制，重点突破：

- 新型高性能板形控制轧机
- 新型多辊轧机（12辊）
- 薄板坯连铸机（厚度 <10mm）
- 薄带铸轧机
- 高铁轴类轧机
- 重型机器人

□ 核心关键技术研发，重点突破：

- 冷轧带钢板形检测仪与闭环控制系统
- 热轧带钢凸度检测仪与闭环控制系统
- 大锻件热态尺寸在线精确测量系统
- 大锻件快速锻造联合控制技术
- 大型压力机动力传输与机电控制

重型机械协同创新中心

预期效果

2. 人才培养

□ 国家级科技创新群体 2-3 个
□ 长江学者和杰青 3-5 人
□ 博士、硕士研究生 1000 名
□ 卓越工程师本科生 300 名

3. 学科发展

□ 促进学科交叉融合、协同创新，催生新的学科前沿
□ 创新学科发展思路，形成面向工程的学科群发展模式
□ 巩固提高机械工程国家重点学科
□ 促进材料科学与工程、控制科学与工程学科发展

重型机械协同创新中心

预期成效

4. 社会贡献

- 提高重型机械行业自主创新能力，实现一批核心关键技术升级
- 推动重机行业转型升级、由大到强转变

5. 科技创新模式

- 探索出一套高效的科技创新管理机制和体制
- 形成基础研究、技术创新、工程应用、行业推广紧密结合的完整链条

重型机械协同创新中心

结束语

- 重型机械是国民经济和国防军工的重要组成和重大支撑，我国要实现从制造大国向制造强国、从中国制造向中国创造的转变，开展高等院校、科研院所、生产企业的协同创新十分必要。
- 本协同创新中心汇聚了国内具有重型机械特色的高校、院所和企业，经过多年的探索、培育，已建立了稳定的研究队伍、明确的研究方向和高效的运行机制。
- 实现协同创新中心建设目标，对解决国家重大需求，促进行业转型升级，提升高校创新能力具有重大作用。
- 我们有信心、有能力实现这一目标！

重型机械协同创新中心

YANSHAN UNIVERSITY
1920
燕山大學
YANSHAN UNIVERSITY
创新人才培养示范基地建设
汇 报 人：燕山大学 刘宏民
推荐单位：河北省科技厅
2018年11月6日

汇报提纲
一、基地概况与优势特色
二、创新举措与实施成效
三、建设规划与条件保障
http://www.ysu.edu.cn
YANSHAN UNIVERSITY

1.1 基地概况
●基地依托燕山大学建设，学校源于哈尔滨工业大学，前身东北重型机械学院，88所全国重点大学之一。
●河北省、教育部、工信部、国家国防科工局四方共建全国重点大学。
●位于河北沿海开放城市秦皇岛，占地4000亩，在校生4万人，教职工3200人。
●2018年大陆高校综合实力排名第65位（英国泰晤士高教世界大学排名）。
哈尔滨工业大学
（哈尔滨，1920-）
东北重型机械学院
（齐齐哈尔，1960-1997）
燕山大学
（秦皇岛，1997-）

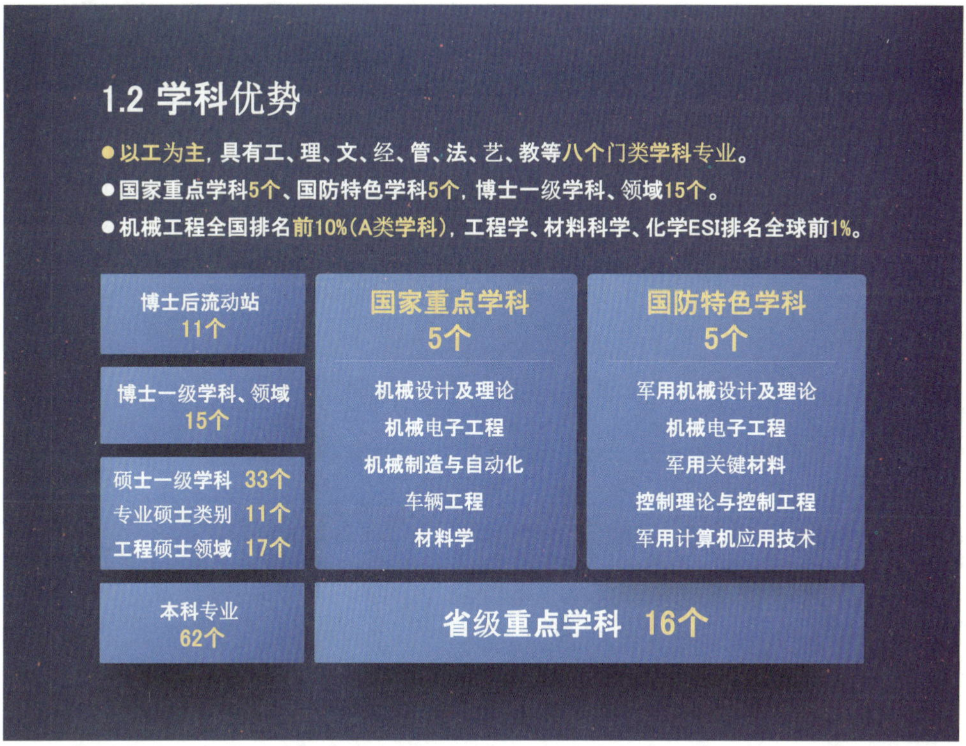
1.2 学科优势
●以工为主，具有工、理、文、经、管、法、艺、教等八个门类学科专业。
●国家重点学科5个、国防特色学科5个，博士一级学科、领域15个。
●机械工程全国排名前10%（A类学科），工程学、材料科学、化学ESI排名全球前1%。
博士后流动站 11个
博士一级学科、领域 15个
硕士一级学科 33个
专业硕士类别 11个
工程硕士领域 17个
本科专业 62个
国家重点学科 5个
机械设计及理论
机械电子工程
机械制造与自动化
车辆工程
材料学
国防特色学科 5个
军用机械设计及理论
机械电子工程
军用关键材料
控制理论与控制工程
军用计算机应用技术
省级重点学科 16个

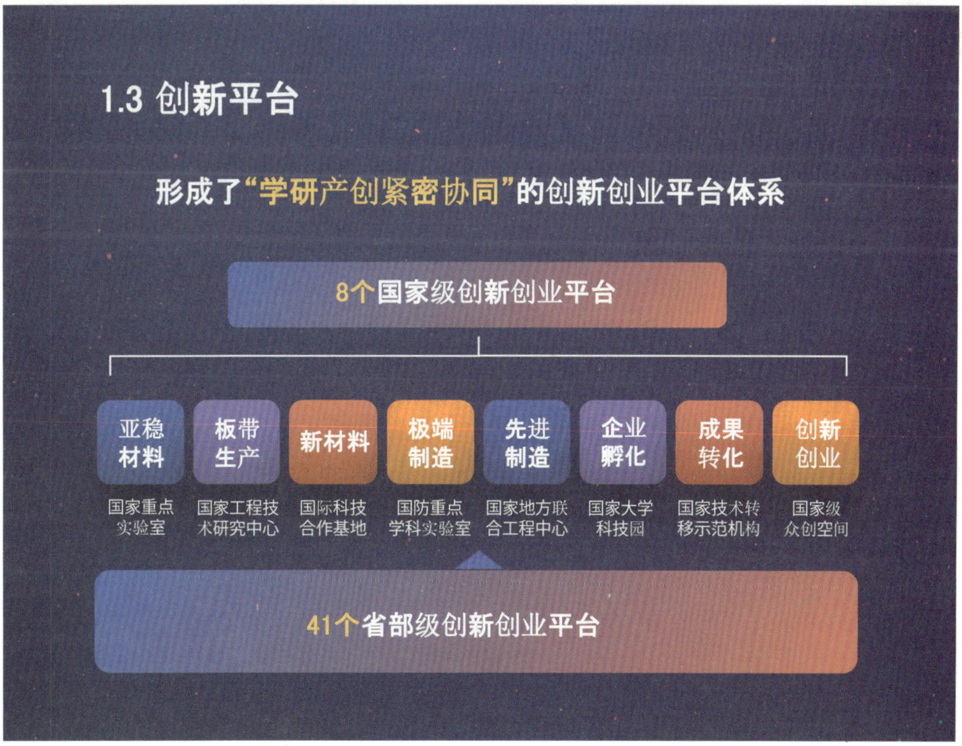
1.3 创新平台
形成了“学研产创紧密协同”的创新创业平台体系
8个国家级创新创业平台
亚稳材料
国家重点实验室
板带生产
国家工程技术研究中心
新材料
国际科技合作基地
极端制造
国防重点学科实验室
先进制造
国家地方联合工程中心
企业孵化
国家大学科技园
成果转化
国家技术转移示范机构
创新创业
国家级众创空间
41个省部级创新创业平台

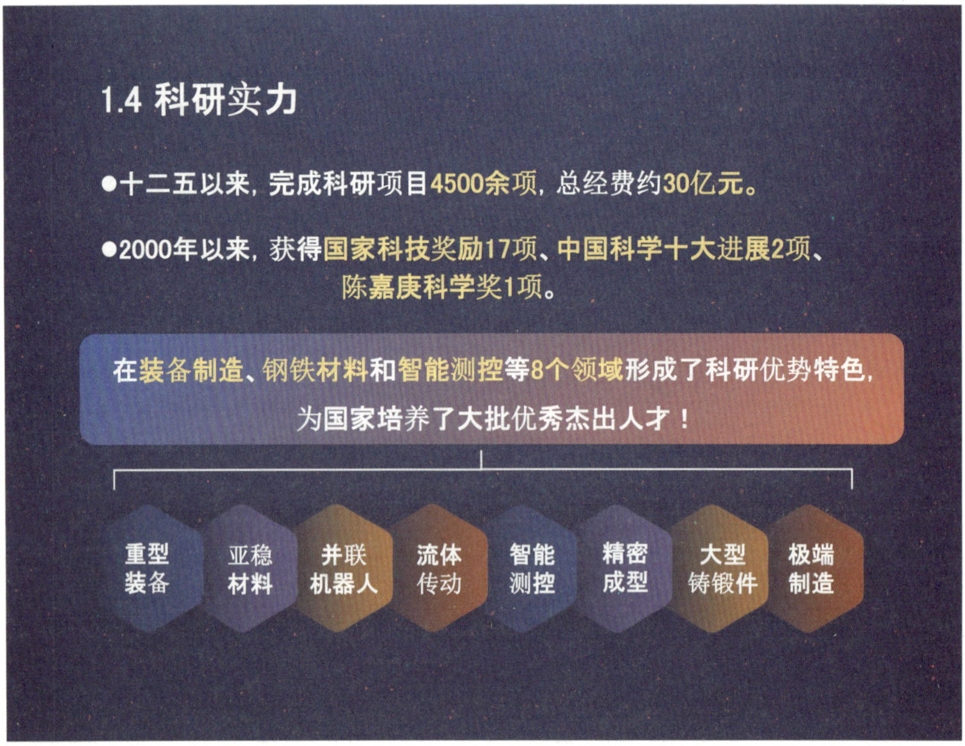
1.4 科研实力
●十二五以来，完成科研项目4500余项，总经费约30亿元。
●2000年以来，获得国家科技奖励17项、中国科学十大进展2项、陈嘉庚科学奖1项。
在装备制造、钢铁材料和智能测控等8个领域形成了科研优势特色，为国家培养了大批优秀杰出人才！
重型装备
亚稳材料
并联机器人
流体传动
智能测控
精密成型
大型铸锻件
极端制造

汇报提纲
一、基地概况与优势特色
二、创新举措与实施成效
三、建设规划与条件保障
http://www.ysu.edu.cn
YANSHAN UNIVERSITY

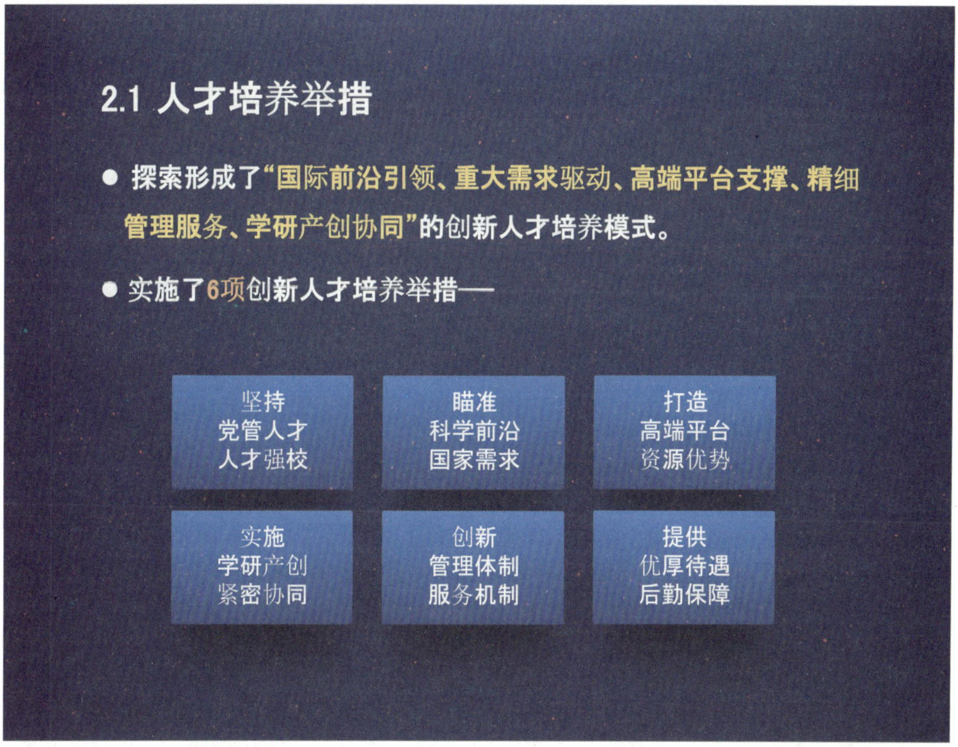
2.1 人才培养举措
● 探索形成了“国际前沿引领、重大需求驱动、高端平台支撑、精细管理服务、学研产创协同”的创新人才培养模式。
● 实施了6项创新人才培养举措——
坚持
党管人才
人才强校
瞄准
科学前沿
国家需求
打造
高端平台
资源优势
实施
学研产创
紧密协同
创新
管理体制
服务机制
提供
优厚待遇
后勤保障

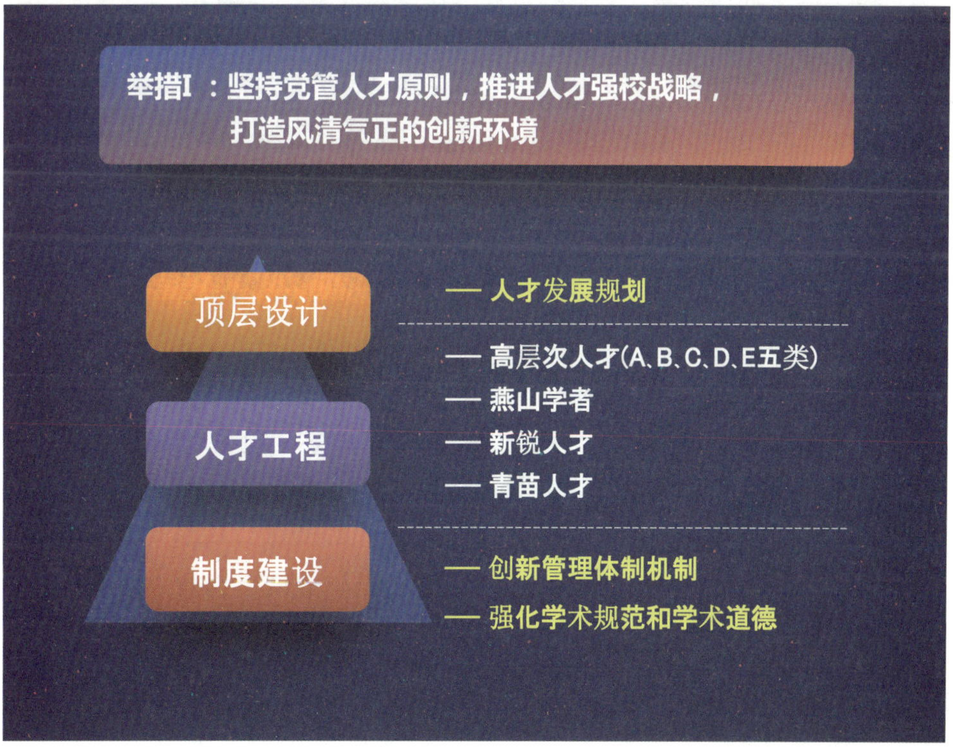
举措I：坚持党管人才原则，推进人才强校战略，
打造风清气正的创新环境
顶层设计
人才工程
制度建设
— 人才发展规划
— 高层次人才(A、B、C、D、E五类)
— 燕山学者
— 新锐人才
— 青苗人才
— 创新管理体制机制
— 强化学术规范和学术道德

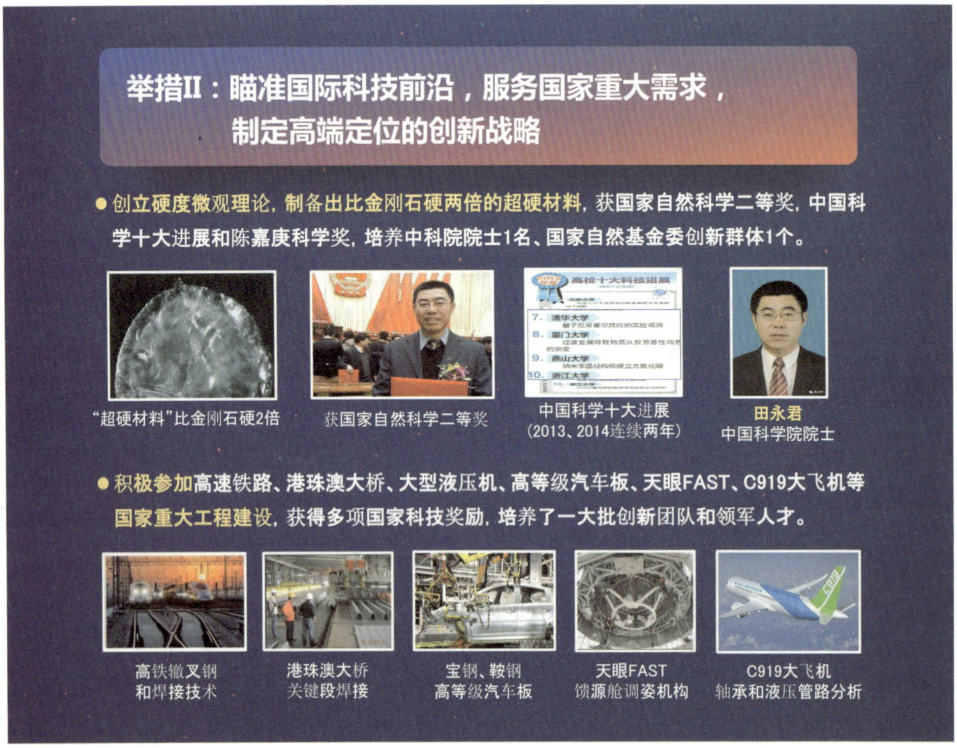
举措II：瞄准国际科技前沿，服务国家重大需求，
制定高端定位的创新战略
●创立硬度微观理论，制备出比金刚石硬两倍的超硬材料，获国家自然科学二等奖，中国科学十大进展和陈嘉庚科学奖，培养中科院院士1名、国家自然基金委创新群体1个。
"超硬材料"比金刚石硬2倍
获国家自然科学二等奖
中国科学十大进展
(2013、2014连续两年)
田永君
中国科学院院士
●积极参加高速铁路、港珠澳大桥、大型液压机、高等级汽车板、天眼FAST、C919大飞机等国家重大工程建设，获得多项国家科技奖励，培养了一大批创新团队和领军人才。
高铁辙叉钢
和焊接技术
港珠澳大桥
关键段焊接
宝钢、鞍钢
高等级汽车板
天眼FAST
馈源舱调姿机构
C919大飞机
轴承和液压管路分析

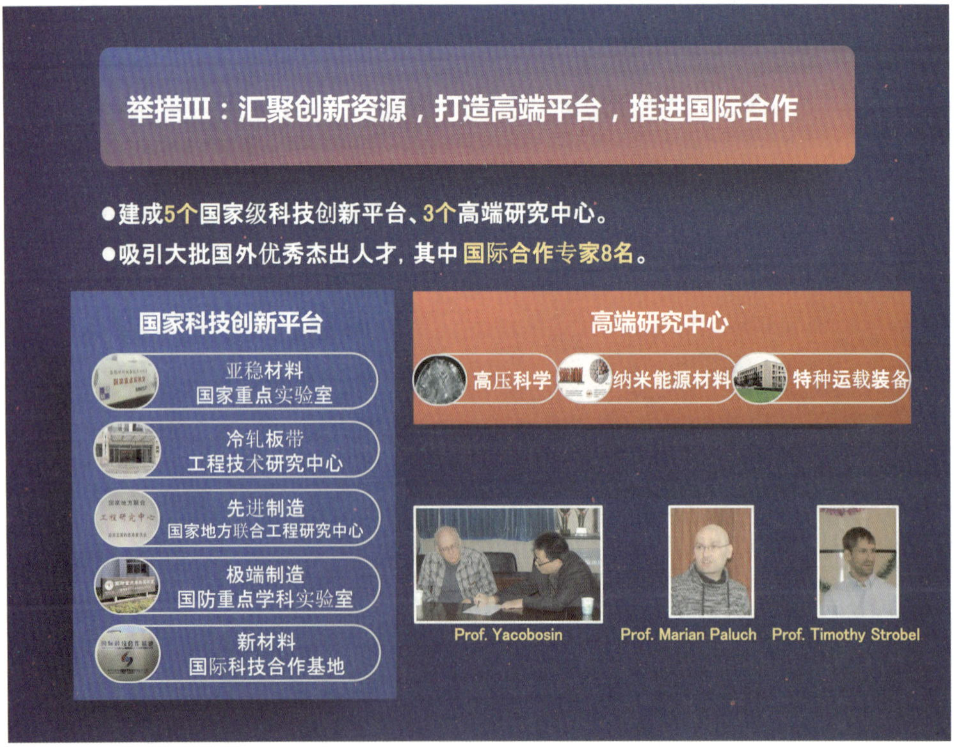
举措III：汇聚创新资源，打造高端平台，推进国际合作
●建成5个国家级科技创新平台、3个高端研究中心。
●吸引大批国外优秀杰出人才，其中国际合作专家8名。
国家科技创新平台
亚稳材料
国家重点实验室
冷轧板带
工程技术研究中心
先进制造
国家地方联合工程研究中心
极端制造
国防重点学科实验室
新材料
国际科技合作基地
高端研究中心
高压科学
纳米能源材料
特种运载装备
Prof. Yacobosin
Prof. Marian Paluch
Prof. Timothy Strobel

举措Ⅳ：学研产创紧密协同，培养创新团队和领军人才
●建成协同创新中心5个、产业技术研究院3个，协同单位30多家；
●长江8人、杰青8人、万人4人，教育部创新团队1个、国防创新团队1个。
刘日平
长江、杰青
张福成
杰青
高发明
长江
柳忠元
杰青
燕大-齐齐哈尔市
产业技术研究院
彭艳
万人计划
华长春
万人计划、杰青
胡坤
万人计划
徐波
长江
燕大-西重所
重型机械研究院

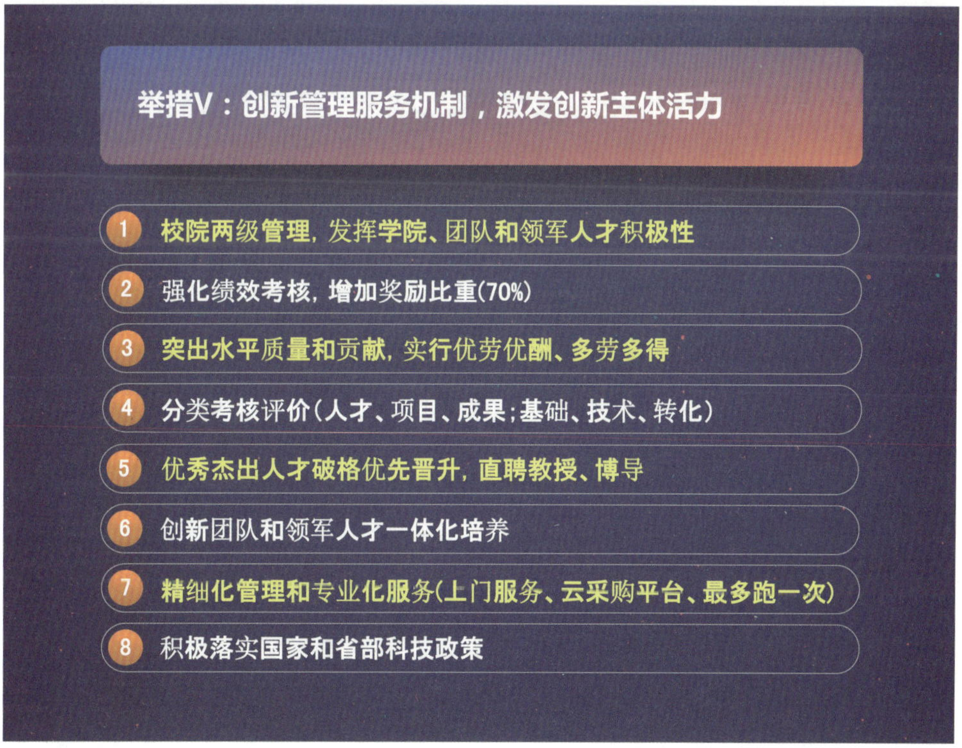
举措Ⅴ：创新管理服务机制，激发创新主体活力
1 校院两级管理，发挥学院、团队和领军人才积极性
2 强化绩效考核，增加奖励比重(70%)
3 突出水平质量和贡献，实行优劳优酬、多劳多得
4 分类考核评价（人才、项目、成果；基础、技术、转化）
5 优秀杰出人才破格优先晋升，直聘教授、博导
6 创新团队和领军人才一体化培养
7 精细化管理和专业化服务(上门服务、云采购平台、最多跑一次)
8 积极落实国家和省部科技政策

举措VI：提供优厚待遇，解除后顾之忧，创造舒适的工作生活条件

●学校：提供科研费、安家费和年薪工资。

单位：万元

	A类	B类	C类	D类	E类
人才类别	两院院士 特支人才	万人 长江杰青	百千万 国家突贡	百篇优博 新世纪优秀	有水平 无人才称号
科研费	2000	1000	300	200	100
年　薪	150	80	60	35	25
安家费	400	160	120	80	50

●地方政府：提供配套经费和人才住房，解决配偶工作和子女入学。

➢ 河　北　省：院士（1000万元）、高端人才（200-400万元）、创新团队（200万元）

➢ 秦皇岛市：高端人才（500万元）、人才住房（成本价）

2.2 人才培养成效

●国家高端人才 50 人 —院士1人、长江杰青16人、万人4人
—百千万和突贡专家18人、重点项目首席4人 等

●国家省部创新团队8个 —国家基金委创新群体1个
—教育部创新团队1个
—国防科技创新团队1 个
—河北巨人计划创新团队5个

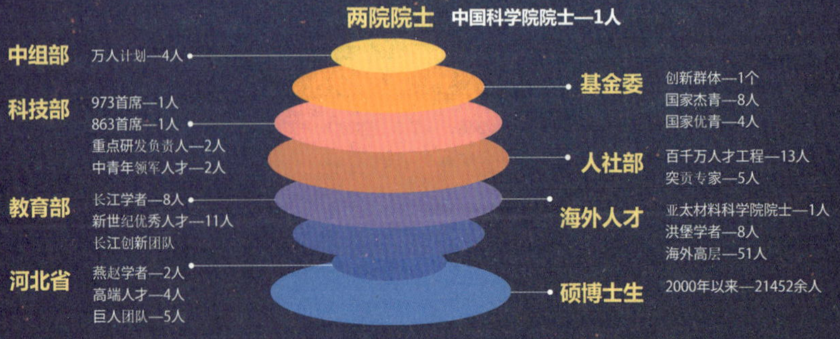

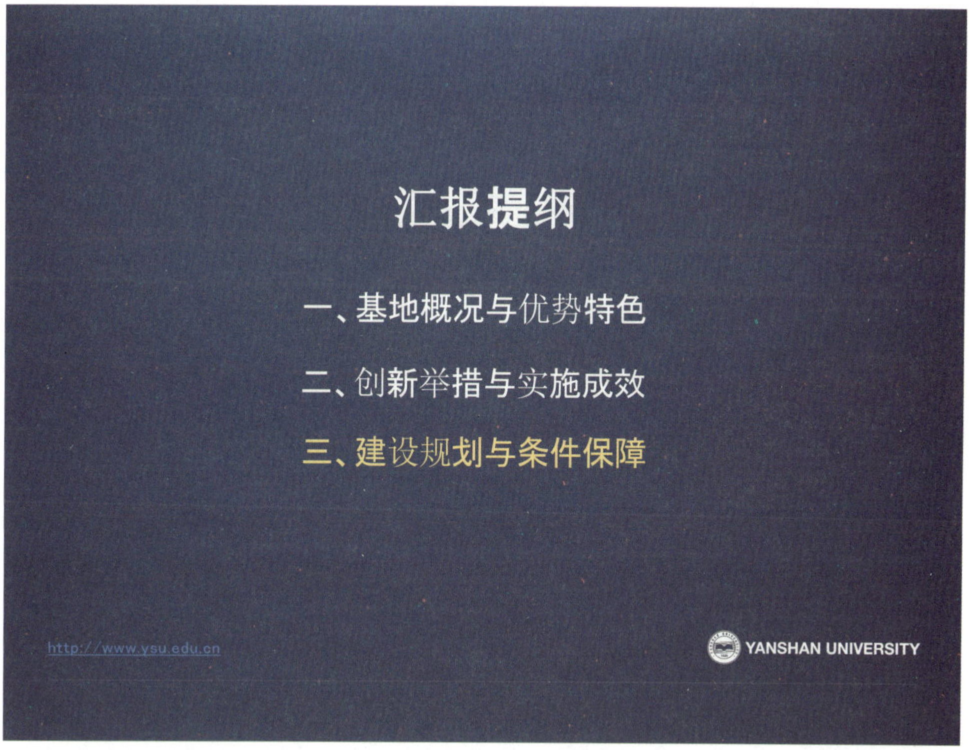
汇报提纲
一、基地概况与优势特色
二、创新举措与实施成效
三、建设规划与条件保障
http://www.ysu.edu.cn
YANSHAN UNIVERSITY

3.1 思路目标
●坚持五大理念——国际前沿引领、重大需求驱动、高端平台支撑
精细管理服务、学研产创协同
●紧扣四大战略——中国制造2025、京津冀协同发展
东北工业振兴、军民融合发展
●服务三大领域——装备制造、钢铁材料、国防科技
建成具有行业区域特色的国家创新人才培养示范基地
MADE IN CHINA 中国制造 2025
京津冀协同发展 进行时……
东北 三吹 振兴 号角
军民融合·国家战略
大众创业·万众创新

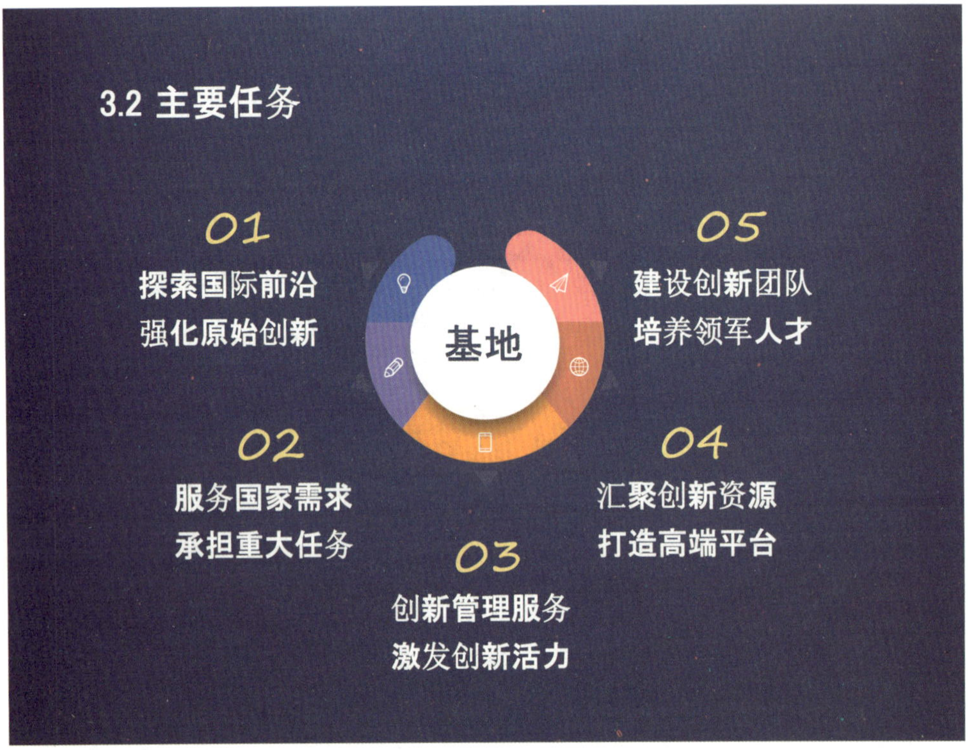
3.2 主要任务
01
探索国际前沿
强化原始创新
05
建设创新团队
培养领军人才
基地
02
服务国家需求
承担重大任务
04
汇聚创新资源
打造高端平台
03
创新管理服务
激发创新活力

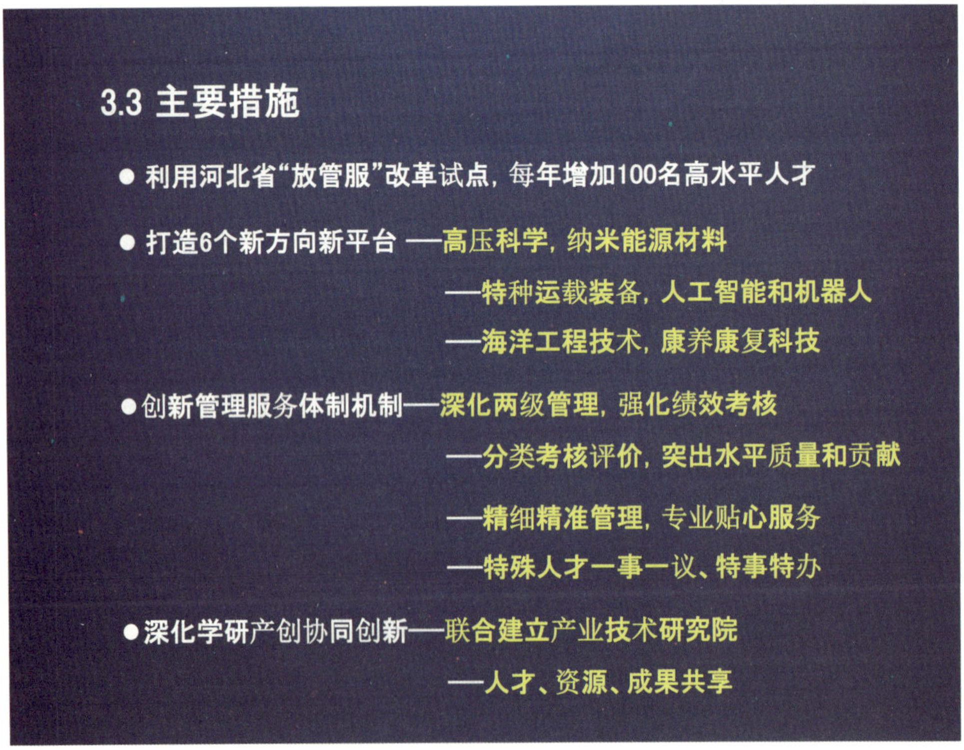
3.3 主要措施
● 利用河北省“放管服”改革试点，每年增加100名高水平人才
● 打造6个新方向新平台 —高压科学，纳米能源材料
—特种运载装备，人工智能和机器人
—海洋工程技术，康养康复科技
●创新管理服务体制机制—深化两级管理，强化绩效考核
—分类考核评价，突出水平质量和贡献
—精细精准管理，专业贴心服务
—特殊人才一事一议、特事特办
●深化学研产创协同创新—联合建立产业技术研究院
—人才、资源、成果共享

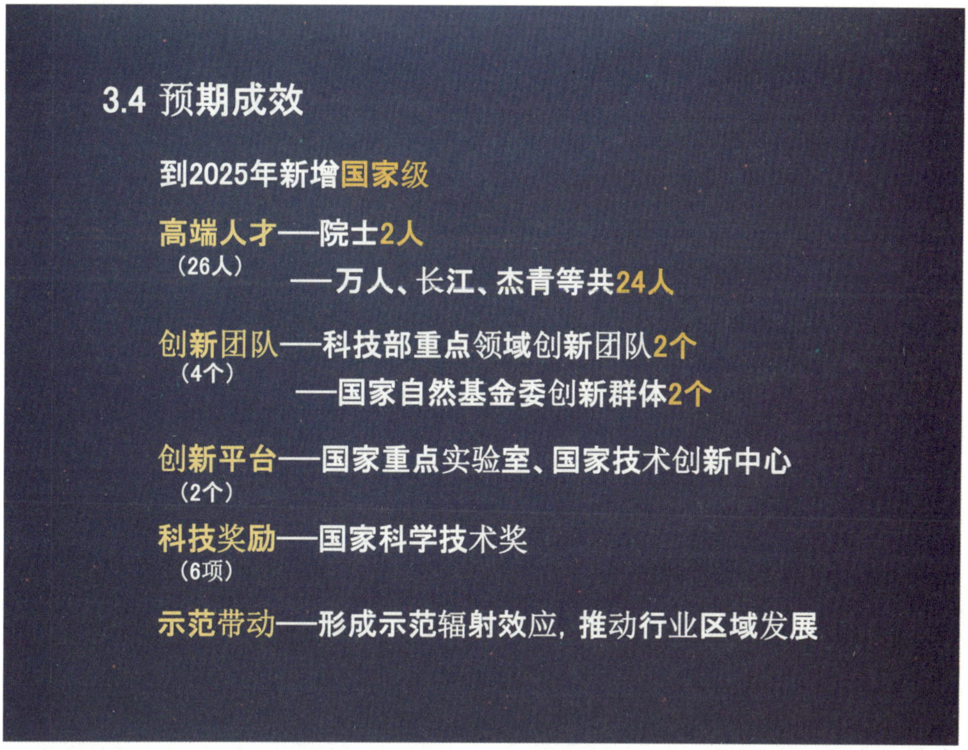
3.4 预期成效
到2025年新增国家级
高端人才——院士2人
（26人）
——万人、长江、杰青等共24人
创新团队——科技部重点领域创新团队2个
（4个）
——国家自然基金委创新群体2个
创新平台——国家重点实验室、国家技术创新中心
（2个）
科技奖励——国家科学技术奖
（6项）
示范带动——形成示范辐射效应，推动行业区域发展

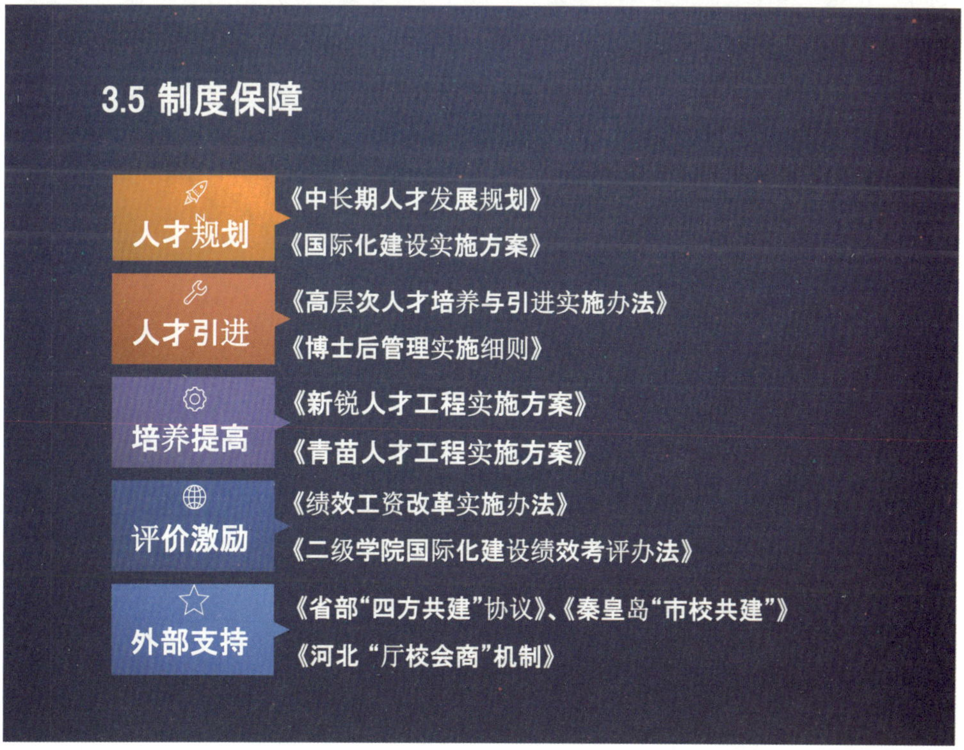
3.5 制度保障
人才规划
《中长期人才发展规划》
《国际化建设实施方案》
人才引进
《高层次人才培养与引进实施办法》
《博士后管理实施细则》
培养提高
《新锐人才工程实施方案》
《青苗人才工程实施方案》
评价激励
《绩效工资改革实施办法》
《二级学院国际化建设绩效考评办法》
外部支持
《省部“四方共建”协议》、《秦皇岛“市校共建”》
《河北 “厅校会商”机制》

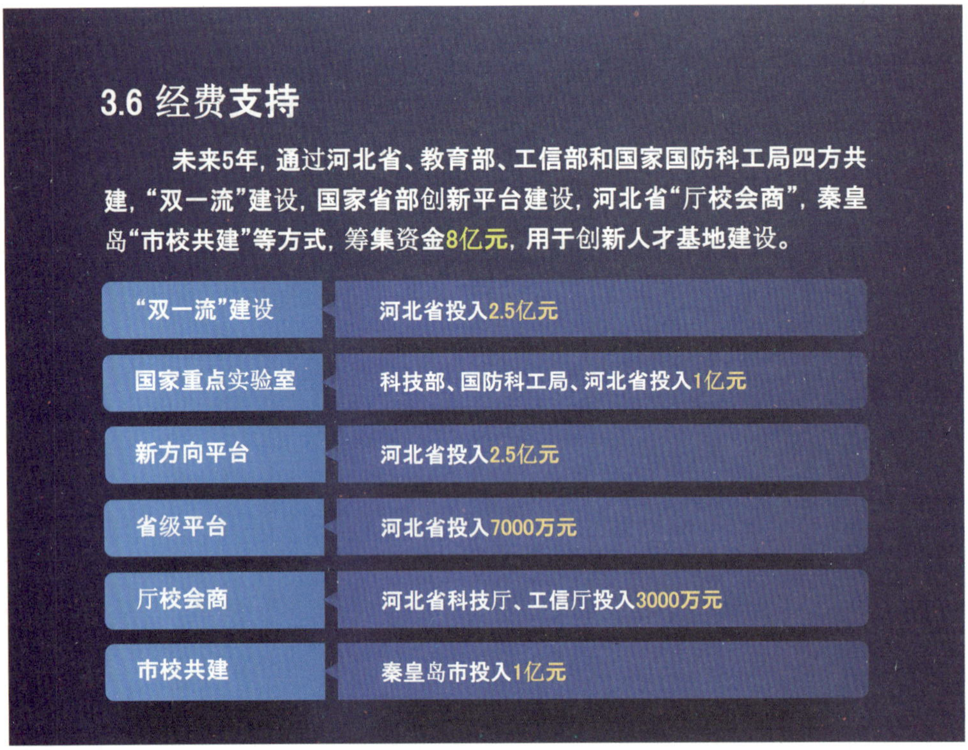
3.6 经费支持
未来5年，通过河北省、教育部、工信部和国家国防科工局四方共建，“双一流”建设，国家省部创新平台建设，河北省“厅校会商”，秦皇岛“市校共建”等方式，筹集资金8亿元，用于创新人才基地建设。
“双一流”建设
河北省投入2.5亿元
国家重点实验室
科技部、国防科工局、河北省投入1亿元
新方向平台
河北省投入2.5亿元
省级平台
河北省投入7000万元
厅校会商
河北省科技厅、工信厅投入3000万元
市校共建
秦皇岛市投入1亿元

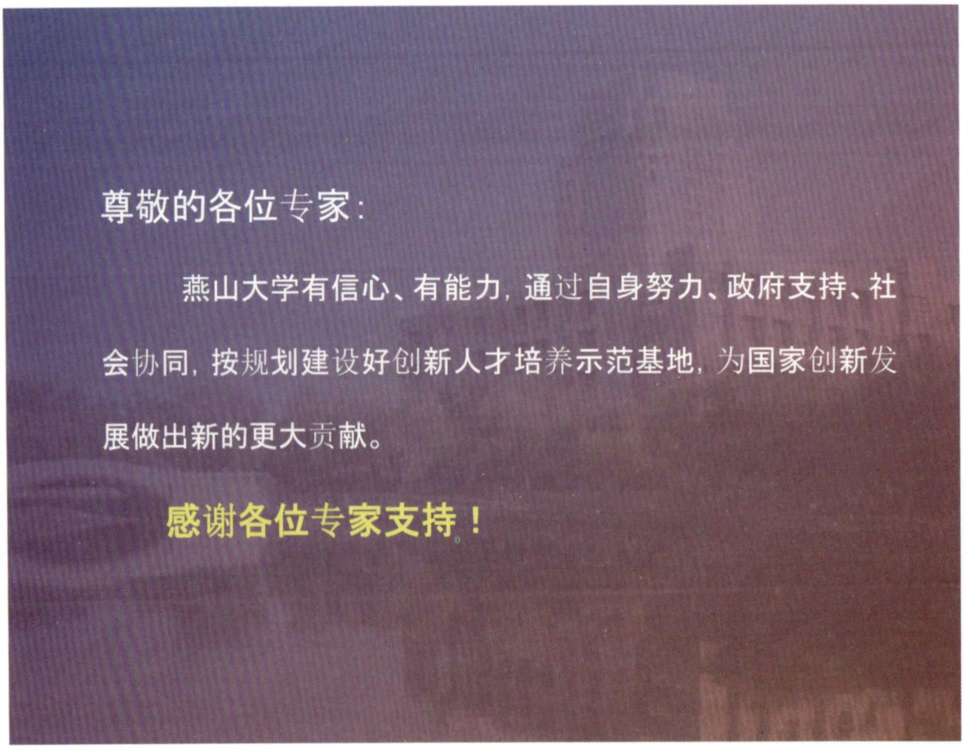
尊敬的各位专家：
燕山大学有信心、有能力，通过自身努力、政府支持、社会协同，按规划建设好创新人才培养示范基地，为国家创新发展做出新的更大贡献。
感谢各位专家支持！

燕山大学
YANSHAN UNIVERSITY
燕山大学“双一流”建设
中期情况汇报
燕山大学校长：刘宏民
2019年3月28日

汇报提纲
一、学校概况
二、建设成效
三、建设措施
四、前景规划
http://www.ysu.edu.cn
YANSHAN UNIVERSITY

1.1 现状规模
●燕山大学源于哈尔滨工业大学，前身东北重型机械学院，88所全国重点大学之一
●河北省、教育部、工信部、国家国防科技工业局四方共建的全国重点大学
●北京高科大学联盟成员，河北省重点建设的国家一流大学
●位于河北沿海开放城市秦皇岛，占地4000亩，教职工3200人
●在校生3.8万人，其中博士研究生832人，硕士研究生7505人
哈尔滨工业大学
（哈尔滨，1920-）
东北重型机械学院
（齐齐哈尔，1960-1997）
燕山大学
（秦皇岛，1997-）
http://www.ysu.edu.cn
YANSHAN UNIVERSITY

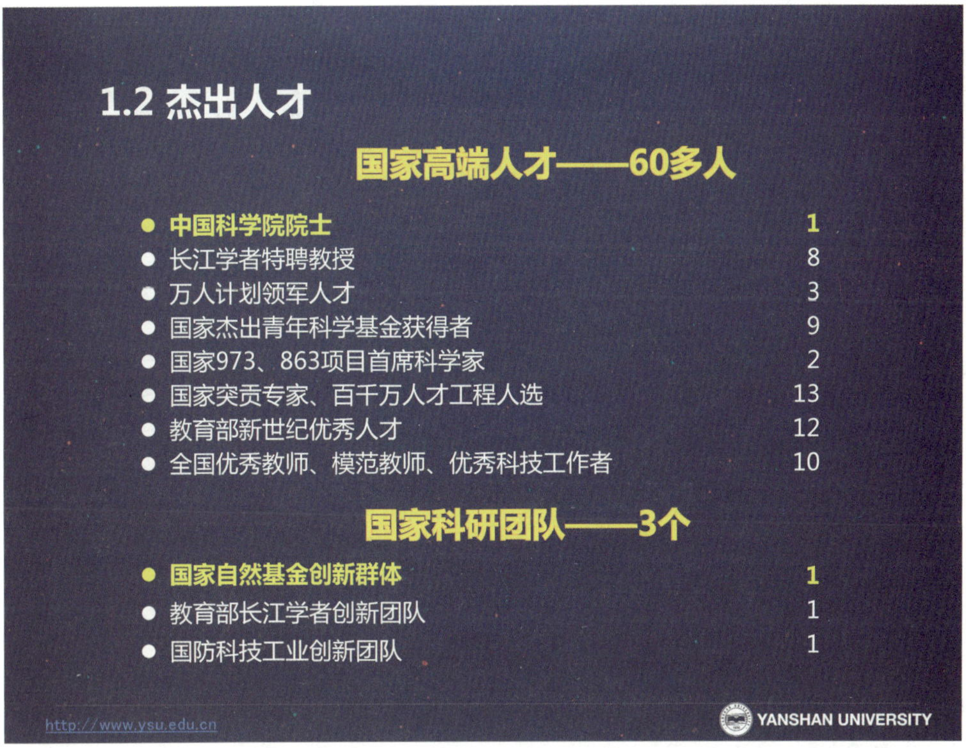
1.2 杰出人才
国家高端人才——60多人
中国科学院院士 1
长江学者特聘教授 8
万人计划领军人才 3
国家杰出青年科学基金获得者 9
国家973、863项目首席科学家 2
国家突贡专家、百千万人才工程人选 13
教育部新世纪优秀人才 12
全国优秀教师、模范教师、优秀科技工作者 10
国家科研团队——3个
国家自然基金创新群体 1
教育部长江学者创新团队 1
国防科技工业创新团队 1
http://www.ysu.edu.cn
YANSHAN UNIVERSITY

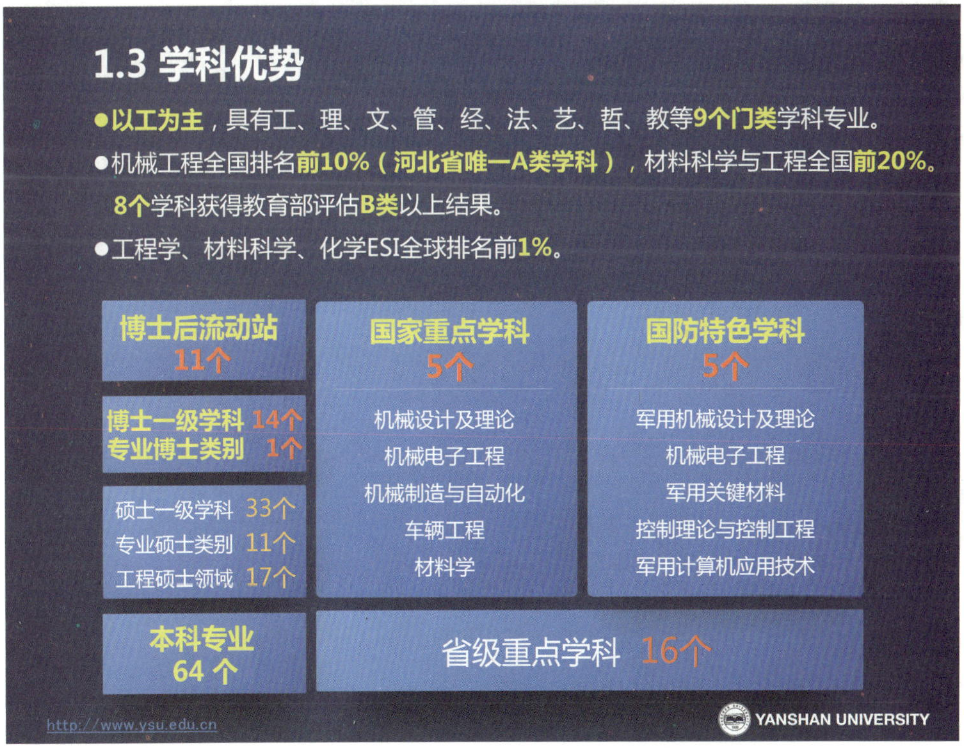
1.3 学科优势
●以工为主，具有工、理、文、管、经、法、艺、哲、教等9个门类学科专业。
●机械工程全国排名前10%（河北省唯一A类学科），材料科学与工程全国前20%。
8个学科获得教育部评估B类以上结果。
●工程学、材料科学、化学ESI全球排名前1%。
博士后流动站 11个
博士一级学科 14个
专业博士类别 1个
硕士一级学科 33个
专业硕士类别 11个
工程硕士领域 17个
本科专业 64 个
国家重点学科 5个
机械设计及理论
机械电子工程
机械制造与自动化
车辆工程
材料学
国防特色学科 5个
军用机械设计及理论
机械电子工程
军用关键材料
控制理论与控制工程
军用计算机应用技术
省级重点学科 16个
http://www.ysu.edu.cn
YANSHAN UNIVERSITY

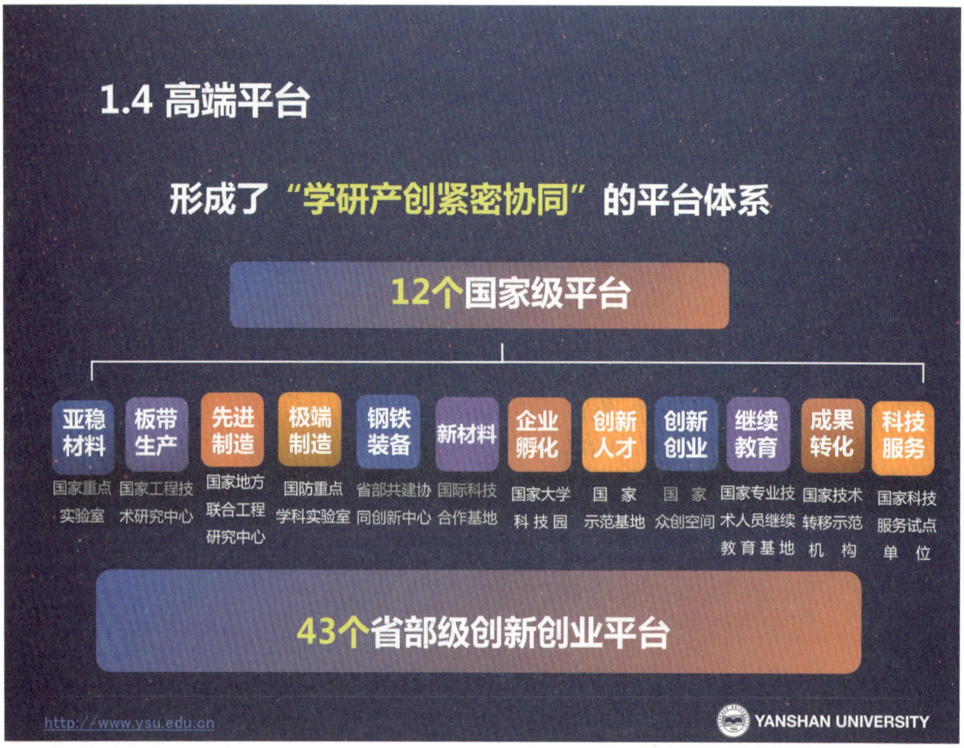
1.4 高端平台
形成了“学研产创紧密协同”的平台体系
12个国家级平台
亚稳材料
板带生产
先进制造
极端制造
钢铁装备
新材料
企业孵化
创新人才
创新创业
继续教育
成果转化
科技服务
国家重点实验室
国家工程技术研究中心
国家地方联合工程研究中心
国防重点学科实验室
省部共建协同创新中心
国际科技合作基地
国家大学科技园
国家示范基地
国家众创空间
国家专业技术人员继续教育基地
国家技术转移示范机构
国家科技服务试点单位
43个省部级创新创业平台
http://www.ysu.edu.cn
YANSHAN UNIVERSITY

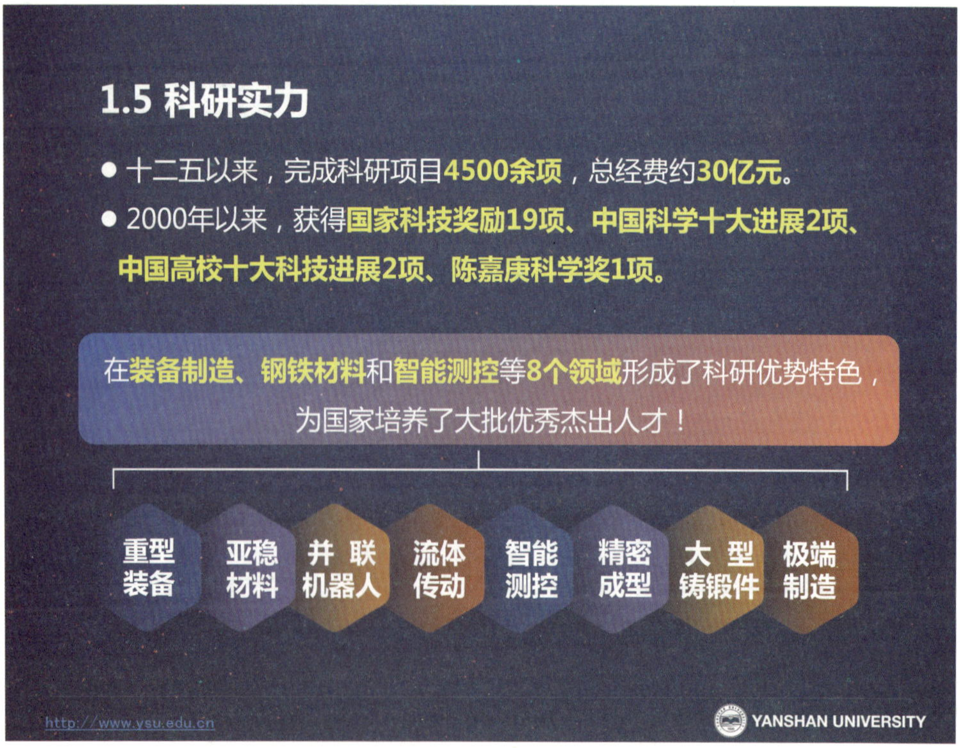
1.5 科研实力
● 十二五以来，完成科研项目4500余项，总经费约30亿元。
● 2000年以来，获得国家科技奖励19项、中国科学十大进展2项、中国高校十大科技进展2项、陈嘉庚科学奖1项。
在装备制造、钢铁材料和智能测控等8个领域形成了科研优势特色，为国家培养了大批优秀杰出人才！
重型装备
亚稳材料
并联机器人
流体传动
智能测控
精密成型
大型铸锻件
极端制造
http://www.ysu.edu.cn
YANSHAN UNIVERSITY

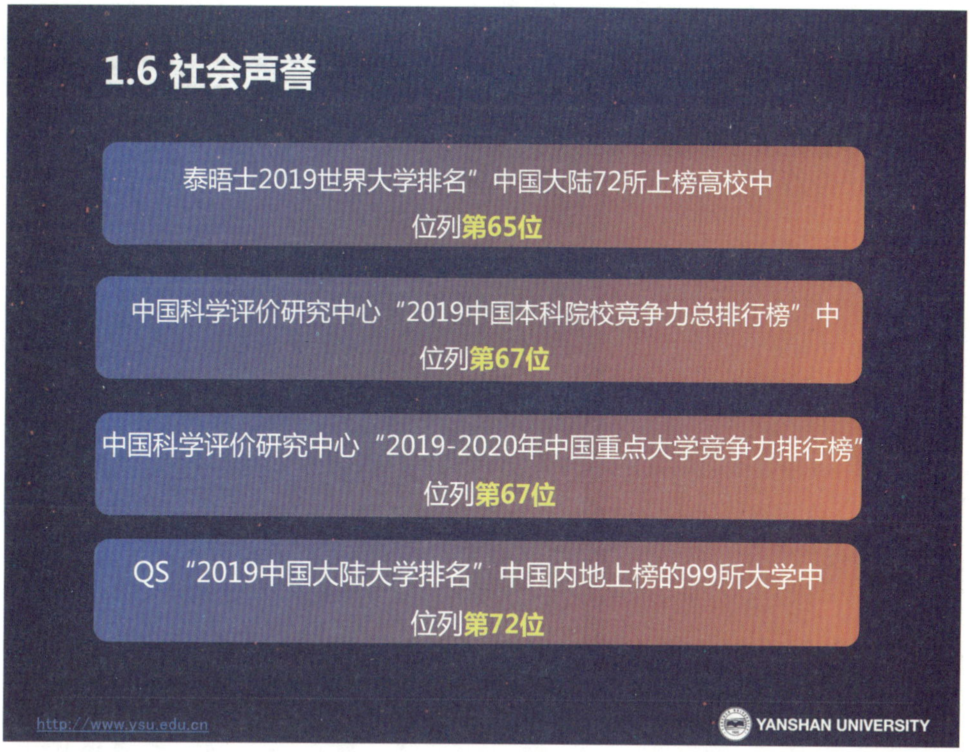
1.6 社会声誉
泰晤士2019世界大学排名”中国大陆72所上榜高校中
位列第65位
中国科学评价研究中心“2019中国本科院校竞争力总排行榜”中
位列第67位
中国科学评价研究中心“2019-2020年中国重点大学竞争力排行榜”
位列第67位
QS“2019中国大陆大学排名”中国内地上榜的99所大学中
位列第72位
http://www.ysu.edu.cn
YANSHAN UNIVERSITY

汇报提纲
一、学校概况
二、建设成效（2016-2018）
三、建设措施
四、前景规划
http://www.ysu.edu.cn
YANSHAN UNIVERSITY

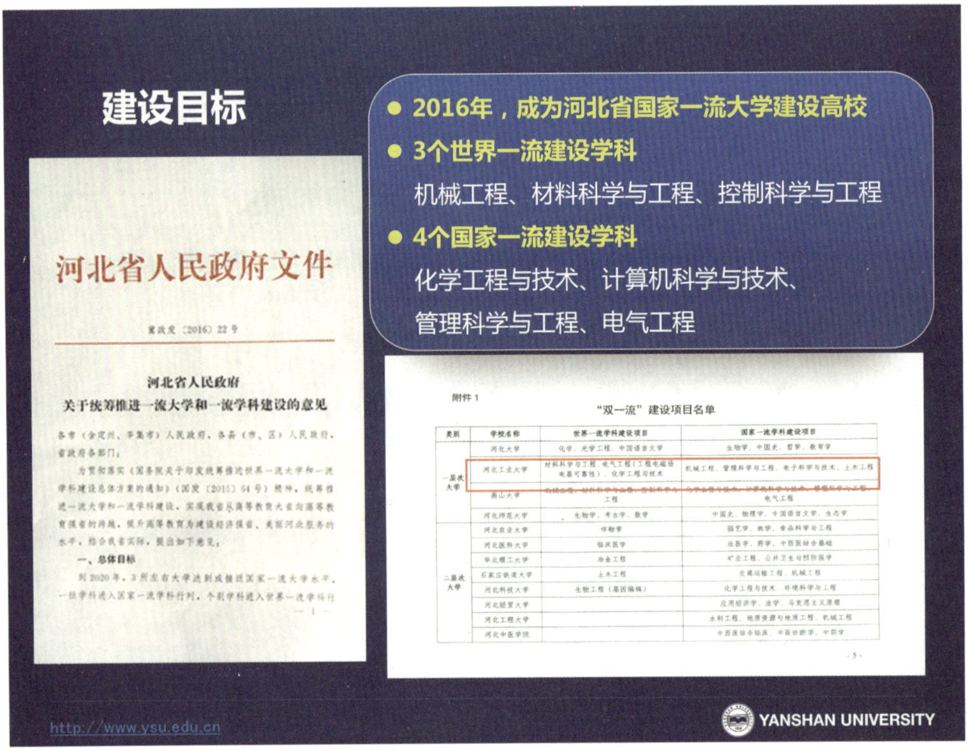
建设目标
● 2016年，成为河北省国家一流大学建设高校
● 3个世界一流建设学科
机械工程、材料科学与工程、控制科学与工程
● 4个国家一流建设学科
化学工程与技术、计算机科学与技术、
管理科学与工程、电气工程
河北省人民政府文件
冀政发〔2016〕22号
河北省人民政府
关于统筹推进一流大学和一流学科建设的意见
一、总体目标
附件1
"双一流"建设项目名单
http://www.ysu.edu.cn
YANSHAN UNIVERSITY

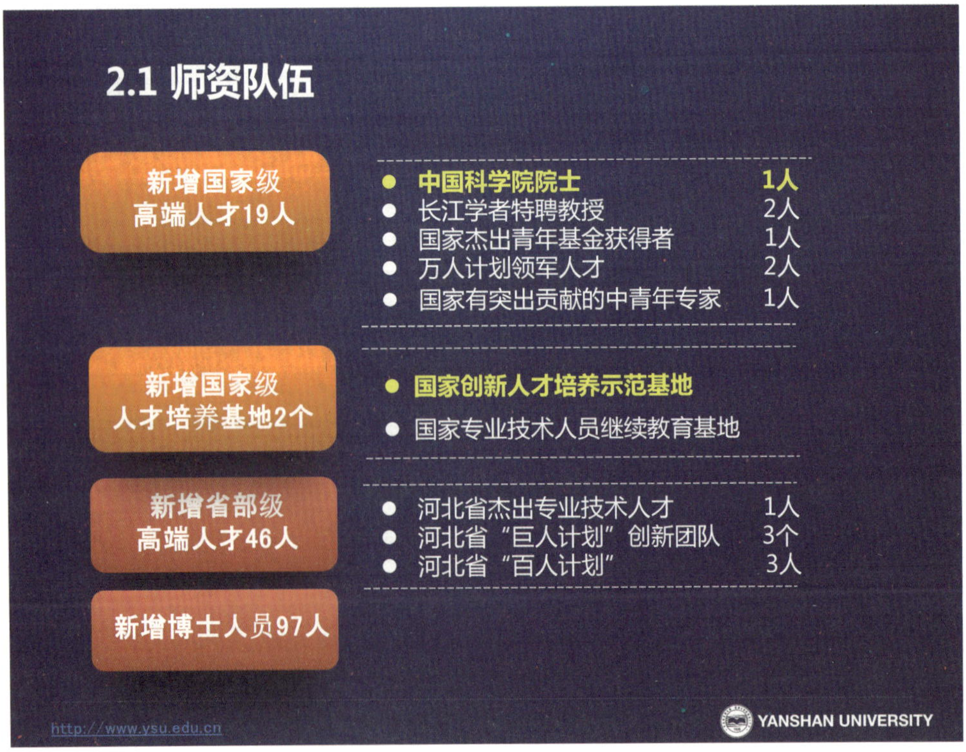
2.1 师资队伍
新增国家级
高端人才19人
● 中国科学院院士 1人
● 长江学者特聘教授 2人
● 国家杰出青年基金获得者 1人
● 万人计划领军人才 2人
● 国家有突出贡献的中青年专家 1人
新增国家级
人才培养基地2个
● 国家创新人才培养示范基地
● 国家专业技术人员继续教育基地
新增省部级
高端人才46人
● 河北省杰出专业技术人才 1人
● 河北省"巨人计划"创新团队 3个
● 河北省"百人计划" 3人
新增博士人员97人
http://www.ysu.edu.cn
YANSHAN UNIVERSITY

2.1 师资队伍
引进
赵丁选教授
长江学者特聘教授
国务院学科评议组成员
http://www.ysu.edu.cn
YANSHAN UNIVERSITY

2.1 师资队伍
培养
田永君
国家万人计划领军人才-2016
中国科学院院士-2017
发展中国家科学院院士并获得
陈嘉庚技术科学奖-2018
华长春
长江学者特聘教授-2017
国家杰青基金获得者-2018
彭艳
国家万人计划科技创新
领军人才-2017第三批
http://www.ysu.edu.cn
YANSHAN UNIVERSITY

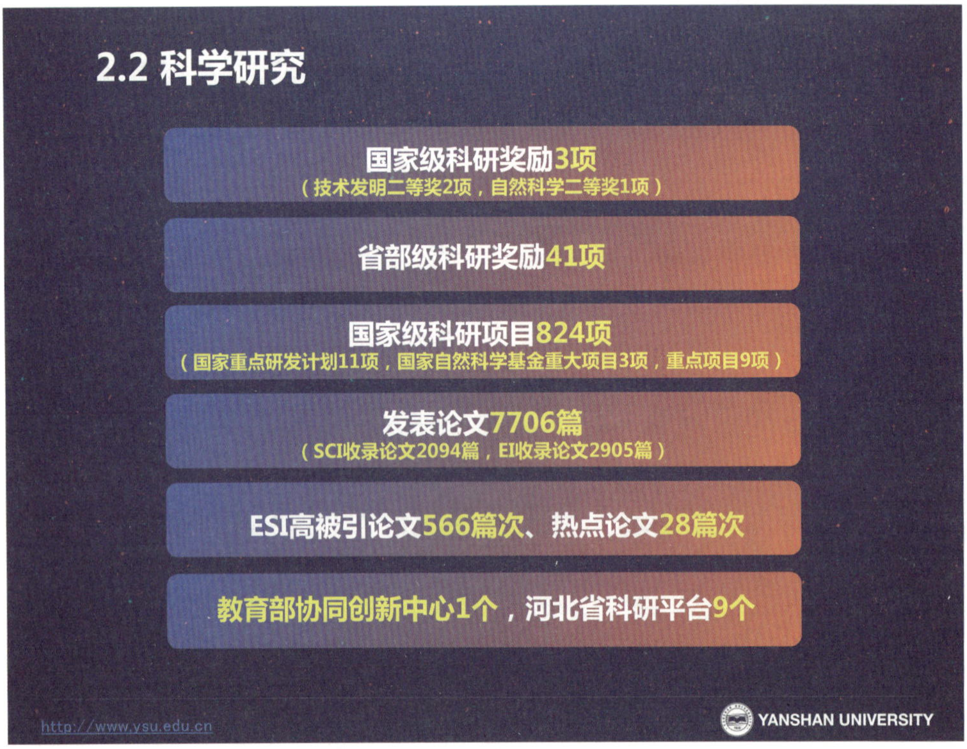
2.2 科学研究
国家级科研奖励3项
（技术发明二等奖2项，自然科学二等奖1项）
省部级科研奖励41项
国家级科研项目824项
（国家重点研发计划11项，国家自然科学基金重大项目3项，重点项目9项）
发表论文7706篇
（SCI收录论文2094篇，EI收录论文2905篇）
ESI高被引论文566篇次、热点论文28篇次
教育部协同创新中心1个，河北省科研平台9个
http://www.ysu.edu.cn
YANSHAN UNIVERSITY

2.2 科学研究
超细贝氏体钢制造关键技术及应用
国家技术发明二等奖（2017年度）
应用：高速重载铁路辙叉、大功率发电机组　轴承、
大型港口耐磨钢板
国家技术发明奖
证　书
148
http://www.ysu.edu.cn
YANSHAN UNIVERSITY

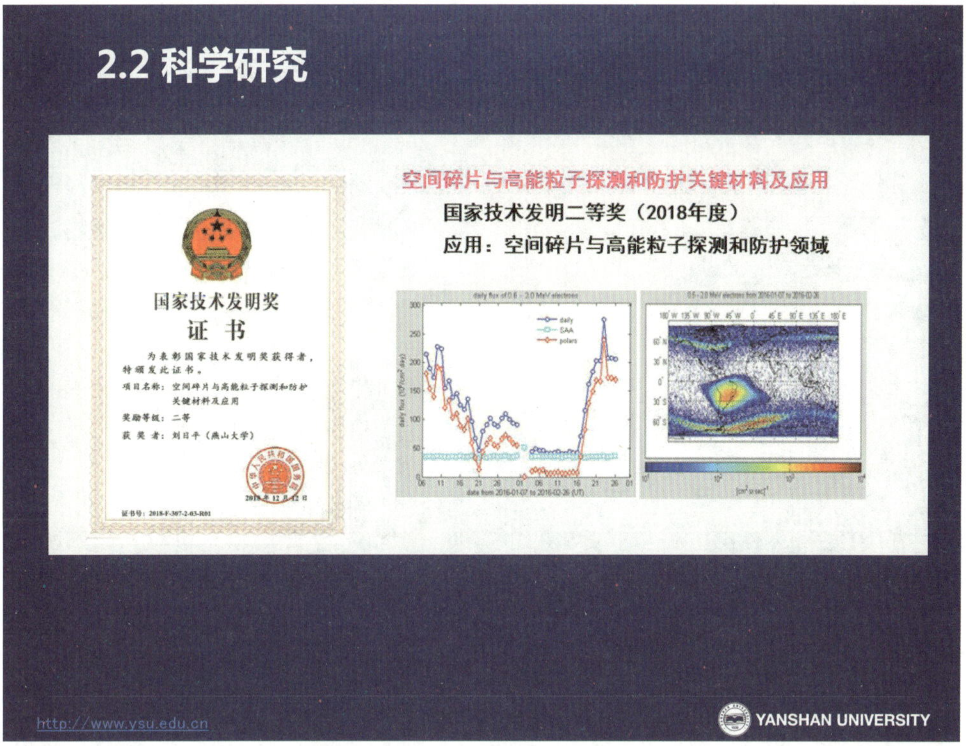
2.2 科学研究
国家技术发明奖
证 书
为表彰国家技术发明奖获得者，特颁发此证书。
项目名称：空间碎片与高能粒子探测和防护关键材料及应用
奖励等级：二等
获 奖 者：刘日平（燕山大学）
空间碎片与高能粒子探测和防护关键材料及应用
国家技术发明二等奖（2018年度）
应用：空间碎片与高能粒子探测和防护领域
daily
SAA
polars
http://www.ysu.edu.cn
YANSHAN UNIVERSITY

2.2 科学研究
国家自然科学奖
证 书
为表彰国家自然科学奖获得者，特颁发此证书。
项目名称：网络系统的分布式感知与协同控制基础理论与方法
奖励等级：二等
获 奖 者：华长春（燕山大学）
网络系统的分布式感知与协同控制基础理论与方法
国家自然科学二等奖(2018年度)
研发出无人遥操作挖掘机远程随动控制系统
现场信息传输
操作信息反馈
挖掘机从端
操作椅主端
http://www.ysu.edu.cn
YANSHAN UNIVERSITY

2.2 科学研究
2016年田永君教授荣获
河北省科学技术突出贡献奖
2018年张福成教授荣获
河北省科学技术突出贡献奖
http://www.ysu.edu.cn
YANSHAN UNIVERSITY

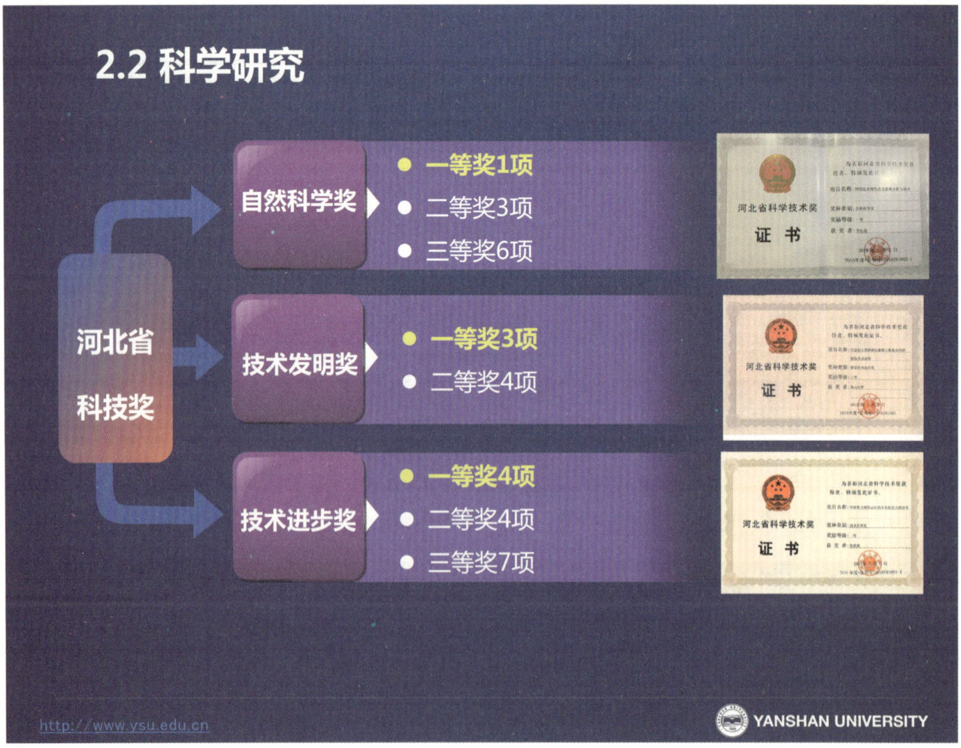
2.2 科学研究
河北省
科技奖
自然科学奖
一等奖1项
二等奖3项
三等奖6项
技术发明奖
一等奖3项
二等奖4项
技术进步奖
一等奖4项
二等奖4项
三等奖7项
河北省科学技术奖
证 书
河北省科学技术奖
证 书
河北省科学技术奖
证 书
http://www.ysu.edu.cn
YANSHAN UNIVERSITY

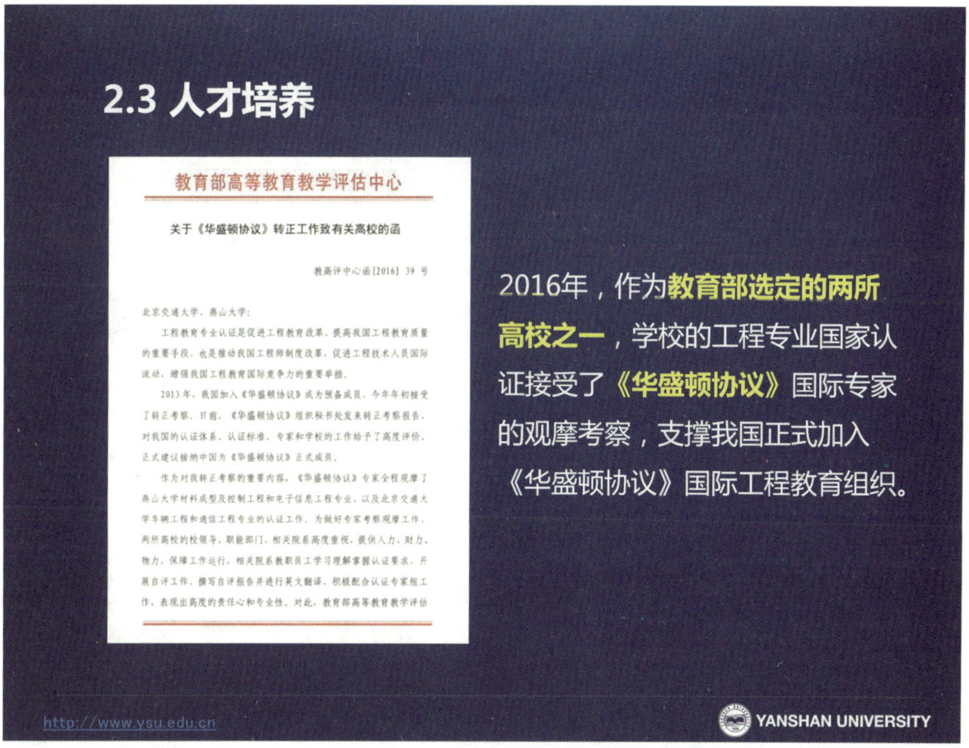
2.3 人才培养
教育部高等教育教学评估中心
关于《华盛顿协议》转正工作致有关高校的函
教高评中心函[2016] 39 号
北京交通大学、燕山大学：
工程教育专业认证是促进工程教育改革、提高我国工程教育质量的重要手段，也是推动我国工程师制度改革、促进工程技术人员国际流动、增强我国工程教育国际竞争力的重要举措。
2013 年，我国加入《华盛顿协议》成为预备成员，今年年初接受了转正考察。日前，《华盛顿协议》组织秘书处发来转正考察报告，对我国的认证体系、认证标准、专家和学校的工作给予了高度评价，正式建议接纳中国为《华盛顿协议》正式成员。
作为对我转正考察的重要内容，《华盛顿协议》专家全程观摩了燕山大学材料成型及控制工程和电子信息工程专业，以及北京交通大学车辆工程和通信工程专业的认证工作。为做好专家考察观摩工作，两所高校的校领导、职能部门、相关院系高度重视，提供人力、财力、物力，保障工作运行，相关院系教职员工学习理解掌握认证要求，开展自评工作，撰写自评报告并进行英文翻译，积极配合认证专家组工作，表现出高度的责任心和专业性。对此，教育部高等教育教学评估
2016年，作为教育部选定的两所高校之一，学校的工程专业国家认证接受了《华盛顿协议》国际专家的观摩考察，支撑我国正式加入《华盛顿协议》国际工程教育组织。
http://www.ysu.edu.cn
YANSHAN UNIVERSITY

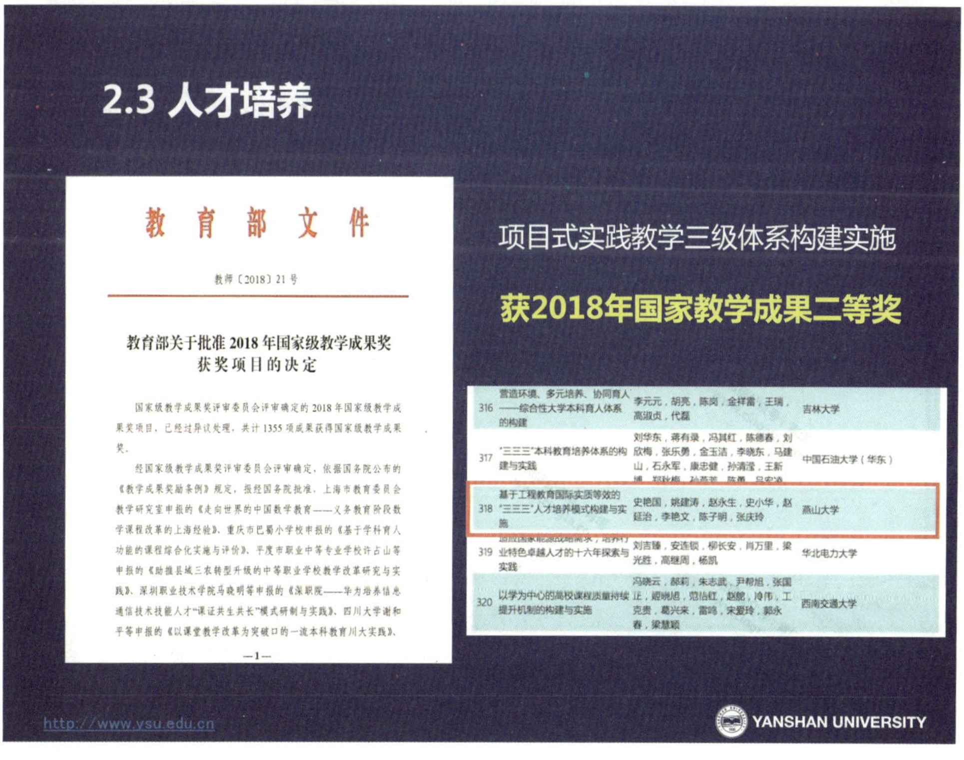
2.3 人才培养
教育部文件
教师〔2018〕21 号
教育部关于批准 2018 年国家级教学成果奖获奖项目的决定
国家级教学成果奖评审委员会评审确定的 2018 年国家级教学成果奖项目，已经过异议处理，共计 1355 项成果获得国家级教学成果奖。
经国家级教学成果奖评审委员会评审确定，依据国务院公布的《教学成果奖励条例》规定，报经国务院批准，上海市教育委员会教学研究室申报的《走向世界的中国数学教育——义务教育阶段数学课程改革的上海经验》、重庆市巴蜀小学校申报的《基于学科育人功能的课程综合化实施与评价》、平度市职业中等专业学校许占山等申报的《助推县域三农转型升级的中等职业学校教学改革研究与实践》、深圳职业技术学院马晓明等申报的《深职院——华为培养信息通信技术技能人才"课证共生共长"模式研制与实践》、四川大学谢和平等申报的《以课堂教学改革为突破口的一流本科教育川大实践》、
—1—
项目式实践教学三级体系构建实施
获2018年国家教学成果二等奖
316 营造环境、多元培养、协同育人——综合性大学本科育人体系的构建 李元元，胡亮，陈岗，金祥雷，王瑞，高淑贞，代磊 吉林大学
317 "三三三"本科教育培养体系的构建与实践 刘华东，蒋有录，冯其红，陈德春，刘欣梅，张乐勇，金玉洁，李晓东，马建山，石永军，康忠健，孙清滢，王新 中国石油大学（华东）
318 基于工程教育国际实质等效的"三三三"人才培养模式构建与实施 史艳国，姚建涛，赵永生，史小华，赵延治，李艳文，陈子明，张庆玲 燕山大学
319 业特色卓越人才的十六年探索与实践 刘吉臻，安连锁，柳长安，肖万里，梁光胜，高继周，杨凯 华北电力大学
320 以学为中心的高校课程质量持续提升机制的构建与实施 冯晓云，郝莉，朱志武，尹帮旭，张国正，姬晓旭，兜佶红，赵舵，冯伟，王克贵，葛兴来，雷鸣，宋爱玲，郭永春，梁慧颖 西南交通大学
http://www.ysu.edu.cn
YANSHAN UNIVERSITY

2.3 人才培养
河北省教育厅
河北省高等教育教学成果奖获奖项目奖金表（燕山大学）
2017年，获河北省教学成果奖
一等奖2项，二等4项，三等3项
河北省教学成果奖
获奖证书
http://www.ysu.edu.cn
YANSHAN UNIVERSITY

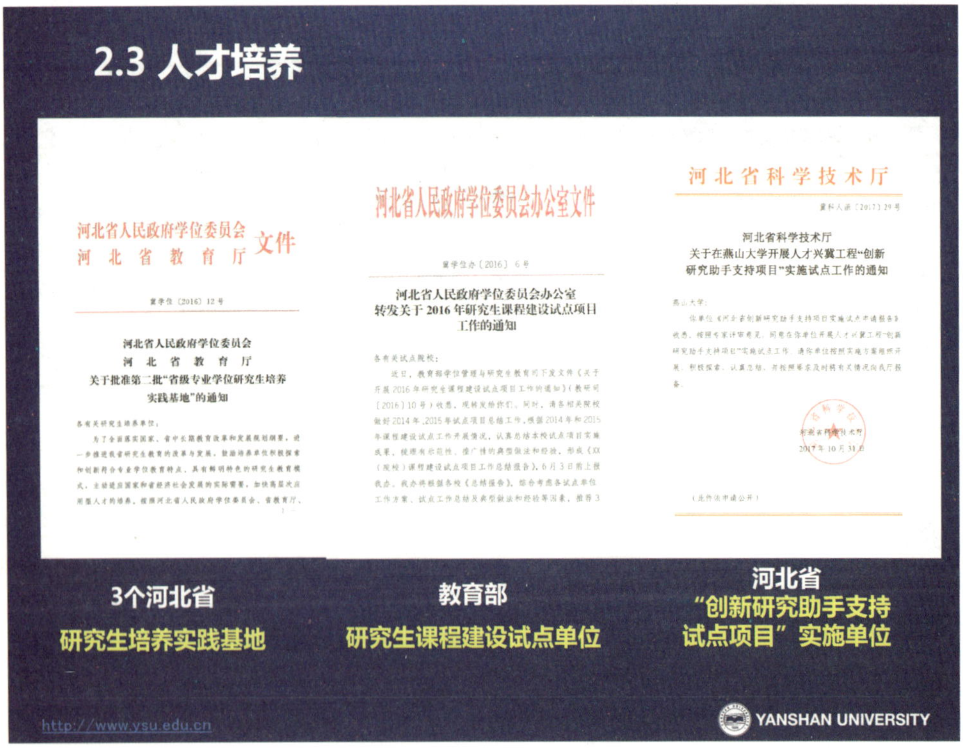
2.3 人才培养
河北省人民政府学位委员会
河北省教育厅
文件
河北省人民政府学位委员会
河北省教育厅
关于批准第二批“省级专业学位研究生培养实践基地”的通知
河北省人民政府学位委员会办公室文件
河北省人民政府学位委员会办公室
转发关于2016年研究生课程建设试点项目工作的通知
河北省科学技术厅
河北省科学技术厅
关于在燕山大学开展人才兴冀工程“创新研究助手支持项目”实施试点工作的通知
3个河北省
研究生培养实践基地
教育部
研究生课程建设试点单位
河北省
“创新研究助手支持试点项目”实施单位
http://www.ysu.edu.cn
YANSHAN UNIVERSITY

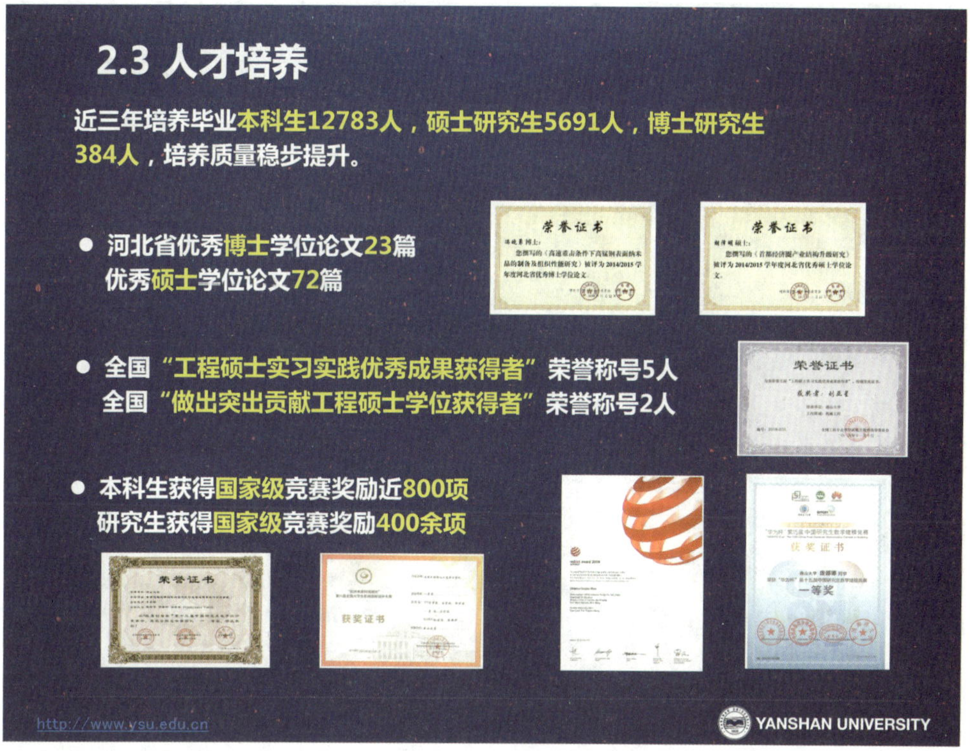
2.3 人才培养
近三年培养毕业本科生12783人，硕士研究生5691人，博士研究生384人，培养质量稳步提升。
● 河北省优秀博士学位论文23篇
优秀硕士学位论文72篇
荣誉证书
● 全国“工程硕士实习实践优秀成果获得者”荣誉称号5人
全国“做出突出贡献工程硕士学位获得者”荣誉称号2人
荣誉证书
● 本科生获得国家级竞赛奖励近800项
研究生获得国家级竞赛奖励400余项
荣誉证书
获奖证书
获奖证书
一等奖
http://www.ysu.edu.cn
YANSHAN UNIVERSITY

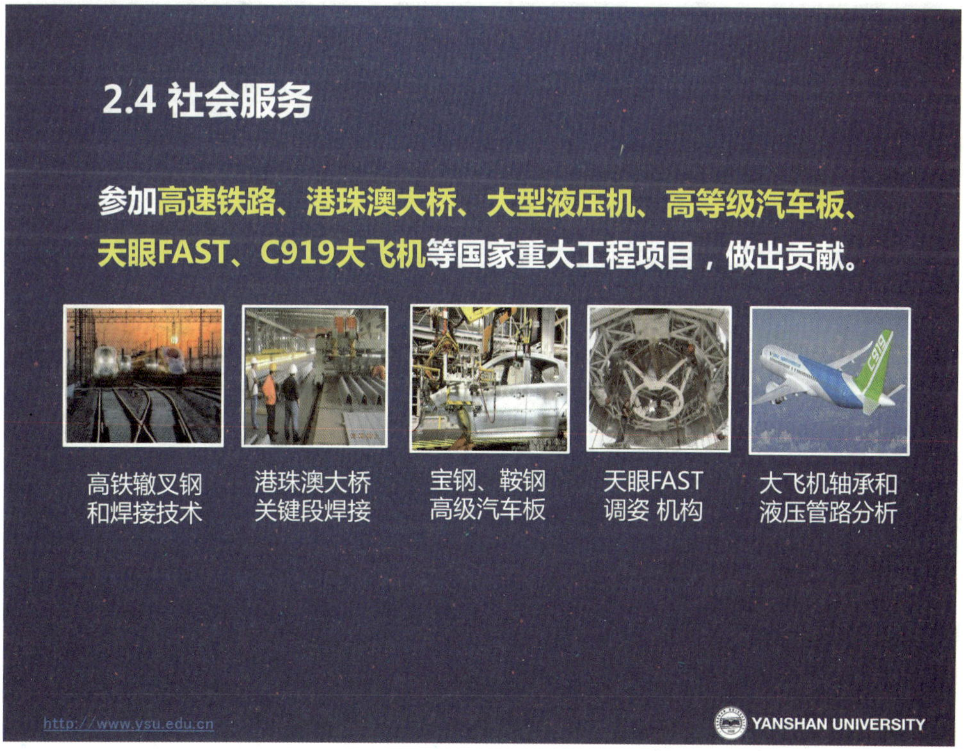
2.4 社会服务
参加高速铁路、港珠澳大桥、大型液压机、高等级汽车板、天眼FAST、C919大飞机等国家重大工程项目，做出贡献。
高铁辙叉钢和焊接技术
港珠澳大桥关键段焊接
宝钢、鞍钢高级汽车板
天眼FAST调姿 机构
大飞机轴承和液压管路分析
http://www.ysu.edu.cn
YANSHAN UNIVERSITY

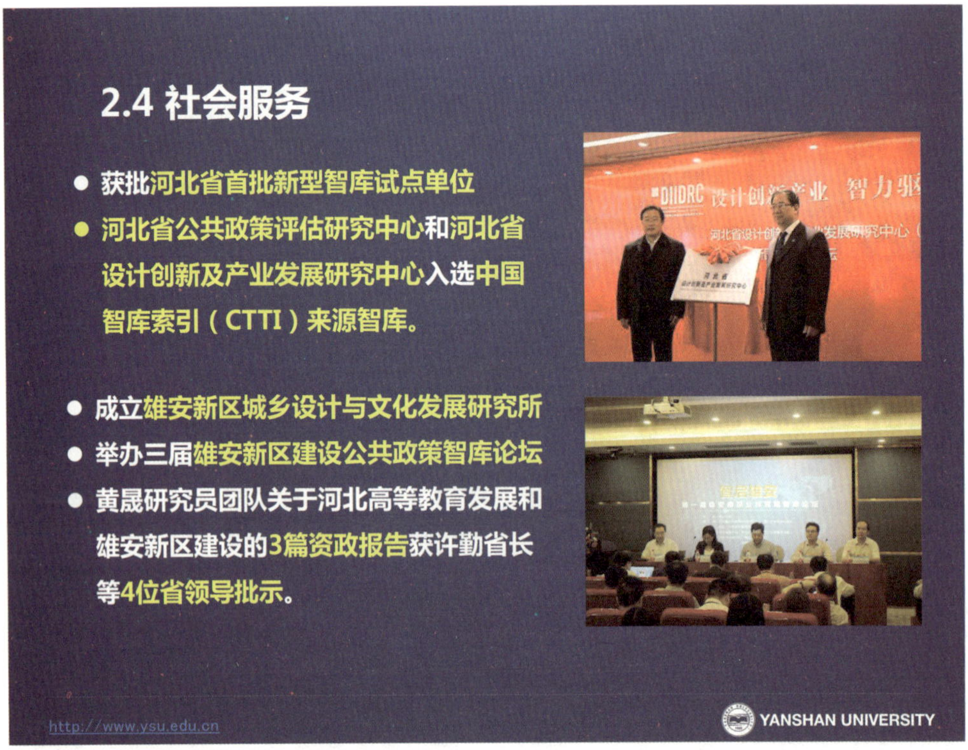
2.4 社会服务
● 获批河北省首批新型智库试点单位
● 河北省公共政策评估研究中心和河北省设计创新及产业发展研究中心入选中国智库索引（CTTI）来源智库。
● 成立雄安新区城乡设计与文化发展研究所
● 举办三届雄安新区建设公共政策智库论坛
● 黄晟研究员团队关于河北高等教育发展和雄安新区建设的3篇资政报告获许勤省长等4位省领导批示。
http://www.ysu.edu.cn
YANSHAN UNIVERSITY

2.5 交流合作
● 积极开展与“一带一路”沿线国家和地区高校实质性合作与交流。
● 与匈牙利德布勒森大学和布达佩斯城市大学、俄罗斯阿尔泰国立技术大学、葡萄牙阿威罗大学、意大利里亚思特大学等高校签署合作协议。
● 与波兰琴斯托霍瓦大学联合申报欧盟伊拉斯谟项目。
● 与国机集团、巴基斯坦塔克西拉工程技术大学共建塔克西拉科技园。
● 向宾夕法尼亚大学、多伦多大学、广岛大学等世界名校派遣各类交流交换学生120余人。
YANSHAN UNIVERSITY

2.5 交流合作
承办亚稳材料制备技术与科学国际研讨会等国际会议10次，国内及区域会议60余次，参加国内外学术会议2000余人次。
举办2届国际交流与留学项目展示会
http://www.ysu.edu.cn
YANSHAN UNIVERSITY

2.5 交流合作
• 2017年获批“丝绸之路”中国政府奖学金项目
• 接收两届共计79名巴基斯坦政府奖学金留学生
Opening Ceremony for CLSA from Pakistan
http://www.ysu.edu.cn
YANSHAN UNIVERSITY

2.5 交流合作
与澳大利亚科廷大学联合培养工业工程本科和电气工程硕士，已招收学生320名。电气工程硕士项目已顺利通过教育部评估，工业工程本科项目将在2019年接受评估。
http://www.ysu.edu.cn
YANSHAN UNIVERSITY

汇报提纲
一、学校概况
二、建设成效
三、建设措施
四、前景规划
http://www.ysu.edu.cn
YANSHAN UNIVERSITY

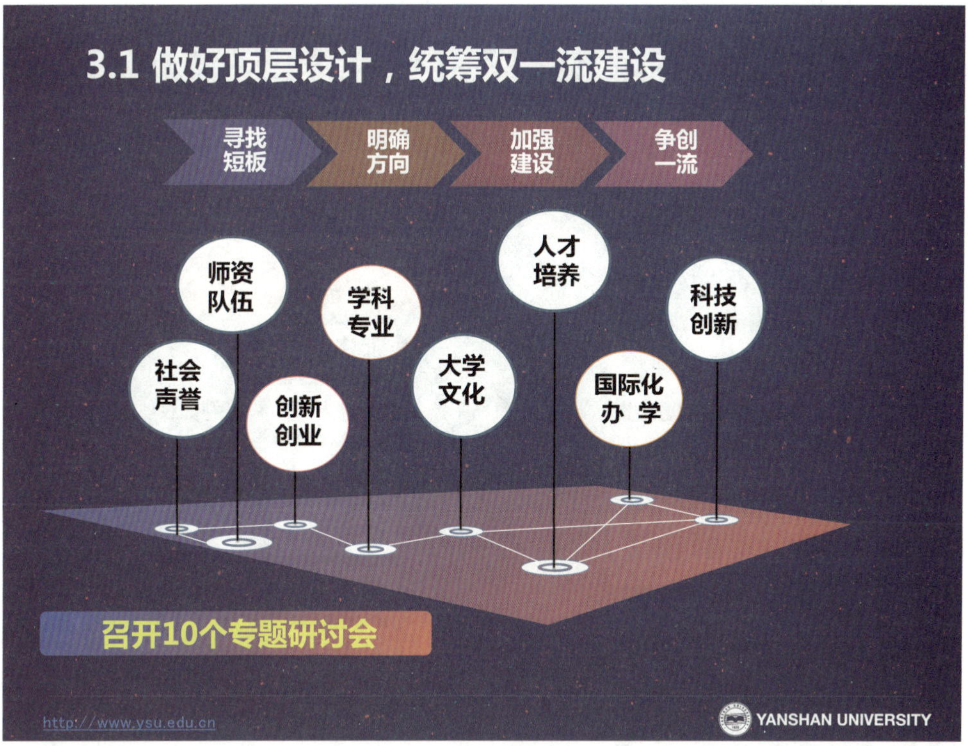
3.1 做好顶层设计，统筹双一流建设
寻找短板
明确方向
加强建设
争创一流
师资队伍
人才培养
学科专业
科技创新
社会声誉
大学文化
国际化办学
创新创业
召开10个专题研讨会
http://www.ysu.edu.cn
YANSHAN UNIVERSITY

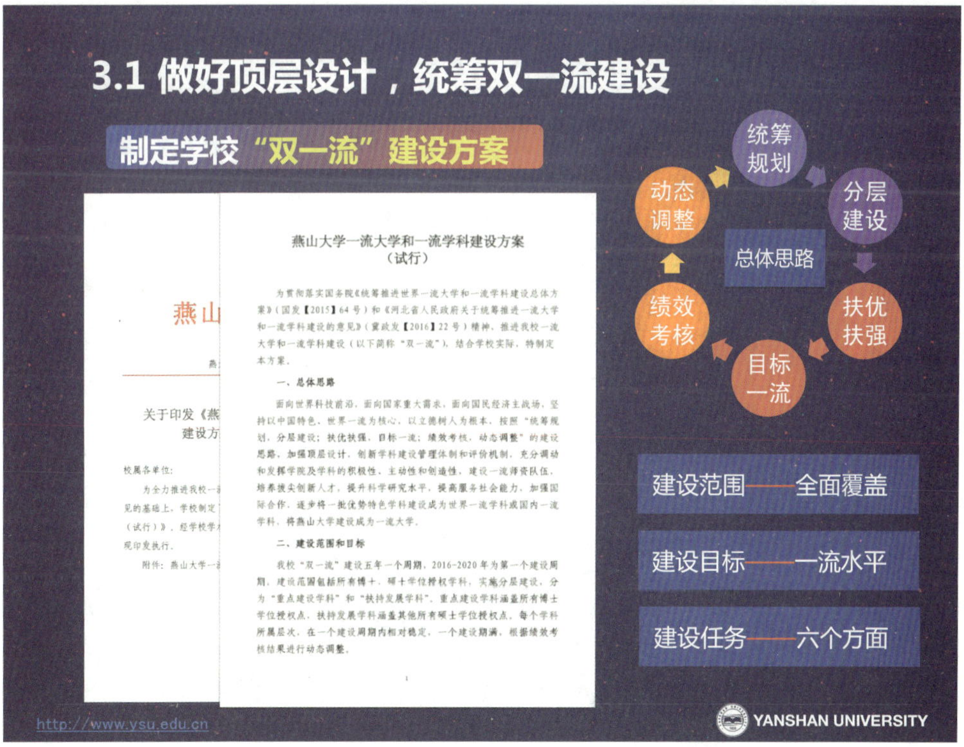
3.1 做好顶层设计，统筹双一流建设
制定学校“双一流”建设方案
燕山大学一流大学和一流学科建设方案
（试行）
为贯彻落实国务院《统筹推进世界一流大学和一流学科建设总体方案》（国发【2015】64号）和《河北省人民政府关于统筹推进一流大学和一流学科建设的意见》（冀政发【2016】22号）精神，推进我校一流大学和一流学科建设（以下简称“双一流”），结合学校实际，特制定本方案。
一、总体思路
面向世界科技前沿，面向国家重大需求，面向国民经济主战场，坚持以中国特色、世界一流为核心，以立德树人为根本，按照“统筹规划，分层建设；扶优扶强，目标一流；绩效考核，动态调整”的建设思路，加强顶层设计，创新学科建设管理体制和评价机制，充分调动和发挥学院及学科的积极性、主动性和创造性，建设一流师资队伍，培养拔尖创新人才，提升科学研究水平，提高服务社会能力，加强国际合作，逐步将一批优势特色学科建设成为世界一流学科或国内一流学科，将燕山大学建设成为一流大学。
二、建设范围和目标
我校“双一流”建设五年一个周期，2016-2020年为第一个建设周期，建设范围包括所有博士、硕士学位授权学科，实施分层建设，分为“重点建设学科”和“扶持发展学科”，重点建设学科涵盖所有博士学位授权点，扶持发展学科涵盖其他所有硕士学位授权点，每个学科所属层次，在一个建设周期内相对稳定，一个建设期满，根据绩效考核结果进行动态调整。
1
统筹规划
分层建设
扶优扶强
目标一流
绩效考核
动态调整
总体思路
建设范围——全面覆盖
建设目标——一流水平
建设任务——六个方面
http://www.ysu.edu.cn
YANSHAN UNIVERSITY

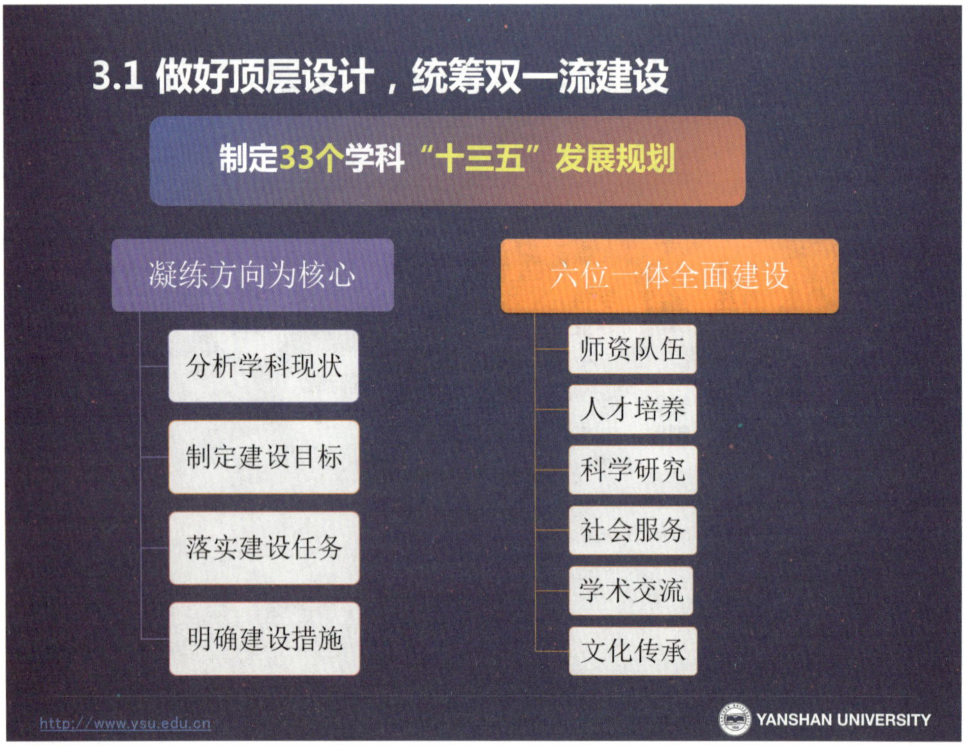
3.1 做好顶层设计，统筹双一流建设
制定33个学科“十三五”发展规划
凝练方向为核心
分析学科现状
制定建设目标
落实建设任务
明确建设措施
六位一体全面建设
师资队伍
人才培养
科学研究
社会服务
学术交流
文化传承
http://www.ysu.edu.cn
YANSHAN UNIVERSITY

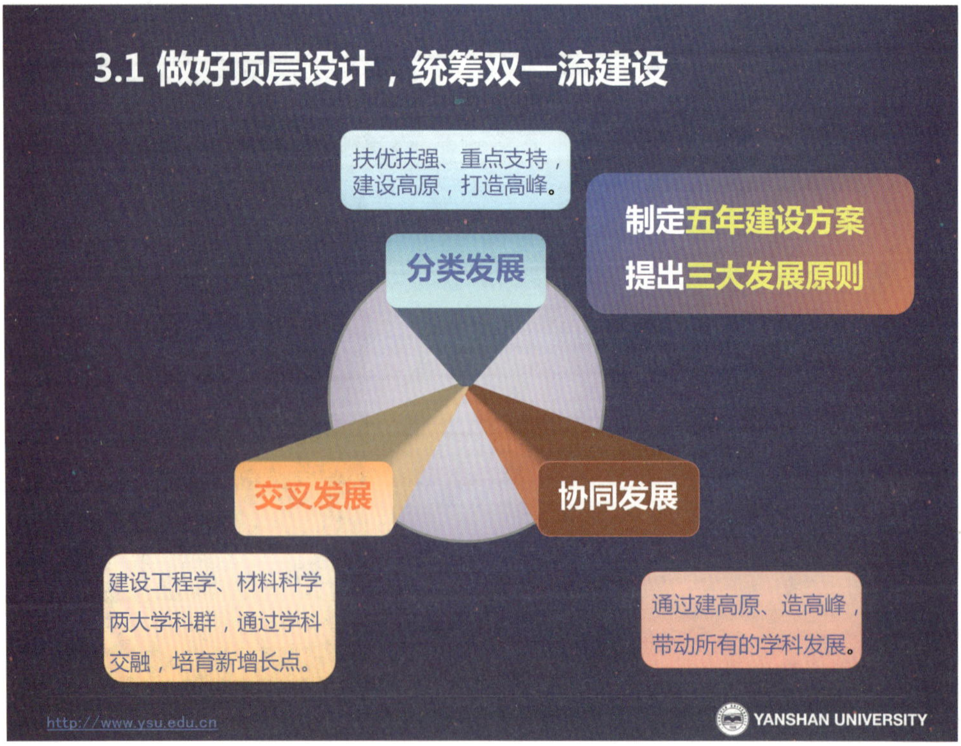
3.1 做好顶层设计，统筹双一流建设
扶优扶强、重点支持，建设高原，打造高峰。
制定五年建设方案
提出三大发展原则
分类发展
交叉发展
协同发展
建设工程学、材料科学两大学科群，通过学科交融，培育新增长点。
通过建高原、造高峰，带动所有的学科发展。
http://www.ysu.edu.cn
YANSHAN UNIVERSITY

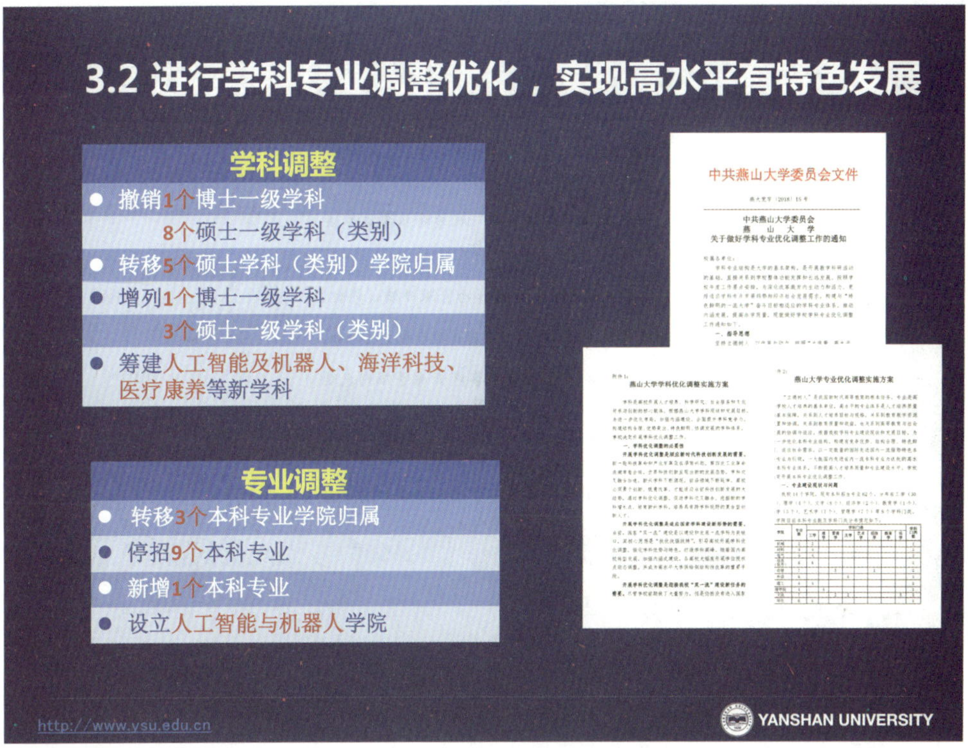
3.2 进行学科专业调整优化，实现高水平有特色发展
学科调整
撤销1个博士一级学科
8个硕士一级学科（类别）
转移5个硕士学科（类别）学院归属
增列1个博士一级学科
3个硕士一级学科（类别）
筹建人工智能及机器人、海洋科技、医疗康养等新学科
专业调整
转移3个本科专业学院归属
停招9个本科专业
新增1个本科专业
设立人工智能与机器人学院
中共燕山大学委员会文件
中共燕山大学委员会
燕山大学
关于做好学科专业优化调整工作的通知
燕山大学学科优化调整实施方案
燕山大学专业优化调整实施方案
http://www.ysu.edu.cn
YANSHAN UNIVERSITY

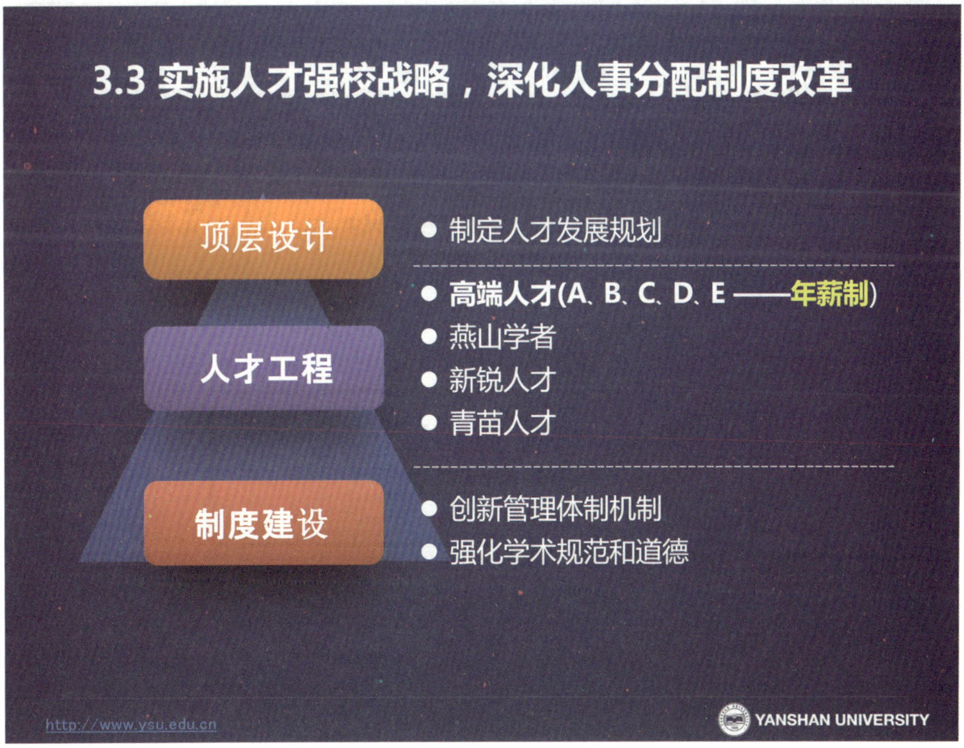
3.3 实施人才强校战略，深化人事分配制度改革
顶层设计
制定人才发展规划
人才工程
高端人才(A、B、C、D、E——年薪制)
燕山学者
新锐人才
青苗人才
制度建设
创新管理体制机制
强化学术规范和道德
http://www.ysu.edu.cn
YANSHAN UNIVERSITY

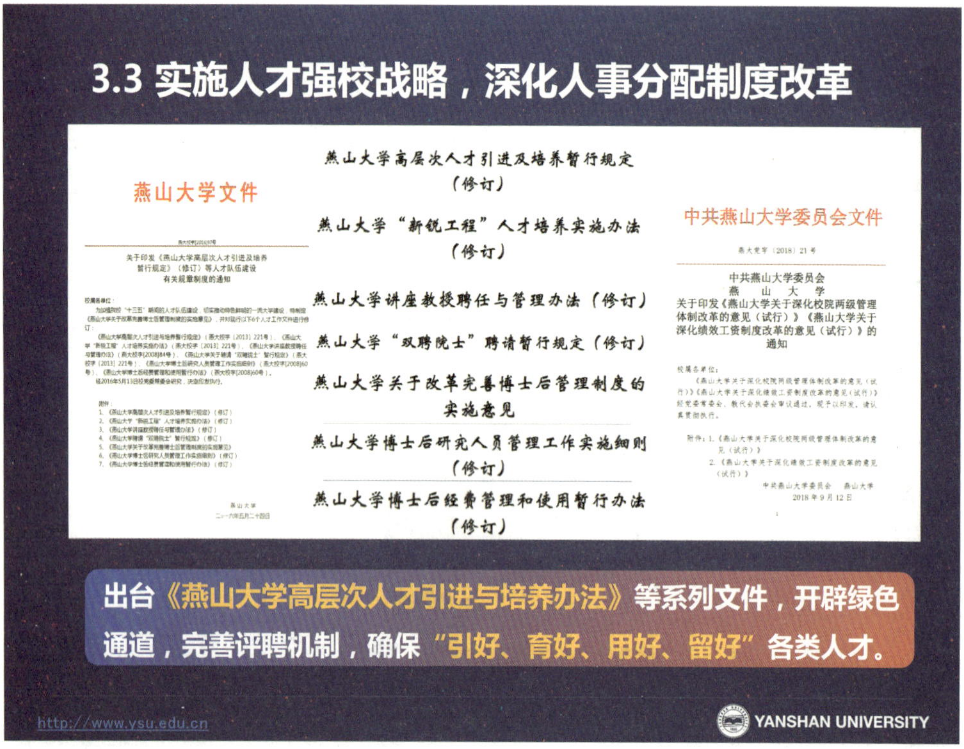
3.3 实施人才强校战略，深化人事分配制度改革
燕山大学文件
关于印发《燕山大学高层次人才引进及培养
暂行规定》（修订）等人才队伍建设
有关规章制度的通知
燕山大学高层次人才引进及培养暂行规定
（修订）
燕山大学“新锐工程”人才培养实施办法
（修订）
燕山大学讲座教授聘任与管理办法（修订）
燕山大学“双聘院士”聘请暂行规定（修订）
燕山大学关于改革完善博士后管理制度的
实施意见
燕山大学博士后研究人员管理工作实施细则
（修订）
燕山大学博士后经费管理和使用暂行办法
（修订）
中共燕山大学委员会文件
燕大党字〔2018〕21号
中共燕山大学委员会
燕　山　大　学
关于印发《燕山大学关于深化校院两级管理体制改革的意见（试行）》《燕山大学关于深化绩效工资制度改革的意见（试行）》的通知
出台《燕山大学高层次人才引进与培养办法》等系列文件，开辟绿色通道，完善评聘机制，确保“引好、育好、用好、留好”各类人才。
http://www.ysu.edu.cn
YANSHAN UNIVERSITY

3.3 实施人才强校战略，深化人事分配制度改革
人事财政
权力下放
以体现岗位绩效为核心的
职务业绩奖励
加强学院
内部治理
●坚持以岗位为基础，水平与贡献相结合
●坚持两级考核，自主分配
●坚持“多劳多得，优绩优酬，特绩特酬”
●坚持“分类指导、统筹兼顾”
制定《燕山大学校院两级管理体制改革方案》和《燕山大学绩效工资制度改革方案》，激发学院办学活力，提高教职工工作积极性创造性。
http://www.ysu.edu.cn
YANSHAN UNIVERSITY

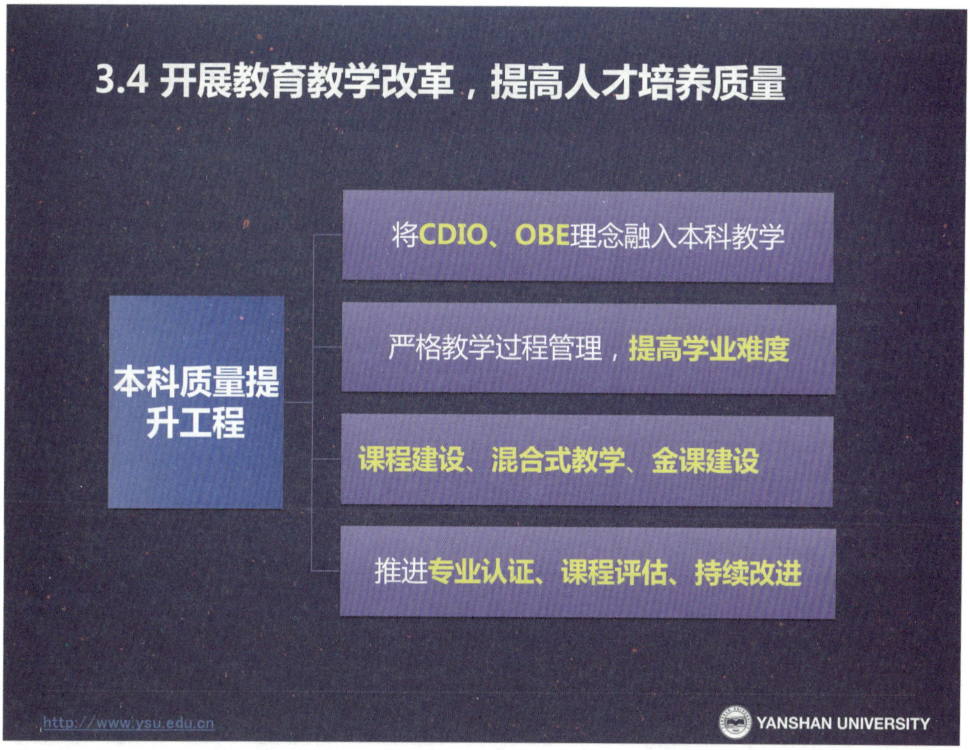
3.4 开展教育教学改革，提高人才培养质量
本科质量提升工程
将CDIO、OBE理念融入本科教学
严格教学过程管理，提高学业难度
课程建设、混合式教学、金课建设
推进专业认证、课程评估、持续改进
http://www.ysu.edu.cn
YANSHAN UNIVERSITY

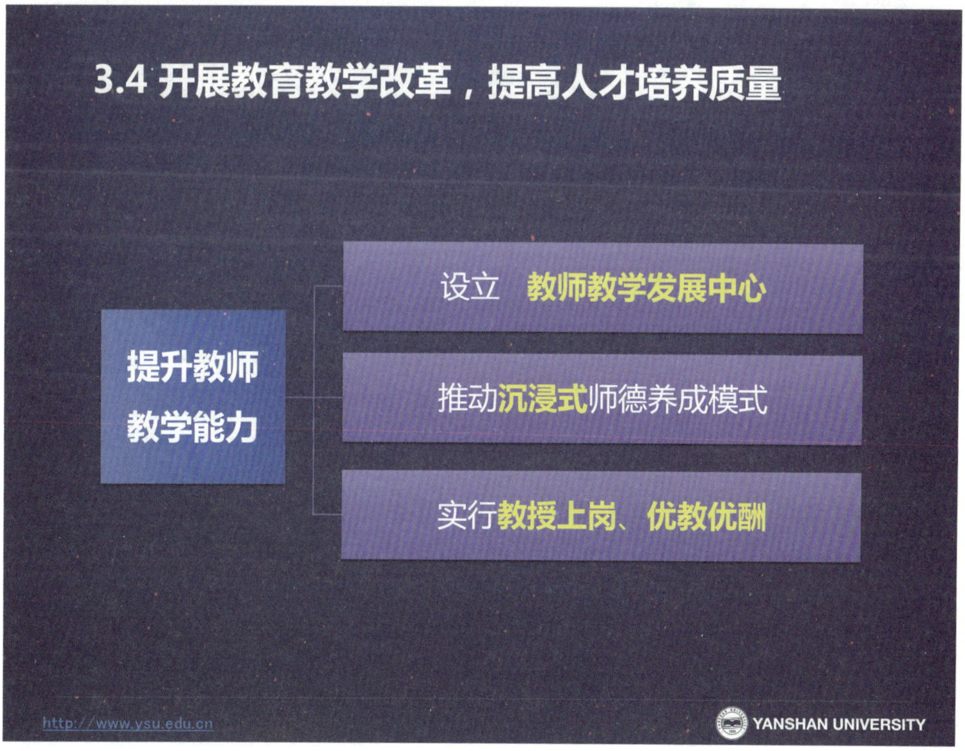
3.4 开展教育教学改革，提高人才培养质量
提升教师教学能力
设立 教师教学发展中心
推动沉浸式师德养成模式
实行教授上岗、优教优酬
http://www.ysu.edu.cn
YANSHAN UNIVERSITY

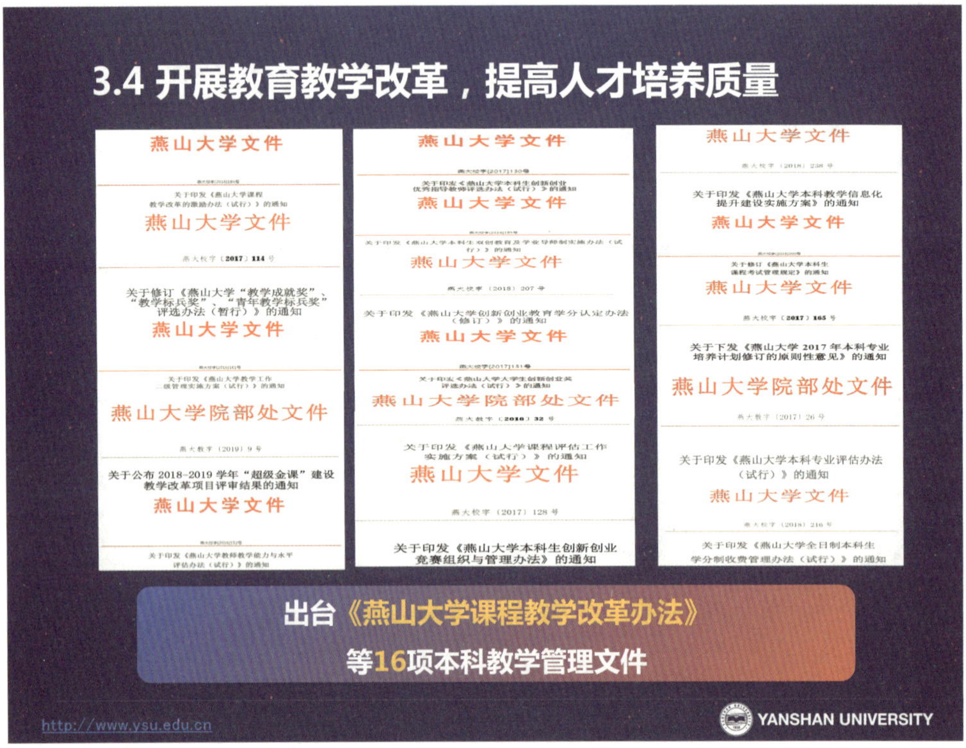
3.4 开展教育教学改革，提高人才培养质量
出台《燕山大学课程教学改革办法》
等16项本科教学管理文件
http://www.ysu.edu.cn
YANSHAN UNIVERSITY

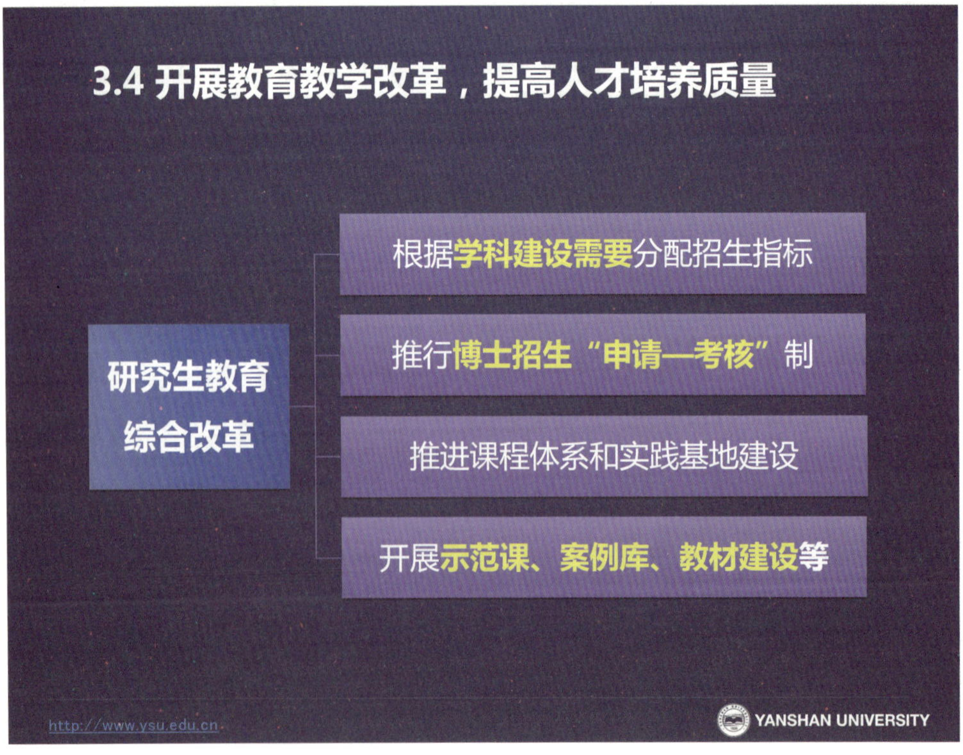
3.4 开展教育教学改革，提高人才培养质量
研究生教育综合改革
根据学科建设需要分配招生指标
推行博士招生“申请—考核”制
推进课程体系和实践基地建设
开展示范课、案例库、教材建设等
http://www.ysu.edu.cn
YANSHAN UNIVERSITY

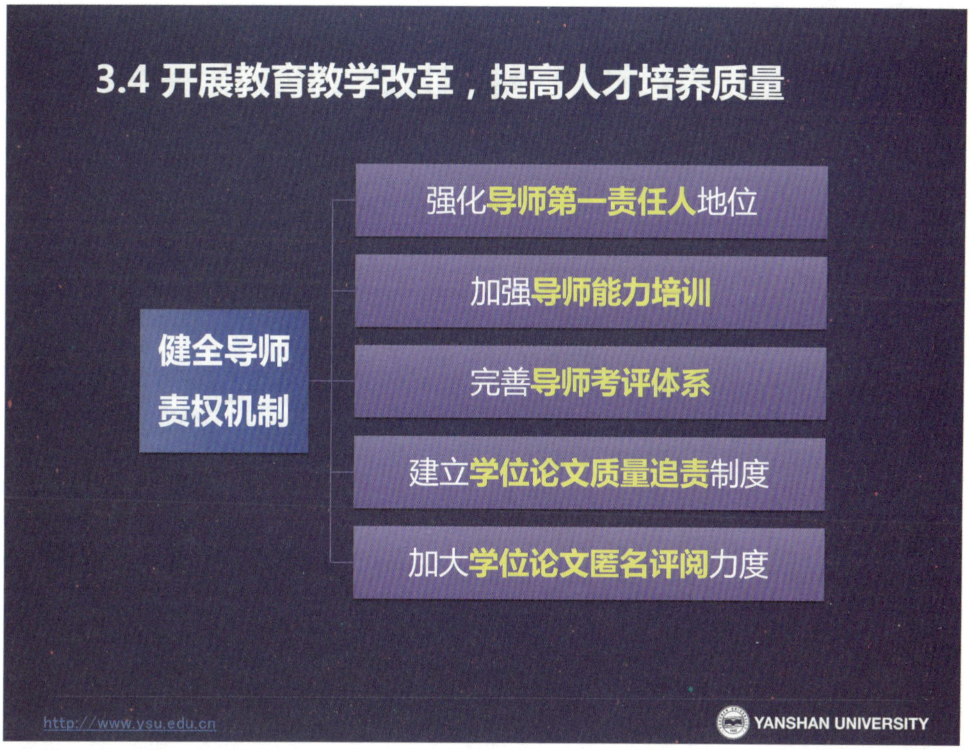
3.4 开展教育教学改革，提高人才培养质量
健全导师责权机制
强化导师第一责任人地位
加强导师能力培训
完善导师考评体系
建立学位论文质量追责制度
加大学位论文匿名评阅力度
http://www.ysu.edu.cn
YANSHAN UNIVERSITY

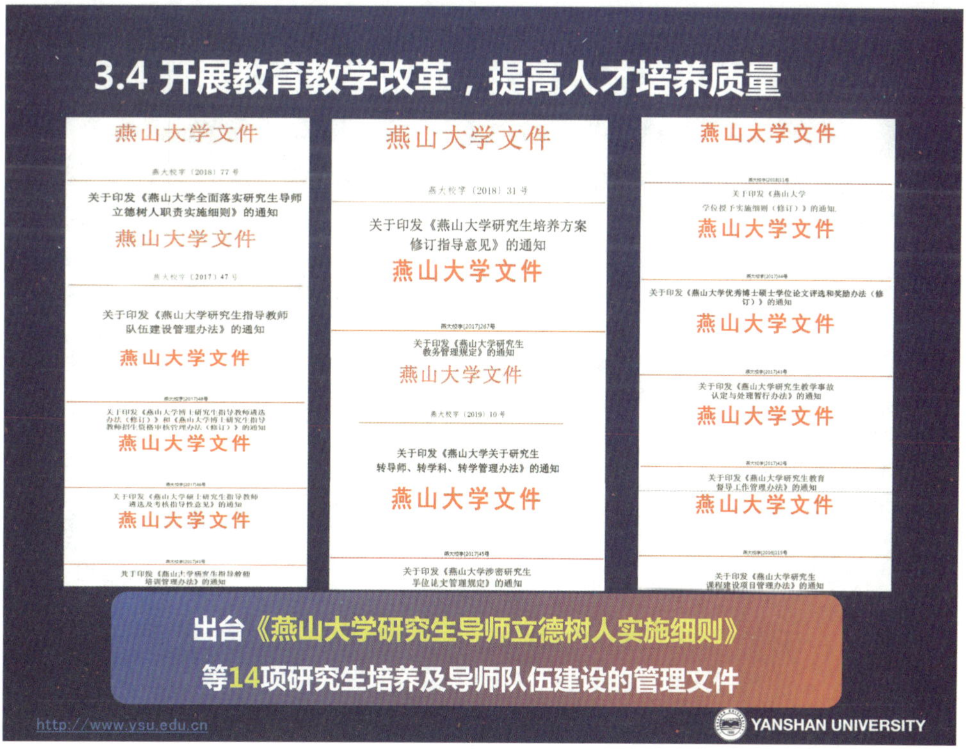
3.4 开展教育教学改革，提高人才培养质量
燕山大学文件
燕大校字〔2018〕77号
关于印发《燕山大学全面落实研究生导师立德树人职责实施细则》的通知
燕山大学文件
燕大校字〔2017〕47号
关于印发《燕山大学研究生指导教师队伍建设管理办法》的通知
燕山大学文件
燕山大学文件
燕山大学文件
燕山大学文件
燕大校字〔2018〕31号
关于印发《燕山大学研究生培养方案修订指导意见》的通知
燕山大学文件
关于印发《燕山大学研究生教务管理规定》的通知
燕山大学文件
燕大校字〔2019〕10号
关于印发《燕山大学关于研究生转导师、转学科、转学管理办法》的通知
燕山大学文件
关于印发《燕山大学涉密研究生学位论文管理规定》的通知
燕山大学文件
燕山大学文件
关于印发《燕山大学优秀博士硕士学位论文评选和奖励办法（修订）》的通知
燕山大学文件
关于印发《燕山大学研究生教学事故认定与处理暂行办法》的通知
燕山大学文件
关于印发《燕山大学研究生教育督导工作管理办法》的通知
燕山大学文件
关于印发《燕山大学研究生课程建设项目管理办法》的通知
出台《燕山大学研究生导师立德树人实施细则》
等14项研究生培养及导师队伍建设的管理文件
http://www.ysu.edu.cn
YANSHAN UNIVERSITY

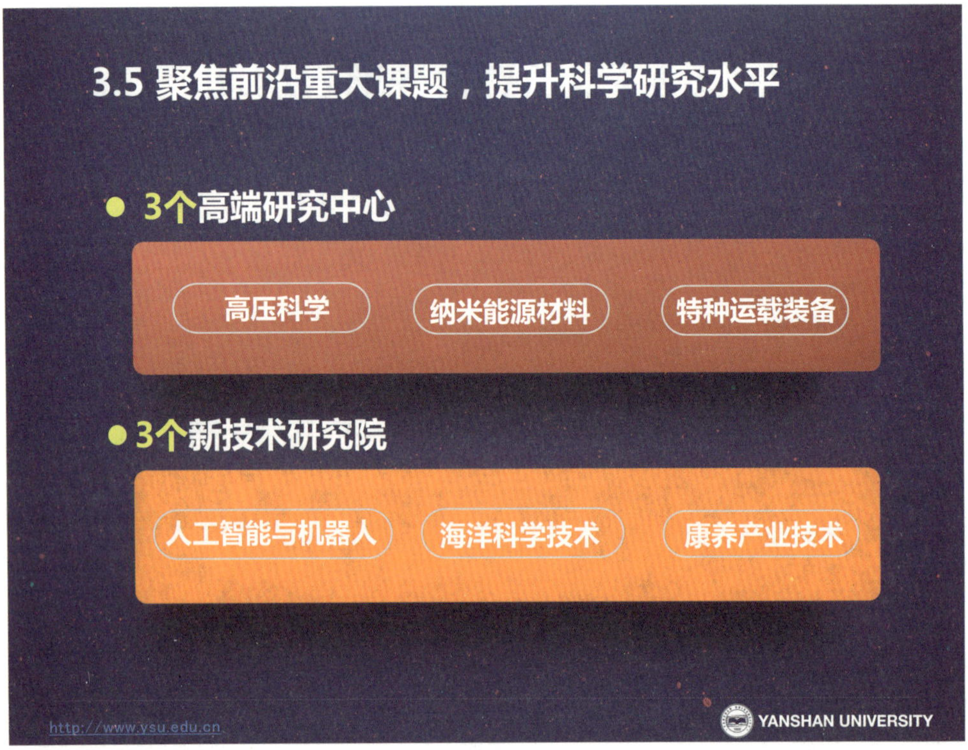
3.5 聚焦前沿重大课题，提升科学研究水平
3个高端研究中心
高压科学
纳米能源材料
特种运载装备
3个新技术研究院
人工智能与机器人
海洋科学技术
康养产业技术
http://www.ysu.edu.cn
YANSHAN UNIVERSITY

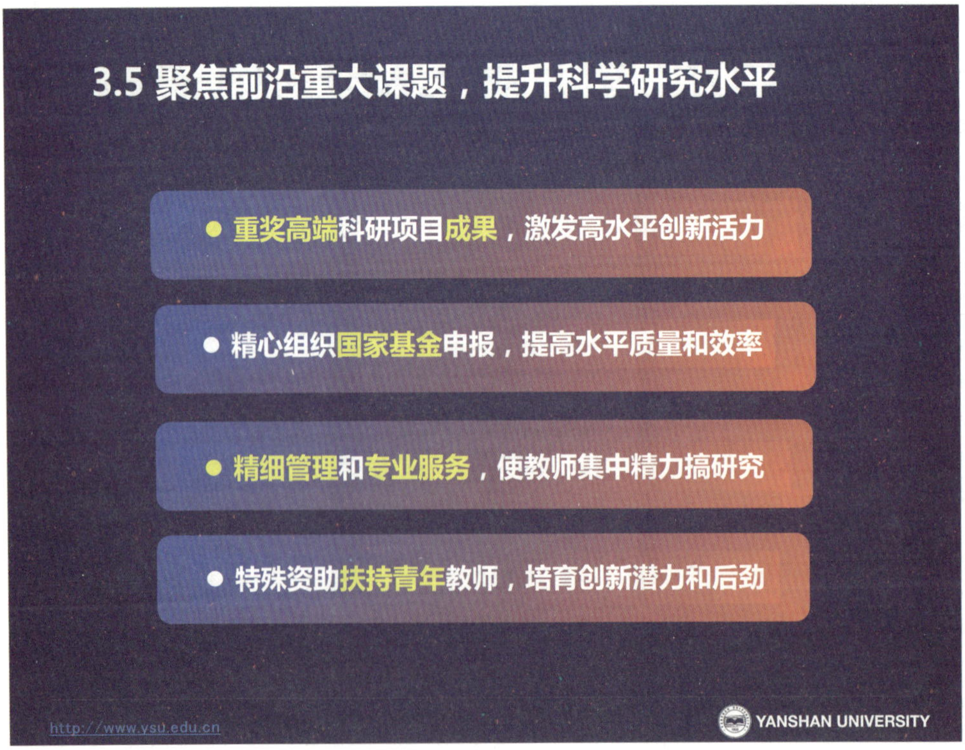
3.5 聚焦前沿重大课题，提升科学研究水平
重奖高端科研项目成果，激发高水平创新活力
精心组织国家基金申报，提高水平质量和效率
精细管理和专业服务，使教师集中精力搞研究
特殊资助扶持青年教师，培育创新潜力和后劲
http://www.ysu.edu.cn
YANSHAN UNIVERSITY

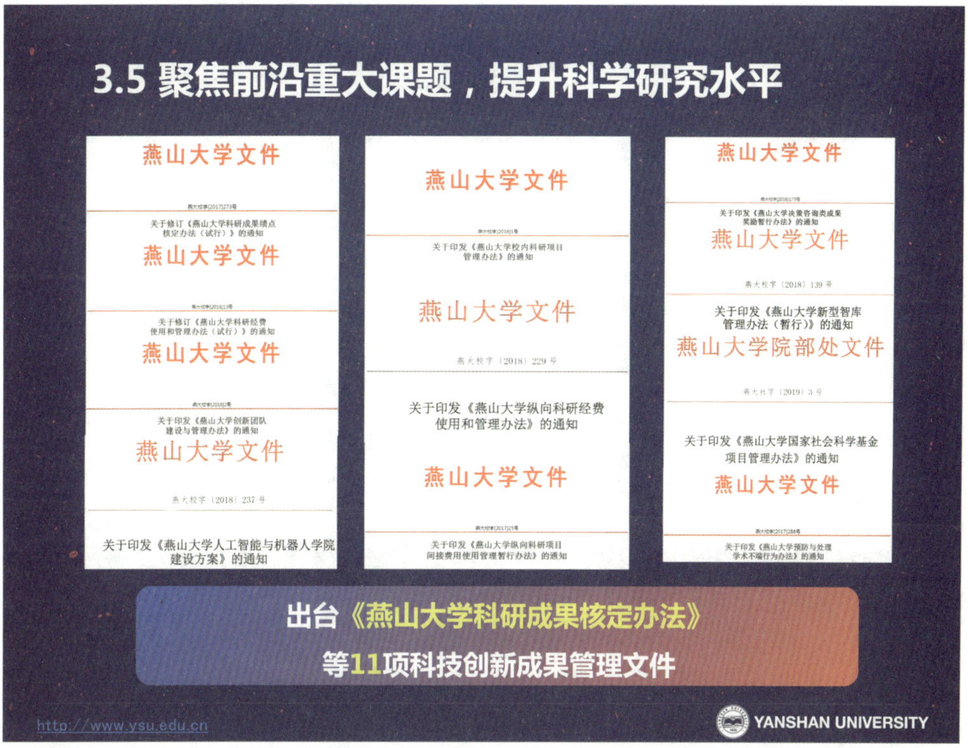
3.5 聚焦前沿重大课题，提升科学研究水平
燕山大学文件
燕山大学文件
燕山大学文件
燕山大学文件
燕大校字〔2018〕237 号
关于印发《燕山大学人工智能与机器人学院建设方案》的通知
燕山大学文件
燕山大学文件
关于印发《燕山大学纵向科研经费使用和管理办法》的通知
燕山大学文件
燕山大学文件
燕山大学文件
燕大校字〔2018〕139 号
关于印发《燕山大学新型智库管理办法（暂行）》的通知
燕山大学院部处文件
关于印发《燕山大学国家社会科学基金项目管理办法》的通知
燕山大学文件
出台《燕山大学科研成果核定办法》
等11项科技创新成果管理文件
http://www.ysu.edu.cn
YANSHAN UNIVERSITY

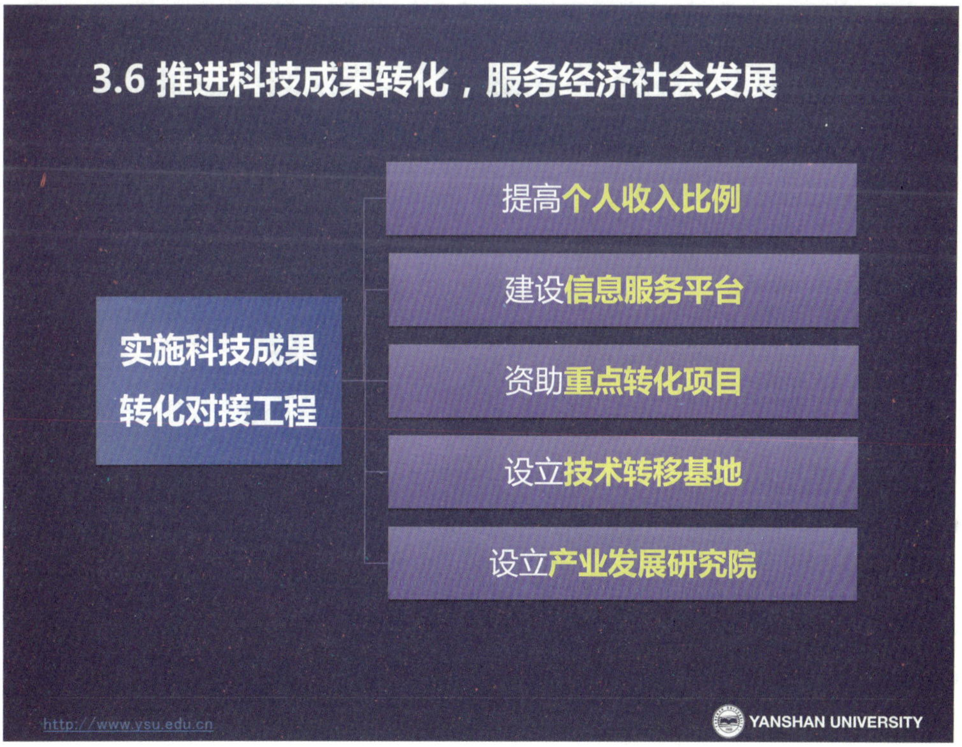
3.6 推进科技成果转化，服务经济社会发展
实施科技成果转化对接工程
提高个人收入比例
建设信息服务平台
资助重点转化项目
设立技术转移基地
设立产业发展研究院
http://www.ysu.edu.cn
YANSHAN UNIVERSITY

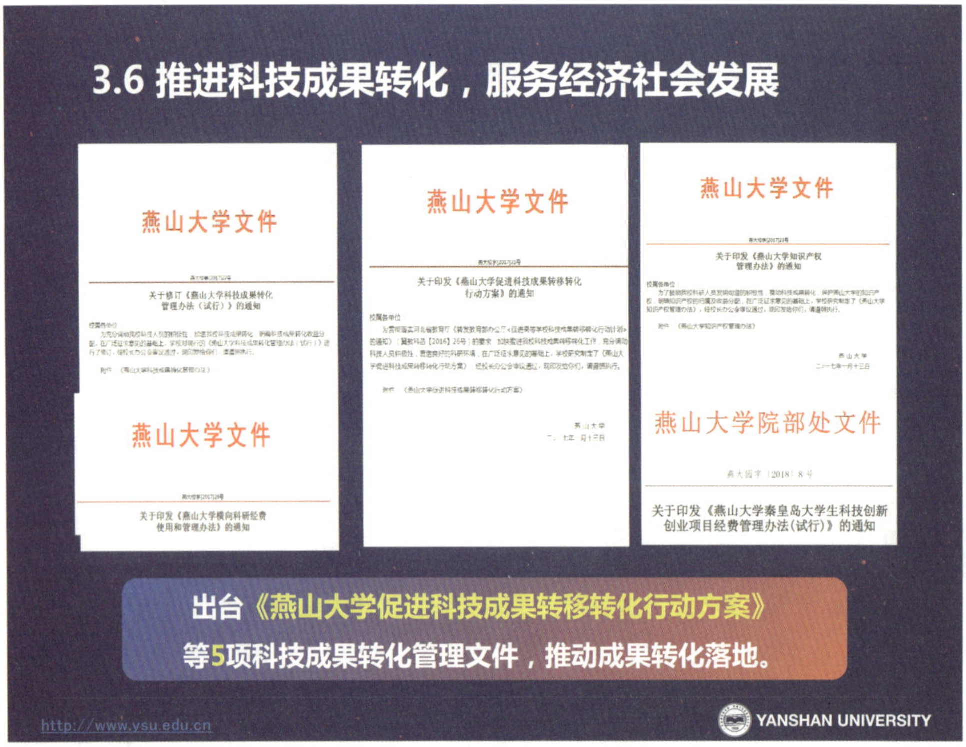
3.6 推进科技成果转化，服务经济社会发展
燕山大学文件
关于修订《燕山大学科技成果转化管理办法（试行）》的通知
燕山大学文件
关于印发《燕山大学横向科研经费使用和管理办法》的通知
燕山大学文件
关于印发《燕山大学促进科技成果转移转化行动方案》的通知
燕山大学文件
关于印发《燕山大学知识产权管理办法》的通知
燕山大学院部处文件
关于印发《燕山大学秦皇岛大学生科技创新创业项目经费管理办法(试行)》的通知
出台《燕山大学促进科技成果转移转化行动方案》
等5项科技成果转化管理文件，推动成果转化落地。
http://www.ysu.edu.cn
YANSHAN UNIVERSITY

3.7 加强国际交流合作，提升国际办学地位
燕山大学推进国际化建设工作会议
服务国家需求
强化国际意识
加大资金投入
加强招生培养
完善设施建设
推行英文授课
http://www.ysu.edu.cn
YANSHAN UNIVERSITY

3.7 加强国际交流合作，提升国际办学地位
燕山大学文件
关于印发《燕山大学推进国际化建设实施意见》的通知
燕山大学文件
燕山大学文件
关于印发《燕山大学语言类外国文教专家薪酬管理暂行办法》的通知
出台《燕山大学推进国际化建设实施方案》
等15项国际化建设管理文件，全面推进国际化办学。
http://www.ysu.edu.cn
YANSHAN UNIVERSITY

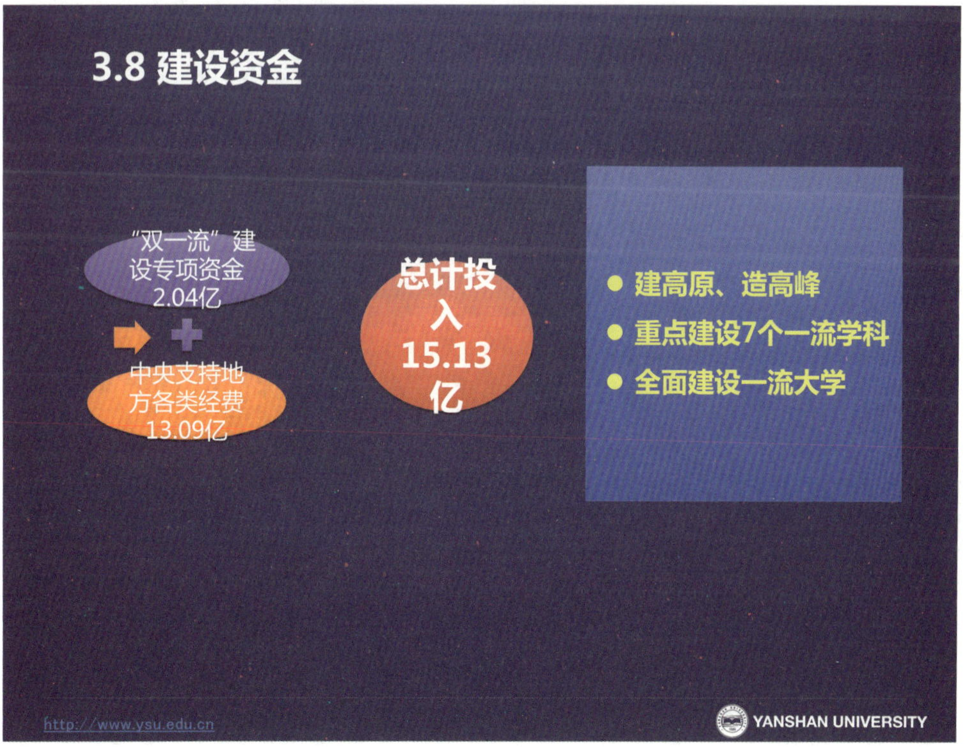
3.8 建设资金
"双一流"建设专项资金2.04亿
中央支持地方各类经费13.09亿
总计投入15.13亿
建高原、造高峰
重点建设7个一流学科
全面建设一流大学
http://www.ysu.edu.cn
YANSHAN UNIVERSITY

汇报提纲
一、学校概况
二、建设成效
三、建设措施
四、前景规划
http://www.ysu.edu.cn
YANSHAN UNIVERSITY

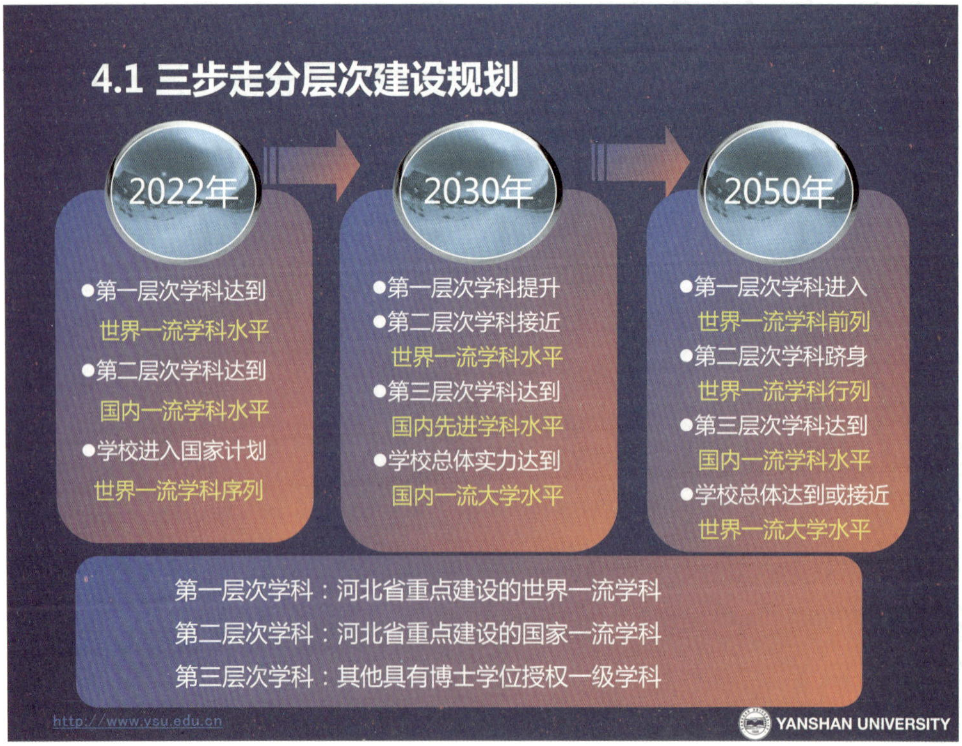
4.1 三步走分层次建设规划
2022年
●第一层次学科达到
世界一流学科水平
●第二层次学科达到
国内一流学科水平
●学校进入国家计划
世界一流学科序列
2030年
●第一层次学科提升
●第二层次学科接近
世界一流学科水平
●第三层次学科达到
国内先进学科水平
●学校总体实力达到
国内一流大学水平
2050年
●第一层次学科进入
世界一流学科前列
●第二层次学科跻身
世界一流学科行列
●第三层次学科达到
国内一流学科水平
●学校总体达到或接近
世界一流大学水平
第一层次学科：河北省重点建设的世界一流学科
第二层次学科：河北省重点建设的国家一流学科
第三层次学科：其他具有博士学位授权一级学科
http://www.ysu.edu.cn
YANSHAN UNIVERSITY

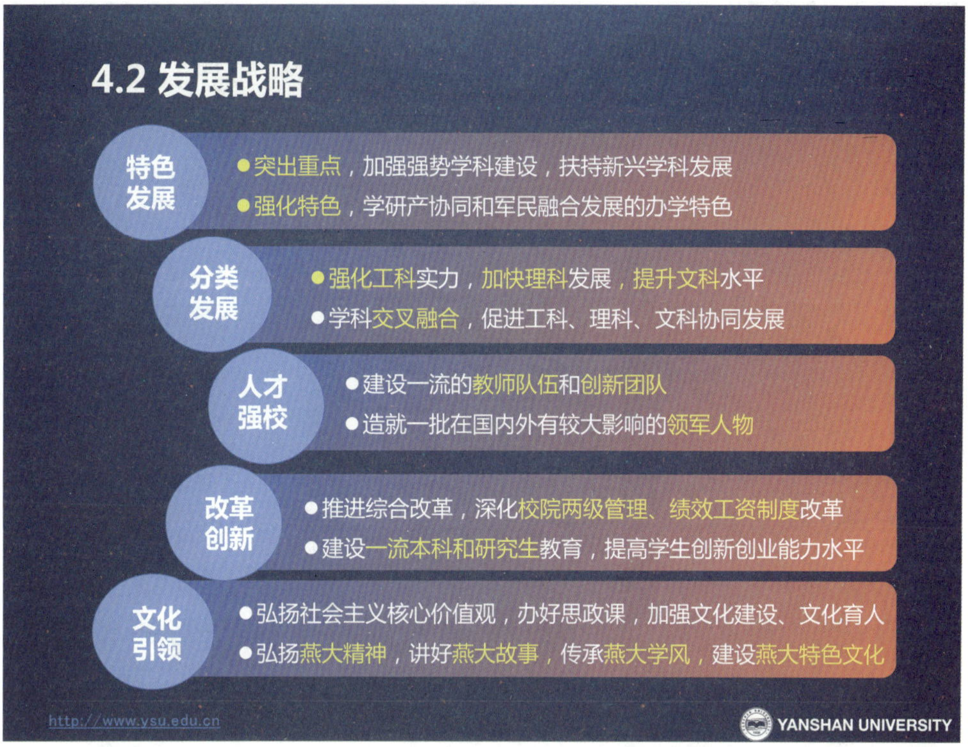
4.2 发展战略
特色发展
●突出重点，加强强势学科建设，扶持新兴学科发展
●强化特色，学研产协同和军民融合发展的办学特色
分类发展
●强化工科实力，加快理科发展，提升文科水平
●学科交叉融合，促进工科、理科、文科协同发展
人才强校
●建设一流的教师队伍和创新团队
●造就一批在国内外有较大影响的领军人物
改革创新
●推进综合改革，深化校院两级管理、绩效工资制度改革
●建设一流本科和研究生教育，提高学生创新创业能力水平
文化引领
●弘扬社会主义核心价值观，办好思政课，加强文化建设、文化育人
●弘扬燕大精神，讲好燕大故事，传承燕大学风，建设燕大特色文化
http://www.ysu.edu.cn
YANSHAN UNIVERSITY

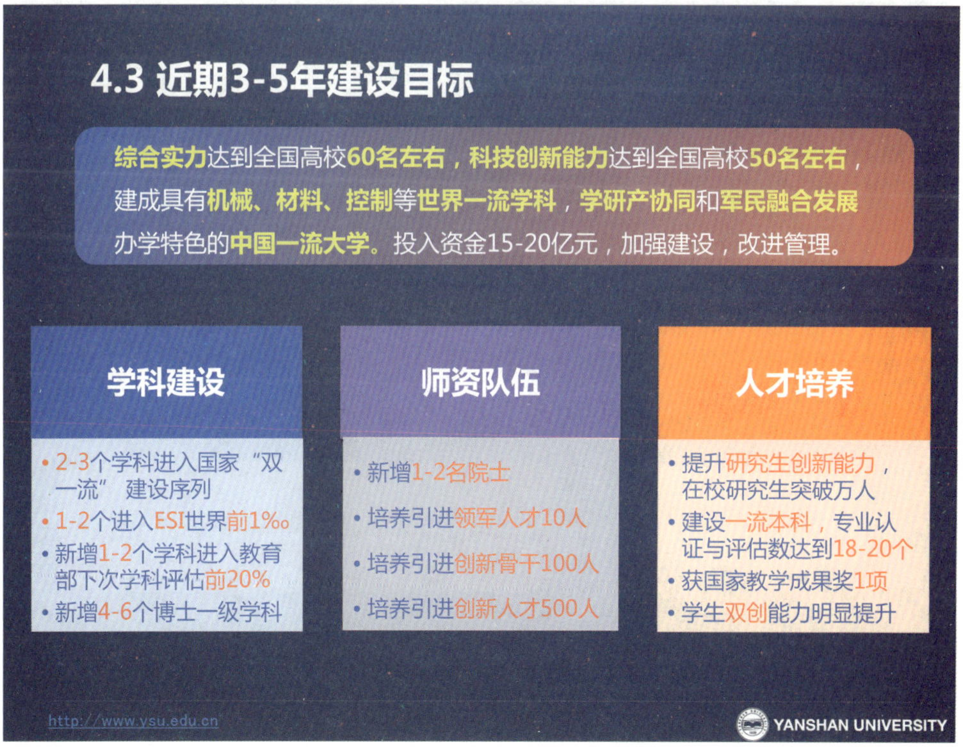
4.3 近期3-5年建设目标
综合实力达到全国高校60名左右，科技创新能力达到全国高校50名左右，建成具有机械、材料、控制等世界一流学科，学研产协同和军民融合发展办学特色的中国一流大学。投入资金15-20亿元，加强建设，改进管理。
学科建设
• 2-3个学科进入国家“双一流”建设序列
• 1-2个进入ESI世界前1‰
• 新增1-2个学科进入教育部下次学科评估前20%
• 新增4-6个博士一级学科
师资队伍
• 新增1-2名院士
• 培养引进领军人才10人
• 培养引进创新骨干100人
• 培养引进创新人才500人
人才培养
• 提升研究生创新能力，在校研究生突破万人
• 建设一流本科，专业认证与评估数达到18-20个
• 获国家教学成果奖1项
• 学生双创能力明显提升
http://www.ysu.edu.cn
YANSHAN UNIVERSITY

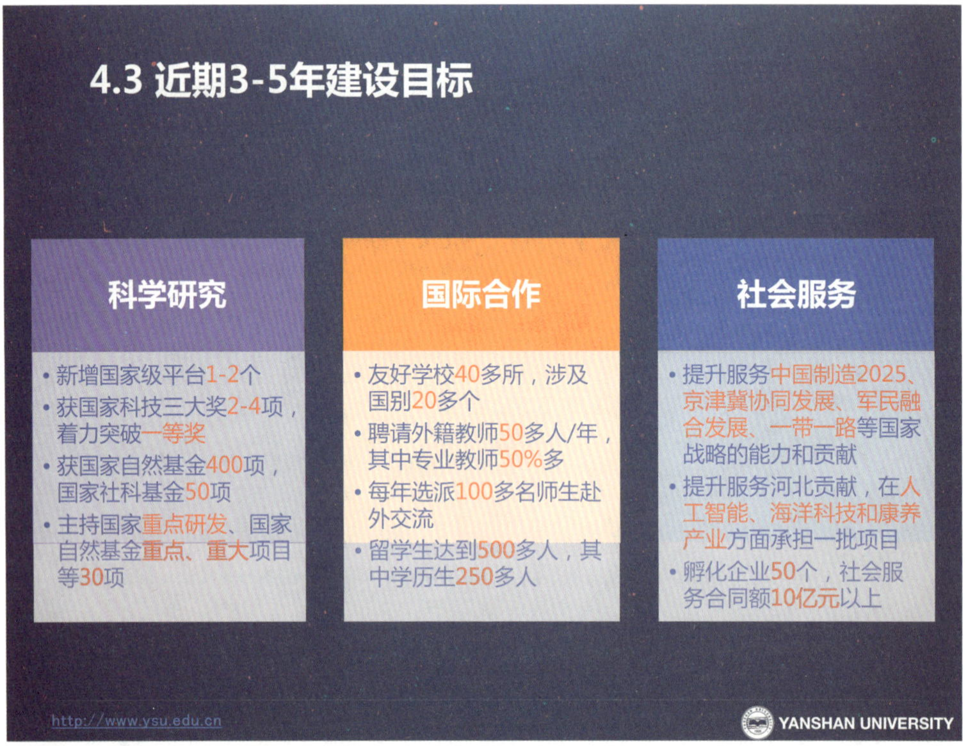
4.3 近期3-5年建设目标
科学研究
• 新增国家级平台1-2个
• 获国家科技三大奖2-4项，着力突破一等奖
• 获国家自然基金400项，国家社科基金50项
• 主持国家重点研发、国家自然基金重点、重大项目等30项
国际合作
• 友好学校40多所，涉及国别20多个
• 聘请外籍教师50多人/年，其中专业教师50%多
• 每年选派100多名师生赴外交流
• 留学生达到500多人，其中学历生250多人
社会服务
• 提升服务中国制造2025、京津冀协同发展、军民融合发展、一带一路等国家战略的能力和贡献
• 提升服务河北贡献，在人工智能、海洋科技和康养产业方面承担一批项目
• 孵化企业50个，社会服务合同额10亿元以上
http://www.ysu.edu.cn
YANSHAN UNIVERSITY

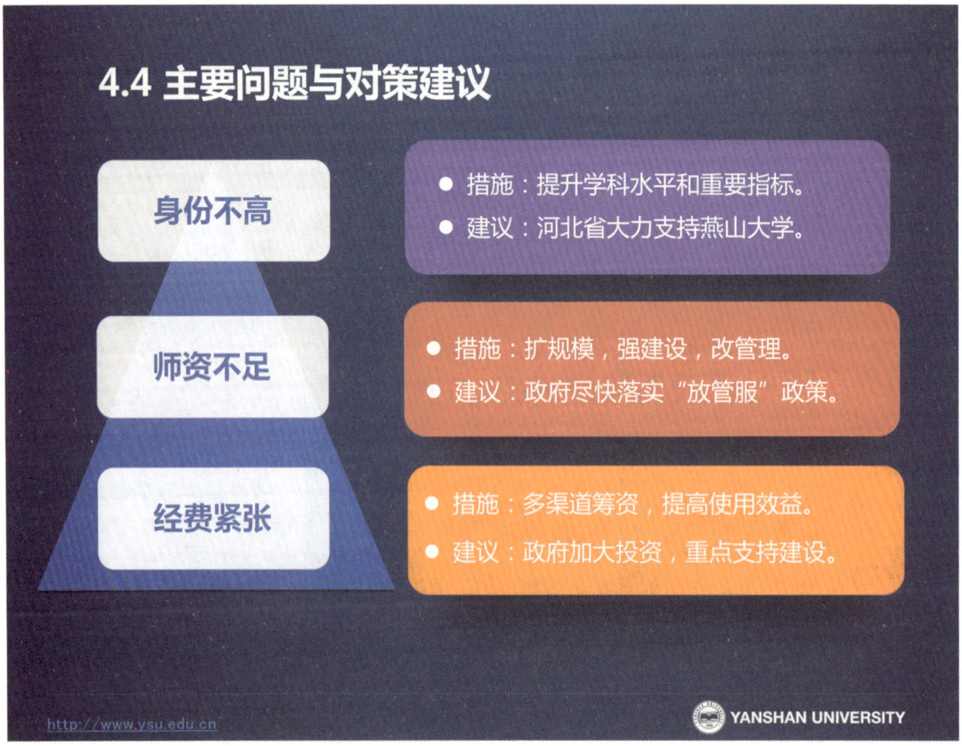
4.4 主要问题与对策建议
身份不高
• 措施：提升学科水平和重要指标。
• 建议：河北省大力支持燕山大学。
师资不足
• 措施：扩规模，强建设，改管理。
• 建议：政府尽快落实“放管服”政策。
经费紧张
• 措施：多渠道筹资，提高使用效益。
• 建议：政府加大投资，重点支持建设。
http://www.ysu.edu.cn
YANSHAN UNIVERSITY

中国高等教育学会学术年会暨高等教育国际论坛

以面向需求、项目教学、工程训练为特色的本科工程教育

燕山大学　刘宏民

2016.11.12　广西南宁

提 纲

1、科学崇高，工程伟大，坚定树立工程教育的自尊自信

2、工程教育要**面向需求**，反向设计，正向实施，持续改进

3、构建以“**项目教学+工程训练**”为特色的工程教育模式

人才培养理念和目标

面向工程需求，培养创新和实践能力强的卓越工程师。

改革特点和抓手

强化工程训练和项目教学，使学生通过“做中学”锻炼提高创新和实践能力。

中国高等教育学会学术年会暨高等教育国际论坛

学校历史

源于哈尔滨工业大学，前身是从哈工大独立出的东北重型机械学院，是原国家机械工业部直属全国重点大学。

学校特色

深厚的行业背景、鲜明的行业特色、严谨求实的传统和校风，造就了燕山大学面向工程、贴近工程、服务工程的人才培养特色，并随着时代的发展，不断创新进步。

一、科学崇高，工程伟大

工程教育工作者要充分认识自身作用价值，坚定树立开展工程教育的自信自尊。

1、科学重在发现，技术重在发明，工程重在建造。

2、工程改变世界，造福人类社会。

3、工程实现科技应用，工程中包含科技的创新应用。

二、工程教育要面向需求，反向设计，正向实施，持续改进

1、**需求决定目标**：根据工程需求，制定培养目标；

2、**目标决定标准**：根据目标要求，制定标准体系；

3、**标准决定方案**：根据培养标准，制定培养方案；

4、**评估改进提高**：通过评估认证，持续改进提高。

以面向需求、项目教学、工程训练为特色的本科工程教育　6

二、工程教育要面向需求，反向设计，正向实施，持续改进

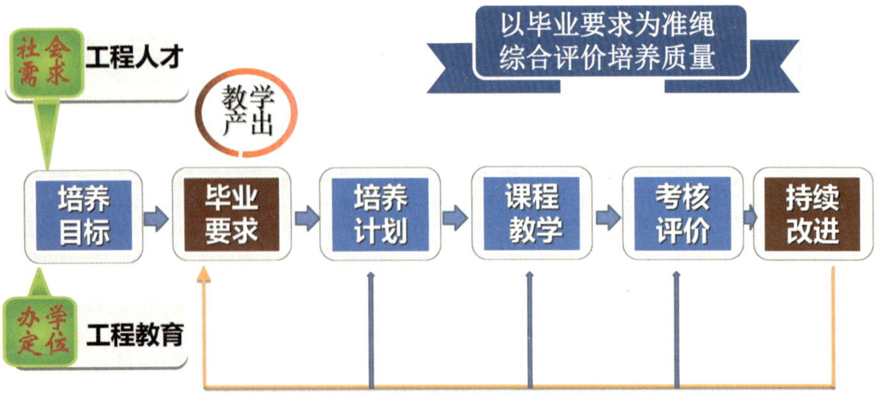

以面向需求、项目教学、工程训练为特色的本科工程教育　7

二、工程教育要面向需求，反向设计，正向实施，持续改进

1、需求决定目标：根据工程需求，制定培养目标

根据现代工程需求、学校办学定位和国际工程教育发展趋势，走访调研行业企业对工程技术人才的要求，研究制定“卓越工程师——创新型工程技术人才”培养目标。

行业对工程专业培养方案的看法

- 培养方案基本合理
- 培养目标基本合乎要求，但过于宽泛
- 引导类、职业规划类课程较少
- 部分课程内容未能结合企业新技术

二、工程教育要面向需求，反向设计，正向实施，持续改进

二、工程教育要面向需求，反向设计，正向实施，持续改进

行业对工程专业学生看法

- 对行业热爱程度不够；
- 缺少自身职业规划；
- 知识面广，但不够专业；
- 理论水平不低，动手能力不高；
- 上进心强，有冲劲，但心态浮躁；
- 就业时眼高手低；
- 不够脚踏实地，不注重长远发展。

行业对工程专业学生期望

（以机械类专业为例）

- **公共科学文化知识能力**：数、理、化、外语、语文等，掌握并熟练应用。
- **机械工程基础知识能力**：机械原理、公差配合、工程图设计、机械加工、材料及热处理、专业英语、计算机绘图（AUTO CAD /UG /CATIA）等。
- **机械工程高级知识能力**：机械结构设计、机械制造工艺、机电一体化等。

以面向需求、项目教学、工程训练为特色的本科工程教育　10

二、工程教育要面向需求，反向设计，正向实施，持续改进

借鉴OBE教育理念和模式，建立面向需求，注重能力，知识学习、价值培养、能力训练三位一体的人才培养理念和目标。

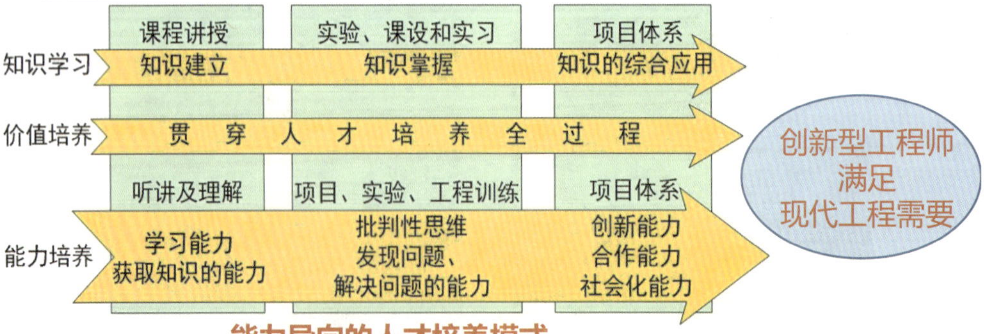

能力导向的人才培养模式

以面向需求、项目教学、工程训练为特色的本科工程教育　11

二、工程教育要面向需求，反向设计，正向实施，持续改进

2、目标决定标准：根据目标要求，制定标准体系

毕业要求 国家标准	1.应用知识解决问题	2.文献检索与问题分析	3.实验与研究	4.项目设计	5.工程、环境、社会	6.人文素养	7.团队交流	8.管理	9.终身学习
1．工程知识	★								
2．问题分析		★							
3．设计开发				★					
4．研究			★						
5．使用现代工具		★		★					
6．工程与社会					★				
7．环境和可持续发展					★				
8．职业规范						★			
9．个人和团队							★		
10．沟通							★		
11．项目管理								★	
12．终身学习									★

以面向需求、项目教学、工程训练为特色的本科工程教育　12

二、工程教育要面向需求，反向设计，正向实施，持续改进

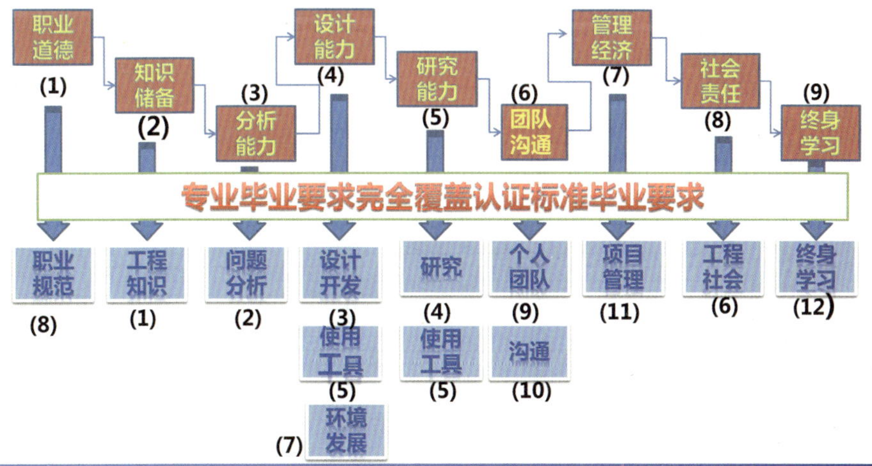

以面向需求、项目教学、工程训练为特色的本科工程教育　13

二、工程教育要面向需求，反向设计，正向实施，持续改进

3、标准决定方案：根据培养标准，制定培养方案

构建“公共教育+专业教育”和“项目教学+工程训练”的工程教育模式

(1) **公共教育**：以人为本，全面发展，为学生职业成长奠定宽厚基础；

(2) **专业教育**：培养学生掌握专业理论技术、解决复杂工程问题能力；

(3) **项目教学**：通过“做中学”，锻炼提高学生的创新和实践能力；

(4) **工程训练**：系统的实践教学，锻炼提高学生的实践和创新能力。

二、工程教育要面向需求，反向设计，正向实施，持续改进

课程教学与毕业要求的**关系矩阵**

毕业要求 / 课程	1. 应用知识解决问题	2. 文献检索问题分析	3. 实验过程	4. 设计	5. 工程、环境、社会	6. 人文素养	7. 团队、分工、交流	8. 管理	9. 终身学习
思想道德修养与法律基础 A					H	H			
中国近现代史纲要 B						H			
马克思主义基本原理 B						H			
毛泽东思想和中国特色社会主义理论体系概论 B*					H	H			
形势与政策 I,II,III,IV						H			
体育 I,II,III,IV						L			
外语 AI,II,III,IV							H		
大学计算机基础		H		H					
计算机技术基础 A		H							
高等数学 A* I,II,III,IV	H								
线性代数 B	H								
概率论与数理统计 B	H								
大学物理 I,II	H								
物理实验 I,II			H						
工程化学	H				H				
创新与特长教育		H		H			H	H	H
画法几何 A	L			L					
机械制图 A*	H			M					
理论力学 C*	H	M		M					
机械原理 A*	H	M	H	M					
金属材料及热处理*	H			M					
金属工艺及机制基础（三级项目）	H								
材料力学 C*	H	M	M	M					
电工技术	M								
电子技术	M								
弹性力学基础及有限元法（三级项目）*	M	H		L					
传热学（三级项目）	M								
互换性原理与测量技术 B	M		H	M					
计算机辅助设计（三级项目）		H		L					
机械设计 A*	H			H					
工程流体力学（三级项目）	M								

二、工程教育要面向需求，反向设计，正向实施，持续改进

课程教学与毕业要求的**关系矩阵**

课程 \ 毕业要求		1. 应用知识解决问题	2. 文献检索问题分析	3. 实验过程	4. 设计	5. 工程、环境、社会	6. 人文素养	7. 团队、分工、交流	8. 管理	9. 终身学习
控制工程基础		M								
液压与气压传动 A（三级项目）		M			M					
测试技术（三级项目）		M		H						
锻压方向	金属塑性成形原理*（三级项目）	H	H	M	M					
	非金属材料成型原理及工艺（三级项目）	M				M				
	模具制造技术（三级项目）	M			M					
	塑性体积成形工艺及模具（三级项目）*	H	H		M					
	板料成形工艺及模具设计（三级项目）*	H	H		M					
	成形设备及自动化（三级项目）	H	H		H					
	特种塑性加工技术（三级项目）	M				M				
模具方向	模具设计的力学原理（三级项目）*	H	H	M	M					
	塑料成型原理及工艺（三级项目）*	L	H		M					
	现代模具制造技术（三级项目）	M			M					
	成型机械及控制（三级项目）	H	M		H					
	冲压工艺及模具（三级项目）*	H	H		M					
	金属体积成形工艺（三级项目）	M			M					
	塑料成型模具设计（三级项目）*	H	H		M					
管理科学基础						M	L		H	
职业生涯规划与就业指导 I,II,III,IV						H	H			H
学科前沿体验课			H			H				H
专业前沿讲座						H		H		H
专业综合训练					H			H	H	
复变函数 B		M								
国防教育与军事训练							M			
金工实习 A				M		H				
机械原理课程设计（三级项目）		L	M		M					
电子工艺实习 B		L		M						
机械拆装实验（三级项目）				H						
机械设计课程设计 A（二级项目）		M			H					
专业综合性实验（二级项目）				H				M		
生产实习 A						H	L			H
锻压专业课程设计（二级项目）		M	H	H	H			H	H	
模具专业课程设计（二级项目）		M	H	H	H			H	H	
毕业设计（一级项目）		M	H		H	H		H		H

二、工程教育要面向需求，反向设计，正向实施，持续改进

培养方案改进：加强公共教育、专业前沿教育、创新实践能力培养

增加公共课选修学分 —— 4个模块，10学分

增加集中性实践学分 —— 理工：约占总学分的28%
—— 文管：约占总学分的23%

增加专业课实践学时 —— 原则上达到课程总学时的1/3

构建创新创业课程体系 —— 理论授课+平台实训+课外研修：8.5学分

其他拓宽视野的举措 —— 专业导论、专业前沿、企业文化系列讲座
—— 基础课按照培养目标调整教学内容

二、工程教育要面向需求，反向设计，正向实施，持续改进

4、评估改进提高：通过评估认证，持续改进提高

（1）持续改进**培养目标**，始终符合社会需求

（2）持续改进**毕业要求**，始终符合培养目标

（3）持续改进**培养方案**，始终符合毕业要求

以面向需求、项目教学、工程训练为特色的本科工程教育　18

二、工程教育要面向需求，反向设计，正向实施，持续改进

毕业要求达成度、课程目标达成度评价——提高质量的反馈机制

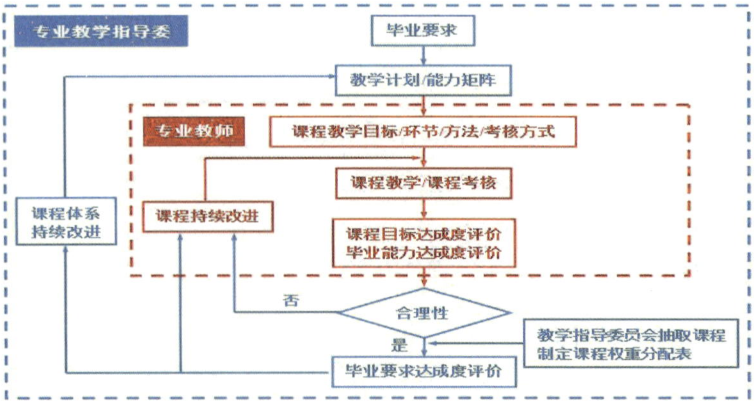

以面向需求、项目教学、工程训练为特色的本科工程教育　19

二、工程教育要面向需求，反向设计，正向实施，持续改进

燕山大学专业认证历程

2012年：机械设计制造及其自动化

2014年：自动化

2015年：机械设计制造及其自动化、材料成型及控制工程、电子信息工程。

2016年：计算机科学与技术、化学工程与工艺、测控技术与仪器

二、工程教育要面向需求，反向设计，正向实施，持续改进

- 2016年1月，作为教育部委托的两所高校之一，学校的材料成型及控制工程 和 电子信息工程两个专业的认证过程全程接受了《华盛顿协议》专家的观摩考察。

联合专家组见面会

联合专家组考查实验室

联合专家组意见反馈会

二、工程教育要面向需求，反向设计，正向实施，持续改进

- 3月初，《华盛顿协议》秘书处给我国发来转正考察报告，对我国工程专业的认证体系、认证标准、认证专家和学校的认证工作给予高度评价，正式建议接纳中国为《华盛顿协议》正式成员。
- 3月21日，教育部高等教育教学评估中心致函我校，对我校两个专业认证接受《华盛顿协议》专家观摩考察工作给予肯定。
- 6月2日，在吉隆坡召开的《国际工程联盟大会》决定，中国成为国际本科工程学位互认协议《华盛顿协议》的正式会员。

三、以“项目教学+工程训练”为特色 的工程教育

1、项目教学：通过“做中学”，锻炼提高学生的创新和实践能力

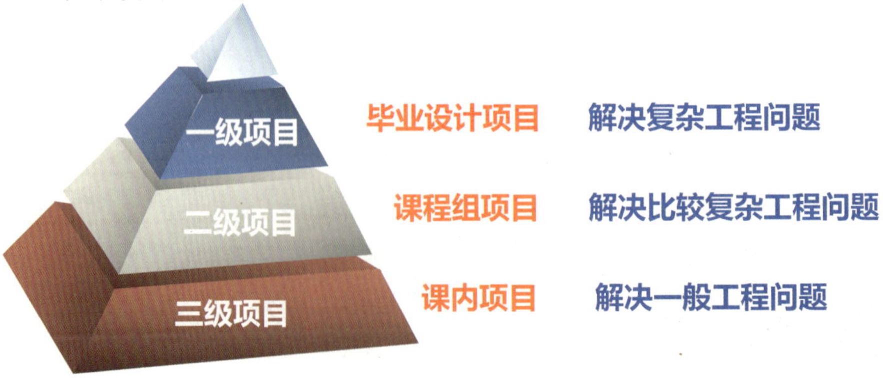

三、以“项目教学+工程训练”为特色 的工程教育

项目式教学可以实现综合高级能力的培养：构思、设计、实现、执行

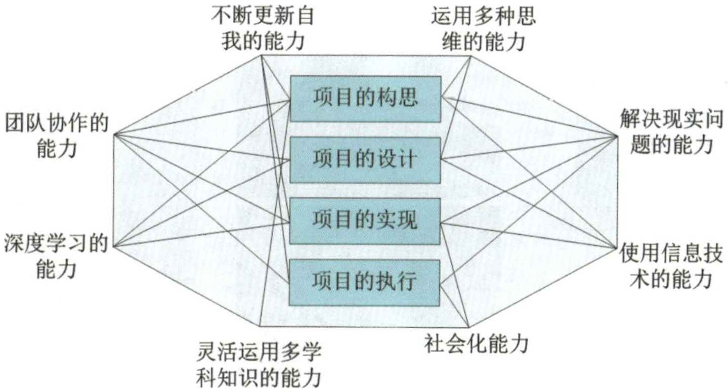

三、以“项目教学+工程训练”为特色 的工程教育

例1：电气传动与控制设计制造——三级项目

三相异步电机电气控制系统设计制造

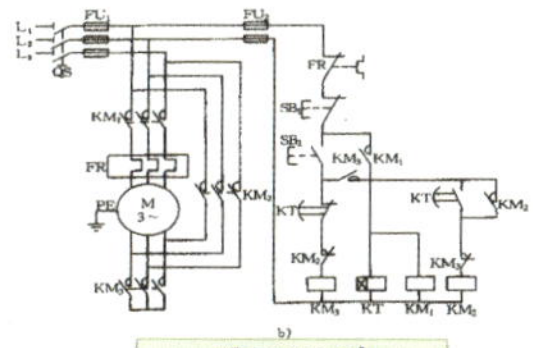

原理设计

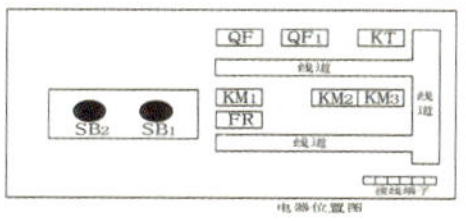

安装设计

元件名称	元件型号	规格	数量
熔断器 FU1	DZ47-60	380V	1
熔断器 FU2	DZ47-60	220V	1
按钮 SB	BE102	NC	3
按钮 SB	BE101	NO	2
行程开关 SQ	BE102	NC	4
热继电器 FR	JRS1-09-25	690V	2
接触器 KM	CJX2-18	690V	2
[illegible]	F4-11	660V	2
三相异步电动机	Y90S-4	380V,1.1KW	1
导线			若干

选型购买

安装

调试

验收答辩

三、以“项目教学+工程训练”为特色 的工程教育

例2：气压传动与控制设计制造——三级项目

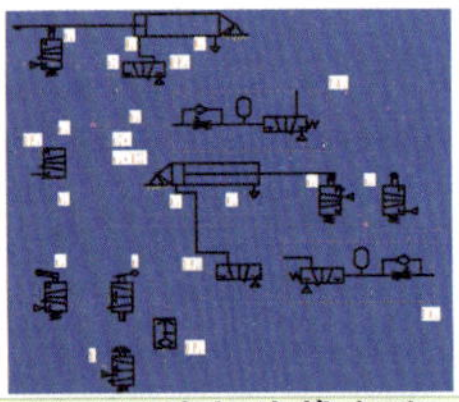

原理设计与计算选型

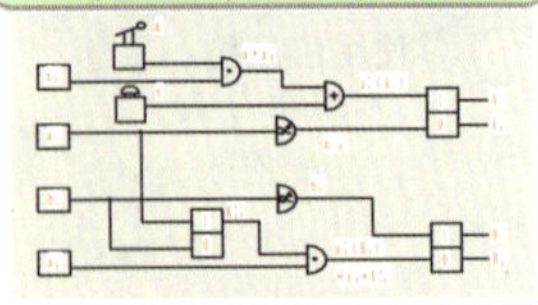

逻辑控制原理图设计

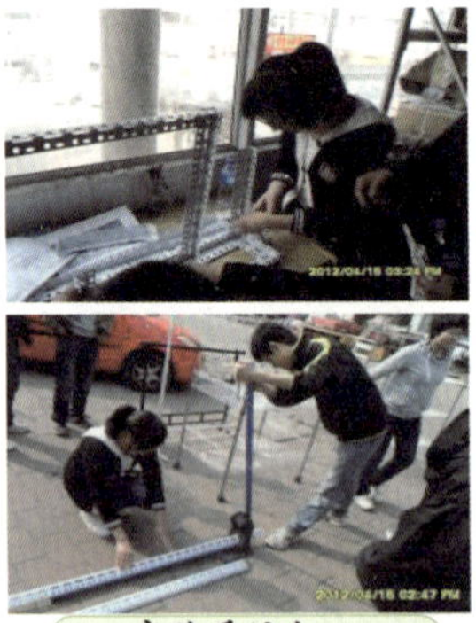

实验系统加工

气动拉弯机设计制造

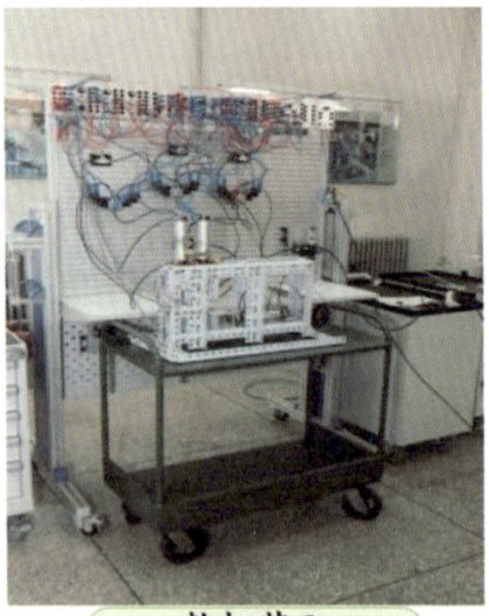

整机装配

以面向需求、项目教学、工程训练为特色的本科工程教育　26

三、以“项目教学+工程训练”为特色 的工程教育

例3：酷狗机器人设计制造——二级项目

工作流程

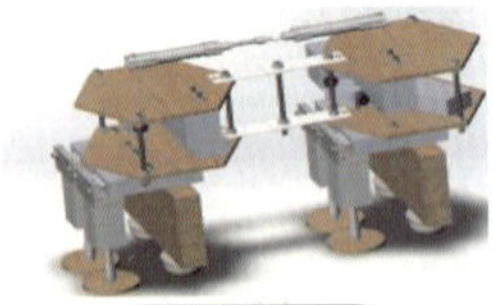

机构设计

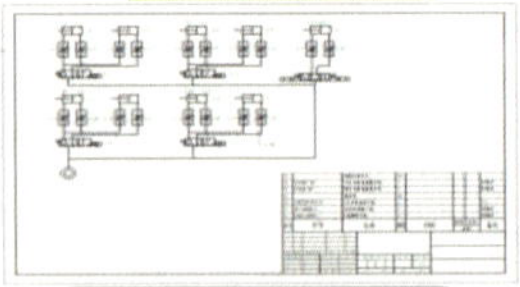

气动原理设计

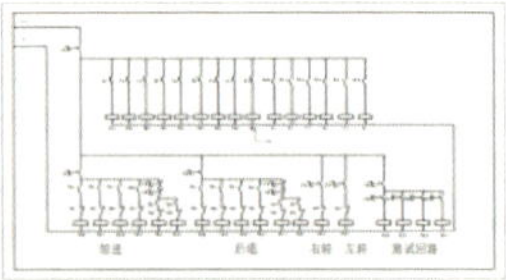

电气原理设计

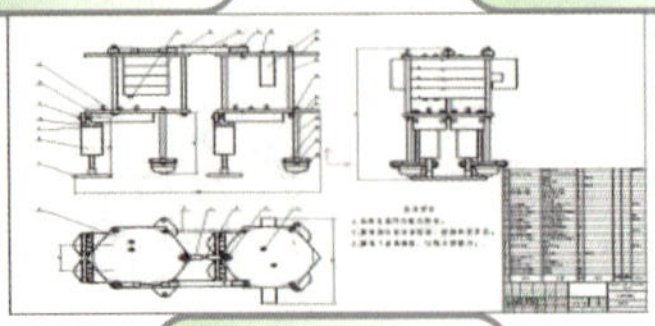

总装图

验收答辩

以面向需求、项目教学、工程训练为特色的本科工程教育　27

三、以“项目教学+工程训练”为特色 的工程教育

实物作品

以面向需求、项目教学、工程训练为特色的本科工程教育　28

三、以“项目教学+工程训练”为特色 的工程教育

优胜作品展示——轮式机器人

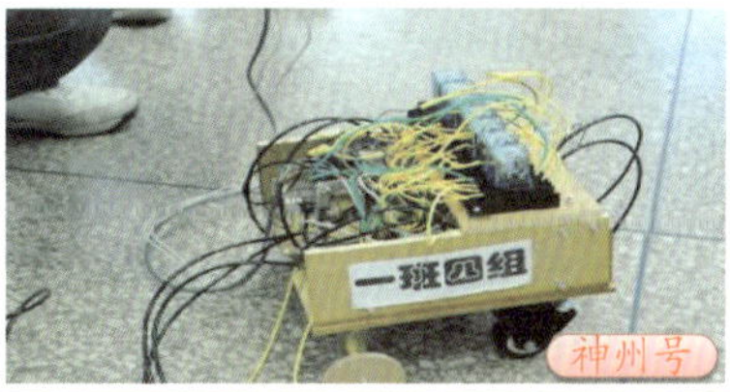

以面向需求、项目教学、工程训练为特色的本科工程教育　29

三、以“项目教学+工程训练”为特色 的工程教育

优胜作品展示——足式机器人

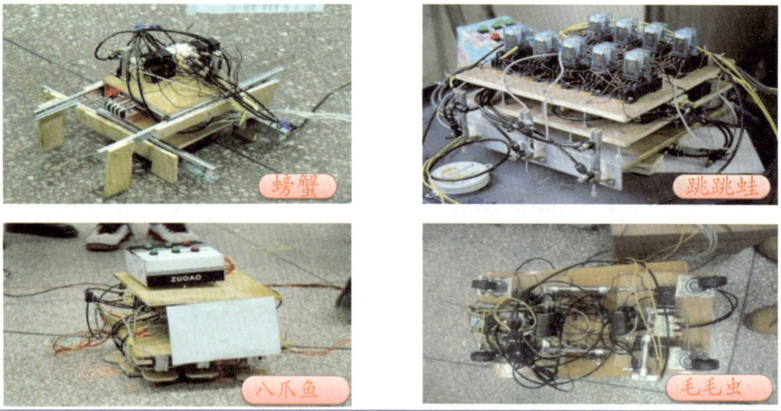

以面向需求、项目教学、工程训练为特色的本科工程教育　30

三、以“项目教学+工程训练”为特色 的工程教育

例4：气动机器人设计制造——二级项目

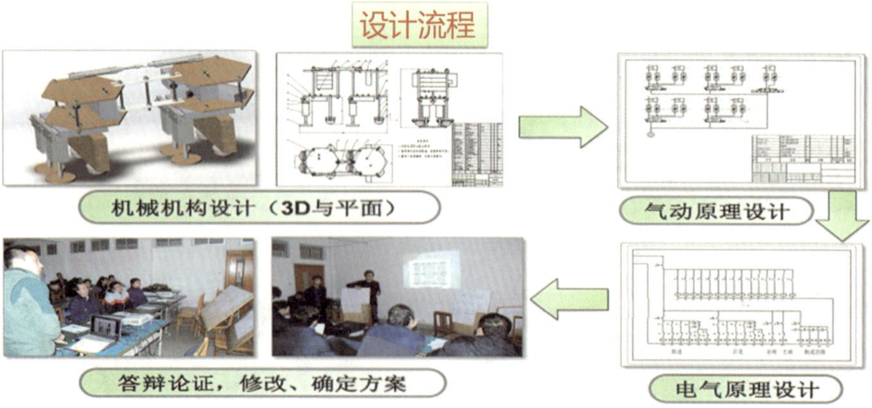

以面向需求、项目教学、工程训练为特色的本科工程教育　31

三、以“项目教学+工程训练”为特色 的工程教育

例4：气动机器人设计制造——二级项目

以面向需求、项目教学、工程训练为特色的本科工程教育　32

三、以“项目教学+工程训练”为特色 的工程教育

气动机器人作品展示

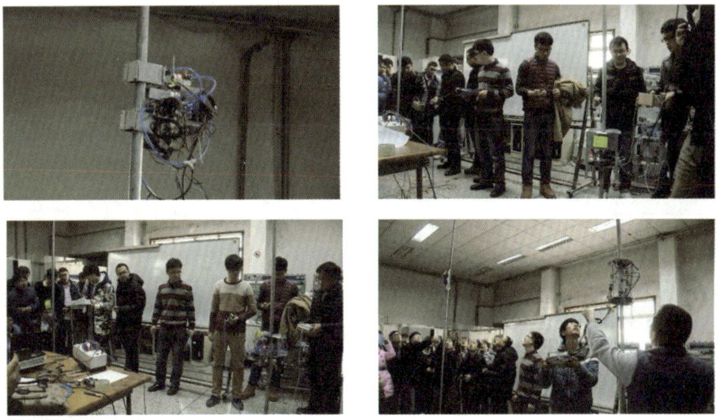

以面向需求、项目教学、工程训练为特色的本科工程教育　33

三、以"项目教学+工程训练"为特色 的工程教育

气动机器人作品展示

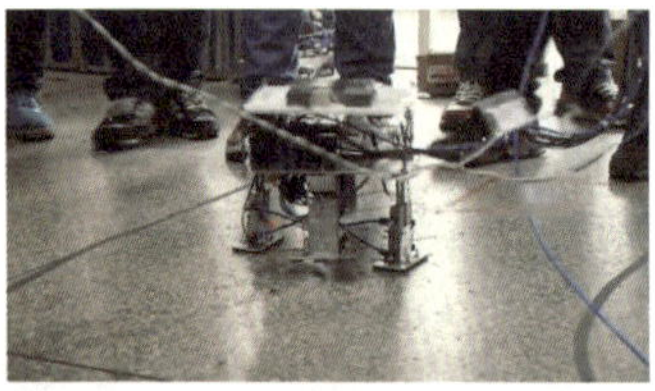

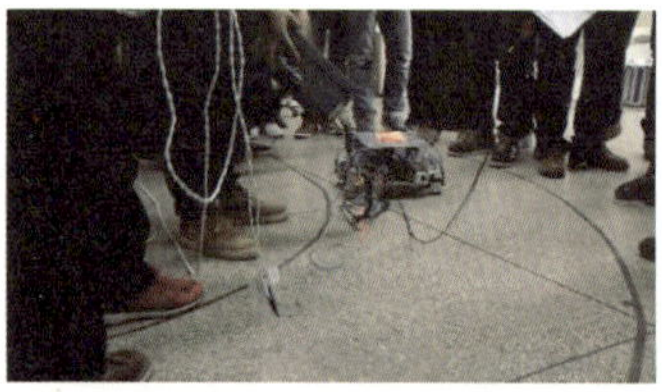

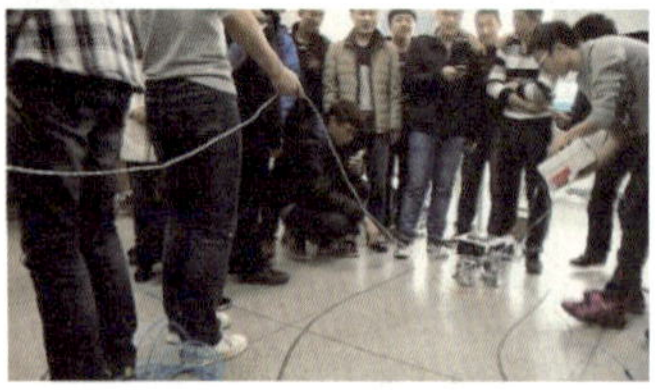

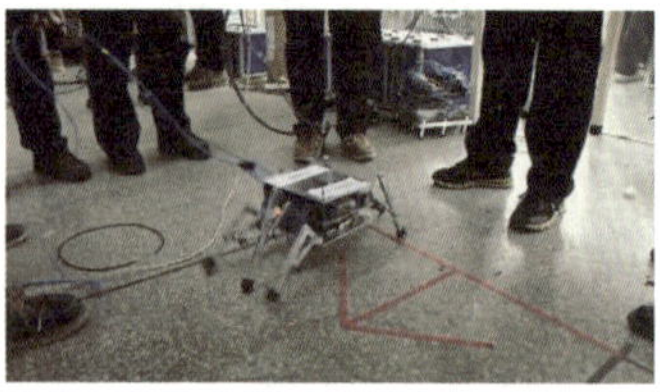

以面向需求、项目教学、工程训练为特色的本科工程教育 34

三、以"项目教学+工程训练"为特色 的工程教育

例5：机械手设计制造——机电控制专业一级项目

煤车自动锚定机械臂机电液系统综合设计制造

姓名	项目分工
陈成	机械结构设计
王少强	液压控制系统设计
邓伟倩	电气控制系统设计
贾现军	运动模拟仿真设计

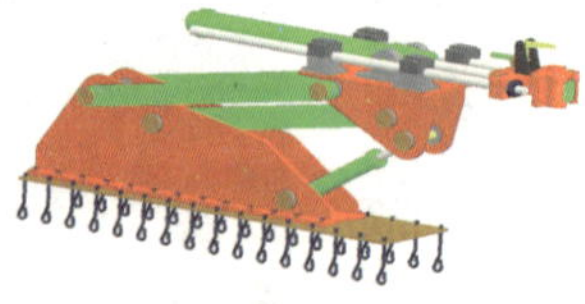

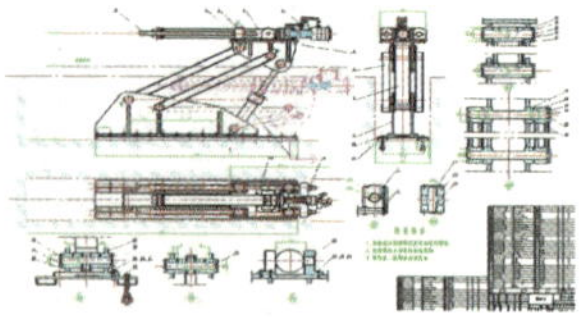

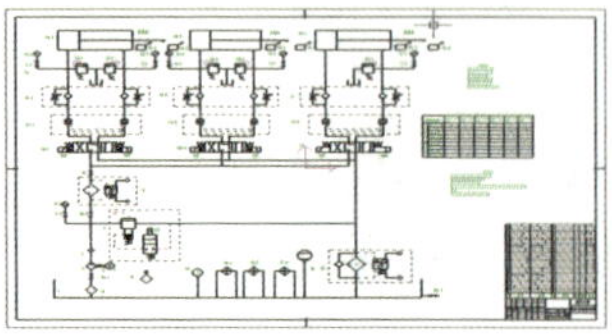

以面向需求、项目教学、工程训练为特色的本科工程教育 35

三、以“项目教学+工程训练”为特色 的工程教育

一级项目主要环节

增加样机制作环节，拓宽实训范围，提高实践能力

项目式毕业设计主要环节												
调研环节	制定方案环节	三维建模分析环节	绘工程图环节	撰写说明书环节	毕业答辩环节	可行性分析环节	采购环节	加工制造环节	装配环节	电控程序编制环节	运行调试环节	设备验收答辩环节

传统环节

以面向需求、项目教学、工程训练为特色的本科工程教育　36

三、以“项目教学+工程训练”为特色 的工程教育

例6：立体车库设计制造——机电控制专业一级项目

制定方案

方案论证

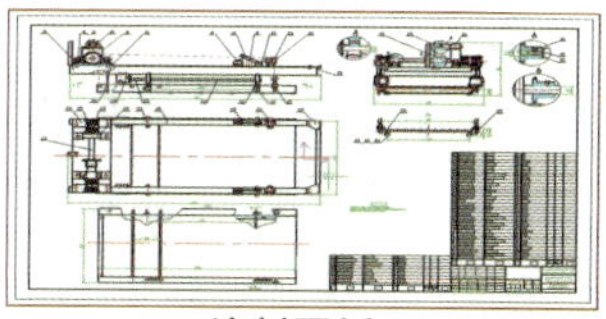

绘制图纸

制定方案 → 论证 → 绘制图纸 → 采购 → 加工装配 → 编程调试 → 毕业答辩

零部件采购

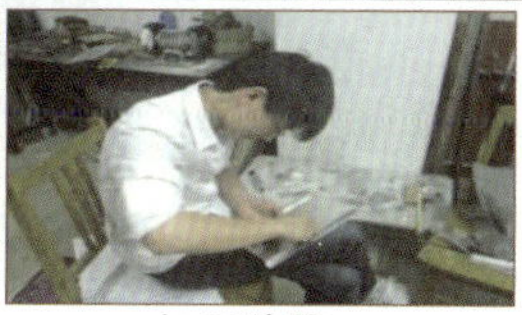

加工装配

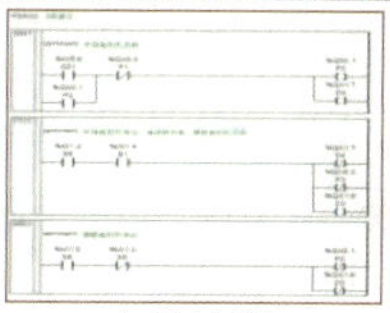

电控编程

毕业答辩

以面向需求、项目教学、工程训练为特色的本科工程教育　37

三、以“项目教学+工程训练”为特色 的工程教育

立体车库成果展示——机械部分

主体框架

顶层载车板

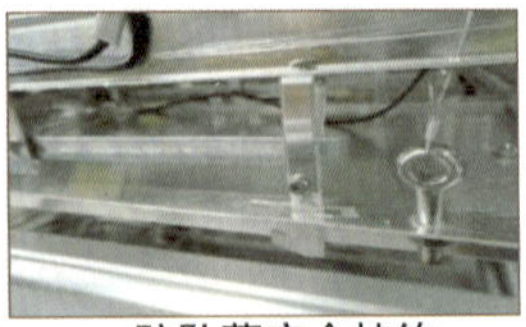

防坠落安全挂钩

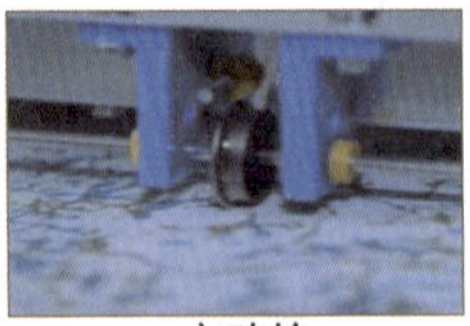

主动轮

主传动系统

以面向需求、项目教学、工程训练为特色的本科工程教育　38

三、以“项目教学+工程训练”为特色 的工程教育

立体车库成果展示——电控硬件部分

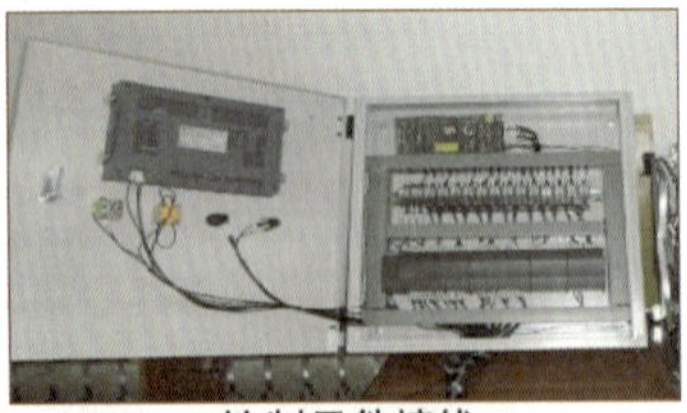

控制元件接线

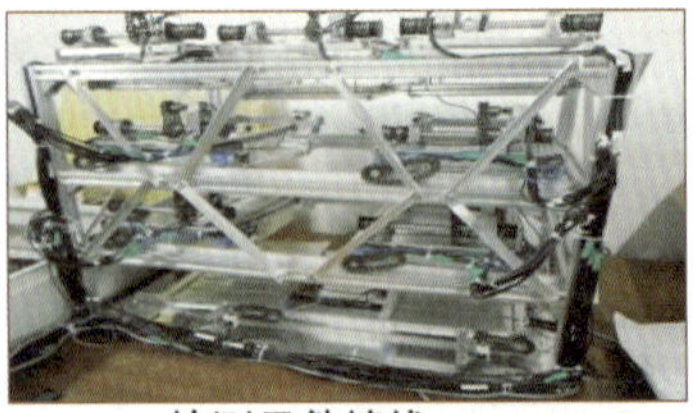

检测元件接线

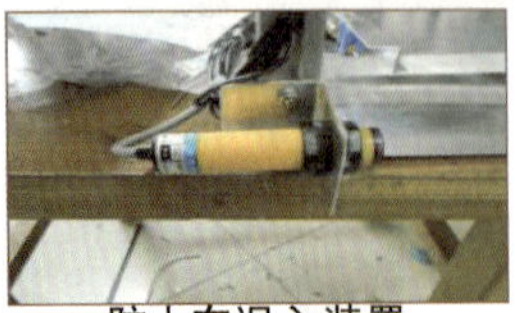

防人车误入装置

声光报警装置

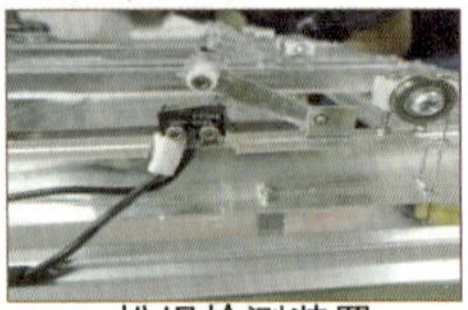

松绳检测装置

以面向需求、项目教学、工程训练为特色的本科工程教育

三、以“项目教学+工程训练”为特色 的工程教育

立体车库成果展示——控制软件部分

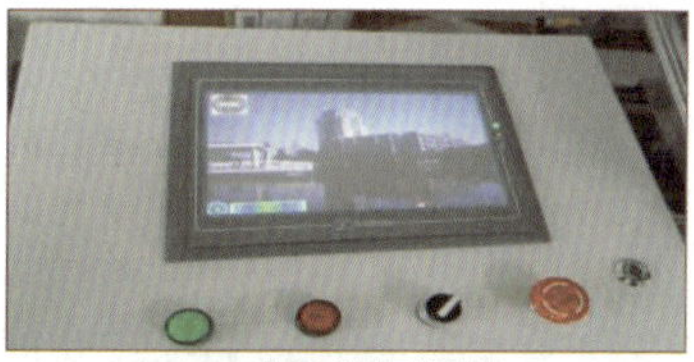

10寸触摸操控屏

开机界面

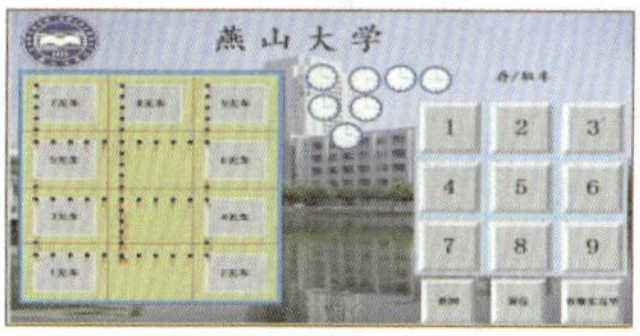

存/取车操作界面

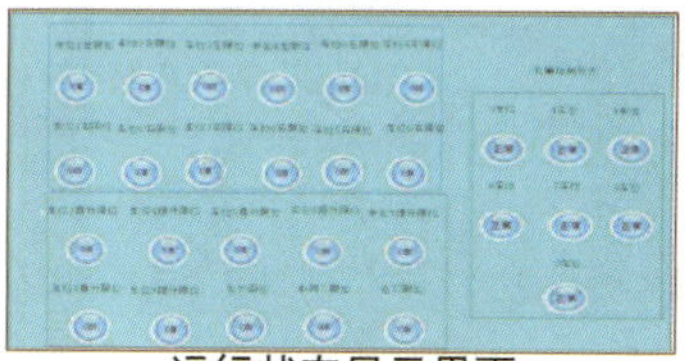

运行状态显示界面

以面向需求、项目教学、工程训练为特色的本科工程教育

三、以“项目教学+工程训练”为特色 的工程教育

立体车库成果展示——总装配

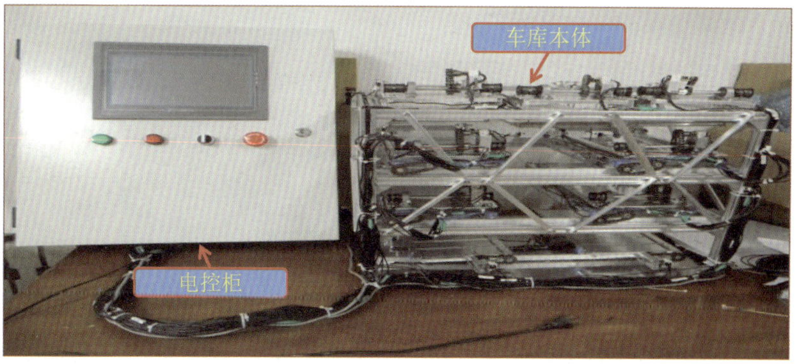

升降横移立体车库（1:24样机模型）

以面向需求、项目教学、工程训练为特色的本科工程教育

三、以“项目教学+工程训练”为特色 的工程教育

立体车库毕业设计部分作品

以面向需求、项目教学、工程训练为特色的本科工程教育

三、以“项目教学+工程训练”为特色 的工程教育

2、工程训练：通过系统的工程训练，锻炼学生的实践和创新能力

实践教学体系 —— 公共训练

—— 专业训练

—— 课内实验

—— 单独设课实验

—— 专业实习

—— 顶岗实习

以面向需求、项目教学、工程训练为特色的本科工程教育

三、以“项目教学+工程训练”为特色的工程教育

机械工程训练中心——公共训练

以面向需求、项目教学、工程训练为特色的本科工程教育

三、以“项目教学+工程训练”为特色的工程教育

电子工程训练中心——公共训练

以面向需求、项目教学、工程训练为特色的本科工程教育

三、以“项目教学+工程训练”为特色 的工程教育

专业实验室——专业训练

冷轧板带装备及工艺技术中心

以面向需求、项目教学、工程训练为特色的本科工程教育

三、以“项目教学+工程训练”为特色 的工程教育

专业实验室——专业训练

机械基础实验室中心

液压传动与控制实验室

机器人与机电系统实验室

材料综合实验室

以面向需求、项目教学、工程训练为特色的本科工程教育

三、以“项目教学+工程训练”为特色 的工程教育

校外实践基地——专业实习

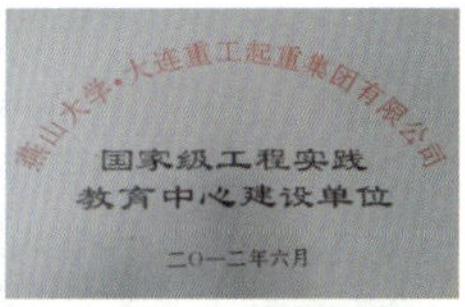

4个国家级工程实践教育中心

与北京华德共建实验室典礼

与博世力士乐共建培训基地典礼

三、以“项目教学+工程训练”为特色 的工程教育

专业实习基地——中国一重，鞍钢

一重集团

鞍钢集团

三、以“项目教学+工程训练”为特色 的工程教育

顶岗实习——深度专业训练（博世力士乐公司）

北京

常州

现场

现场学习

以面向需求、项目教学、工程训练为特色的本科工程教育

三、以“项目教学+工程训练”为特色 的工程教育

顶岗实习——深度专业训练（鹰普公司）

讲解

答疑

指导

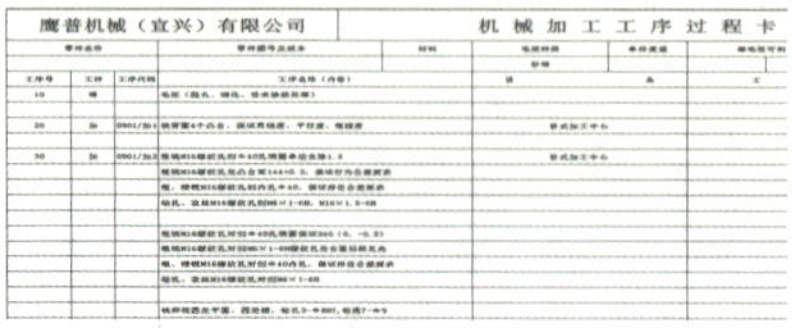

鹰普机械（宜兴）有限公司　机械加工工序过程卡

机加工艺流程

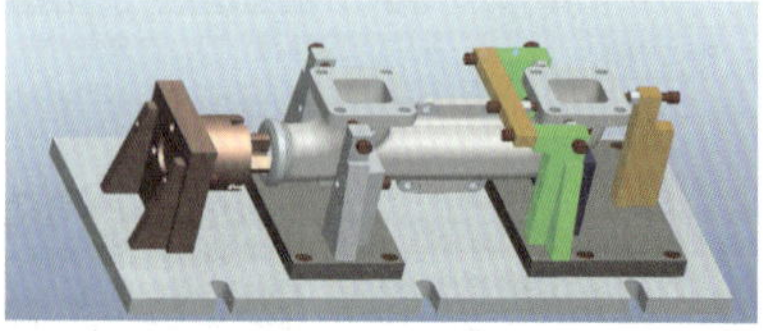

设计装配

以面向需求、项目教学、工程训练为特色的本科工程教育

三、以“项目教学+工程训练”为特色 的工程教育

顶岗实习——深度专业训练（达涅利冶金设备公司）

单 位

审 图

设 计

现 场

合 影

以面向需求、项目教学、工程训练为特色的本科工程教育

三、以“项目教学+工程训练”为特色 的工程教育

顶岗实习——深度专业训练（大连华锐重工公司）

现 场

答 疑

汇 报

答 辩

以面向需求、项目教学、工程训练为特色的本科工程教育

三、以“项目教学+工程训练”为特色 的工程教育

3、创新创业实践

学校建有——8个大学生创新创业实践基地

——1个创客学院（国家级众创空间）

机械学院 信息学院

里仁学院 材料学院

电气学院 经管学院

车辆学院 文法学院

以面向需求、项目教学、工程训练为特色的本科工程教育

三、以“项目教学+工程训练”为特色 的工程教育

4、创新创业竞赛—— 一院一赛、以赛促学

机械工程学院	机械创新设计大赛
电气工程学院	飞思卡尔智能车竞赛
艺术与设计学院	广告艺术大赛
理学院	数学建模大赛
建筑工程与力学学院	周培源力学竞赛
学校	大学生创新创业 节能减排 互联网+
信息科学与工程学院	电子设计大赛
车辆与能源学院	方程式汽车大赛

以面向需求、项目教学、工程训练为特色的本科工程教育

三、以“项目教学+工程训练”为特色 的工程教育

5、参加全国各类大赛

汽车方程式大赛

方程式赛车制作　　智能汽车大赛　　飞思卡尔智能汽车竞赛

以面向需求、项目教学、工程训练为特色的本科工程教育

三、以“项目教学+工程训练”为特色 的工程教育

5、参加全国各类大赛

数学建模竞赛

化工设计竞赛　　石油工程设计大赛　　机器人锦标赛

以面向需求、项目教学、工程训练为特色的本科工程教育

三、以“项目教学+工程训练”为特色 的工程教育

5、参加全国各类大赛

全国大学生机械创新设计大赛

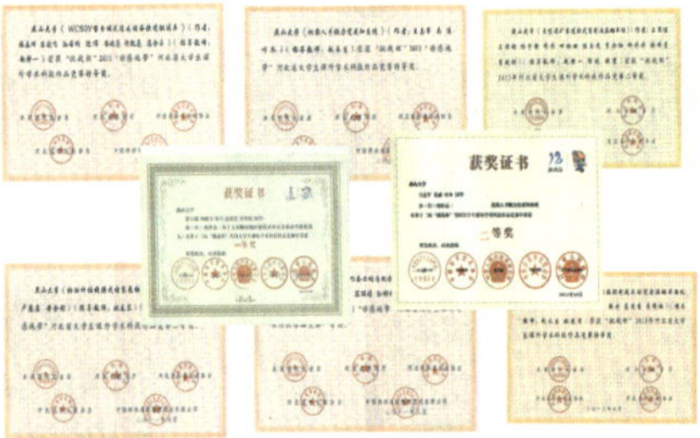

“挑战杯”全国大学生课外学术科技竞赛

以面向需求、项目教学、工程训练为特色的本科工程教育

三、以“项目教学+工程训练”为特色 的工程教育

近三年，学校参加全国性学科竞赛，共获奖约600项，参与学生上千人次。

序号	竞 赛	国家一等奖		国家二等奖	
1	数学建模竞赛	5		24	
2	电子设计竞赛	4		5	
3	机械创新设计大赛	1		4	
4	智能汽车大赛	3		5	
		国家特等奖	国家一等奖	国家二等奖	国家三等奖
5	“挑战杯”	1	2	6	3

以面向需求、项目教学、工程训练为特色的本科工程教育

第十二届中国钢铁年会，　　，北京会议中心

整辊无线式板形仪和机理智能板形控制系统

Entire Roller Wireless Shape Meter and Mechanism Intelligent Shape Control System

燕　山　大　学

国家冷轧板带装备及工艺工程技术研究中心

刘　宏　民

2019 年 10 月 16 日

国家冷轧板带装备及工艺工程技术研究中心
National Engineering Research Center for Equipment and Technology of Cold Strip Rolling

燕山大学 YANSHAN UNIVERSITY

一、研发背景

1. 市场背景

中国钢铁大国 —— 中低端产品过剩，高端不足。

装备技术研发 —— 中低端，检测控制水平不高。

冷 轧 带 钢 —— 高端产品，钢铁升级发展方向。

装 备 智 能 化 —— 钢铁装备技术升级的发展方向。

冷轧带钢优点

- 机械性能好
- 尺寸精度高
- 板形精度高
- 表面质量高

冷轧带钢用途

汽车板

家电板

建筑板

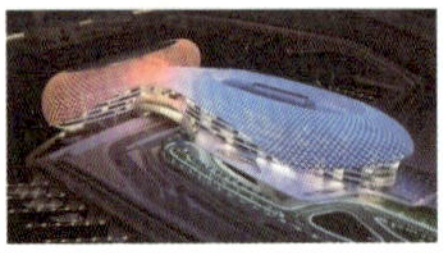

电子仪器板

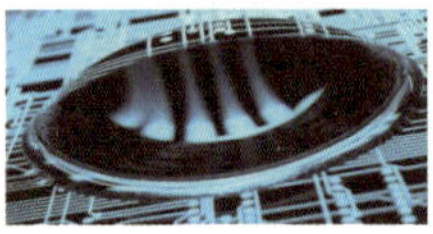

国家冷轧板带装备及工艺工程技术研究中心
National Engineering Research Center for Equipment and Technology of Cold Strip Rolling

燕山大学 YANSHAN UNIVERSITY

一、研发背景

2. 技术背景

冷轧带钢技术特点

- 高速度、重载荷 —— 20-30m/s（72-108km/h）、20-30MN（2-3千吨）
- 宽度大、厚度薄 —— 最宽 2080 mm、最薄 0.18 mm
- 多参数、强耦合 —— 工艺设备参数、数学物理模型几十个

  —— 带钢与轧辊、板厚与板形、热与力、机与电耦合
- 非线性、时变性 —— 几何非线性、物理非线性；参数变化毫秒级
- 连续化、自动化 —— 典型流程工业，设备联系紧密，测控时间毫秒级
- 精度高、难度大 —— 板厚、板形、表面质量要求微米级

国家冷轧板带装备及工艺工程技术研究中心
National Engineering Research Center for Equipment and Technology of Cold Strip Rolling

燕山大学 YANSHAN UNIVERSITY

一、研发背景

冷轧带钢板形控制技术概况

高精度板形——高级冷轧带钢的重要质量指标之一

——高档汽车家电、电子信息板的必然要求

——普通板形15-20 I，高级板形6-10 I

板形测控技术——宽带钢冷轧机的核心、关键、高端技术

——钢铁工业和装备制造升级的重大急需

——机、材、电、信等多学科综合，难度很大

板形测控关键——在线检测板形仪，控制系统数学物理模型

板形测控现状——被瑞士ABB、德国西门子、日本三菱垄断

——国内燕山大学供货，其余全部进口

国家冷轧板带装备及工艺工程技术研究中心
National Engineering Research Center for Equipment and Technology of Cold Strip Rolling

燕山大学 YANSHAN UNIVERSITY

一、研发背景

3. 工程背景

我国500套带钢冷轧机——10%依靠进口装备了板形测控系统，

——10套由本项目装备了板形测控系统

进口板形测控系统问题——价格昂贵，技术保密，每套1000多万元

——维修不便，费用很高，每次约100万元

大多数冷轧机存在问题——目测和棍棒敲击感觉板形，手动调整

——板形质量低，不能作为高级汽车、电子板

冷轧带钢装备制造问题——由于不掌握板形测控技术，工程国外总包

——我国制造80%的普通装备，挣20%利润

国家冷轧板带装备及工艺工程技术研究中心
National Engineering Research Center for Equipment and Technology of Cold Strip Rolling

燕山大学
YANSHAN UNIVERSITY

一、研发背景

4. 研发目的

——打破国外垄断封锁，解决高精度板形检测与控制技术难题

——实现用自主国产板形测控系统生产高档汽车、家电、电子板的愿望

——提高我国冷轧带钢装备智能化水平，提升国际竞争力

5.任务来源

- 精密冷轧带钢轧机与板形测控系统研制，国家科技支撑计划项目
- 板带轧机板形控制理论和智能模型研究，国家自然科学基金项目
- 流面条元法及在板形控制中应用的研究，国家自然科学基建项目
- 带钢冷轧机板形控制模糊神经模型研究，国家自然科学基金项目
- 带钢连轧板形控制建模和仿真系统开发，国家高技术—863项目
- 高精度宽带钢冷轧机板形测控技术研究，河北高技术产业化项目
- 整辊无缝式板形仪和智能板形控制系统，鞍钢、河钢、马钢项目

国家冷轧板带装备及工艺工程技术研究中心
National Engineering Research Center for Equipment and Technology of Cold Strip Rolling

燕山大学
YANSHAN UNIVERSITY

二、主要创新与技术经济指标对比

1. 整体技术思路

板形测控系统——板　形　仪：板形检测辊、信号传输装置、信号处理计算机

——控制系统：控制计算机、可编程控制器、板形控制装置

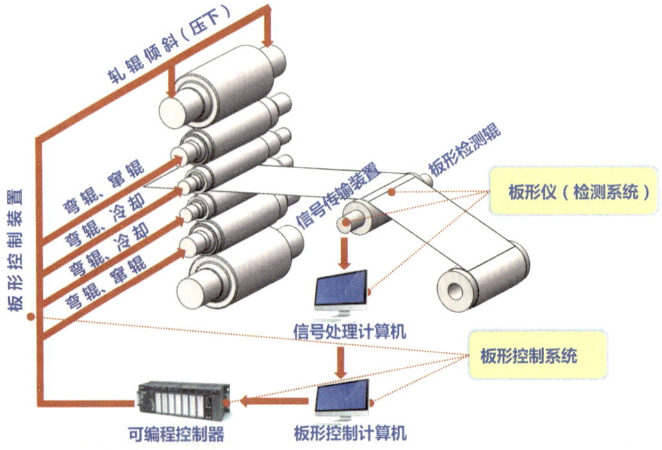

国家冷轧板带装备及工艺工程技术研究中心
National Engineering Research Center for Equipment and Technology of Cold Strip Rolling

燕山大學
YANSHAN UNIVERSITY

二、主要创新与技术经济指标对比

2.主要技术创新——2项，6个创新点

第一项创新： 提出通道解耦理论模型，研制整辊无线式板形仪，实现高精度板形检测。

技 术 难 点： 高速轧制，检测辊旋转，通道耦合。

创 新 点 1： 提出通道耦合和解耦理论模型，研制整辊无缝式板形检测辊，提高辊面质量，消除耦合影响。

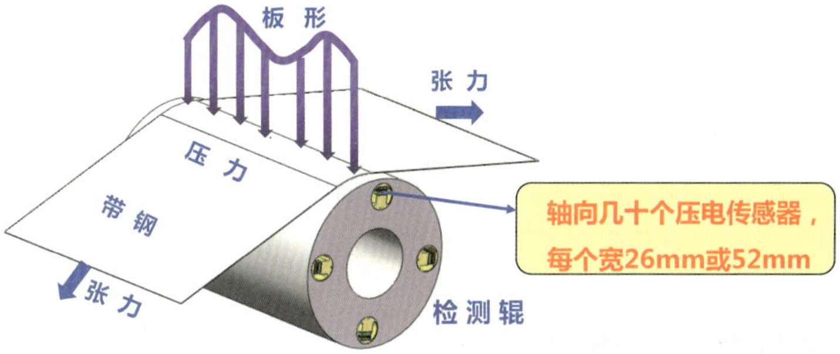

国家冷轧板带装备及工艺工程技术研究中心
National Engineering Research Center for Equipment and Technology of Cold Strip Rolling

燕山大學
YANSHAN UNIVERSITY

二、主要创新与技术经济指标对比

——通道耦合与信号解耦

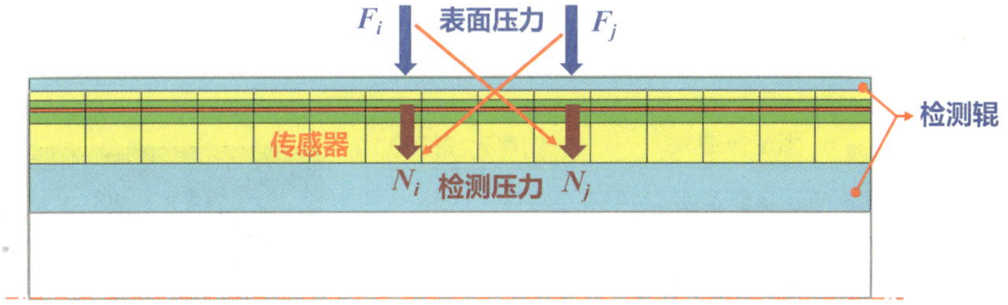

通道耦合： $N_i=\sum_{j=1}^{m}\alpha_{ij}F_j$，$\alpha_{ij}$ —— 影响系数，有限元计算、实验标定

信号解耦：

$$\begin{bmatrix}F_1\\F_2\\\vdots\\F_m\end{bmatrix}=\begin{bmatrix}C_{11}&C_{12}&\cdots&C_{1m}\\C_{21}&C_{22}&\cdots&C_{2m}\\\vdots&\vdots&\ddots&\vdots\\C_{m1}&C_{m2}&\cdots&C_{mm}\end{bmatrix}\begin{bmatrix}N_1\\N_2\\\vdots\\N_m\end{bmatrix},\quad [C]=[\alpha]^{-1}$$

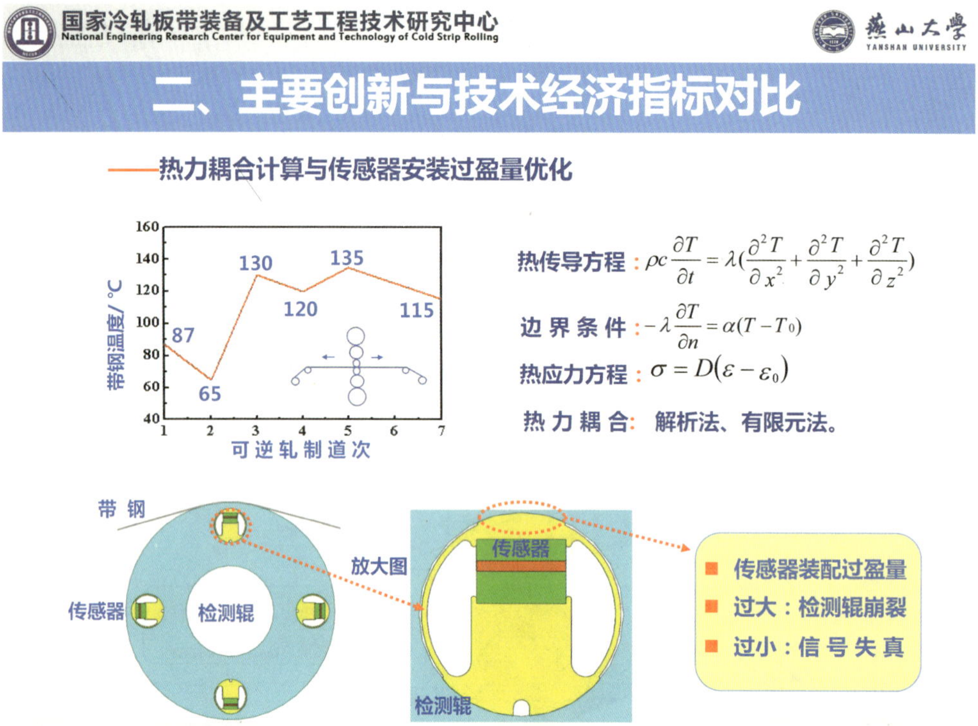
国家冷轧板带装备及工艺工程技术研究中心
National Engineering Research Center for Equipment and Technology of Cold Strip Rolling
燕山大学
YANSHAN UNIVERSITY
二、主要创新与技术经济指标对比
——热力耦合计算与传感器安装过盈量优化
带钢温度/℃
可逆轧制道次
87
65
130
120
135
115
热传导方程：$\rho c\frac{\partial T}{\partial t}=\lambda(\frac{\partial^2 T}{\partial x^2}+\frac{\partial^2 T}{\partial y^2}+\frac{\partial^2 T}{\partial z^2})$
边界条件：$-\lambda\frac{\partial T}{\partial n}=\alpha(T-T_0)$
热应力方程：$\sigma=D(\varepsilon-\varepsilon_0)$
热力耦合：解析法、有限元法。
带钢
传感器
检测辊
放大图
传感器
检测辊
传感器装配过盈量
过大：检测辊崩裂
过小：信号失真

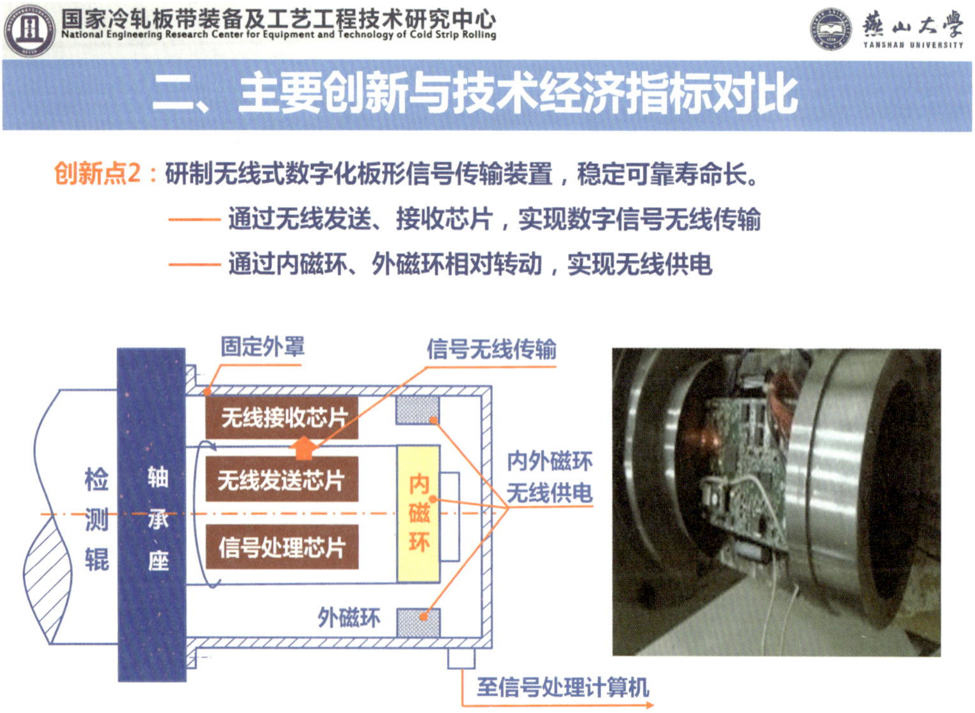
国家冷轧板带装备及工艺工程技术研究中心
National Engineering Research Center for Equipment and Technology of Cold Strip Rolling
燕山大学
YANSHAN UNIVERSITY
二、主要创新与技术经济指标对比
创新点2：研制无线式数字化板形信号传输装置，稳定可靠寿命长。
——通过无线发送、接收芯片，实现数字信号无线传输
——通过内磁环、外磁环相对转动，实现无线供电
固定外罩
信号无线传输
无线接收芯片
无线发送芯片
信号处理芯片
内磁环
外磁环
检测辊
轴承座
内外磁环无线供电
至信号处理计算机

国家冷轧板带装备及工艺工程技术研究中心
National Engineering Research Center for Equipment and Technology of Cold Strip Rolling

燕山大學 YANSHAN UNIVERSITY

二、主要创新与技术经济指标对比

创新点3：研发误差补偿和分量识别技术，实现精准检测和深度感知。

—— 检测辊变形补偿

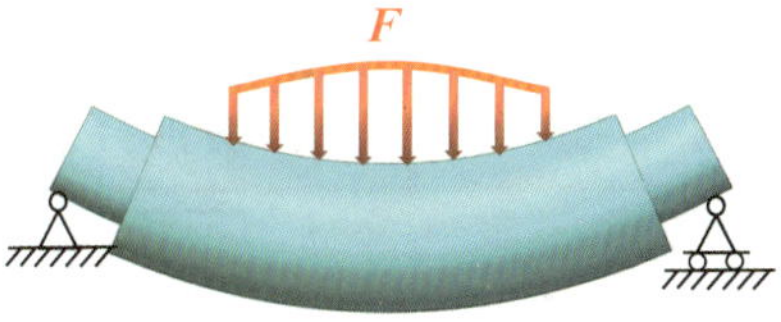

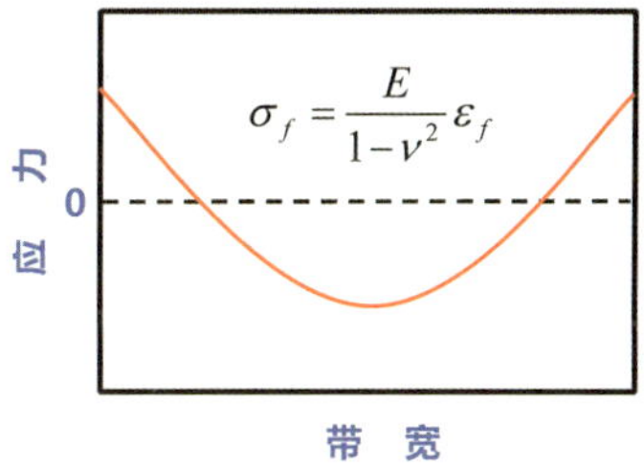

表面位移：$f_i = \sum_{j=1}^{n}(\alpha_{ij}+\beta_{ij})F_j+\gamma(T_i-T_0)$

挠曲　压扁　热膨胀

国家冷轧板带装备及工艺工程技术研究中心
National Engineering Research Center for Equipment and Technology of Cold Strip Rolling

燕山大學 YANSHAN UNIVERSITY

二、主要创新与技术经济指标对比

—— 带钢横向温差补偿

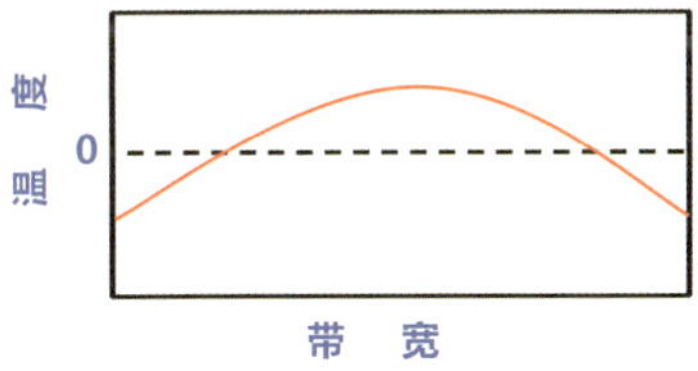

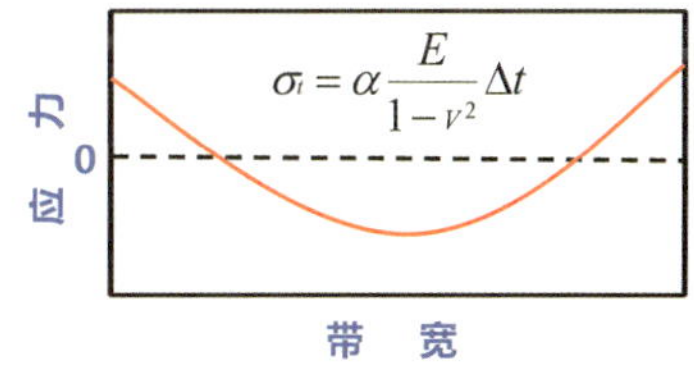

—— 带钢卷形补偿

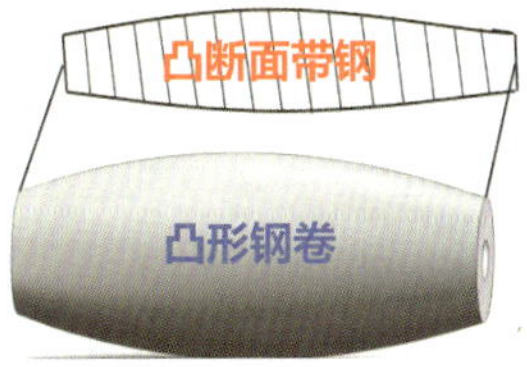

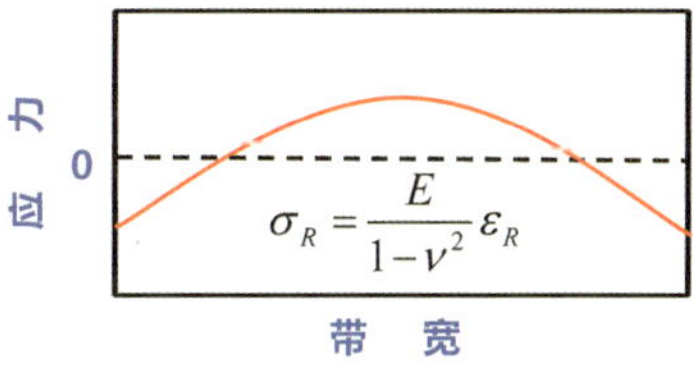

钢卷外径　$R_i = R_i$（凸度，张力，层数）

国家冷轧板带装备及工艺工程技术研究中心
National Engineering Research Center for Equipment and Technology of Cold Strip Rolling
燕山大學 YANSHAN UNIVERSITY

二、主要创新与技术经济指标对比

——板形分量识别，神经网络模型，为板形控制奠定基础

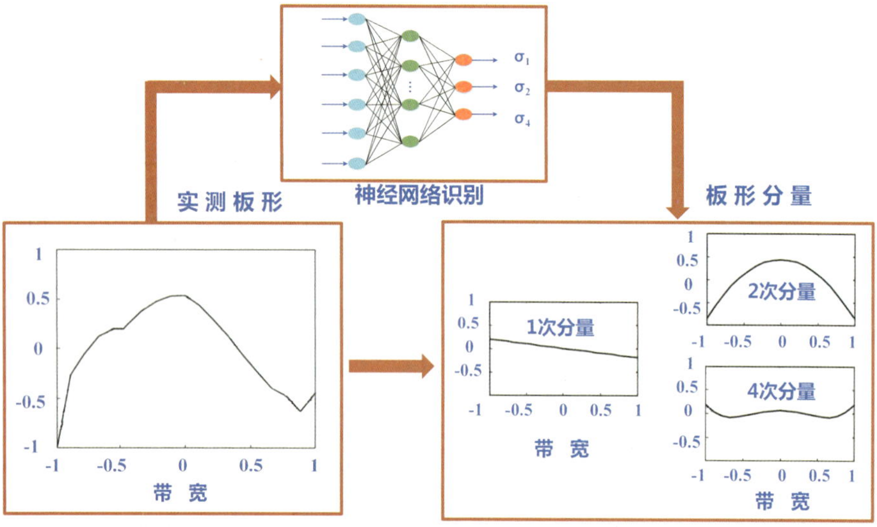

国家冷轧板带装备及工艺工程技术研究中心
National Engineering Research Center for Equipment and Technology of Cold Strip Rolling
燕山大學 YANSHAN UNIVERSITY

二、主要创新与技术经济指标对比

第二项创新：提出解耦控制策略和动态解耦控制模型，研制机理智能板形控制系统，实现高精（微米）高速（毫秒）控制。

技术难点：多变量、强耦合、非线性、时变性；建模很难，计算量大。

创新点4：根据相对增益和解耦控制理论，提出一次板形单独控制，二次、四次板形解耦控制策略和动态解耦控制模型，简化控制器设计，实现全程解耦控制，调节时间缩短1/2，无超调。

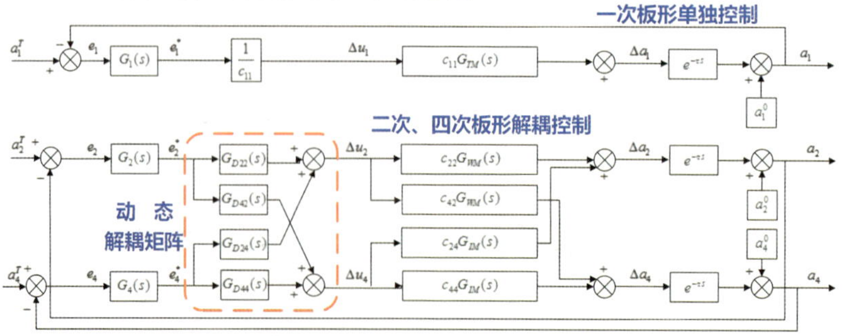

国家冷轧板带装备及工艺工程技术研究中心
National Engineering Research Center for Equipment and Technology of Cold Strip Rolling

燕山大学 YANSHAN UNIVERSITY

二、主要创新与技术经济指标对比

动态解耦矩阵模型

$$G_D(s)=\frac{1}{c_{22}c_{43}-c_{23}c_{42}}\begin{bmatrix} c_{43} & -c_{23}G_{IM}(s)/G_{WM}(s) \\ -c_{42}G_{WM}(s)/G_{IM}(s) & c_{22} \end{bmatrix}$$

解耦后二次、四次板形广义闭环控制系统

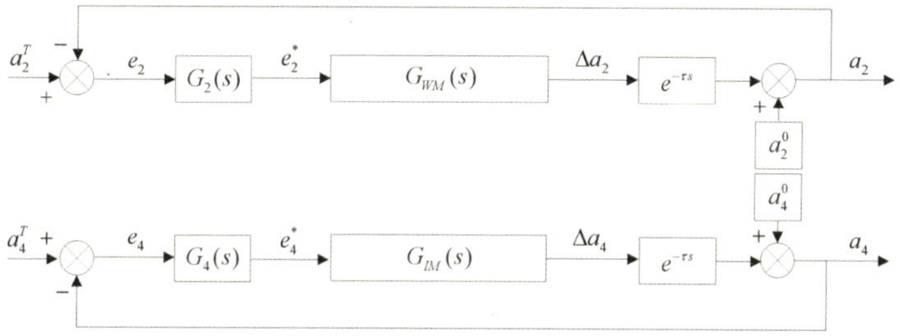

国家冷轧板带装备及工艺工程技术研究中心
National Engineering Research Center for Equipment and Technology of Cold Strip Rolling

燕山大学 YANSHAN UNIVERSITY

二、主要创新与技术经济指标对比

创新点5：提出板形预测自适应控制技术，补偿大滞后，调节时间缩短2/3。

一次板形预测自适应控制

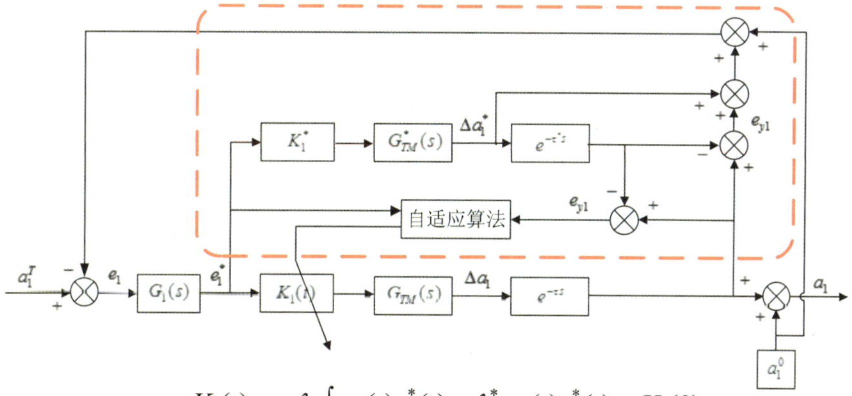

$$K_1(t)=-\lambda_1\int e_{y1}(t)e_1^*(t)-\lambda_1^*e_{y1}(t)e_1^*(t)+K_1(0)$$

国家冷轧板带装备及工艺工程技术研究中心
National Engineering Research Center for Equipment and Technology of Cold Strip Rolling

燕山大學 YANSHAN UNIVERSITY

二、主要创新与技术经济指标对比

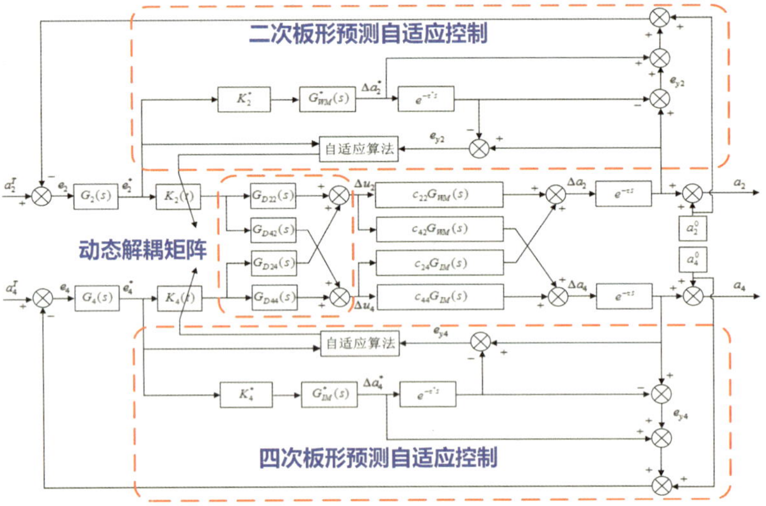

$$K_2(t)=-\lambda_2\int e_{y2}(t)e_2^*(t)-\lambda_2^*e_{y2}(t)e_2^*(t)+K_2(0)\qquad K_4(t)=-\lambda_4\int e_{y4}(t)e_4^*(t)-\lambda_4^*e_{y4}(t)e_4^*(t)+K_4(0)$$

国家冷轧板带装备及工艺工程技术研究中心
National Engineering Research Center for Equipment and Technology of Cold Strip Rolling

燕山大學 YANSHAN UNIVERSITY

二、主要创新与技术经济指标对比

创新点6：研发机理智能板形控制技术，实现精确快速过程控制。

——条元法机理模型板形设定控制

板形设定控制模型系统——8个基本模型及其相互联系

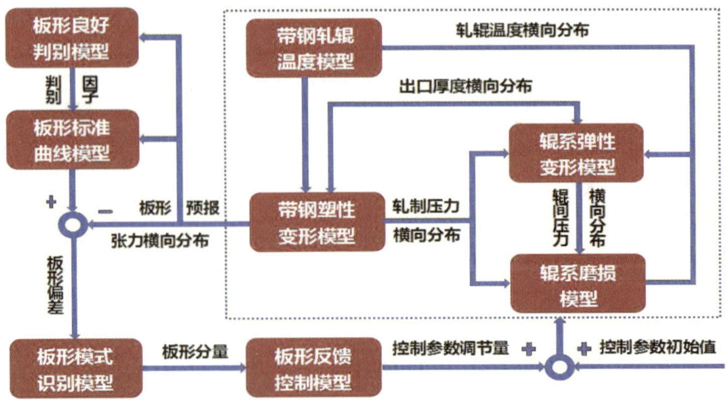

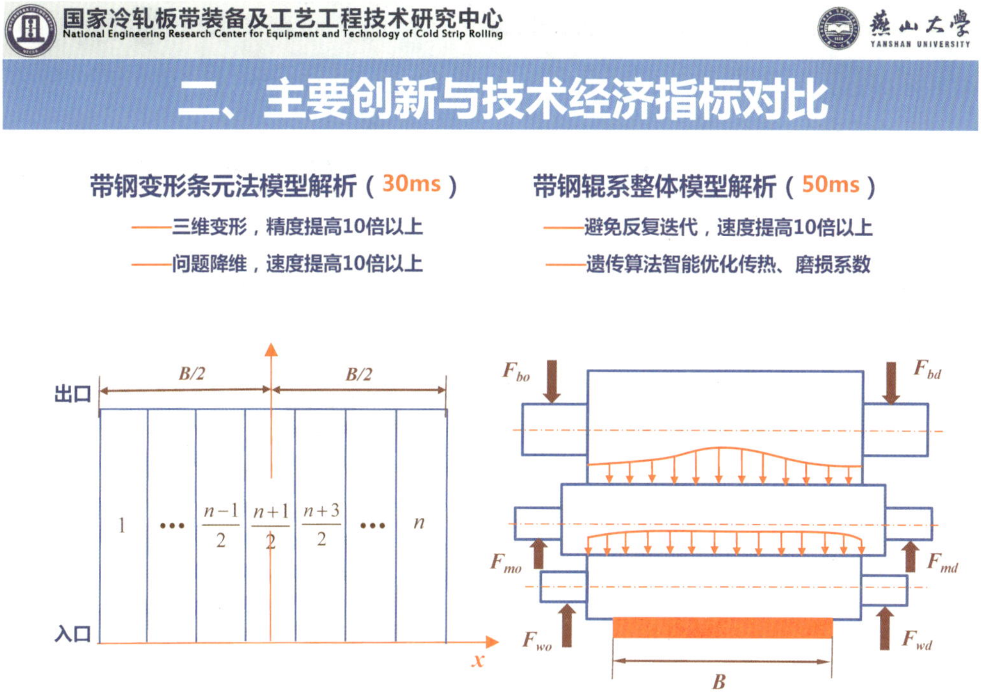
国家冷轧板带装备及工艺工程技术研究中心
National Engineering Research Center for Equipment and Technology of Cold Strip Rolling
燕山大学
YANSHAN UNIVERSITY
二、主要创新与技术经济指标对比
带钢变形条元法模型解析（30ms）
——三维变形，精度提高10倍以上
——问题降维，速度提高10倍以上
带钢辊系整体模型解析（50ms）
——避免反复迭代，速度提高10倍以上
——遗传算法智能优化传热、磨损系数
出口
入口
B/2
B/2
x
B

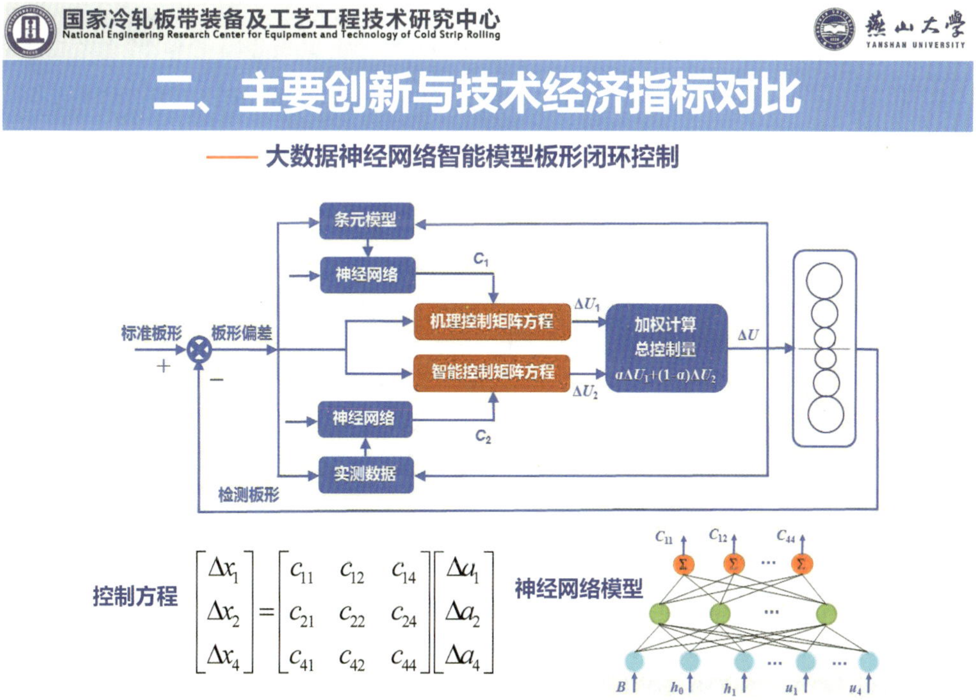
国家冷轧板带装备及工艺工程技术研究中心
National Engineering Research Center for Equipment and Technology of Cold Strip Rolling
燕山大学
YANSHAN UNIVERSITY
二、主要创新与技术经济指标对比
——大数据神经网络智能模型板形闭环控制
条元模型
神经网络
机理控制矩阵方程
智能控制矩阵方程
神经网络
实测数据
加权计算
总控制量
标准板形
板形偏差
检测板形
控制方程
神经网络模型

国家冷轧板带装备及工艺工程技术研究中心
National Engineering Research Center for Equipment and Technology of Cold Strip Rolling

燕山大學 YANSHAN UNIVERSITY

二、主要创新与技术经济指标对比

—— 模糊神经智能模型板形调节装置PID控制（基础自动化智能控制）

—— 倾辊、弯辊调节模糊神经PID

—— 模糊调节与神经网络自适应协同

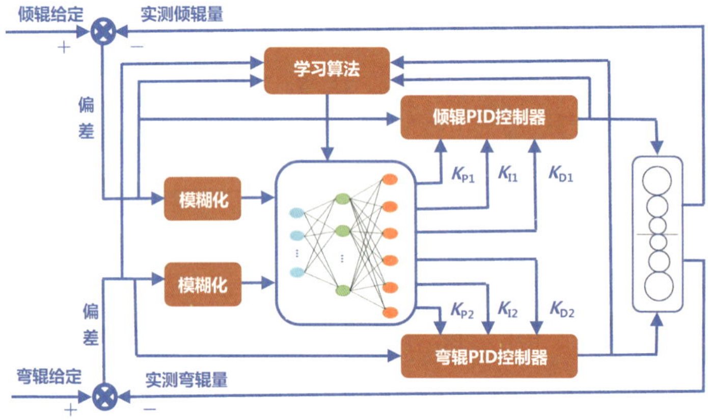

国家冷轧板带装备及工艺工程技术研究中心
National Engineering Research Center for Equipment and Technology of Cold Strip Rolling

燕山大學 YANSHAN UNIVERSITY

二、主要创新与技术经济指标对比

3.主要技术经济指标国内外对比

3项主要技术指标国内外对比——国际领先水平

指标名称	瑞士ABB	德国西门子	日本三菱	本项目
板形检测分辨力（I）	0.5	0.5	0.5	0.2
闭环控制精度（I）	8-10	8-10	8-10	4-6
闭环控制周期（ms）	200	200	200	100

注1：国外板形仪——分片式，板形控制模型——表格式。

注2：1 I=带钢长度宽度方向变化率10-5，或1米带钢宽向长度差1微米。

国家冷轧板带装备及工艺工程技术研究中心
National Engineering Research Center for Equipment and Technology of Cold Strip Rolling

燕山大学 YANSHAN UNIVERSITY

二、主要创新与技术经济指标对比

经济效益国内外对比

- 每套节约投资约800万元
- 每次节约维修费100万元

国内外市场竞争力对比

- 价格优势——国外同类技术价格的30%
- 技术优势——5项主要技术指标好于国际先进水平
- 服务优势——及时免费提供培训、指导和维修

4.技术局限性及努力方向

- 应用物联网、大数据、云计算和人工智能技术，实现远程控制。
- 替换引进板形测控系统，解决与轧机整体控制系统的接口问题。

国家冷轧板带装备及工艺工程技术研究中心
National Engineering Research Center for Equipment and Technology of Cold Strip Rolling

燕山大学 YANSHAN UNIVERSITY

三、知识产权与第三方评价

1. 知识产权

- 发明专利 30 项，计算机软件著作权 30 项
- 国家标准 2 个——GB/T 34902-2017（板形仪）
  ——GB/T 34901-2017（控制系统 ）
- 代表论文100 篇——SCI：50 篇，EI：50 篇

2. 科研奖励

- 河北省技术发明奖，一等，2015年
- 中国机械工业科学技术奖，一等，2015年

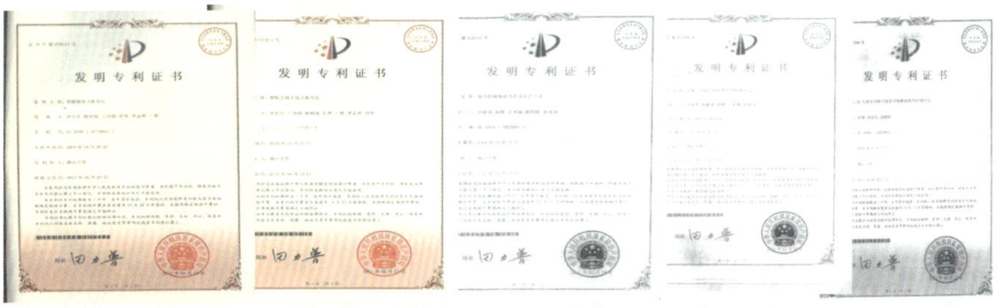

国家冷轧板带装备及工艺工程技术研究中心
National Engineering Research Center for Equipment and Technology of Cold Strip Rolling

燕山大學 YANSHAN UNIVERSITY

三、知识产权与第三方评价

3. 鉴定意见——2份

首创整辊无缝式板形检测辊，辊面质量高；研制无线式板形信号传输处理装置，稳定可靠精度高；开发板形控制机理智能协同系统，高精度高效率。

国际领先水平

是我国冶金工业和高端装备制造领域核心技术创新，对产业升级具有推广应用价值。

国家冷轧板带装备及工艺工程技术研究中心
National Engineering Research Center for Equipment and Technology of Cold Strip Rolling

燕山大學 YANSHAN UNIVERSITY

三、知识产权与第三方评价

4. 验收意见——2份

（1）国家科技支撑计划项目验收意见

首创整辊式板形检测辊，解决了压伤和划伤带钢表面难题。具有创新性和自主知识产权。同意通过验收。

（2）国家工程技术研究中心验收意见

完成各项组建任务，达到验收标准，通过验收，并予以正式命名。

国家科技支撑计划项目结题专家意见书

项目编号	2011BAF15B00
项目名称	精密冷轧带钢轧机与板形测控系统研制
项目组织单位	河北省科学技术厅

验收意见：

2015 年 7 月 7 日，科技部在北京组织召开了国家科技支撑计划"精密冷轧带钢轧机与板形测控系统研制"项目验收会。验收专家组听取了项目汇报，审阅了相关材料，观看了项目成果演示，经质询和讨论，形成如下意见：

1. 项目组织管理规范，文档资料基本齐全。

2. 项目研制了 650mm 四/六辊板/带材可逆式中试轧机，建立了系统的板形控制数学模型，首创的整辊无线式和镶嵌式板形检测辊，解决了压伤和划伤带钢表面的难题，具有创新性和自主知识产权。

3. 项目成果应用于燕山大学国家冷轧板带装备及工艺工程技术研究中心 650 中试轧机，并在河北钢铁衡水薄板 1050mm 冷轧机、鞍钢 1780mm 冷轧平整机中实现了工业应用。

4. 项目申请专利 14 项，取得软件著作权 9 项，发表论文 60 篇以上。

5. 项目经费支出基本合理，详见财务验收意见。

验收专家组认为，该项目完成了规定的目标和任务，同意通过验收。

验收专家组组长（签字）：
验收专家组副组长（签字）：
2015 年 7 月 7 日

34 个工程中心通过验收，并予以正式命名。

— 1 —

国家冷轧板带装备及工艺工程技术研究中心
National Engineering Research Center for Equipment and Technology of Cold Strip Rolling

燕山大学 YANSHAN UNIVERSITY

三、知识产权与第三方评价

5. 查新结论——2份

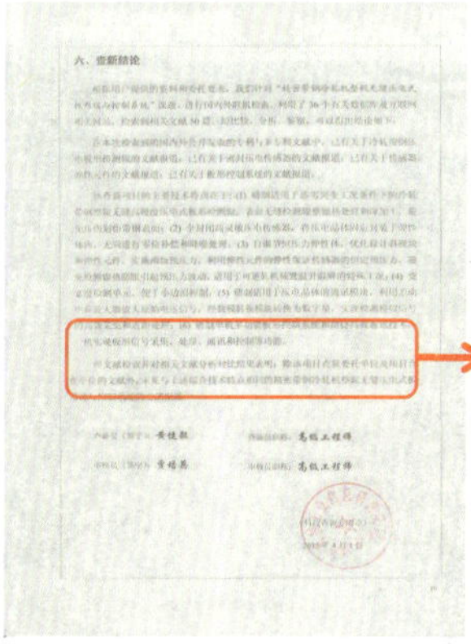
六、查新结论

除本项目发表的文献外，未见关于查新要点的相同报道。

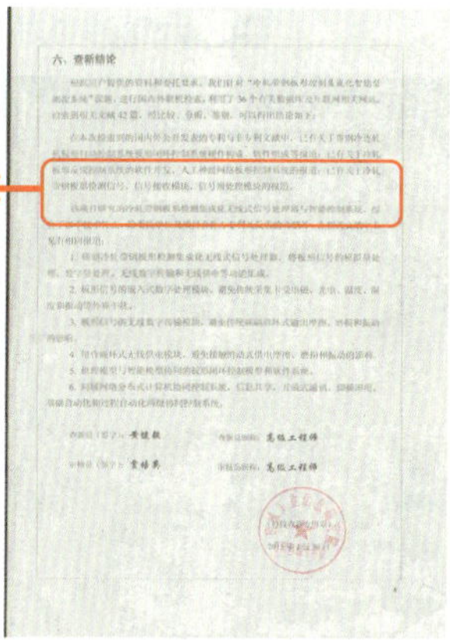
六、查新结论

国家冷轧板带装备及工艺工程技术研究中心
National Engineering Research Center for Equipment and Technology of Cold Strip Rolling

燕山大学 YANSHAN UNIVERSITY

三、知识产权与第三方评价

6. 用户使用报告——6份

（1）鞍钢：板形 4 I（<0.3mm）

（波浪度 4/1000）

（2）河钢：板形 6 I（<0.3mm）

（波浪度 5/1000）

（3）马钢：板形 4 I（<0.3mm）

产品质量：普通级 → 高等级

生产情况：长期稳定运行

操作人员赞同

必用技术规程

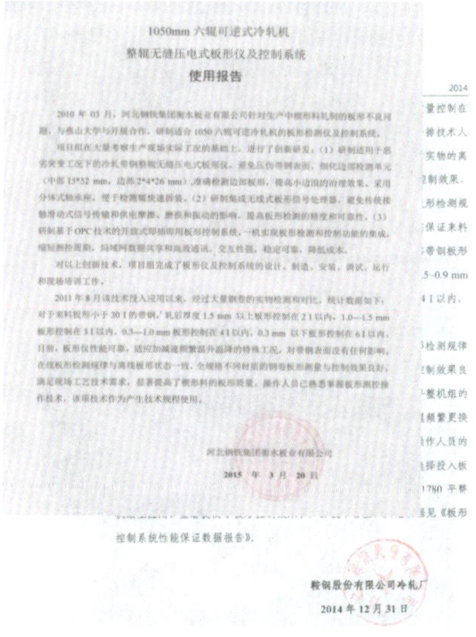
1050mm 六辊可逆式冷轧机
整辊无缝压电式板形仪及控制系统
使用报告

河北钢铁集团衡水板业有限公司
2015 年 3 月 20 日

控制系统性能保证数据报告》。

鞍钢股份有限公司冷轧厂
2014 年 12 月 31 日

国家冷轧板带装备及工艺工程技术研究中心
National Engineering Research Center for Equipment and Technology of Cold Strip Rolling

燕山大學
YANSHAN UNIVERSITY

四、应用推广和效益

1. 应用轧机——12套

鞍钢1780、2130、1250mm四、六辊冷轧机

河钢1050、1560mm六辊冷轧机

国家冷轧板带装备及工艺工程技术研究中心
National Engineering Research Center for Equipment and Technology of Cold Strip Rolling

燕山大學
YANSHAN UNIVERSITY

四、应用推广和效益

马钢1720、河南明泰铝业1650四辊冷轧机

山东冠洲1500六辊冷轧机

江苏九天光电750、安徽楚江铜业800六辊冷轧机

燕山大学国家工程中心650、太原科技大学600六辊冷轧机

四、应用推广和效益

2. 经济效益证明——8份

（1）鞍 钢1780 ：2.0506亿元

（2）鞍 钢2130：2.3520亿元

（3）河 钢1050：1.3875亿元

（4）河 钢1550：1.1040亿元

（5）马钢1720 ：1.7940万元

（6）山东1500 ：1.5696亿元

（7）江 苏 750：　5747万元

（8）燕 大 650 ：　2590万元

共节省引进投资：1.2亿元

近三年新增销售额：126亿元

利润：11亿元

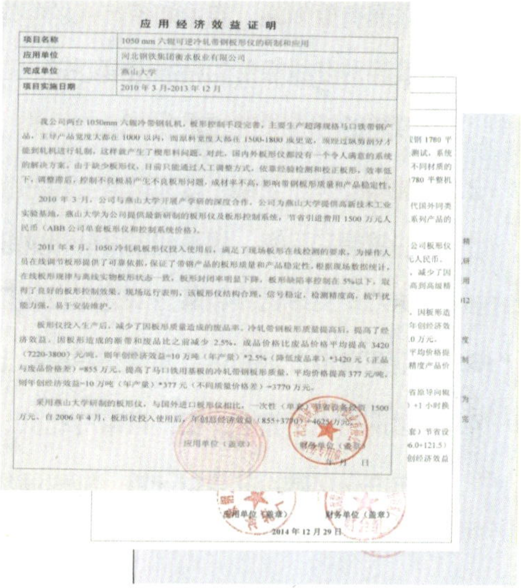

应用经济效益证明

项目名称	1050 mm 六辊可逆冷轧带钢板形仪的研制和应用
应用单位	河北钢铁集团衡水板业有限公司
完成单位	燕山大学
项目实施日期	2010 年 3 月-2013 年 12 月

我公司两台 1050mm 六辊冷带钢轧机，板形控制手段完善，主要生产超薄规格马口铁带钢产品，主导产品宽度大都在 1000 以内，而原料宽度大都在 1500-1800 或更宽，须经过纵剪剖分才能到轧机进行轧制，这样就产生了楔形料问题。对此，国内外板形仪都没有一个令人满意的系统的解决方案，由于缺少板形仪，目前只能通过人工调整方式，依靠经验检测和校正板形，效率低下，调整滞后，控制不良极易产生不良板形问题，成材率不高，影响带钢板形质量和产品稳定性。

2010 年 3 月，公司与燕山大学开展产学研的深度合作，公司为燕山大学提供高新技术工业实验基地，燕山大学为公司提供最新研制的板形仪及板形控制系统，节省引进费用 1500 万元人民币（ABB 公司单套板形仪和控制系统价格）。

2011 年 8 月，1050 冷轧机板形仪投入使用后，满足了现场板形在线检测的要求，为操作人员在线调节板形提供了可靠依据，保证了带钢产品的板形质量和产品稳定性，根据现场数据统计，在线板形规律与离线实物板形状态一致，板形封闭率明显下降，板形缺陷率控制在 5%以下，取得了良好的板形控制效果。现场运行表明，该板形仪结构合理，信号稳定，检测精度高，抗干扰能力强，易于安装维护。

板形仪投入生产后，减少了因板形质量造成的废品率，冷轧带钢板形质量提高后，提高了经济效益，因板形造成的断带和废品比之前减少 2.5%，成品价格比废品价格平均提高 3420（7220-3800）元/吨，则年创经济效益=10 万吨（年产量）*2.5%（降低废品率）*3420 元（正品与废品价格差）=855 万元。提高了马口铁用基板的冷轧带钢板形质量，平均价格提高 377 元/吨，则年创经济效益=10 万吨（年产量）*377 元（不同质量价格差）=3770 万元。

采用燕山大学研制的板形仪，与国外进口板形仪相比，一次性（单套）节省设备投资 1500 万元，自 2006 年 4 月，板形仪投入使用后，年创总经济效益（855+3770）=4625 万元。

应用单位（盖章）　财务单位（盖章）

年　月　日

应用单位（盖章）　财务单位（盖章）

2014 年 12 月 29 日

国家冷轧板带装备及工艺工程技术研究中心
National Engineering Research Center for Equipment and Technology of Cold Strip Rolling
燕山大学
YANSHAN UNIVERSITY

四、应用推广和效益

3.社会效益

鞍钢、河钢、马钢等冷轧带钢板形质量显著提高，产品从普通级提升到高等级，用于奔驰、宝马、奥迪、通用、别克、格力电器等高级汽车家电板，中粮、深圳华特等食品包装板，顶替进口，出口美国、欧洲、日本、韩国等。

在燕山大学建成国家冷轧板带工程技术研究中心，2014年通过验收。完成轧制高强钢、铝合金、钛合金板等一批国防科研任务。

在燕山大学建成教育部精品钢铁生产工艺装备智能化省部共建协同创新中心。培养国家万人计划领军人才1名、河北高端人才1名、河北创新团队1个。

国家冷轧板带装备及工艺工程技术研究中心
National Engineering Research Center for Equipment and Technology of Cold Strip Rolling

燕山大学
YANSHAN UNIVERSITY

五、促进行业科技进步的作用和意义

1. 形成具有原创性、自主知识产权的整辊无线式板形仪和机理智能板形控制系统，实现对在线板形的精准深度感知、高精高速控制，是我国钢铁工业和高端装备领域的核心关键技术创新。
2. 打破国外垄断封锁，实现用自主国产板形测控系统生产高档汽车、家电、电子板的梦想和目标，提高我国冷轧带钢装备的智能化水平和产品等级，提高国际竞争力，支撑钢铁和装备制造行业转型升级。
3. 目前正在推广到有色金属带材冷轧机上。
4. 我国现有上千套钢、铝、铜带冷轧机，用本项技术将节约引进费用数十亿元；按年产一亿吨冷轧带材计算，板形质量提高每年将产生经济效益数百亿元。

燕山大學
YANSHAN UNIVERSITY
厚德　博學　求是

谢　谢！

第九篇　媒体报道

首台国产化冷连轧机板形测控系统研制成功

近日，燕山大学教授刘宏民带领团队自主创新研制的整辊无线式冷轧带钢板形仪，成功应用于鞍钢 1780 mm 五机架冷连轧机，实现冷连轧机板形测控系统的首台套国产化。该成果打破了国外垄断，也代表着我国在高端智能大型仪器国产化方面取得重大成果。

2020 年 7 月，鞍钢 1780 mm 五机架冷连轧机装备的国外板形测控系统彻底损坏，影响生产正常进行和带钢板形质量。如果从国外订货，不但价格贵，而且周期长，至少需要 9 个月，恢复生产不能等待。应鞍钢急需，刘宏民科研团队在多年积累的基础上，紧急研制出一套整辊无线式板形仪，于当年 8 月投入使用，解决了生产燃眉之急。

运行半年多来，该设备各项性能指标稳定良好，不但实现了正常的板形检测与控制，而且达到国际先进水平，为企业年创造利润 8000 多万元，受到鞍钢上下一致好评。在此基础上，鞍钢又加订了一套整辊无线式板形仪。

高品质冷轧带钢是钢铁强国的重要标志。我国现有几百套带钢冷轧机。其中大多数冷轧机依靠人工检测和控制板形，精度和成材率不高。只有少数冷轧机依靠进口装备了板形测控系统。但进口系统不仅价格昂贵，核心关键技术还对我国保密，而且维修服务费用高、时间长，存在"卡脖子"隐患。依靠自主创新技术，提升带钢冷轧机板形测控智能化水平和冷轧带钢板形质量，是我国钢铁工业发展升级的重大需求。

燕山大学的冷轧带钢板形仪在高度连续自动化和大规模生产的鞍钢 1780 mm 五机架冷连轧生产线上的成功应用，标志着国产板形仪经受了更加严格的考验，跨上了一个崭新的台阶，增强了国际竞争力，同时也提振了我们自立自强的信心，体现了燕大人致力于大国重器、家国情怀的能力和贡献。

近 10 多年来，燕山大学板形测控研究团队在国家科技支撑计划项目、国家高技术研究发展计划项目、国家自然科学基金项目和校企合作项目的支持下，自主创新研制整辊无线式板形仪和板形控制系统，成功应用于鞍钢 1250 mm、马钢 1720 mm 等 10 多套单机架冷轧机，为相关企业创造利润 11 亿元，为国家节省投资 1.2 亿元，相当程度上起到了顶替进口、打破垄断的作用。

本文原载于《中国科学版》，2021-4-15　蔡常山　陈彬

燕山大学校长刘宏民：在负重奋进中实现全面提升

教授、博士生导师，燕山大学机械工程国家级重点学科带头人，国内著名板形控制专家，首次提出了一种新的具有自主知识产权的应用于板带轧制过程仿真的数值计算方法——“条元法”，为提升我国板带轧机板形控制水平，实现核心技术国产化作出了重要贡献；其科研成果曾获得2004年度国家科技进步二等奖，并被评为2004年度全国机械工业科学技术九大进展之首；2006年荣获“全国五一劳动奖章”。

[科学时报 陆琦 崔雪芹报道]中国第一台二十辊森吉米尔轧机、中国第一台H型钢轧机、中国第一根波纹腹板H型钢、中国第一台六辊冷轧板机、中国第一条双层金属卷焊管机组、中国第一套冷轧带钢厚度液压自动控制系统……这一系列的中国第一都是由燕山大学所创造。一所省属重点高校凭什么创造了奇迹？

作为燕山大学的校长，作为原东北重型机械学院（燕山大学的前身）的毕业生，刘宏民告诉了我们答案。

“第四次创业目标为全面提升学校质量”

《科学时报》：燕山大学源于哈尔滨工业大学，后经东北重型机械学院，整体南迁秦皇岛市，直到1997年更名为燕山大学。出身名校，又历经多次变迁，燕大精神是否得以传承？作为校长，您如何诠释燕大精神？

刘宏民：可以说，燕山大学经历了三次创业。

第一次创业：1958年，哈尔滨工业大学重型机械系及相关专业成建制搬迁到东北工业重镇齐齐哈尔市富拉尔基区，毗邻中国第一重型机器厂，组建了哈尔滨工业大学重型机械学院，专门培养我国急需的重型机械人才，1960年开始独立办学，定名为东北重型机械学院。

东北重型机械学院是教育与生产实践相结合的产物。当时，我国第一所重型机械学院与中国第一重型机器厂仅一墙之隔，学院的教师以哈工大为主，干部由哈工大和第一重型机器厂共同选派，从而形成了校厂合作的特殊关系。教学密切结合生产实际，基础课采用课堂讲授，大部分专业课采用课堂教学与现场教学相结合的方法，承担教学任务的既有学校的专职教师，又有工厂的技术人员。学院师生在第一重型机器厂参加了大量的生产实习和科技开发项目。办学初期，就形成了一种以教学为主，教学、科研、生产相结合的特殊办学模式。这为形成燕山大学“学研产互动”的办学特色奠定了基础，并逐渐演变成为一种办学传统。

1978年，东北重型机械学院被国务院确定为全国重点高校。

第二次创业：1985年至1997年学校整体南迁秦皇岛市，1997年1月经原国家教委批准，更名为燕山大学。同样是在荒地和农田上一砖一瓦地建立起来。

第三次创业：1998年，学校由原机械工业部划到河北省，实行中央与地方共建，以河北省管理为主。学校扩招，贷款建立新校区。

这三次创业都经历了在荒地和农田上开辟新校区的从无到有的过程。随着这三次创业，“创业求实，负重奋进”的燕大精神日渐形成，“艰苦创业，严谨求实”的传统也得到了传承和保留。

目前，燕山大学占地面积5000余亩，建筑面积100万平方米。学校现设有5个博士后流动站，6个博士学位授权一级学科，35个博士学位授权二级学科专业；有13个硕士学位授权一级学科，80个硕士学位授权二级学科专业，16个工程硕士专业学位授予权领域和MPA、MBA专业学位授予权；有60个本科专业，已呈现出以工为主，以重型机械装备为优势和特色，文、理、经、管、法、教等多学科并举的学科格局。

学校的规模、办学格局基本上已经稳定下来，学科专业也较为完善。面对今后的“第四次”创业，我们将目标锁定为全面提升学校的质量和水平。

“有特色的高校忌盲目扩张和面面俱到”

《科学时报》：当前，传统国家重点大学的概念正在逐渐淡化。地处高等教育环境一般的河北省，燕山大学以地方大学的身份发展，是否受到种种限制？

刘宏民：燕山大学于1985年在秦皇岛创建分校，至今历经24年。到秦皇岛办学后，学校获得了快速发展，规模不断扩大，综合实力不断增强，地位获得较大提升。学校建设发展取得的成绩，与河北省各级领导的关怀和大力支持是分不开的。

尽管如此，目前学校的发展仍承担着巨大的压力，面临着种种限制。由于从原中央部属院校划转地方，燕山大学成为原88所传统重点大学中没有进入“211工程”行列的4所院校之一，被网友称为“全国最受委屈的大学”之一。

没有“211工程”的名分，燕山大学的发展受到了一定的影响。首先表现为经费不足。教育部主管的院校目前是按学生的人数下拨经费，而作为地方大学的燕山大学，目前的经费预算仍按1998年的额度拨款，没有根据办学标准、学生人数的变化而变化，这样一来，人均经费就随办学规模的扩大而减少，逐渐拉大了与教育部主管大学之间的差距。

其次表现在科研方面。地方院校一般很难得到国家高端项目的科研信息，这对科研非常不利。在申请博士点、国家重点学科等学科建设的过程中都难以和全国重点大学获得相同的机会。

第三，在培养和吸引杰出人才的政策和实际操作中，教育部主管的大学和地方大学有很大差异，突出表现在“长江学者”的岗位设立等方面。目前燕山大学有4位“长江学者”，而燕山大学要办成高水平大学，至少要有20位“长江学者”、20位“杰青”。

第四，在研究生招收方面，尤其是博士生招生名额受到限制。目前我们学校一个博士生导师基本上每年只招收一个博士生，有限的招生指标直接限制了科研水平。

最后是表现在学生就业方面。作为一所具有行业特色的老牌重点大学，学生就业原本不应该成为一个问题，可是由于非“211工程”大学，本科生要进驻上海这样的大城市，首先会遇到人才引进标准的限制。

《科学时报》:与国内同层次院校进行竞争,燕山大学有没有优势?在您看来,像燕山大学这样的地方大学应该采取什么思路来实现高水平大学的建设目标?

刘宏民:燕山大学的优势包括以下几个方面:第一,继承了哈工大的优良学风,即学风严谨求实;第二,燕大人都勇于吃苦,具有艰苦创业的良好传统;第三,学科特色突出、历史久远,比如轧钢和锻压专业是国内创办最早的,学校在重型机械和钢铁行业拥有较高的声望;第四,学校的地理位置优越、交通便利,有利于吸引人才。

作为地方大学,燕山大学建设高水平大学的总体思路是:"规模适度,学科结构合理,突出特色,全面提升。"作为一所具有行业背景的特色高校,不能盲目扩张、急于走向综合,规模要适度,要在扩张中保持自己的特色。不能盲目追求面面俱到,要逐步地从拥有单一学科、学院,发展为具有工科、理科、文学、法学、经济学和管理学等多科性的大学,并将人文教育和科学教育相结合。其中,突出特色是我们学校发展的关键。我们的目标是使 3～5 个学科进入全国先进行列,同时使全校 60 个本科专业、98 个硕士点得到全面提升。

"以工为主,凸显特色"

《科学时报》:很多校长都提到,学科建设是学校发展的生命线。对此您是如何理解的?针对燕山大学的现状,您制定了怎样的学科建设发展思路?

刘宏民:学科是学校的细胞和生命线,是人才培养和学术活动最基本的单元和载体。学校的实力和水平也是通过学科体现出来的。在学科建设中,投入是基础,条件和制度是保障,人才和队伍建设是关键,还必须有创新的思想和思路。

燕山大学学科发展的整体思路是:以工为主,理工结合,文理渗透;规模适度,结构合理,高度相关;突出技术与工程特色,产学研相结合;理科的方向是理工结合,应用型或技术型理学;文科不求多,要求精求强。

学科建设坚持以工程、技术为主基调,目标是在 5～8 年时间内,学校二分之一的工科达到国际先进水平,另外二分之一的工科达到国内先进、国际知名的水平。文科和理科的建设目标是:达到国内高水平、国际知名的水平。

总的来说,科学、人文、工程、技术协调发展,培养具有科学精神、人文素养、技术创新和工程化能力强的高级专门人才。

《科学时报》:学科发展离不开人才队伍建设。目前高校人才竞争异常激烈,在引进高层次人才方面,燕山大学是否遇到过困难?有没有什么经验可以分享?

刘宏民:老实说,燕山大学在人才引进方面存在较大困难。原因在于,一方面,燕山大学的知名度有限,既非"985 工程"和"211 工程"院校,也非教育部直属院校;另一方面,学校内部高水平的研究平台有限,引进"长江学者"等高水平人才的能力有限。

面对困难,我们进行了积极的探索和多方的努力。就以燕山大学"亚稳材料制备技术与科学"国家重点实验室为例,它是河北省唯一的国家重点实验室、全国地方大学少有的几个国家重点实验室之一,目前共引进了 4 名"长江学者"和 4 名"杰青"。总结这个实验室的成功经验,我认为,人才引进应该注意以下 4 个方面:第一,事业留人,要有高水平的科研平台；第二，待遇留人；第三，正气留人，要营造良好的校风；第四，服务留人，要为高水平人才做好服务工作，为其解决后顾之忧。

“为振兴河北省装备制造和钢铁工业作贡献”

《科学时报》：1999 年，燕山大学在秦皇岛经济技术开发区建立燕山大学科技园。2003 年，燕山大学科技园被科技部、教育部批准为国家大学科技园，成为当时全国 34 家国家大学科技园之一。在产学研合作方面，燕山大学有哪些不同于其他高校的特色？在较长远的发展中，还有哪些方面需要进一步完善？

刘宏民：产学研结合、互动、共赢，是燕山大学的一大办学特色。经过 10 年的发展，燕大科技园园区现在占地 1000 亩，有孵化面积 15 万平方米，在孵企业 145 家；有装备制造、汽车零部件、电子信息技术、特种装备等六家研发机构；2006 年、2008 年，分别在秦皇岛市卢龙县和唐山市曹妃甸开发区建立了燕山大学科技园分园，从而将燕山大学和燕大科技园的科技、人才优势辐射到沿海经济发展带，以建设面向沿海经济区的科技创新体系，培育沿海高新技术产业集群。燕大科技园的主要产业方向为钢铁和重型机械、汽车零部件及先进制造、陶瓷及新材料、电子信息及软件和教育培训等。

燕大科技园是科研产业化为社会服务的重要载体，学校与科技园互为补充、共同发展。科技园有效地利用了学校的人才、科研成果及部分资金，实现了科学发展；学校也因科技园对当地经济有贡献而获得了地方政府更大的支持，并从科技园的资本运作收益中获得了部分回报。与此同时，燕山大学科技园也是全国首批大学生科技创业实习基地之一，有力地支持了教学实践和教师、学生的创业实践。

工程化和产业化并进是产学研合作的基本模式，而根据燕山大学科研成果的特征，目前学校的科研成果与工程化联系紧密，以工程化为主。学校科研进一步的发展方向是“大而高”，即要大力争取政府的战略高技术项目，多做规模大、水平高、创新强的项目，这是燕山大学在下一步发展中的改进方向。

《科学时报》：据了解，河北是钢铁大省，按照部署，河北力争将装备制造业培育成继钢铁之后的第二大产业。燕山大学可以为河北省装备制造和钢铁工业的发展作出哪些贡献？

刘宏民：燕山大学在装备制造及成套技术的研究开发领域，一直是作为重大装备科研的国家队成员，在国家重大科技计划中，占有明显的地位。为河北省和秦皇岛市发展装备制造业贡献自己的力量，是燕山大学义不容辞的社会责任，也是燕山大学全体科技人员的光荣使命。我们为振兴河北省装备制造和钢铁工业作出应有贡献的思路如下：一、依托燕山大学建设河北省装备制造专业人才培养基地；二、依托燕山大学建设河北省装备制造技术研发基地；三、打造高水平科技创新和技术转移平台体系，为推动河北省装备制造和钢铁工业发展服务。

“做事不图奖励，但要努力”

《科学时报》：两年前，您曾被提名为“中国工程院 2007 年有效院士候选人”；同时，燕山大学的学生评价您是“很务实、很有远见的校长”。多年来，您在科研与管理上最大的收获分别是什么？您是如何协调科研与管理两者的关系的？依您之见，应该如何当好一位学者型校长？

刘宏民：在我看来，做任何事情都不要为了获得奖励或是别人的夸奖，但是，一定要努力。

我是1977年恢复高考的第一批大学生，1988年博士毕业，20余年来一直致力于钢板轧制的形状控制和平整技术，发表了100余篇论文，完成了2本专著，曾获国家科技进步二等奖，获省级一等奖2次，二等奖3个。2003年9月担任燕山大学校长以来，经过方方面面的努力，基本上将学校推进到了一个新的阶段——完成了学校的规模扩大和水平的稳步提高，将学校推进到全面提升内涵的新阶段。

作为一位大学校长，我认为一定要把学校的管理和发展提高放在首位；同时作为一位学者，就要兼顾自己的学术，适度承担科学研究工作和研究生培养任务。因为个人的成就相对于学校的发展来说，只是很小的一部分。

兼顾科研与管理这两个方面，不是一件轻松的事，我主要从以下三个方面着手：第一，有明确的目标、思路和任务，明确自身的发展方向；第二，建立自己的工作团队和分层管理的机制；第三，分解任务，充分发挥每个人的管理、科研工作的积极性。

在我看来，保持学者的品格、学术的精神、学术的活力，坚守大学的精神和风范，不让大学庸俗化，认真研究校情，虚心学习管理经验，认真履行校长职责，这些都是一位学者型校长所必须具备的。

本文原载于《科学时报》(2009-9-15 B1 大学周刊)

誓当科技报国的“追梦人”

——记燕山大学校长刘宏民教授

他在国际上首次提出“模拟轧制过程三维变形的条元法”，一直致力于板形控制基础理论与工程技术的研究，2000 年以来，他带领科研团队主持完成国家、省部和企业科研项目 80 余项，创造性地解决了一系列科学技术难题，将其应用于国家 20 多套大中型钢板轧机上，取得了达到德国、日本等国际先进技术水平的技术效果和 10 亿多元的经济效益，为提高我国钢板轧机板形控制技术水平，实现板形控制这一关键技术的国产化，做出了重大贡献……他就是燕山大学校长刘宏民教授，多年来，在钢铁生产工艺装备智能化升级的历史征程中，刘宏民教授刻苦钻研，锐意创新，勇攀科技创新新高峰，努力成为科技报国的“追梦人”。

2006 年获得全国五一劳动奖章

直面挑战：坚持走自主创新之路

1978 至 1988 年，刘宏民教授在东北重型机械学院（燕山大学的前身）冶金机械专业从本科生到研究生一直学习研究了10年，从事轧钢设备及工艺方向的学习和研究工作。在选择自己的研究课题时，刘宏民面临了一次人生的重大抉择。他当时从事的是钢材产品中最主要的产品——板带钢的板形控制理论的研究工作。板形(平直度和板凸度)是板带材的重要质量指标，板带轧机是板带材生产的关键设备，板形控制是大中型板带轧机的关键技术和高难度技术。当时我国板形控制技术整体水平与国际先进水平相比相对落后，制约板形控制技术提高的瓶颈是关于板形理论和控制数学模型的研究滞后于技术的发展，缺乏先进的板形控制模型。当时，在板形基础理论研究方面主要依赖国际上占主导地位的“变分法”“三维差分法”“有限元法”“边界元法”等理论方法。面对我国板形控制理论自主创新能力不强，特别是核心竞争力不强，存在着较大的对外依赖的现状，刘宏民决心走前人未走过的自主创新之路，用自主创新的科研成果推动科学和技术的发展进而推动社会进步，做出中国学者对人类科学技术应有的贡献，即使可能浪费几年的时间甚至冒更大的风险，也在所不惜。目标确定之后，刘宏民便义无反顾地踏上了充满风险、挑战和希望的自主创新之路。

经过三年持之以恒的探索和努力，刘宏民终于在1985年攻读博士学位期间首次提出了一种新的具有自主知识产权的应用于板带轧制过程仿真的一种新的数值计算方法——“条元法”。以“条元法”为新的板形控制理论的核心和特色，刘宏民及其所领导的课题组又进一步提出了完整、系统、实用的板形控制理论模型体系，在板带轧机板形控制的理论模型研究、仿真软件开发和工程技术提升方面做出了重大的、创造性的成就和贡献。其科研课题《板带轧机板形控制的理论体系、数学模型、仿真软件及其应用》经过近20年的逐步完善和发展，成功地应用于国内宝钢、鞍钢、河钢、马钢、一重、中冶赛迪等大型钢铁生产和装备设计制造企业，创造经济效益7亿多元。

2016年被评为学生喜爱的大学校长

多年来，刘宏民教授先后承担了多个国家与河北省的科研项目与课题，其中模拟轧制过程条元法，1996年12月获原机械工业部科技进步二等奖；工程三维轧制理论及其应用，1997年3月获原国家教委科技进步二等奖(甲类：自然科学奖)；板带轧机板形控制的理论体系、数学模型、仿真软件及其应用，2003 年 12 月获河北省科技进步一等奖，2004 年 12 月获国家科技进步二等奖，这是刘宏民教授 20 年来在板形理论和控制数学模型的科学研究中坚持自主创新取得的又一重大成果；刘宏民教授科研团队与鞍山钢铁集团公司等单位合作完成的“冷轧板形控制核心技术自主研发与工业应用”项目，2011 年获得国家科技进步二等奖，这个项目是刘宏民教授所带领的科研团队获得的第二项国家科技进步奖，该项目实现了冷轧带钢板形检测这一核心关键技术的自主创新，实现了板形闭环控制的国产化，突破了国外的技术垄断和封锁，跨越提升了我国冷轧带钢板形控制技术水平，可用于新建冷轧机的高水平研制，现有轧机的改进提高，提升了我国冷轧机的装备水平；此外刘宏民教授还先后出版专著两部，在国内外发表学术论文 100 余篇。

刘宏民教授的上述成就和贡献，具有独立的知识产权，他丰富和发展了板形控制理论，形成了自己的特色，为板带轧机板形控制技术的研究开发提供了理论基础和数字仿真工具，为提升我国板带轧机板形控制水平，实现核心技术国产化，做出了重要贡献。

刘宏民教授在科研领域做出的突出贡献得到了党和国家的充分肯定。1997 年，刘宏民教授被列为“国家百千万人才工程”第一、二层次人选；1998 年，刘宏民教授荣获“国务院政府特殊津贴”；2006 年，刘宏民教授获得“全国五一劳动奖章”，入选河北省“燕赵学者”；2007 年，荣获“河北省省管优秀专家”称号；2012 年，被评为“全国优秀科技工作者”；2014 年，获得“河北省高端人才荣誉称号”。刘宏民教授的学术水平也得到了社会的广泛认可，从 1999 年开始，刘宏民教授陆续担任中国力学学会《工程力学》编委、中国机械工业科学技术奖评审专家、中国机械工程学会《机械工程学报（中、英文）》编委、中国金属学会冶金设备分会副主任、中国金属学会《钢铁》编委、中国金属学会专家委员会委员、中国机械工业教育协会副理事长等职务。

胸怀壮志：让国产装备也能赚 80%的利润

钢铁行业曾经是“中国制造”的骄傲，如今却已沦为落后产能的代名词。“中低端产品多，高端产品少。钢铁技术装备自动测控技术水平不高，制约产品质量和经济效益提高。钢铁装备和产品升级是我国急需解决的重大问题”，立志科技报国的刘宏民教授带领研发团队将攻关的重点放在了冷轧带钢技术上。

冷轧带钢属于高端钢材，广泛用于汽车、家电、食品包装和电子板等。板形（平直度）是冷轧带钢的重要质量指标之一。长期以来，板形测控技术被瑞士 ABB、德国西门子、日本三菱等国际大公司所垄断。我国从 20 世纪 80 年代以来，一直在进行板形测控技术研究，但始终没有成熟的板形仪投入工业应用。大多数冷轧机依靠工人目测和棍棒敲击感觉板形，手动调整，板形质量不高。由于不掌握板形测控技术，轧机制造工程由国外总包，我国现有 400 多套带钢冷轧机，其中大约 50 套依靠进口装备了板形测控系统。

指导科研工作

“目前的情况是，我国设计制造80%的普通装备，挣20%的利润；国外设计制造20%的高端装备，包括板形测控系统，挣80%的利润。没有掌握核心技术是最大的困境”，刘宏民教授对这种状况忧心不已，誓言一定要改变这种局面。

板形测控技术的关键，是在线检测板形仪和闭环控制的数学模型。刘宏民教授及其研究团队向这个核心技术发起了攻关。经过不懈努力，2016年年初的河北省科技创新暨科技型中小企业推进大会上，传来好消息，刘宏民教授主持的“带钢冷轧机整辊式板形仪和板形控制系统”项目，荣获2015年度河北省技术发明奖一等奖。

指导科研工作

“这一项目打破了国外技术垄断，解决了冷轧带钢技术方面的重大难题，我们拥有完全自主知识产权”，刘宏民说，“项目实现了三项自主创新研发的重大技术突破，达到了国际先进水平，能有力推动我国带钢冷轧机装备智能化、冷轧带钢生产过程智能化、冷轧带钢产品升级。”

第一是突破了国际流行的分片式板形检测辊结构，发明研制整辊无缝式板形检测辊，成功解决了压伤和划伤带钢表面的难题。国际上流行使用分片式板形检测辊，因为分片外环之间存在接缝，而且在轧制过程中带钢轴向温度不同，中间与边部相差几十度，造成外环因热膨胀不同而发生径向错动,极容易压伤和划伤带钢表面。刘宏民团队应用机械设计制造、机械测试和有限元技术,发明研制整辊无缝式板形检测辊,通过内置传感器的表面无缝整体辊和高硬度、深硬层的辊体表面,解决了压伤和划伤带钢表面的难题。

第二是突破了国际流行的碳刷滑环式信号输出及供电模式,发明研制无线式、集成化、高精度板形信号处理与供电系统,克服摩擦、磨损、振动、电磁、温度、变形等影响,提高了检测精度。国际流行的信号传输与供电方式,采用碳刷滑环式结构。由于碳刷与滑环之间存在摩擦、磨损、振动,信号传输失真大;碳刷滑环装置经常需要维修,需要配备冷却清洗系统。在模拟信号远程传输中,容易受到电磁、振动、温度等多种干扰,使信号再次失真、误差增大。在信号处理中,虽然对带钢宽向温差影响进行了补偿,但未对检测辊变形、钢卷形状变化等影响进行补偿,导致误差增大。刘宏民团队应用机械设计制造、通信和信息处理技术,发明研制无线式、集成化、高精度板形信号处理系统,通过无线发送和接收板卡实现数字信号无线传输,通过内外磁环相对转动实现无线供电,通过模块集成实现模拟信号采集、数字信号处理和无线传输、无线供电等多功能一体化,通过建立检测辊变形、钢卷变形、带钢偏移等一系列影响补偿模型实现对测量误差全面精准补偿,克服了摩擦、磨损、振动、电磁、温度、变形等影响,提高了检测精度。

第三是突破了国际流行的经验表格式控制模式,发明研制机理、智能模型协同控制系统,精度高,扩展性强。国际流行的板形控制模式,表现为基于经验的表格形式,适用于特定的轧机产品和轧制工艺,局限性大,不利于开发新技术、新产品。该项目的机理、智能模型协同控制模式,把具有坚实理论基础和强大分析预测能力的机理模型,与基于数据、自学习能力强、计算时间短的智能模型结合起来,提高控制精度和速度,扩展性强,有利于开发新技术、新产品。

在自主创新的技术突破之路上,刘宏民及其研究团队精益求精,越走越远,各项技术经济指标都达到了业内先进水平:板形检测分辨力 0.2 I,板形控制精度 6.0 I,闭环控制周期 100 ms,闭环投入轧制速度 60 m/min,检测辊辊面硬度 60HRC。5 项主要技术指标好于瑞士 ABB、德国西门子、日本三菱等公司的国际先进水平。与引进系统相比,该项目技术装备是国外同类技术价格的 30%,每套节约投资 1000 万元。并且获得了多项荣誉及肯定:获授权发明专利 10 项、计算机软件著作权 10 项,获 2015 年度河北省技术发明奖一等奖、中国机械工业科学技术奖一等奖。

目前,这个项目技术已经被应用于鞍钢 1780 mm、2130 mm、1250 mm,河北钢铁 1050 mm、1560 mm,江苏九天光电科技公司 750 mm 和国家工程技术研究中心 650 mm 等 7 套带钢冷轧机,近 3 年新增销售额达 50 多亿元,新增利税 5 亿元,节省引进投资 7000 万元,而且板形质量明显提高,产品用于一汽奥迪、上海大众、格力电器等汽车、家电板,中粮、深圳华特等食品包装板,顶替进口,还出口到美国、欧洲、日本、韩国。为推动我国带钢冷轧机装备智能化、冷轧带钢生产过程智能化、冷轧带钢产品升级,做出了示范和贡献,经济和社会效益前景广阔。

掌舵燕大:以服务行业和国家重大需求为己任

2003 年 9 月,刘宏民教授被任命为燕山大学校长,上任以后,刘宏民校长与其他校领导班子成员一起，在总结“两次建校、两次搬迁、三次创业”学校历史的基础上，认真分析了我国经济社会发展重大战略需求和河北省区域经济的特点，并结合学校自身学科优势和科研实力，制定了面向国家重大战略需求服务行业服务地方经济社会的发展方向，对学校的发展进行了科学定位，加快了推进高水大学的建设步伐。

燕山大学是一所具有鲜明行业特色的高校，学校的前身东北重型机械学院本身就是教育与行业相结合的产物。当时，学院与中国第一重型机器厂仅一墙之隔，大部分专业课采用课堂教学与现场教学相结合的方法，承担教学任务的既有学校的专职教师，又有工厂的技术人员。学院师生也在第一重型机器厂参加了大量的生产实习和科技开发项目。学校在办学初期，就形成了面向行业服务行业的传统。在近 60 年的独立办学历程中，燕山大学始终保持着这一鲜明的传统，其承担的科研任务也主要与重大装备研制或重型机械行业相关，在我国重大装备制造业发展的各个历史阶段，学校都参与了一些具有代表性的重大装备的研制工作，从 65000 吨多向模锻液压机的前期研究，到宝钢高等级汽车板品种、生产及使用技术研究和 15000 吨自由锻造液压机的研制，学校都做出了历史性的贡献，我国重型机械行业历史上的诸多第一也都写下了燕山大学的名字：中国第一台二十辊森吉米尔轧机、中国第一台 H 型钢轧机、中国第一根波纹腹板 H 型钢、中国第一台六辊冷轧板机、中国第一条双层金属卷焊管机组、中国第一套冷轧带钢厚度液压自动控制系统、中国第一套冷轧带钢板形检测系统……

刘宏民校长的带领下，燕山大学始终面向行业，以服务国家装备制造业、战略性新兴产业、国防科技工业和区域经济社会发展为己任，坚持以设备为主，以工艺为纲，设备与工艺研究相结合的研究特点，取得了一大批高水平的科研成果，2000 年以来，学校连续获得国家级科技奖励 16 项，其中国家自然科学二等奖 3 项、国家技术发明二等奖 2 项，国家科技进步一等奖 2 项、二等奖 9 项，承担“973”、“863”、国家自然科学基金和国家社会科学基金项目 900 余项，机械工程国家一级学科重点学科、“亚稳材料制备技术与科学”国家重点实验室、“冷轧板带装备及工艺”国家工程技术研究中心、“先进制造成形技术及装备”国家地方联合工程研究中心、“极端条件下机械结构和材料科学”国防重点学科实验室、中国重型机械研究院分院也先后落户燕山大学，这些成果也大部分与行业紧密相关并为行业的发展和科技进步做出了突出贡献。

2011 年，以燕山大学为依托单位的“冷轧板带装备及工艺国家工程技术研究中心”正式获批建设，这是学校继“国家大学科技园”“亚稳材料制备技术与科学国家重点实验室”之后的国家级创新平台建设的又一重要标志性成果，标志着燕山大学自主创新体系建设和创新能力培育工作取得了重大进展。2016 年年初，以该中心为依托单位建设的“面向先进高强钢板带产业的科技服务业试点”入选国家科技服务业行业试点名单，意味着燕山大学形成了以国家工程技术研究中心为依托、以科技服务促进产业集群创新发展的新模式和新机制，形成了面向先进高强钢板带生产产业的科技服务链条，为国家钢铁行业转方式、调结构提供动力与支撑，带动产业向产业链高端延展，提高创新能力，壮大产业规模，增强国际竞争力。

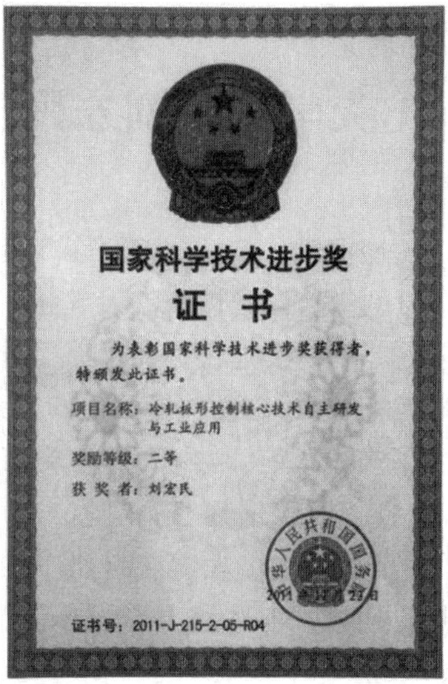

如今的燕山大学已经发展成为河北省人民政府、教育部、工业和信息化部、国家国防科技工业局四方共建的全国重点大学，河北省重点支持的国家一流大学和世界一流学科建设高校，北京高科大学联盟成员；2013 年和 2014 年，学校连续有 2 项科研成果入选“中国科学十大进展”和“中国高校十大科技进展”；2016 年，作为教育部选定的两所高校之一，学校的工程专业国家认证接受了《华盛顿协议》国际专家的观摩考察，优异的考察结果支撑着中国正式加入《华盛顿协议》国际工程教育组织；工程学、材料科学 2 个学科进入 ESI 排名全球前 1%……在国家“双一流”建设战略背景下，燕山大学通过认真总结和凝练，进一步提出了把学校建设成为“具有机械、材料等世界一流学科，学研产协同和军民融合发展办学特色的中国一流大学”的办学目标，在刘宏民校长的带领下，目前全校广大师生统一思想，凝心聚力，锐意进取，为实现学校“双一流”大学建设目标而不懈努力奋斗。（燕山大学 张振华）（编辑 杨峻岭）

本文原载于《科技文摘报》，两会特刊，2017 年 3 月 17 日，第 10 版、第 11 版，新华网，2017-04-05

燕山大学校长刘宏民：争做国家重大科研战略的“国家队”

长城网讯（记者张晓明）今年的全国两会政府报告中提出，2019 年要“发展更加公平更有质量的教育”“推进一流大学和一流学科建设”。“百年大计，教育为本”，新时代对于高等人才培养和院校建设提出了新要求，如何定位院校学科发展，办好满足时代需要，让人民满意的教育，成为社会各界关注的热点，记者就此对燕山大学校长刘宏民进行了专访。

刘宏民表示，燕山大学作为河北省重点支持的国家一流大学和世界一流学科建设高校，要紧跟时代进程，高端定位，参与到国家的重大工程建设中。

近年来，燕山大学在科研中的表现十分亮眼。仅 2018 年，燕山大学的刘日平教授主持的科研成果和华长春教授团队参与完成的科研成果就双双斩获国家技术发明二等奖和国家自然科学二等奖。在河北省科学技术奖励暨科技创新大会上，燕山大学更是载誉而归，13 项（人）科研成果和个人荣获奖励。

在刘宏民看来，燕山大学能够取得这些成绩，主要是得益于四句话：高端定位，攻坚克难，不忘初心，牢记使命。“具体的做法也是四句话，瞄准国际科技前沿，服务国家重大工程，打造支撑创新的高端品牌，学研产创协同创新。”

“我们的定位是国家队，解决的就是世界科技难题，就是要参与到国家的重大工程建设中”，刘宏民解释，比如像大飞机、港珠澳大桥、fast 天眼等都是国家的重大战略、重大任务，“把自己定位到国家队，就应该解决国家的重大战略需求，解决国家的重大技术难题。”

“你必须有这样很高的定位才能做出来原创性的东西，”“如果定位低了，你就参与不进去，我们的基础研究一定是定位国家前沿做原创性研究”。刘宏民校长举例，荣获 2018 年度陈嘉庚技术科学奖的燕山大学教授田永君，就是瞄准国际前沿，合成出超细纳米孪晶结构金刚石，硬度和韧性高达天然金刚石的两倍，极大推动了高性能超硬材料领域的研究。

燕山大学自我定位高端，对学生也要求高定位。“对大学生要提出高的要求，定位低了就放松自己了。”在他看来，“大学教育最重要的还是让学生成人和成才，我们应该培养德智体美劳全面发展的建设者和接班人。”大学生应该“勇敢，富有责任感和使命感”。

针对目前流行的“玩命的高中，轻松的大学”现象，刘宏民建议，对于本科生来说，学校要提高课程的难度、深度和挑战度，让他们意识到大学生活是有一定难度的，不要放松自己；对于高年级的大学生和研究生，一定要让他要尽早地参与到导师的科研项目中去，因为导师的这些项目都是解决实际问题的，实际问题都是有难度的，“有任务，有担子，就没办法轻松”。

除此以外，刘宏民认为学校也要能够打造有难度，有质量，有内涵的超级金课，以提高高校的教育质量。

刘宏民校长荣获“2016 年学生喜爱的大学校长”称号

【新闻中心讯】1 月 7 日，由中国高等教育学会、中华全国学生联合会、中国青年报社联合主办的“2016 年学生喜爱的大学校长”颁奖典礼暨大学校长论坛在广东省顺德中欧中心举行。我校校长刘宏民荣获“2016 年学生喜爱的大学校长”称号。同时，由燕大电视台制作的视频《春雨润物细无声》荣获“最佳原创微视频制作”奖。

刘宏民校长参加颁奖典礼

刘宏民校长接受学生代表赠送的特别礼物

在上午的颁奖典礼上，中国高等教育学会会长瞿振元代表主办方发表讲话。他表示，好校长要抓住全面提升育人能力这一核心，遵循办学规律，有耐心、韧劲，把高大上的办学理念体现在点点滴滴的实际行动中，体现在把心贴近学生的情怀中，体现在对国家未来的责任担当中。

校长论坛现场

（以上照片由新闻中心王晓宁、聂东雪拍摄）

在下午的校长论坛中，中南财经政法大学校长杨灿明等20余所获奖高校校长作了主题演讲。我校校长刘宏民发表了题为《以学生为本，培养适应社会需要的创新创业人才》的报告。刘校长从三个方面介绍了我校在学生培养方面的具体做法：一是开展特色鲜明的本科工程教育，使学生成为社会需要的优秀人才；二是持续加强制度建设，对学生的关爱体现在每一个细节；三是与同学们进行有温度的交流，做学生喜爱的大学校长。

由我校电视台老师和学生联合制作的《春雨润物细无声》申报视频，通过刘宏民校长在食堂向学生了解饭菜质量和价格、迎新现场与新生和家长沟通交流、毕业典礼与学生挥手告别、关注在校困难学生等多个生动场景和感人画面，充分展现了刘宏民校长对学生的关爱犹如温和的春雨一般润物无声。

2016年学生喜爱的大学校长评选活动自2016年6月份启动以来得到了广大高校的积极响应。活动面向全日制普通高等学校在校长岗位连任正职5年以上或在本校校长岗位任正职2年以上的校长，经学校自主申报、视频制作、资格审查、在线投票、专家审核、结果公示等环节，最终华中农业大学校长邓秀新、西南交通大学校长徐飞、燕山大学校长刘宏民等36位校长获此殊荣，中南财经政法大学等36所高校推送的视频被评为“最佳原创微视频制作”奖。（编辑/蔡巧怡）

打造科学、技术、工程一体化的国家平台

——记燕山大学“国家冷轧板带装备及工艺工程技术研究中心”

从2001年的“河北省高精度轧制技术装备工程研究中心”到2011年的“国家冷轧板带装备及工艺工程技术研究中心”，十年的岁月流变，带来的不仅仅是挂满枝头的累累硕果，更是一个团队服务行业、服务地方的坚定信心以及吃苦耐劳、永不止步、团结协作的精神传承。

日前，科技部正式批准全国29个工程技术研究中心列入2010年度国家工程技术研究中心组建项目计划，燕山大学“国家冷轧板带装备及工艺工程技术研究中心”成功入列。

这个坐落在燕山大学校园里的国家工程技术研究中心，看上去很特别，由一栋办公楼和一个大“车间”组成。其实这个看似“车间”的大房子是该中心的中试基地，足有三四层楼高，里面堆满了大大小小的仪器设备。

“我们这个国家工程技术研究中心是集基础研究、技术研发与工程应用一体化的平台。”该中心负责人、燕山大学校长刘宏民表示，“如果没有基础研究，技术就很难达到一定的高度；如果没有技术研发，成果转化就没有来源；如果仅停留在研发阶段却没有工程应用，中心的最终价值就没有体现出来。”

面向重大需求

钢铁工业是国民经济的支柱产业，涉及制造、建筑、交通、汽车、国防等关系国计民生的重要领域。钢铁工业2010年产值达3万多亿元，约占我国GDP的10%，在经济建设、社会发展、财政税收、国防建设以及稳定就业等方面发挥着重要作用。

轧钢生产的成品，根据钢材断面形状，主要分成三大类：钢板（板带钢）、钢管和型钢。“板带钢是最主要的类型。”刘宏民告诉记者，“板带钢占钢材总量的比例（板带比）是反映一个国家工业化水平的重要标志。”

在我国，板带比约为50%（3亿多吨），板带钢产值约占GDP的7%；在发达国家，板带比约为60%，甚至高达70%。按照这一比例，我国板带钢产量还需增加近1.4亿吨。

板带钢指的是截面为矩形的钢铁产品，根据生产工艺的不同，习惯上将板带材分为宽厚板、中厚板、热轧板带、冷轧板带、箔材类等。其中，冷轧板带产品因表面光洁，厚度和宽度尺寸精确，强度极限、疲劳极限和冲击韧性相对较高，同时还具有良好的焊接、冷弯性能等特点，应用极为广泛，在汽车制造、电子仪表、轻工、机电、建筑、航空和国防等工业部门，更是占有极其重要的地位，其产量和质量水平直接反映了各国钢铁工业技术水平的高低。

“目前我国冷轧带钢年产量8000万吨，未来10年产量将翻一番，是钢铁工业结构调整和产品升级的重点，也是我国高级汽车、家电和电子等高端制造业蓬勃发展的重要保

障。”刘宏民说。

我国是板带钢生产大国，但非强国，中低端产品多，高端产品少，需要依靠进口，特别是冷轧带钢需大量进口。

刘宏民介绍，我国钢铁产量已多年居世界第一，其中冷轧板带产量也在不断增加，但与工业发达国家相比，产品深加工比重较低，产品附加值没有得到提升，与下游行业的发展结合还不够紧密，使用钢材的综合成材率和劳动生产率比较低。据了解，世界发达国家钢材的综合深加工比可达50%以上，其中板材达70%左右，而我国的钢材深加工比一般仅为10%～15%左右。

当前，我国在高附加值品种上净进口比例较大。我国生产的冷轧汽车板仍不能完全满足汽车工业发展的需求，高级汽车板、镀层和涂层板需进口40%；大型变压器用取向硅钢需要进口80%。2008年，我国进口板带钢约2000万吨，其中冷轧带钢占70%。

“随着社会发展，高端产品和高效化生产都需要更先进的技术和设备，虽然我国在冷轧板带生产上从国外引进了很多技术和设备，但各种核心技术大多是国外专利，生产和发展都受到限制。”刘宏民坦言。

国家关于钢铁行业的产业政策，以及我国当前及未来经济发展与国防建设对高品质板带材的持续重大需求，决定了我国钢铁工业在当前及未来相当长时期内存在对于冷轧板带生产技术与装备的客观需求，也坚定了燕山大学组建“国家冷轧板带装备及工艺工程技术研究中心”的决心。

2001年，燕山大学基于学科传统优势，整合学校资源，根据国家经济形势和钢铁工业的发展，以冷轧板带装备及工艺为主攻方向，组建了“河北省高精度轧制技术装备工程研究中心”；2006年被教育部批准为“轧制设备及成套技术教育部工程研究中心”；2007年被中国机械工业联合会批准为“机械工业高精度轧制技术装备工程研究中心”。

2010年初，在科技部，河北省政府、省科技厅的大力支持和帮助下，依托“轧制设备及成套技术教育部工程研究中心”，燕山大学正式启动“国家冷轧板带装备及工艺工程技术研究中心”的申报工作。

2010年11月16日，中心顺利通过了科技部组织的同行专家现场评审论证会。

2010年12月2日，中心以优异成绩通过了科技部组织的综合评审会答辩。

2011年1月11日，科技部正式立项，批准建设。这一天，燕山大学等了整整10年。

这一成果的取得，也是燕山大学继“国家大学科技园”、“亚稳材料制备技术与科学国家重点实验室”之后在国家级创新平台建设方面取得的又一项重大成果，标志着燕山大学在基础理论研究、科研成果转化中试平台、科研产品推向市场方面形成了一个完整的链条，意味着燕山大学在自主创新体系建设和创新能力培育工作方面取得了重大进展。

“燕山大学在冷轧板带先进装备技术相关领域已经具备了完善的学科支撑、合理的科研队伍和强大的科研实力。以此为基础所组建的国家工程技术研究中心可有效地支撑相关技术从基础理论研究、应用技术开发到技术成果的工程化推广等各个环节。”刘宏民说。

依托学科优势

在刘宏民看来，中心的发展与学科的发展不可分割。燕山大学“国家冷轧板带装备及工艺工程技术研究中心”属于轧制领域板带行业，“其依托学科可以追溯到东北重型机械学院(燕山大学前身)的轧钢机械设备及工艺专业”。刘宏民回顾，它是在苏联著名的莫斯科国立包曼工业大学专家指导下，于 1955 年 9 月在哈尔滨工业大学创建的全国最早的轧钢设备及工艺专业，于 1958 年在富拉尔基成立哈尔滨工业大学重型机械学院(东北重型机械学院前身)，该学科具有深厚的研究基础，对中国的重型机械尤其是冶金机械装备与工艺行业影响重大。

后经过历史沿革，学科不断发展壮大，形成现在的燕山大学机械工程学科的主干。该学科 1984 年设立“冶金机械”博士点，1995 年发展为“机械工程”博士后流动站，2001 年成为“机械设计及理论”国家二级重点学科，2007 年发展为“机械工程”国家一级重点学科，学科研究实力雄厚，能够为中心的发展提供理论和技术支撑。

早在 20 世纪 60 年代，燕山大学就开始从事重型冶金设备及成套技术的开发研究，以信息化和自动化技术为配套专业，从事大型基础件、大型成套设备及关键配套设备的研究、设计和开发。

半个世纪以来，燕山大学在轧制设备领域取得了一大批高水平的科研成果，在国内重型机械行业领域享有较高声誉，在板带生产装备技术方面，燕山大学与宝钢、鞍钢、首钢、攀钢、河北钢铁、一重集团、二重集团、上重集团、北方重工、大连重工、中国重型机械研究院等 100 多家企业和科研院所建立着紧密或松散的技术经营合作关系。南迁秦皇岛以来尤其是近年来，通过技术合作，燕山大学为企业净增经济效益几十亿元。

“在与中心相关的钢铁、冶金、材料、机械、自动化等领域，燕山大学具有雄厚的技术力量、基础条件和学科交叉优势。”刘宏民介绍，燕山大学拥有机械设计及理论、机械电子工程、机械制造及其自动化、材料学、车辆工程等 5 个国家重点学科；拥有机械工程、材料科学与工程、控制科学与工程和计算机科学与技术等河北省强势特色学科群，其与冷轧板带装备及工艺研究领域密切相关，能够作为坚实的后盾。

相关的研究机构能够为中心的建设和发展提供强劲的科研支撑，包括：河北省高精度轧制技术装备工程研究中心、机械工业高精度轧制技术装备工程研究中心、轧制设备及成套技术教育部工程研究中心、机械工业流体动力传输与控制重点实验室、河北省流体动力传输与控制重点实验室、现代轧制技术与先进钢铁材料应用基础研究基地、亚稳材料制备技术与科学国家重点实验室、极端条件下机械结构和材料科学国防重点学科实验室。

“这些学科和研究机构在重型机械成套设备研制、流休传动及电液伺服控制技术、工业自动化控制理论与技术、精密塑性成型技术、大型锻件热处理技术和金属材料综合性能优化等研究领域具有国际先进水平，能够为中心培养和选送大批科研、设计、管理及业务人员，为中心的建设和发展提供强大的技术与人才支撑。”刘宏民说。

三大特色服务行业

国家工程技术研究中心的建设强调唯一性，刘宏民形象地将其比喻为“天上只能有一个太阳”，作为国家工程技术研究中心，特色必须鲜明。

其实，在燕山大学申报“国家冷轧板带装备及工艺工程技术研究中心”之前，国内同类研究机构已有北京科技大学“高效轧制国家工程研究中心”、“国家板带生产先进装备工程技术研究中心”，东北大学“轧制技术及连轧自动化国家重点实验室”等。

与它们相比，燕山大学的国家工程技术研究中心有哪些独有的特色呢？“我们侧重冷轧过程的研究，侧重设备与工艺研究相结合，侧重延伸到带钢的深加工研究。”刘宏民自信满满地说，“从哈工大到东重再到燕山大学，几十年来，通过几代人长期的探索和积累，形成了我们的专业技术特色，再经过精心提炼并加以强化，最终得以更好地表达出来。”

具体而言，中心将针对板形控制关键技术与成套装备工艺，板厚控制关键技术与成套装备工艺，表面质量控制关键技术与成套装备工艺，轧机故障诊断与延寿技术成套装备，带钢深加工关键技术与成套装备工艺方面开展研究，擅长冷轧技术，提升高级带钢比重；擅长板形板厚控制，提高尺寸形状精度；擅长成套装备工艺，装备与工艺结合，解决复杂工程问题；将研发拓展到带钢深加工领域——冷弯型钢和焊管，提高附加值，增强我国在技术含量最高的冷轧领域的科研能力，为国家冷轧板带重大项目和重大工程的实施提供坚实的技术支持。

《装备制造业产业调整和振兴规划》中指出，要“全面提高重大装备技术水平，满足国家重大工程建设和重点产业调整振兴需要”。其中，钢铁产业冶金设备重点项目包括大型宽带钢冷连轧关键设备的研制及其装备自动化的实施。

截至2009年上半年，国内已建成投产冷连轧机组26套，设计能力3850万吨；在建冷连轧机组约7套，设计能力1220万吨；预计到2011年底，我国冷连轧机组产能规模将达到约5000万吨。未来10年内我国还将新建数十条冷轧带钢生产线，未来10～15年我国还将逐步更新现有的100多条冷轧带钢生产线。

刘宏民介绍，目前国内已投产和在建的共30多套冷连轧机中，绝大部分是引进国外技术和装备，其中设备主要由三菱—日立、西马克—德马克提供，电气则由日立、西门子提供。

“虽然我国连轧宽带钢大型成套设备在装备方面已达到国际先进水平，但与之配套的工艺设备数学模型和自动控制系统仍然需要引进；板带产品方面，一般强度冷轧板已接近国际先进水平，但钢板表面质量、产品性能稳定性和产品的一致性与国际先进水平还有一定差距，高性能、高附加值板带产品仍需进口。”刘宏民直言，我国在大型宽带钢连轧关键设备研制、模型软件的开发和与之配套的自动控制系统方面仍有相当差距。

目前，我国大型冷连轧设备的国产化率已达到70%以上，设备水平已达到国际先进水平，但由于没有掌握控制的核心关键技术，不能实现冷轧生产线工程总承包，还没有国内企业独立自主完成大型成套工程项目的经历。

“干 80%的活，挣 20%的利，实际上是在为外国打工。”刘宏民分析，原因是在冷轧带钢数学模型和控制技术方面落后于国外发达国家，没有相应的高端生产技术或者对引进的技术没能进行很好地消化吸收和掌握。

“我国要由钢铁大国走向钢铁强国，必须在具有更高技术含量和经济含量的冷轧板带高端产业有所突破。”这也将是以重点研究冷轧装备关键技术为己任的燕山大学“国家冷轧板带装备及工艺工程技术研究中心”的神圣使命。

向国际先进水平进发

1999 年，“IGC650－HCW 精密冷带轧机成套设备研制与关键技术研究”获国家科技进步奖二等奖；

2000 年，“金属型材三维拉弯工艺及设备”获国家科技进步奖二等奖；

2003 年，“延长大型轧机轴承寿命研究”获国家科技进步奖二等奖；

2004 年，“板带轧机板形控制的理论体系、数学模型、仿真软件及其应用”获国家科技进步奖二等奖；

2005 年，“宝钢高等级汽车板品种、生产及使用技术的研究”获国家科技进步奖一等奖；

2009 年，“中薄板坯连铸机成套技术与关键设备”获国家科技进步奖二等奖；

2009 年，“冷带轧机高精度液压厚度自动控制（液压 AGC）系统关键技术及应用”获国家科技进步奖二等奖。

另外还有 30 余项省部级科技奖励、70 多项重要发明专利。

……

这一串耀眼的成绩，对燕山大学“国家冷轧板带装备及工艺工程技术研究中心”来说，是她多年来迈出的一步步坚实的步伐。如今，她已经站在了更高的平台上，用刘宏民的话来讲，就是加入了研发“国家队”，因此必须承担更大的责任，作出更大的贡献。

“争取用 5 年左右时间，创新突破和完善冷轧板带先进装备关键技术，通过产学研合作，实现我国大型冷连轧机组的自主集成设计和制造，摆脱依靠国外负责总包的局面，3～5 年达到国内领先、8～10 年建设成为国际先进的冷轧板带装备及工艺工程技术研究中心。”——这是刘宏民给中心定下的战略目标。

而对于中心的总体战略目标，刘宏民认为，至少要有五个“高水平”来支撑，即高水平的队伍——整合多学科专业优势，组建一支高水平的研发和转化团队；高水平的基地——建成具有国际先进水平的板带生产先进装备关键技术研究、开发和工程化基地；高水平的成果——在主要研发方向上的学术创新、技术创新和工程转化能力达到国内领先、国际先进水平，形成 2～3 个国际先进的原创性核心关键技术成果；高水平的转化——每年完成 3～5 项先进技术的推广应用，引领行业技术进步；高水平的管理——不断完善运行管理机制，增强中心的可持续发展能力。

与此同时，燕山大学“国家冷轧板带装备及工艺工程技术研究中心”提出“建设技术创新中心、成果转化中心、信息与技术交流中心、人才培养中心、面向全行业的开放性试验中心”的主要任务，即开展关键共性技术的基础研究，提高原创能力；以关键技术的创新突破和完善带动成套装备工艺的研发，提高产品质量；探索产学研合作机制，加快自主创新和成果转化；建设公共服务平台，形成共建、共享、共赢创新体系；创新高层次人才培养模式，打造多学科专业研发转化团队。

刘宏民表示，中心将以国家钢铁和有色金属产业政策为导向，以市场需求为依据，以应用研究和应用开发为主要内容，建设一流的冷轧板带装备及工艺技术研究开发平台、一流的技术成果转化平台、一流的技术信息与交流平台及一流的技术人才培养输出基地，成为支撑我国钢铁和有色金属产业健康、快速、可持续发展的具有世界先进水平的共性技术服务平台。

“中心的发展既要顶天，又要立地，既要抓住科学技术前沿，研发出具有国际先进水平的成果，同时还要将其成功转化到工程中去。与之相对应，中心的研究人员，应该既是学者又是工程师。”刘宏民强调，唯有如此，才能实现学术、技术与工程的一体化。

本文原载于《科学时报》(2011-06-24 A3 专题)　陆琦　崔雪芹

刘宏民校长应邀为国家教育行政学院作主题报告

本报讯(通讯员张振华)2010年3月11日下午,刘宏民校长应国家教育行政学院邀请,为第36期"高校领导干部进修班"作报告。这是国家教育行政学院继2009年9月17日之后第二次邀请刘宏民校长作报告。第36期"高校领导干部进修班"学员主要为教育部直属高校、相关部委所属高校及地方普通高校现任副校长级以上领导干部,共约120人。

刘宏民校长的报告主题为《强化办学特色,建设品牌大学》。首先,刘宏民校长结合《国家中长期教育改革和发展规划纲要》(征求意见稿)的有关内容,从办学特色的思想内涵、主要体现、特色灵魂、源泉与载体等多个方面,深刻阐述了"办学特色是高校核心竞争力的集中体现"这一办学理念。随后,刘宏民校长从办学理念特色、办学模式特色、人才培养特色、学科专业和行业特色、科研特色、服务社会特色等六个方面系统介绍了燕山大学在强化办学特色方面的实践探索,并通过国家级建设成果展示了学校亮点,深入阐述了我校建设特色鲜明的高水平大学、最终形成品牌的办学思路。报告取得强烈反响和良好效果。

本文原载于《燕山大学报》2010年3月15日

刘宏民及其研究团队：让国产装备也能赚80%的利润

近日，在河北省科技创新暨科技型中小企业推进大会上，燕山大学机械工程学院刘宏民教授主持的“带钢冷轧机整辊式板形仪和板形控制系统”项目，荣获2015年度河北省技术发明奖一等奖。

“这一项目打破了国外技术垄断，解决了冷轧带钢技术方面的重大难题，我们拥有完全自主知识产权。”刘宏民说。

曾几何时，钢铁行业是“中国制造”的骄傲，如今却已沦为落后产能的代名词。“中低端产品多，高端产品少。钢铁技术装备自动测控技术水平不高，制约产品质量和经济效益提高。钢铁装备和产品升级是我国急需解决的重大问题。”刘宏民带领的研发团队将攻关的重点放在了冷轧带钢技术。

冷轧带钢属于高端钢材，广泛用于汽车、家电、食品包装和电子板等。板形（平直度）是冷轧带钢的重要质量指标之一。长期以来，板形测控技术被瑞士ABB、德国西门子、日本三菱等国际大公司所垄断。我国从20世纪80年代以来，一直在进行板形测控技术研究，但始终没有成熟的板形仪投入工业应用。大多数冷轧机依靠工人目测和棍棒敲击感觉板形，手动调整，板形质量不高。由于不掌握板形测控技术，轧机制造工程由国外总包，我国现有400多套带钢冷轧机，其中大约50套依靠进口装备了板形测控系统。

“目前的情况是，我国设计制造80%的普通装备，挣20%的利润；国外设计制造20%的高端装备，包括板形测控系统，挣80%的利润。没有掌握核心技术是最大的困境。板形测控技术的关键，是在线检测板形仪和闭环控制的数学模型。”刘宏民及其研究团队向项目核心技术发起了攻关，实现了三项自主创新研发的重大技术突破，达到了国际先进水平，推动了我国带钢冷轧机装备智能化、冷轧带钢生产过程智能化、冷轧带钢产品升级。

国际上流行使用分片式板形检测辊，因为分片外环之间存在接缝，而且在轧制过程中带钢轴向温度不同，中间与边部相差几十度，造成外环因热膨胀不同而发生径向错动，极容易压伤和划伤带钢表面。刘宏民团队突破了国际流行的分片式板形检测辊结构，应用机械设计制造、机械测试和有限元技术，发明研制整辊无缝式板形检测辊，通过内置传感器的表面无缝整体辊和高硬度、深硬层的辊体表面，解决了压伤和划伤带钢表面的难题。

此外，国际流行的信号传输与供电方式，采用碳刷滑环式结构。由于碳刷与滑环之间存在摩擦、磨损、振动，信号传输失真大；碳刷滑环装置经常需要维修，需要配备冷却清洗系统。在模拟信号远程传输中，容易受到电磁、振动、温度等多种干扰，使信号再次失真、误差增大。在信号处理中，虽然对带钢宽向温差影响进行了补偿，但未对检测辊变形、钢卷形状变化等影响进行补偿，导致误差增大。

刘宏民团队突破了国际流行的碳刷滑环式信号输出及供电模式，应用机械设计制造、通信和信息处理技术，发明研制无线式、集成化、高精度板形信号处理系统，通过无线发送和接收板卡实现数字信号无线传输，通过内外磁环相对转动实现无线供电，通过模块集成实现模拟信号采集、数字信号处理和无线传输、无线供电等多功能一体化，通过建立检测辊变形、钢卷变形、带钢偏移等一系列影响补偿模型实现对测量误差全面精准补偿，克服了摩擦、磨损、振动、电磁、温度、变形等影响，提高了检测精度。

另外，国际流行的板形控制模式，表现为基于经验的表格形式，适用于特定的轧机产品和轧制工艺，局限性大，不利于开发新技术、新产品。该项目突破了国际流行的经验表格式控制模式，应用带钢与轧辊变形的条元法理论模型和神经网络、模糊控制、计算机技术，发明研制机理、智能模型协同板形控制系统，精度高，扩展性强。

在自主创新的技术突破之路上，刘宏民及其研究团队精益求精，越走越远，各项技术经济指标都达到了业内先进水平：板形检测分辨力 0.2 I，板形控制精度 6.0 I，闭环控制周期 100 ms，闭环投入轧制速度 60 m/min，检测辊辊面硬度 60HRC。5 项主要技术指标好于瑞士 ABB、德国西门子、日本三菱等公司的国际先进水平。与引进系统相比，该项目技术装备是国外同类技术价格的 30%，每套节约投资 1000 万元。并且获得了多项荣誉及肯定：获授权发明专利 10 项、计算机软件著作权 10 项。获 2015 年度河北省技术发明奖一等奖、中国机械工业科学技术奖一等奖。

目前，这个项目技术被应用于鞍钢 1780 mm、2130 mm，河北钢铁 1050 mm，江苏九天光电科技公司 750 mm 和燕山大学国家工程技术研究中心 650 mm 等 5 套带钢冷轧机，近 3 年节省引进投资 5000 万元，而且板形质量明显提高，产品用于一汽奥迪、上海大众、格力电器等汽车、家电板，中粮、深圳华特等食品包装板，顶替进口，还出口到美国、欧洲、日本、韩国。为推动我国带钢冷轧机装备智能化、冷轧带钢生产过程智能化、冷轧带钢产品升级，做出了示范和贡献，经济和社会效益前景广阔。

本文原载于《科技日报》，2016 年 3 月 12 日，第六版　张振华

刘宏民校长应邀在2016年中国高等教育学会学术年会作大会主题报告

【河北教育网】本网讯（通讯员 蔡常山）10月28日—30日，由中国高等教育学会主办，广西高等教育学会、广西大学承办的“2016年中国高等教育学会学术年会暨高等教育国际论坛”在广西南宁召开。来自教育部，高等教育学会，相关高校和科研机构的领导、专家学者和教育行政部门领导等1000余人参加了本次大会。燕山大学刘宏民校长应邀出席本次大会并作大会主题报告。教务处金海龙副处长参加本次会议。

教育部副部长林蕙青就高校人才培养工作作了重要讲话。她指出，从全局工作看，我国高校人才培养工作正在升温，取得了重要进展和成效。主要体现在：学校把人才培养工作摆在了更加突出重要的位置；在重点领域的教学改革取得明显进展；学校的资源配置、政策支持更多地向人才培养倾斜；教学质量监督保障机制正在完善。林蕙青同时指出，就全局来看，人才培养中心地位还不够牢固，高校“重科研、轻教学”的问题仍比较突出，对教学工作领导重视还没完全到位、教师投入还没完全到位、资源保障也还没完全到位，人才培养工作仍在爬坡过程中，高校人才培养工作需要继续升温。

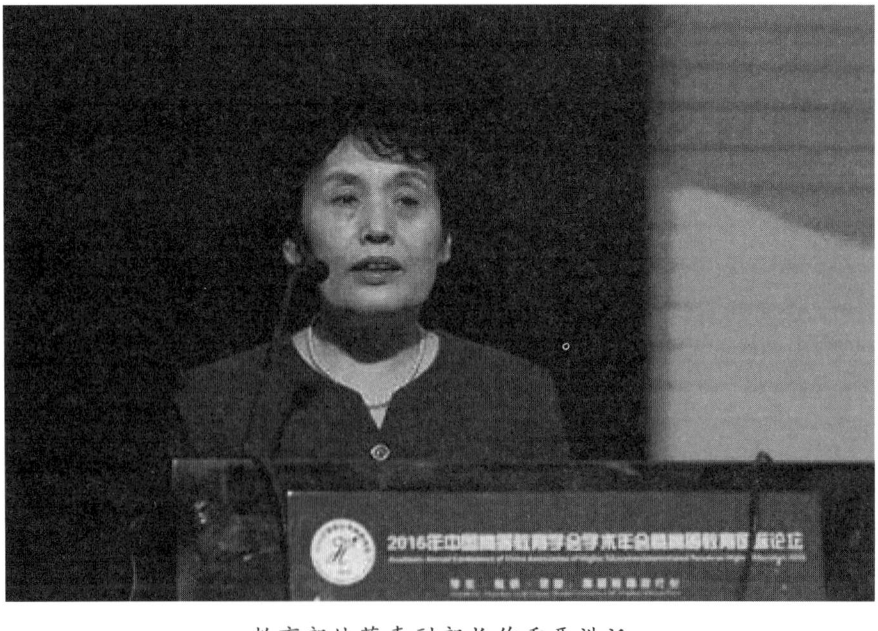

教育部林蕙青副部长作重要讲话

刘宏民校长以“以面向需求、项目教学、工程训练为特色的本科工程教育”为主题介绍了燕山大学近年来在工程教育教学改革方面以“项目式教学”为抓手所做的有益探索和实践。刘校长从燕山大学人才培养理念、目标、教学改革特点和抓手入手向与会代表介绍了燕山大学工程教育改革的思路、框架、实施、校准和改进这一闭环过程，并重点以“项目式”教学作为实例，与大家分享了燕山大学教育教学改革成果，引起了参会嘉宾对燕山大学教育教学改革的广泛关注。

刘宏民校长作大会主题报告

中国高等教育学会会长瞿振元教授、教育部教师工作司综合处宋磊处长、西北工业大学党委书记张炜教授、澳大利亚悉尼科技大学雪莉·亚历山大教授、中国科学院大学副校长杨国强教授、美国印第安纳大学教育学院维克多·博登教授以及马萨诸塞州立大学波士顿校区教育领导学系主任严文蕃教授分别从提升课堂教学质量、教师考评制度改革、教师教学观念的转变、“互联网＋”时代教育教学改革等主题作了大会报告。

据了解，高等教育国际论坛作为中国高等教育学会一年一度的学术盛会，至今已举办了十六届，为推动我国高等教育改革发展、推动我国高等教育领域的国际交流做出了积极贡献。（编辑 杨峻岭）

刘宏民校长应邀参加中国高等工程教育峰会并作大会主题报告

【新闻中心讯】10 月 19—20 日，由教育部高等教育司和中国工程院教育委员会指导、中国高等教育学会主办、中国高等教育学会工程教育专业委员会和西南交通大学承办的中国高等工程教育峰会在成都国际会展中心隆重举行。本次会议主题为“中国制造2025 与中国高等工程教育的发展与变革”。来自教育部、中国工程院、中国高等教育学会、高等工程教育领域及企事业单位的工程教育领导、专家、教师 1000 余人参会。我校刘宏民校长应邀出席本次峰会并做大会主题报告。学校教务处副处长王晶、教师教学发展中心顾问徐玉民以及机械工程学院、电气工程学院、信息科学与工程学院和建筑工程与力学学院相关教师代表参会。

中国高等工程教育峰会现场

刘宏民校长以“以面向需求、项目教学、工程训练为特色的本科工程教育——燕山大学教育教学改革的探索与实践”为主题介绍了近年来我校工程教育教学改革的经验和所取得的成绩。刘校长在报告中强调：一、科学崇高、工程伟大，工程教育工作者要坚定树立工程教育的自尊自信；二、工程教育要面向需求，反向设计，正向实施，持续改进；三、高等工程人才培养要构建以“项目教学＋工程训练”为特色的工程教育模式。刘校长的报告系统阐述了我校工程教育教学改革的理念、思路、方法，实施途径和效果，引起与会者对我校工程教育改革工作的积极关注。

刘宏民校长作大会主题报告

中国高教学会会长瞿振元在大会开幕式致辞中表示，目前中国高等工程教育存在缺标准、理科化、轻视思想观念教育等方面的问题，希望在今后的改革中克服相关问题，并加大教育内容、教育体系等方面的改革。

此外，中国工程院院士、人工智能专家李德毅，中国工程院院士、西安电子科技大学原校长段宝岩，教育部高等教育司理工处处长吴爱华、中国工程院教育工作办公室副主任樊新岩、西南交通大学校长徐飞、汕头大学执行校长顾佩华、中国中铁股份有限公司干部部副部长裴清宁、重庆大学副校长廖瑞金、《高等工程教育研究》杂志常务副主编姜嘉乐、中国高教学会工程教育专业委员会秘书长陆国栋等领导专家也分别作了有关工程教育的主题报告。

20日上午，本次峰会举行分论坛，分论坛主要围绕“卓越工程师教育培养计划面临挑战与实施对策”“产学合作、协同育人的探索与实践”“大众创业、万众创新蓝图下的创新创业教育改革”“《华盛顿协议》背景下高等工程教育专业认证与质量保障”“双一流背景下的高等工程教育”等主题，多名海内外专家进行了分论坛学术报告。我校参会教师分别参加了不同的分论坛。

本次峰会的召开对深入推进我国高等工程教育改革，交流我国高等工程教育现状和未来发展与变革之路，探索完善中国特色、国际实质等效的专业认证制度，促进产学合作、协同育人，深化工程教育领域创新创业教育改革，提升我国工程教育国际竞争力具有重要意义。（编辑/褚玉晶）

第十篇　代表性成果

教学科研成果和人才荣誉称号

一、教学和人才培养

1. 为本科生主讲“轧钢设备及工艺——钢板轧机”，40 学时，1988—1991 年。

2. 为本科生主讲“板带轧机计算机控制数学模型”，30 学时，1996 年。

3. 为本科生主讲“板形检测与控制”，8 学时，2017—2020 年。

4. 为研究生主讲“板形理论与板形控制”，30 学时，1988—1992 年。

5. 带领本科生赴鞍山钢铁公司、武汉钢铁公司进行生产实习和毕业实习，1988—1991 年。

6. 为本科生指导毕业设计，1988—1991 年。

7. 培养获得博士学位的研究生 30 名：兰兴昌(1989—1992)，郑振忠(1994—1999)，彭艳(1997—2000)，张秀玲(1999—2002)，王英睿(1999—2003)，华云松(1999—2003)，杜国军(1998—2004)，贾春玉(2001—2006)，陈英杰(2001—2006)，杨利坡(2003—2006)，李兴东(2002—2008)，何海涛(2002—2008)，马庆龙(2004—2008)，于斌(2004—2008)，申延智(2004—2009)，王东城(2005—2009)，于丙强(2005—2010)，孙建亮(2006—2009)，孙亚波(2007—2010)，单修迎(2007—2010)，王义栋(2008—2012)，刘云飞(2009—2012)，郑永江(2010—2013)，吴海淼(2010—2014)，陈素文(2011—2014)，高朋(2012—2015)，李荣民(2012—2016)，马晓宝(2015—2018)，于华鑫(2015—2019)，秦大伟(2016—2020)。

8. 河北省教学成果二等奖，知识创新思维方法研究与实践，2003 年，第二名。

二、主持完成的政府科研项目

1. 精密冷轧带钢轧机与板形测控系统研制，国家科技支撑计划项目(2011BAF15B00)，2012—2014。

2. 热带钢连轧过程板形控制建模和计算机仿真系统开发，国家高技术研究发展计划(863 计划)项目(2009AA04Z143)，2009—2011。

3. 3700 mm 筒节轧机轧制工艺与在线检测技术研究，国家科技重大专项项目“3700mm 筒节轧机”分课题(2011ZX04002-101-1)，2011—2013。

4. 大型冷连轧机板形仪和板形闭环控制系统研制，国家科技支撑计划项目“大型冷连轧成套装备关键技术研究与示范应用”分课题(2007BAF02B10-1)，2008—2010。

5. 四辊冷带轧机自补偿支承辊最优辊型研究，国家“九五”科技攻关项目“大型冷轧板机关键技术研究”分课题(95-528-01-02-01F)，1996—1998。

6. 高精度板带轧机板形控制的理论体系和机理智能模型，国家自然科学基金项目(50175095)，2002—2004。

7. 流面条元法及其在热轧板带板形控制中的应用，国家自然科学基金项目(50374058)，2004—2006。

8. 现代带钢冷轧机板形在线控制模糊神经模型研究，国家自然科学基金项目(50675186)，2007—2009。

9. 冷轧带钢板形在线检测和闭环控制的理论模型及应用技术，亚稳材料制备技术与科学国家重点实验室项目，2009—2015。

10. 大型高速CVC六辊轧机板形最优控制策略研究，国家教委优秀年轻教师基金项目，1996—1998。

11. 板形控制仿真技术中的三维弹塑性条元法研究，教育部高等学校骨干教师资助计划项目，2000—2001。

12. 板带轧机辊型在线检测的测量策略和误差分离模型，高等学校博士学科点专项科研基金项目，2005—2007。

13. 高精度宽带钢大型冷轧机板形控制数学模型和仿真系统的研究，河北省自然科学基金重大项目(E2006001038)，2006—2009。

14. 流线条元法及其在板形控制仿真技术中的应用，河北省自然科学基金项目(502173)，2002—2003。

15. 三维弹塑性条元法及其应用，河北省自然科学基金项目(598275)，1998—1999。

16. 遗传模糊单神经元双模控制器及其在板形控制中的应用，河北省自然科学基金项目(E2004000206)，2004—2006。

17. 邯钢衡水薄板公司900HC轧机板形设定控制，河北省科技攻关计划项目(99547010D)，1999—2001。

18. 热轧板带板形控制技术研究及应用，河北省科技支撑计划重点项目(10212101D)，2010—2012。

19. 薄带钢板形检测和控制技术，河北省高技术和战略性新兴产业发展项目，2014—2016。

20. 高强钢板形测控与控轧控冷技术，河北省“巨人计划”创新团队项目，2015—2016。

21. 带钢冷轧机整辊无线式板形仪研制及应用，河北省燕赵学者项目，2006—2020。

22. 带钢冷轧机板形闭环控制系统研制及应用，河北省高端人才项目，2015—2020。

三、主持完成的企业科研项目

1. 凌钢900 mm冷轧带钢平整机组成套设备研制，凌源钢铁公司，2005—2007。

2. 西安400 mm冷轧带钢轧机成套设备研制，西安带钢厂，1991—1993。

3. 西安冷轧带钢及其深加工项目可行性研究和工程设计，西安带钢厂，1992—1994。

4. 宝钢热轧辊型在线检测装置研制，宝山钢铁公司，2000—2001。

5. 宝钢1580PC轧机F2、F3主传动系统寿命评估，宝山钢铁公司，2003—2005。

6. 宝钢冷连轧机板形设定基本模型研究，宝山钢铁公司，2007—2009。

7. 宝钢5m厚板轧机主传动系统关键技术研究，宝山钢铁公司，2007—2009。

8. 宝钢厚板冷矫直机主传动系统动力学建模仿真及关键部件承载能力研究，宝山钢铁公司，2008—2009。

9. 宝钢热轧带钢卷取机卷筒寿命延长技术研究，宝山钢铁公司，2007—2009。

10. 宝钢1880热精轧机使用技术研究，宝山钢铁公司，2008—2010。

11. 宝钢5米厚板精轧机轧制力问题研究，宝山钢铁公司，2013—2014。

12. 唐钢高速线材吐丝机吐丝质量技术研发，唐山钢铁公司，2004—2005。

13. 中冶赛迪冷轧带钢厚度和板形控制模型技术开发，中冶赛迪工程技术公司，2001—2002。

14. 中冶赛迪热带钢连轧精轧机组板形控制模型研发，中冶赛迪工程技术公司，2007—2008。

15. 一重热带钢连轧精轧机组板形设定控制模型开发，中国第一重型机械公司，2009—2010。

16. 一重冷轧带钢板形离线模拟计算及分析评价系统，中国第一重型机械公司，2011—2012。

17. 一重大型管件热轧过程力能参数计算和组织性能优化，一重集团大连设计研究院，2007—2008。

18. 马钢高牌号硅钢同板差控制，马鞍山钢铁公司，2015—2016。

19. 鞍钢1250冷轧机板形仪研制，鞍山钢铁公司，2008—2009。

20. 鞍钢1780冷轧带钢平整机板形仪研制，鞍山钢铁公司，2010—2011。

21. 鞍钢2130冷轧带钢平整机板形仪研制，鞍山钢铁公司，2015—2016。

22. 河钢1050冷轧机板形测控系统研制，河钢集团衡水板业公司，2010—2011。

23. 河钢1550冷轧机板形测控系统研制，河钢集团邯郸钢铁公司，2016—2018。

24. 马钢1720冷轧带钢平整机板形测控系统研制，马鞍山钢铁公司，2016—2017。

25. 江苏750冷轧机板形测控系统研制，江苏九天光电公司，2013—2015。

26. 山东1500冷轧机板形测控系统研制，山东冠洲公司，2017—2018。

27. 太原600冷轧机板形仪研制，太原科技大学教育部工程研究中心，2018—2019。

28. 燕大650冷轧机板形测控系统研制，燕山大学国家工程技术研究中心，2010—2012。

29. 河南1650冷轧机板形测控系统研制，河南明泰铝业公司，2018—2019。

30. 安徽800冷轧机板形测控系统研制，安徽楚江新材料公司，2019—2020。

四、科研获奖

国家二等奖2项

1. 国家科技进步二等奖，板带轧机板形控制的理论体系、数学模型、仿真软件及其应用，2004年，第一名。

2. 国家科技进步二等奖，冷轧板形控制核心技术自主研发与工业应用，2011 年，第四名。

省部级一等奖 10 项（6 项第一名，4 项第三名）

1. 中国机械工业科学技术一等奖，带钢冷轧机集成化智能型板形控制系统，2015 年，第一名。

2. 中国机械工业科学技术一等奖，整辊镶块智能型冷轧带钢板形仪与工业应用，2010 年，第一名。

3. 中国机械工业科学技术一等奖，带钢平整设备工艺及控制关键技术的研发与应用，2009 年，第一名。

4. 河北省技术发明一等奖，带钢冷轧机整辊式板形仪和板形控制系统，2015 年，第一名。

5. 河北省科技进步一等奖，带钢平整关键技术和成套设备，2009 年，第一名。

6. 河北省科技进步一等奖，板带轧机板形控制的理论体系、数学模型、仿真软件及其应用，2003 年，第一名。

7. 中国冶金科学技术一等奖，冷轧机板形控制核心技术自主研发与工业应用，2010 年，第三名。

8. 中国机械工业科学技术一等奖，板形理论及其应用，1998 年，第三名。

9. 河北省科技进步一等奖，高速板带轧机稳定运行动力学模型及工业应用，2017 年，第三名。

10. 中国机械工业科技进步一等奖，高速板带轧机动力学建模和振动控制技术，2017 年，第三名。

省部级二等奖 3 项

1. 教育部科技进步二等奖，板形控制的机理模型与条元分析方法，2002 年，第一名。

2. 国家教委科技进步二等奖，工程三维轧制理论及其应用，1996 年，第一名。

3. 机械工业部科技进步二等奖，. 模拟轧制过程的条元法，1996 年，第一名。

五、荣誉称号

全国性 5 项

1. 国家百千万人才工程人选，1997 年。

2. 国务院特殊津贴专家，1998 年。

3. 全国五一劳动奖章获得者，2006 年。

4. 全国优秀科技工作者，2012 年。

5. 全国学生喜爱的大学校长，2016 年。

河北省 5 项

1. 河北省燕赵学者，2006 年。

2. 河北省省管优秀专家，2007 年。

3. 河北省高端人才，2014 年。

4. 河北省“巨人计划”创新团队领军人才,2015 年。

5. 河北省杰出专业技术人才,2016 年。

六、发明专利

1. 分片内孔压磁式板形仪,ZL20061048380.1。刘宏民,于丙强,华中新等。

2. 整辊镶块式板形仪,ZL200910075561.7。刘宏民,杨利坡,于丙强等。

3. 整辊内嵌式板形仪,ZL201310209604.2。刘宏民,于丙强,杨利坡等。

4. 整辊无缝无线式板形仪,ZL200910075790.9。刘宏民,于丙强,杨利坡等。

5. 冷轧带材板形仪紧凑无线内嵌式信号处理器,ZL201510460465.X。刘宏民,于华鑫,杨利坡,丁栋等。

6. 冷轧带材整辊式板形仪通道耦合的解耦方法,ZL201910347862.4。刘宏民,于华鑫,王东城等。

7. 板形控制集成系统及执行方法,ZL200910075082.5。刘宏民,彭艳,王东城等。

8. 含有三次板形的板形闭环控制方法,ZL200910075547.7。刘宏民,单修迎,彭艳等。

9. 连轧机板形标准曲线设计方法,ZL200910075081.0。刘宏民,王东城,彭艳等。

10. 分步优化和影响因素补偿板形标准曲线制定方法,ZL200910074126.2。刘宏民,彭艳,孙亚波。

七、计算机软件著作权

1. 冷轧带钢板形分析及预设定控制软件,2004SR03702。

2. 热带钢连轧机板形预设定控制仿真软件,2009SR018947。

3. 冷带钢连轧机板形预设定控制仿真软件,2009SR019280。

4. 冷轧带钢平整机支承辊辊型优化软件,2009SR050378。

5. 热带钢连轧机轧辊冷却水流量计算软件,2012SR123043。

6. 改进模型新型迭代法板形预报软件,2012SR116271。

7. 热带钢连轧机换热系数遗传算法优化计算软件,2012SR122795。

8. 四辊 HCW 轧机支承辊辊型遗传算法优化设计软件,2012SR123400。

9. 模型耦合法板形快速预报软件,2012SR123038。

10. 新型条元法模拟冷轧带材三维变形软件,2012SR116259。

11. 四辊轧机辊系弹性变形快速计算软件,2012SR123268。

12. 分步优化板形标准曲线计算软件,2012SR123000。

13. PC 轧机板凸度综合控制能力分析软件,2013SR005755。

14. 板形板厚综合控制影响矩阵计算软件,2013SR163031。

15. 平直度目标曲线补偿软件,2014SR000266。

16. 带钢热连轧换热系数自学习软件,2015SR160444。

17. 冷带钢可逆轧机带钢温度场计算软件,2015SR257853。

18. 冷带钢可逆轧机工作辊热凸度计算软件,2015SR257851。

19. 条元法板形失稳判别计算软件,2015SR220466。

20. 冷轧带材在线板形测控系统,2016SR042612。

八、主持制定的国家标准

1. 冷轧带材接触式板形仪,GB/T 34902—2017,中国标准出版社,2017。

2. 冷轧带材板形闭环控制系统,GB/T 34901—2017,中国标准出版社,2017。

九、发表论文

发表论文 200 多篇,主要期刊报纸有:

1. 中文期刊《机械工程学报》《中国机械工程》《钢铁》《钢铁研究学报》《工程力学》《冶金设备》《重型机械》《塑性加工学报》《燕山大学学报》等。

2. 英文期刊《中国机械工程学报》《国际钢铁研究学报》《国际工程中的数值方法学报》《国际机械科学学报》《材料科学与技术学报》《材料加工技术学报》《钢铁制造》《国际钢铁研究》《机械科学与技术学报》《工程断裂分析》《日本钢铁研究学报》《冶金与技术》等。

3. 中文期刊报纸《中国高等教育》《高等教育管理》《清华大学教育研究》《科学新闻》《中国科学报》《中国教育报》《燕山大学报》等。

获奖论文 2 篇:

1. 中国科学技术协会优秀论文奖,模拟热轧板带三维变形的条元法及仿真实例(《冶金设备》2003 年第 1 期),2004 年。刘宏民,王英睿,金丹。

2.《机械工程学报》创刊 60 周年优秀论文奖,冷带轧机板形控制的动态影响矩阵模型(《中国机械工程学报》英文版,2009 年第 2 期),2013 年。刘宏民,何海涛,单修迎。

十、出版专著

1. 三维轧制理论及其应用,刘宏民著,科学出版社,1999。

2. 板厚板形控制,连家创,刘宏民主编,国防工业出版社,1996。

3. 刘宏民文集(上卷),刘宏民,王东城著,燕山大学出版社,2020。

4. 刘宏民文集(中卷),刘宏民,于华鑫著,燕山大学出版社,2021。

5. 刘宏民文集(下卷),刘宏民著,燕山大学出版社,2021。

十六年校长工作主要办学成就

（2003 年 9 月至 2019 年 4 月）

一、顶层设计和综合实力提升

1. 提出燕山大学校训：厚德、博学、求是。主研燕大精神：艰苦奋斗，严谨治学，求实创新。

2. 提出人才培养理念模式：道德塑造、知识传授、能力培养三位一体，“公共教育＋专业教育”和“项目教学＋实践训练”。

3. 提出科技创新理念模式：科学、技术、工程一体化，以基础研究为先导，以技术创新为关键，以工程应用为目的。

4. 提出十大建设工程：师资队伍和院士突破，学科建设和专业打造，
科技创新和成果转化，教学改革和质量提升，
创新教育和论文质量，招生质量和就业水平
大学文化和大学排名，基本建设和校园文化，
国家大学科技园建设，后勤社会化改革创新。

5. 制定“双一流”建设中长期规划：2016—2050 年，明确近期、中期、长期目标任务。

6. 设立三个研究院和三个研究中心：人工智能与机器人研究院，海洋科学与工程研究院，康养产业技术研究院，高压科学研究中心，纳米能源材料研究中心，特种运载装备研究中心。

7. 实现四方共建：河北省、教育部、工信部、国家国防科技工业局共建燕山大学。

8. 加入北京高科大学联盟：共 12 所高校，11 所为“211”和“双一流”高校。

9. 形成以工为主，八大学科门类协同发展，本科生和研究生结构不断优化的多科性大学。

10. 综合实力和科技竞争力提升 20 多名，由 80～90 名提升到 60 多名。

二、学科专业建设和教学科研获奖

1. 国家重点学科增加 4 个：由 1 个（机械设计）增加到 5 个（机械工程 4 个和材料学）。

2. 一级学科博士点增加 12 个：由 3 个（机械、材料、仪表）增加到 15 个（包括工程博士专业学位点）。

3. 博士后流动站增加 8 个：由 3 个（机械、材料、电子）增加到 11 个。

4. 国防特色学科增加 5 个：从无到有。

5. 工程、材料、化学，三个学科进入 ESI 全球排名前 1%。

6. 国家第四轮学科评估，机械工程 A-(前 10%)，材料 B+(前 20%)。

7. 国家一流本科专业增加 13 个：从无到有。

8. 获国家科学技术奖 18 项、教学成果奖 1 项、陈嘉庚科学奖 1 项、中国科学十大进展 2 项、全国优秀博士论文 2 篇。

9. 作为教育部选定的两所高校之一，工程专业认证接受《华盛顿协议》国际专家观摩考察，支撑我国加入《华盛顿协议》国际工程教育组织，工程教育质量得到国际认同。

10. 工科 11 个专业通过工程教育专业认证，进入全球工程教育第一方阵，人才培养质量实现国际实质等效。

三、国家创新创业平台建设

1. 国家重点实验室
2. 国家工程技术研究中心
3. 国家地方联合工程研究中心
4. 国家国防重点学科实验室
5. 教育部省部共建协同创新中心
6. 国家创新人才培养示范基地
7. 国家众创空间
8. 国家技术转移示范机构
9. 科技部科技服务业行业试点单位
10. 科技部国际科技合作基地
11. 国家专业技术人员继续教育基地
12. 燕山大学出版社

四、国家杰出高端人才和创新团队建设

1. 中国两院院士突破：中国科学院院士 1 名。
2. 国家自然科学基金创新研究群体突破：1 个。
3. 长江学者特聘教授：增加 7 个，由 1 个增加到 8 个。
4. 国家杰出青年科学基金获得者：增加 7 个，由 2 个增加到 9 个。
5. 国家“万人计划”领军人才突破：3 个。
6. 国家 973、863 计划项目首席专家突破：2 个。
7. 教育部长江学者创新团队突破：1 个。
8. 国家国防科技工业创新团队突破：1 个。
9. 国家百千万人才工程人选：增加 8 个，由 4 个增加到 12 个。

五、办学规模扩大

1. 教师数：由 1129 人增加到 1688 人。
2. 本科生：由 17756 人增加到 23546 人。

3. 研究生:由 1320 人增加到 8322 人。

4. 留学生:由 29 人增加到 200 多人。

六、开放办学

1. 在美国托列多大学开办孔子学院。

2. 与澳大利亚科廷大学合作举办工业工程本科、电气工程硕士项目。

3. 里仁学院,成为中国顶尖独立学院,中国独立学院前三名。

七、基本建设

1. 校园建筑面积:增加 65 万平方米,由 53 万平方米增加到 118 万平方米(2.2 倍)。

西校区第一期(2003—2004 年):23 万平方米(里仁教学楼 10,第 1~7 栋学生公寓 10,学生餐厅 2.0,浴池 0.5,锅炉房等 0.5)。

西校区第二期(2005—2006 年):16 万平方米(电气馆 3,材料馆及中试车间 2.4,教学楼 1.6,第 8~10 栋学生公寓 4.5,燕园娇子服务楼 1.5,燕宏桥 3)。

西校区第三期(2007—2008 年):7 万平方米(艺术与设计馆 3,经管和教学楼 2.2,第 11 栋学生公寓 1.8)。

西校区第四期(2015—2019):8 万平方米(图书馆 4.5,第 12~13 栋学生公寓 3.5)。

西校区第五期(筹资设计招标):10 万平方米(信息馆 3、理学馆 1.5、教学楼 1.2、康养中心 1.5、体育馆 2.8)。

东校区国家工程技术研究中心和工程训练中心(2010—2012):1 万平方米。

2. 教职工住房及房地产开发面积:增加 50 万平方米(燕大西苑 30、东区高层 5、世纪海洋花园 15)。

八、固定资产和运行经费

1. 固定资产总值:由 10 亿元增加到 40 亿元。

2. 仪器设备总值:由 1.6 亿元增加到 8.3 亿元。

3. 科技研发经费:由 2 亿元增加到 4.5 亿元。

4. 年度运行经费:由 2 亿元增加到 13 亿元。

5. 筹资还款经费:共 13 亿元,其中校区处置及房地产开发 5.7 亿元(燕大西苑 3.2,世纪海洋花园 1.5,北校区 0.8,石家庄与邯郸校区 0.2),争取政府还债 5.3 亿元,运行经费 2 亿元。